普通高等教育"十一五"规划教材

普通高等院校物理精品教材

# 大学物理

## （下册）

主　编　杨晓雪

参　编　（按编写内容排序）

张雁滨　王章金　朱佑新

南　征　陈昌胜

华中科技大学出版社

中国·武汉

## 内 容 提 要

本书是华中科技大学教材《大学物理》下册，内容包含热学、振动与波动、光学、量子物理。热学有气体动理论和热力学基础。振动与波动讲述振动、波动的一般基本规律，包含机械振动、机械波和电磁波。光学有几何光学简介和波动光学。量子物理包括早期量子论、量子力学基础、半导体与激光简介和原子核物理简介。

本书可作为高等院校非物理专业学生的大学物理教材和其他各层次师生的教学和自学参考书。

**图书在版编目(CIP)数据**

大学物理(下册)/杨晓雪　主编. —武汉：华中科技大学出版社，2011.1
ISBN 978-7-5609-6776-9

Ⅰ. 大…　Ⅱ. 杨…　Ⅲ. 物理学-高等学校-教材　Ⅳ. O4

中国版本图书馆 CIP 数据核字(2010)第 236755 号

**大学物理(下册)**　　　　杨晓雪　主编

策划编辑：周芬娜
责任编辑：王汉江
封面设计：刘　卉
责任校对：周　娟
责任监印：周治超
出版发行：华中科技大学出版社(中国·武汉)
　　　　　武昌喻家山　　邮编：430074　　电话：(027)81321915
录　　排：武汉佳年华科技有限公司
印　　刷：武汉科源印刷设计有限公司
开　　本：710mm×1000mm　1/16
印　　张：21.5
字　　数：456 千字
版　　次：2013 年 8 月第 1 版第 3 次印刷
定　　价：36.00 元

# 前　言

本套书是为高等学校理工科大学物理课程编写的教科书。

根据教育部高等学校物理学与天文学教学指导委员会物理基础课程教学指导分委会在2008年审订的“理工科类大学物理课程教学基本要求”(后面简称“基本要求”),我们在原华中理工大学物理系1989年3月出版的《大学物理》、1998年1月出版的《大学物理》及华中科技大学物理系2006年1月出版的《大学物理》的基础上,结合自己多年的教学实践和教学经验,并吸取了多种优秀教材的长处,编写了本套教材。书中涵盖了“基本要求”的主要内容(全部A类内容)和部分扩展内容(B类内容),增加了近代和现代物理方面的有关知识,以便能更好地适应当前教学的需要。

本套书按照“基本要求”,注重加强基础,且精选内容,广度和深度适中,篇幅恰当。学生可以在有限的学时内通过本套书学到物理学的基本知识和方法,培养一定的科学素质,为学习专业课程和掌握现代科学技术打下必要的物理基础。

全套书分为上、下两册,上册包括力学、电磁学,下册包括热学、振动与波动、光学、量子物理。

参加本套书编写工作的教师有:项林川(第1、2、3章),王章金(第4、12章),吴伟(第5章),范淑华(第6、8章),林钢(第7章),杨晓雪(第9、10、15章),张雁滨(第11章),王章金(第12章),朱佑新(第13章),南征(第14、17章),陈昌胜(第16章)。

对我校编写前几版教材的各位老师的工作在此表示衷心感谢。在本套书的编写过程中得到华中科技大学有关职能部门及华中科技大学出版社的大力支持和帮助,在此一并表示真诚的感谢。

由于编者水平有限,书中错误及不妥之处请广大师生批评指正,以便今后不断完善和提高。

编　者

2010年8月

# 目　录

## 第三篇　热　学



## 第四篇　振动与波动

## 第五篇 光 学



## 第六篇 量子物理

# 第三篇

# 热学

热运动是指物体中分子或原子的无规则运动，这种无序的运动是自然界的一种基本运动形式。研究分子热运动，讨论热现象的规律，分析物体热性质的理论称为热物理学，简称热学。经典热学包括宏观理论和微观理论。宏观理论叫热力学，它以观察和实验为基础，通过归纳和推理得出有关热现象的基本定律。微观理论叫统计物理，初级形式是气体动理论，它从物质分子结构和分子运动出发，应用力学规律和统计方法，研究大量分子热运动所体现出来的集体效应，解释热现象和热性质。

# 第 9 章　气体动理论

## 第 1 节　热力学系统和平衡态

### 一、热力学系统

将我们要研究的对象(宏观物体)称为**热力学系统**,简称**系统**。如质量一定的气体、液体或固体。显然,热学所研究的系统是由大量的分子或原子组成的。系统之外的一切物体或外界环境称为**外界**。若系统与外界既无能量交换又无质量交换,则称为**孤立系统**;若系统与外界有能量交换但无质量交换,则称为**封闭系统**;若系统与外界既有能量交换又有质量交换,则称为**开放系统**。

### 二、宏观量与微观量

热力学与气体动理论采用不同的方法描述系统的状态和状态的演化。热力学采取宏观描述方法,用系统的体积、温度、压强等可以直接测量得到的量来描述系统的宏观性质,将它们称为**宏观量**。而气体动理论采用微观描述方法,即借助系统中单个分子的力学量,如分子的质量、位置、速度、动能、动量等,这些量称为**微观量**。微观量一般是无法用实验的手段直接测量的。由于系统所包含的分子或原子的数目极大,我们不可能、也没有必要、更没有意义去给出每个分子、原子在任意瞬间的位置、速度、动能、动量等,气体动理论在于分析微观量与宏观量的内在联系,用统计的方法得出微观量与宏观量的关系,给出宏观量的微观本质。

### 三、平衡态与状态参量

将系统的状态分为**平衡态**和**非平衡态**两类。何为平衡态和非平衡态？举一个例子,在如图 9-1-1 所示的系统中,开始容器中左半室为气体,右半室为真空,此时左半室气体各处均匀一致。现将隔板抽去,容器内气体的密度出现不均匀的现象,随着时间的延续,由于气体分子的运动,直到各处的气体密度达到均匀一致为止。以后,如果没有外界影响,容器内气体将始终保持这一状态不再发生任何宏观上可以看得到的变化。此时用温度表、压力表可测到气体的温度、压强等宏观量,不会因测量点的不同而产生不同的读数。将这种没有外界影响、系统不再发生任何宏观变化的状态称为**热力学平衡态**。这里的初态与末态均为平衡态。由于“抽隔板”这个外界的作用破坏了初始平衡态而出现了许多中间态,它们是不均匀的、正在发生着宏观变化的态,称为**非平衡态**。实验证明:**如果系统不受外界影响,经过一段时间后,它的状态必定会达到热力学平衡态,达到了平衡态以后,将一直保持着这个状态,除非受到外界影响,平衡态才会被破坏**。在实际中并不存在绝对的孤立系统,也没有保持宏观性质绝对不变的系统。所以,平衡态是一种理想的状态。

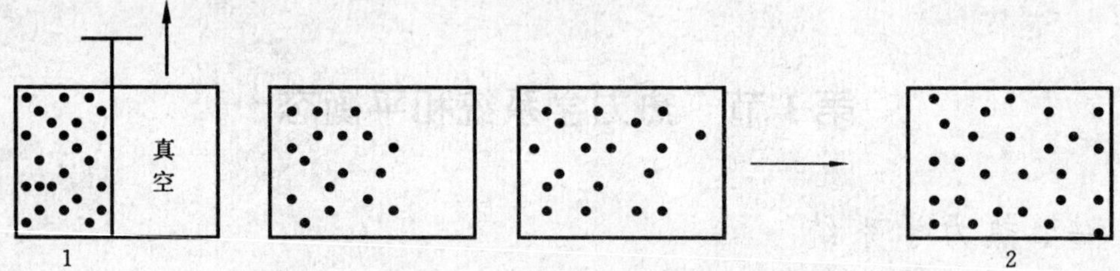


**图 9-1-1　非平衡态的例子**

当系统处于平衡态时,具有一系列可以用确定的物理量来表征的特征量,称为**状态参量**。如质量为 $m$、分子总数为 $N$ 的某种气体处于平衡态时,有一定的压强 $p$、体积 $V$、温度 $T$、质量密度 $\rho=m/V$、分子数密度 $n=N/V$ 等,但这些参量之间并非相互独立,在气体的温度较高、压强较小时,其平衡态只需要两个独立参量来描述。

(1) 若选压强 $p$、体积 $V$ 为独立参量,则温度 $T$ 可以表示成 $p$、$V$ 的函数 $T=T(p,V)$;

(2) 若选体积 $V$、温度 $T$ 为独立参量,则压强 $p$ 可以表示成 $V$、$T$ 的函数 $p=p(V,T)$;

(3) 若选压强 $p$、温度 $T$ 为独立参量,则体积 $V$ 可以表示成 $p$、$T$ 的函数 $V=V(p,T)$。

称 $T=T(p,V)$ 或 $p=p(V,T)$ 或 $V=V(p,T)$ 为(理想气体)系统的**状态方程**。

压强 $p$ 的单位为帕斯卡(Pa),即牛顿/米$^2$($N/m^2$);体积 $V$ 的单位为米$^3$($m^3$),有时用升(L)来表示,$1\ L=10^{-3}\ m^3$;温度的单位为开尔文(K)。

以独立的状态参量为坐标构成一个空间,称为**状态参量空间**。对于气体,若以 $p$、$V$ 为独立变量,由于气体的每个平衡态都有确定的 $p$、$V$ 值,所以每个平衡态都与参量空间的一个点对应,如前面抽隔板例子中的 1、2 态对应图 9-1-2 中的1、2两点。而从 1 态到 2 态之间的任何一个态,由于各处密度不均匀导致了各处压强、温度等不均匀,无法用一个确定的参量值去描述,所以非平衡态不能用参量空间的点来表示。有了参量空间后,系统的每个平衡态都与参量空间的一个点对应起来。

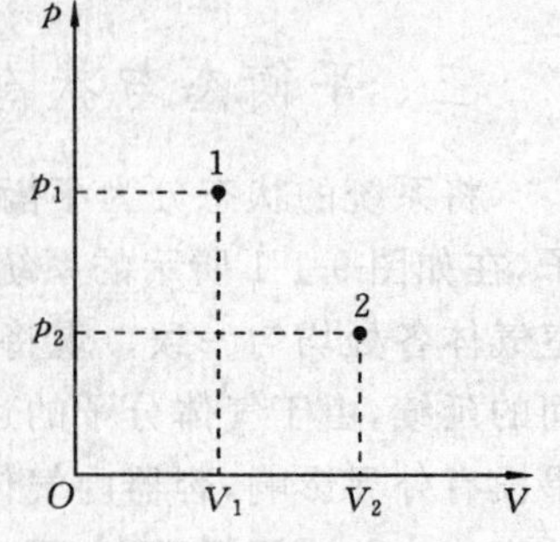


**图 9-1-2　平衡态的表示**

## 四、热力学过程　过程曲线

将系统从初态经过一系列中间态最后达到末态的这种状态演化的过程称为**热力学过程**,简称**过程**。按过程中间的每一个态是否均为平衡态,将过程分为**准静态过程**与**非准静态过程**。准静态过程指的是除了初末态以外每一个中间态也都是平衡态的过程。非准静态过程指的是中间态出现非平衡态的过程。如图 9-1-1 所示给出的过程即为非准静态过程。什么样的过程是准静态过程?我们看下面一个过程,如图 9-1-3所示。

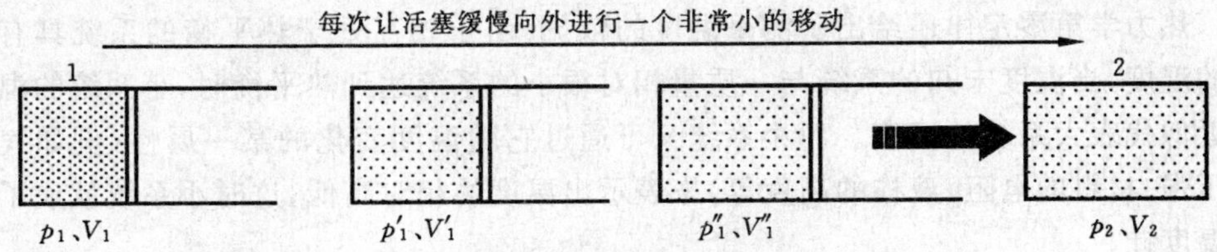


**图 9-1-3　准静态过程的例子**

将图 9-1-1 中的隔板换成活塞(见图 9-1-3),令活塞从 1 态开始非常缓慢地向外移动,由于活塞移动无限缓慢,以至于每移动一点气体都能够很快达到新的平衡态。这样,当气体从 1 态到 2 态演化的过程中,每一时刻的状态都十分接近平衡态,而每一个平衡态都与参量空间的一个点对应,将这些点连接起来就得到一条曲线,这条曲线称为**过程曲线**(见图 9-1-4(a))。而非准静态过程在参量空间没有对应的过程曲线(见图 9-1-4(b))。

由以上分析,可得出结论:无限缓慢进行的过程即为准静态过程。

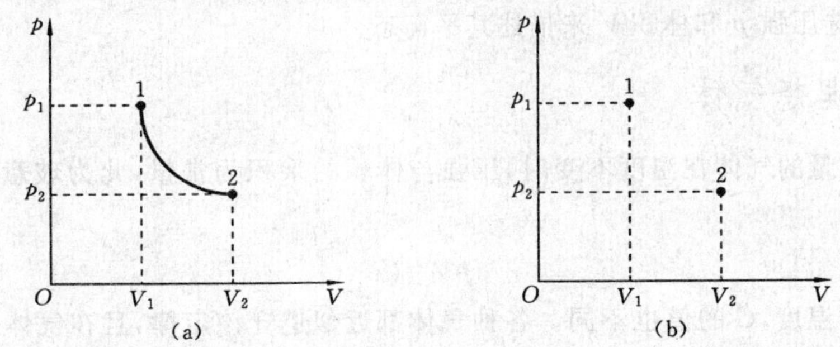


**图 9-1-4**

(a) 准静态过程曲线;　(b) 非准静态过程没有过程曲线

## 五、温度与热力学第零定律

两个各自处在一定平衡态的系统,若发生热接触,则相互之间可以进行热交换。一般地,两个系统的状态都将发生变化。但经过一段时间后,各自都可达到一种宏观状态参量不再变化的状态。这表明两个系统都达到了一个新的各自的平衡态,此现象称为**热平衡**,其重要标志是两系统之间的热交换停止。实验证明:**如果两个热学系统中的每一个都与第三个系统的某一平衡态处于热平衡,则此两系统必定也处于热平衡,这个结论称为热力学第零定律**。

热力学第零定律实际上给出了温度的定义:相互处于热平衡的系统,显然具有某种共同的宏观状态参量,记这个参量为 $T$。如果 $A$ 与 $B$ 热接触时,热量由 $A$ 传给 $B$,则表示为 $T_A>T_B$;反之,表示为 $T_B>T_A$。当 $A$ 与 $B$ 互为热平衡时,$T_A=T_B$。称参量 $T$ 为温度。温度是决定一系统是否与其他系统处于热平衡的状态参量。一切互为热平衡的系统,都具有相同的温度值。

热力学第零定律还给出了测量温度的依据:由于相互处于热平衡的系统具有相同的温度,当温度未知的系统与一质量相对很小的系统达到热平衡时,小系统的温度就近似代表大系统的温度。而小系统又可通过它随温度变化的某一属性(例如气体的压强、材料的电阻、液柱的高度等)来表示出温度的相对高低,这时小系统就成了一个温度计。

温度的数值表示法称为**温标**,一般温标与测温物质及其性质有关。开尔文(L. Kelvin)在热力学第二定律基础上引入了一种热力学温标,它是一种不依赖于任何物质的特性的温标。热力学温度 $T$(K)与摄氏温度 $t$(℃)的关系为

$$T=t+273.15$$

## 第2节 理想气体状态方程与微观模型

气体是较简单且典型的热力学系统,是普通热学中研究的重点。对于质量一定的气体,可选压强 $p$ 和体积 $V$ 来描述其平衡态。

### 一、理想气体

一定质量的气体在温度不变时,压强与体积的乘积为常量,此为**玻意耳**(Boyle)**定律**,即

$$pV=C$$

对于不同的温度,$C$ 的值也不同。各种气体都近似遵守该定律,且在气体压强越小、温度越高的情况下对此定律符合得越好。严格遵守玻意耳定律的气体称为**理想气体**,它是实际气体在压强趋于零时的极限情况,是一种理想的情况。

### 二、理想气体状态方程

由气体的基本实验定律,可以得到平衡态时质量为 $m$ 的理想气体的压强、温度、体积之间的关系为

$$pV=\nu RT \tag{9-2-1}$$

式中，$\nu=m/M$ 为气体的摩尔数，$M$ 为气体的摩尔质量，$M=$分子量$\times10^{-3}$ kg，$R=8.31$ J/(mol·K)为气体普适常量。

由**阿伏伽德罗**(Avogadro)**常量**(每摩尔气体所包含的分子数)

$$N_A=6.022\times10^{23}\ \text{mol}^{-1}$$

引入**玻耳兹曼**(L. Boltzmann)**常量**

$$k=\frac{R}{N_A}=1.38\times10^{-23}\ \text{J/K}$$

可把式(9-2-1)改写为

$$pV=\nu N_A kT=NkT$$

或

$$p=\frac{NkT}{V}=nkT \tag{9-2-2}$$

式中，$N$ 为气体分子数；$n=\dfrac{N}{V}$是单位体积内的分子数，称为**分子数密度**。

1 mol 理想气体的状态方程为

$$pV_m=RT$$

该式表示，在同温同压下，1 mol 任何气体所占有的体积都相等。这称为**阿伏伽德罗定律**。在标准状态 $T_0=273.15$ K，$p_0=1.01\times10^5$ Pa 下的这个体积称为**理想气体的摩尔体积**。根据 1986 年国际科学协会数据委员会推荐的物理基本常量，理想气体的摩尔体积为

$$V_m=(22.41410\pm0.00010)\ \text{L/mol}$$

常用气体分子的摩尔质量如表 9-2-1 所示。

**表 9-2-1　常用气体分子摩尔质量**

| 物　质 | 符　号 | $M/(\times10^{-3}$ kg/mol) |
|---|---|---|
| 氢气 | $H_2$ | 2.016 |
| 氦气 | $H_e$ | 4.003 |
| 水蒸气 | $H_2O$ | 18.005 |
| 氖气 | Ne | 20.180 |
| 氮气 | $N_2$ | 28.013 |
| 一氧化碳 | CO | 28.010 |
| 空气(平均) | | 28.90 |
| 氧气 | $O_2$ | 31.999 |
| 二氧化碳 | $CO_2$ | 44.010 |

由摩尔质量和阿伏伽德罗常数可表示出气体分子的质量 $m_f=M/N_A$。

**【例题 9-1】**　一篮球在温度为 0 ℃时打入空气，直到球内压强为 1.5 atm(1 atm

$=1.013\times10^5$ Pa)。

(1) 在球赛时,篮球的温度升高到 30 ℃,这时球内的压强多大?

(2) 在球赛过程中,球被刺破一小洞而漏气,问当球赛结束后,篮球的温度恢复到 0 ℃时,漏掉的空气是原有空气的百分之几?

**解** (1) 设球体积为 $V_0$,则 $p_0=1.5$ atm,$T_0=273$ K,$T=(273+30)$ K$=303$ K,由于在球赛过程中球内空气质量或摩尔数不变,故由理想气体状态方程得

$$\frac{pV_0}{T}=\frac{p_0V_0}{T_0}$$

即

$$p=\frac{T}{T_0}p_0=\frac{303}{273}\times1.5\ \text{atm}=1.66\ \text{atm}$$

(2) 篮球漏气,最后球内外的压强必然达到相同,$p=1$ atm,$T_0=0$ ℃,设这时球内空气质量为 $m'$,由状态方程得

$$m'=\frac{MpV_0}{RT_0}$$

以 $m$ 表示漏气前球内空气的质量,则

$$m=\frac{Mp_0V_0}{RT_0}$$

最终漏掉的空气与原有空气的百分比是

$$\frac{m-m'}{m}=\frac{p_0-p}{p_0}=\frac{1.5-1}{1.5}=33.3\%$$

**【例题 9-2】** 设想太阳是一个由氢原子组成的密度均匀的理想气体系统,若已知太阳中心的压强为 $1.35\times10^{14}$ Pa,试估计太阳中心的温度(太阳质量 $m=1.99\times10^{30}$ kg,太阳半径 $R=6.96\times10^8$ m,氢原子质量 $m_H=1.67\times10^{-27}$ kg)。

**解** 分子数密度为

$$n=\frac{N}{V}=\frac{m/m_H}{4\pi R^3/3}=\frac{3m}{4\pi m_H R^3}$$

由式(9-2-2)即 $p=nkT$,得到太阳的温度为

$$\begin{aligned}T&=\frac{p}{nk}=\frac{4\pi m_H R^3 p}{3mk}\\&=\frac{4\times3.14\times1.67\times10^{-27}\times(6.96\times10^8)^3\times1.35\times10^{14}}{3\times1.99\times10^{30}\times1.38\times10^{-23}}\ \text{K}\\&=1.15\times10^7\ \text{K}\end{aligned}$$

这是一个足以维持稳定的热核反应的温度。

## 三、理想气体微观模型

热力学系统由大量分子构成,由于无法直接观察到分子的运动,所以为了便于理论研究,可以对分子的运动提出一些合理假设,在假设的基础上对气体的宏观性质进行分析判断,然后用实验来检验假设的正确与否。

在室温下，气体分子的运动速率为 $10^2 \sim 10^3$ m/s，分子在两次碰撞之间自由飞行的路程大约为 $10^{-7}$ m，自由飞行的时间约为 $10^{-10}$ s，因此一个分子在 1 s 内将会遇到约 $10^{10}$ 次碰撞。如果跟踪一个分子的运动，它的运动十分复杂，运动速度的大小和方向不断变化，自由飞行的路程有长有短，运动具有极大的偶然性。而系统又包含着极大数目的分子，所以这种偶然性造成整个气体内分子运动呈现出一种极为纷乱的景象，称气体分子的这种热运动为无规则或无序运动。

为了简化问题，这里对理想气体分子的运动作一些力学假设：

(1) 一般不计分子的大小；

(2) 气体分子与分子之间及气体分子与容器壁之间除了发生碰撞外无相互作用；

(3) 除了特别考虑外一般不计分子的重力；

(4) 分子间及分子与器壁间的碰撞为弹性碰撞，遵守动量守恒和动能守恒定律。

虽然气体中每个分子的运动呈现出一种无规律性，但就整体来看，却存在着一定的规律性。例如，在不计重力的情况下，气体的分子数密度处处相等。又如，在一定温度下，气体分子按速度有一个确定的分布。正是由于这种规律性，使热力学中的各种宏观量分别与气体动理论中的某种微观量的平均值相联系。这种规律性称为**统计规律**。

下面以伽尔顿板实验来说明统计规律。在一块竖直放置的板的上部，规则地钉有许多铁钉，下部用隔板划分为许多等宽度的狭槽，从装置顶上的漏斗中可将小球向下投放。若每次只投入一个小球，则发现小球每次落入哪个狭槽完全是偶然的。但连续重复许多次实验后发现：小球落入中间槽的次数多，落入两端槽的次数少。若把大量小球一次倒入，则可以看到，小球在各槽内的分布是不均匀的，以中间槽为最多，向两端逐渐减少。在一次倒入的小球总数足够多，并且实验次数也足够多时，每次得到的分布曲线几乎相同(见图 9-2-1)。实验结果表明：单个或少数小球落入哪个狭槽的行为具有无规律性、偶然性。但大量小球落入狭槽的分布却体现出一种规律性、必然性。这种必然性是寓于大量个别事件的偶然性中，这就是我们所说的统计规律性。热力学系统也一样是由大量的原子、分子组成，个别原子、分子的行为具有无规律性、偶然性，但大量原子、分子的热运动就体现出一种规律性、必然性。所以对于热力学系统，我们是采取统计的方法加以研究的。以这样的统计规律性为根据，对理想气体可提出几个统计假设。

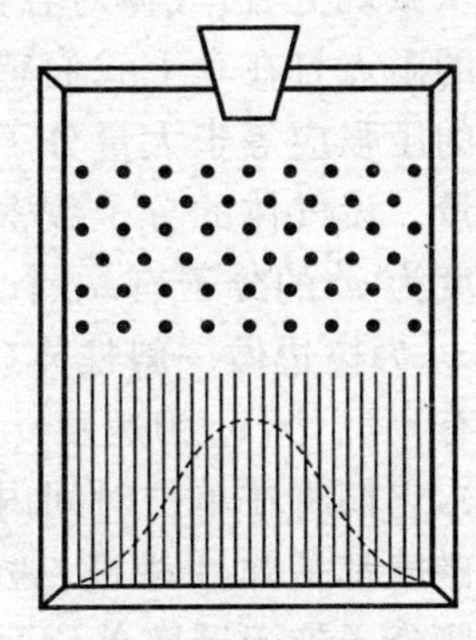

图 9-2-1　伽尔顿板实验

(1) 平衡态时，气体分子在容器中的空间分布是均匀的，由此可知，气体分子数密度 $n$ 处处相同。

$$n=\frac{\Delta N}{\Delta V}=\frac{N}{V}$$

式中，$\Delta N$ 是体积 $\Delta V$ 中的分子数，$N$ 是容器 $V$ 中的分

子数。

(2) 平衡态时,气体分子沿各个方向运动的机会是均等的。

分子速度分量 $v_x, v_y, v_z$ 的平方平均值为

$$\overline{v_x^2} = \frac{\sum_i N_i v_{ix}^2}{N} = \frac{\sum_i n_i v_{ix}^2}{n}$$

$$\overline{v_y^2} = \frac{\sum_i N_i v_{iy}^2}{N} = \frac{\sum_i n_i v_{iy}^2}{n}$$

$$\overline{v_z^2} = \frac{\sum_i N_i v_{iz}^2}{N} = \frac{\sum_i n_i v_{iz}^2}{n}$$

式中,$N_i$ 为 $N$ 个分子中速度为 $v_i$ 的分子数,$n_i$ 为相应的分子数密度。

由于分子的速度在哪一个方向上都不占优势,所以可以认为沿各方向运动的分子数目相等,则有

$$\overline{v_x^2} = \overline{v_y^2} = \overline{v_z^2}$$

又由于

$$\overline{v^2} = \overline{v_x^2} + \overline{v_y^2} + \overline{v_z^2}$$

所以有

$$\frac{1}{3}\overline{v^2} = \overline{v_x^2} = \overline{v_y^2} = \overline{v_z^2} \tag{9-2-3}$$

统计假设是对系统中大量分子平均而言,系统包含的分子数愈多,假设就愈接近实际情况。以上关于理想气体分子运动的力学假设和统计假设构成了理想气体的微观模型。

## 第 3 节　理想气体的压强和温度

### 一、压强

从微观上看,气体对容器壁的压力应是大量气体分子对其碰撞的集体效应,就像密集的雨点打在伞上我们感受到一个均匀的压力一样。器壁所受的压强应等于大量分子单位时间内对其单位面积所施加的冲量。设气体的分子数密度为 $n$,分子质量为 $m_f$,单位体积中速度为 $v_i$ 的分子有 $n_i$ 个。在器壁上取一个单位面积 $\Delta S$,并以 $v_i$ 为棱边做一斜柱体(见图9-3-1),则其中速度为 $v_i$ 的分子有 $n_i v_{ix}$ 个($v_{ix}$ 为速度 $v_i$ 在与面 $\Delta S$ 垂直的方向上的速度分量),它们将在单位时间内撞到器壁上。假设每个分子与器壁的碰撞都是弹性碰撞,碰撞后分子的速度分量变为 $-v_{ix}$,则这些分子施于器壁单位面积 $\Delta S$ 的冲量就为

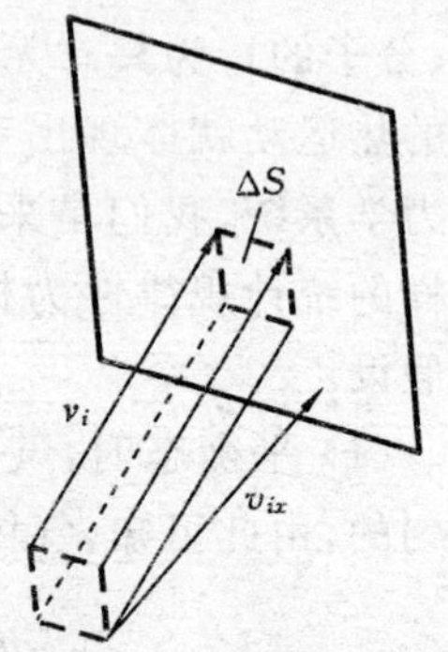


**图 9-3-1　斜柱体**

$$[m_f v_{ix} - (-m_f v_{ix})] \times n_i v_{ix} = 2 m_f n_i v_{ix}^2$$

因为分子具有各种可能的速度，将上式对所有可能的速度求和，求和时应把上式对所有 $v_{ix}>0$ 的各个速度区间求和，这是因为 $v_{ix}<0$ 的分子不会撞到该面积上。这样，得到单位时间内分子作用于器壁单位面积 $\Delta S$ 的总冲量为

$$\sum_{i(v_{ix}>0)} 2m_{\mathrm{f}} n_i v_{ix}^2$$

由于分子运动的无规律性，平均下来，$v_{ix}>0$ 和 $v_{ix}<0$ 的分子数应各占分子总数的一半，又由于此处求和涉及的是速度的平方，所以如果用 $\sum$ 表示对所有分子（不管 $v_{ix}>0$ 或 $v_{ix}<0$）求和，则应有，单位时间内碰到该单位面积 $\Delta S$ 上所有分子施与的总冲量为

$$\frac{1}{2}\sum_i 2m_{\mathrm{f}} n_i v_{ix}^2 = \sum_i m_{\mathrm{f}} n_i v_{ix}^2$$

由于单位时间内的冲量即为力，压强即为单位面积上的力，所以气体对器壁的宏观压强为

$$p = \sum_i m_{\mathrm{f}} n_i v_{ix}^2 = m_{\mathrm{f}} \sum_i n_i v_{ix}^2$$

再由平均值的定义及前面的统计假设知

$$\overline{v_x^2} = \frac{\sum_i n_i v_{ix}^2}{n}, \quad \frac{1}{3}\overline{v^2} = \overline{v_x^2}$$

得到

$$p = n m_{\mathrm{f}} \overline{v_x^2} = \frac{1}{3} n m_{\mathrm{f}} \overline{v^2}$$

由于 $\bar{\varepsilon}_{\mathrm{t}} = \frac{1}{2} m_{\mathrm{f}} \overline{v^2}$ 表示分子的平均平动动能

最后得到

$$p = \frac{2}{3} n\left(\frac{1}{2} m_{\mathrm{f}} \overline{v^2}\right) = \frac{2}{3} n\bar{\varepsilon}_{\mathrm{t}} \tag{9-3-1}$$

式(9-3-1)就是气体动理论的理想气体的压强公式。它把宏观量 $p$ 和微观量的统计平均值联系起来，从结果中我们得到了压强的微观本质，即在分子数密度 $n$ 一定的情况下，压强的大小反映了气体分子平均平动动能的大小。这表明气体压强这个概念具有统计意义，对大量气体分子才有明确意义。

## 二、温度

将公式 $p=\frac{2}{3}n\bar{\varepsilon}_{\mathrm{t}}$ 与状态方程 $p=nkT$ 比较，得出

$$\bar{\varepsilon}_{\mathrm{t}} = \frac{1}{2} m_{\mathrm{f}} \overline{v^2} = \frac{3kT}{2} \tag{9-3-2}$$

该式左边为分子平均平动动能，是微观量的统计平均值。而式子的右边为气体的温度，是宏观量。此式给出了宏观量温度与微观量之间的关系，说明理想气体的温度高低直接反映了分子平均平动动能的大小，表征了系统内分子热运动的剧烈程

度。按照这个观点,热力学温度零度($T=0$ K)将是分子没有热运动的温度。当然,量子力学告诉我们,即使在 $T=0$ K 时,分子仍保持某种振动能量,称为**零点能量**。式(9-3-2)说明了温度是大量分子热运动的集体表现,所以**温度这个概念对个别分子是毫无意义的**。

## 第4节　能均分定理　理想气体的内能

实际上,气体分子本身有一定大小并且还有比较复杂的内部结构。分子不仅具有平动动能,还有转动动能,以及分子内部原子之间的振动能量。为了进一步讨论平衡态下分子的转动能量和振动能量,需要引入分子自由度的概念。

### 一、气体分子的自由度

自由度是用来确定物体空间位置的独立坐标数,记为 $i$。它是描述运动自由程度的物理量。

对于单原子分子气体(如氦、氖、氩等),可以将原子看做是一个质点,需要三个独立坐标 $x,y,z$ 来描述它的位置,所以具有三个平动自由度,$i=t=3$(见图 9-4-1),$t$ 代表平动自由度。对于双原子分子气体(如氢、氧、一氧化碳等),如果认为分子是刚性的(就好像一根轻质刚性杆连接两个质点),则首先要用三个坐标确定其质心位置,即三个平动自由度($t=3$),还需要两个独立坐标确定两个原子连线的方位,该方位可用连线与坐标轴的三个夹角 $\alpha$、$\beta$、$\gamma$ 来确定。因为三者之间有关系式

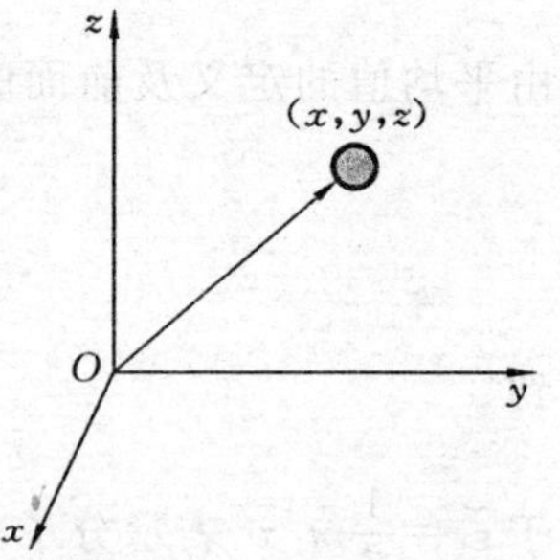

**图 9-4-1　单原子分子**

$$\cos^2\alpha+\cos^2\beta+\cos^2\gamma=1$$

所以只有两个是独立的。这两个坐标给出了分子的转动状态,相应的自由度叫做转动自由度,以 $r$ 表示。所以,刚性双原子分子的总自由度 $i=t+r=3+2=5$(见图 9-4-2)。实际上,双原子分子不完全是刚性的,在原子间作用力的支配下,分子内部原子之间要发生相对振动,此时的双原子分子为非刚性的(假如把分子内原子之间的微振动近似看成谐振动,则双原子分子好像一根轻质弹簧连接两个质点)。对于非刚性双原子分子,还需要用一个坐标来确定两原子间的距离,这个自由度称为**振动自由度**,以 $s$ 表示。所以,对于非刚性双原子分子,其总自由度 $i=t+r+s=3+2+1=6$(见图 9-4-3)。

对于刚性多原子分子,其自由度为 6,即三个平动自由度加三个转动自由度。而非刚性多原子分子的自由度较为复杂。除了三个平动自由度和三个转动自由度外,还有 $3n-6$ 个振动自由度($n$ 为分子中原子数)。分子的自由度如表 9-4-1 所示。

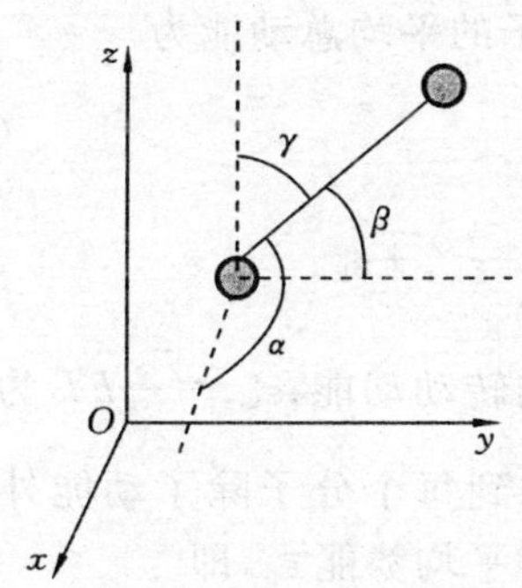


图 9-4-2　刚性双原子分子

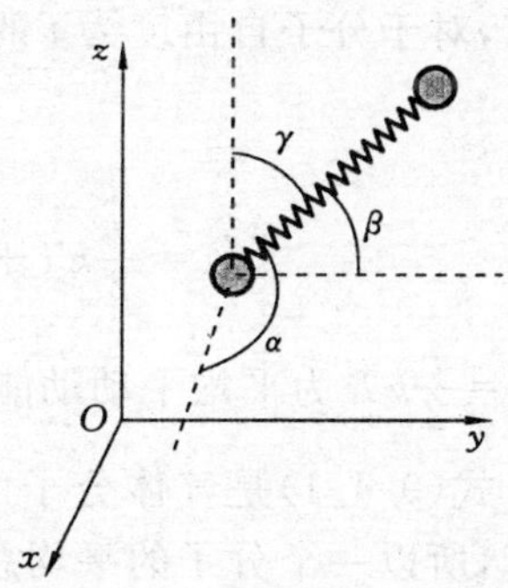


图 9-4-3　非刚性双原子分子

表 9-4-1　分子的自由度

| 分子种类 | | $t$ | $r$ | $s$ | $i=t+r+s$ |
|---|---|---|---|---|---|
| 单原子分子 | | 3 | 0 | 0 | 3 |
| 双原子分子 | 刚性 | 3 | 2 | 0 | 5 |
| | 非刚性 | 3 | 2 | 1 | 6 |
| 多原子分子 | 刚性 | 3 | 3 | 0 | 6 |
| | 非刚性 | 3 | 3 | $3n-6$ | $3n$ |

## 二、能量按自由度均分定理

我们已经得到理想气体分子的平均平动动能

$$\bar{\varepsilon}_t=\frac{1}{2}m_f\overline{v^2}=\frac{3}{2}kT$$

由于

$$\frac{1}{3}\overline{v^2}=\overline{v_x^2}=\overline{v_y^2}=\overline{v_z^2}$$

所以

$$\frac{1}{2}m_f(\overline{v_x^2}+\overline{v_y^2}+\overline{v_z^2})=\frac{1}{2}m_f\overline{v_x^2}+\frac{1}{2}m_f\overline{v_y^2}+\frac{1}{2}m_f\overline{v_z^2}=\frac{3}{2}kT$$

即

$$\frac{1}{2}m_f\overline{v_x^2}=\frac{1}{2}kT,\quad \frac{1}{2}m_f\overline{v_y^2}=\frac{1}{2}kT,\quad \frac{1}{2}m_f\overline{v_z^2}=\frac{1}{2}kT$$

这里我们看到，分子的平均平动动能是均匀地分配在每个平动自由度上的，每个平动自由度上分配的能量均为$\frac{kT}{2}$。这不禁使人想到，当分子还兼有转动自由度和振动自由度时，是否每个自由度上都具有同样分量的平均动能呢？情况确实如此，经典统计理论证明：**对于处在温度为 $T$ 的平衡态下的系统，气体分子每个自由度的平均动能相等，都等于 $kT/2$。**这是一条重要的统计规律，称为**能量按自由度均分定理**。

所以,对于分子自由度为 $i$ 的理想气体,一个分子的平均总动能为

$$\bar{\varepsilon}_{\mathrm{k}}=\frac{i}{2}kT \tag{9-4-1}$$

$$\bar{\varepsilon}_{\mathrm{k}}=\frac{t}{2}kT+\frac{r}{2}kT+\frac{s}{2}kT=\bar{\varepsilon}_{\mathrm{k,t}}+\bar{\varepsilon}_{\mathrm{k,r}}+\bar{\varepsilon}_{\mathrm{k,s}}$$

式中,$\bar{\varepsilon}_{\mathrm{k,t}}=\frac{t}{2}kT$ 为平均平动动能;$\bar{\varepsilon}_{\mathrm{k,r}}=\frac{r}{2}kT$ 为平均转动动能;$\bar{\varepsilon}_{\mathrm{k,s}}=\frac{s}{2}kT$ 为平均振动动能。式(9-4-1)是气体分子的平均总动能,考虑到每个分子除了动能外还可能具有势能,所以一个分子的平均总能量应加上分子的平均势能 $\bar{\varepsilon}_{\mathrm{p}}$,即

$$\bar{\varepsilon}=\bar{\varepsilon}_{\mathrm{k}}+\bar{\varepsilon}_{\mathrm{p}}$$

由于是理想气体,分子与分子之间的距离较大,故不考虑分子与分子之间的相互作用势能,但存在分子内部原子与原子之间的相互作用势能。假如把分子内原子之间的微振动近似看成谐振动,由振动学理论可以证明:**谐振动在一个周期内,平均振动势能与平均振动动能相等**。因此可知,对具有一个振动自由度的分子,其平均振动势能为

$$\bar{\varepsilon}_{\mathrm{p}}=\bar{\varepsilon}_{\mathrm{k,s}}=\frac{1}{2}kT$$

对具有 $s$ 个振动自由度的分子,其平均振动势能为

$$\bar{\varepsilon}_{\mathrm{p}}=\bar{\varepsilon}_{\mathrm{k,s}}=\frac{s}{2}kT$$

所以在考虑了分子的势能后,一个分子的平均总能量就为

$$\bar{\varepsilon}=\bar{\varepsilon}_{\mathrm{k}}+\bar{\varepsilon}_{\mathrm{p}}=\frac{i}{2}kT+\frac{s}{2}kT=\frac{1}{2}(t+r+2s)kT \tag{9-4-2}$$

从宏观上讨论气体的能量时,引入气体内能的概念。**气体的内能是指它所包含的所有分子的能量和分子之间的相互作用势能的总和**。而理想气体没有分子之间的势能,所以内能就是它所包含的 $N$ 个分子能量的总和。记气体的内能为 $E$,则

$$E=N\bar{\varepsilon}=\frac{N}{2}(t+r+2s)kT$$

由于 $k=R/N_{\mathrm{A}}$,$N/N_{\mathrm{A}}=\nu$(气体的摩尔数),所以上式又可写成

$$E=\frac{\nu}{2}(t+r+2s)RT \tag{9-4-3}$$

而 1 mol 气体的内能为

$$E_{\mathrm{mol}}=\frac{1}{2}(t+r+2s)RT \tag{9-4-4}$$

对于单原子分子气体的内能 $E=\frac{3}{2}\nu RT$,刚性双原子分子气体的内能 $E=\frac{5}{2}\nu RT$,非刚性双原子分子气体的内能 $E=\frac{7}{2}\nu RT$,刚性多原子分子气体的内能 $E=\frac{6}{2}\nu RT$。由式(9-4-3)可以得出结论:**对于理想气体,其内能是一个只与温度有关的量**。

# 第5节　气体分子的速度和能量分布

## 一、麦克斯韦速率分布律

尽管气体中单个分子的运动极其复杂，但因为气体的宏观性质是由大量分子运动的集体效应所决定的，所以没有必要也没有意义去知道每个确定的分子在每一瞬间的速度。由 $p=\frac{1}{3}nm_{\mathrm{f}}\overline{v^2}$ 可以算出分子的方均根速率 $\sqrt{\overline{v^2}}$，该速率给出了一个在给定温度下气体中分子速率的一般概念。我们经常想知道得更多。例如，有多大比例的分子，其速率比方均根值大？又有多大比例的分子，其速率比两倍方均根值大？我们需要知道在分子中速度或速率的可能值是怎样分布的。概率论证明了，在平衡态下各分子的速度并非一样。若不考虑分子速度的方向及分子在容器内的空间位置，只考虑 $N$ 个分子按速率的分布，相应的规律称为“气体分子速率分布”。按经典力学的概念，气体分子速率 $v$ 可从 0 到∞连续取值，因此可将分子速率以一定的间隔划分，然后说明每个间隔内的分子数。如图 9-5-1 所示，第一个区间内有 $N_1$ 个分子，第二个区间内有 $N_2$ 个分子……将$(N_1,N_2,\cdots)$称为 $N$ 个分子按速率的分布，它给出了系统的一个确定的宏观态。

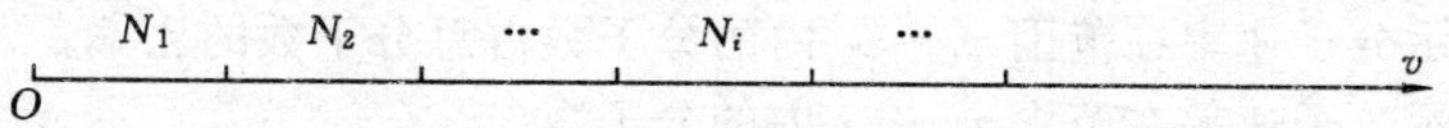

$N_1$　$N_2$　…　$N_i$　…

$O$　　$v$

**图 9-5-1　分子速率间隔的划分**

将上述讨论推广到一般情况：所谓气体分子按速率的分布，就是要指出总数为 $N$ 的气体分子中，速率在 $v$ 到 $v+\mathrm{d}v$ 之间的分子数 $\mathrm{d}N_v$ 为多少，或速率在 $v$ 到 $v+\mathrm{d}v$ 之间的分子数 $\mathrm{d}N_v$ 占总分子数 $N$ 的百分比 $\mathrm{d}N_v/N$ 为多少。如果分子速率介于某一个速率间隔 $v$ 到 $v+\mathrm{d}v$ 之间的分子数 $\mathrm{d}N_v$ 愈多，分子在该速率附近的百分比 $\mathrm{d}N_v/N$ 就愈大。也就是说，分子速率取值在该速率附近的可能性愈大，机会愈多。为了度量这种可能性，称 $\mathrm{d}N_v/N$ 为气体分子速率介于 $v$ 到 $v+\mathrm{d}v$ 之间的概率 $\mathrm{d}w$，即

$$\mathrm{d}w=\frac{\mathrm{d}N_v}{N}$$

式中，$\mathrm{d}N_v$ 为在速率 $v$ 附近，$v$ 到 $v+\mathrm{d}v$ 区间内的分子数。

这一概率与哪些因素有关呢？

首先，在速率间隔一样大的情况下，该百分比在不同速率 $v$ 附近是不同的。另外，速率间隔 $\mathrm{d}v$ 取得愈大，在这个间隔内的分子数也愈多，把这两个因素综合起来，可以写成等式

$$\frac{\mathrm{d}N_v}{N}=f(v)\mathrm{d}v \tag{9-5-1}$$

式中,$f(v)$为概率与速率关系的函数。式(9-5-1)也可改写为

$$\mathrm{d}N_v = Nf(v)\mathrm{d}v \tag{9-5-2}$$

由上式得

$$f(v)=\frac{\mathrm{d}w}{\mathrm{d}v}=\frac{\mathrm{d}N_v}{N\mathrm{d}v} \tag{9-5-3}$$

由式(9-5-3)可以看出函数 $f(v)$的物理意义:它表示占有体积为 $V$ 的 $N$ 个气体分子中速率介于 $v$ 附近单位速率间隔内的分子数 $\mathrm{d}N_v$ 占总分子数 $N$ 的比,或分子速率取值在 $v$ 附近单位速率间隔内的概率,可以称 $f(v)$为“概率密度”。一般称为分子的**速率分布函数**。

**【例题 9-3】** 试说明下列各式的物理意义:

(1) $f(v)=\dfrac{\mathrm{d}N}{N\mathrm{d}v}$;　(2) $f(v)\mathrm{d}v$;　(3) $Nf(v)\mathrm{d}v$;

(4) $\int_{v_1}^{v_2} f(v)\mathrm{d}v$;　(5) $\int_{v_1}^{v_2} Nf(v)\mathrm{d}v$。

**解** (1) 表示分子速率在 $v$ 附近单位速率范围内的分子数占总分子数的比率。例如,$f(200)$表示 $N$ 个气体分子中,速率在 200 m/s 附近,200～201 m/s 范围内的分子数占总分子数的比率。

(2) 表示分子速率在范围 $v\sim v+\mathrm{d}v$ 内的分子数占总分子数的比率。

(3) 表示分子速率在范围 $v\sim v+\mathrm{d}v$ 内的分子数。

(4) 表示分子速率在范围 $v_1\sim v_2$ 内的分子数占总分子数的比率。

(5) 表示分子速率在范围 $v_1\sim v_2$ 内的分子数。

气体分子数按速率的分布规律,是由麦克斯韦(J. C. Maxwell)在 1859 年首先应用概率的概念导出的。所得结果为:**在温度为 $T$ 的平衡态下,理想气体中分子速率在 $v$ 到 $v+\mathrm{d}v$ 之间的分子数 $\mathrm{d}N_v$ 占总分子数 $N$ 的百分比为**

$$\frac{\mathrm{d}N_v}{N}=4\pi v^2 A\mathrm{e}^{-\alpha^2 v^2}\mathrm{d}v \tag{9-5-4}$$

式中,$A=\left(\dfrac{m_\mathrm{f}}{2\pi kT}\right)^{3/2}$,$\alpha^2=\dfrac{m_\mathrm{f}}{2kT}$,$T$ 为气体的热力学温度,$m_\mathrm{f}$ 是一个气体分子的质量,$k$ 是玻尔兹曼常数。这个规律称为**麦克斯韦速率分布律**。

将式(9-5-4)与式(9-5-1)进行比较,得到

$$f(v)=\frac{\mathrm{d}N_v}{N\mathrm{d}v}=4\pi v^2 A\mathrm{e}^{-\alpha^2 v^2} \tag{9-5-5}$$

该式称为**麦克斯韦速率分布函数**。

下面对速率分布函数进行一些讨论。

(1) 作出 $f(v)$的曲线,如图 9-5-2 所示,分子速率在范围 $v\sim v+\mathrm{d}v$ 内的分子数的比率为

$$\frac{\mathrm{d}N_v}{N}=f(v)\mathrm{d}v \tag{9-5-6}$$

在图 9-5-2 中对应于曲线下 $v \sim v+\mathrm{d}v$ 部分的小窄条的面积，显然在速率间隔一样大的情况下，以曲线最高点下的小窄条的面积最大，曲线最高点对应的速率称为分子的**最概然速率**，记为 $v_{\mathrm{p}}$。即对于相同的速率间隔，出现在最概然速率附近的分子数最多。

(2) 将 $\frac{\mathrm{d}N_v}{N}$ 对所有速率区间求和，得到所有速率的分子数的比率，这个比率显然为 1。

$$\int_N \frac{\mathrm{d}N_v}{N} = \int_0^\infty f(v)\mathrm{d}v = 1 \tag{9-5-7}$$

式(9-5-7)称为**分布函数的归一化条件**。

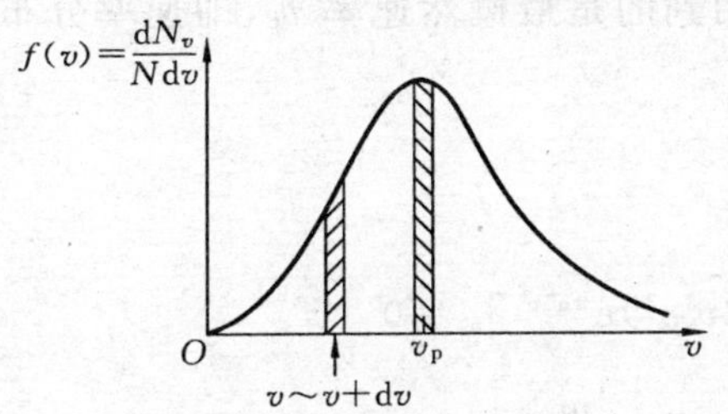


**图 9-5-2 速率分布曲线**

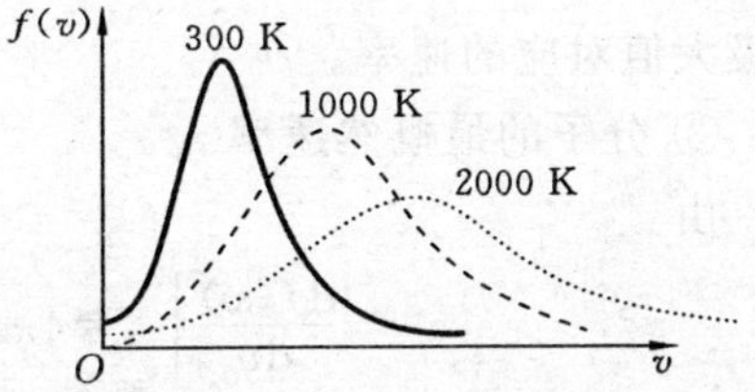

**图 9-5-3 不同温度时的速率分布曲线**

(3) 对于一定的气体，速率分布函数只与系统的温度有关。图 9-5-3 表示不同温度下同一种气体所对应的速率分布函数。

(4) 对于一定的温度，速率分布函数只与分子质量即气体的种类有关。

(5) 分子的三个特征速率。

利用 $f(v)$ 还可以计算与 $v$ 有关的分子微观物理量的统计平均值和分子的最概然速率。

① 分子的平均速率 $\bar{v}$。

$$\bar{v} = \frac{\int_0^\infty v\mathrm{d}N_v}{N} = \int_0^\infty vf(v)\mathrm{d}v = 4\pi\left(\frac{b}{\pi}\right)^{3/2}\int_0^\infty v^3 \mathrm{e}^{-bv^2}\mathrm{d}v$$

式中，$b=\frac{m_{\mathrm{f}}}{2kT}$，由积分公式 $\int_0^\infty v^3\mathrm{e}^{-bv^2}\mathrm{d}v = \frac{1}{2b^2}$，可算出

$$\bar{v}=4\pi\left(\frac{b}{\pi}\right)^{3/2}\frac{1}{2b^2}=2\sqrt{\frac{1}{b\pi}}=\sqrt{\frac{8kT}{\pi m_{\mathrm{f}}}}=\sqrt{\frac{8RT}{\pi M}}\approx 1.60\sqrt{\frac{RT}{M}} \tag{9-5-8}$$

例如，计算 273 K 时氧气分子的平均速率。

$$\bar{v}=1.60\sqrt{\frac{RT}{M}}=1.60\sqrt{\frac{8.31\times 273}{32\times 10^{-3}}}\ \mathrm{m/s}\approx 426.4\ \mathrm{m/s}$$

这表明在通常温度下，气体分子的速率为每秒百米数量级。

② 分子的方均根速率 $\sqrt{\overline{v^2}}$。

$$\overline{v^2}=\frac{\int_0^\infty v^2\mathrm{d}N_v}{N}=\int_0^\infty v^2 f(v)\mathrm{d}v=4\pi\left(\frac{b}{\pi}\right)^{3/2}\int_0^\infty v^4\mathrm{e}^{-bv^2}\mathrm{d}v$$

利用积分公式 $\int_0^\infty v^4\mathrm{e}^{-bv^2}\mathrm{d}v=\frac{3}{8}\sqrt{\frac{\pi}{b^5}}$，可算出

$$\overline{v^2}=4\pi\left(\frac{b}{\pi}\right)^{3/2}\frac{3}{8}\sqrt{\frac{\pi}{b^5}}=\frac{3}{2}b^{-1}=\frac{3kT}{m_{\mathrm{f}}}=\frac{3RT}{M}$$

所以

$$\sqrt{\overline{v^2}}=\sqrt{\frac{3kT}{m_{\mathrm{f}}}}=\sqrt{\frac{3RT}{M}}\approx1.73\sqrt{\frac{RT}{M}}\tag{9-5-9}$$

除了以上两个平均速率外，还有一个常用到的是最概然速率 $v_{\mathrm{p}}$，即速率分布函数极大值对应的速率。

③ 分子的最概然速率 $v_{\mathrm{p}}$。

由

$$\left.\frac{\mathrm{d}f(v)}{\mathrm{d}v}\right|_{v_{\mathrm{p}}}=4\pi A[(2v-2v^3\alpha^2)\mathrm{e}^{-\alpha^2v^2}]_{v_{\mathrm{p}}}=0$$

式中，
$$A=\left(\frac{m_{\mathrm{f}}}{2\pi kT}\right)^{3/2},\quad \alpha^2=\frac{m_{\mathrm{f}}}{2kT}$$

可得到
$$v_{\mathrm{p}}=\sqrt{\frac{2kT}{m_{\mathrm{f}}}}=\sqrt{\frac{2RT}{M}}\approx1.41\sqrt{\frac{RT}{M}}\tag{9-5-10}$$

三个速率的关系为 $v_{\mathrm{p}}<\bar{v}<\sqrt{\overline{v^2}}$，$v_{\mathrm{p}}$、$\bar{v}$ 和 $\sqrt{\overline{v^2}}$ 分别称为气体分子的**三个特征速率**。它们各有其应用价值。要比较不同气体或不同温度时的速率分布曲线，由最概然速率就可作出定性判断。要计算分子的自由飞行路程或输运问题，用到平均速率。计算分子的平均平动动能，用到方均根速率。

通过求分子的平均速率及分子方均根速率可给出如下推广：任意一个与分子速率 $v$ 有关的微观物理量 $g(v)$ 的统计平均值可以由下式计算。

$$\overline{g(v)}=\frac{\int g(v)f(v)\mathrm{d}v}{\int f(v)\mathrm{d}v}\tag{9-5-11}$$

若是对所有速率($v$ 从 0 到$\infty$)的分子求平均，则分母的值为 1。

**【例题 9-4】** 已知 $N$ 个分子构成的理想气体系统，其分子速率分布函数为

$$f(v)=4\pi v^2A\mathrm{e}^{-\alpha^2v^2}$$

式中，
$$A=\left(\frac{m_{\mathrm{f}}}{2\pi kT}\right)^{3/2}=\left(\frac{1}{\pi v_{\mathrm{p}}^2}\right)^{3/2},\quad \alpha=\sqrt{\frac{m_{\mathrm{f}}}{2kT}}=\frac{1}{v_{\mathrm{p}}}$$

$$v_{\mathrm{p}}=\sqrt{\frac{2kT}{m_{\mathrm{f}}}}\quad\text{(分子的最概然速率)}$$

求：(1) 分子速率介于 $v_{\mathrm{p}}\sim v_{\mathrm{p}}+10\ \mathrm{m/s}$ 之间的分子数占总分子数的比；

(2) 每个分子出现在速率区间 $v_p \sim v_p+10$ m/s 的概率；

(3) 分子出现在 $v_p$ 附近单位速率间隔内的概率与在 $\sqrt{\overline{v^2}}$ 附近单位速率间隔内的概率的比值。

**解**　(1) 由于本题中速率区间 $\Delta v=(v_p+10)-v_p=10$ m/s 范围很小，且 $f(v)$ 在此范围内变化不大，因此得到该速率区间内的分子数为

$$\Delta N=\int_{\Delta N}\mathrm{d}N_v=\int_{v_p}^{v_p+\Delta v}Nf(v_p)\mathrm{d}v=Nf(v_p)\Delta v=10Nf(v_p)$$

$$\frac{\Delta N}{N}=10f(v_p)=\frac{40}{\sqrt{\pi}v_p}\mathrm{e}^{-1}$$

(2) 该概率正是(1)中的比值。

(3) 分子出现在 $v_p$ 附近单位速率间隔内的概率为

$$f(v_p)=\frac{4}{\sqrt{\pi}v_p}\mathrm{e}^{-1}$$

分子出现在 $\sqrt{\overline{v^2}}$ 附近单位速率间隔内的概率为

$$f(\sqrt{\overline{v^2}})=4\pi\left(\frac{1}{\pi v_p^2}\right)^{3/2}\overline{v^2}\,\mathrm{e}^{-\overline{v^2}/v_p^2}=\frac{4}{\sqrt{\pi}v_p}\mathrm{e}^{-3/2}\times\frac{3}{2}$$

上式中比值 $\overline{v^2}/v_p^2$ 可由式(9-5-9)与式(9-5-10)得到，即

$$\frac{\overline{v^2}}{v_p^2}=\frac{3}{2}$$

概率比为

$$\frac{f(v_p)}{f(\sqrt{\overline{v^2}})}=\frac{2}{3}\sqrt{\mathrm{e}}$$

**【例题 9-5】**　试说明下列各式的物理意义：

(1) $\dfrac{\int_{v_1}^{v_2}vf(v)\mathrm{d}v}{\int_{v_1}^{v_2}f(v)\mathrm{d}v}$；　(2) $N\int_{v_1}^{v_2}\frac{1}{2}m_f v^2 f(v)\mathrm{d}v$；　(3) $\dfrac{\int_{v_1}^{v_2}\frac{1}{2}m_f v^2 f(v)\mathrm{d}v}{\int_{v_1}^{v_2}f(v)\mathrm{d}v}$

**解**　(1) 速率在范围 $v_1 \sim v_2$ 内的分子的平均速率。

(2) 速率在范围 $v_1 \sim v_2$ 内分子的平动动能的和。

(3) 速率在范围 $v_1 \sim v_2$ 内分子的平均平动动能。

**【例题 9-6】**　假设由 $N$ 个粒子构成的系统，其速率分布函数为

$$f(v)=\begin{cases}Cv & (0\leqslant v\leqslant v_0)\\ 0 & (v>v_0)\end{cases}$$

试求：(1) 常数 $C$；

(2) 粒子的平均速率 $\bar{v}$；

(3) 粒子的方均根速率 $\sqrt{\overline{v^2}}$；

(4) 速率介于 $0 \sim v_0/2$ 区间内有多少个粒子；

(5) 速率介于 $0\sim v_0/2$ 区间内粒子的平均速率 $\overline{v'}$。

**解**　(1) 由归一化条件

$$\int_0^\infty f(v)\mathrm{d}v = \int_0^{v_0} Cv\mathrm{d}v = C\frac{v_0^2}{2} = 1$$

得

$$C=\frac{2}{v_0^2}$$

(2)
$$\bar{v} = \int_0^\infty vf(v)\mathrm{d}v = \int_0^{v_0} Cv^2\mathrm{d}v = C\frac{v_0^3}{3} = \frac{2v_0}{3}$$

(3)
$$\overline{v^2} = \int_0^\infty v^2 f(v)\mathrm{d}v = \int_0^{v_0} Cv^3\mathrm{d}v = C\frac{v_0^4}{4} = \frac{v_0^2}{2}$$

即

$$\sqrt{\overline{v^2}}=\frac{\sqrt{2}}{2}v_0$$

(4)
$$\Delta N = \int \mathrm{d}N = \int_0^{v_0/2} Nf(v)\mathrm{d}v = \int_0^{v_0/2} NCv\mathrm{d}v = NC\frac{v_0^2}{8} = \frac{N}{4}$$

(5)
$$\overline{v'} = \frac{\int_{\Delta N} v\mathrm{d}N}{\Delta N} = \frac{\int_0^{v_0/2} vNf(v)\mathrm{d}v}{N/4} = 4\int_0^{v_0/2} vf(v)\mathrm{d}v = 4\int_0^{v_0/2} Cv^2\mathrm{d}v = \frac{v_0}{3}$$

或由式(9-5-11)得

$$\overline{v'} = \frac{\int_0^{v_0/2} vf(v)\mathrm{d}v}{\int_0^{v_0/2} f(v)\mathrm{d}v} = \frac{v_0}{3}$$

## *二、麦克斯韦速度分布律

下面仍以前面的理想气体来进行分析。式(9-5-4)考虑的是分子按速率的分布，式中的 $\mathrm{d}N_v$ 表示既不管分子速度的方向如何，也不管分子在容器内的空间位置如何，$N$ 个分子中速率介于 $v$ 到 $v+\mathrm{d}v$ 间隔内的分子数。可以引入速度空间来说明分布函数。在以 $v_x, v_y, v_z$ 为坐标的空间，分子数 $\mathrm{d}N_v$ 表示：分子速度矢量端点位于该空间半径为 $v$、厚度为 $\mathrm{d}v$ 的球壳内，即"体积元" $4\pi v^2\mathrm{d}v$ 内的分子数，显然这里面包含了各种方向的速度(这些速度的大小是一样的，都介于 $v$ 到 $v+\mathrm{d}v$)(见图 9-5-4)。

如果我们需要指出分子按速度是如何分布的——速度介于 $\boldsymbol{v}\sim\boldsymbol{v}+\mathrm{d}\boldsymbol{v}$ 范围内，即分子速度分量介于 $v_x\sim v_x+\mathrm{d}v_x, v_y\sim v_y+\mathrm{d}v_y, v_z\sim v_z+\mathrm{d}v_z$ 范围内的分子数 $\mathrm{d}N_{\boldsymbol{v}}$。在速度空间，$\mathrm{d}N_{\boldsymbol{v}}$ 表示 $N$ 个分子中，速度矢量的端点落在 $\boldsymbol{v}$ 矢端附近的一个"体积元" $\mathrm{d}v_x\mathrm{d}v_y\mathrm{d}v_z$ 中的分子数，只需将式(9-5-4)中的球壳形体积元 $4\pi v^2\mathrm{d}v$ 用体积元 $\mathrm{d}v_x\mathrm{d}v_y\mathrm{d}v_z$ 来代替($\mathrm{d}v_x\mathrm{d}v_y\mathrm{d}v_z$ 称为速度区间)，其中的速度 $v^2$ 写为 $v_x^2+v_y^2+v_z^2$，并将式子左边的 $\mathrm{d}N_v$ 改写成 $\mathrm{d}N_{\boldsymbol{v}}$，有

$$\frac{\mathrm{d}N_{\boldsymbol{v}}}{N}=A\mathrm{e}^{-\alpha^2(v_x^2+v_y^2+v_z^2)}\mathrm{d}v_x\mathrm{d}v_y\mathrm{d}v_z \qquad (9\text{-}5\text{-}12)$$

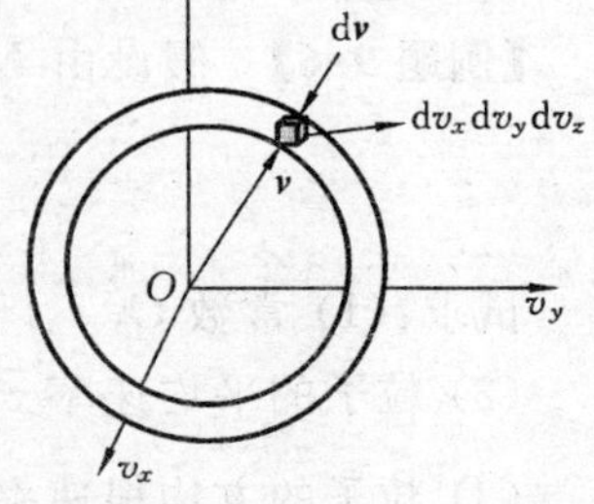


**图 9-5-4　速度空间体积元**

式中，$A=\left(\frac{m_f}{2\pi kT}\right)^{3/2}$，$\alpha=\sqrt{\frac{m_f}{2kT}}$。注意到分子的动能为

$$\varepsilon_k=\frac{1}{2}m_f v^2=\frac{1}{2}m_f(v_x^2+v_y^2+v_z^2)$$

式(9-5-12)又可写为

$$\frac{dN_v}{N}=A e^{-\varepsilon_k/KT}dv_x dv_y dv_z \tag{9-5-13}$$

式(9-5-12)、式(9-5-13)给出的规律称为**麦克斯韦速度分布**。它表示占有体积 $V$ 的 $N$ 个分子中速度介于 $\boldsymbol{v}\sim\boldsymbol{v}+d\boldsymbol{v}$ 内的分子数占总分子数的比率。该比值也表示对每个分子而言，有多大的概率速度出现在 $\boldsymbol{v}\sim\boldsymbol{v}+d\boldsymbol{v}$ 的范围内。（下标 $\boldsymbol{v}$ 表示该分子数 $dN_v$ 为在速度 $\boldsymbol{v}$ 附近，$\boldsymbol{v}$ 到 $\boldsymbol{v}+d\boldsymbol{v}$ 区间内的分子数）

可以由 $\frac{dN_v}{N}=f(\boldsymbol{v})dv_x dv_y dv_z$ 写出麦克斯韦速度分布函数如下：

$$f(\boldsymbol{v})=A e^{-\alpha^2(v_x^2+v_y^2+v_z^2)} \tag{9-5-14}$$

## 三、麦克斯韦-玻耳兹曼能量分布律

玻耳兹曼将麦克斯韦速度分布律推广到气体分子在任意力场中运动的情形。在麦克斯韦分布律即式(9-5-13)中，指数项只包含分子的动能

$$\varepsilon_k=\frac{1}{2}m_f v^2$$

这是考虑分子不受外力场影响的情况。当分子在保守力场中运动时，玻耳兹曼认为应以总能量 $\varepsilon=\varepsilon_k+\varepsilon_p$ 代替式(9-5-13)中的 $\varepsilon_k$，其中 $\varepsilon_p$ 是分子在力场中的势能。由于势能一般随位置而定，分子在空间的分布将是不均匀的。最后，玻耳兹曼得出结论：位置坐标分布在 $x\sim x+dx$，$y\sim y+dy$，$z\sim z+dz$ 间隔内，同时速度分量在 $v_x\sim v_x+dv_x$，$v_y\sim v_y+dv_y$，$v_z\sim v_z+dv_z$ 间隔内的分子数为

$$\begin{aligned} dN &= n_0 A e^{-(\varepsilon_k+\varepsilon_p)/(kT)}dv_x dv_y dv_z dx dy dz \\ &= n_0 A e^{-m_f(v_x^2+v_y^2+v_z^2)/(2kT)}e^{-\varepsilon_p/(kT)}dv_x dv_y dv_z dx dy dz \end{aligned} \tag{9-5-15}$$

式中，$n_0$ 为 $\varepsilon_p=0$ 处单位体积内的分子总数（包括所有各种速度的分子）。这个式子叫做**麦克斯韦-玻耳兹曼分布律**。

式(9-5-15)表明，在间隔 $dv_x dv_y dv_z dx dy dz$ 内的这些分子，总能量大致都是 $\varepsilon=\varepsilon_k+\varepsilon_p$，其总数正比于 $e^{-(\varepsilon_k+\varepsilon_p)/(kT)}$，也正比于 $dv_x dv_y dv_z dx dy dz$。因子 $e^{-(\varepsilon_k+\varepsilon_p)/(kT)}$ 叫做**概率因子**。

下面考虑一个简单实例，即重力场中理想气体分子按位置的分布。由于重力场的影响，分子按位置的分布不再均匀，而是在重力方向作上疏下密的分布。若不管分子速度的大小和方向，将式(9-5-15)对所有速度求积分

$$dN = n_0 A e^{-\varepsilon_p/(kT)}dx dy dz \iiint_{-\infty\sim+\infty} e^{-m_f(v_x^2+v_y^2+v_z^2)/(2kT)}dv_x dv_y dv_z$$

借助公式$\int_{-\infty}^{\infty} e^{-\alpha^2 x^2} dx = \frac{\sqrt{\pi}}{\alpha}$,可以证明积分

$$\iiint\limits_{-\infty\sim+\infty} e^{-m_f(v_x^2+v_y^2+v_z^2)/(2kT)} dv_x dv_y dv_z = \left(\frac{2\pi kT}{m_f}\right)^{3/2} = \frac{1}{A}$$

$$dN = n_0 e^{-\varepsilon_p/(kT)} dxdydz$$

由此得到空间坐标为$x$、$y$、$z$的点附近单位空间体积内的分子数为

$$n = \frac{dN}{dxdydz} = n_0 e^{-\varepsilon_p/(kT)} \tag{9-5-16}$$

将$\varepsilon_p = m_f gz$代入式(9-5-16),得到

$$n = n_0 e^{-m_f gz/(kT)} = n_0 e^{-Mgz/(RT)} \tag{9-5-17}$$

式中,$m_f$为一个分子的质量,$k$为玻耳兹曼常数,$M$为气体摩尔质量,$R$为气体普适恒量。式(9-5-17)给出的规律就是**重力场中分子或粒子按高度变化的玻耳兹曼分布**。

由式(9-2-2)即$p = nkT$,又得到

$$p = n_0 kT e^{-m_f gz/(kT)} = p_0 e^{-m_f gz/(kT)} \tag{9-5-18}$$

由于此式是在平衡态时导出的,只有当温度不随高度变化时才准确成立,所以称为**恒温压强公式**。其中,$p_0 = n_0 kT$为$z=0$处的压强。

**【例题 9-7】** 验证离海平面高度为$h_0$处,单位面积上所受的压力(压强)等于该面积正上方整个气体柱的重量。

**解** 考虑离海平面高度为$z$、厚度为$dz$、横截面为单位面积的一段气体柱。设该气体柱包含的气体质量为$dm$,则

$$dm = m_f n dz$$

式中,$m_f$为分子质量,$n$为该处的气体分子数密度。

由式(9-5-17)即$n = n_0 e^{-m_f gz/(kT)}$得

$$dm = m_f n_0 e^{-m_f gz/(kT)} dz$$

式中,$n_0$为海平面处的气体分子数密度。

根据题意,在高度为$h_0$以上的空气柱的总质量为

$$\begin{aligned} m &= \int dm = \int_{h_0}^{\infty} m_f n_0 e^{-m_f gz/(kT)} dz \\ &= m_f n_0 \left(-\frac{kT}{m_f g}\right) e^{-m_f gz/(kT)} \Big|_{h_0}^{\infty} \\ &= \frac{n_0 kT}{g} e^{-m_f g h_0/(kT)} \end{aligned}$$

由于$n_0 kT = p_0$为海平面处的压强,所以上式可写为

$$mg = n_0 kT e^{-m_f g h_0/(kT)} = p_0 e^{-m_f g h_0/(kT)}$$

这正是$h_0$高度处的压强,即

$$p_0 e^{-m_f g h_0/(kT)} = p(h_0)$$

**注意**　在以上的讨论中，都是把分子当做一个质点来处理的，因此对于分子的动能只考虑了分子的平动动能。

## 第 6 节　范德瓦尔斯方程

理想气体是一种理想化的模型，它忽略了气体分子之间的作用力。然而在近代工程技术和科学研究中，经常需要处理高压或低温条件下的气体问题，因此在应用理想气体状态方程时，必须考虑到真实气体的特征而予以必要的修正。20 世纪以来，许多物理学家提出了各种不同的修正意见，建立了各种不同形式的气体状态方程，其中形式较为简单且物理意义比较清楚的就是范德瓦尔斯(Van der Waals)方程。

我们曾这样对理想气体作出假设：① 气体分子可看做质点，分子的体积可以忽略不计；② 气体分子间的相互作用除了碰撞之外可以忽略。范德瓦尔斯认为这些假设正是引起偏差的主要原因。因此，对理想气体状态方程的修正就是要考虑分子本身的体积和分子之间的相互作用力(分子力)对气体状态方程的影响，并对它进行修正。

首先，考虑分子的体积所引起的修正。1 mol 理想气体的状态方程为 $pV_m=RT$。由于理想气体模型中分子是不占有体积的质点，所以 $V_m$ 既是 1 mol 理想气体占有的体积，也是气体中每一个分子在运动过程中可以达到的体积。考虑到分子的体积，每一个分子所能达到的空间应小于气体的摩尔体积 $V_m$，它应等于摩尔体积 $V_m$ 减去气体分子占有体积而引起的修正值 $b$。所以，理想气体状态方程修正为

$$p(V_m-b)=RT \tag{9-6-1}$$

式中，$b$ 称为**范德瓦尔斯修正量**，其数值可由实验确定。理论上可以证明，$b$ 的数值约等于气体内所有分子体积总和的 4 倍。分子的有效直径 $d$ 约为 $10^{-8}$ cm，故可估算出

$$b=4N_A\frac{4}{3}\pi\left(\frac{d}{2}\right)^3\approx 10\ \text{cm}^3/\text{mol}$$

式中，$N_A$ 为**阿伏加德罗常数**。

在标准状态下，1 mol 气体的体积 $V_m=22.4\times10^3\ \text{cm}^3$，$b$ 仅为 $V_m$ 的万分之四，可以忽略。当压强增加时，假设增加到 $10^8$ Pa，若理想气体状态方程仍成立，则1 mol气体的体积将缩小到 $V_m=22.4\ \text{cm}^3$，这时 $b$ 就显得十分必要，不能忽略了。

其次，考虑分子之间的作用力——分子力所引起的修正。分子间的力是保守力，其相互作用势能随分子间距而变化的情况如图 9-6-1 所示。

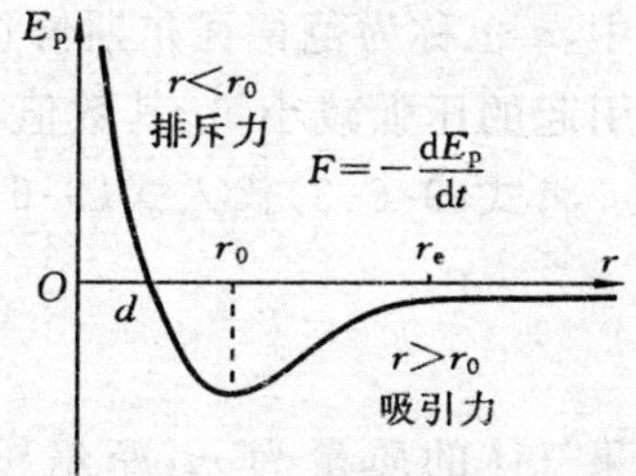


**图 9-6-1　分子间相互作用势能**

在平衡位置 $r_0$ 处，$F=0$，当 $r<r_0$ 时，曲线有很陡的负斜率，这相当于很强的斥力；当 $r=d$ 时，势能为

零,$d$ 就是分子的有效直径。它是一个与 $r_0$ 同数量级的量,约为 $10^{-10}$ m。所谓分子的体积,正是这种斥力的表现。当 $r>r_0$ 时曲线的斜率为正的,这相当于引力。这引力随着距离的增加很快地趋近于零(曲线斜率很快地趋近于零)。分子力近似认为等于零的距离称为分子的**有效作用半径** $r_e$,数量级约为 $10^{-9}$ m。在低压状态下,分子间距离相当大,这种引力可以忽略不计,而将气体当做理想气体处理。

在容器中气体内部认定一个分子 $\beta$,如图 9-6-2 所示。以 $\beta$ 为中心,取 $r_e$ 为半径作一球。对 $\beta$ 有引力作用的其他分子,都分布在这个球内。在气体内部,由于周围分子相对 $\beta$ 分子的作用是对称分布的,所以它们相互抵消,合力为零。靠近器壁的分子 $\alpha$ 的情况就不同了,以 $\alpha$ 为中心的引力作用球有一部分在气体的外面,总的效果使 $\alpha$ 受到一个垂直于器壁的指向气体内部的合力。因此,器壁附近存在着一厚度为 $r_e$ 的气体层,在此层外分子间的引力对气体分子的运动状态没有影响,在此层内分子间的引力将使气体分子受到指向气体的拉力 $F$。它的作用是使气体分子碰壁时,在垂直于器壁方向上的动量减小,从而器壁实际受到的压强比 $RT/(V_m-b)$ 要小。即考虑到分子间的引力后,气体施于器壁的实际压强为

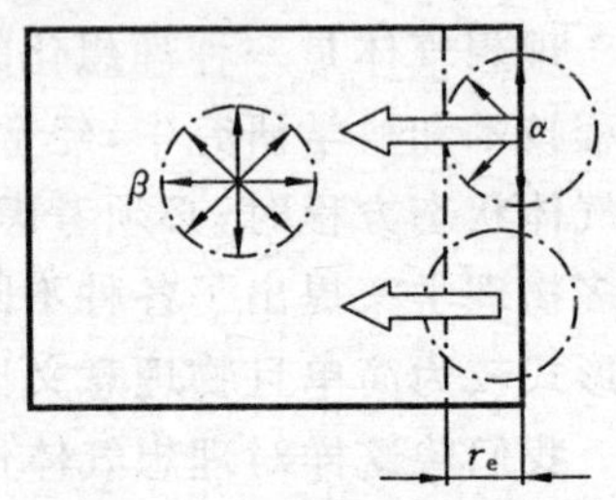


**图 9-6-2　气体分子受到指向气体的拉力**

$$p=\frac{RT}{V_m-b}-|\Delta p| \tag{9-6-2}$$

通常,把 $|\Delta p|$ 称为气体的内压强。

从气体动理论的观点看,压强等于在单位时间里气体分子施于单位面积器壁的冲量的统计平均值。因此,若以 $\Delta M$ 表示因引力作用使分子在垂直于器壁的方向上动量减少的数值,则

$$|\Delta p|=\text{单位时间内与单位面积器壁相碰的分子数}\times\Delta M$$

显然 $\Delta M\propto F$(气体分子受到指向气体的拉力),而 $F\propto n_0$(单位体积内的分子数),所以 $\Delta M\propto n_0$。又由于单位时间内与单位面积器壁相碰的分子数正比于 $n_0$,故有

$$|\Delta p|\propto n_0^2\propto 1/V_m^2 \quad \text{或} \quad |\Delta p|=a/V_m^2 \tag{9-6-3}$$

式中,$a$ 也称为范德瓦尔斯修正量,它表示在占有单位体积时,由于分子间存在引力而引起的压强减小量,其数值可由实验确定。

将式(9-6-3)代入式(9-6-2),即得 1 mol 气体适用的范德瓦尔斯方程:

$$\left(p+\frac{a}{V_m^2}\right)(V_m-b)=RT \tag{9-6-4}$$

如果气体的质量为 $m$,摩尔质量为 $M$,则占有体积 $V=\frac{m}{M}V_m$,将 $V_m=\frac{M}{m}V$ 代入式(9-6-4),得到在同温同压条件下,摩尔数为 $\nu=m/M$ 的气体适用的范德瓦尔斯方程:

$$\left(p+\frac{m^2}{M^2}\frac{a}{V^2}\right)\left(V-\frac{m}{M}b\right)=\frac{m}{M}RT \tag{9-6-5}$$

一些气体的范德瓦尔斯修正量 $a$ 和 $b$ 的实验值，可参见表 9-6-1。

**表 9-6-1　一些气体的范德瓦尔斯修正量 $a$ 和 $b$ 的实验值**

| | 氧 | 氮 | 氢 | 氦 |
|---|---|---|---|---|
| $a/(\mathrm{J\cdot m^3\cdot mol^{-2}})$ | 0.138 | 0.137 | 0.0248 | 0.00324 |
| $b/(\mathrm{m^3\cdot mol^{-1}})$ | $3.19\times10^{-5}$ | $3.86\times10^{-5}$ | $2.66\times10^{-5}$ | $2.34\times10^{-5}$ |
| | 氩 | 二氧化碳 | 氨 | 水蒸气 |
| $a/(\mathrm{J\cdot m^3\cdot mol^{-2}})$ | 0.137 | 0.365 | 0.424 | 0.555 |
| $b/(\mathrm{m^3\cdot mol^{-1}})$ | $3.23\times10^{-5}$ | $4.28\times10^{-5}$ | $3.73\times10^{-5}$ | $3.06\times10^{-5}$ |

关于范德瓦尔斯方程与理想气体状态方程准确度的比较，可参见表 9-6-2。表中列出了 0 ℃时 1 mol 氮气在不同压强下的摩尔体积 $V_m$ 的实验值和相应的 $pV_m$ 及 $(p+a/V_m^2)(V_m-b)$ 的数值。

**表 9-6-2　范德瓦尔斯方程与理想气体状态方程准确度的比较($RT_0=22.71\times10^2$ J)**

| $p/(1.01\times10^5\ \mathrm{Pa})$ | $V_m/\mathrm{L}$ | $pV_m/(10^2\ \mathrm{J})$ | $(p+a/V_m^2)(V_m-b)/(10^2\ \mathrm{J})$ |
|---|---|---|---|
| 1 | 22.40 | 22.70 | 22.72 |
| 100 | 0.2241 | 22.71 | 24.14 |
| 300 | 0.0850 | 25.84 | 23.51 |
| 500 | 0.0625 | 31.66 | 23.52 |
| 700 | 0.0532 | 37.73 | 21.31 |

我们发现，在 $10^7$ Pa 以下，理想气体状态方程与范德瓦尔斯方程都能较好地描述氮气的行为。超过 $10^7$ Pa 以后，理想气体状态方程就开始明显地偏离实际情况。而由范德瓦尔斯方程计算气体氮的性质，并且取 $a=0.14\ \mathrm{J\cdot m^3/mol^2}$，$b=3.8\times10^{-5}\ \mathrm{m^3/mol^2}$，则由表中最后一列看到，在相对误差$\pm6\%$的范围内，一直到 $5\times10^7$ Pa，仍与实验值符合得很好。

## 第 7 节　分子的平均碰撞次数　平均自由程

气体分子在运动过程中因碰撞而不断地改变运动方向，将分子连续两次碰撞之间自由通过的直线路程，称为分子的**自由程** $\lambda$。将一个分子在每单位时间内与其他分子的碰撞次数，称为**碰撞频率** $Z$。由于分子之间的碰撞杂乱无章，所以自由程的大小作无规则的变化，在不同时刻，碰撞频率也各不相同。在统计意义下，可引入**平均自由程** $\bar{\lambda}$ 与**平均碰撞频率** $\bar{Z}$。

平均自由程 $\bar{\lambda}$ 与平均碰撞频率 $\bar{Z}$ 的关系为:对一个以平均速率 $\bar{v}$ 运动的分子,在单位时间内走过的路程为 $\bar{\lambda}$,在单位时间内的碰撞次数为 $\bar{Z}$,且有

$$\bar{\lambda}=\frac{\bar{v}}{\bar{Z}} \tag{9-7-1}$$

为简化问题,我们假设每个气体分子都是一个平均直径为 $d$(称为**分子的有效直径**)的小球。气体中除一个分子 $A$ 以平均相对速率 $\bar{u}$ 运动外,其他分子都静止不动。在 $A$ 分子运动过程中,只有其中心与 $A$ 的中心之间的距离小于或等于分子有效直径 $d$ 的那些分子才有可能与 $A$ 发生碰撞。以 $A$ 中心的运动轨迹为轴线,以分子的有效直径 $d$ 为半径作一曲折的圆柱体(见图 9-7-1),凡是中心在此圆柱体内的分子都会与 $A$ 碰撞。在 $\Delta t$ 时间内,$A$ 走过的路程为 $\bar{u}\Delta t$,走过的圆柱体的体积为 $\pi d^2\bar{u}\Delta t$,若气体分子数密度为 $n$,则该圆柱体内的总分子数为 $n\pi d^2\bar{u}\Delta t$,这正是 $A$ 与其他分子的碰撞次数,所以平均碰撞频率为

$$\bar{Z}=\frac{n\pi d^2\bar{u}\Delta t}{\Delta t}=n\pi d^2\bar{u} \tag{9-7-2}$$

由更详细的理论可以知道,气体分子的平均相对速率 $\bar{u}$ 与平均速率的关系为

$$\bar{u}=\sqrt{2}\,\bar{v}$$

所以可将式(9-7-2)变为

$$\bar{Z}=\sqrt{2}n\pi d^2\bar{v} \tag{9-7-3}$$

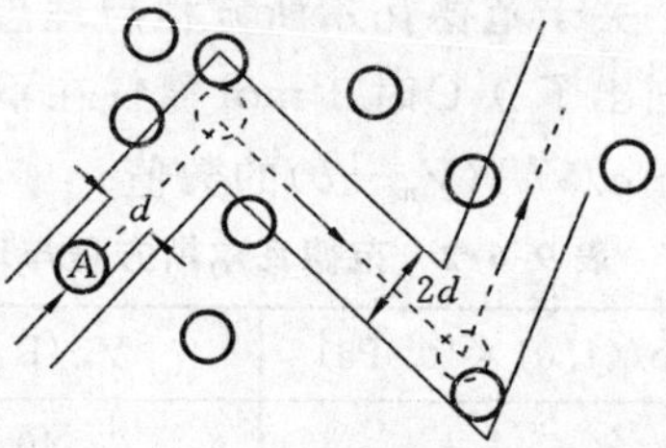

**图 9-7-1 $A$ 分子对其他分子的碰撞**

再由式(9-7-1)得到

$$\bar{\lambda}=\frac{\bar{v}}{\bar{Z}}=\frac{1}{\sqrt{2}n\pi d^2} \tag{9-7-4}$$

由 $p=nkT$ 得到

$$\bar{\lambda}=\frac{kT}{\sqrt{2}\pi d^2 p} \tag{9-7-5}$$

该式表明,当温度一定时,平均自由程与压强成反比。为了对气体分子不规则运动的程度有一个数量级的概念,表 9-7-1 给出了标准状态($p=1.013\times10^5$ Pa,$T=273$ K)下几种气体分子的有效直径及平均自由程的数据。表 9-7-2 给出了 $T=273$ K 时,不同压强下空气分子平均自由程的数量级。

**表 9-7-1 标准状态下气体分子的平均自由程**

| 气　体 | 直径 $d/(10^{-10}$ m) | 平均自由程 $\bar{\lambda}/(10^{-8}$ m) |
|---|---|---|
| $H_2$ | 2.38 | 14.8 |
| $N_2$ | 3.13 | 8.54 |
| $O_2$ | 2.96 | 9.55 |
| 空气 | 3.11 | 8.65 |

**表 9-7-2　273 K 时不同压强下空气分子平均自由程的数量级**

| $p$/Pa | 平均自由程 $\bar{\lambda}$/m |
|---|---|
| $1.013\times10^5$(1 atm) | $10^{-7}$ |
| 133.3(10 mmHg) | $10^{-4}$ |
| 1.333($10^{-2}$ mmHg) | $10^{-2}$ |
| $1.333\times10^{-2}$($10^{-4}$ mmHg) | 1 |
| $1.333\times10^{-4}$($10^{-6}$ mmHg) | $10^2$ |

在标准状态下，取 $\bar{v}$ 的数量级为 $10^2$ m/s，$\bar{\lambda}$ 的数量级为 $10^{-7}$ m，则平均碰撞次数为

$$\bar{Z}\approx10^9/\mathrm{s}$$

由此可以看到：每当分子行进千万分之一米左右这样短的路程，就要同其他分子发生碰撞。在 1 s 内，一个分子和其他分子的平均碰撞次数竟可达到几十亿次之多！由此可知，气体分子的运动是永不停息且极不规则的。

## 第 8 节　偏离平衡态

前面讨论的系统都是处于平衡态时的情况，实际上，许多问题都与气体在非平衡态时的性质有关。当系统各部分的宏观物理性质如流速、温度或密度不均匀时，由于分子的热运动，系统将逐渐过渡到平衡态，这种过渡称为**输运过程**。常见的输运过程有如下三种。

(1) **动量的输运——内摩擦或粘滞现象**。流动的流体内各流层的流速不一致时，相邻层中的分子通过相互碰撞和相互掺和而交换动量，使各流层的流速渐趋一致。

(2) **能量的输运——热传导**。系统内各部分温度不均匀时，各部分分子之间通过相互碰撞和相互掺和而交换动能，使温度渐趋均匀一致。

(3) **质量的输运——扩散**。系统内各部分密度不均匀时，分子通过热运动发生质量的输运，使系统的密度趋于均匀一致。

真空技术、镀膜技术、化学工程与低温工程等不少地方与气体系统的输运现象有关。下面分别讨论这三种输运过程的基本规律。

### 一、内摩擦(或粘滞现象)

设流体沿 $x$ 方向流动(见图 9-8-1)，与平面 $xOz$ 平行的各流层流速不一致，即各流体层的速度 $u=u(y)$。$\mathrm{d}u/\mathrm{d}y$ 表示流速梯度，代表沿 $y$ 方向每单位距离上流速的增加量。在 $y$ 高度处取面积为 $\mathrm{d}S$ 的一个分界平面，由于两相邻流层之间有相对运动，分界面上方速度大的流层要使分界面下方速度小的流层速度加快，下方速度小的流层要使上方速度大的流层速度减慢，在界面上彼此都以一个沿界面切线方向($x$ 方

向)的力作用于对方，分别为 $\mathrm{d}f$ 和 $\mathrm{d}f'$，称为内摩擦力或粘滞力。由牛顿第三定律显然有 $\mathrm{d}f=-\mathrm{d}f'$。实验表明，在一定条件下，粘滞力 $\mathrm{d}f$ 与面积 $\mathrm{d}S$ 及该处的速度梯度成正比，即

$$\mathrm{d}f=-\eta\left(\frac{\mathrm{d}u}{\mathrm{d}y}\right)\mathrm{d}S \tag{9-8-1}$$

式中，比例系数 $\eta>0$ 叫做粘滞系数或粘度，单位为 Pa·s。负号表示 $\mathrm{d}f$ 总是倾向于使流速趋向均匀。例如，如图 9-8-1 所示 $\mathrm{d}u/\mathrm{d}y>0$ 的情况下，$\mathrm{d}f<0$，表示分界面 $\mathrm{d}S$ 上面流体受到下面流体的粘滞力的方向向左，与流速方向相反。

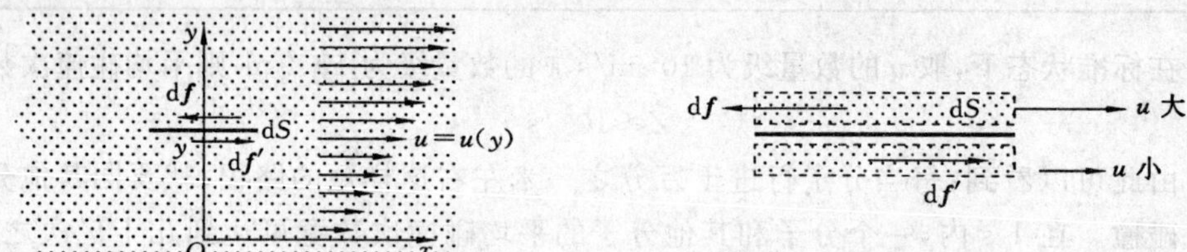


图 9-8-1 内摩擦现象　　图 9-8-2 两气层之间互施粘滞力

从气体动理论的观点来看，当气体流动时，每个分子除了具有热运动动量外，还附加有定向运动动量。气体流速沿 $y$ 轴正方向增加，所以图 9-8-1 中在 $\mathrm{d}S$ 上方气体分子的定向动量大，而下方气体分子的定向动量小。由于热运动的碰撞和搀和，上方气体中的分子带着较大的定向动量穿过 $\mathrm{d}S$ 移动到下面，下方气体中的分子带着较小的定向动量移动到上面。导致流速大的气体流动动量减小，流速小的气体流动动量增大。宏观上，这相当于两气体层之间互施粘滞力(见图 9-8-2)。因此，从微观上看，气体的内摩擦现象是气体内部分子定向动量的输运所形成的。根据气体动理论，可导出

$$\eta=\frac{1}{3}nm_{\mathrm{f}}\bar{v}\bar{\lambda} \tag{9-8-2}$$

式中，$n$ 为分子数密度，$m_{\mathrm{f}}$ 为分子质量，$\bar{v}$ 为分子平均速率，$\bar{\lambda}$ 为平均自由程。

## 二、热传导

设某系统中温度沿 $y$ 方向逐渐变化，沿 $y$ 方向的温度梯度为 $\mathrm{d}T/\mathrm{d}y$(见图 9-8-3)，它表示 $y$ 方向上每单位长度温度的变化。实验表明，在 $\mathrm{d}t$ 时间内，通过 $y$ 处面积 $\mathrm{d}S$(与 $y$ 方向垂直的平面)传递的热量 $\mathrm{d}Q$ 与该处的温度梯度 $\mathrm{d}T/\mathrm{d}y$、面积 $\mathrm{d}S$ 及时间 $\mathrm{d}t$ 成正比，即

$$\mathrm{d}Q=-\kappa\frac{\mathrm{d}T}{\mathrm{d}y}\mathrm{d}S\mathrm{d}t \tag{9-8-3}$$

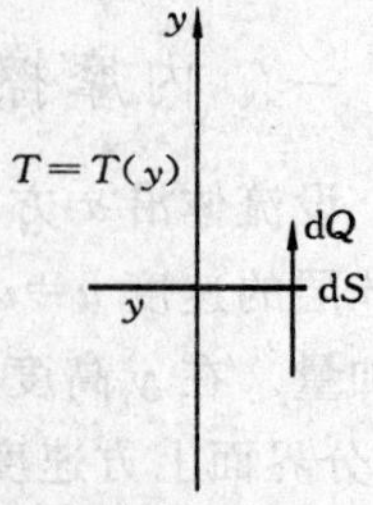


图 9-8-3 热传导

式中，负号表示热量总是向温度梯度取负值的方向传递，即 $\mathrm{d}T/\mathrm{d}y>0$ 时，热量沿 $y$ 轴负向传递；$\mathrm{d}T/\mathrm{d}y<0$ 时，热量沿 $y$

轴正向传递(见图 9-8-3)。比例系数 $\kappa>0$,称为**热导率**,单位为 W/(m·K)。

从微观上看,物质内的传热过程是通过分子的碰撞与混合,从而使热运动的能量发生净迁移的过程。当气体内各部分温度不均匀时,表现为分子的平均热运动能量 $\bar{\varepsilon}$ 不同。在温度梯度 $\mathrm{d}T/\mathrm{d}y<0$ 时,$\mathrm{d}S$ 下方的分子带着较大的平均能量 $\bar{\varepsilon}$ 穿过 $\mathrm{d}S$ 迁移到上方,$\mathrm{d}S$ 上方的分子带着较小的平均能量 $\bar{\varepsilon}$ 迁移到下方。上下分子交换的结果将有净能量从下往上输运。这在宏观上表现为热传导。因此,**气体内的热传导在微观上是分子热运动能量的输运所形成的**。根据气体动理论,可导出

$$\kappa=\frac{1}{3}nm_{\mathrm{f}}\bar{v}\bar{\lambda}\,\frac{C_{V,\mathrm{m}}}{M} \tag{9-8-4}$$

式中,$C_{V,\mathrm{m}}$ 为气体的摩尔定容热容(1 mol 的气体在体积不变的情况下,温度升高 1 K 所吸收的热量),将在第 10 章讨论;$M$ 为气体摩尔质量;其他量的物理意义同式(9-8-2)。

## 三、扩散

在盛有两种不同气体的容器中,如果其中某种气体的密度不均匀,气体将从密度大的地方向密度小的地方散布,这种现象称为**扩散**。在只有一种气体的情况下,当温度均匀时,密度的不均将导致压强的不均匀而形成宏观气流,这就不是单纯的扩散现象了。为了研究单纯的扩散现象,选两种分子量相等的气体混合,总密度均匀,即在任何地方的单位体积内的两种气体分子数的总和相等。但就每单一气体而言,密度为不均匀的(见图 9-8-4)。这时的扩散称为**自扩散**。由于两种气体分子质量相同,所以在一定温度下两种分子的平均速率相同。又由于总密度相同,气体中没有压强差$\left(p=\dfrac{2}{3}n\left(\dfrac{1}{2}m_{\mathrm{f}}\,\overline{v^2}\right)\right)$,所以不会有宏观的气体流动。在下面的讨论中我们只关注其中一种气体的扩散。

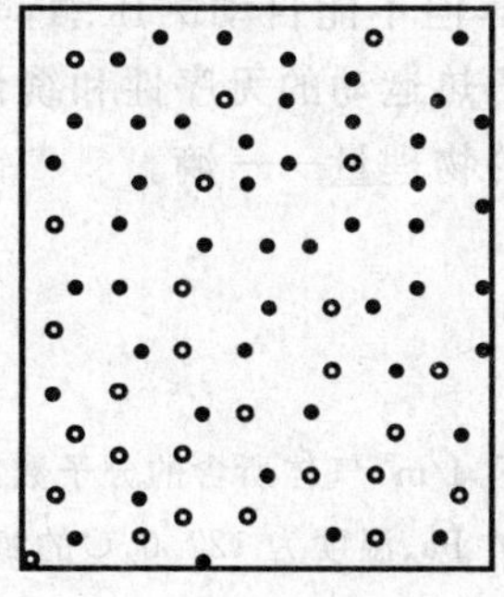

**图 9-8-4　两种气体**

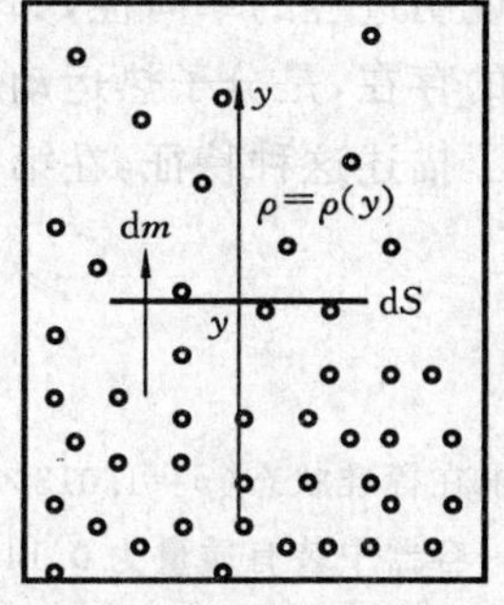


**图 9-8-5　两种气体中的一种气体的密度梯度**

设一种气体(空心小球表示其分子)的密度 $\rho$ 沿 $y$ 轴改变(见图 9-8-5),沿 $y$ 方向的密度梯度为 $\mathrm{d}\rho/\mathrm{d}y$,它表示 $y$ 方向上每单位距离密度的变化。实验表明,在 $\mathrm{d}t$ 时间内,通过 $y$ 处的面积 $\mathrm{d}S$(与 $y$ 方向垂直的平面)从密度较大的一侧向密度较小的

一侧扩散的气体质量 $\mathrm{d}m$ 与该处的密度梯度、面积 $\mathrm{d}S$ 及时间 $\mathrm{d}t$ 成正比，即

$$\mathrm{d}m=-D\frac{\mathrm{d}\rho}{\mathrm{d}y}\mathrm{d}S\mathrm{d}t \tag{9-8-5}$$

式中，$D$ 为扩散系数，负号表示质量的扩散总是向密度减小的方向进行。

从微观上看，气体中的扩散现象也与气体分子的热运动有直接关系。对于两种气体中的一种气体(设 $\mathrm{d}\rho/\mathrm{d}y<0$)，在图 9-8-5 中 $\mathrm{d}S$ 下方的气体密度大，单位体积内的分子数多，$\mathrm{d}S$ 上方的气体密度小，单位体积内的分子数少，所以在相同时间内气体分子作无规则热运动(不是定向运动)，由 $\mathrm{d}S$ 下方通过 $\mathrm{d}S$ 移到上方的分子数多，而由上方移到下方的分子数少，宏观上引起了气体质量的迁移。因此，气体内的扩散从微观上讲是分子热运动过程中质量的输运形成的。根据气体动理论，可导出

$$D=\frac{1}{3}\bar{v}\bar{\lambda} \tag{9-8-6}$$

0 ℃时几种气体的 $\eta$、$\kappa$ 和 $D$ 的值如表 9-8-1 所示。

**表 9-8-1　0 ℃时几种气体的 $\eta$、$\kappa$ 和 $D$ 的值**

| | $\eta/(10^{-5}\ \mathrm{Pa\cdot s})$ | $\kappa/(10^{-2}\ \mathrm{W/(m\cdot K)})$ | $D/(10^{-5}\ \mathrm{m^2/s})$ |
|---|---|---|---|
| $H_2$ | 0.84 | 16.8 | 12.8 |
| $N_2$ | 1.66 | 2.3 | 1.78 |
| $O_2$ | 1.89 | 2.42 | 1.81 |
| $N_e$ | 2.97 | 4.60 | 4.52 |
| $CO_2$ | 1.39 | 1.49 | 0.97 |

从以上输运现象的分析中发现，输运过程具有明显的单向性。我们还可以举出许多例子说明过程的单向性，如气体可以自动的膨胀，但不能自动的压缩，等等。过程单向性的存在，是分子热运动现象的特征，它与分子热运动的无序性和统计性密切相关。为了描述这种特征，在第 10 章还需要引入新的物理量——熵。

## 习　　题

**9-1**　求在标准状态($p=1.013\times10^5$ Pa，$T=273.15$ K)下，1 $\mathrm{m^3}$ 气体所含的分子数。

**9-2**　一容器中装有质量为 0.140 kg、压强为 $2.0265\times10^6$ Pa、温度为 127.0 ℃的氮气。因容器漏气，经一段时间后，压强降低为原来的$\frac{5}{14}$，温度降到 27.0 ℃。问：(1) 容器的体积是多大？(2) 漏掉氮气的质量为多少？

**9-3**　一柴油机汽缸容积为 $10^{-3}$ $\mathrm{m^3}$，压缩前其中空气的温度是 320 K，压强是 $8.4\times10^4$ Pa。活塞快速运动，将空气的体积压缩到原来的$\frac{1}{17}$，压强增大到 $4.2\times10^6$ Pa，求这时空气的温度。

**9-4**　(1) 太阳内部距中心约 20%半径处氢核和氦核的质量百分比分别约为 70%和 30%。该

处温度为 $9.0\times10^{6}$ K，密度为 $3.6\times10^{4}$ kg/m$^{3}$。求此处的压强是多少？（视氢核和氦核都构成理想气体而分别产生自身的压强）。

(2) 由于聚变反应，氢核聚变为氦核，在太阳中心氢核和氦核的质量百分比变为 35% 和 65%。此处的温度为 $1.5\times10^{7}$ K，密度为 $1.5\times10^{5}$ kg/m$^{3}$。求此处的压强是多少？

**9-5**　日冕的温度为 $2\times10^{6}$ K，求其中电子的方均根速率。星际空间的温度为 2.7 K，其中气体主要是氢原子，求那里氢原子的方均根速率。1994 年曾用激光冷却的方法使一群 Na 原子几乎停止运动，相应的温度是 $2.4\times10^{-11}$ K，求这些钠原子的方均根速率。

**9-6**　某种气体的方均根速率为 450 m/s，所处的压强为 $7\times10^{4}$ Pa。求气体的质量密度 $\rho$。

**9-7**　当温度为 273 K 时，求氧分子的平均平动动能。

**9-8**　一篮球充气后，其中有氮气 8.5 g。温度为 17 ℃，在空气中以 65 km/h 的高速飞行。求：(1) 一个氮分子（设为刚性分子）的热运动平均平动动能、平均转动动能和平均总动能；(2) 球内氮气的内能；(3) 球内氮气的轨道动能。

**9-9**　储有氮气的容器以 $v=100$ m/s 的速度运动。若该容器突然停止运动，全部定向运动的动能都转化为气体分子的热运动的动能。问容器中氮气的温度将会上升多少？（设为刚性分子）

**9-10**　一个能量为 $10^{12}$ eV 的宇宙射线粒子射入氖管中，氖管中含有氖气 0.01 mol，如果宇宙射线粒子的能量全部被氖气分子所吸收而变为热运动能量，氖气温度能升高几度？

**9-11**　一容器被中间的隔板分成相等的两半，一半装有氦气，温度为 250 K；另一半装有氧气，温度为 310 K。现已知二者压强相等，求去掉隔板两种气体混合后的温度。

**9-12**　简要说明下列各式的物理意义：

(1) $\frac{1}{2}kT$；　(2) $\frac{3}{2}kT$；　(3) $\frac{i}{2}kT$；

(4) $\frac{i}{2}RT$；　(5) $\frac{m}{M}\frac{3}{2}RT$；　(6) $\frac{m}{M}\frac{i}{2}RT$。

其中，$m$ 表示气体的质量，$M$ 表示该气体的摩尔质量。

**9-13**　容器内有 11.00 kg 二氧化碳和 2.00 kg 氢气（均视为刚性分子气体），已知混合气体的内能为 $8.10\times10^{6}$ J。求 (1) 混合气体的温度；(2) 两种气体分子各自的平均动能。

**9-14**　试说明下列各式的物理意义：

(1) $f(v)=\frac{\mathrm{d}N}{N\mathrm{d}v_x\mathrm{d}v_y\mathrm{d}v_z}$；　(2) $f(v)=\frac{\mathrm{d}N}{N\mathrm{d}v}$；　(3) $f(v)\mathrm{d}v$；　(4) $f(200\ \mathrm{m/s})$；

(5) $Nf(v)\mathrm{d}v$；　(6) $\int_{v_1}^{v_2}f(v)\mathrm{d}v$；　(7) $\int_{v_1}^{v_2}Nf(v)\mathrm{d}v$；　(8) $\frac{\int_{v_1}^{v_2}vf(v)\mathrm{d}v}{\int_{v_1}^{v_2}f(v)\mathrm{d}v}$。

**9-15**　由 $N$ 个粒子构成的系统，其速率分布函数为

$$f(v)=\begin{cases}av/v_0 & (0\leqslant v\leqslant v_0)\\ a & (v_0\leqslant v\leqslant 2v_0)\\ 0 & (v>2v_0)\end{cases}$$

(1) 作出速率分布曲线，并求常数 $a$；(2) 分别求出速率大于 $v_0$ 和小于 $v_0$ 的粒子数；(3) 求粒子的平均速率。

**9-16**　假设由 $N$ 个粒子构成的系统，其速率分布函数为

$$f(v)=\begin{cases} C\sin\left(\dfrac{v}{v_0}\pi\right) & (0\leqslant v\leqslant v_0,v_0\ \text{为常数}) \\ 0 & (v\geqslant v_0) \end{cases}$$

(1) 求归一化常数 $C$;(2) 求处在 $f(v)>\dfrac{C}{2}$的粒子数。

**9-17** 假设某连续型随机变量 $x$ 的分布函数为

$$f(x)=\begin{cases} A(1-x^2) & (|x|\leqslant 1) \\ 0 & (|x|>1) \end{cases}$$

(1) 作出大致的 $f(x)$-$x$ 曲线;(2) 求归一化常数 $A$;(3) 求 $\overline{x}$,$\overline{x^2}$。

**9-18** 在容积为 $3.0\times10^{-2}$ m$^3$ 的容器中,储存有 $2.0\times10^{-2}$ kg 的气体,其压强为 $50.7\times10^3$ Pa。试求该气体分子的最概然速率、平均速率及方均根速率。

**9-19** 求重力场中气体分子密度比地面减少一半处的高度(设在此范围内重力场均匀,且温度一致)。

**9-20** 在容积为 1 L 的高压容器内盛有 1 mol 的氧气,温度为 300 K。已知氧的范德瓦尔斯修正量为 $a=1.38\times10^5$ L$^2$ · Pa/mol$^2$,$b=0.032$ L/mol$^2$。(1) 若按范德瓦尔斯理论,仅考虑分子斥力的修正,氧气的压强应为多少?(2) 按范德瓦尔斯方程,氧气的压强应为多大?并与理想气体作比较。

**9-21** 氮分子的有效直径为 $3.8\times10^{-10}$ m,求它在标准状态下的平均自由程和连续两次碰撞之间的平均时间间隔。

**9-22** 真空管的线度为 $10^{-2}$ m,其中真空度(即管中极其稀薄的气体的压强)为 $1.33\times10^{-3}$ Pa,设空气分子的有效直径为 $3\times10^{-10}$ m,求 27 ℃时单位体积内的空气分子数、平均自由程和平均碰撞频率。(提示:计算出的 $\bar{\lambda}$ 若比真空管的线度大许多,分子与分子碰撞之前先与器壁碰撞,所以实际上可取 $\bar{\lambda}=10^{-2}$ m)

**9-23** 1 mm 厚度的一层空气可以保持 20 K 的温差,如果改用玻璃仍要维持相同的温差,而且使单位时间、单位面积内通过的热量相同,玻璃的厚度应为多少?设二者的温度梯度都是均匀的。(已知对空气 $\kappa_1=2.38\times10^{-2}$ W/(m · K),对玻璃 $\kappa_2=0.72$ W/(m · K))

# 第 10 章　热力学基础

## 第 1 节　热力学第一定律

### 一、内能　热力学第一定律

从宏观的观点看，一个封闭系统（与外界有能量交换但无质量交换）与外界的相互作用有两种方式，即热量交换与做功。一个热力学系统经历一个从初态 1 到末态 2 的状态演化（见图 10-1-1），可以经历不同的演化过程，例如，质量一定的气体从状态 1 演化到状态 2（见图 10-1-2），可以经由 $1a2$ 路径，也可以经由 $1b2$ 路径，甚至经历一个非准静态过程，没有过程曲线对应，对于两个确定状态之间不同的演化过程，系统对外界做的功 $A$ 可以是各不相同的，系统吸收的热量 $Q$ 也可以是各不相同的，即功 $A$ 和热量 $Q$ 均与过程的性质有关。然而，从实验中人们发现这样一个事实：**量 $Q-A$ 对所有的过程都是一样的，它仅与过程的初末态有关，而与该系统如何从初态变化到末态无关**。该事实表明：系统一定存在着一个仅由系统的状态决定的单值函数，记为 $E$，在状态 1 下它具有确定值 $E_1$，在状态 2 下具有确定值 $E_2$。它的变化量 $\Delta E=E_2-E_1$ 可以用来度量状态 1、2 之间**任意过程**的量 $Q-A$，即

$$\Delta E=Q-A \tag{10-1-1}$$

函数 $E$ 称为**系统的内能**。

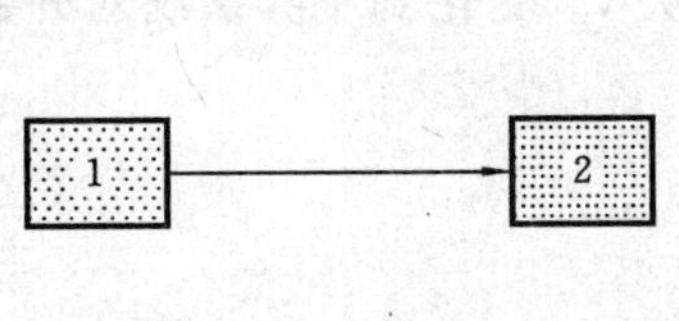


**图 10-1-1　系统状态的演化过程**

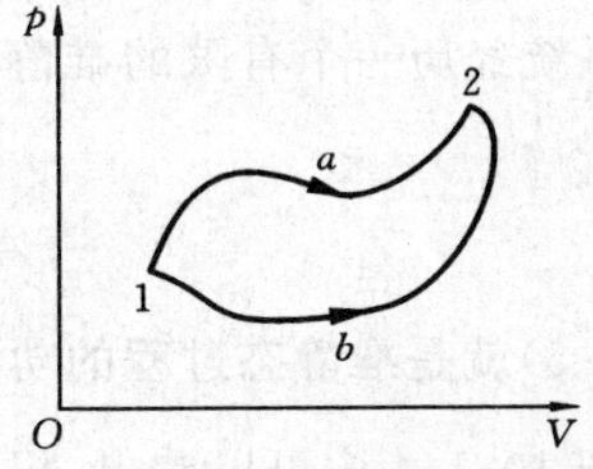


**图 10-1-2　任意两个过程**

在后面的讨论中我们约定：$Q$ 表示系统从外界吸收的热量，即 $Q>0$ 表示系统从外界吸热，而 $Q<0$ 表示系统从外界吸收负的热量（实际上表示系统向外界放热）；$A$ 表示系统对外界做功，$A>0$ 表示系统对外界做正功，而 $A<0$ 表示系统对外界做负功（实际上表示外界对系统做功）。

有了这个约定后，在系统状态发生变化的过程中，功都可记为 $A$，表示系统对外界做的功。热量都可记为 $Q$，表示系统从外界吸收的热量。

式(10-1-1)可写为

$$Q=A+\Delta E \tag{10-1-2}$$

对于系统经历一个无限小的过程，有

$$dQ=dA+dE \tag{10-1-3}$$

式(10-1-2)称为**热力学第一定律**，式(10-1-3)为其微分形式。注意，由于内能是状态量，所以内能与内能增量不依赖于过程。式(10-1-3)中的 $dE$ 代表无限靠近的两个状态内能值的微量差；但是功和热量都与过程有关，不是状态函数，称为“过程量”。$dA$ 和 $dQ$ 不是状态函数的微量差，它只表示无限小的过程中的无限小量。因此，在初、末状态一定时，不同的演化路径元一般对应于不同的 $dA$ 和 $dQ$ 数值。

## 二、功与热量的表达式

下面我们要给出**准静态过程**中功和热量的具体表达式。

**1. 功的表达式**

讨论准静态过程时，功的大小可以直接利用系统的状态参量来表示。这方面最常见的是与系统体积变化相联系的机械功。下面以气体膨胀为例，设想气缸内的气体作准静态的膨胀，活塞面积为 $S$，气体的压强为 $p$，气体对活塞的压力为 $pS$(见图 10-1-3)。当气体推动活塞向外缓慢地移动一段微小位移 $dl$ 时，**气体对外界做的元功**为

$$dA=pSdl=pdV \tag{10-1-4}$$

式(10-1-4)是通过图 10-1-3 的特例推出来的，但可以证明它是准静态过程中“**体积功**”的一般计算式。若 $dA>0$，表示该微小过程中系统对外做正功；若 $dA<0$，表示该微小过程中系统对外做负功，实际上是外界对系统做功。

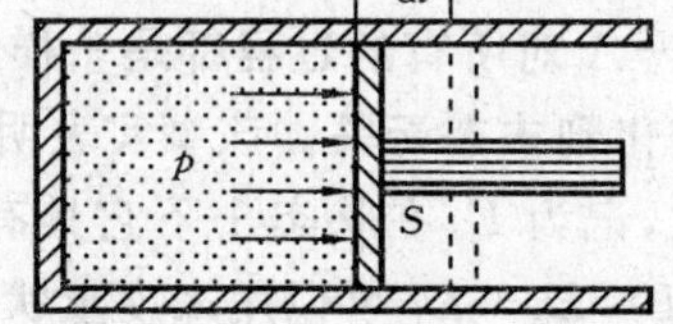


**图 10-1-3　气体膨胀过程**

当系统经历一个有限的准静态过程后，体积从 $V_1$ 变化到 $V_2$，**系统对外做的总功**为

$$A=\int dA=\int_{V_1}^{V_2} pdV \tag{10-1-5}$$

式(10-1-5)就是准静态过程的功的表达式。

从图 10-1-4 中可以看出，积分 $A=\int_{V_1}^{V_2} pdV$ 的大小等于过程曲线下的面积。当初、末态确定后，不同过程对应不同的面积，即功的数值也不同，这清楚地表明了功是过程量。

由于 $p>0$，气体膨胀($V_2>V_1$)时，对外做正功，功的值 $A$ 等于曲线下的面积；气体压缩($V_2<V_1$)时，对外做负功，功的值 $A$ 等于曲线下面积的负值。

由此可见，做功是系统与外界相互作用的一种方式，也是两者的能量相互交换的

一种方式。这种能量相互交换的方式是通过宏观的有规则运动(如机械运动、电流等)来完成的。

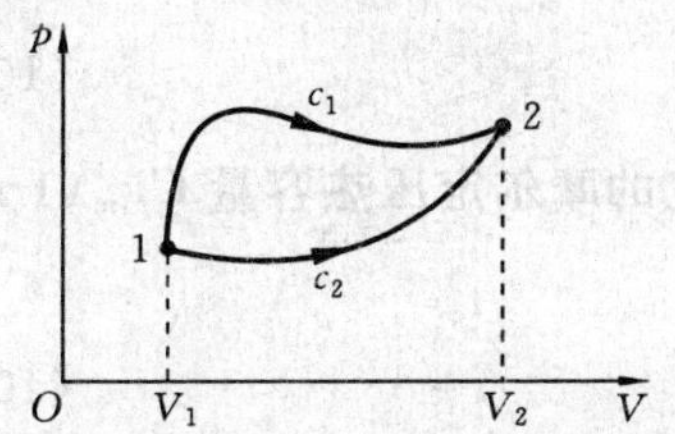


图 10-1-4　不同的过程做的功不同

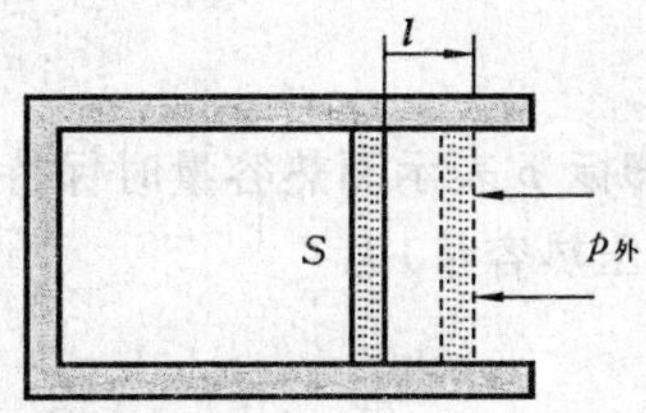


图 10-1-5　非准静态过程

当系统经历准静态过程时,系统有确定的函数关系 $p=p(V,X)$(其中 $X$ 表示其他状态参量,如温度),利用式(10-1-5)求积分得到功的显式表达式。但是,当系统经历非准静态过程时,系统各处的压强可能并不一致,因此 $p$ 和 $V$ 之间没有确定的函数关系,这时无法利用式(10-1-5)计算功的大小。当然,对非准静态过程,我们有时也能够确定功的数值。例如,在如图 10-1-5 所示的情况下,在活塞运动的过程中,外界对系统做功为

$$A_{外}=-p_{外}Sl=-p_{外}\Delta V$$

式中,$\Delta V$ 是系统(气缸内的气体)的体积增量,$p_{外}$ 是外界的恒定压强。在这种气体膨胀的过程中,即使系统经历的不是准静态过程,但如果摩擦力和活塞的质量可忽略不计,则(对活塞运用牛顿第二定律就知道)气体对活塞的力 $F$ 与外界对活塞的力 $p_{外}S$ 大小相等、符号相反。因此,系统对外界的功为

$$A=-A_{外}=p_{外}\Delta V$$

**2. 热容量　热量的表达式**

物体的温度升高 1 K 所需要吸收的热量称为该物体的**热容量**,用 $C$ 表示,其定义式为

$$C=\frac{\mathrm{d}Q}{\mathrm{d}T} \tag{10-1-6}$$

$C$ 的单位为 J/K。热容量与系统的质量或摩尔数有关,因此比较方便地是定义**摩尔热容量**。同时,实验发现:热容量还与过程有关,即质量或摩尔数一定的系统经历不同的过程时,其温度升高 1 K 所需要吸收的热量也可能不同。因此,我们需要对不同过程定义相应的热容量。由于实验经常是在压强或体积不变的条件下进行的,所以常常会用到**定压热容量**和**定容热容量**。

摩尔热容量为 1 mol 物质的热容量。对摩尔数为 $\nu=\frac{m}{M}$($m$ 为气体质量,$M$ 为气体的摩尔质量 $M$=分子量$\times10^{-3}$ kg)的系统,其摩尔热容量的定义为

$$C_{\mathrm{m}}=\frac{1}{\nu}\frac{\mathrm{d}Q}{\mathrm{d}T} \tag{10-1-7}$$

也可定义当系统的质量为单位质量时的热容量为**比热[容]**或**质量热容**,$c=\frac{1}{m}C$,单

位为 J/(kg · K)。

定压热容量为系统在压强不变的情况下测得的热容量,定义为

$$C_p=\left(\frac{\mathrm{d}Q}{\mathrm{d}T}\right)_p \tag{10-1-8}$$

式中,脚标 $p$ 表示测热容量时保持压强不变。相应的摩尔定压热容量 $C_{p,\mathrm{m}}$(1 mol 物质的定压热容量)为

$$C_{p,\mathrm{m}}=\frac{1}{\nu}\left(\frac{\mathrm{d}Q}{\mathrm{d}T}\right)_p \tag{10-1-9}$$

同理,定容热容量(系统在体积不变的情况下测得的热容量)和摩尔定容热容量(1 mol 物质的定容热容量)分别定义为

$$C_V=\left(\frac{\mathrm{d}Q}{\mathrm{d}T}\right)_V \tag{10-1-10}$$

$$C_{V,\mathrm{m}}=\frac{1}{\nu}\left(\frac{\mathrm{d}Q}{\mathrm{d}T}\right)_V \tag{10-1-11}$$

摩尔热容量的单位为 J/(mol · K)。定义了热容量以后,系统在一个微小过程中所吸收的热量,由式(10-1-6)及式(10-1-7),可以写为

$$\mathrm{d}Q=C\mathrm{d}T=\nu C_{\mathrm{m}}\mathrm{d}T \tag{10-1-12}$$

系统在一个有限过程中所吸收的热量可按以下公式计算

$$Q=\int_{T_1}^{T_2}C\mathrm{d}T=\nu\int_{T_1}^{T_2}C_{\mathrm{m}}\mathrm{d}T \tag{10-1-13}$$

其中,积分应沿一定的(准静态)过程曲线进行。式(10-1-12)和式(10-1-13)分别为热量的微分形式和积分形式。热量的单位为焦耳(J)。

热量的传递和做功不同,这种交换能量的方式是通过分子的无规则运动来完成的。当热源与系统相接触时,不需借助于机械的方式,也不显示任何宏观运动的迹象,直接在两者的分子无规则运动之间进行能量的交换,这就是**传递热量**。

热力学第一定律 $\mathrm{d}Q=\mathrm{d}A+\mathrm{d}E$ 或 $Q=A+\Delta E$ 代表能量守恒和转化的一般规律。无论是准静态过程还是非准静态过程,它都成立。在准静态过程的情况下,我们能够利用前面得到的准静态过程中成立的热量和功的计算式(10-1-5)和式(10-1-13)把热力学第一定律写成下列便于计算的形式:

$$\nu C_{\mathrm{m}}\mathrm{d}T=p\mathrm{d}V+\mathrm{d}E$$

或

$$\nu\int_{T_1}^{T_2}C_{\mathrm{m}}\mathrm{d}T=\int_{V_1}^{V_2}p\mathrm{d}V+\Delta E$$

## 第 2 节　理想气体的热容量

对于理想气体,根据定容、定压热容量的定义和热力学第一定律,可以得到

$$C_{V,\mathrm{m}}=\frac{1}{\nu}\left(\frac{\mathrm{d}Q}{\mathrm{d}T}\right)_V=\frac{1}{\nu}\left(\frac{\mathrm{d}E+p\mathrm{d}V}{\mathrm{d}T}\right)_V=\frac{1}{\nu}\left(\frac{\mathrm{d}E}{\mathrm{d}T}\right)_V=\frac{1}{\nu}\left(\frac{\mathrm{d}E}{\mathrm{d}T}\right)=\frac{\mathrm{d}E_{\mathrm{mol}}}{\mathrm{d}T} \tag{10-2-1}$$

$$C_{p,\mathrm{m}}=\frac{1}{\nu}\left(\frac{\mathrm{d}Q}{\mathrm{d}T}\right)_p=\frac{1}{\nu}\left(\frac{\mathrm{d}E+p\mathrm{d}V}{\mathrm{d}T}\right)_p$$
$$=\frac{1}{\nu}\left(\frac{\mathrm{d}E}{\mathrm{d}T}\right)+\frac{1}{\nu}\left(\frac{p\mathrm{d}V}{\mathrm{d}T}\right)_p=C_{V,\mathrm{m}}+\frac{1}{\nu}\left(\frac{\mathrm{d}(pV)}{\mathrm{d}T}\right)_p$$
$$=C_{V,\mathrm{m}}+\frac{1}{\nu}\left(\frac{\mathrm{d}(\nu RT)}{\mathrm{d}T}\right)_p=C_{V,\mathrm{m}}+R \tag{10-2-2}$$

之所以将其中的$\left(\frac{\mathrm{d}E}{\mathrm{d}T}\right)_V$和$\left(\frac{\mathrm{d}E}{\mathrm{d}T}\right)_p$写为$\left(\frac{\mathrm{d}E}{\mathrm{d}T}\right)$，是因为理想气体的内能只与温度有关。式(10-2-1)中，$E_{\mathrm{mol}}=\frac{E}{\nu}$为1 mol气体的内能。在推导式(10-2-2)时，我们已用到理想气体的状态方程$pV=\nu RT$。式(10-2-2)表明，理想气体的摩尔定压热容量和摩尔定容热容量的关系为

$$C_{p,\mathrm{m}}=C_{V,\mathrm{m}}+R \tag{10-2-3}$$

上式称为**迈尔公式**。它表明，温度升高1 K，1 mol理想气体等压过程比等容过程多吸收$R$(=8.31 J)的热量。显然，这个结论有简单的物理解释。等容过程的系统不对外做功，从外界吸收的热量全部用于增加系统的内能(导致温度上升)；对于等压过程，系统吸收的热量不仅用于提高系统的内能(温度上升)，而且也发生膨胀，从而对外做功。温度升高1 K时，无论是等压过程还是等容过程，理想气体的内能增加都是一样的。因此，升高同样的温度，等压过程要比等容过程多吸收热量用于对外做功。

注意到热容量$C=\nu C_{\mathrm{m}}$，我们得到理想气体的定压热容量和定容热容量的关系为

$$C_p=C_V+\nu R$$

气体的**热容比**$\gamma$定义为

$$\gamma=\frac{C_{p,\mathrm{m}}}{C_{V,\mathrm{m}}}=\frac{C_{V,\mathrm{m}}+R}{C_{V,\mathrm{m}}}=1+\frac{R}{C_{V,\mathrm{m}}} \tag{10-2-4}$$

显然$\gamma>1$。把第9章中的结果$E_{\mathrm{mol}}=\frac{1}{2}(t+r+2s)RT$代入式(10-2-1)，便得到**理想气体的摩尔定容热容量**为

$$C_{V,\mathrm{m}}=\frac{1}{2}(t+r+2s)R=\frac{1}{2}(i+s)R \tag{10-2-5}$$

其中，$i=t+r+s$为气体分子的总自由度，$t,r,s$分别为分子的平动、转动和振动自由度。若分子视为刚性分子，则振动自由度$s=0$，$C_{V,\mathrm{m}}=\frac{i}{2}R$(刚性分子$s=0$)。

对单原子分子气体

$i=3$，　　$C_{V,\mathrm{m}}=\frac{3R}{2}$，　　$C_{p,\mathrm{m}}=\frac{5R}{2}$，　　$\gamma=\frac{5}{3}=1.67$

对刚性双原子分子气体

$i=5$，　　$C_{V,\mathrm{m}}=\frac{5R}{2}$，　　$C_{p,\mathrm{m}}=\frac{7R}{2}$，　　$\gamma=\frac{7}{5}=1.40$

对非刚性双原子分子气体

$$i=6, s=1, \quad C_{V,\mathrm{m}}=\frac{7R}{2}, \quad C_{p,\mathrm{m}}=\frac{9R}{2}, \quad \gamma=\frac{9}{7}=1.28$$

对刚性多原子分子气体

$$i=6, \quad C_{V,\mathrm{m}}=3R, \quad C_{p,\mathrm{m}}=4R, \quad \gamma=\frac{4}{3}=1.33$$

表 10-2-1 列出了一些气体的热容量和热容比的理论值和实验值；表 10-2-2 列出了气体定容。

**表 10-2-1　室温下一些气体的 $C_{V,\mathrm{m}}$，$C_{p,\mathrm{m}}$ 和 $\gamma$ 值**

| 气　体 | 理论值/($\mathrm{J\cdot mol^{-1}\cdot K^{-1}}$) | | | 实验值/($\mathrm{J\cdot mol^{-1}\cdot K^{-1}}$) | | |
|---|---|---|---|---|---|---|
| | $C_{V,\mathrm{m}}$ | $C_{p,\mathrm{m}}$ | $\gamma$ | $C_{V,\mathrm{m}}$ | $C_{p,\mathrm{m}}$ | $\gamma$ |
| He | 12.47 | 20.78 | 1.67 | 12.63 | 20.94 | 1.67 |
| Ar | 12.47 | 20.78 | 1.67 | 12.55 | 20.86 | 1.67 |
| $H_2$ | 20.78 | 29.09 | 1.40 | 20.44 | 28.84 | 1.41 |
| $N_2$ | 20.78 | 29.09 | 1.40 | 20.61 | 28.84 | 1.40 |
| $O_2$ | 20.78 | 29.09 | 1.40 | 21.19 | 29.58 | 1.40 |
| CO | 20.78 | 29.09 | 1.40 | 22.35 | 28.92 | 1.29 |
| $H_2O$ | 24.93 | 33.24 | 1.33 | 24.93 | 36.23 | 1.33 |
| $CH_4$ | 24.93 | 33.24 | 1.33 | 26.26 | 35.57 | 1.35 |

**表 10-2-2　气体摩尔定容热容量随温度变化的实验值**

| 气体温度/K | 273 | 373 | 473 | 773 | 1473 | 2273 |
|---|---|---|---|---|---|---|
| $N_2$，$O_2$，HCl，CO/($\mathrm{J\cdot mol^{-1}\cdot K^{-1}}$) | 20.3 | 20.3 | 21.0 | 22.4 | 24.1 | 26.0 |
| 气体温度/K | 50 | 500 | 2500 | | | |
| $H_2$/($\mathrm{J\cdot mol^{-1}\cdot K^{-1}}$) | 12.5 | 21.0 | 29.3 | | | |

从表 10-2-1 可以看出，对于单原子分子气体而言，摩尔热容量的实验值与理论值是比较接近的，说明上述理论能近似地反映客观实际。但对双原子分子气体和多原子分子气体，摩尔热容量的理论值与实验值有较大差别。另外，由前面的讨论知，气体的 $C_{V,\mathrm{m}}$ 都应与温度无关，但实验表明，气体的 $C_{V,\mathrm{m}}$ 都有随温度升高而增大的趋势。这种热容量随温度变化的现象是经典理论所不能解释的，需要用量子理论才能够比较圆满地解释这种现象。

前面讨论了系统与外界进行热交换导致系统温度变化的情况。但是，在现实世界里，也存在另一类情况，即这种热交换有时不引起系统本身的温度变化。例如，理想气体等温膨胀过程和相变现象(熔化、凝固、气化或液化等)。在熔点附近的固-液相变现象中，固体可以吸收热量熔化成液体并保持温度不变，液体也可放出热量变成固体。类似地，在沸点附近的液-气相变也是这种保持温度不变的吸放热量过程。物体在相变时吸收的热量叫做**潜热**。明确地说，固体熔化时吸收的热量叫做**熔化热**，相应的液体在凝固时将放出同样多的热量。液体气化时吸收的热量叫做**气化热**，相应的蒸气在液化过程中也放出同样数量的热量。

**【例题 10-1】**　1 g 纯水在 1 atm 下从 27 ℃加热直到全部成为 100 ℃的水蒸气，此时体积为 $1.67\times10^{-3}\ \mathrm{m^3}$。求对外所做的功及内能增量。已知水的气化热为 $\lambda=2.26\times10^6\ \mathrm{J\cdot kg^{-1}}$，摩尔定容热容量 $C_{V,\mathrm{m}}=74\ \mathrm{J\cdot mol^{-1}\cdot K^{-1}}$，定压体胀系数 $\beta=\frac{1}{V}\left(\frac{\partial V}{\partial T}\right)_p=2\times10^{-4}\ \mathrm{K^{-1}}$（即在压强不变情况下温度升高 1 K 体积的相对变化），水和水蒸气的摩尔质量均为 $18\times10^{-3}\ \mathrm{kg\cdot mol^{-1}}$，$1\ \mathrm{m^3}$ 水的质量为 1000 kg。

**解**　先求从 27 ℃加热到 100 ℃**尚未发生相变前**这一阶段的功及内能增量。

选 $T,p$ 为独立参量，则体积 $V=V(T,p)$ 作为状态方程，在压强不变情况下，有

$$\mathrm{d}V=\left(\frac{\partial V}{\partial T}\right)_p\mathrm{d}T=\beta V\mathrm{d}T$$

这一阶段的功为

$$\begin{aligned}A_1&=\int_{V_1}^{V_2}p\mathrm{d}V=\int_{T_1}^{T_2}p\beta V\mathrm{d}T=p\beta V\Delta T\Big|_{300}^{373}\\&=1.013\times10^5\times2\times10^{-4}\times10^{-6}\times73\ \mathrm{J}\\&=1.5\times10^{-3}\ \mathrm{J}\end{aligned}$$

由于定压体胀系数很小，在气化之前水的体积变化很小，所以认为由于体积变化而吸收的热量可忽略不计。此过程的吸热为

$$\begin{aligned}Q_1&=\nu C_{V,\mathrm{m}}\int_{300}^{373}\mathrm{d}T=\frac{m}{M}C_{V,\mathrm{m}}\int_{300}^{373}\mathrm{d}T\\&=\frac{1\times10^{-3}}{18\times10^{-3}}\times74\times73\ \mathrm{J}=300\ \mathrm{J}\end{aligned}$$

由热力学第一定律，得到内能增量为

$$\Delta E_1=Q_1=300\ \mathrm{J}$$

这一结果仍然忽略了体积的增加。

再求在 1 atm 下由 100 ℃的水变为 100 ℃的水蒸气这一**相变过程中**的功及内能增量。

由功的表达式，有

$$\begin{aligned}A_2&=\int_{V_1}^{V_2}p\mathrm{d}V=p(V_2-V_1)\\&=1.013\times10^5\times(1.67-0.001)\times10^{-3}\ \mathrm{J}=169\ \mathrm{J}\end{aligned}$$

由于过程是在 100 ℃下进行的相变，容易得出“内能不变”的错误结论。其实，只有理想气体的内能才是温度的单值函数。水气化时吸收的热为

$$Q_2=\lambda m=2.26\times10^6\times1\times10^{-3}\ \mathrm{J}=2.26\times10^3\ \mathrm{J}$$

由热力学第一定律，得到

$$\Delta E_2 = Q_2 - A_2 = (2.26\times10^3 - 169)\ \text{J} = 2.09\times10^3\ \text{J}$$

## 第 3 节　热力学第一定律对理想气体的应用

下面讨论理想气体的几个等值和绝热过程中的功、热量和内能增量。

### 一、等容过程

系统演化中保持体积不变的过程就称为**等容过程**，过程中有 $V=$恒量或 $T/p=$恒量，称为**过程方程**。过程曲线如图 10-3-1 所示。

因为 $\mathrm{d}V=0$，所以该过程气体对外做的功 $A=0$，此时，热量 $Q$ 的表达式为

$$Q = \nu\int_{T_1}^{T_2} C_{V,\mathrm{m}}\mathrm{d}T = \nu C_{V,\mathrm{m}}\Delta T \tag{10-3-1}$$

由热力学第一定律知

$$\Delta E = Q = \nu C_{V,\mathrm{m}}\Delta T \tag{10-3-2}$$

即等容过程中吸收的热量全部转变为内能增量。

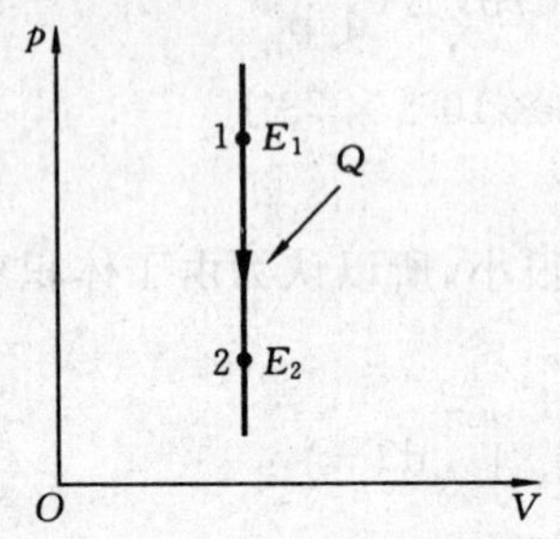


**图 10-3-1　等容过程曲线**

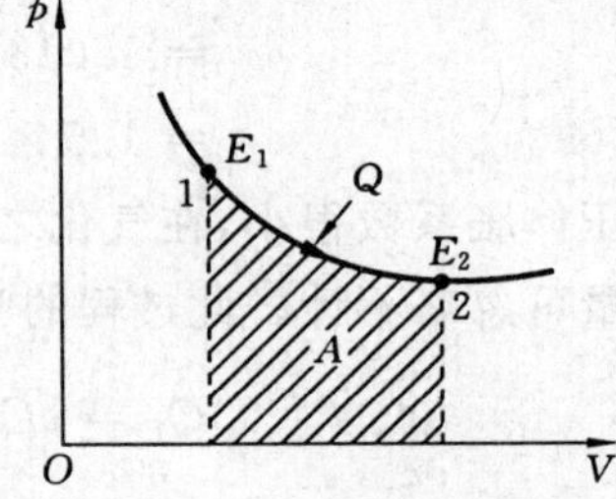


**图 10-3-2　等温过程曲线**

### 二、等温过程

系统演化中保持温度不变的过程就称为**等温过程**，相应的过程方程为 $T=$恒量或 $pV=$恒量。过程曲线如图 10-3-2 所示。

由于 $\mathrm{d}T=0$，所以有 $\Delta E=0$，即内能保持不变。

由热力学第一定律及功的表达式，有

$$Q = A = \int_{V_1}^{V_2} p\mathrm{d}V = \nu RT\int_{V_1}^{V_2}\frac{\mathrm{d}V}{V} = \nu RT\ln\frac{V_2}{V_1} = \nu RT\ln\frac{p_1}{p_2} \tag{10-3-3}$$

可见，等温过程中吸收的热量全部用来对外做功。

### 三、等压过程

系统演化中保持压强不变的过程就称为**等压过程**，相应的过程方程为 $p=$恒量

或$\dfrac{T}{V}$=恒量。过程曲线如图 10-3-3 所示。

由功的表达式,得到

$$A=\int_{V_1}^{V_2} p\mathrm{d}V=p\Delta V=\nu R\Delta T \tag{10-3-4}$$

由热量的表达式,得到

$$Q=\nu\int_{T_1}^{T_2} C_{p,\mathrm{m}}\mathrm{d}T=\nu C_{p,\mathrm{m}}\Delta T \tag{10-3-5}$$

由热力学第一定律,有

$$\Delta E=Q-A=\nu(C_{p,\mathrm{m}}-R)\Delta T=\nu C_{V,\mathrm{m}}\Delta T \tag{10-3-6}$$

从以上计算我们看到,不论是等容过程还是等压过程,其内能增量的形式均为

$$\Delta E=\nu C_{V,\mathrm{m}}\Delta T \tag{10-3-7}$$

对于气体经历一个任意的过程,如图 10-3-4 中用实线所表示的过程,甚至经历一个非准静态过程,没有过程曲线与之对应。由于对于一定的理想气体,其内能只与温度有关,是状态的单值函数,所以 1 态与 2 态之间的内能增量 $\Delta E=E_2-E_1$ 与系统到底是经历何种过程完全没有关系,与过程是否为准静态过程也没有关系。对理想气体,内能增量的表达式就是式(10-3-7)。

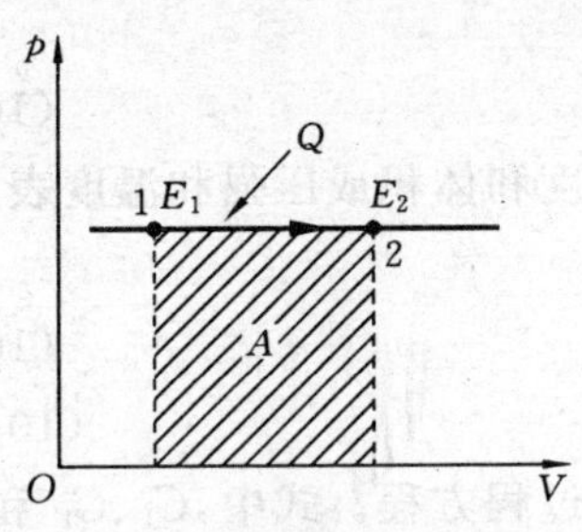


**图 10-3-3　等压过程曲线**

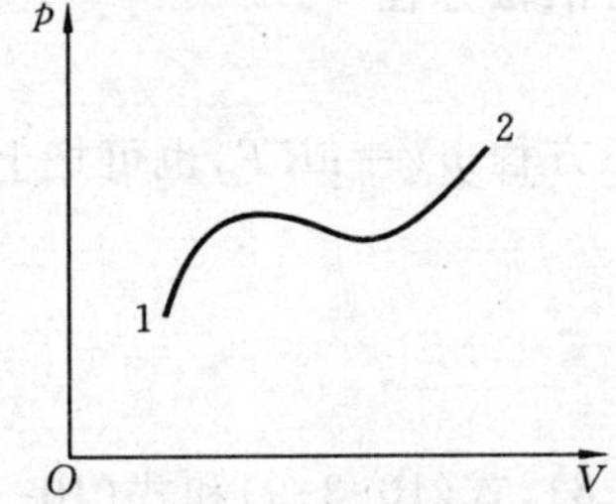


**图 10-3-4　任意准静态过程曲线**

## 四、绝热过程

绝热过程是指系统与外界不发生热交换的过程。如图 10-3-5 所示,气缸壁与活塞都以绝热材料制成,则相应的气体膨胀或压缩过程就可看成是绝热过程。此时,如果非常缓慢地移动活塞,气缸内气体经历非常缓慢的膨胀或压缩过程,这时气体经历的过程就可认为是准静态绝热过程。除此之外,还存在所谓的非准静态绝热过程,其典型例子就是如图 10-3-6 所示的气体向真空自由膨胀的过程。突然撤去把容器分隔成气体与真空两部分的隔板后,气体快速向真空膨胀,来不及与外界交换热量(绝热过程),也来不及建立中间平衡态(非准静态过程),就很快地充满整个容器并最终达到气体在整个容器内均匀一致的平衡态。所以气体向真空自由膨胀的过程是一个非准静态的绝热过程。

对于准静态绝热过程,存在表示该过程的绝热过程方程。下面我们推导该方程,

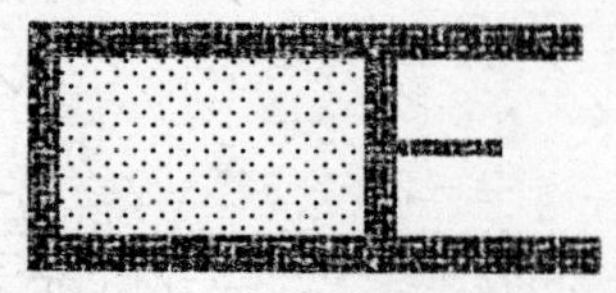

图 10-3-5　缓慢的绝热过程

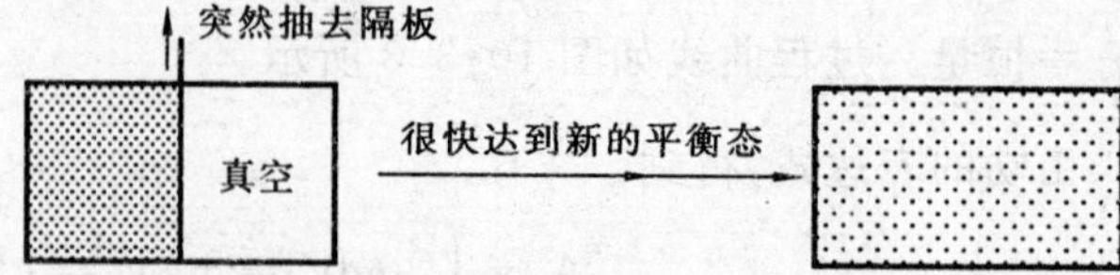


图 10-3-6　非准静态绝热过程

然后再讨论准静态绝热过程的功、热量和内能增量的表达式。

根据热力学第一定律及式(10-3-7),绝热过程满足下列方程

$$p\mathrm{d}V+\nu C_{V,\mathrm{m}}\mathrm{d}T=0$$

对状态方程 $pV=\nu RT$ 两边求微分,得到

$$p\mathrm{d}V+V\mathrm{d}p=\nu R\mathrm{d}T$$

联立两式消去 $\mathrm{d}T$,得到

$$(C_{V,\mathrm{m}}+R)p\mathrm{d}V+C_{V,\mathrm{m}}V\mathrm{d}p=0$$

用比热[容]比 $\gamma=\dfrac{C_{p,\mathrm{m}}}{C_{V,\mathrm{m}}}=\dfrac{C_{V,\mathrm{m}}+R}{C_{V,\mathrm{m}}}$ 把上式写成

$$\frac{\mathrm{d}p}{p}+\gamma\frac{\mathrm{d}V}{V}=0$$

积分后得泊松方程

$$pV^{\gamma}=C_1 \tag{10-3-8}$$

利用状态方程 $pV=\nu RT$,也可把上式写成如下用温度和体积或压强和温度表示的形式:

$$TV^{\gamma-1}=C_2 \tag{10-3-9}$$

$$p^{\gamma-1}T^{-\gamma}=C_3 \tag{10-3-10}$$

式(10-3-8)、式(10-3-9)和式(10-3-10)均称为绝热过程方程。式中,$C_1$、$C_2$ 和 $C_3$ 是三个不同的常量。

由于比热[容]比 $\gamma>1$,所以 $p$-$V$ 图中的绝热线 $pV^{\gamma}=C_1$ 比等温线 $pV=C$ 更加陡峭些(见图10-3-7)。这个事实有如下的明确物理解释。假设同样的气体都从两曲线交点处的状态出发,一次用绝热膨胀,一次用等温膨胀,使其体积都变化到 $V_2$,体积增量均为 $\Delta V=V_2-V_1$。在等温膨胀情况下,体积的增大导致分子数密度的减小,但分子平均动能 $\bar{\varepsilon}_{\mathrm{t}}=\dfrac{3}{2}kT$ 不变,根据 $p=\dfrac{2}{3}n\bar{\varepsilon}_{\mathrm{t}}$,气体的压强要减小 $|p_2-p_1|$。在绝热条件下,随着体积的增大,不但分子数密度要同样地减小,而且由于系统还对外界做功减小了分子平均动能,所以气体压强减小的量 $|p_3-p_1|$ 更多,因此解释了绝热线要比等温线更加陡峭的事实。

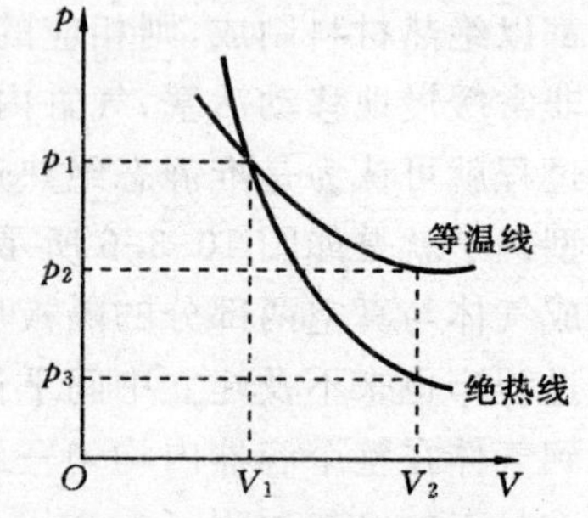


图 10-3-7　绝热线与等温线

下面讨论准静态绝热过程的功、热量和内能增量。此过程热量 $Q=0$，内能增量仍为式(10-3-7)。利用绝热过程方程

$$p_1V_1^\gamma=p_2V_2^\gamma$$

得到功的表达式为

$$A=\int_{V_1}^{V_2}p\mathrm{d}V=\int_{V_1}^{V_2}p_1V_1^\gamma\frac{\mathrm{d}V}{V^\gamma}=p_1V_1^\gamma\left(\frac{V_2^{1-\gamma}-V_1^{1-\gamma}}{1-\gamma}\right)$$

$$=\frac{p_2V_2-p_1V_1}{1-\gamma}\qquad(10\text{-}3\text{-}11)$$

由热力学第一定律，还可以得到绝热过程中功的另外一个常见的表达式，即

$$A=-\Delta E=-\nu C_{V,\mathrm{m}}\Delta T\qquad(10\text{-}3\text{-}12)$$

**【例题 10-2】** 设有一绝热容器如图 10-3-8 所示，中间用隔板隔成两半。开始时左半有 1 mol 气体，状态为 $p_1$、$V_1$、$T_1$、$E_1$，右半为真空。当去掉隔板，气体作自由膨胀，很快充满整个容器达到一新的平衡态，状态为 $p_2$、$V_2$、$T_2$、$E_2$。求末态的压强。

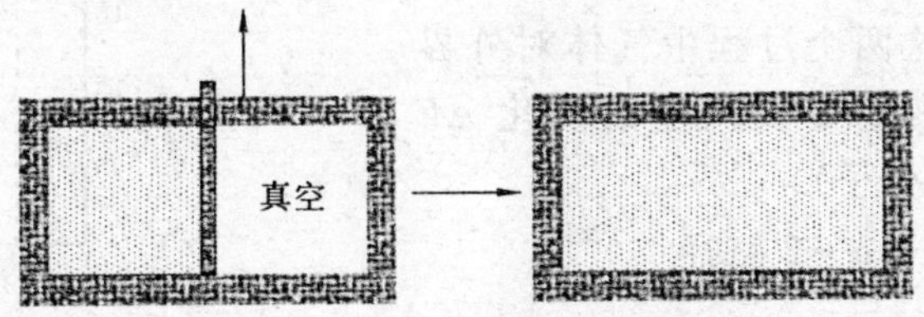


**图 10-3-8　例题 10-2 图**

**解**　前面已经知道，理想气体向真空自由膨胀的过程是一个绝热过程，所以全过程有 $Q=0$。又由于是向真空自由膨胀，所以气体对外不做功，即 $A=0$，由热力学第一定律得到 $\Delta E=0$，即 $T_2=T_1$。根据状态方程 $pV=RT$，对初态和末态分别有

$$p_1V_1=RT_1$$

$$p_2V_2=p_2(2V_1)=RT_2=RT_1$$

由此得到

$$p_2=\frac{1}{2}p_1$$

但有人认为这是绝热过程，可以由绝热过程方程，初、末态之间有关系

$$p_1V_1^\gamma=p_2V_2^\gamma=p_2(2V_1)^\gamma=p_2V_1^\gamma\times2^\gamma$$

这样得到

$$p_2=\frac{1}{2^\gamma}p_1$$

由于 $\gamma>1$，那么到底哪一个结果正确？

值得注意的是，这一过程是一个非准静态过程，没有过程曲线与之对应，也就没有过程方程可言。初、末态之间不满足 $p_1V_1^\gamma=p_2V_2^\gamma$。尽管是非准静态过程，但初、末两个状态均为平衡态，有确定的状态参量 $p_1$、$V_1$、$T_1$ 和 $p_2$、$V_2$、$T_2$，每个平衡态下三个参量之间均满足状态方程 $p_1V_1=RT_1$ 和 $p_2V_2=RT_2$。所以正确的结果是

$$p_2=\frac{1}{2}p_1$$

从以上讨论中我们看到,热力学第一定律 $Q=A+\Delta E$ 对任何热力学过程都成立,不论是准静态过程还是非准静态过程。而过程方程只适用于准静态过程。

综上所述,我们可以用一个统一的公式来处理理想气体的各个等值过程:

$$pV^n=恒量 \tag{10-3-13}$$

其中,$n$ 为一个表示过程特征的常数。$n=1$ 对应于等温过程,$n=0$ 对应于等压过程,$n\to\infty$ 对应于等容过程,$n=\gamma$ 对应于绝热过程。对于介于绝热和等温之间,多少有些热量交换的实际过程,可近似将 $n$ 在大于 1、小于 $\gamma$ 之间取值,此时与式(10-3-13)相对应的过程叫做**多方过程**。

**【例题 10-3】** 20 mol 氧气由状态 1 变化到状态 2 所经历的过程如图 10-3-9 所示。(1) 沿 $1\to a\to 2$ 路径;(2) 沿 $1\to 2$ 直线。试分别求出这两个过程中气体对外界的功 $A$、吸收的热量 $Q$ 及内能的变化 $\Delta E$(氧分子视为刚性分子)。

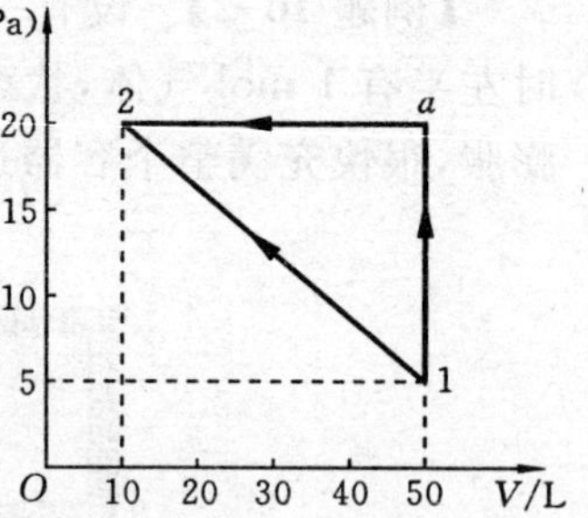

图 10-3-9　例题 10-3 图

**解**　(1) 沿 $1\to a\to 2$ 路径

$1\to a$ 过程:

$$A_{1a}=0$$

$$Q_{1a}=\nu C_{V,\mathrm{m}}(T_a-T_1)=\frac{i}{2}\nu R(T_a-T_1)$$

$$=\frac{i}{2}(p_2V_1-p_1V_1)=\frac{i}{2}(p_2-p_1)V_1$$

$$=\frac{5}{2}(20-5)\times1.013\times10^5\times50\times1\times10^{-3}\ \mathrm{J}=1.90\times10^5\ \mathrm{J}$$

由热力学第一定律得到

$$\Delta E_{1a}=Q_{1a}=1.90\times10^5\ \mathrm{J}$$

$a\to 2$ 过程:

$$A_{a2}=\int_{V_1}^{V_2}p\mathrm{d}V=p_2(V_2-V_1)$$

$$=20\times1.013\times10^5\times(10-50)\times10^{-3}\ \mathrm{J}$$

$$=-0.81\times10^5\ \mathrm{J}$$

$$Q_{a2}=\nu C_{p,\mathrm{m}}(T_2-T_a)=\frac{i+2}{2}\nu R(T_2-T_a)=\frac{i+2}{2}p_2(V_2-V_1)$$

$$=\frac{5+2}{2}\times20\times1.013\times10^5\times(10-50)\times10^{-3}\ \mathrm{J}$$

$$=-2.84\times10^5\ \mathrm{J}$$

$$\Delta E_{a2}=\nu C_{V,\mathrm{m}}(T_2-T_a)=\frac{i}{2}\nu R(T_2-T_a)=\frac{i}{2}p_2(V_2-V_1)$$

$$=\frac{5}{2}\times 20\times 1.013\times 10^5\times(10-50)\times 10^{-3}\ \mathrm{J}$$

$$=-2.03\times 10^5\ \mathrm{J}$$

整个 1→$a$→2 过程：

$$A_{1a2}=A_{1a}+A_{a2}=-0.81\times 10^5\ \mathrm{J}$$

气体对外做负功，实际上是外界对气体做功。

$$Q_{1a2}=Q_{1a}+Q_{a2}=[1.90\times 10^5+(-2.84\times 10^5)]\ \mathrm{J}=-0.94\times 10^5\ \mathrm{J}$$

实际上为气体向外界放热。

$$\Delta E_{1a2}=\Delta E_{1a}+\Delta E_{a2}=[1.90\times 10^5+(-2.03\times 10^5)]\ \mathrm{J}=-0.13\times 10^5\ \mathrm{J}$$

气体内能减小。

(2) 沿 1→2 直线

$$A=-\frac{p_1+p_2}{2}(V_1-V_2)$$

$$=-\frac{5+20}{2}\times 1.013\times 10^5\times(50-10)\times 10^{-3}\ \mathrm{J}$$

$$=-0.51\times 10^5\ \mathrm{J}$$

$$\Delta E_{12}=E_2-E_1\quad(\text{同(1)})$$

由热力学第一定律，得

$$Q_{12}=\Delta E_{12}+A_{12}=(-0.13\times 10^5-0.51\times 10^5)\ \mathrm{J}=-0.64\times 10^5\ \mathrm{J}$$

气体向外界放热。

**【例题 10-4】** 设一理想气体在某过程中压强与体积之间满足关系 $pV^2=$常量，求相应的气体摩尔热容量。

**解**　由摩尔热容量的定义及热力学第一定律，有

$$C_{n,\mathrm{m}}=\frac{1}{\nu}\frac{\mathrm{d}Q}{\mathrm{d}T}=\frac{1}{\nu}\frac{\mathrm{d}E+p\mathrm{d}V}{\mathrm{d}T}=\frac{1}{\nu}\frac{\nu C_{V,\mathrm{m}}\mathrm{d}T+p\mathrm{d}V}{\mathrm{d}T}\qquad ①$$

其中，用到理想气体内能增量公式

$$\mathrm{d}E=\nu C_{V,\mathrm{m}}\mathrm{d}T$$

另一方面对过程方程求微分，有

$$V^2\mathrm{d}p+2pV\mathrm{d}V=0$$

即

$$V\mathrm{d}p+2p\mathrm{d}V=0\qquad ②$$

再对状态方程求微分，有

$$p\mathrm{d}V+V\mathrm{d}p=\nu R\mathrm{d}T\qquad ③$$

由式②一式③得

$$p\mathrm{d}V=-\nu R\mathrm{d}T$$

将上式代入式①中，得到

$$C_{n,\mathrm{m}}=C_{V,\mathrm{m}}-R$$

# 第4节　循环过程　卡诺循环

## 一、热机和循环过程

一台热发动机,简称**热机**,是一种从外界以热能形式吸收能量并做有用功的装置。在每一部热机的心脏都有一种工作物质,简称**工质**。在一台蒸汽机中,工质是水,有蒸汽和液态两种形式。如果一台热机要持续不断地向外做功,工质就必须循环工作,即工质必须经过一连串的叫做冲程的热力学过程组成的闭合过程,一次又一次地返回循环中的每一个状态。

下面介绍蒸汽机的工作过程。图 10-4-1 是蒸汽机的示意图。水在锅炉中加热(**高温热源**),变成高温高压的蒸汽,这是一个吸热后使内能增加的过程。蒸汽通过管道送进气缸,推动活塞对外做功,同时蒸汽内能减少,部分内能则由做功转化为机械能。最后,蒸汽成为废气,进入冷凝器(**低温热源**)中通水冷却,放出热量凝结成水,再由水泵把水打入锅炉加热,使蒸汽回复原始状态,然后再进行下一次循环。

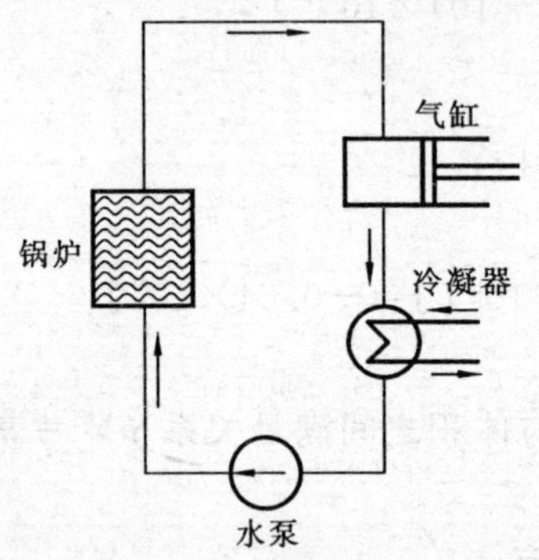


**图 10-4-1　蒸汽机示意图**

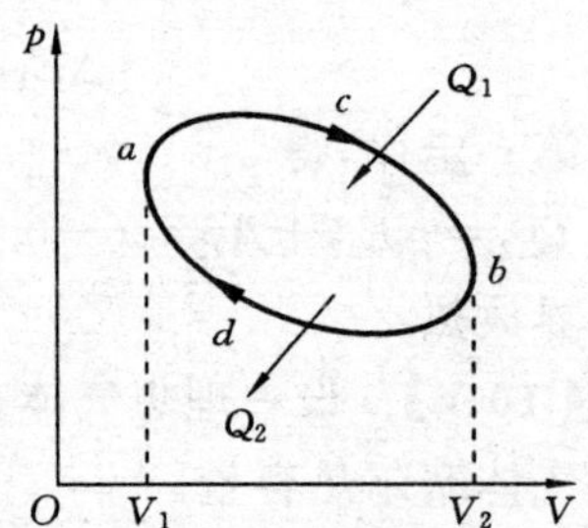


**图 10-4-2　循环过程曲线**

若系统的循环过程为准静态的,在 $p$-$V$ 图上可用一条闭合曲线表示。系统状态沿顺时针方向变化的循环称为**正循环**,沿逆时针方向变化的循环称为**逆循环**。

热机的工质在循环的某些过程中吸热,吸热总量为 $Q_1$,在另外一些过程中放热,放热总量为 $Q_2$,则净吸热为 $Q_1-Q_2$。在图 10-4-2 中,系统经历过程 $acb$ 时,系统对外做功,功值为曲线 $acb$ 下的面积;系统经历压缩过程 $bda$ 时,系统对外做负功,功的大小为曲线 $bda$ 下的面积,实际上代表外界对系统做正功。所以,经过一个循环,系统对外做的净功 $A$ 为这两个面积之差,即

$$|A|=\text{闭和曲线所包围的面积}$$

正循环过程净功 $A>0$。由于内能是状态的单值函数,因此当工质回复原状态时内能保持不变,即 $\Delta E=0$。再根据热力学第一定律,得

$$A=Q_1-Q_2$$

由于热机在每次(正)循环中对外的功 $A>0$，所以工质从高温热源吸收的热量 $Q_1$ 一定大于向低温热源放出的热量 $Q_2$。

任何热机的目的都是将吸收的能量尽可能多地转化为功，评价热机性能好坏的一个重要指标就是效率。它被定义为热机每次循环做的功（“想得到的能量”）除以以热能形式吸收的能量（“要付出的能量”），即热机的效率定义为

$$\eta=\frac{A}{Q_1}=\frac{Q_1-Q_2}{Q_1}=1-\frac{Q_2}{Q_1} \tag{10-4-1}$$

其中，$Q_1$ 为工质从高温热源吸收的热量，$Q_2$ 为工质向低温热源放出的热量。$Q_1-Q_2$ 为一个循环过程中净吸收的热量，$A$ 为循环过程中系统对外做的净功。

**【例题 10-5】** 1 000 mol 空气，$C_{p,m}=29.2\ \mathrm{J\cdot mol^{-1}\cdot K}$，开始为标准状态 $A$，$p_A=1.01\times10^5$ Pa，$T_A=273$ K，$V_A=22.4\ \mathrm{m^3}$，等压膨胀至状态 $B$，其容积为原来的 2 倍，然后作如图 10-4-3 所示的等容和等温过程回到原态 $A$，完成一次循环。求循环效率。

**解**　(1) 等压膨胀过程 $A\to B$

$$A_{AB}=p_A(V_B-V_A)=p_A(2V_A-V_A)=p_AV_A$$
$$=1.01\times10^5\times22.4\ \mathrm{J}=2.26\times10^6\ \mathrm{J}$$

吸热
$$Q_1=\nu C_{p,m}(T_B-T_A)$$

由于
$$\frac{V_B}{V_A}=\frac{T_B}{T_A}$$

所以
$$T_B=\frac{V_B}{V_A}T_A=2\times273\ \mathrm{K}=546\ \mathrm{K}$$

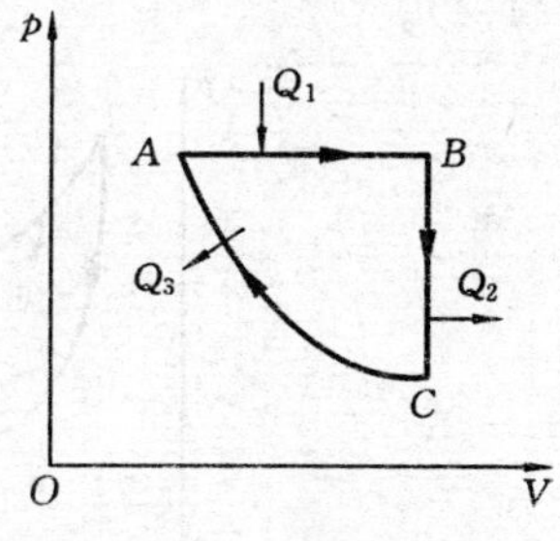


**图 10-4-3　例题 10-5 图**

则 $Q_1=\nu C_{p,m}(T_B-T_A)=1000\times29.2\times(546-273)\ \mathrm{J}$
$=7.97\times10^6\ \mathrm{J}$

(2) 等容降温过程 $B\to C$

放出热量(注意热力学第一定律中的 $Q$ 及热量表达式中的 $Q$ 均为系统从外界吸收的热量)

$$Q_2=E_B-E_C=\nu C_{V,m}(T_B-T_C)=\nu(C_{p,m}-R)(T_B-T_C)$$
$$=1000\times(29.2-8.31)\times(546-273)\ \mathrm{J}=5.73\times10^6\ \mathrm{J}$$

(3) 等温压缩过程 $C\to A$

放出热量

$$Q_3=-A_{CA}=-\nu RT_A\ln\frac{V_A}{V_C}=-\nu RT_A\ln\frac{V_A}{V_B}$$
$$=\left(-1000\times8.31\times273\ln\frac{1}{2}\right)\ \mathrm{J}=1.57\times10^6\ \mathrm{J}$$

循环过程净功为

$$A=A_{AB}+A_{CA}=(2.26\times10^6-1.57\times10^6)\ \mathrm{J}=0.69\times10^6\ \mathrm{J}$$

循环过程在高温热源吸热

$$Q_{吸}=Q_1=7.97\times10^6\ \text{J}$$

循环效率
$$\eta=\frac{A}{Q_1}=\frac{0.69\times10^6}{7.97\times10^6}\approx0.087=8.7\%$$

## 二、卡诺循环

19 世纪初，蒸汽机开始应用时效率很低，只有 3%～5%，有 95%以上的热量没有得到利用。为了提高热机效率，不少人开始从事这方面的理论研究。1824 年法国青年工程师卡诺(N. L. S. Carnot)提出了一个理想循环，该循环体现了热机循环最基本的特征。这是一个理想的准静态循环，它只与一个高温热源和一个低温热源交换热量，没有散热、漏气和摩擦等因素存在。这种热机称为**卡诺机**，相应的循环称为**卡诺循环**。

下面讨论以理想气体为工质的卡诺循环，它由下列几个准静态过程组成(见图 10-4-4)。

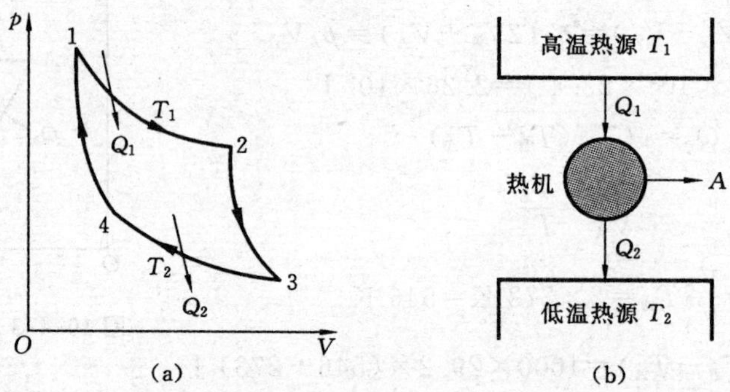


**图 10-4-4 卡诺热机循环及能流图**

(a) 卡诺热机循环； (b) 卡诺热机能流图

1→2：使气缸与一温度为 $T_1$ 的高温热源接触，使气体作等温膨胀，吸热 $Q_1$，由状态 1 变化到状态 2。此过程气体从高温热源吸收的热量为

$$Q_1=\nu RT_1\ln\frac{V_2}{V_1}$$

由热力学第一定律知，等温过程吸收的热量完全用于对外做功 $A_{12}=Q_1$。

2→3：将气缸移到绝热垫上，使气体作绝热膨胀，从状态 2 变到状态 3。

3→4：再使气缸与一温度为 $T_2$ 的低温热源接触，使气体作等温压缩，放热 $Q_2$，由状态 3 变到状态 4。此过程气体向低温热源放出的热量为

$$Q_2=\nu RT_2\ln\frac{V_3}{V_4}$$

由热力学第一定律知，等温过程吸收的热量完全用于对外做功 $A_{34}=-Q_2$。

4→1：再次将气缸移到绝热垫上，使气体作绝热压缩，从状态4回到初始状态1。

循环过程对外所做的净功为

$$A=Q_1-Q_2$$

上述卡诺循环的效率为

$$\eta_c=1-\frac{Q_2}{Q_1}=1-\frac{T_2\ln\frac{V_3}{V_4}}{T_1\ln\frac{V_2}{V_1}}$$

由于状态2与状态3在同一条绝热线上、状态1与状态4在同一条绝热线上，由绝热过程方程有

$$T_1V_1^{\gamma-1}=T_2V_4^{\gamma-1}$$

$$T_1V_2^{\gamma-1}=T_2V_3^{\gamma-1}$$

两式相比得到

$$\frac{V_3}{V_4}=\frac{V_2}{V_1}$$

所以，卡诺循环的效率为

$$\eta_c=1-\frac{T_2}{T_1} \tag{10-4-2}$$

式(10-4-2)为提高卡诺机的效率指明了方向。

① 卡诺循环的效率是由高温热源和低温热源的温度决定的，所以提高效率的途径是提高高温热源温度 $T_1$ 或降低低温热源温度 $T_2$，而通常后一种方法更经济。

② 完成一次卡诺循环必需也只需两个热源。不可能把从高温热源所吸收的热量全部用来对外做功，总要在低温热源处放出一部分热量。

③ 效率始终小于1，即 $\eta<1$。由式(10-4-2)知，当 $T_2=0$ 时，效率似乎可以等于1。但热力学第三定律告诉我们，**不可能通过有限的连续过程达到绝对零度**，所以真实的热力学平衡态系统要达到绝对零度是不可能的。

**【例题10-6】** 有可能利用表层海水与深层海水的温差来制成热机。已知热带水域表层的水温约为25 ℃，300 m深处的水温约为5 ℃。

(1) 在这两个温度之间工作的卡诺热机的效率多大？

(2) 如果某电站在此最大理论效率下工作时获得的机械功率是1 MW($10^6$ J/s)，则它以什么速率排放废热？

(3) 此电站获得的机械功和排出的废热均来自由25 ℃的水冷却到5 ℃的水所放出的热量，问此电站将以什么速率取用25 ℃的表层水？

**解** (1)
$$\eta=1-\frac{T_2}{T_1}=1-\frac{273+5}{273+25}=6.7\ \%$$

(2) 由于
$$\eta=1-\frac{Q_2}{Q_1}$$

得到
$$Q_2=(1-\eta)Q_1$$
又由于
$$\eta=\frac{A}{Q_1}$$
得到
$$Q_1=\frac{A}{\eta}$$
所以
$$Q_2=(1-\eta)\frac{A}{\eta}=\left(\frac{1-\eta}{\eta}\right)A$$
排放废热的速率为
$$\frac{\mathrm{d}Q_2}{\mathrm{d}t}=\left(\frac{1-\eta}{\eta}\right)\frac{\mathrm{d}A}{\mathrm{d}t}=\frac{1-6.7\%}{6.7\%}\times 1\ \mathrm{MW}$$
$$=\frac{93.3}{6.7}\ \mathrm{MW}=13.93\ \mathrm{MW}$$

(3) 对于一个循环过程,从 25 ℃的水吸热 $Q_1$,做功为 $A$,向 5 ℃的水放热 $Q_2$,由热力学第一定律,有
$$Q_1=A+Q_2,\quad \frac{\mathrm{d}Q_1}{\mathrm{d}t}=\frac{\mathrm{d}A}{\mathrm{d}t}+\frac{\mathrm{d}Q_2}{\mathrm{d}t}$$

已知机械功率$\frac{\mathrm{d}A}{\mathrm{d}t}=1\times10^6$ J/s,废热排放速率$\frac{\mathrm{d}Q_2}{\mathrm{d}t}=14\times10^6$ J/s,所以从 25 ℃的水吸热的速率
$$\frac{\mathrm{d}Q_1}{\mathrm{d}t}=(1\times10^6+14\times10^6)\ \mathrm{J/s}=15\times10^6\ \mathrm{J/s}$$
水的比热容 $c=4.18\times10^3$ J/(kg · K)(1 kg 物质温度升高 1 K 所吸收的热量),由热量的表达式
$$Q_1=mc(T_2-T_1)$$
得
$$m=\frac{Q_1}{c(T_2-T_1)}$$
取用 25 ℃的水的速率(每秒钟的取水量)
$$\frac{\mathrm{d}m}{\mathrm{d}t}=\frac{\mathrm{d}Q_1/\mathrm{d}t}{c(T_2-T_1)}=\frac{15\times10^6}{4.18\times10^3\times(298-278)}\ \mathrm{kg/s}$$
$$\approx1.79\times10^2\ \mathrm{kg/s}$$

## 三、制冷机

制冷机是一种将热量从低温热源不断地传递到高温热源的装置。例如,在家用电冰箱中,电动压缩机做功将能量从食物储存室(低温热源)传到房间(高温热源)。如果将制冷机的散热器置于室外,使室内降温,这就是通常的冷气机。反之,将蒸发器置于室外,向室内供热,则是热泵。热泵把从室外吸收的热量加上压缩机做的功一起传递到室内,因而充分地利用了能量。

考虑让卡诺机作反向循环的情况就是对应卡诺制冷机的循环过程(见图

10-4-5)。此时，理想气体从低温热源吸取热量 $Q_2$，接收外界做的功 $A$，向高温热源输送热量 $Q_1$，所以 $Q_2+A=Q_1$。我们希望付出最小量的功 $A$，而从低温热源吸出尽可能多的热量 $Q_2$，所以制冷系数定义为

$$w=\frac{Q_2}{A}=\frac{Q_2}{Q_1-Q_2} \tag{10-4-3}$$

式中，$Q_1-Q_2$ 为一个循环过程净放出的热，$A$ 为一个循环过程外界对系统做的净功。由计算可得，卡诺制冷机的制冷系数为

$$w=\frac{T_2}{T_1-T_2} \tag{10-4-4}$$

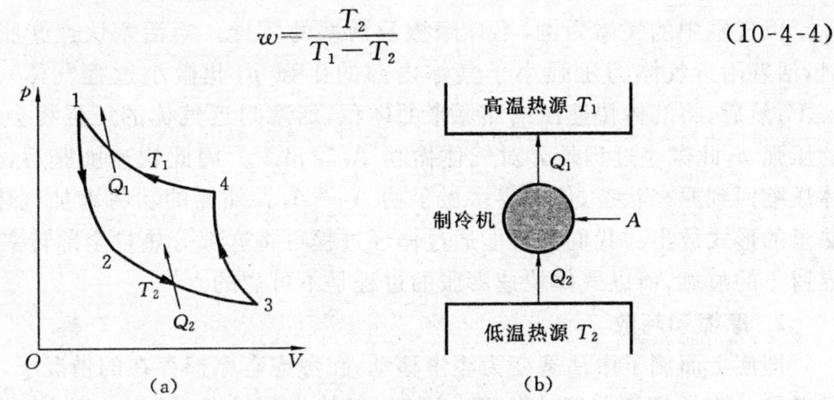


**图 10-4-5　卡诺制冷机循环与能流图**

(a) 卡诺制冷机循环；(b) 制冷机循环能流图

**【例题 10-7】**　一台冰箱工作时，其冷冻室的温度为 $-10$ ℃，室温为 15 ℃。若按理想卡诺制冷循环计算，则此制冷机每消耗 $10^3$ J 的功，可以从冷冻室中吸出多少热量？

**解**　制冷系数

$$w=\frac{T_2}{T_1-T_2}=\frac{273-10}{(273+15)-(273-10)}=\frac{263}{25}=10.52$$

又由 $w=\frac{Q_2}{A}$ 可得

$$Q_2=wA=10.52\times10^3\ \text{J}$$

## 第 5 节　热力学第二定律

### 一、可逆过程与不可逆过程

自然界发生的实际热力学过程都是具有方向性的。例如，如果没有外界的影响，热量总是自动地由高温处传递到低温处；气体总是自动地从高压处流向低压处。这些在无外界作用下自动进行的过程，称为**自发过程**。要使这些过程反向进行，必须借助外界的作用。例如，要使热量由低温处传递到高温处，用到制冷机；要使气体从低

压处流向高压处,用到抽气泵。制冷机和抽气泵的工作都需要消耗外界的能量。总之,要使自发过程逆向进行,一定要借助外界的变化,在外界留下痕迹。这些过程,称为**不可逆过程**。对于一个由状态 1 变化到状态 2 的过程,若存在一个逆向过程,它不仅能使系统恢复原样,而且能使外界也全部恢复原样而不留下任何痕迹,这样的过程(由状态 1 变化到状态 2)称为**可逆过程**。下面我们用实例来说明,自然界中所有的实际热力学过程都是不可逆的。

**1. 快速做功**

以气缸中的气体为例,不计摩擦及活塞的质量。当活塞快速膨胀微小体积 $\Delta V$ 时,活塞附近气体的压强小于气体内部的压强 $p$,此微小过程气体对外做功 $A_1 < p\Delta V$;然后,将气体快速压缩回原来的体积,活塞附近气体的压强将会大于气体内部的压强 $p$,此微小过程外界对气体做功 $A_2 > p\Delta V$。因此快速膨胀后,虽然可以将气体压缩回到原来状态,但外界多做了功 $A_2 - A_1$。外界的功将增加气体内能,而后以热量的形式放出。我们不可能通过循环过程再将这部分热量全部转变为功以消除外界留下的痕迹,所以气体快速膨胀的过程是不可逆的。

**2. 摩擦和耗散**

即使上面例子中活塞变为缓慢移动,在考虑有摩擦存在的情况下,过程仍然是不可逆的。当活塞膨胀微小体积 $\Delta V$ 时,气体做的功 $p\Delta V$ 有一部分需要用来克服摩擦,所以此微小过程外界获得的功 $A_1 < p\Delta V$;然后,将气体压缩回原来的体积,外界做的功有一部分必须用来克服摩擦,所以此微小过程外界做的功 $A_2 > p\Delta V$。结果虽然使气体回到原来状态,但外界损失了功 $A_2 - A_1$。所以存在摩擦使得热力学过程成为不可逆过程。导致类似结果的耗散作用还有漏热、电磁损耗等。

由以上分析,可以推想,如果热力学系统经历的是无限缓慢的、无摩擦的过程,即无摩擦的准静态过程,那么这种过程就是可逆过程。

可逆过程其实是一种理想情况,实际上散热、摩擦等情况总是存在的,并且实际过程也不可能“无限缓慢地进行”,中间状态就不可能全是平衡态,所以不可逆过程也不再能用 $p$-$V$ 图上的曲线来表示。

必须注意的是,不可逆过程不是不能向相反方向进行的过程,而是在反向进行并回到初态时要借助外界的作用,在外界留下痕迹。

## 二、热力学第二定律

从前面对卡诺热机的讨论中已经知道,在卡诺循环过程中,工质从高温热源吸收热量 $Q_1$,总要在低温热源处放出一部分热量 $Q_2$ 才能回到初态。人们发现这一事实具有普遍性。即,无法制成这样一种循环动作的热机,只从单一热源吸收热量并把此热量全部转化为对外做功,而不用向低温热源放热。对于这个事实,开尔文(Kelvin)于 1851 年提出了热力学第二定律的开尔文表述:**不可能制成这样一种循环动作的热机,只从单一热源吸收热量并使之完全变为有用的功**。请注意“循环动作”几个字,如果系统经历的不是循环过程，那么，从单一热源吸收热量全部转变为功是可以的。例如，气体经历等温膨胀的过程，将吸收的热量全部转变为功，但此过程是一个不断膨胀的过程，不是循环过程。

热力学第二定律的另一种表述是克劳修斯(Clausius)在 1850 年提出的，称为克劳修斯表述：**热量不可能自动地从低温物体传向高温物体**。请注意“自动地”几个字，如果借助外界的某种变化是可以让热量从低温物体传向高温物体的。典型的例子就是夏天用的空调机，空调机工作时不断地将热量从室内(低温热源)传递到室外(高温热源)。但这是借助了压缩机做功即消耗外界能量(如电能)来实现的。

不难证明热力学第二定律的这两种表述是完全等价的。即违反了开尔文表述就一定会违反克劳修斯表述，反之亦然。为此，我们先证明，若克劳修斯表述不成立，则开尔文表述也不能成立。参看图 10-5-1(a)。假设热量 $Q_2$ 可以从温度为 $T_2$ 的低温热源自动传递给温度为 $T_1$ 的高温热源，我们使一个卡诺机工作在这两个热源之间，并使它传给低温热源的热量恰好等于 $Q_2$，则整个系统在循环结束时，所产生的唯一后果是卡诺机从单一热源吸收热量 $Q_1-Q_2$ 全部转化为功，从而违反了开尔文表述。下面证明，若开尔文表述不成立，则克劳修斯表述也不能成立。参看图 10-5-1(b)。假设一个热机可以从温度为 $T_1$ 的高温热源吸收热量 $Q_1$ 使之全部转化为功 $A$。利用 $A$ 带动一卡诺机使它在温度为 $T_1$ 的高温热源和温度为 $T_2$ 的低温热源之间进行逆循环，则卡诺机将从低温热源吸收的热量 $Q_2$ 连同功 $A$ 一起传递给高温热源，因 $A=Q_1$，所以整个过程的结果是热量 $Q_2$ 从低温热源传递到了高温热源而未引起其他变化，从而违反了克劳修斯表述。

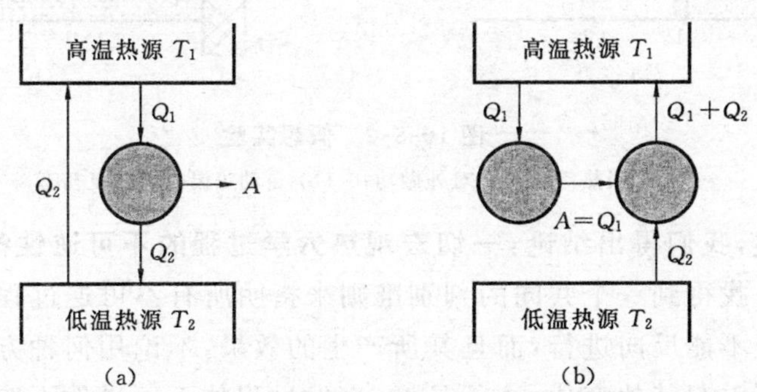


**图 10-5-1　克劳修斯表述与开尔文表述的等价性**

(a) 假设热量可自动从低温热源传递给高温热源；(b) 假设从单一热源吸收热量可以全部变为功

大家知道，热力学第一定律实际上就是包含热量的能量守恒定律，对过程进行的方向没有加任何限制。它说明，违反能量守恒的过程是不可能发生的。但是它不能说明，满足能量守恒的过程是否一定都能够实现。热力学第二定律则是关于过程进行的方向问题。它说明有些过程可以实现，而有些过程尽管满足能量守恒，但实际上也是不可能发生的。所以可以说，**热力学第二定律的实质在于，指出了自然界中自发**

**的热力学演化过程的方向性或单向性**;它的基本内容可以概括为,**自然界中凡牵涉热现象的自发过程都是不可逆的**。而且不可逆过程所产生的效果,无论用什么方法,都不可能完全复原而不引起其他变化。

除上述两种表述之外,热力学第二定律显然还可以有很多其他的等价表述。原因是,自然界中一切热力学过程都可建立一定的联系,由一个热力学过程的不可逆性可以推断另一个过程的不可逆性……也就是说,实际宏观热力学过程的不可逆性是**相互依存**的。如果一种实际过程的不可逆性消失了,其他的热力学过程的不可逆性也会随之消失。我们举例说明这个事实。设想理想气体自由膨胀过程的不可逆性消失了,即气体能够自动压缩。这时,让装有理想气体的气缸与一个温度为 $T$ 的恒温热源接触(见图 10-5-2),气体吸收热量做等温膨胀,对外做功 $A=Q$,活塞从位置 1 到位置 2,如图 10-5-2(a)所示。然后让气体自动收缩回到初态,活塞从位置 2 返回到位置 1,如图 10-5-2(b)所示。由于不需要外界做功,且与恒温热源接触做等温压缩,所以内能不变。由热力学第一定律知,压缩过程也不向外放出热量。当气体经历一个循环过程后,一定的热量转变成功。换句话说,由于气体自由膨胀的不可逆性消失了,功热转换过程的不可逆性也将随之消失。不可逆过程的这种相互依存关系导致热力学第二定律还有多种其他的等价表述形式。

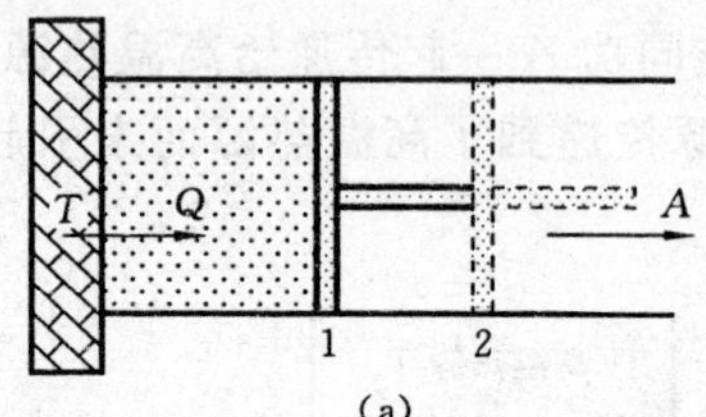

(a)

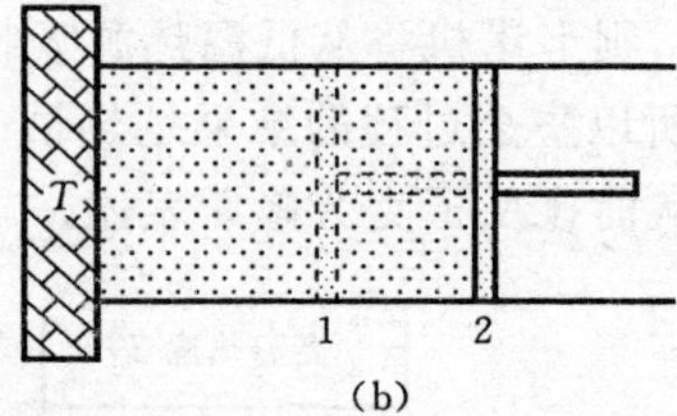

(b)

**图 10-5-2　假想实验**

(a) 吸热等温膨胀对外做功; (b) 自动等温收缩回复初态

综上所述,我们得出结论:**一切宏观热力学过程的不可逆性都是相互依存的**。因而应该可以找得到一个共同的判别准则来指明所有不可逆过程进行的方向。不可逆过程不仅不能反向进行,而且其所产生的效果,不论用何种方法都不可能完全恢复原状而不引起其他变化,这就是说,自发过程的不可逆性不取决于过程进行的方式,而取决于系统的初态和末态。由此可以推断,在自发的不可逆过程中,系统的初态和末态必然具有某种不同的性质,这种性质只与状态有关而与过程进行的方式无关,所以这种性质可以用一个态函数表示。对于一个确定的状态,这个函数有一个确定的值。当系统从初态自发地过渡到末态时,它的值也只向着一个方向变化,由初态值变到末态值。这样,就可以根据这个函数单向变化的性质来描述过程的方向。克劳修斯首先引入了这个函数的形式并称之为**熵**。下面我们从卡诺定理出发引入熵的概念。

# 第 6 节　熵

## 一、卡诺定理

做可逆循环的热机和制冷机称为可逆机。卡诺循环是由两个等温和两个绝热的准静态过程构成的，且不计摩擦等损耗。所以，卡诺机也是可逆机。

卡诺在研究卡诺循环时曾提出了以下的卡诺定理。

(1) 在相同的高温热源（温度为 $T_1$）与低温热源（温度为 $T_2$）之间工作的一切可逆机（即卡诺机），其效率都相同，与工质无关。因此，可以用理想气体为工质的卡诺循环来计算其效率 $\eta_{可}$，其结果为

$$\eta_{可}=1-\frac{T_2}{T_1} \tag{10-6-1}$$

(2) 在相同的高温热源和低温热源之间工作的一切不可逆机的效率总小于可逆机的效率。

$$\eta_{不可}<\eta_{可}=1-\frac{T_2}{T_1} \tag{10-6-2}$$

综合式(10-6-1)和式(10-6-2)，可得

$$\eta\leqslant 1-\frac{T_2}{T_1} \tag{10-6-3}$$

式中，“<”号对应于不可逆循环的效率，“=”号对应于可逆循环的效率。

## 二、熵的定义

在可逆循环情况下，由卡诺定理和效率的定义，有

$$\eta_{可}=1-\frac{Q_2}{Q_1}=1-\frac{T_2}{T_1} \tag{10-6-4}$$

式中，$Q_1$ 表示从高温热源吸收的热量，$Q_2$ 表示向低温热源放出的热量。为方便起见，我们下面改用 $Q_2$ 表示系统从低温热源吸收的热量。所以，式(10-6-4)中应该以 $-Q_2$ 取代 $Q_2$，即

$$1+\frac{Q_2}{Q_1}=1-\frac{T_2}{T_1}$$

或

$$\frac{Q_2}{T_2}+\frac{Q_1}{T_1}=0 \tag{10-6-5}$$

上式表明，**对于可逆循环，当热源为两个时，循环过程中热温比的和恒为零**。对于任意可逆循环过程，一般都可近似地看成由许多卡诺循环所组成，如图 10-6-1 所示。任意两个相邻的小卡诺循环的绝热

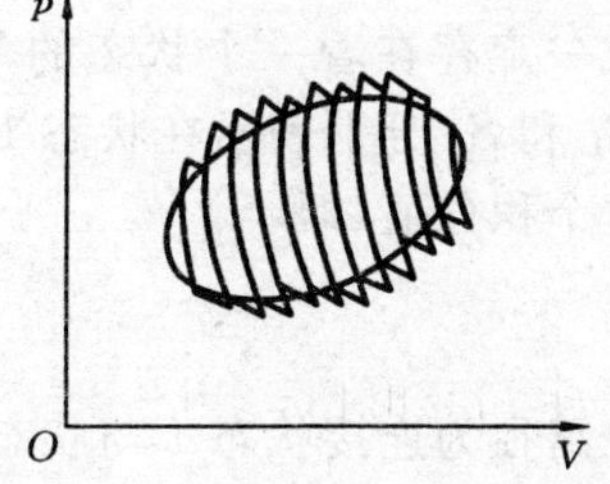


**图 10-6-1　用许多小卡诺循环近似构成一个任意可逆循环**

线大部分因过程方向相反而抵消,剩下的是一闭合的锯齿形曲线。因此,根据式(10-6-5),对这个可逆循环过程,我们有近似结果

$$\sum \frac{Q_i}{T_i} = 0$$

这里求和是对所有热源进行的。从图 10-6-1 可看出,卡诺循环的数目取得越多,锯齿形曲线就越接近于实际的可逆循环过程曲线。在卡诺循环的数目趋于无限大的极限情况下,它们就与实际可逆循环过程完全一致了,此时,上述求和就变成积分。所以对于任意的可逆循环,我们有精确结果

$$\oint \frac{\mathrm{d}Q}{T} = 0 \tag{10-6-6}$$

式中,$\oint$表示沿任意可逆循环过程积分,$\mathrm{d}Q$ 表示在各无限短的可逆等温过程中所吸收的微小热量。式(10-6-6)称为**克劳修斯等式**,它表示在可逆循环过程中,系统在该温度所吸收的热量与该温度比值的和为零。上述分析也表明,在任意一个可逆循环中,可以认为系统与无限多个热源交换热量。

也可将上面的任意可逆循环理解为由图 10-6-2 所示的 $1\to a\to 2$ 及 $2\to b\to 1$ 两个可逆过程所组成,式(10-6-6)可写为

$$\oint_{1a2b1} \frac{\mathrm{d}Q}{T} = \int_{1a2} \frac{\mathrm{d}Q}{T} + \int_{2b1} \frac{\mathrm{d}Q}{T} = 0$$

$$\int_{1a2} \frac{\mathrm{d}Q}{T} = -\int_{2b1} \frac{\mathrm{d}Q}{T}$$

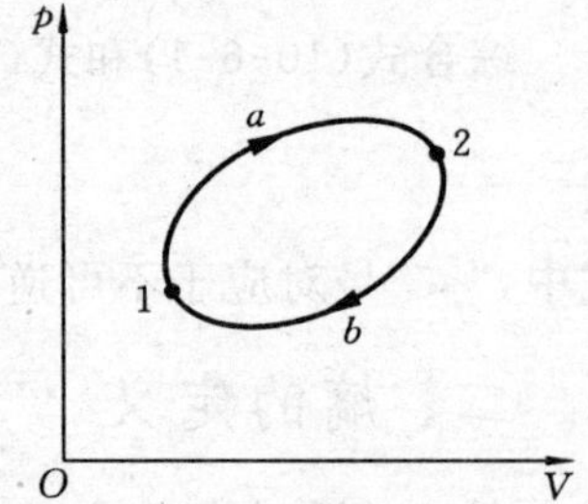

图 10-6-2 任意可逆循环

因为是可逆过程,所以有

$$-\int_{2b1} \frac{\mathrm{d}Q}{T} = \int_{1b2} \frac{\mathrm{d}Q}{T}$$

因此,我们得到

$$\int_{1a2} \frac{\mathrm{d}Q}{T} = \int_{1b2} \frac{\mathrm{d}Q}{T}$$

由于 $1a2$ 与 $1b2$ 为状态 1 与状态 2 之间任意的两个可逆过程,上式表明 $\int_1^2 \frac{\mathrm{d}Q}{T}$ 的积分值仅与过程的初态和末态有关,与经历的可逆过程(积分路径)无关。因此可以推断系统一定存在着一个状态的单值函数,我们把这个函数定义为熵,并以 $S$ 表示。如以 $S_1$ 和 $S_2$ 分别表示在状态 1 和状态 2 时的熵,那么,熵的增量 $S_2 - S_1$ 可以用来度量这个积分值,即

$$S_2 - S_1 = \int_1^2 \frac{\mathrm{d}Q}{T} \tag{10-6-7}$$

积分路径为连接状态 1 与状态 2 的任意可逆路径。对于系统经历一段无限小的可逆过程,上式可写成微分形式,即

$$\mathrm{d}S = \frac{\mathrm{d}Q}{T} \tag{10-6-8}$$

式(10-6-7)或式(10-6-8)给出了熵(差)的定义,称为**克劳修斯熵公式**。式中,温度 $T$ 为热源的温度,但对于可逆过程,系统和热源的温差为无限小,可认为它们始终保持热平衡,两者有相同的温度,所以式中的 $T$ 也可认为是系统本身的温度。另外,熵与内能一样,只有熵的变化量才有实际意义。熵的单位为 J/K。

## 三、熵增加原理

前面将卡诺定理用于可逆循环过程,引入了熵的定义。对于工作于高温热源 $T_1$ 和低温热源 $T_2$ 之间的不可逆循环,由卡诺定理知

$$\eta=1+\frac{Q_2}{Q_1}<1-\frac{T_2}{T_1}$$

$$\frac{Q_1}{T_1}+\frac{Q_2}{T_2}<0$$

式中,$Q_1$ 和 $Q_2$ 分别表示系统从高温热源和低温热源吸收的热量。推广到任意的不可逆循环,应有

$$\oint\frac{\mathrm{d}Q}{T}<0 \qquad (10\text{-}6\text{-}9)$$

积分沿该不可逆循环进行。假定该不可逆循环由图 10-6-3 所表示的不可逆过程 $1a2$ 与可逆过程 $2b1$ 组成,则式(10-6-9)可写为

$$\int_{1a2}\frac{\mathrm{d}Q}{T}+\int_{2b1}\frac{\mathrm{d}Q_{可逆}}{T}<0 \qquad (10\text{-}6\text{-}10)$$

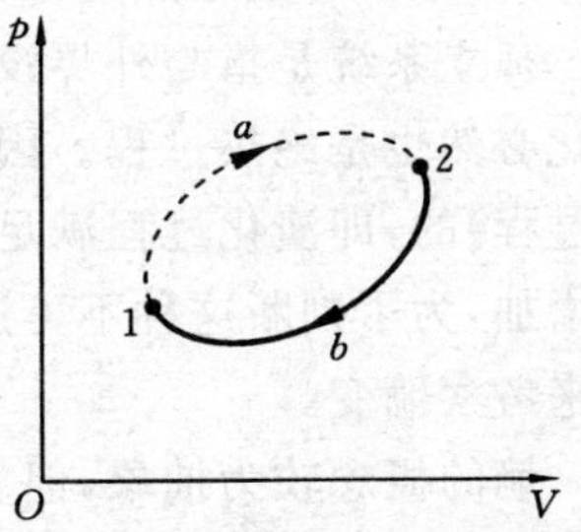


**图 10-6-3　证明熵增加原理图**

式中,$\mathrm{d}Q$ 是不可逆过程中所吸收的热量元,$\mathrm{d}Q_{可逆}$ 是可逆过程中所吸收的热量元。第二项正是熵(差)的定义。把状态 1 和状态 2 中熵的值分别记为 $S_1$ 和 $S_2$,则有

$$\int_{2b1}\frac{\mathrm{d}Q_{可逆}}{T}=\int_2^1\frac{\mathrm{d}Q_{可逆}}{T}=S_1-S_2$$

将上式代入式(10-6-10),得

$$S_2-S_1>\int_1^2\frac{\mathrm{d}Q}{T} \qquad (10\text{-}6\text{-}11)$$

积分路径是状态 1 与状态 2 之间的不可逆过程。当系统经历一个微小的不可逆过程时,上式变为

$$\mathrm{d}S>\frac{\mathrm{d}Q}{T} \qquad (10\text{-}6\text{-}12)$$

值得注意的是,对于不可逆过程来说,系统和热源的温度不相同,所以式(10-6-11)和式(10-6-12)中的 $T$ 为热源的温度,而不是系统本身的温度。

将式(10-6-11)、式(10-6-12)与式(10-6-7)、式(10-6-8)结合在一起,得到

$$S_2-S_1\geqslant\int_1^2\frac{\mathrm{d}Q}{T} \qquad (10\text{-}6\text{-}13)$$

$$\mathrm{d}S\geqslant\frac{\mathrm{d}Q}{T} \qquad (10\text{-}6\text{-}14)$$

式中,"="号对应于可逆过程的积分,">"号对应于不可逆过程的积分,称为**克劳修斯不等式**。

式(10-6-13)表明,若积分路径为可逆过程,则积分值 $\int_1^2 \frac{\mathrm{d}Q}{T}$ 等于过程初末态之间的熵差;若积分路径为不可逆过程,则积分值 $\int_1^2 \frac{\mathrm{d}Q}{T}$ 就小于熵差。值得指出的是,这并不表示不可逆过程的熵差就比可逆过程的熵差要大些。因为熵是态函数,熵差 $S_2-S_1$ 仅由初末态决定,与过程无关。

由式(10-6-14)可以看出,对于绝热过程($\mathrm{d}Q=0$),有下列结果

$$\mathrm{d}S \geqslant 0 \tag{10-6-15}$$

它表明,**绝热系统的熵永不减少**,这称为**熵增加原理**。对于可逆绝热过程,系统的熵不变;对于不可逆绝热过程,系统的熵增加。

孤立系统是指与外界没有质量和能量(包括热量)交换的系统,所以孤立系统的演化必然也是绝热过程。因此孤立系统的熵必然也是增加(不可逆过程)或不变(可逆过程)的,即演化过程满足 $\mathrm{d}S \geqslant 0$。注意,在非绝热的不可逆过程中,系统的熵不一定增加,为了判断这种不可逆过程的进行方向,可将系统与外界作为一个大的孤立系统来考察熵变。

熵的概念较为抽象,但它又十分重要,它已经超越了物理学的领域,广泛应用于生物、信息,甚至是经济等社会学学科,随着科学技术的发展和我们对其认识的深入,熵已与能量一样具有相当的重要性。

## 四、熵的计算

在利用式(10-6-7)计算熵变时,积分路径必须是连接初末两态的可逆过程。由于熵是与过程无关的态函数,初末两态之间的熵变只与初末两态有关。因此,如果实际过程是一个不可逆过程,一般可利用有相同初、末态的可逆过程来计算熵变。明确地说,在计算熵变时,如果实际过程的初、末态温度相同,则可以用可逆的等温过程代替;实际过程的初、末态压强相同,可以用可逆的等压过程代替;实际过程的初、末态体积相同,可以用可逆的等容过程代替……但是需要强调的是,我们不能够用可逆的绝热过程(熵变等于零)代替不可逆绝热过程(熵变大于零)来计算熵变。其原因是,如果两个状态能够由不可逆绝热过程联系起来,则不存在能够联系这两个状态的可逆绝热过程。

**【例题 10-8】** 设两个物体 $A$、$B$ 的温度分别为 $T_1$ 和 $T_2$,且 $T_1>T_2$。当它们接触后有热量 $\mathrm{d}Q>0$ 由 $A$ 传向 $B$。将两者看做一个孤立系统,求这一孤立系统的熵变。

**解** 由于 $\mathrm{d}Q$ 很小,$A$、$B$ 的温度基本不变,因此计算 $A$ 的熵变时可设想它经历了一个可逆的等温过程,放热 $\mathrm{d}Q>0$。由式(10-6-8),得到它的熵变为

$$dS_1=\frac{-dQ}{T_1}$$

同理，$B$ 的熵变为

$$dS_2=\frac{dQ}{T_2}$$

系统的总熵变为

$$dS=dS_1+dS_2=dQ\left(\frac{1}{T_2}-\frac{1}{T_1}\right)$$

由于 $T_1>T_2$，所以 $dS>0$。由此可见，热量从高温物体传递到低温物体时，整个系统的熵增加。反之，如果热量 $dQ>0$ 从低温物体传递到高温物体（注意两个物体已构成一个孤立系统，不再受到外界影响），则两个物体的总熵变为

$$dS=dQ\left(\frac{1}{T_1}-\frac{1}{T_2}\right)<0$$

此结果与熵增加原理相矛盾，因而这种过程是不可能发生的。

**【例题 10-9】** 计算理想气体向真空自由膨胀过程中的熵变。

**解** 由前面的讨论，我们已经知道理想气体向真空自由膨胀过程是一个非准静态的绝热过程。对该过程，$Q=0, A=0, \Delta E=0$。内能不变表明初、末态的温度相同，即 $T_1=T_2$。因此，该过程的初态和末态处于如图 10-6-4 中实线所示的等温线上。因此，我们沿这个可逆等温过程来计算实际过程的熵变，即

$$\Delta S=\int_{\text{沿等温线}}\frac{dQ}{T}=\int_{V_1}^{V_2}\frac{p\,dV}{T}$$

$$=\nu R\int_{V_1}^{V_2}\frac{dV}{V}=\nu R\ln\frac{V_2}{V_1}$$

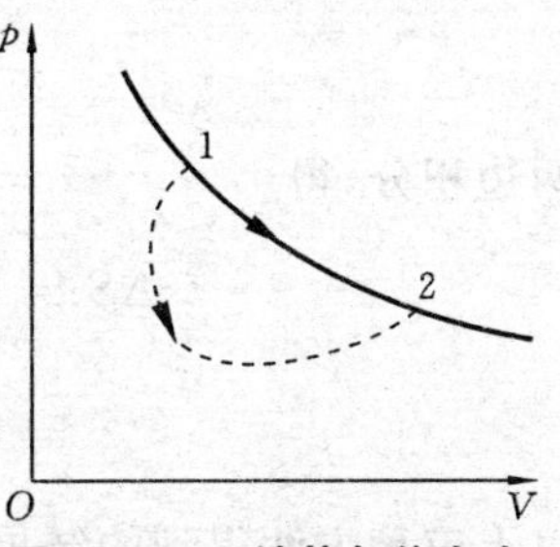

**图 10-6-4　计算气体自由膨胀的熵变**

这一熵变就是理想气体真空自由膨胀过程的熵变。因为 $V_2>V_1$，所以 $\Delta S>0$，说明理想气体经过绝热自由膨胀的熵是增加的。显然，上式表明，气体自动收缩（此时 $V_2<V_1$）的熵是减小的，与熵增加原理相矛盾，因而气体自动收缩的过程是不可能发生的。

**【例题 10-10】** 1 mol 理想气体从状态 $(T_1, V_1)$ 经某一过程到达状态 $(T_2, V_2)$，求熵变。

**解** 此题过程不明确，但初、末态已知。根据熵差的定义式(10-6-7)，可任意设想一个可逆过程具有与问题中实际过程相同的初、末态，沿这个设想的过程作积分。设系统从状态 1 先经历等容过程到达中间状态 1′，然后再等温膨胀到状态 2（见图 10-6-5），该设想过程的熵变为

$$\Delta S=\int_1^{1'}\frac{dQ}{T}+\int_{1'}^{2}\frac{dQ}{T}=\int_{T_1}^{T_2}\frac{C_{V,m}dT}{T}+\int_{V_1}^{V_2}\frac{p\,dV}{T_2}$$

$$=C_{V,m}\ln\frac{T_2}{T_1}+\frac{1}{T_2}\int_{V_1}^{V_2}\frac{RT_2\,dV}{V}=C_{V,m}\ln\frac{T_2}{T_1}+R\ln\frac{V_2}{V_1}$$

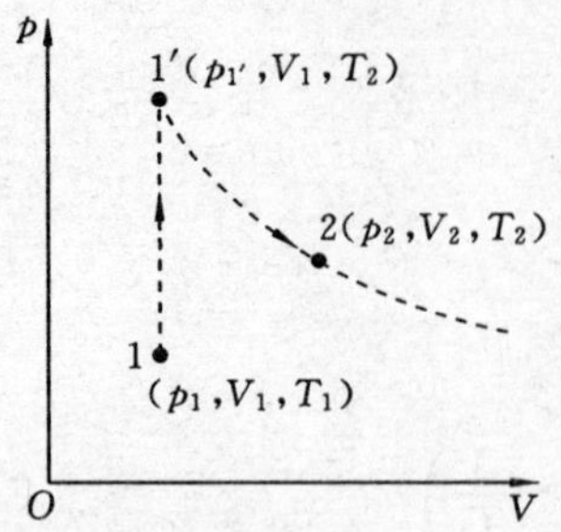


图 10-6-5 设计的可逆过程

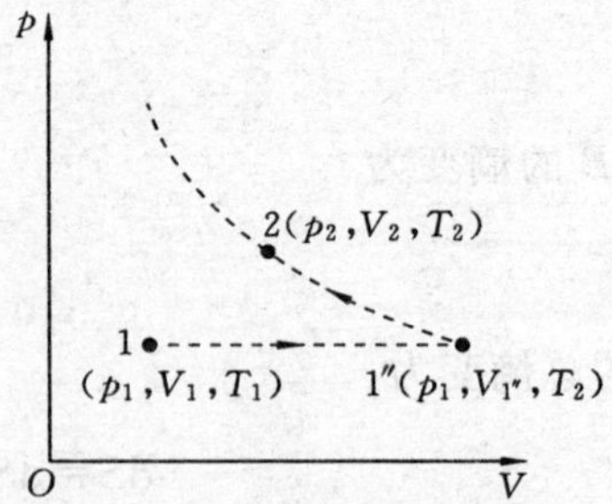


图 10-6-6 设计的可逆过程

也可设系统从状态 1 先经历等压过程到达中间状态 1″，然后再等温压缩到状态 2(见图 10-6-6)，该设想过程的熵变为

$$\Delta S=\int_1^{1''}\frac{\mathrm{d}Q}{T}+\int_{1''}^2\frac{\mathrm{d}Q}{T}=\int_{T_1}^{T_2}\frac{C_{p,\mathrm{m}}\mathrm{d}T}{T}+\int_{V_{1''}}^{V_2}\frac{p\mathrm{d}V}{T_2}=C_{p,\mathrm{m}}\ln\frac{T_2}{T_1}+\frac{1}{T_2}\int_{V_{1''}}^{V_2}\frac{RT_2\mathrm{d}V}{V}$$

$$=\left(C_{V,\mathrm{m}}\ln\frac{T_2}{T_1}+R\ln\frac{T_2}{T_1}\right)+R\ln\frac{V_2}{V_{1''}}=C_{V,\mathrm{m}}\ln\frac{T_2}{T_1}+R\ln\frac{T_2}{T_1}+R\ln\frac{p_1}{p_2}$$

$$=C_{V,\mathrm{m}}\ln\frac{T_2}{T_1}+R\ln\frac{p_1T_2}{p_2T_1}=C_{V,\mathrm{m}}\ln\frac{T_2}{T_1}+R\ln\frac{V_2}{V_1}$$

还可以不管具体的可逆过程，由 $\mathrm{d}Q=\mathrm{d}E+p\mathrm{d}V$ 和 $\mathrm{d}Q=T\mathrm{d}S$ 得到

$$T\mathrm{d}S=\mathrm{d}E+p\mathrm{d}V$$

$$\mathrm{d}S=\frac{\mathrm{d}E+p\mathrm{d}V}{T}$$

两边积分，得

$$\Delta S=\int_{S_1}^{S_2}\mathrm{d}S=\int\frac{\mathrm{d}E+p\mathrm{d}V}{T}=\int\frac{C_{V,\mathrm{m}}\mathrm{d}T+p\mathrm{d}V}{T}$$

$$=C_{V,\mathrm{m}}\ln\frac{T_2}{T_1}+\int_{V_1}^{V_2}\frac{R}{V}\mathrm{d}V=C_{V,\mathrm{m}}\ln\frac{T_2}{T_1}+R\ln\frac{V_2}{V_1}$$

以上三种方法得到的结果一样，因为熵是状态的单值函数，所以与具体过程无关。

**【例题 10-11】** 1 kg 的水在温度为 0 ℃、压强为 1 atm 下凝结为 0 ℃的冰，试求水的熵变(水的凝固热 $\lambda=3.333\times10^5$ J/kg)及环境的熵变。

**解** 这是一个等温等压过程，而且水和冰在此条件下可平衡共存，因此是一个可逆过程。(假设 0 ℃的水与一个 0 ℃的恒温大热源接触，缓慢地向热源释放热量而凝结为冰)

$$\Delta S_{\text{水}}=\int\frac{\mathrm{d}Q}{T}=\frac{1}{T}\int\mathrm{d}Q=\frac{Q}{T}$$

式中，$Q$ 为水转化为冰的过程中吸收的热量，实际应为 1 kg 的水的凝固热。考虑到系统实际上为放热过程，所以 $Q$ 为负值，即

$$Q=-m\lambda=-1\times3.333\times10^5\ \mathrm{J}=-3.333\times10^5\ \mathrm{J}$$

因此，有

$$\Delta S_{水}=\frac{Q}{T}=\frac{-3.333\times10^5}{273}\ \mathrm{J/K}=-1220\ \mathrm{J/K}$$

题中所指的"环境"即系统所处的外界条件，可以称之为"热源"。由题意可知，"热源"的温度为 0 ℃。设温度为 0 ℃的恒温热源缓慢吸收热量，所吸收的热量正是水凝结时放出的热量，所以

$$\Delta S_{环境}=\frac{-Q}{T}=-\Delta S_{水}=1220\ \mathrm{J/K}$$

**【例题 10-12】** 500 ℃的钢片放入绝热油槽中冷却。油的初温为 20 ℃，钢片的质量为 $m_1=1.302\times10^{-1}$ kg，比热容为 $c=4.61\times10^2$ J/(kg·K)；油的热容量为 $C=$ 2000 J/K。求钢片与油组成的系统的熵变。

**解** 设两者平衡时的温度为 $T$，钢片放出的热量与油吸收的热量相等，所以有

$$m_1c(T_1-T)=C(T-T_2)$$

即

$$1.302\times10^{-1}\times4.61\times10^2\times(773-T)=2000\times(T-293)$$

解出

$$T=307\ \mathrm{K}$$

钢片和油的熵变分别为

$$\Delta S_1=\int_{T_1}^{T}\frac{\mathrm{d}Q}{T}=m_1c\ln\frac{T}{T_1}=\left(1.302\times10^{-1}\times4.61\times10^2\times\ln\frac{307}{773}\right)\ \mathrm{J/K}$$
$$=-55.4\ \mathrm{J/K}$$

$$\Delta S_2=C\ln\frac{T}{T_2}=2000\times\ln\frac{307}{293}\ \mathrm{J/K}=93.0\ \mathrm{J/K}$$

系统总熵变

$$\Delta S=\Delta S_1+\Delta S_2=(-55.4+93.0)\ \mathrm{J/K}=37.6\ \mathrm{J/K}$$

尽管钢片的熵减少了，但系统的总熵增加。

若油槽很大，油量很多，可将油槽和油视为一个很大的恒温热源，钢片的放入对油温的改变可忽略，再求这个系统的熵变。此时，两者达到热平衡后的温度为

$$T=T_2=20\ ℃=293\ \mathrm{K}$$

$$\Delta S_1=m_1c\ln\frac{T}{T_1}=\left(1.302\times10^{-1}\times4.61\times10^2\times\ln\frac{293}{773}\right)\ \mathrm{J/K}$$
$$=-58.2\ \mathrm{J/K}$$

$$\Delta S_2=\frac{Q_2}{T_2}=\frac{-m_1c(T-T_1)}{T_2}\quad(\text{油吸收的热量等于钢放出的热量})$$
$$=\frac{-1.302\times10^{-1}\times4.61\times10^2\times(293-773)}{293}\ \mathrm{J/K}=98.3\ \mathrm{J/K}$$

系统的总熵变为

$$\Delta S=(-58.2+98.3)\ \mathrm{J/K}=40.1\ \mathrm{J/K}$$

两种情况的结果是不一样的。

## 五、温熵图

若以 $S$ 为横坐标、$T$ 为纵坐标构成状态参量空间，可作温熵图。在 $T$-$S$ 图上的

一个点代表热力学系统的一个平衡态;一条曲线与 $p$-$V$ 图上的一条曲线一样,表示一个准静态过程(不考虑摩擦等耗散时为可逆过程曲线)。例如,可逆绝热过程(即可逆等熵过程)在温熵图中为垂直线段;可逆等温过程为平行线段。对任意准静态过程对应的曲线,曲线下的面积表示相应过程系统吸收的热量。从状态 1 变化到状态 2 的过程系统吸收的热量为

$$Q=\int_1^2 T\mathrm{d}S \tag{10-6-16}$$

由于 $T>0$,所以当系统经历熵增加的过程(如图 10-6-7 中 $a\to b\to c$ 过程)时,系统吸收的热量等于曲线 $abc$ 下的面积;当系统经历熵减小的过程(如图 10-6-7 中 $c\to d\to a$ 过程)时,系统吸收的热量等于曲线 $cda$ 下面积的负值。系统经历一个循环过程时,在 $T$-$S$ 图上仍然由一条闭合曲线表示(见图 10-6-7),曲线所包围的面积表示系统在一次循环中净吸收的热量(对于正循环)或净放出的热量(对于逆循环)。

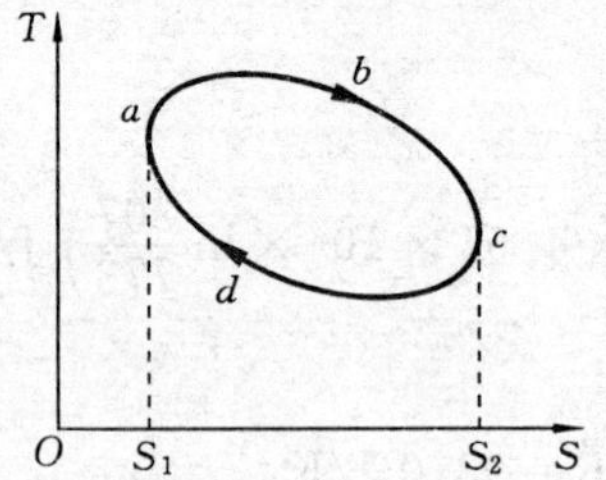


**图 10-6-7　温熵图表示的循环过程**

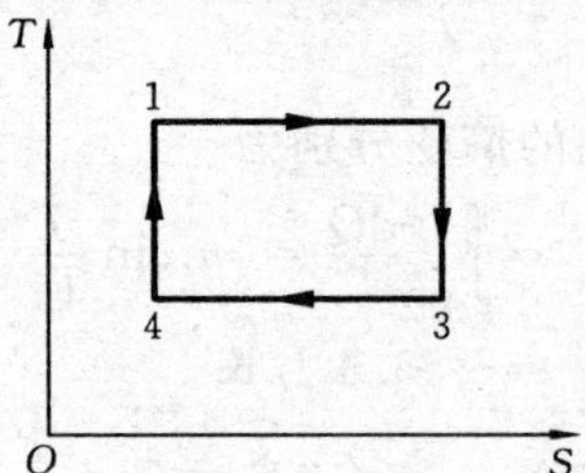


**图 10-6-8　卡诺循环曲线**

根据热力学第一定律应有 $\oint T\mathrm{d}S=\oint p\mathrm{d}V$,即在 $T$-$S$ 图上闭合曲线所包围的面积与 $p$-$V$ 图上闭合曲线所包围的面积是相等的。在温熵图中,卡诺循环为如图 10-6-8所示的矩形。利用温熵图可以更方便地表示卡诺循环的效率,即

$$\eta=\frac{Q_{\text{净吸收}}}{Q_1}=\frac{\text{矩形 1234 的面积}}{\text{直线 12 下的面积}}$$

## 第 7 节　热力学第二定律的统计意义　熵的统计表述

### 一、热力学第二定律的统计意义　玻耳兹曼熵

热力学第二定律是对自然界中宏观自发过程不可逆性质的概括。它能够从微观角度得到统计意义上的解释。在下面的讨论中我们要用到统计物理中的**等概率假设:处于平衡态的孤立系统,各种微观运动状态(简称为微观态)出现的概率相同。**

下面以气体膨胀为例来说明自发的宏观过程不可逆性的微观本质。为简单起见,我们设容器中只有 4 个分子,分别记为 $a$,$b$,$c$ 和 $d$。将容器由隔板分为体积相等的两部分 $A$ 和 $B$。假定开始时 4 个分子都处于 $A$ 中(图 10-7-1)。此时,所有的分子

都只能在 $A$ 中运动，如果抽去隔板，每个分子处于 $A$ 部分和 $B$ 部分的概率都是 $\frac{1}{2}$。表10-7-1给出了 4 个分子在两部分的分布共有 $2^4=16$ 种可能情况，称为 16 种可能的**微观态**。由等概率假设，每种微观状态出现的概率相同，都是 $1/16=1/2^4$。这 16 种微观态只对应于 5 种不同的宏观态。从表 10-7-1 可看出，4 个分子全部退回到 $A$ 部分的可能性是存在的，概率是 $1/2^4$，但比一个分子退回到 $A$ 的概率小得多。"分子全部退回到 $A$"的宏观态包含的微观态数与所有其他宏观态相比是最少的(为 1)。这个讨论可推广到有 $N$ 个分子的情况。$N$ 个分子在 $A$、$B$ 两部分的分布共有 $2^N$ 种可能的、概率均等的微观状态，这其中，全部分子都退回到 $A$ 部分的宏观状态却仅包含了一个可能的微观状态，其概率为 $1/2^N$。对于充分大的分子数 $N$，例如，1 mol 的气体，$N\approx 6\times 10^{23}$，当气体自由膨胀后，全部分子都退回到 $A$ 部分的概率为 $\frac{1}{2^{6\times 10^{23}}}$，这个概率是如此之小，以致成为事实上不可能出现的事情。而"$N$ 个分子基本上是均匀分布"的宏观状态却包含了 $2^N$ 个可能的微观状态中的绝大多数。所以自由膨胀的不可逆性，实际上是反映了这个系统内部所发生的过程总是由包含微观态数少(概率小)的宏观状态趋于包含微观态数多(概率大)的宏观状态。而相反的过程是不可能自动实现的。

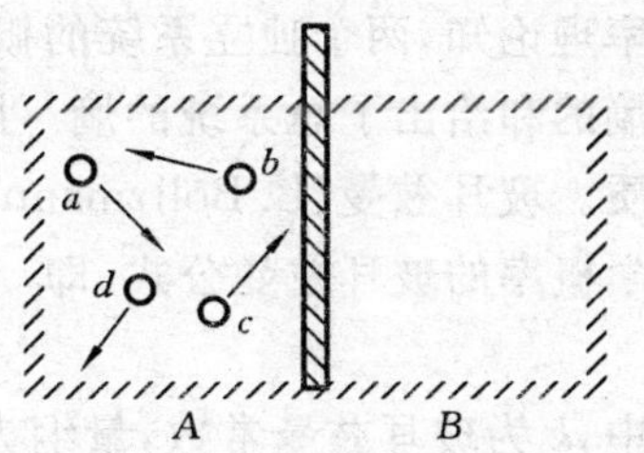


**图 10-7-1　去除隔板后 4 个分子的分布**

**表 10-7-1　4 个分子的位置分布**

| $A$ | $abcd$ | 0 | $abc$ | $abd$ | $acd$ | $bcd$ | $a$ | $b$ | $c$ | $d$ | $ab$ | $ac$ | $ad$ | $bc$ | $bd$ | $cd$ |
|---|---|---|---|---|---|---|---|---|---|---|---|---|---|---|---|---|
| $B$ | 0 | $abcd$ | $d$ | $c$ | $b$ | $a$ | $bcd$ | $acd$ | $abd$ | $abc$ | $cd$ | $bd$ | $bc$ | $ad$ | $ac$ | $ab$ |
| 微观态数 | 1 | 1 | 4 | | | | 4 | | | | 6 | | | | | |
| 宏观态的概率 | $\frac{1}{16}$ | $\frac{1}{16}$ | $\frac{4}{16}=\frac{1}{4}$ | | | | $\frac{4}{16}=\frac{1}{4}$ | | | | $\frac{6}{16}$ | | | | | |
| 热力学概率 $\Omega$ | 1 | 1 | 4 | | | | 4 | | | | 6 | | | | | |

通过以上的分析，我们可以给出结论：**一般来说，一个孤立的热力学系统的自发演化过程总是由包含微观态数少(概率小)的宏观状态趋于包含微观态数多(概率大)的宏观状态**。将与某宏观态相对应的微观态数目定义为该宏观态的**热力学概率** $\Omega$。所以也可以说，**孤立的热力学系统自发的演化过程总是从热力学概率小的宏观状态趋于热力学概率大的宏观状态**。这从微观角度给出了热力学第二定律的统计意义。

显然，上述孤立系统演化中的热力学概率增加或不变化的事实与孤立系统的熵增加原理是一致的。这表明，热力学概率与熵有直接的而且是单调的函数关系。由概率理论知,两个独立系统的概率的乘积给出了总系统的联合概率,而两个独立系统的熵的和给出了总系统的熵。因此,热力学概率与熵之间的函数关系必须满足这个性质。玻耳兹曼(L. Boltzmann)最先找到这种合理的函数关系,建立了联系熵与热力学概率的玻耳兹曼公式,即

$$S=k\ln\Omega \tag{10-7-1}$$

式中,$k$ 为玻耳兹曼常数,量纲为 J/K。玻耳兹曼公式诠释了熵的统计意义。因为热力学概率越大的状态代表越紊乱的状态,所以熵是系统紊乱程度或无序程度的度量。

## 二、克劳修斯熵与玻耳兹曼熵的等价性

虽然克劳修斯熵与玻耳兹曼熵的定义不同,但都得到了热力学第二定律的数学表述:孤立系统内部发生的过程总是朝着熵增加的方向进行,即 $dS\geqslant 0$。可以定量地证明,从玻耳兹曼熵能够推导出克劳修斯熵,因此两者是一致的。略去一般的证明,仅以理想气体绝热自由膨胀为例,分别利用玻耳兹曼熵公式和克劳修斯熵公式来计算熵变,从两者的计算结果来说明克劳修斯熵与玻耳兹曼熵的等价性。

首先,用克劳修斯熵公式来计算理想气体绝热自由膨胀的熵变。设气体的体积在自由膨胀结束后,体积从初态 $V_1$ 变为末态 $V_2$,在例题 10-9 中已算出该过程的熵变为

$$\Delta S=\nu R\ln\frac{V_2}{V_1}$$

下面再用玻耳兹曼熵公式计算上述过程的熵变。根据式(10-7-1),得

$$\Delta S=S_2-S_1=k(\ln\Omega_2-\ln\Omega_1)=k\ln\frac{\Omega_2}{\Omega_1}$$

由于这里有 $T_1=T_2$,所以气体分子的速度分布不变,只有位置分布的改变,因此可以按位置分布来计算气体的热力学概率。设想将容器空间分割成许多大小相等的小体积,则每个分子在任一小体积内出现的概率均等。若 $V_1$ 中包含有 $n$ 个小体积(如图 10-7-2 中给出了 $n=4$ 的情形),则 $V_2$ 中包含的小体积数就是 $\frac{n}{V_1}V_2$。一个分子在 $V_1$ 中有 $n$ 个微观态,在 $V_2$ 中就有 $\frac{n}{V_1}V_2$ 个微观态。当体积由 $V_1$ 变为 $V_2$ 时,一个分子的微观态数将增大 $V_2/V_1$ 倍,而整个气体($N$ 个分子)的微观态数将增大 $(V_2/V_1)^N$ 倍。也就是说,气体在膨胀前后两种宏观态包含的微观态数之比为

$$\frac{\Omega_2}{\Omega_1}=\left(\frac{V_2}{V_1}\right)^N$$

所以,在自由膨胀中,气体的玻耳兹曼熵的熵变为

$$\Delta S=k\ln\frac{\Omega_2}{\Omega_1}=kN\ln\frac{V_2}{V_1}=\nu R\ln\frac{V_2}{V_1}$$

两种方法的计算结果完全相同。

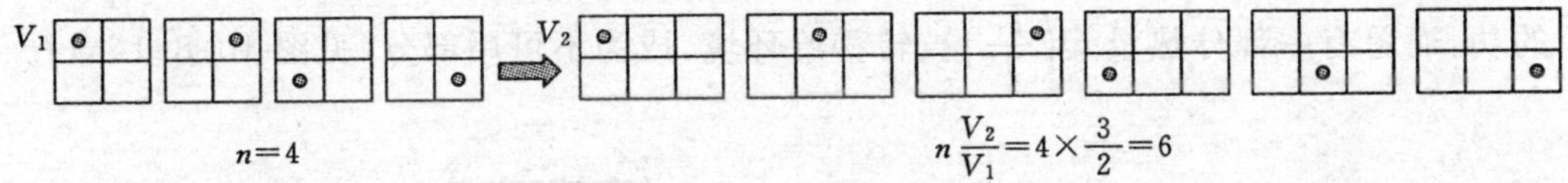


**图 10-7-2 一个分子在 $V_1$ 中有 $n=4$ 个微观态,在 $V_2$ 中有 $\frac{n}{V_1}V_2=6$ 个微观态**

## 第8节 与熵增加原理有关的几个问题的讨论

### 一、时间箭头

生命过程,花开花落,果实成熟……时间一去不复返,人们对时间的体验是:时间箭头从过去指向未来,过去和未来判然有别。物理学中也有时间箭头吗?

在正常情况下,自然过程中热量总是从高温物体流向低温物体。一杯开水放在桌子上,一会儿它的温度就会和室温相同,此时它的热量散发到了周围的空气中。那么,热量能不能从低温物体流向高温物体呢?自发地进行是不可能的。但是我们可以通过一些装置做到这一点,冰箱和空调就是这种装置,但是这些装置肯定需要消耗能量。这种不可逆过程导致一种时间的单向性。火柴从火苗里再生、瀑布从山崖下飞跃回到山崖之上、大量的分子全部自发的聚集到容器的一个角落……凡此种种,都会令人感到有悖于常理,不可思议。20世纪80年代普利高津(Ilya Prigogine)提出了"时间箭头"的概念,并科学地论证了时间是有方向的。自然界中所有自发的过程都是不可逆的,其根源在于热力学第二定律的制约。热力学第二定律第一次描述了实际过程的不可逆性,它以熵增加原理将演化概念引进了物理学。科学家用"熵"的增减来说明演化过程的方向:热量自动地从高温物体流向低温物体的过程为熵增加的过程;理想气体向真空自由膨胀均匀分布在整个容器中的过程为熵增加的过程,这些例子说明了熵的增加可以作为时间前进方向的标志。英国物理学家爱丁顿(A. Eddington)就把熵看做"时间箭头",并坚信时间箭头的方向就是孤立系统的演化过程的方向。熵增加就意味着系统从有序向无序演化。于是,熵实质上变成了**演变的指示器**——时间箭头,对一切孤立系统,未来就是熵增加的方向。

### 二、熵增加与能量退化

自然界的实际过程都是不可逆的,而所谓可逆过程只是以无限缓慢的速度进行的理想过程。一个孤立系统,在发生了任何实际过程后,按照热力学第一定律,其能量的总值保持不变;而按照热力学第二定律,其熵的总值恒增。这意味着什么呢?不妨来考虑一个具体问题。

假设某系统,在温度为 $T$ 时可输出热量 $Q$,环境的温度为 $T_0$,因而可以构成效率为 $1-\frac{T_0}{T}$ 的卡诺热机,产生机械功 $Q\left(1-\frac{T_0}{T}\right)$,吸收的热量 $Q$ 并没有全部转化为有用的功,而总有一部分热量 $Q\left(\frac{T_0}{T}\right)$ 被转移给环境,成为不可用部分(见图 10-8-1(a))。

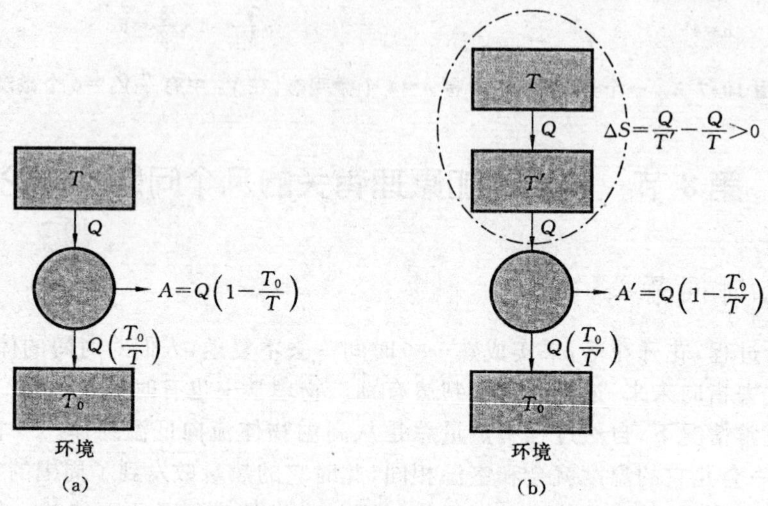


**图 10-8-1 熵增加与能量退化**

假设先将这一热量传递给温度为 $T'(T>T'>T_0)$ 的另一物体。此时,该热量的可用部分将变为 $Q\left(1-\frac{T_0}{T'}\right)$,而不可用部分变为 $Q\left(\frac{T_0}{T'}\right)$(见图 10-8-1(b))。能量不可用部分的增量为

$$Q\left(\frac{1}{T'}-\frac{1}{T}\right)T_0>0$$

与此同时,温度分别为 $T$ 和 $T'$ 的这两个物体所构成的系统的熵增量为

$$\Delta S=Q\left(\frac{1}{T'}-\frac{1}{T}\right)>0$$

这样,能量不可用部分的增加就可以写成 $T_0\Delta S$,所以,熵可以作为能量不可用程度的度量。

换言之,在一切实际过程中,能量的总值虽然保持不变,但其可利用的程度总随熵的增加而降低。就数量而言,能量保持不变;而就其品质而言,价值贬低了。这是不可逆性,也是熵增加的一个直接后果,表明了熵的宏观意义:不可逆过程在能量利用上的后果总是使一定的能量从能做功的形式变为不能做功的形式,即成了“退化”的能量,而且这类能量的大小与不可逆过程所引起的熵的增加成正比,即随着实际过程的进行,能量虽然保持不变,但是越来越多地不能被用来做功了。

熵增加导致了能量的退化,这就是第二定律的关键所在,其在生产实践中的重要意义也在于此。

我们可以进一步深化,引入**有序能量**和**无序能量**的概念,从而有:热力学第二定律表明了能量转化的方向,实际上反映了能量的有序和无序的差别。所谓有序能量

和无序能量，其定义正是基于自然界的能量转化方向的规律性：有序能量可以全部无条件地转化为无序能量，而无序能量是不可能或有条件全部地转化为有序能量。这里举这样一个例子：图 10-8-2(a)表示正在作平移运动的球，组成球体的全部粒子具有相同的定向运动速度；图 10-8-2(b)表示静止下来而温度升高的球体，原来规则的动能变为无序的内能。热与功的不对称性暗示了熵有可能用来衡量系统的无序程度。

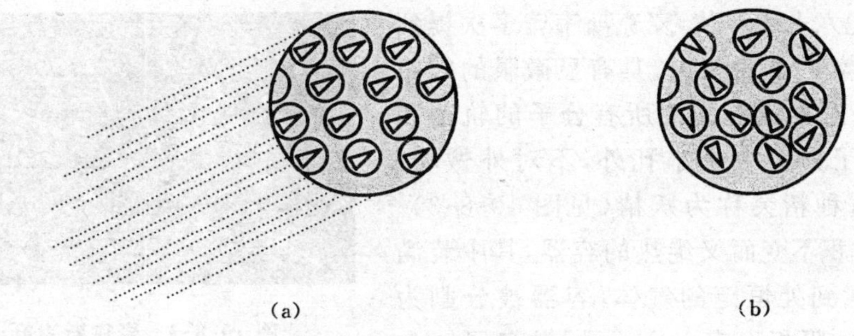


**图 10-8-2　球体中的粒子**

(a) 运动的球；(b) 静止的球

有序能量转化为无序能量后势必造成做功本领的减小，甚至丧失，即导致能量的退化，自然界的任何过程都导致能量的退化，这是一个规律。煤炭是一种植物化石燃料，燃烧过程中释放出来的热量实际上是储存在古代植物体中又在地下保存了千百万年的太阳能，其中部分热能被排放到周围环境中，成为不可用能量。集中在能源中的有用能量不断减少，而均匀分布在环境中的不可用能量不断增加，其结果将导致“能源危机”。

## 三、熵增加与热寂说

伴随着热力学第二定律的确定，“热寂说”几乎一直在困扰着 19 世纪的一些物理学家。他们把热力学第二定律推广到整个宇宙，认为宇宙的熵将趋于无穷大。因此，一切宏观的变化都将停止，整个宇宙将进入一个“死寂的永恒状态”；宇宙的能量总值虽然没有变化，但都成为不可用能，使人无法利用。“热寂说”是属于科学上无法用观测和验证作出最后判断的学术问题，然而，就目前而言，完全看不到宇宙有任何“热寂”的迹象，实际展现在人们面前的宇宙图像仍然是丰富多彩、千差万别、生机盎然的，与“热寂”所描述的完全背道而驰。有人认为“热寂说”把热力学第二定律推广到整个宇宙是不对的，因为宇宙是无限的，不是封闭的。现代宇宙学认为，目前的宇宙是处于不断膨胀的状态，对于一个膨胀着的系统，每一瞬间熵可能达到的极大值 $S_m$ 是变化的，实际上宇宙的熵值 $S$ 的增长将落后于 $S_m$ 的增长，两者的差距越拉越大。这样，系统的熵虽然在不断地增加，但它距离平衡态(热寂状态)却越来越远。

## *四、熵与信息

### 1. 麦克斯韦妖

以英国著名物理学家麦克斯韦命名的麦克斯韦妖(Maxwell's demon)在物理学的发展之中扮演了相当重要的角色,它不但澄清了热力学第二定律的一些疑团,更重要的是指出了熵与信息之间的联系,成为信息论这门新学科的先导。

19 世纪六七十年代,麦克斯韦曾多次提到一个"尺寸微小、非常机灵、具有显微眼的守门人",他单凭观察就能知晓所有分子的轨迹和速度,但除了开关一个小孔外,不对外做功。开尔文把这种精灵称为妖精(见图 10-8-3)。设想一个体积不变而又绝热的容器,其中装满温度和压强到处恒定的气体,容器被分割为 $A$,$B$ 两部分,隔板上有一个小孔,装备了一个非常精巧的阀门。小妖精守住阀门,让快速运动的分子单向穿过小孔从 $A$ 进入 $B$,而让慢速运动的分子从 $B$ 进入 $A$。导致原本没有温差的两部分气体形成了温差,显然妖精的作用使得容器中气体的熵变小了。这样,热力学第二定律岂不是遭到了破坏?这就是物理学史上著名的麦克斯韦妖佯谬。

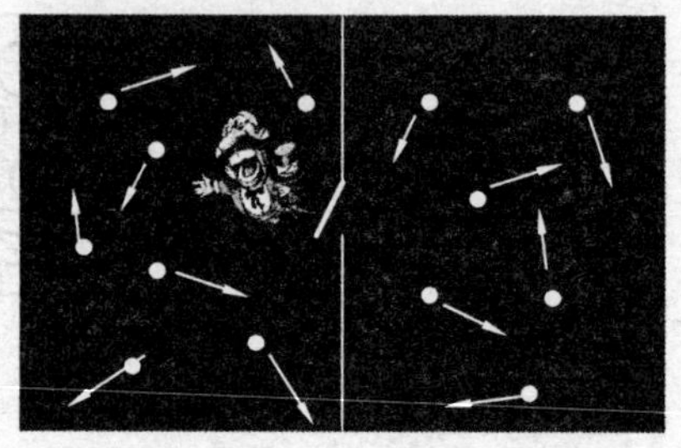

图 10-8-3　麦克斯韦妖

1911 年波兰物理学家斯摩罗柯夫斯基(M. Smoluchowski)认为,布朗运动既为妖精提供了机会,也对其操作产生了限制。他论述了利用布朗运动做功的理想机器,强调了在大量分子的碰撞下,妖精将被撞得头晕眼花,无法正常操纵闸门,况且本身也要做布朗运动,这样无规律开关闸门的过程并不会违反热力学第二定律。

1929 年匈牙利物理学家西拉德(L. Szilard)指出,麦克斯韦妖能正常工作的关键在于,它对气体分子的位置拥有记忆、存储和运行信息的能力,获得气体内分子位置的信息并运行信息,及时操纵阀门,导致气体系统的熵减小。在麦克斯韦妖操作的过程中,首先它要能看见运动的分子,并且能够判断其运动速度。布里渊(L. Brillouin)认为,要看到分子,必须另用灯光照在分子上,光被分子散射而为妖精的眼睛所接收。这一过程将导致系统的熵增加。当妖精接收到有关分子运动的信息后,再通过操纵阀门来使快、慢分子分离,造成气体的温度差而使系统熵减少。就数量而言,妖精操纵阀门导致的系统熵的减小量,并不能超过因点亮灯丝导致的熵的增加量。将灯、妖和气体作为一个大系统,总熵仍然是增加的。也就是说,气体本身作为一个系统,是一个通过麦克斯韦妖与外界有联系的开放系统,所以气体系统的熵减小,并不违背热力学第二定律。

这里,信息与负熵相当。系统信息的失去(为妖精获取)为气体系统负熵的增加所补偿,因而使其熵减少。麦克斯韦妖给我们以启示,信息和熵有着密切的关系。若要不做功而使系统熵减少,就意味着必须获得信息,即吸取外界的负熵。

**2. 信息与熵**

信息所涉及的范围十分广泛，不仅包括所有的知识，还包括通过我们五官感觉到的一切。任何事物都可以作为信息源，信息是一种相对的概念：它自身不能单独存在，必须依附于一定的载体。而且也还要和接收者及它所要达到的目的相联系，这才可成为信息。信息论创始人香农（C. E. Shannon）于 1948 年从信息接收者（称为**信宿**）的角度定义："信息是能够协助信宿消除事件不确定的因素"。控制论学者维纳（N. Wiener）认为："信息是人在和外界相互作用过程中互相可交换的东西"。

如果我们对信息的多少没有一个定量的测度方法，就没有今天信息科学的发展。香农为此从概率角度出发，引入不确定程度的概念。在日常生活中经常会遇到一些随机事件，这些事件的选择结果是事先不能完全肯定的。如果一个事件有 $N$ 种可能性相等（均为$\frac{1}{N}$）的结果，则结果未出现前的**不确定程度**和 $N$ 有关。$N$ 越大，事件的不确定度就越大，信息量也越大。不确定度应为 $N$ 的单调上升函数，而当 $N=1$ 时，事件只有一个选择结果，不确定度为零，即必然事件不提供信息量。据此，香农认为信息量与 $N$ 应为对数关系，即

$$I=c\ln N \quad (c\text{ 为常数})$$

式中，$c$ 为比例常数。考虑一个信息量是一连串几个相互独立的选择结果，其中每一个选择都在 0 或 1 之间作出，总的 $N$ 值为 $N=2^n$（例如，$n$ 个粒子在两个容积相等的盒子中的分布，有 $N=2^n$ 种可能性），于是

$$I=c\ln N=nc\ln 2$$

如果令 $I$ 与 $n$ 等同，则

$$c=\frac{1}{\ln 2}=\log_2 \mathrm{e}$$

这样定出的信息量的单位，就是计算机科学中普遍使用的比特（bit）；如果令 $c$ 等于玻耳兹曼常数 $k$，那么信息量就用熵的单位来度量。因此在信息论中还把信息量 $I$ 称为**信息熵**。

定义式 $I=c\ln N$ 与玻耳兹曼（熵与热力学概率）关系 $S=k\ln\Omega$ 十分相似。这样的表达式正是随机事件共性的体现。掷一枚硬币有两个可能的、概率相等的结局，按照上式，其信息量为 ln2。掷一枚骰子会有 6 个等概率的结局，故信息量为 ln6。

通过以上讨论，可以得出，凡是有概率分布的问题中都会有相应的熵存在，熵的概念并不必须与物理问题联系在一起。在迄今人们发现的科学概念中，只有熵是横跨抽象学科（例如数学、逻辑学）和物质科学（例如物理、化学）这两大学科的。由此可见熵概念是如此重要。

## 习　题

**10-1**　如图所示，某一定量的气体，由状态 $a$ 沿路径 Ⅰ 变化到状态 $b$，吸热 800 J，对外界做功

500 J,问气体的内能改变了多少？若气体从状态 $b$ 沿路径Ⅱ回到状态 $a$,外界对气体做了 300 J 的功,问气体放出多少热量？

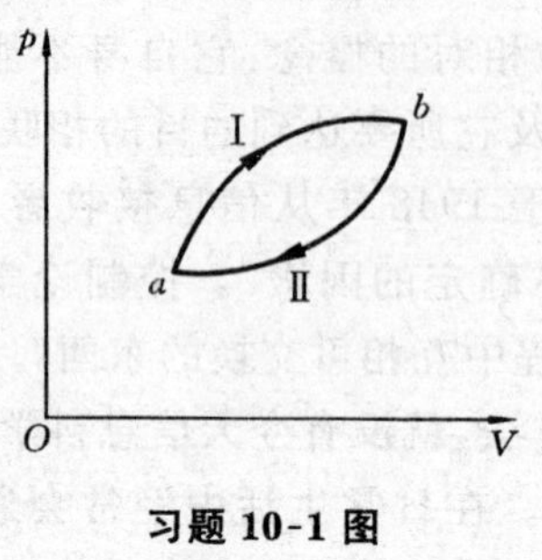


**习题 10-1 图**

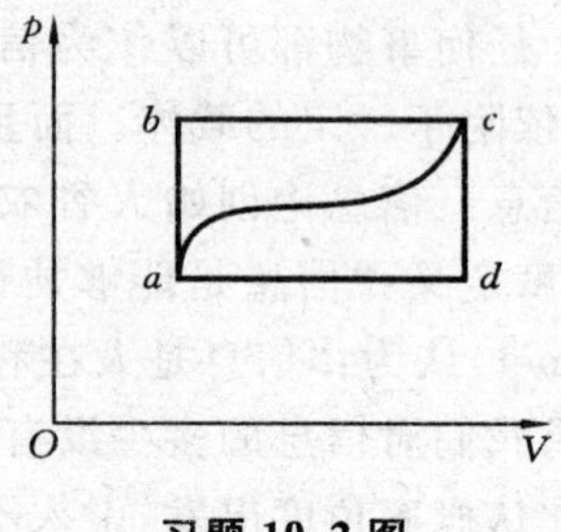


**习题 10-2 图**

**10-2**　一系统由状态 $a$ 经 $b$ 到达 $c$,从外界吸收热量 200 J,对外做功 80 J。(1) 问 $a$,$c$ 两状态的内能之差是多少？哪点大？(2) 若系统从外界吸收热量 144 J,从状态 $a$ 改经 $d$ 到达 $c$,问系统对外界做功多少？(3) 若系统从状态 $c$ 经曲线回到 $a$ 的过程中,外界对系统做功 52 J,在此过程中系统是吸热还是放热？热量为多少？

**10-3**　2 mol 氮气在温度为 300 K、压强为 $1.0\times10^5$ Pa 时,等温压缩到 $2.0\times10^5$ Pa。求气体放出的热量。

**10-4**　有一定量的理想气体,其压强按 $p=\frac{c}{V^2}$ 的规律变化,$c$ 为常数。求气体从体积 $V_1$ 增加到 $V_2$ 对外所做的功,该气体的温度是上升还是下降的？

**10-5**　压强为 $1.0\times10^5$ Pa,体积为 0.0082 $m^3$ 的氮气(当做刚性分子),从初始温度 300 K 加热到 400 K,加热时如果(1) 体积不变;(2) 压强不变,问各需热量多少？哪一个过程所需热量大？为什么？

**10-6**　质量为 1 kg 的氧气,其温度由 300 K 上升到 350 K。若温度升高是在下列三种不同情况下发生的:(1) 体积不变;(2) 压强不变;(3) 绝热过程。问其内能改变各为多少？(将氧气分子视为刚性分子)

**10-7**　使一定质量的理想气体的状态按图中曲线沿箭头所示的方向发生变化,曲线 $BC$ 是以 $p$ 轴和 $V$ 轴为渐近线的双曲线。(1) 已知气体在状态 $A$ 时的温度 $T_A=300$ K,求气体在 $B$,$C$ 和 $D$ 状态时的温度;(2) 从 $A$ 到 $D$ 气体对外做的功总共是多少？

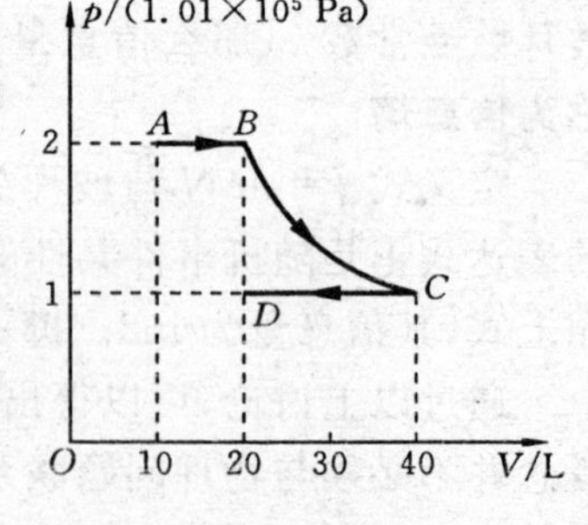


**习题 10-7 图**

**10-8**　64 g 氧气的温度由 0 ℃升至 50 ℃,(1) 保持体积不变;(2) 保持压强不变。在这两个过程中氧气各吸收了多少热量？各增加了多少内能？对外各做了多少功？

**10-9**　一定量氢气在保持压强为 $4.00\times10^5$ Pa 不变的情况下,温度由 0 ℃升至 50.0 ℃时,吸收了 $6.0\times10^4$ J 的热量。(1) 求氢气的量是多少摩尔？(2) 求氢气内能变化多少？(3) 求氢气对外做了多少功？(4) 如果这氢气的体积保持不变而温度发生同样变化,它该吸收多少热量？

**10-10**　一气缸内储有 10 mol 的单原子理想气体,在压缩过程中,外力做功 209 J,气体温度升高 1 K。试计算气体内能增量和所吸收的热量,在此过程中气体的摩尔热容是多少？

**10-11**　如图所示，空气标准狄赛尔循环（柴油内燃机的工作循环）由两个绝热过程 $ab$ 和 $cd$、一个等压过程 $bc$ 及一个等容过程 $da$ 组成，试证明此热机的效率为

$$\eta=1-\frac{\left(\frac{V_1'}{V_2}\right)^{\gamma}-1}{\gamma\left(\frac{V_1}{V_2}\right)^{\gamma-1}\left(\frac{V_1'}{V_2}-1\right)}$$

**10-12**　如图所示的为一循环过程的 $T$-$V$ 曲线。该循环的工质为 $v$ 摩尔的理想气体，其 $C_{V,m}$ 和 $\gamma$ 均已知且为常量。已知 $a$ 点的温度为 $T_1$，体积为 $V_1$，$b$ 点的体积为 $V_2$，$ca$ 为绝热过程。求：(1) $c$ 点的温度；(2) 循环的效率。

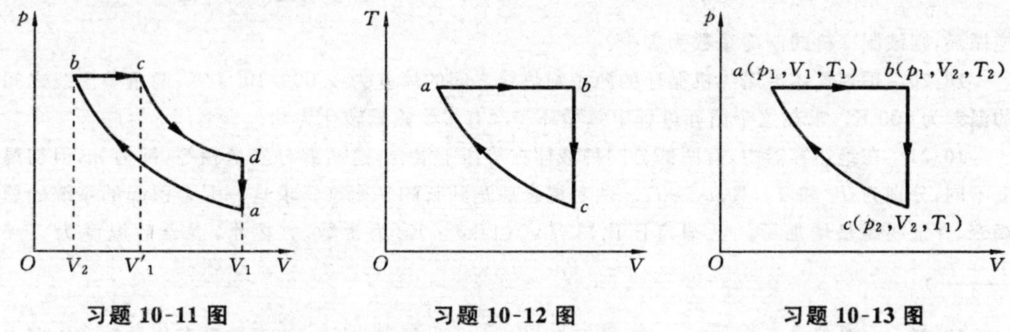


习题 10-11 图　　习题 10-12 图　　习题 10-13 图

**10-13**　有 25 mol 的某种气体，做如图所示的循环过程（$ac$ 为等温过程），其中 $p_1=4.15\times10^5$ Pa，$V_1=2.0\times10^{-2}$ m³，$V_2=3.0\times10^{-2}$ m³。求：(1) 各过程中的热量、内能改变及所做的功；(2) 循环的效率。（设该气体为单原子气体）

**10-14**　某可逆卡诺热机，当高温热源的温度为 127 ℃、低温热源的温度为 27 ℃时，其每次循环对外做净功 8000 J。今维持低温热源的温度不变，提高高温热源的温度，使其每次循环对外做净功 10 000 J。若两个卡诺循环都工作在相同的两条绝热线之间，试求：(1) 第二个循环的热机效率；(2) 第二个循环的高温热源的温度。

**10-15**　1 mol 理想气体在 400 K 与 300 K 之间完成一卡诺循环，在 400 K 的等温线上，起始体积为 0.0010 m³，最后体积为 0.0050 m³，试计算气体在此循环过程中所做的功，以及从高温热源吸收的热量和传给低温热源的热量。

**10-16**　一台冰箱工作时，其冷冻室内的温度为 −10 ℃，室温为 15 ℃。若按理想卡诺制冷循环计算，则此制冷机每消耗 $10^3$ J 的功，可以从冷冻室中吸出多少热量？

**10-17**　一热机每秒从高温热源（$T_1=600$ K）吸取热量 $Q_1=3.34\times10^4$ J，做功后向低温热源（$T_2=300$ K）放出热量 $Q_2=2.09\times10^4$ J。(1) 问它的效率是多少？它是不是可逆机？(2) 如果尽可能地提高了热机的效率，问每秒从高温热源吸热 $3.34\times10^4$ J，则每秒最多能做多少功？（提示：热机的最高效率是对应两热源的卡诺机的效率）

**10-18**　1 mol 理想气体（$\gamma=1.4$）的状态变化如图所示，其中 1→3 为等温线，1→4 为绝热线。试分别由下列三种过程计算气体的熵变 $\Delta S=S_3-S_1$。

(1) 1→2→3；(2) 1→3；(3) 1→4→3。

**10-19**　如图所示，系统经历了一个 $abcda$ 的循环。(1) 请将这一循环在 $p$-$V$ 图上表示出来。(2) 此循环叫什么循环？(3) 若 $T$-$S$ 图中 $\frac{T_2}{T_1}=\frac{2}{3}$，则该热机循环的效率为多少？(4) 若循环变为

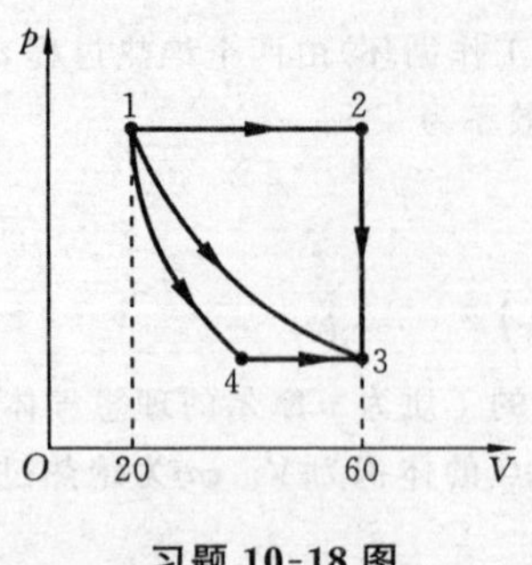


习题 10-18 图

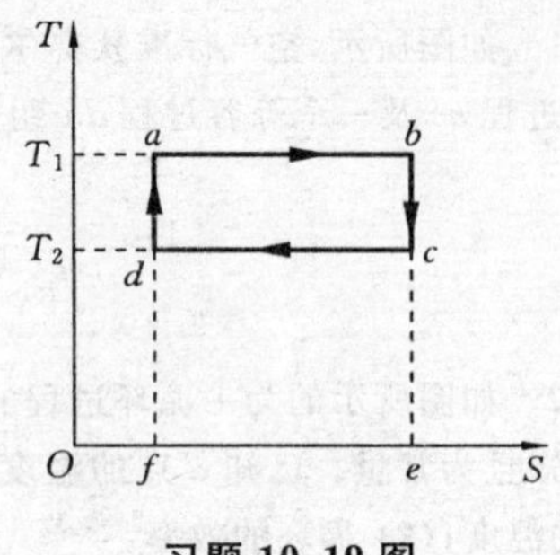


习题 10-19 图

逆循环,则该制冷机的制冷系数为多少?

**10-20** 理想气体卡诺热机循环的两条绝热线之间的熵差为 $1.00\times10^3$ J/K,两条等温线之间的温差为 100 K。求在这个循环过程中每循环一次有多少热量转化为功。

**10-21** 在绝热容器中,有两部分同种液体在等压下混合,这两部分质量相等,都为 $m$,但初温度不同,分别为 $T_1$ 和 $T_2$,且 $T_2>T_1$。两者混合后达到新的平衡态。求这一混合引起的系统的总熵变,并证明熵是增加了。已知定压比热容 $c_p$(J/kg · K)为常数。(提示:混合后温度为 $T=\frac{T_1+T_2}{2}$)

**10-22** 一瀑布的落差为 65 m,流量约为 23 m³/s,设气温为 20 ℃,求此瀑布每秒钟产生多少熵?(提示:水的重力势能转化为热能)

**10-23** 一固态物质,质量为 $m$,熔点为 $T_m$,熔解热为 $L$,比热容为 $c$。如对它缓慢加热,使其温度从 $T_0$ 上升到 $T_m$,试求熵的变化(假设供给物质的热量恰好使它全部熔化)。(提示:全过程分为温度上升和熔化两个阶段)

**10-24** 1 kg 水银,初始温度为 $T_1=-100$ ℃。如果加足够的热量使其温度升到 $T_3=100$ ℃,问水银的熵变有多大?水银的熔点为 $T_2=-39$ ℃,熔解热 $L=1.17\times10^4$ J/(kg · ℃),而比热容 $c=138$ J/(kg · ℃)。(提示:分三个阶段,① 从 −100 ℃到 −39 ℃;② 维持 −39 ℃熔解;③ 从 −39 ℃到 100 ℃)

**10-25** 把 0.5 kg、0 ℃的冰放在质量非常大的 20 ℃的热源中,使冰全部融化成 20 ℃的水,求(1) 冰刚刚全部化成水时的熵变;(2) 冰从融化到与热源达到热平衡时的熵变;(3) 冰与热源达到热平衡以后热源的熵变及系统的总熵变。(提示:冰在 0 ℃时的融化热 $\lambda=335\times10^3$ J/kg,水的比热 $C=4.18\times10^3$ J/kg · K)

# 第四篇

# 振动与波动

振动和波动是自然界中非常普遍而重要的两种运动形式。通常把具有时间周期性的运动称为振动，振动的例子在生活中比比皆是，例如钟摆的摆动、提琴或钢琴琴弦的振动、分子或固体晶格中原子的振动、声带和耳膜的振动、发射天线中的电磁振荡，等等。振动一般有机械振动和电磁振动，各种振动的机理虽不同，但从运动形式而言，它们都具有振动的共性，所遵循的运动规律也都可用统一的数学形式来描述。振动有简单振动和复杂振动之分，但任何复杂的振动都可看做是若干简单振动的合成。所以对简单振动的讨论是研究复杂振动的基础。

振动状态在空间的传播称为波动，自然界中常见的有声波、水波、地震波、光波、无线电波，等等。尽管各类波动有各自的特性，但都具有干涉、衍射等波动特有的性质，以及类似的波动方程。振动是波动的基础，是产生波动的根源，而波动就是振动状态的传播过程，也是能量和信息的传播过程。因此，振动和波动这两种运动之间有着极其密切的联系，振动与波动不仅普遍存在于自然界中，而且在科学技术中也有着广泛而重要的应用。有关振动与波动的理论在声学、光学及现代物理学等领域都是必要的基础理论，并被广泛地应用于地震、气象、石油物探、建筑工程、医学、无线电技术、信息技术等众多学科和技术领域。所以，学习和研究振动和波动具有普遍而重要的意义。

本篇的主要内容为机械振动、机械波和电磁波。先从最简单的振动——谐振动的基本运动规律的讨论开始，然后讨论谐振动的合成，以及波的传播规律和运动特征，最后讨论电磁振荡的产生、电磁波的发射和传播等。

# 第 11 章　振动与波动

## 第 1 节　谐　振　动

物体在一定位置附近所做的来回往复的运动称为**机械振动**，它是物体的一种运动形式。广义地讲，**任何一个物理量在某定值附近随时间的周期性变化都可称为振动**。

振动有简单与复杂之分，谐振动是最简单的、最基本的振动。一切复杂的振动一般都可认为是许多谐振动的合成，因此，掌握谐振动的特征和规律非常重要。

### 一、谐振动的特征

#### 1. 弹簧振子及谐振动

研究谐振动的理想模型是**弹簧振子**。如图 11-1-1 所示，弹簧振子是由一个轻弹簧，以及和轻弹簧一端相连的质量为 $m$ 的物体组成的振动系统。将这一系统放置在一个光滑的水平面上，并将弹簧一端固定。图中 $O$ 点是物体的**平衡位置**，在此位置弹簧处于自然状态保持原长，物体所受合外力为零。如果把物体 $m$ 拉开一段距离，然后任其运动，它将在弹力作用下在 $O$ 点的左右之间做往复运动。弹簧振子的这种运动，就是**谐振动**。

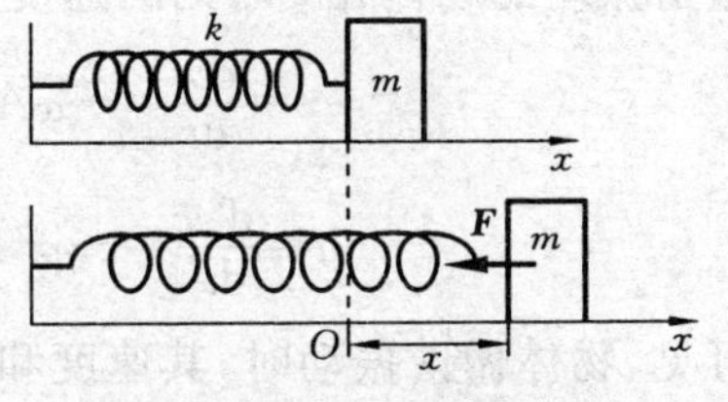

**图 11-1-1　弹簧振子**

把振动系统的惯性集中在物体 $m$(质点)上，而系统的弹性集中在轻弹簧上，水平面的摩擦力被忽略，因此，振动系统的振动便被简化为**物体 $m$(质点)在弹力作用下的直线运动**。

#### 2. 谐振动的表达式

如图 11-1-1 所示，以物体的平衡位置 $O$ 点为坐标原点，建立坐标轴 $x$。若将物体略加移动后释放，这时由于弹簧的伸长或压缩，则有弹性力作用于物体。根据**胡克定律**，设任一 $t$ 时刻物体的位移为 $x$，则所受弹性力为

$$F=-kx \tag{11-1-1}$$

式中，$k$ 为弹簧的**劲度系数**，负号表示弹力和物体位移的方向相反。因此，不论弹簧被拉伸还是被压缩，弹性力始终指向平衡位置，并且其大小与离平衡位置的距离成正比，这种力称为**回复力**。物体在回复力的作用下，在 $O$ 点附近沿 $x$ 轴做谐振动。

根据牛顿第二定律，有

$$F=-kx=ma$$

$$a=-\frac{k}{m}x \tag{11-1-2}$$

上式表明**物体在某一时刻的加速度和该时刻的位移成正比，方向与位移相反**。

令 $\omega^2=\frac{k}{m}$，根据 $a=\frac{\mathrm{d}^2x}{\mathrm{d}t^2}$可得

$$\frac{\mathrm{d}^2x}{\mathrm{d}t^2}+\omega^2x=0 \tag{11-1-3}$$

上式称为**谐振动的运动方程**。

求解这个二阶常微分方程，可得到

$$x=A\cos(\omega t+\varphi) \tag{11-1-4}$$

式中，$A$ 和 $\varphi$ 都是待定常数。式(11-1-4)反映了谐振动的规律：**物体的位置 $x$ 按余弦(或正弦)函数随时间 $t$ 而变化**，称为**谐振动的表达式(也称为振动方程)**。

一般来说，不管 $x$ 代表什么物理量，只要它的变化遵循式(11-1-3)或式(11-1-4)，就表示这个物理量在做谐振动。

**3. 振动的速度、加速度**

根据速度及加速度的定义，将物体的位移对时间求一阶导数和二阶导数，可得到做谐振动的物体在 $t$ 时刻的速度及加速度分别为

$$v=\frac{\mathrm{d}x}{\mathrm{d}t}=-\omega A\sin(\omega t+\varphi)=\omega A\cos\left(\omega t+\varphi+\frac{\pi}{2}\right) \tag{11-1-5}$$

$$a=\frac{\mathrm{d}^2x}{\mathrm{d}t^2}=-\omega^2A\cos(\omega t+\varphi)=\omega^2A\cos(\omega t+\varphi+\pi) \tag{11-1-6}$$

可见，物体做谐振动时，其速度和加速度也随时间作周期变化。

**4. 振动曲线**

通常把振动物体的位移 $x$ 随时间 $t$ 的变化曲线称为振动曲线，它可直观地反映出振动物体在不同时刻做谐振动的情况。同样从上面两式所给出的振动速度 $x$ 和加速度 $a$ 的表达式，也可得到这两个量随时间 $t$ 的变化曲线。由式(11-1-4)、式(11-1-5)、式(11-1-6)，在图 11-1-2 中分别给出了弹簧振子的位移、速度、加速度与时间的变化关系曲线。

**5. 描述谐振动的物理量**

谐振动表达式(11-1-4)中的常数 $A,\omega,\varphi$ 是任一谐振动系统缺一不可的三个特征物理量，分别称为振幅、角频率和初位相。下面将对它们的物理意义进行讨论。

1) 振幅

在式(11-1-4)中，因为 $\cos(\omega t+\varphi)$的绝对值最大等于 1，所以振动物体**离开平衡位置的最大位移**等于 $A$，它表示振动的幅度(物体的振动范围)，简称为谐振动的**振幅**。而式(11-1-5)和式(11-1-6)中的 $\omega A$ 及 $\omega^2A$ 分别为谐振动的速度振幅、加速度

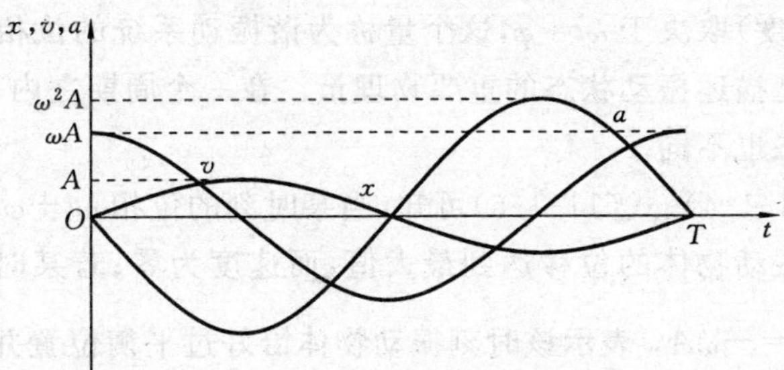


**图 11-1-2　谐振动的曲线图**

振幅,它们是速度及加速度的最大值。振幅的值由振动的初始条件确定,振动过程中,振幅不变。

2) 周期和频率

谐振动的特征之一是运动具有周期性,通常把**完成一次完整振动所经历的时间**称为**周期**,用 $T$ 来表示,单位为秒(s)。因每隔一个周期,振动状态就完全重复一次,所以有

$$x=A\cos(\omega t+\varphi)=A\cos[\omega(t+T)+\varphi]$$

由上式可以得到谐振动的周期为

$$T=\frac{2\pi}{\omega} \tag{11-1-7}$$

单位时间内谐振子完整振动的次数称为**频率**,用 $\nu$ 表示,单位是**赫兹**(Hz)。频率与周期的关系为

$$\nu=\frac{1}{T}=\frac{\omega}{2\pi} \tag{11-1-8}$$

即

$$\omega=2\pi\nu \tag{11-1-9}$$

式中,$\omega$ 为谐振动的频率的 $2\pi$ 倍,称为谐振动的**角频率**(也称**圆频率**),单位是 rad/s。$T,\nu,\omega$ 三个参量都能反映谐振动的周期性。

对弹簧振子 $\omega=\sqrt{\frac{k}{m}}$,弹簧振子的周期和频率为

$$T=\frac{2\pi}{\omega}=2\pi\sqrt{\frac{m}{k}} \tag{11-1-10}$$

$$\nu=\frac{1}{2\pi}\sqrt{\frac{k}{m}} \tag{11-1-11}$$

可见,**振动周期和频率取决于振动系统本身的力学性质**(惯性 $m$、弹性 $k$),因此振动周期和频率又称为**固有周期**和**固有频率**。

3) 位相

在振幅、频率已知的情况下,由谐振动的位移、速度、加速度的表达式即式(11-1-4)、式(11-1-5)、式(11-1-6)可知,做谐振动的物体在任一时刻 $t$ 的运动状态

(位移、速度及加速度)取决于 $\omega t+\varphi$,这个量称为谐振动系统的**位相**。它反映了谐振动的周期性特点,是描述振动状态的重要物理量。在一个周期之内,各时刻的位相不同,物体的运动状态也不同。

例如,由式 (11-1-4)、式(11-1-5)可知,当某时刻的位相 $\omega t+\varphi=0$, 则有 $x=A$, $v=0$,表示该时刻振动物体的位移达到最大值,而速度为零;若某时刻的位相 $\omega t+\varphi=\frac{\pi}{2}$,则有 $x=0,v=-\omega A$, 表示该时刻振动物体恰好过平衡位置并以最大速率向 $x$ 轴的负方向运动;若 $\omega t+\varphi=\frac{3\pi}{2}$时,则有 $x=0,v=\omega A$,这时物体也在平衡位置,但是以最大速率向 $x$ 轴的正方向运动。可见,由于位相中包含有 $\omega$ 或 $T$, 因而在正弦或余弦函数中就能反映出周期性,用于描述振动,最能反映其基本特征。

$\varphi$ 是 $t=0$ 时的位相,称为**初位相**(简称**初相**),在 $A$、$\omega$ 已知的条件下,它反映了振动系统在初始时刻($t=0$)的运动状态。

振幅 $A$ 和初位相 $\varphi$,是求解微分方程(11-1-3)时引入的两个积分常数,但在物理上,它们是描述谐振动的两个特征量,具有明确的物理意义,当谐振动的角频率 $\omega$ 已知时,则可由初始条件来确定它们。如当 $t=0$ 时,振动物体具有初始位移 $x_0$ 及初始速度 $v_0$。将它们带入式(11-1-4)和式(11-1-5),可得

$$x_0=A\cos\varphi,\quad v_0=-\omega A\sin\varphi \tag{11-1-12}$$

由上式可解出

$$A=\sqrt{x_0^2+\left(\frac{v_0}{\omega}\right)^2} \tag{11-1-13}$$

$$\varphi=\arctan\left(-\frac{v_0}{\omega x_0}\right) \tag{11-1-14}$$

只要 $A,\omega,\varphi$ 这三个量确定了,谐振动就能完全被确定。因此,**振幅、频率(或周期)和位相这三个量是描述谐振动的三个特征量**。

4) 位相差、同相和反相

对一个确定的谐振动,不同时刻的位相可表示该振动在不同时刻的状态。此外,位相的概念还可用于比较两个同频率的谐振动之间在“步调”上运动状态的差异。设有两个同频率的谐振动,其振动表达式为

$$x_1=A_1\cos(\omega t+\varphi_1)$$

$$x_2=A_2\cos(\omega t+\varphi_2)$$

它们的**位相差**为

$$\Delta\varphi=(\omega t+\varphi_2)-(\omega t+\varphi_1)=\varphi_2-\varphi_1$$

由上式可见,它们在任意时刻的位相差都等于它们的初相差。当 $\Delta\varphi=2k\pi(k=0,1,2,\cdots)$,即为 0 或 $\pi$ 的偶数倍时,两振动物体在运动过程中步调完全一致,同时到达各自同方向的位移最大值或最小值,同时过平衡位置并向相同方向运动,这种情况

称为**同相**(见图 11-1-3(a))；当 $\Delta\varphi=(2k+1)\pi(k=0,1,2,\cdots)$，即为 $\pi$ 的奇数倍时，两振动物体在运动过程中步调完全相反，即两振动物体同时到达各自相反方向的最大位移处，或同时过平衡位置但向相反方向运动，这种情况称为**反相**(见图 11-1-3(b))。

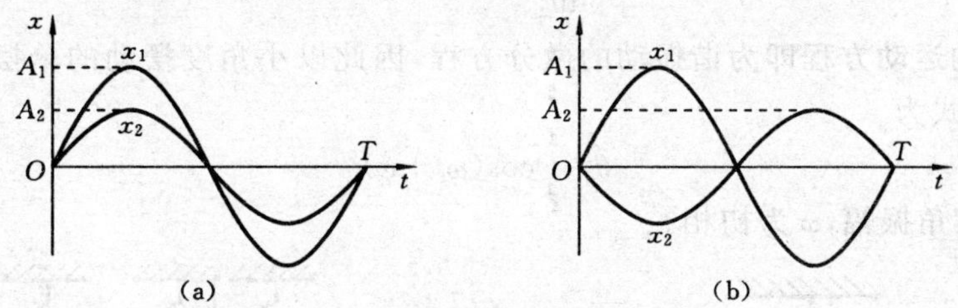


**图 11-1-3　两个谐振动的步调示意图**

(a) 同相；(b) 反相

当两个振动的步调不一致时，就有先后的问题。若 $\Delta\varphi=\varphi_2-\varphi_1>0$，我们说第二个振动的位相比第一个振动的位相**超前** $\Delta\varphi$，或者说第一个振动的位相比第二个振动的位相**落后** $\Delta\varphi$。

由于位相差 $2\pi$ 表示相同的运动状态，所以对位相的超前与落后的描述具有相对性。通常，我们在描述位相的超前与落后时，把 $|\Delta\varphi|$ 的值限制在 $0\sim\pi$ 以内。例如，当 $\Delta\varphi=\varphi_2-\varphi_1=\frac{3\pi}{2}$ 时，我们往往说第一个振动的位相比第二个振动的位相超前 $\frac{\pi}{2}$，或者说第二个振动的位相比第一个振动的位相落后 $\frac{\pi}{2}$。

位相不但用来比较谐振动相同的物理量变化的步调，也可比较不同物理量变化的步调。例如，在图 11-1-2 中加速度 $a$ 和位移 $x$ 反相，速度 $v$ 超前位移 $\frac{\pi}{2}$，而落后加速度 $\frac{\pi}{2}$。

**【例题 11-1】**　证明单摆在以小角度摆动时，其运动是谐振动。

**证**　如图 11-1-4 所示，一条长为 $l$ 的细绳上端固定，下端挂一质量为 $m$ 的小球，这个系统称为单摆。若将小球从平衡位置拉开后放手，小球就会来回摆动。

小球受重力 $mg$ 和绳的拉力 $T$ 的作用，设某一时刻单摆偏离平衡位置 $O$ 点处的角位移为 $\theta$。重力在小球运动轨道的切向分量为

$$F_t=-mg\sin\theta$$

式中，负号表示该力的方向与角位移的方向相反。按牛顿第二定律，沿切向有

$$-mg\sin\theta=ma_t=ml\frac{d^2\theta}{dt^2}$$

因而

$$\frac{d^2\theta}{dt^2}+\frac{g}{l}\sin\theta=0$$

当摆角 $\theta$ 很小时，则有 $\sin\theta\approx\theta$，设 $\omega^2=\frac{g}{l}$，上式可写为

$$\frac{d^2\theta}{dt^2}+\omega^2\theta=0$$

可见，单摆的运动方程即为谐振动的微分方程，因此以小角度摆动的单摆是谐振动，其振动表达式为

$$\theta=\Theta\cos(\omega t+\varphi)$$

式中，$\Theta$ 为摆角振幅，$\varphi$ 为初相。

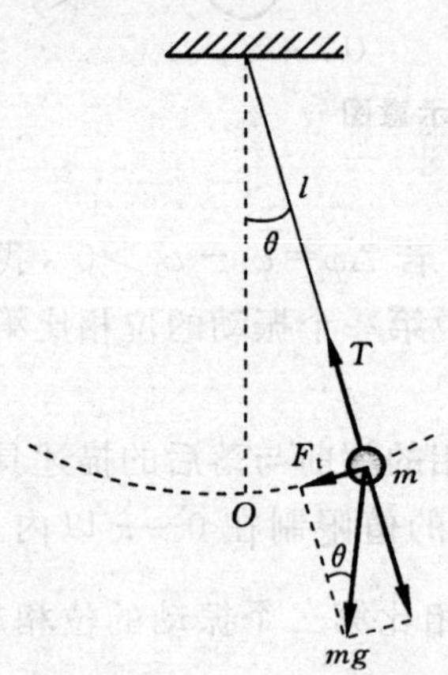

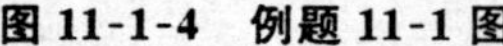

图 11-1-4　例题 11-1 图

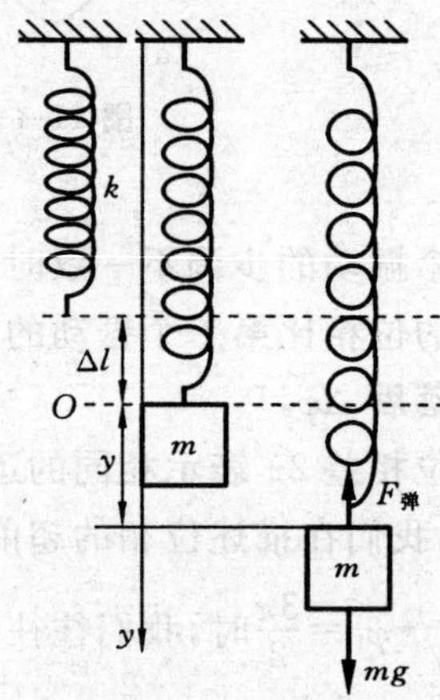


图 11-1-5　例题 11-2 图

**【例题 11-2】**　一劲度系数为 $k$ 的轻质弹簧，若下端悬挂一质量为 $m$ 的物体，弹簧被拉长 $\Delta l$，然后把物体上抬至弹簧处于自然长度后释放。(1) 试证物体在做谐振动；(2) 写出谐振动的表达式。

**解**　(1) 如图 11-1-5 所示建立坐标系，取平衡位置为坐标原点 $O$，$y$ 轴向下为正。设物体运动在某一时刻的位置坐标为 $y$，物体所受到的合外力为

$$F=F_{弹}+mg=-k(y+\Delta l)+mg \qquad ①$$

当物体处于平衡位置时，所受合力为零，所以有

$$mg-k\Delta l=0$$

$$\Delta l=\frac{mg}{k} \qquad ②$$

将式②代入式①得

$$F=-ky$$

由牛顿第二定律，得物体的运动方程为

$$\frac{d^2y}{dt^2}=-\frac{k}{m}y$$

令 $\omega^2=\frac{k}{m}$，则有

$$\frac{d^2y}{dt^2}+\omega^2y=0$$

由上式即证明物体在做谐振动。

(2) 以“释放”时为计时零点，则初始条件为：当 $t=0$ 时，$y_0=-\Delta l, v_0=0$。将初始条件代入式(11-1-13)和式(11-1-14)可分别求得振幅和初相分别为 $A=\Delta l, \varphi=\pi$，因此由式(11-1-4)知，谐振表达式为

$$y=\Delta l\cos\left(\sqrt{\frac{k}{m}}t+\pi\right)$$

并且由式②知 $m=\frac{k\Delta l}{g}$，由此还可得到振动的角频率为 $\omega=\sqrt{\frac{g}{\Delta l}}$，所以，在实际中只要通过实验测得振子的静伸长 $\Delta l$，就可很方便地计算出 $\omega$。

**【例题 11-3】** 某质点做谐振动的振动曲线如图 11-1-6 所示，试写出其谐振动表达式。

**解** 谐振动的表达式为

$$x=A\cos(\omega t+\varphi)$$

由振动曲线知，该振动的振幅 $A=4$ cm，当 $t=0$ 时，$x_0=2$ cm，代入谐振动的表达式得

$$\cos\varphi=\frac{1}{2}$$

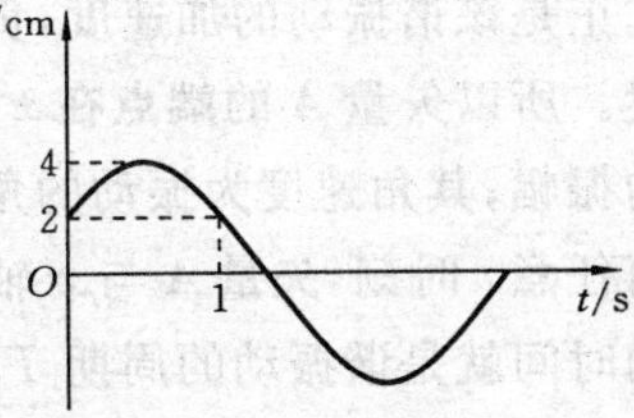

**图 11-1-6　例题 11-3 图**

由 $v=-\omega A\sin(\omega t+\varphi)$，当 $t=0$ 时，得

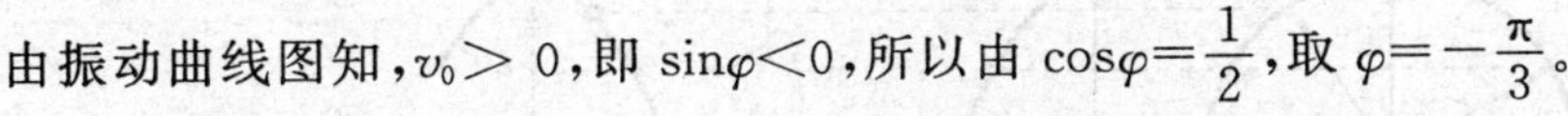

$$v_0=-\omega A\sin\varphi$$

由振动曲线图知，$v_0>0$，即 $\sin\varphi<0$，所以由 $\cos\varphi=\frac{1}{2}$，取 $\varphi=-\frac{\pi}{3}$。

再根据 $t=1$ s 时，$x=2$ cm，代入谐振动的表达式得

$$2=4\cos\left(\omega-\frac{\pi}{3}\right)$$

即

$$\cos\left(\omega-\frac{\pi}{3}\right)=\frac{1}{2}$$

因 $t=1$ s 时，$v=-\omega A\sin\left(\omega-\frac{\pi}{3}\right)<0$，即 $\sin\left(\omega-\frac{\pi}{3}\right)>0$，所以得

$$\omega-\frac{\pi}{3}=\frac{\pi}{3},\quad \omega=\frac{2\pi}{3}$$

因此，质点的谐振动表达式为

$$x=4\cos\left(\frac{2}{3}\pi t-\frac{\pi}{3}\right)\times10^{-2}\,(\text{m})$$

## 二、谐振动的旋转矢量表示法

如图 11-1-7 所示，以坐标原点 $O$ 为起点作一个矢量 $\mathbf{A}$，使其长度等于振幅 $A$，

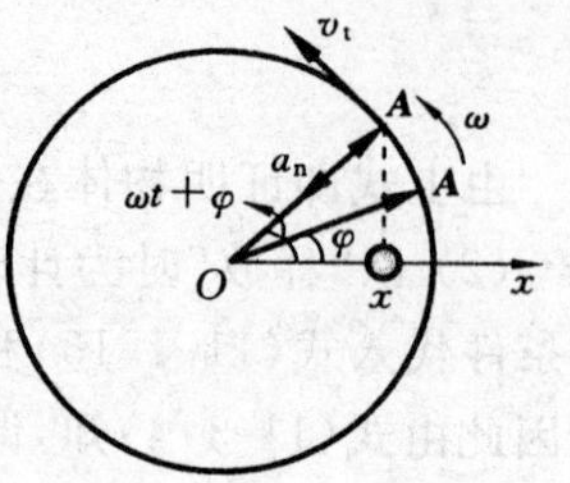

让矢量 $\boldsymbol{A}$ 以角速度 $\omega$ 绕点 $O$ 做逆时针方向的匀速转动，我们称矢量 $\boldsymbol{A}$ 为**旋转矢量**。设 $t=0$ 时刻，矢量 $\boldsymbol{A}$ 与 $x$ 轴的夹角为 $\varphi$，而 $t$ 时刻，矢量 $\boldsymbol{A}$ 与 $x$ 轴的夹角为 $\omega t+\varphi$，因此矢量 $\boldsymbol{A}$ 的端点在 $x$ 轴上的投影值为

$$x=A\cos(\omega t+\varphi)$$

这恰好表示一个谐振动的位移。而且，矢量 $\boldsymbol{A}$ 的末端以角速度 $\omega$ 做匀速圆周运动，其切向速度大小为 $v_t=\omega A$，此速度在 $x$ 轴上的投影值为

**图 11-1-7　旋转矢量示意图**

$$v=-\omega A\sin(\omega t+\varphi)$$

这就是该谐振动的速度表达式。而矢量 $\boldsymbol{A}$ 端点的向心加速度的大小为 $a_n=\omega^2 A$，其在 $x$ 轴上的投影为

$$a=-\omega^2 A\cos(\omega t+\varphi)$$

这正是该谐振动的加速度，负号表示 $a$ 的方向始终指向点 $O$，点 $O$ 就是振动的平衡位置。所以**矢量 $\boldsymbol{A}$ 的端点在 $x$ 轴上的投影点的运动是谐振动**，矢量 $\boldsymbol{A}$ 的长度为谐振动的振幅；其角速度为振动的角频率 $\omega$；在 $t=0$ 时刻，矢量 $\boldsymbol{A}$ 与 $x$ 轴的夹角即为初相 $\varphi$；而任意 $t$ 时刻，矢量 $\boldsymbol{A}$ 与 $x$ 轴的夹角即为振动的位相 $\omega t+\varphi$，旋转矢量 $\boldsymbol{A}$ 转一周所需的时间就是谐振动的周期 $T$。图 11-1-8 给出了 $\varphi=0$ 时用旋转矢量图表示的谐振动，以及相对应的振动曲线。

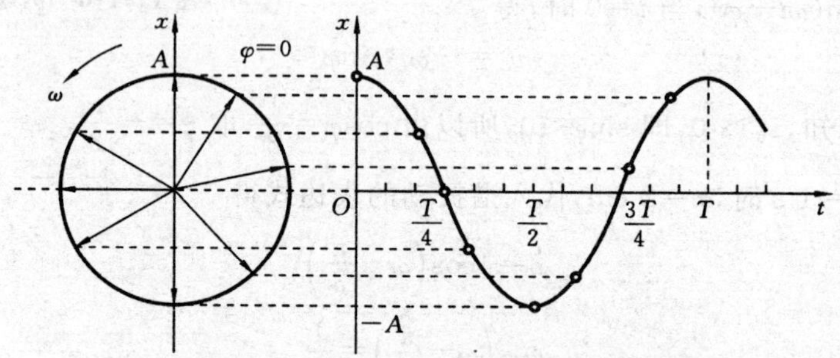


**图 11-1-8　旋转矢量图表示的谐振动及振动曲线**

利用旋转矢量图，可以很容易地表示两个谐振动的位相差。图 11-1-9 中给出了几种不同位相差的情况，可以看到，两个谐振动的位相差就是两个旋转矢量之间的夹角。其中，图(a)表示振动 2 比振动 1 超前 $\frac{3\pi}{2}$(一般称振动 2 比振动 1 落后 $\frac{\pi}{2}$)；图(b)表示振动 2 和振动 1 反相；图(c)表示振动 2 比振动 1 超前 $\frac{\pi}{2}$。

**【例题 11-4】**　一物体沿 $x$ 轴做谐振动，振幅 $A=0.06$ m，周期 $T=2$ s，当 $t=0$ 时，物体的位移 $x_0=0.03$ m，且向 $x$ 轴正向运动。求：(1) 谐振动的表达式；(2) $t=0.5$ s 时物体的位移、速度和加速度；(3) 物体从 $x=-0.03$ m 处向 $x$ 轴负方向运动，

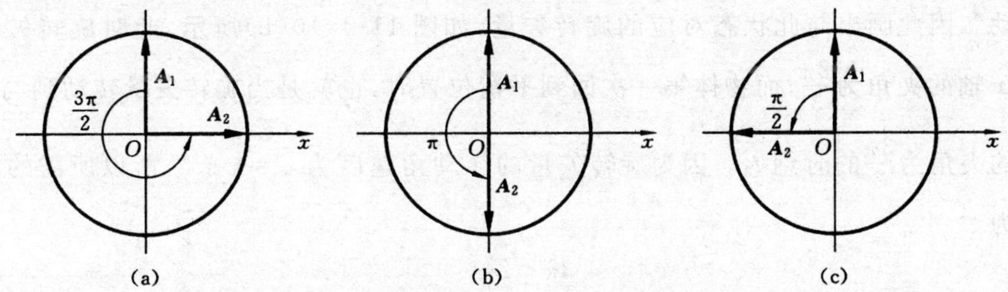


**图 11-1-9　用旋转矢量表示两个谐振动的位相差**

到第一次回到平衡位置所需的时间。

**解**　(1) 设谐振动的表达式为

$$x=A\cos(\omega t+\varphi)$$

已知

$$A=0.06\ \text{m},\quad \omega=\frac{2\pi}{T}=\pi\ \text{s}^{-1}$$

根据初始条件，用旋转矢量法可画出如图 11-1-10(a)所示振动的初始状态，从而得出初相 $\varphi=-\frac{\pi}{3}$。

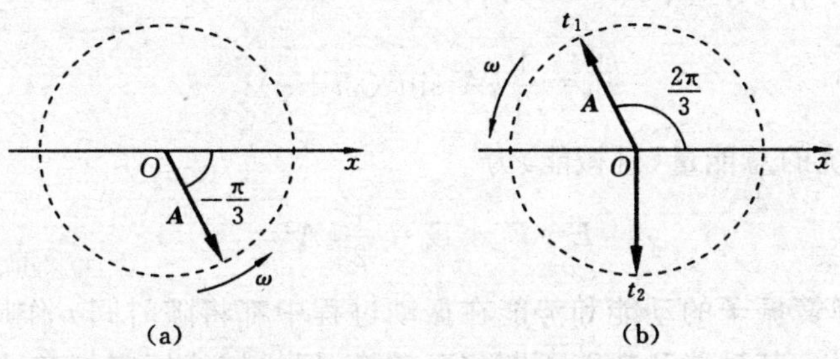


**图 11-1-10　例题 11-4 图**

因此，谐振动的表达式为

$$x=0.06\cos\left(\pi t-\frac{\pi}{3}\right)\ (\text{m})$$

(2) 将上面所得的谐振动表达式对 $t$ 求导，得

$$v=\frac{\mathrm{d}x}{\mathrm{d}t}=-0.06\ \pi\sin\left(\pi t-\frac{\pi}{3}\right)\ (\text{m}\cdot\text{s}^{-1})$$

$$a=\frac{\mathrm{d}^2x}{\mathrm{d}t^2}=-0.06\pi^2\cos\left(\pi t-\frac{\pi}{3}\right)\ (\text{m}\cdot\text{s}^{-1})$$

将 $t=0.5$ s 代入振动表达式和上面两式，即可求得这一时刻物体的位移、速度和加速度分别为

$$x=0.052\ \text{m},\quad v=-0.094\ \text{m}\cdot\text{s}^{-1},\quad a=-0.52\ \text{m}\cdot\text{s}^{-1}$$

(3) 由所给条件得知，在 $t_1$ 时刻物体位于"$x=-0.03$ m 处，并向 $x$ 轴负方向

运动”,因此画出与此状态对应的旋转矢量,如图 11-1-10(b)所示,此时旋转矢量与 $x$ 轴的夹角为$\frac{2\pi}{3}$;而物体第一次回到平衡位置时,也就是当旋转矢量转动到与 $x$ 轴的夹角为$\frac{3\pi}{2}$的时刻 $t_2$。因为旋转矢量的转动角速度为 $\omega=\pi\ s^{-1}$,所以所需的时间为

$$\Delta t=t_2-t_1=\frac{\frac{3\pi}{2}-\frac{2\pi}{3}}{\omega}=\frac{5}{6}\ s=0.83\ s$$

## 三、谐振动的能量

以弹簧振子为例,在 $t$ 时刻,当物体 $m$ 的位移为 $x$,速度为 $v$ 时,振动系统的动能和势能分别为

$$E_k=\frac{1}{2}mv^2=\frac{1}{2}m\omega^2A^2\sin^2(\omega t+\varphi) \tag{11-1-15}$$

$$E_p=\frac{1}{2}kx^2=\frac{1}{2}kA^2\cos^2(\omega t+\varphi) \tag{11-1-16}$$

将 $\omega^2=\frac{k}{m}$或 $k=m\omega^2$ 代入式(11-1-15),得

$$E_k=\frac{1}{2}kA^2\sin^2(\omega t+\varphi)$$

则 $t$ 时刻振动系统的总能量(机械能)为

$$E=E_k+E_p=\frac{1}{2}kA^2 \tag{11-1-17}$$

上面三式表示,弹簧振子的动能和势能在振动过程中都将随时间 $t$ 作周期性的变化。并且在振动过程中,其动能和势能不断相互转换,但机械能恒定不变,即总能量守恒,变化曲线如图 11-1-11 所示,并且在位移最大处($x=\pm A$),势能最大,动能为零;而在平衡位置处($x=0$),势能为零,动能最大,如图11-1-12所示。

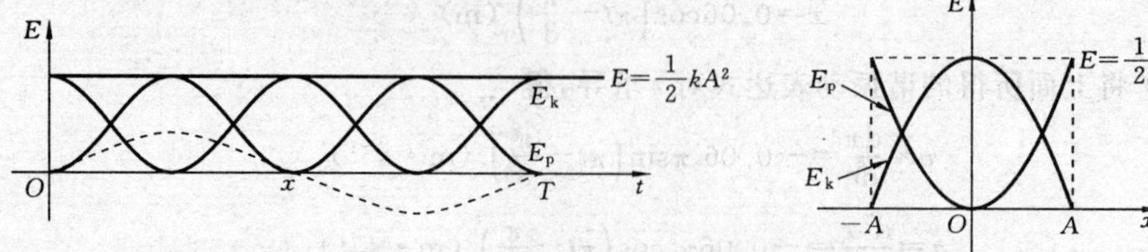


**图 11-1-11　弹簧振子的动能、势能变化曲线**　　**图 11-1-12　弹簧振子的能量与位移曲线**

由式(11-1-17)可知,谐振动的**总能量与振幅的平方成正比**,这是一个重要的结论,所以振幅的大小可以用来表示谐振动的强弱,而且这一结论也适用于其他形式的谐振动。

# 第 2 节　振动的合成和分解

实际中一个质点或系统往往参与两个或两个以上的振动，如一个声波传进人的耳朵将引起鼓膜振动。若同时有两个声波传入，则鼓膜将同时参与两个振动，这时鼓膜的实际振动就是这两个振动的合成。由于各个振动的方向、频率、位相的不同，所以一般振动的合成较为复杂。但一般一个复杂的振动可表示为若干个谐振动的合成。下面就来具体讨论该问题。

## 一、同方向谐振动的合成

### 1. 两个同方向、同频率的谐振动的合成

设一质点同时参与两个振动方向相同的谐振动，这两个谐振动的频率均为 $\omega$；振幅各为 $A_1$、$A_2$；初位相各为 $\varphi_1$、$\varphi_2$。它们的振动表达式为

$$x_1=A_1\cos(\omega t+\varphi_1),\quad x_2=A_2\cos(\omega t+\varphi_2)$$

式中，$x_1$、$x_2$ 表示 $t$ 时刻每一振动的位移，则 $t$ 时刻合振动的位移为

$$x=x_1+x_2=A_1\cos(\omega t+\varphi_1)+A_2\cos(\omega t+\varphi_2)$$

用旋转矢量法表示这两个振动的合成，则更为直观简单。如图 11-2-1 所示，$\boldsymbol{A}_1$ 和 $\boldsymbol{A}_2$ 分别为两个分振动的振幅矢量，它们在 $x$ 轴上的投影为 $x_1$、$x_2$，分别表示两个分振动的位移。在 $t=0$ 时刻，它们与 $x$ 轴的夹角分别为 $\varphi_1$、$\varphi_2$。由平行四边形法则，它们的合矢量为 $\boldsymbol{A}$（即合成振动的旋转矢量），在 $x$ 轴上的投影为 $x=x_1+x_2$，这就是我们所求的合振动的位移。因为 $\boldsymbol{A}_1$ 和 $\boldsymbol{A}_2$ 以相同的角速度 $\omega$ 做逆时针旋转，图中的平行四边形的形状在旋转中保持不变，所以合振动矢量 $\boldsymbol{A}$ 也应以同一角速度 $\omega$ 做逆时针旋转，长度不变，所以合振动也应该是一个谐振动，其频率与分振动的频率相同，振动表达式为

$$x=A\cos(\omega t+\varphi)$$

根据三角函数关系，可得

$$A=\sqrt{A_1^2+A_2^2+2A_1A_2\cos(\varphi_2-\varphi_1)}\quad(11\text{-}2\text{-}1)$$

又由图 11-2-1 得

$$\tan\varphi=\frac{A_1\sin\varphi_1+A_2\sin\varphi_2}{A_1\cos\varphi_1+A_2\cos\varphi_2}\quad(11\text{-}2\text{-}2)$$

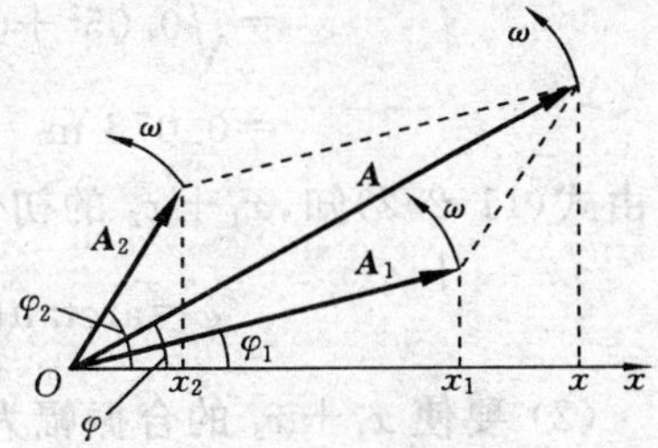

**图 11-2-1　谐振动合成的旋转矢量图**

因此，同振动方向、同频率的两个谐振动的合振动，仍然是一个同频率的谐振动，它的振幅和初位相由式(11-2-1)、式(11-2-2)决定。式中的 $\varphi_2-\varphi_1$ 为两个分振动的初位相差，它对合振幅起着决定性的作用。下面我们来讨论两种重要的情况。

(1) 两个分振动的位相差为 $2\pi$ 的整数倍(同位相)，即

$$\varphi_2-\varphi_1=2k\pi\quad(k=0,\pm1,\pm2,\cdots)$$

则由式(11-2-1)有

$$A=\sqrt{A_1^2+A_2^2+2A_1A_2}=A_1+A_2$$

这时合振幅为分振幅的和,合振动加强,合振幅最大。若 $A_1=A_2$,则合振幅为分振幅的2倍。

(2) 两个分振动的位相差为 $\pi$ 的奇数倍(位相相反),即

$$\varphi_2-\varphi_1=(2k+1)\pi\quad(k=0,\pm1,\pm2,\cdots)$$

则由式(11-2-1)有

$$A=\sqrt{A_1^2+A_2^2-2A_1A_2}=|A_1-A_2|$$

这时合振幅为分振幅的差,合振动减弱,合振幅最小。若 $A_1=A_2$,则合振幅 $A=0$。也就是说,两个振幅相等而反向的谐振动的合成将使质点处于静止状态。

当位相差为其他值的情况,合振动的振幅介于上述两种情况之间。用旋转矢量求谐振动合成的方法,可推广到多个谐振动的合成。

**【例题 11-5】** 有两个同方向、同频率的谐振动,它们的表达式分别为

$$x_1=0.05\cos\left(10t+\frac{3}{4}\pi\right)\quad(\mathrm{m})$$

$$x_2=0.06\cos\left(10t+\frac{1}{4}\pi\right)\quad(\mathrm{m})$$

(1) 求它们合成振动的振幅和初位相;(2) 若有谐振动 $x_3=0.07\cos(10t+\varphi_3)$,试问当 $\varphi_3$ 为何值时,$x_1+x_3$ 的振幅最大? $\varphi_3$ 又为何值时,$x_2+x_3$ 的振幅最小?

**解** (1) 由式(11-2-1)知,$x_1+x_2$ 的合振动振幅为

$$\begin{aligned}A&=\sqrt{A_1^2+A_2^2+2A_1A_2\cos(\varphi_2-\varphi_1)}\\&=\sqrt{0.05^2+0.06^2+2\times0.05\times0.06\cos\left(\frac{\pi}{4}-\frac{3\pi}{4}\right)}\ \mathrm{m}\\&=0.078\ \mathrm{m}\end{aligned}$$

而由式(11-2-2)知,$x_1+x_2$ 的初位相为

$$\varphi=\arctan\left(\frac{A_1\sin\varphi_1+A_2\sin\varphi_2}{A_1\cos\varphi_1+A_2\cos\varphi_2}\right)=84°48'$$

(2) 要使 $x_1+x_3$ 的合振幅为最大,其条件为

$$\cos(\varphi_3-\varphi_1)=1$$

所以

$$\varphi_3-\varphi_1=\varphi_3-\frac{3}{4}\pi=0$$

即

$$\varphi_3=\frac{3}{4}\pi$$

而要使 $x_2+x_3$ 的合振幅为最小,则条件为

$$\cos(\varphi_3-\varphi_2)=-1$$

即

$$\varphi_3-\varphi_2=\pi$$

亦即
$$\varphi_3=\pi+\varphi_2=\pi+\frac{\pi}{4}=\frac{5}{4}\pi$$

**2. 两个同方向、不同频率的谐振动的合成**

用旋转矢量图示法来分析，$\boldsymbol{A}_1$ 和 $\boldsymbol{A}_2$ 分别为两个分振动的振幅矢量，它们的角速度分别为 $\omega_1$ 和 $\omega_2$。参考图 11-2-1 可知，由于它们的角速度不同，所以 $\boldsymbol{A}_1$ 和 $\boldsymbol{A}_2$ 间的夹角将随时间变化，使得合矢量 $\boldsymbol{A}$ 的长度（振幅）也将随时间变化。当 $\boldsymbol{A}_1$ 和 $\boldsymbol{A}_2$ 同向重合时，合振幅最大，合振动加强；当 $\boldsymbol{A}_1$ 和 $\boldsymbol{A}_2$ 反向重合时，合振幅最小，合振动削弱；在其他情况下，合振动的振幅介于上述两种情况之间，即在最大和最小之间，因此这时的合振动是一种复杂的振动。

假设有两个同方向、不同频率的谐振动。为简单起见，设它们的初位相为零，振幅相等，即
$$x_1=A\cos\omega_1 t,\quad x_2=A\cos\omega_2 t$$
式中，$\omega_2>\omega_1$。运用三角函数公式，得合振动
$$\begin{aligned}x&=x_1+x_2=A(\cos\omega_1 t+\cos\omega_2 t)\\&=2A\cos\left(\frac{\omega_2-\omega_1}{2}t\right)\cos\left(\frac{\omega_2+\omega_1}{2}t\right)\end{aligned}$$
设
$$A(t)=2A\cos\left(\frac{\omega_2-\omega_1}{2}t\right)\tag{11-2-3}$$
则有
$$x=A(t)\cos\left(\frac{\omega_2+\omega_1}{2}t\right)\tag{11-2-4}$$

显然，由式(11-2-4)表示的合振动不是谐振动。但当两个分振动的角频率都较大，且它们之间相差很小，即 $\omega_2-\omega_1\ll\omega_2+\omega_1$ 时，$\cos\left(\frac{\omega_2-\omega_1}{2}t\right)$随时间的变化比$\cos\left(\frac{\omega_2+\omega_1}{2}t\right)$随时间的变化慢得多，所以可近似地将合振动视为振幅为$|A(t)|$、角频率为$\frac{\omega_2+\omega_1}{2}$的谐振动。如图 11-2-2 所示，图中 $x$ 的曲线即为分振动 $x_1$、$x_2$ 的合振动曲线图。由于$|A(t)|$的变化是周期性的（图中的包络线曲线），因此会出现合振动的

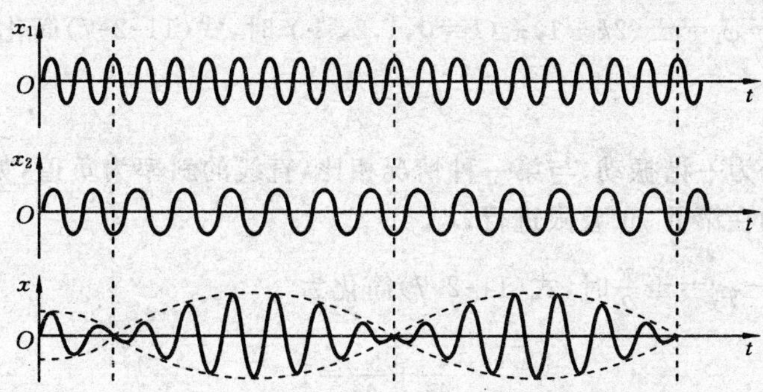


图 11-2-2　两个不同频率谐振动的合成曲线

振幅时大时小，即合振动时强时弱的现象，该现象称为**拍**。单位时间内合振动加强或减弱(合振幅出现极大或极小值)的次数称为**拍频**，可由振幅$|A(t)|$的表达式求出。因为振幅总是正值，所以式(11-2-3)中余弦函数的绝对值以$\pi$为周期，则合振幅$|A(t)|$的变化频率(拍频)为

$$\nu=2\times\frac{1}{2\pi}\left(\frac{\omega_2-\omega_1}{2}\right)=\frac{\omega_2-\omega_1}{2\pi}=\nu_2-\nu_1 \tag{11-2-5}$$

即拍频等于两个分振动频率之差。当敲击两个固有频率接近的音叉时，由于两音叉的振动在空间叠加，我们会听到时强时弱的嗡嗡声，这就是拍现象。

## 二、相互垂直的谐振动的合成

### 1. 两个频率相同、振动方向相互垂直的谐振动的合成

设一质点同时参与两个频率相同、振动方向相互垂直的谐振动，这两个谐振动分别在$x$轴和$y$轴方向上进行，它们的位移分别为

$$\begin{cases}x=A_1\cos(\omega t+\varphi_1)\\ y=A_2\cos(\omega t+\varphi_2)\end{cases} \tag{11-2-6}$$

消去以上两式中的时间$t$(推导从略)，可得质点运动的轨迹方程为

$$\frac{x^2}{A_1^2}+\frac{y^2}{A_2^2}-\frac{2xy}{A_1A_2}\cos(\varphi_2-\varphi_1)=\sin^2(\varphi_2-\varphi_1) \tag{11-2-7}$$

在一般情况下，上式是一个椭圆方程，质点运动的轨迹为一椭圆，其轨迹被局限在$x=\pm A_1$和$y=\pm A_2$的矩形区域内，椭圆长、短轴的大小与方向取决于两个分振动的振幅和位相差。下面讨论几种特殊情况。

(1) 当$\varphi_2-\varphi_1=0$时，式(11-2-7)简化为

$$y=\frac{A_2}{A_1}x$$

这表明两相互垂直的同频率、同位相的谐振动合成仍为一谐振动，轨迹为一直线，振动方向的斜率为$\frac{A_2}{A_1}$，如图 11-2-3(a)所示，此谐振动在第Ⅰ、Ⅲ象限进行 。

(2) 当$\varphi_2-\varphi_1=\pm(2k+1)\pi$ $(k=0,1,2,\cdots)$时，式(11-2-7)简化为

$$y=-\frac{A_2}{A_1}x$$

可见，合振动仍为一谐振动，与第一种情况相比，直线的斜率为负值，如图 11-2-3(b)所示，此谐振动在第Ⅱ、Ⅳ象限进行。

(3) 当$\varphi_2-\varphi_1=\pm\frac{\pi}{2}$时，式(11-2-7)简化为

$$\frac{x^2}{A_1^2}+\frac{y^2}{A_2^2}=1$$

这是一个正椭圆方程$(A_1\neq A_2)$，说明这时质点的合振动轨迹是以坐标轴$x$、$y$为主轴

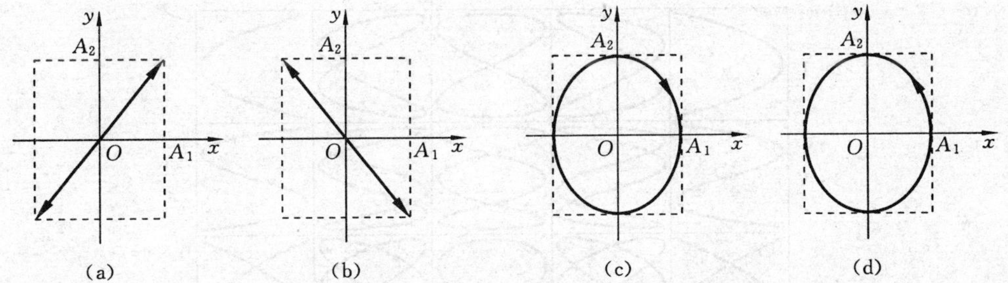


图 11-2-3　两个同频率、振动方向相互垂直的谐振动的合成图

的椭圆。若 $\varphi_2-\varphi_1=\frac{\pi}{2}$，则 $x$ 轴方向的振动位相落后于 $y$ 轴方向的振动位相 $\frac{\pi}{2}$，因此判断质点是沿顺时针方向运动(右旋)，如图 11-2-3(c)所示。而同样可知，若 $\varphi_2-\varphi_1=-\frac{\pi}{2}$，则质点是沿逆时针方向运动(左旋)，如图 11-2-3(d)所示。当 $A_1=A_2$ 时，上述的椭圆变成圆，质点将做匀速圆周运动。

(4) 当 $\varphi_2-\varphi_1$ 等于其他值时，合振动的轨迹一般为椭圆，对应于不同位相差的取值，椭圆的倾斜角度也不同。

在图 11-2-4 中，给出了几种对应于不同位相差时的合振动轨迹。

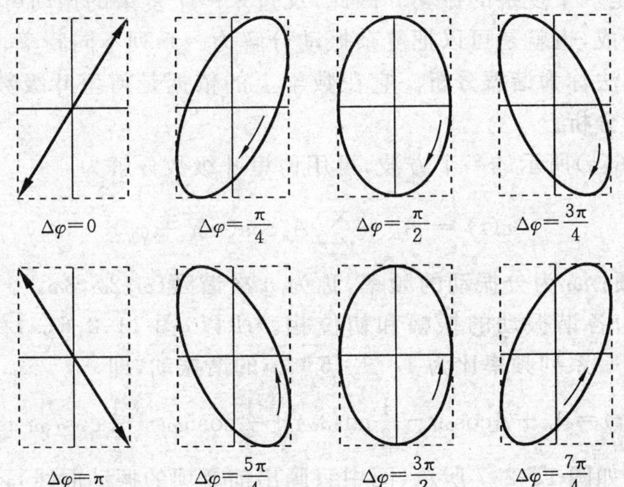


图 11-2-4　几种位相差不同的合振动轨迹

**2. 两个不同频率、振动方向相互垂直的谐振动的合成**

对于两个振动方向相互垂直、频率又不同的谐振动，其合成的振动较为复杂。一般情况下，合振动的轨迹是不稳定的。但如果频率成简单的整数比，合振动的轨迹将是一条稳定的闭合曲线，曲线的形状由两振动的振幅、初位相差和频率比所决定，图 11-2-5 给出了对应于不同频率比和不同位相差时合振动的轨迹图，这些图称为**利萨如图**(Lissajou figure)。可以在示波器上观察到各种频率比的利萨如图。若两振动

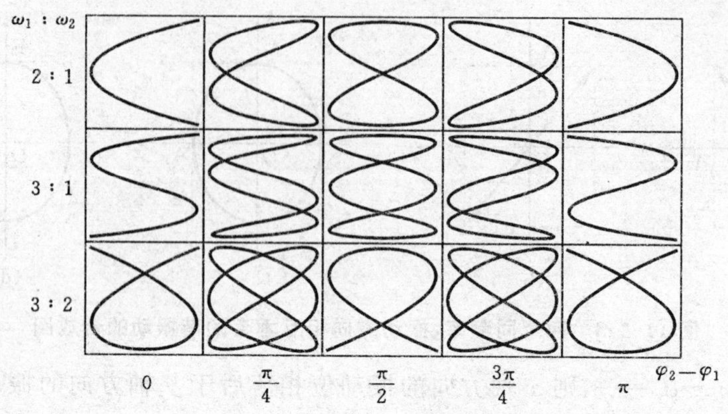


**图 11-2-5 利萨如图**

的频率成简单整数比,利用这些图形,可由一已知频率求另一未知频率;若频率比已知,则可由利萨如图求两振动的位相关系,它将在无线电技术中得到应用。

## 三、谐振分析

从前面振动合成的讨论中可知,两个同方向、不同频率的谐振动合成一般来说已不是谐振动,而是一个复杂的振动。因此,反过来一个复杂的振动可看成由不同频率的谐振动组合而成,也就是可以把复杂振动分解为一系列不同频率、不同振幅的谐振动。这种分析方法称为**谐振分析**。它在数学上的依据是傅里叶级数理论,因此这种方法称为**傅里叶分析**。

如图 11-2-6(a)所示的一个方波,可用傅里叶级数分解为

$$x(t) = A_0 + \sum_{n=1}^{\infty} A_n \cos(n\omega t + \varphi_n) \tag{11-2-8}$$

式中,$\omega$ 称为**基频**;$n\omega$ 为分振动的频率,称为 **$n$ 次谐频**($\omega, 2\omega, 3\omega, \cdots$);级数的各项系数 $A_n$、$\varphi_n$ 分别为各谐振动的振幅和初位相。所以,图 11-2-6(a)中的方波可由式(11-2-8)分解成一系列频率比为 1∶3∶5∶…的谐振动,即

$$x(t)=A_0+A\cos\omega t-\frac{1}{3}\cos 3\omega t+\frac{1}{5}\cos 5\omega t-\frac{1}{7}\cos 7\omega t+\cdots$$

合成的振动曲线如图 11-2-7 所示(图中只画出前 3 项的振动曲线),若增加分振动项

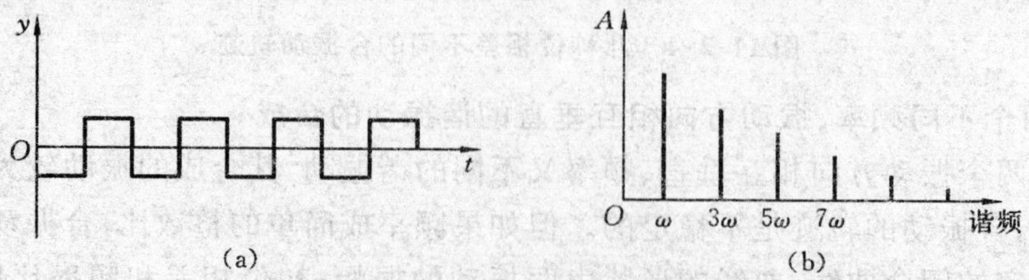


**图 11-2-6 方波和谐频图**

(a) 方波; (b) 谐频图

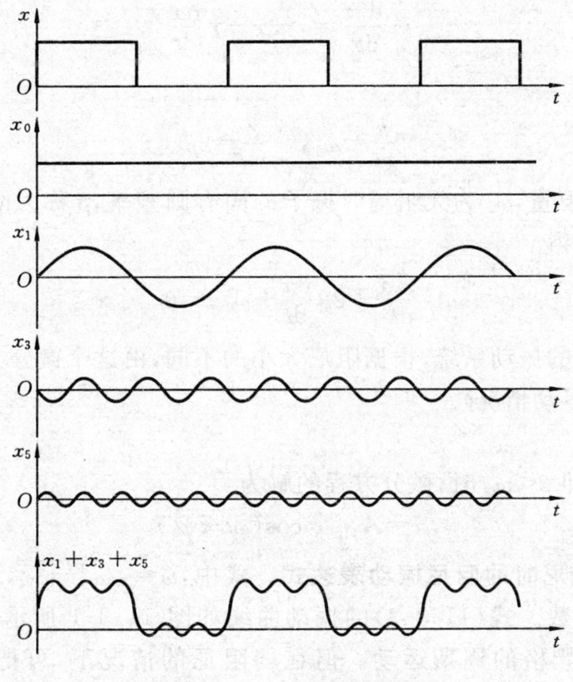


图 11-2-7　方波的分解

数，合成的振动就更接近“方波”。

在进行谐振分析时，一般所取级数的项数越多，各谐振动之和就越接近所分析的复杂振动。不仅周期性振动可分解为一系列谐振动，任意的非周期振动也可分解为许多谐振动，只是数学上要用更复杂的傅里叶变换来处理。

## 第 3 节　阻尼振动、受迫振动和共振

### 一、阻尼振动

前面所讨论的谐振动是一种理想的、不计阻力作用的等振幅振动。而实际中任何振动系统都不可避免地会受到阻力的作用，这时的振动叫做**阻尼振动**。例如，弹簧振子和单摆，由于振动过程中受到摩擦阻力和空气阻力的作用，振动能量不断减少，振动的振幅将逐渐减小，最终振动将停止。

一般当物体运动速度不太大时，物体所受阻力与其速度成正比，即有如下关系

$$F_{\mathrm{f}}=-\gamma v=-\gamma\frac{\mathrm{d}x}{\mathrm{d}t}$$

式中，$\gamma$ 是比例常数，称为**阻力系数**，它的大小由运动物体的形状、大小及周围介质的性质决定；式中的负号表示阻力的方向与速度方向相反。

以弹簧振子为例，在弹性力和阻力的作用下，根据牛顿第二定律，物体的运动方

程为

$$m\frac{\mathrm{d}^2x}{\mathrm{d}t^2}=-kx-\gamma\frac{\mathrm{d}x}{\mathrm{d}t} \tag{11-3-1}$$

令

$$\frac{k}{m}=\omega_0^2,\quad \frac{\gamma}{m}=2\beta$$

式中,$\omega_0$ 和 $\beta$ 都是恒量,$\omega_0$ 为无阻尼时振子的固有圆频率,$\beta$ 称为**阻尼系数**。将它们代入式(11-3-1)可得

$$\frac{\mathrm{d}^2x}{\mathrm{d}t^2}+2\beta\frac{\mathrm{d}x}{\mathrm{d}t}+\omega_0^2x=0 \tag{11-3-2}$$

对于一个确定的振动系统,根据阻尼大小的不同,由这个微分方程可得出三种解(对应三种可能的运动情况)。

**1. 弱阻尼**

当阻尼较小,即 $\beta<\omega_0$ 时,微分方程的解为

$$x=A_0\mathrm{e}^{-\beta t}\cos(\omega t+\varphi_0) \tag{11-3-3}$$

式(11-3-3)为弱阻尼时的**阻尼振动表达式**。式中,$\omega=\sqrt{\omega_0^2-\beta^2}$,$A_0$ 和 $\varphi_0$ 是由初始条件决定的积分常数。式(11-3-3)的振动曲线如图 11-3-1 所示,显然阻尼振动不是谐振动,也不是严格的周期运动。但在弱阻尼的情况下,可把式(11-3-3)中的 $A_0\mathrm{e}^{-\beta t}$ 看做是随时间变化的振幅,而这时的阻尼振动就是一个振幅随时间按指数规律衰减的振动。所以,阻尼振动并不严格具有周期性和重复性。如果我们仍把其位相变化 $2\pi$ 经历的时间,也就是相邻两次通过极大(或极小)位置的间隔时间看做周期,那么阻尼振动的周期(准周期)为

$$T=\frac{2\pi}{\omega}=\frac{2\pi}{\sqrt{\omega_0^2-\beta^2}} \tag{11-3-4}$$

很明显,阻尼振动的周期比系统的固有周期要长,即阻尼延缓了振动。式(11-3-3)表明,阻尼系数 $\beta$ 越大,振幅衰减越快。

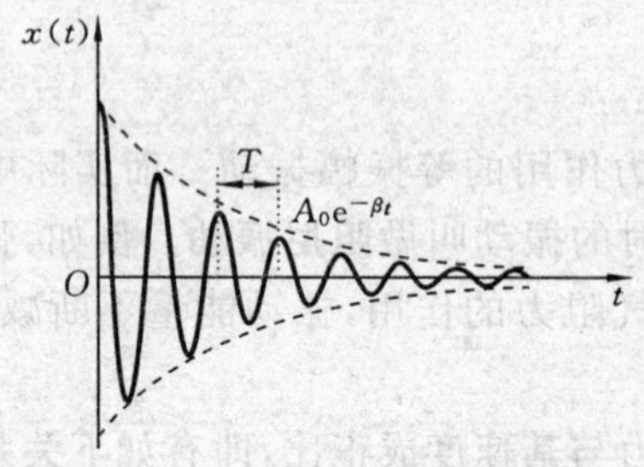


图 11-3-1 弱阻尼时的振动曲线

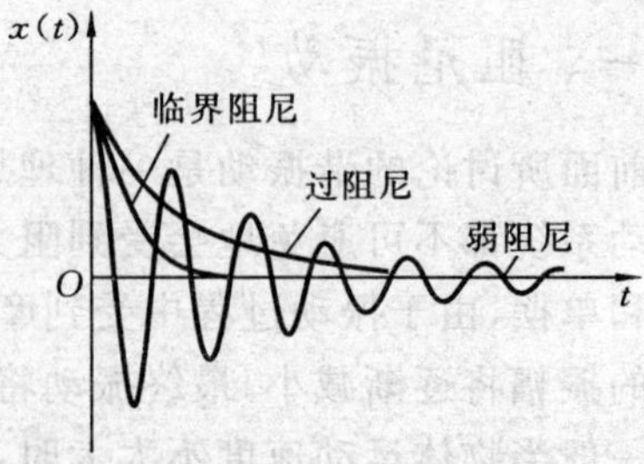


图 11-3-2 不同阻尼情况的曲线比较

**2. 过阻尼**

当阻尼过大,即 $\beta>\omega_0$ 时,方程(11-3-2)的解不再是式(11-3-3)。这时物体以非周期运动的方式缓慢地回到平衡位置后不再运动,这种情况称为**过阻尼**(见图 11-3-2)。

**3. 临界阻尼**

当阻尼系数 $\beta=\omega_0$ 时，振子处于一个刚好从准周期振动转变到非周期运动的临界状态，这种情况称为**临界阻尼**（见图 11-3-2）。与过阻尼相比，在临界阻尼的情况下，这种非周期运动回到平衡位置的时间最短。

## 二、受迫振动和共振

实际的振动系统总会由于阻尼的存在而消耗能量，其振动的振幅不断衰减，振动迟早会停止。要维持振动的持续进行，就需外界对系统做功、补充能量。这可以通过对振动系统施加一个周期性的外力来实现，这时**系统是在周期性外力的作用下，按外力的周期进行振动**，这种振动称为**受迫振动**，这个周期性外力称为**强迫力**。假设这个强迫力按余弦规律变化，即

$$F(t)=F_0\cos\omega t$$

式中，$F_0$ 为强迫力的力幅，$\omega$ 为强迫力的角频率。做受迫振动的系统在弹性力、阻力和强迫力的作用下振动，根据牛顿第二定律，有

$$m\frac{\mathrm{d}^2x}{\mathrm{d}t^2}=-kx-\gamma\frac{\mathrm{d}x}{\mathrm{d}t}+F_0\cos\omega t$$

令 $\omega_0^2=\dfrac{k}{m}$，$2\beta=\dfrac{\gamma}{m}$，$f_0=\dfrac{F_0}{m}$，则上式为

$$\frac{\mathrm{d}^2x}{\mathrm{d}t^2}+2\beta\frac{\mathrm{d}x}{\mathrm{d}t}+\omega_0^2x=f_0\cos\omega t \tag{11-3-5}$$

这个微分方程的解为

$$x=A_0\mathrm{e}^{-\beta t}\cos(\sqrt{\omega_0^2-\beta^2}\,t+\varphi_0)+A\cos(\omega t+\alpha) \tag{11-3-6}$$

这个解表明，受迫振动可分为两个振动的叠加。第一项表示振动系统最初含有的阻尼振动，这个振动随时间 $t$ 很快衰减并消失，所以它对受迫振动的影响是短暂的。第二项则表示一个稳定的谐振动，只要强迫力继续作用，系统就继续做这个振动。经过一段时间后，第一项衰减到可以忽略不计，受迫振动进入稳定的等振幅振动，则表达式为

$$x=A\cos(\omega t+\alpha) \tag{11-3-7}$$

上式表明，稳定时受迫振动的频率与强迫力的频率相等。式中的 $A$、$\alpha$ 为受迫振动的振幅和位相，分别为

$$A=\frac{f_0}{\sqrt{(\omega_0^2-\omega^2)^2+4\beta^2\omega^2}} \tag{11-3-8}$$

$$\alpha=\arctan\frac{-2\beta\omega}{\omega_0^2-\omega^2} \tag{11-3-9}$$

可见，受迫振动的振幅大小与外力的幅值成正比。

稳定时的受迫振动的表达式虽然与谐振动相同，但它们由于受力情况不同因而运动情况是有区别的。由上可知，受迫振动与系统自身的性质（$m$，$\omega_0$，$\beta$）及强迫力的

频率和幅值等有关,与初始条件无关。式(11-3-7)中振动的角频率不再是系统的固有频率,而是强迫力的角频率,而且振幅 $A$ 和位相 $\alpha$ 也并不取决于初始条件。

对一振动系统,若强迫力的幅值一定,则受迫振动的振幅随强迫力的频率而改变。当强迫力的频率满足一定条件时,受迫振动的振幅达到极大值,这一现象称为**共振**,相应的频率称为**共振频率**。由式(11-3-8),用求极值的方法可求得共振频率为

$$\omega_r = \sqrt{\omega_0^2 - 2\beta^2} \tag{11-3-10}$$

此时振动有最大的振幅值(共振振幅),即

$$A_r = \frac{f_0}{2\beta\sqrt{\omega_0^2 - \beta^2}} \tag{11-3-11}$$

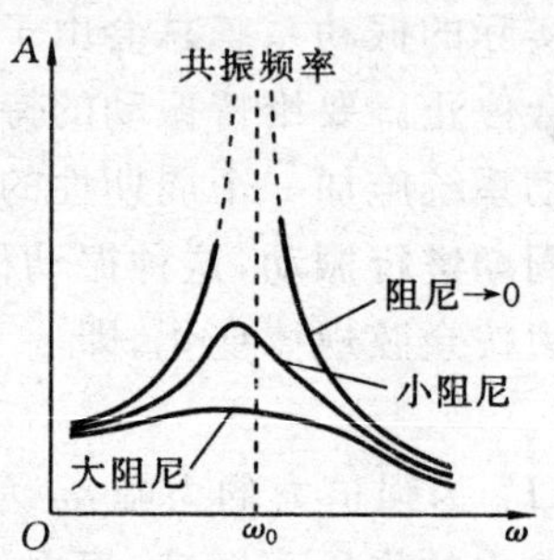

图 11-3-3 不同 $\beta$ 值的 $A$-$\omega$ 曲线

当阻尼很小($\beta \ll \omega_0$)时,共振频率接近固有频率,即 $\omega_r \approx \omega_0$,这时的振动振幅将趋于无穷大,系统发生强烈的共振。阻尼越小,振幅越大。实际上,阻尼 $\beta$ 不可能为零,所以共振振幅 $A_r$ 也不会变为无穷;但当 $\beta$ 很小时,$A_r$ 可以很大,这一现象称为**尖锐共振**(见图 11-3-3 )。

共振现象极为普遍,在光、声、电、原子、核物理及各种工程技术领域中都会遇到,如声共振、电共振、核磁共振等应用。在另一些情况下,共振会造成危害,应设法避免,如设法增大阻尼或远离共振频率。

## *第 4 节 非线性振动与相图法

### 一、非线性振动

系统运动的微分方程可分为两类:线性微分方程和非线性微分方程。在数学上线性微分方程的求解已较为成熟,有一般的求解方法,而非线性微分方程的求解在数学上是非常复杂的,至今没有一个通用的求解方法。只有极少数问题可以求得精确解,而对大多数问题来说,只能求得近似解,所以非线性微分方程所包含的规律和现象有待我们去探索。非线性科学是 21 世纪科学研究的前沿之一,而非线性振动的研究是其基础。

前面所讨论的弹簧振子、摆角很小的单摆及振动系统在周期性外力作用下,物体所做的一维受迫振动等,它们的运动方程都是线性微分方程。有些振动系统可简化为线性振动系统。可是,有些振动现象不能用线性理论来分析,如果将这些振动线性化,将使系统的性质改变。这类振动应按系统本来的非线性性质进行研究,其运动方程是非线性的,称为**非线性振动**。

实际中的物理现象本质上都是非线性的,用线性微分方程来描述自然界的现象

是近似的、有条件的。例如，单摆以较大角度摆动时，它的运动方程为

$$\frac{d^2\theta}{dt^2}+\frac{g}{l}\sin\theta=0$$

将上式中的正弦函数 $\sin\theta$ 作级数展开，有

$$\sin\theta=\theta-\frac{\theta^3}{3!}+\frac{\theta^5}{5!}-\cdots$$

在角位移 $\theta$ 很小时，我们只保留第一项，而忽略其他项，才有谐振动的运动方程式，即

$$\frac{d^2\theta}{dt^2}+\omega^2\theta=0 \tag{11-4-1}$$

式中，$\omega^2=\frac{g}{l}$。式(11-4-1)是一个线性微分方程。

但如果角位移 $\theta$ 不是很小，则 $\sin\theta$ 至少要保留至第二项，运动方程为

$$\frac{d^2\theta}{dt^2}+\frac{g}{l}\theta-\frac{g}{l}\frac{\theta^3}{6}=0 \tag{11-4-2}$$

这是一个非线性微分方程，描述了振动系统的非线性运动。

## 二、相图法

研究非线性振动的方法可分为定性的和定量的两类，其中定量方法是作数值计算，即求解方程；而定性方法主要研究运动方程积分曲线的分布情况，直观地分析振动的情况，观察参量变化对振动的影响。例如，法国数学家庞加莱(Jules Henri Poincaré)在 19 世纪提出了“相图法”，它是一种讨论非线性问题的几何方法。该方法是以质点的位置(或角位置)为横坐标，以速度(或角速度)为纵坐标，所构成的直角坐标系平面称为相平面。“相”即运动状态，质点在某一时刻的运动状态可由它在该时刻的位置和速度来描述，质点的一个运动状态就对应于相平面上的一个点——**相点**。当运动状态发生变化时，相点也就在相平面内运动，相点的运动轨迹称为**相迹**或**相图**(注意:相迹并不是质点的运动轨迹)。

相图的描述方法是非线性力学中的一种基本方法。以前面讨论的单摆运动为例，当单摆做无阻尼小角度摆动时，运动方程为式(11-4-1)，对该式进行一次积分，可得

$$\left(\frac{d\theta}{dt}\right)^2+\omega^2\theta^2=C$$

式中，$C$ 是积分常数，由初始条件决定。将上式改为

$$\frac{\left(\frac{d\theta}{dt}\right)^2}{C}+\frac{\omega^2\theta^2}{C}=1$$

在坐标系中以单摆的角位移 $\theta$ 为横坐标，单摆的角速度 $\frac{d\theta}{dt}$ 为纵坐标，则上式为一椭圆方程，它表示单摆做小角度摆动时的相迹是一个正椭圆。如图 11-4-1 所示，对应一

个常数 $C$(即一个确定的初始条件)就有一个确定的椭圆,它表示一个特定的振动过程,并且过相平面上的一个点,只有一个椭圆与之对应。通过坐标原点(0,0)的椭圆退化为一个点,这个点对应于单摆的稳定平衡状态。相迹为封闭曲线说明单摆运动是周期性的往复运动。

若考虑有阻尼后,单摆做小角度摆动时的运动方程为

$$\frac{d^2\theta}{dt^2}+2\beta\frac{d\theta}{dt}+\omega_0^2\sin\theta=0 \tag{11-4-3}$$

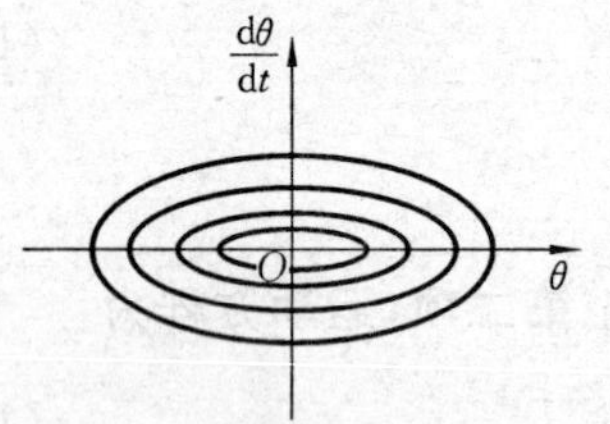


**图 11-4-1 单摆无阻尼小角度摆动的相图**

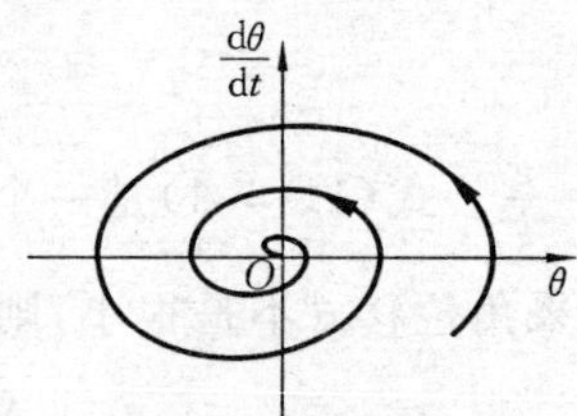


**图 11-4-2 单摆有阻尼小角度摆动的相图**

则相图将发生变化,如图 11-4-2 所示,相图为一条向内旋进的螺旋线。按阻尼的大小,其运动状态可分为过阻尼、临界阻尼和弱阻尼振动。从相图可知,无论单摆从什么初始状态出发(即无论初始值如何),随运动的进行,最后都要静下来,其状态最终要落到中心点处,曲线最终趋向中心点——对应于单摆的平衡状态。这个点似乎能把相图上的点逐渐地吸引过来,使相迹最终总是趋向中心点,因此相图上的这个点被称为**吸引子**,对应着系统的稳定状态。

若单摆是在一个周期性驱动力作用下的强迫摆动,从前面第 3 节中关于受迫振动的分析可知,受迫摆动的稳定解也与初值无关,只取决于系统的固有频率、外加的驱动力和阻尼系数。它的相图如图 11-4-3所示,其相迹稳定在一个确定的椭圆上。当初值较小时,相迹由椭圆内部向外趋于该椭圆;当初值较大时,相迹由椭圆外部向内趋于该椭圆。该椭圆具有吸引相迹的性质,因此也称为**吸引子**或**极限环**,它代表了受迫摆动的一种稳定运动。

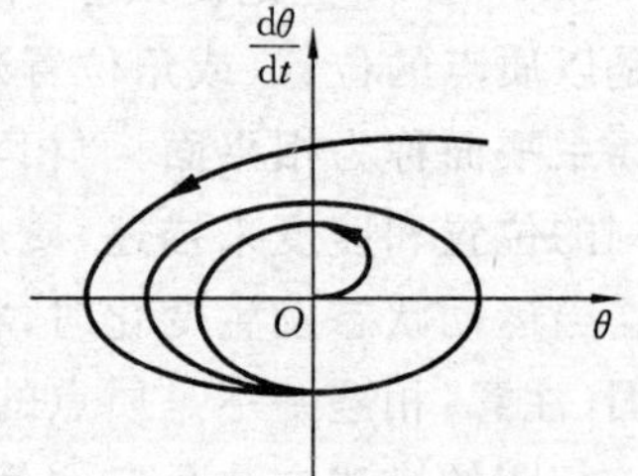


**图 11-4-3 单摆受迫小角度摆动的相图**

以上我们分析的是单摆在做小角度摆动时的各种情况。但是,如果当角位移 $\theta$ 较大时,运动方程为式(11-4-2),单摆是非线性运动,其相图如图 11-4-4 所示。可见,其相图不再是一椭圆,相迹两端凸出略呈尖角状,但仍是封闭曲线,表示运动仍是周期性往复摆动。当摆幅增大到 $\pi$ 时,相迹线上出现了两个分支点,我们称之为**鞍点**,它是一个不稳定的平衡点。

当摆角大且有阻尼时,方程式(11-4-3)中的 $\sin\theta$ 至少要保留到第二项,这样方程就变成了非线性的,单摆出现了另一种运动形式,其相图如图 11-4-5 所示。

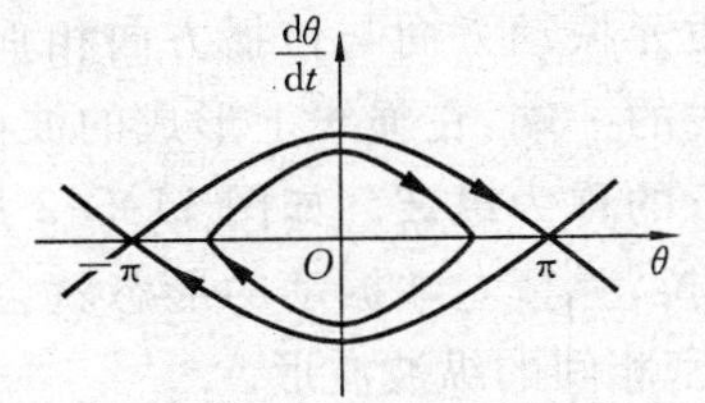


图 11-4-4　单摆无阻尼且大角度摆动的相图

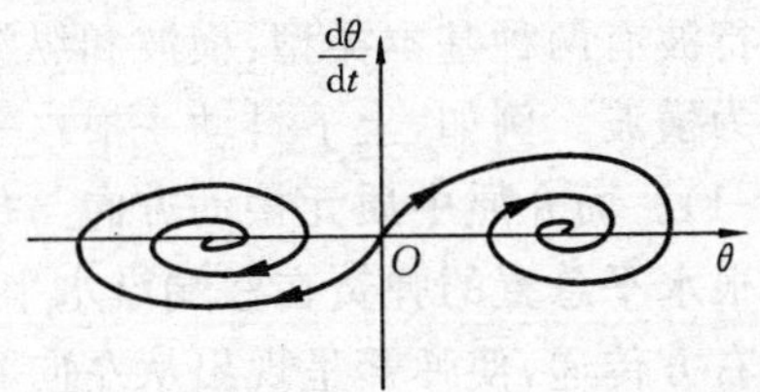


图 11-4-5　单摆有阻尼且大角度摆动的相图

此时，从其相图上可以看出，相平面被分成不同的区域，相轨迹都收敛于该区域中心的吸引子。

如果单摆是有阻尼、大角度，并在驱动力作用下受迫摆动，其运动方程为

$$\frac{d^2\theta}{dt^2}+2\beta\frac{d\theta}{dt}+\omega_0^2\sin\theta=f_0\cos\omega t$$

此时单摆的运动情况变得非常复杂。分析发现，在某些情况下，单摆出现了貌似无规则的运动，系统对初始条件特别敏感，初始条件的微小差异可能导致大相径庭的结果，此时单摆呈现的是一种混沌现象。

## 第5节　机　械　波

波是自然界中普遍存在的现象：石击水面，产生水波；弹拨琴弦，激起声波；电偶极子振荡，发射电磁波，等等。自然界中常见的是**机械波和电磁波**。机械波是机械振动在弹性介质中的传播，例如，声波、水波、地震波等都是机械波。而电磁波则无需介质，可在真空中传播。虽然机械波和电磁波的物理本质有所不同，但都具有波的一些共性。由于机械波最富于直观性，通过它来学习、了解波动的基本规律最为简便，本节主要讨论机械波的特征和基本规律。

### 一、机械波产生的条件

就像将石子扔进水中，水面上就会出现水波并向四周传播开来一样，在弹性介质（由无穷多个质元通过相互间的弹性力组合在一起的连续介质）中，一个质元的振动会引起邻近质元的振动，邻近质元的振动又引起较远质元的振动，于是振动就由近至远地向各方传递形成波动。引起介质振动的振动物体称为**波源**，这种机械振动在弹性介质中的传播形成机械波，也称行波。因此，**机械波的产生需要两个条件：一个是波源（振动源），另一个是能够传播机械振动的弹性介质。**

机械波是波源的机械振动状态在弹性介质中的传播，而并非介质中质元随波的定向运动。波动中介质的每一个质元只在自己的平衡位置附近做振动，并不随波前进，传播的只是质元的振动状态和能量。有点类似大型体育比赛时，体育场看台上的观众形成的“人浪”一样，每个人都在自己的座位上按一定规律先后“振动”，此起彼伏，从整体来看就像形成了波。

行波有两种基本类型:横波和纵波。介质中质元振动方向与传播方向相垂直的波称为**横波**。例如,上下抖动一根水平拉伸的绳线的一端,在绳线上形成的波(见图 11-5-1)。而介质中质元振动方向与传播方向平行的称为**纵波**。如图 11-5-2 所示,将一根水平悬置的弹簧在左端沿水平方向左右推拉,弹簧左端振动的形态就会沿弹簧向右方传递,使弹簧呈现出从左向右移动的、疏密相间的纵波波形。

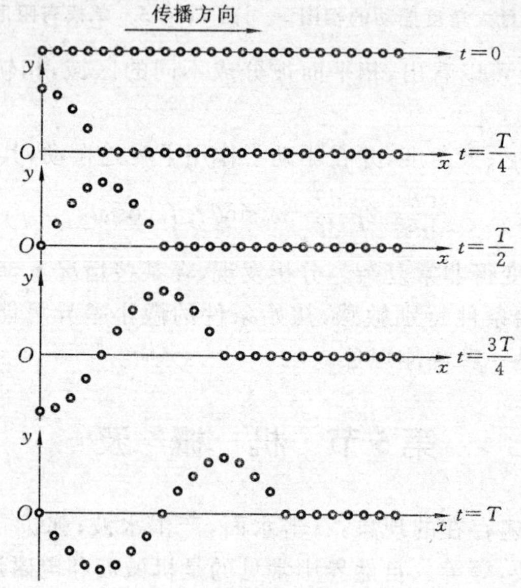


图 11-5-1　横波示意图

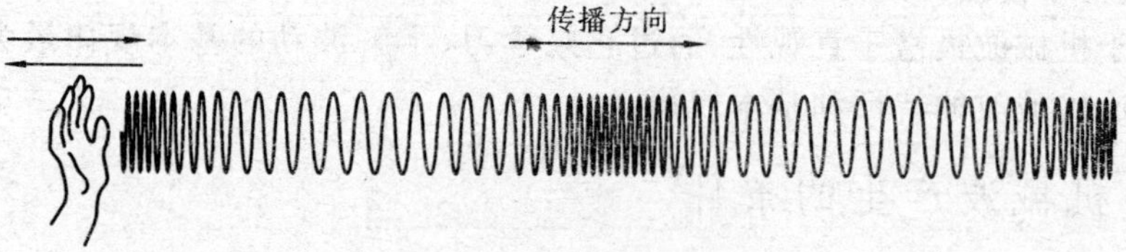

传播方向

图 11-5-2　纵波示意图

振动能在介质中传播,是因为介质中各质元间有弹性相互作用,并且相互作用不同,形成的波也不同。一般情况下,如果介质有切变弹性,它就能传横波(绳波是在张力作用下产生的,是个例外);如果介质具有体变弹性,就能传纵波。一切固体都具有两种弹性,所以两种波都能传播。例如,地震波在地壳中的传播就既有横波也有纵波。流体不能保持一定形状,没有切变弹性,只有体变弹性,因此只能传与体变有关的弹性纵波,不能传横波(液体表面由于重力或表面张力作用而形成的水面波,是个例外)。

自然界中一些实际的波,如地震波、湖面的水波等比较复杂,但一般都可看做是横波和纵波的组合。

## 二、波动的描述

### 1. 波面和波线

波是波源振动状态的传播，质元的振动状态可用位相来描述，所以波源所发出的在介质中各个方向传播的波，就是波源振动的位相向各个方向的传播。为了形象地描述波的传播情况，通常引入波面和波线的概念。如图 11-5-3 所示，某一时刻介质中振动位相相同的各点连成的空间曲面，称为**波阵面**，简称**波面**或**相面**。这种几何面有无限多个。行进在最前面的波面称为**波前**。在各向同性介质中，常见的波有两种，即**球面波**和**平面波**。当波源的形状大小可被忽略时，称为**点波源**；点波源在各向同性的均匀弹性介质中振动时，波沿各方向传播的速率相等，所以各时刻的波阵面都是以点波源为中心的球面，这种波就称为球面波。不过无论何种波源，在离波源较远处，其波面上的某一个小区域内总可近似看成是一个平面，这样就得到波阵面是平面的波。因此，离波源较远的波可近似地看做是平面波。

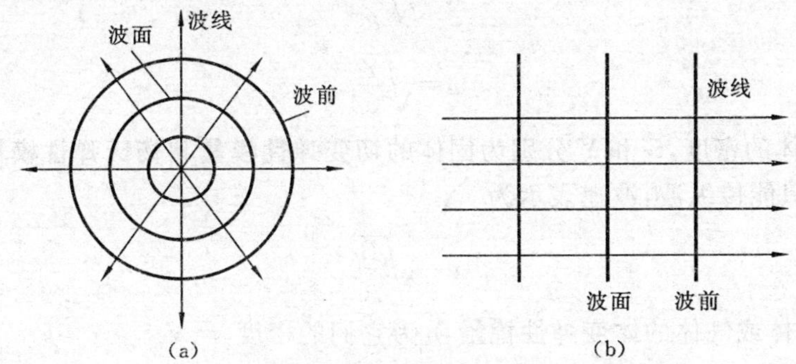


**图 11-5-3　波面与波线**

(a) 球面波的波面和波线；　(b) 平面波的波面和波线

为了直观地表示波的传播方向，我们沿其传播方向画出一条条带有箭头的射线，称为**波线**。**在各向同性介质中，波线与波面处处垂直**。

### 2. 波长

**在同一波线上位相差为 $2\pi$ 的相邻两个质元间的距离称为波长**，用 $\lambda$ 表示，这个距离正是一个完整波形的长度。

### 3. 波的周期和频率

**波前进一个波长的距离所需时间称为波的周期**，通常用 $T$ 表示。因为波源完成一次完整的振动，位相变化 $2\pi$，经过一个周期，在此期间波正好前进一个波长，所以波源一次完整的振动所需的时间与波前进一个波长所需的时间相同。也就是说，波的周期与波源的振动周期相等。

波的周期的倒数称为波的**频率**，用 $\nu$ 表示，即

$$\nu=\frac{1}{T} \tag{11-5-1}$$

它表示**单位时间内通过波线上一点的波长数**。此频率等于波源振动的频率。

**4. 波速**

波在单位时间内传播的距离称为**波速**。由于波的传播可看做是振动状态(位相)的传播,所以波速又称为**相速**,一般用 $u$ 表示。由于一个周期时间内波传播的距离是一个波长,所以波速为

$$u=\frac{\lambda}{T}=\nu\lambda \tag{11-5-2}$$

上式是波长、波速和周期(或频率)三者之间的基本关系,它表明了波的时间周期性和空间周期性之间的联系,是波动学的一个很重要的基本关系式。

一般地,介质变形所具有的弹性力使机械波得以传播,可以证明,机械波的波速取决于介质的力学性质即介质的弹性和惯性,与频率等无关。例如,在固体中横波和纵波的传播速度分别为

$$u=\sqrt{\frac{G}{\rho}}$$

$$u=\sqrt{\frac{Y}{\rho}}$$

式中,$\rho$ 为固体的密度,$G$ 和 $Y$ 分别为固体的**切变弹性模量**和**杨氏弹性模量**。在液体和气体内部只能传纵波,波速表示为

$$u=\sqrt{\frac{B}{\rho}}$$

式中,$B$ 为液体或气体的**体变弹性模量**,$\rho$ 为它们的密度。

此外,波速还与介质的温度有关。在同一介质中,温度不同时,波速一般也不相同。

## 三、平面简谐波

最简单而且最基本的平面波是平面简谐波,在这种波的传播过程中,介质中的每一个质元都做与波源振动方式相同的谐振动。

**1. 波函数**

平面简谐波的波面是一系列垂直于波线的平面,在同一个波面上各点的振动状态完全一样,所以在一波线上不同点的振动就代表了不同波面上的振动状态。这里主要讨论在一波线上如何表达一个平面简谐波,即在理想的无吸收的均匀介质中传播的平面简谐波的表达形式。

如图 11-5-4 所示,取任意一波线为 $x$ 轴,设一平面简谐波以波速 $u$ 沿 $x$ 轴正向传播,$y$ 轴表示 $x$ 轴上各质元相对于平衡位置($y=0$)的振动位移。设波源使原点 $O$ 处的质元做谐振动,其表达式为

$$y_O=A\cos(\omega t+\varphi) \tag{11-5-3}$$

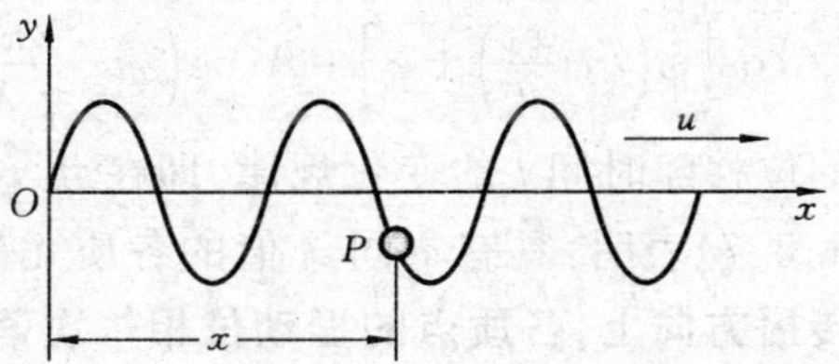


图 11-5-4　平面波在一波线上传播的示意图

在波的传播方向上取任意一质元 $P$，其坐标为 $x$。点 $O$ 的振动状态（位相）传到点 $P$，需要时间为 $\Delta t=\frac{x}{u}$，即某时刻点 $O$ 的位移与 $\Delta t$ 时间后点 $P$ 的位移相等，或者说，点 $P$ 处质元在 $t$ 时刻的位移就是点 $O$ 处质元在 $t-\Delta t$ 时刻的位移，所以由式(11-5-3)可得到点 $P$ 在 $t$ 时刻的位移，即

$$y(x,t)=A\cos[\omega(t-\Delta t)+\varphi]=A\cos\left[\omega\left(t-\frac{x}{u}\right)+\varphi\right] \tag{11-5-4}$$

上式实际上就是介质中任一点在任一时刻的位移，也就是沿 $x$ 轴正向传播的**平面简谐波的表达式**，又称为**平面简谐波的波函数**。根据 $\omega=2\pi\nu=\frac{2\pi}{T}$，$uT=\lambda$，式(11-5-4)又可表示为

$$y(x,t)=A\cos\left(\omega t-\frac{2\pi x}{\lambda}+\varphi\right)=A\cos\left[2\pi\left(\frac{t}{T}-\frac{x}{\lambda}\right)+\varphi\right] \tag{11-5-5}$$

定义**波数** $k=\frac{2\pi}{\lambda}$，则上式还可写为

$$y(x,t)=A\cos[(\omega t-kx)+\varphi]$$

如果平面波是沿 $x$ 轴的负方向传播，则根据上述分析，只要在式(11-5-4)中的波速 $u$ 前加一个负号可得到以速度 $u$ 沿 $x$ 轴负向传播的平面简谐波的表达式（波函数），即

$$y(x,t)=A\cos\left[\omega\left(t+\frac{x}{u}\right)+\varphi\right] \tag{11-5-6}$$

式中，$x$ 可正可负。若已知的振动点不在原点，而是在点 $x_0$ 处，则只要将各波动表达式中的 $x$ 换为 $x-x_0$ 即可。

上面所给出的波函数对横波和纵波均适用，$y$ 表示的是各质元离开平衡位置的位移，只是要注意纵波的位移沿波的传播方向。

**2. 波函数的物理意义**

波函数是描述介质中波动现象的一个基本方程，反映了位移 $y$ 与时空坐标 $t$，$x$ 之间的函数关系，因为在式中有两个独立变量，为进一步理解它的物理意义，我们进行下面的讨论。

(1) 若 $x=$常数（设 $x=x_0$），则位移 $y$ 仅为 $t$ 的函数，即式(11-5-4)变为

$$y(t)=A\cos\left[\omega\left(t-\frac{x_0}{u}\right)+\varphi\right]=A\cos\left(\omega t-\frac{2\pi x_0}{\lambda}+\varphi\right) \tag{11-5-7}$$

它表示在点 $x_0$ 处质元的位移随时间 $t$ 的变化规律，即在点 $x_0$ 处质元的振动表达式。若 $x$ 取一系列值，式(11-5-7)表明：具有不同 $x$ 值的各质元都做同频率的谐振动，但位相各不相同，**在波的传播方向上，各质点的振动位相依次落后**。这就是波动的基本特征。此外，若 $x=\lambda$，则该处质点的振动位相比在原点($x=0$)的位相落后 $2\pi$，振动状态完全相同，因此波长标志着波在空间上的周期性。

(2) 若 $t=$常数(设 $t=t_0$)，则位移 $y$ 仅为 $x$ 的函数，即式(11-5-4)变为

$$y(x)=A\cos\left[\omega\left(t_0-\frac{x}{u}\right)+\varphi\right] \tag{11-5-8}$$

它表示在一确定的 $t_0$ 时刻，沿波传播方向上不同 $x$ 处，各质点离开它们的平衡位置的位移分布，以 $y$ 为纵坐标，$x$ 为横坐标，则可绘出整个波形。如图 11-5-5 所示的 $y$-$x$ 曲线即为 $t$ 时刻的**波形曲线**，它反映了在 $t$ 时刻，介质中由各质点的振动状态所组成的波形。

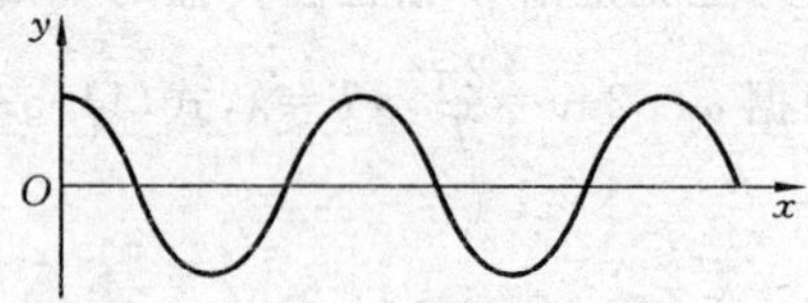


**图 11-5-5　$t$ 时刻的波形曲线**

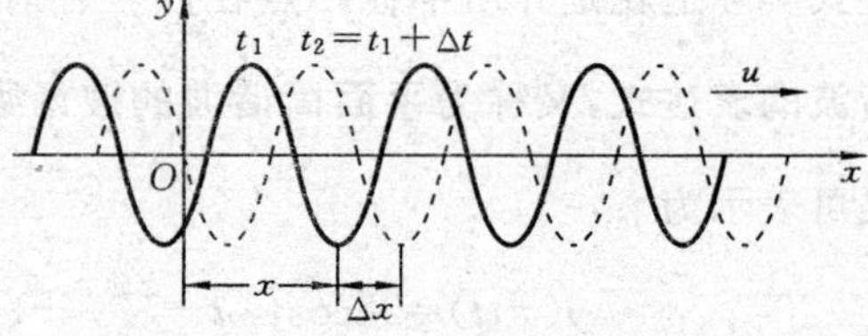


**图 11-5-6　波形的传播**

(3) 如果 $x$ 和 $t$ 都在变化，那么波函数反映的是介质中各个不同质点在不同时刻的振动位移，或者说表示了波形沿波传播方向上的传播情况。如在 $t=t_1$ 时刻，其波函数为

$$y(x,t_1)=A\cos\left[\omega\left(t_1-\frac{x}{u}\right)+\varphi\right]$$

由它可得到如图 11-5-6 中实线所示的 $t_1$ 时刻的波形曲线。当经过 $\Delta t$ 到 $t_2=t_1+\Delta t$ 时刻，谐振动状态沿着波的传播方向向前传播了一段距离 $\Delta x=u\Delta t$，因此其波函数为

$$\begin{aligned}y(x,t_2)&=A\cos\left[\omega\left(t_1+\Delta t-\frac{x+\Delta x}{u}\right)+\varphi\right]\\&=A\cos\left[\omega\left(t_1-\frac{x}{u}\right)+\varphi\right]\end{aligned}$$

即 $t_2$ 时刻点 $x+\Delta x$ 处的振动位移恰好与 $t_1$ 时刻点 $x$ 处质点振动的位移相等。图 11-5-6 中的虚线为 $t_1+\Delta t$ 时刻的波形曲线。由此可见，在 $\Delta t$ 时间内，整个波形沿着波传播的方向往前移动了 $u\Delta t$ 的距离。这就是在介质中传播的**行波**。

注意区别波的传播速度 $u=\nu\lambda$ 和介质中质元的振动速度 $v$。以波函数式(11-5-4)为例，可得质元的振动速度为

$$v=\frac{\partial y}{\partial t}=-A\omega\sin\left[\omega\left(t-\frac{x}{u}\right)+\varphi\right]$$

其加速度为
$$a=\frac{\partial^2 y}{\partial t^2}=-A\omega^2\cos\left[\omega\left(t-\frac{x}{u}\right)+\varphi\right]$$

**3. 波动方程**

将平面简谐波的表达式(11-5-4)分别对 $t$ 和 $x$ 求两次偏导数，有

$$\frac{\partial^2 y}{\partial t^2}=-A\omega^2\cos\left[\omega\left(t-\frac{x}{u}\right)+\varphi\right]$$

$$\frac{\partial^2 y}{\partial x^2}=-A\frac{\omega^2}{u^2}\cos\left[\omega\left(t-\frac{x}{u}\right)+\varphi\right]$$

比较上面两个方程，不难得到

$$\frac{\partial^2 y}{\partial x^2}=\frac{1}{u^2}\frac{\partial^2 y}{\partial t^2} \tag{11-5-9}$$

这就是沿 $x$ 方向传播的**平面波的波动方程**，它既适用于机械波，也适用于电磁波，反映了一切平面波的共同特征。平面简谐波表达式只是它的一个特解。任何物理量只要运动规律满足式(11-5-9)，就可判断它是一波动过程，并按平面波的形式传播。

在一般的三维空间中，若介质是无吸收的各向同性均匀介质，物理量 $\xi(x,y,z,t)$ 的直角坐标形式的波动方程为

$$\frac{\partial^2\xi}{\partial x^2}+\frac{\partial^2\xi}{\partial y^2}+\frac{\partial^2\xi}{\partial z^2}=\frac{1}{u^2}\frac{\partial^2\xi}{\partial t^2} \tag{11-5-10}$$

**【例题 11-6】**　一平面简谐波在介质中以速率 $u$ 沿 $x$ 轴传播，其路径上一点 $P$ 的振动方程为 $y=A\cos\omega t$，试按图 11-5-7 中所给的几种情况列出波的表达式。

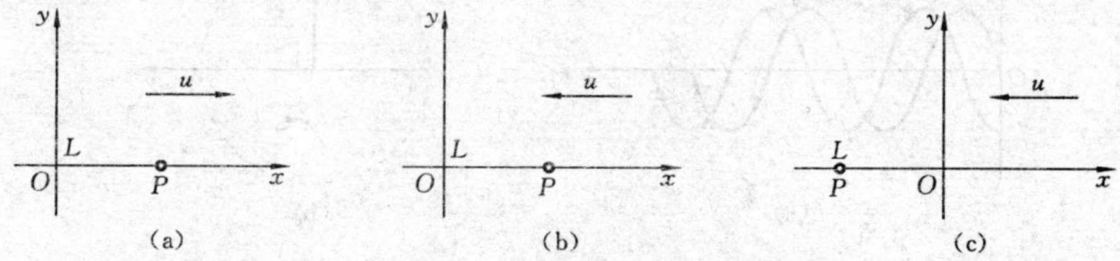


**图 11-5-7　例题 11-6 图**

**解**　在图 11-5-7(a)中，波动表达式为

$$y=A\cos\omega\left(t+\frac{L}{u}-\frac{x}{u}\right)=A\cos\omega\left(t-\frac{x-L}{u}\right)$$

在图 11-5-7(b)中，因波向 $x$ 轴的负方向传播，所以波动表达式为

$$y=A\cos\omega\left(t-\frac{L}{u}+\frac{x}{u}\right)=A\cos\omega\left(t+\frac{x-L}{u}\right)$$

在图 11-5-7(c)中，因波向 $x$ 轴的负方向传播，且点 $P$ 位于 $x$ 的负轴，所以波动表达式为

$$y=A\cos\omega\left(t+\frac{x+L}{u}\right)$$

**【例题 11-7】** 图 11-5-8 表示 $t=0$ 时的平面简谐波的波形曲线。试求:(1) 波源点 $O$ 的初位相;(2) 若假定波源的振幅为 $A$,角频率为 $\omega$,写出简谐波的表达式;(3) $t=0$ 时波形曲线上点 $P$ 的初位相。

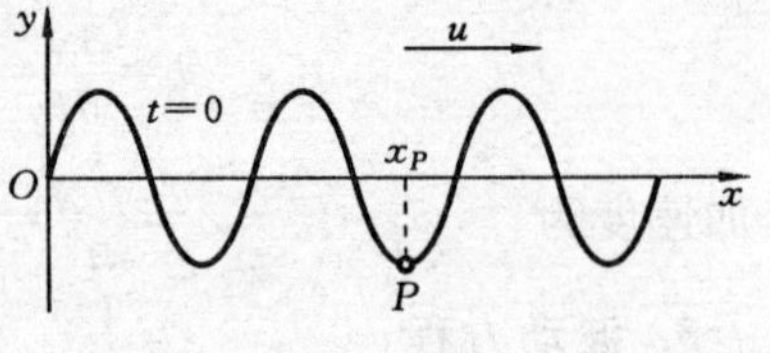

图 11-5-8　例题 11-7 图 1

**解**　(1) 设波源点 $O$ 的振动方程为

$$y_O=A\cos(\omega t+\varphi)$$

由图 11-5-8 的曲线可看出,在 $t=0$ 时,波源点 $O$ 的振动位移为 $y=0$。

方法一(解析法)

将 $t=0$ 和 $y=0$ 代入波源点 $O$ 的振动方程,得到

$$0=A\cos\varphi,\quad \cos\varphi=0,\quad \varphi=\pm\frac{\pi}{2}$$

从波形的传播,即 $t=0$ 波形曲线的移动(见图 11-5-9(a))知 $v_0<0$,所以由振动速度的表达式,得

$$-\omega A\sin\varphi<0,\quad \sin\varphi>0,\quad \varphi=\frac{\pi}{2}$$

方法二(旋转矢量法)

根据已知条件:$t=0$ 时,波源点 $O$ 的振动位移为 $y=0$,$v_0<0$。用旋转矢量法(见图 11-5-9(b)),可判定出波源点 $O$ 的初位相($t=0$ 时的 $\varphi$ 值)应为$\frac{\pi}{2}$。

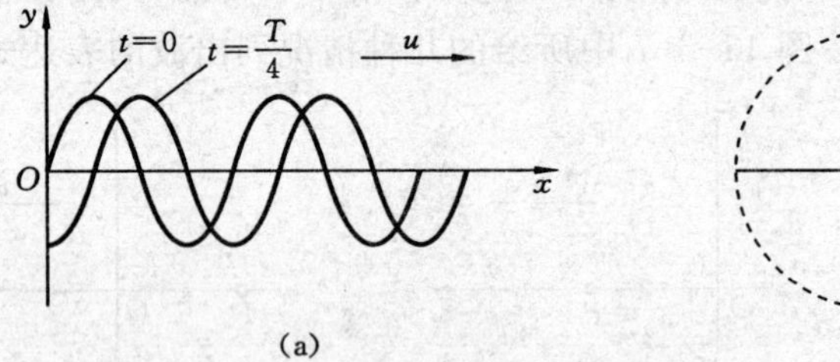

图 11-5-9　例题 11-7 图 2

(2) 振幅为 $A$,角频率为 $\omega$,向 $x$ 轴正向传播的平面简谐波的表达式为

$$y=A\cos\left[\omega\left(t-\frac{x}{u}\right)+\frac{\pi}{2}\right]$$

(3) 要求出 $t=0$ 时波形曲线上点 $P$ 的初位相,则需先求出点 $P$ 的振动方程。因从图 11-5-8 中得知,点 $P$ 的坐标值 $x_P=\lambda+\frac{3\lambda}{4}$,将该值代入简谐波的表达式中,即可得点 $P$ 的振动方程为

$$y_P=A\cos\left[\omega\left(t-\frac{x}{u}\right)+\frac{\pi}{2}\right]=A\cos(\omega t-\pi)$$

因此,在 $t=0$ 时,波形曲线上点 $P$ 处的初位相为 $\pi$。

## 四、波的能量

### 1. 波动能量的传播

行波的一个特点是质点不随波往前运动，而是波源的振动状态在弹性介质中传递，在这一过程中能量就伴随着波向前传播，也就是说，行波伴随着能量的传输。下面以简谐纵波在棒中传播的情况为例来讨论。

行波通过介质传播时，各质元在振动中不但具有动能，同时在振动过程中介质也将产生形变，因此还具有弹性势能。如图 11-5-10 所示，设平面简谐纵波在密度为 $\rho$、横截面为 $S$ 的细长棒中沿 $x$ 轴正向传播，波函数为

$$y(x,t)=A\cos\omega\left(t-\frac{x}{u}\right)$$

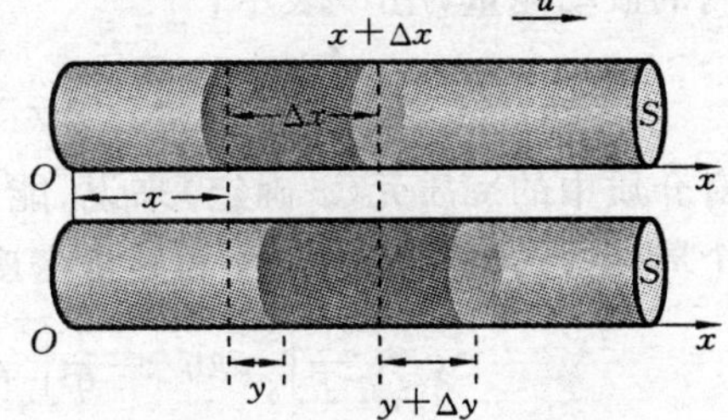


图 11-5-10　纵波在棒中的传播

在 $x$ 处取长度为 $\Delta x$、体积为 $\Delta V=S\Delta x$、质量为 $\Delta m=\rho\Delta V$ 的质元，其振动速度为

$$v=\frac{\partial y}{\partial t}=-\omega A\sin\omega\left(t-\frac{x}{u}\right)$$

则振动动能为

$$E_k=\frac{1}{2}\Delta m v^2=\frac{1}{2}\rho\Delta V A^2\omega^2\sin^2\omega\left(t-\frac{x}{u}\right)\tag{11-5-11}$$

由于受到相邻质元的挤压和拉伸，该质元发生弹性形变。假设在 $t$ 时刻，其左端的位移为 $y$，右端的位移为 $y+\Delta y$，质元的原长为 $\Delta x$，则其形变量与质元原长之比，即应变为$\frac{\Delta y}{\Delta x}$。根据**胡克定律**，有

$$\frac{F}{S}=-Y\frac{\Delta y}{\Delta x}$$

式中，$Y$ 为介质的杨氏模量。根据定义，弹性力为

$$F=-YS\frac{\Delta y}{\Delta x}=-k\Delta y$$

而该质元的弹性势能为

$$E_p=\frac{1}{2}k(\Delta y)^2=\frac{1}{2}\frac{YS}{\Delta x}(\Delta y)^2=\frac{1}{2}YS\Delta x\left(\frac{\partial y}{\partial x}\right)^2$$

因 $\Delta V=S\Delta x$，$u=\sqrt{Y/\rho}$，由波函数求得

$$\frac{\partial y}{\partial x}=A\frac{\omega}{u}\sin\omega\left(t-\frac{x}{u}\right)$$

所以

$$\begin{aligned}E_p&=\frac{1}{2}\rho u^2\Delta V A^2\frac{\omega^2}{u^2}\sin^2\omega\left(t-\frac{x}{u}\right)\\&=\frac{1}{2}\rho\Delta V A^2\omega^2\sin^2\omega\left(t-\frac{x}{u}\right)\end{aligned}\tag{11-5-12}$$

由式(11-5-11)和式(11-5-12)可得,在任意时刻,质元的动能和势能完全相等,而且位相也相同,即同时达到极大,同时等于零,这与谐振动中动能和势能相互交替变化的情况不同。

由式(11-5-11)和式(11-5-12)可得,$t$ 时刻质元的总能量(即波的能量)为

$$E=E_k+E_p=\rho\Delta VA^2\omega^2\sin^2\omega\left(t-\frac{x}{u}\right) \tag{11-5-13}$$

**2. 能量密度和能流密度**

为了描述介质中各处能量分布的情况,引入**能量密度**的概念,即介质中单位体积内的波动能量,用 $w$ 表示:

$$w=\frac{E}{\Delta V}=\rho A^2\omega^2\sin^2\omega\left(t-\frac{x}{u}\right) \tag{11-5-14}$$

对介质中的一质元($x$ 确定)来说,能量密度也是随时间作周期变化的。若取其在一个周期中的平均值——**平均能量密度**,则有

$$\overline{w}=\frac{1}{T}\int_0^T w\mathrm{d}t=\frac{1}{T}\int_0^T\rho A^2\omega^2\sin^2\omega\left(t-\frac{x}{u}\right)\mathrm{d}t=\frac{1}{2}\rho A^2\omega^2 \tag{11-5-15}$$

由此可见,**波的平均能量密度与波的振幅的平方、频率的平方成正比**。该结论虽由简谐弹性纵波的特殊情况导出,但具有普遍意义,对横波同样适用。

为了描述波动过程中能量的传播,类似于电流的概念引入能流。如图 11-5-11 所示,定义**单位时间内通过某一面积的能量为能流**。考虑到能量是周期变化的,通常取一个周期的平均值,即**平均能流**。所以平均能流为

$$\overline{P}=\overline{w}uS=\frac{1}{2}\rho A^2\omega^2uS \tag{11-5-16}$$

平均能流的单位为**瓦特**(W),所以波的能流也称为波的功率。

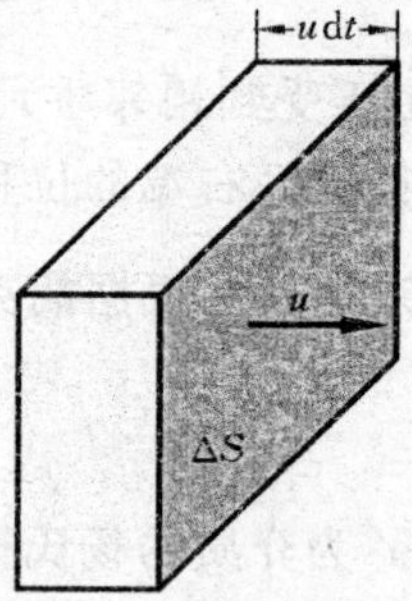

图 11-5-11　平均能流示意图

单位时间内通过垂直于波传播方向的单位面积的能量,称为波的**能流密度**,其表达式为

$$\boldsymbol{i}=w\boldsymbol{u}=\left[\rho A^2\omega^2\sin^2\omega\left(t-\frac{x}{u}\right)\right]\boldsymbol{u}$$

而能流密度在一个周期的平均值称为**平均能流密度**,用 $I$ 表示,即

$$I=\frac{\overline{P}}{S}=\overline{w}u=\frac{1}{2}\rho A^2\omega^2u \tag{11-5-17}$$

能流密度越大,单位时间通过单位面积的能量越多,波就越强,所以平均能流密度通常又称为**波的强度**。它取决于波的振幅的平方和频率的平方。

**【例题 11-8】** 试证明在无吸收的均匀介质中传播的球面波,其振幅与它离开波源的距离成反比。

**证** 如图 11-5-12 所示,设离波源距离为 $r_1$ 和 $r_2$ 处的两个波面,面积分别为 $S_1$

和 $S_2$。如果介质不吸收能量，则通过这两个波面的平均能流相等，即

$$\frac{1}{2}\rho A_1^2\omega^2 uS_1=\frac{1}{2}\rho A_2^2\omega^2 uS_2$$

式中，$A_1$ 和 $A_2$ 分别为两个波面上的波振幅。由上式可得

$$\frac{A_1^2}{A_2^2}=\frac{S_2}{S_1}=\frac{4\pi r_2^2}{4\pi r_1^2}$$

因此

$$\frac{A_1}{A_2}=\frac{r_2}{r_1}$$

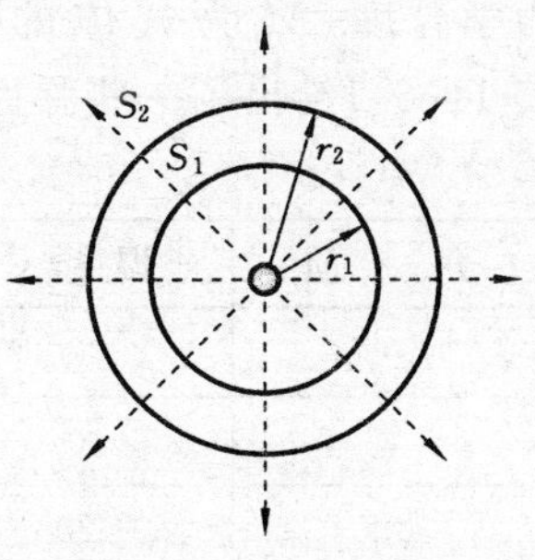

图 11-5-12　例题 11-8 图

实际上，波在介质中传播时，介质总要吸收波的一部分能量，所以波的振幅、波的强度，会沿波的传播方向，随着传播距离的增加而逐渐减少，即使是平面波也是如此。这种现象称为**波的吸收**，所吸收的能量通常转换成介质的内能或热。电磁波在介质中传播时同样也会被吸收，波的吸收现象的利用在材料研究中是一个重要方法。

# *第6节　声波　地震波

## 一、声波、超声波和次声波

声波是人类接触最多的一种机械波，是声振动在弹性介质中的传播现象。频率在 20 Hz 到 20000 Hz 之间的声波，能够引起人的听觉，称为**可闻声波**，通常简称**声波**。频率低于 20 Hz 的声波称为**次声波**，而频率高于 20000 Hz 的声波称为**超声波**。在气体和液体中传播的声波是纵波，而在固体中传播的声波既可以是纵波，也可以是横波。

需要说明的是，所谓 20 Hz 和 20000 Hz 并不是可闻声波明确的分界线。例如，频率较高的可闻声波已具有超声波的某些特性和作用，因此在超声技术的研究领域内，也常包括高频可闻声波的特性和作用的研究。声波具有的机械波的一般规律在前面已经讨论过，这里只讨论某些特殊情况。

**1. 声波的描述**

1）声速

在气体和液体中，如果将气体看做是理想气体，声波的传播过程当做绝热过程。则声波在气体中的传播速度为

$$u=\sqrt{\frac{\gamma RT}{M}} \tag{11-6-1}$$

式中，$\gamma$ 为摩尔热容比，$R$ 为摩尔气体常量（$R=8.31\ \mathrm{J\cdot mol^{-1}\cdot K^{-1}}$），$T$ 为气体的热

力学温度，$M$ 为气体的摩尔质量。显然，气体中的声速与气体的温度有关。表 11-6-1给出了一些弹性介质中的声速。

**表 11-6-1　一些弹性介质中的声速**

| 介　质 | 温度/℃ | 声速/(m·s$^{-1}$) | 介　质 | 温度/℃ | 声速/(m·s$^{-1}$) |
|---|---|---|---|---|---|
| 空气 | 0 | 331 | 黄铜 | 20 | 3500 |
| 氢 | 0 | 1270 | 玻璃 | 0 | 5500 |
| 水 | 20 | 1400 | 花岗岩 | 0 | 3950 |
| 冰 | 0 | 5100 | 铝 | 20 | 5100 |

2) 声压

声波在传播时，介质中各质元之间的相互挤压或拉伸会引起各质元所在处压强的变化。**某一时刻在介质中的某处，有声波传播时的压强 $p'$ 与无声波传播时的静压强 $p_0$ 之差 $p=p'-p_0$，称为声压。**由此可见，声压是由于声波产生的附加压强。

人的耳朵对声音的感知就是通过声压对耳鼓膜的作用所引起的。声波是疏密波，在稀疏区域，实际压强小于原来的静压力，声压为负值；在稠密区域，实际压力大于原来的静压力，声压为正值。它的表达式可如下求得。

当介质中有一平面简谐声波 $y=A\cos\left(t-\dfrac{x}{u}\right)$ 沿 $x$ 方向传播时，对于介质中的一个截面积为 $S$、长度为 $\Delta x$、体积为 $V=S\Delta x$ 的小体积元，两端的位移分别为 $y$ 和 $y+\Delta y$，体积的增量为 $\Delta V=S\Delta y$。由介质的体变弹性模量 $B$ 的定义知

$$B=-V\frac{\Delta p}{\Delta V}$$

在介质中有波传播时，上式中的压强增量 $\Delta p$ 就是声压 $p$，所以上式可写为

$$p=-B\frac{\Delta V}{V}=-B\frac{\Delta y}{\Delta x}$$

当 $\Delta x\rightarrow 0$ 时，有

$$p=-B\frac{\partial y}{\partial x}=-B\frac{\omega}{u}A\sin\left(t-\frac{x}{u}\right)$$

由于纵波波速即声速 $u=\sqrt{\dfrac{B}{\rho}}$，所以上式又可改写为

$$p=-\rho u\omega A\sin\left(t-\frac{x}{u}\right)=-p_{\mathrm{m}}\sin\left(t-\frac{x}{u}\right) \tag{11-6-2}$$

式中，$p_{\mathrm{m}}$ 为声压的振幅，且

$$p_{\mathrm{m}}=\rho u\omega A \tag{11-6-3}$$

式(11-6-3)表示声压振幅 $p_{\mathrm{m}}$ 与位移振幅 $A$ 的关系，在声学工程中，讨论声压比讨论位移更为有用。

显然，声压 $p$ 随空间位置和时间作周期性变化，并且与振动的速度同位相。即

在位移最大处，声压为零；在位移为零处，声压最大。通常将介质密度 $\rho$ 与声速 $u$ 的乘积称为**声阻抗**或**特征阻抗**，用 $Z$ 表示，即

$$Z=\rho u \tag{11-6-4}$$

声阻抗是一个重要的物理量，声阻抗大的介质称为**波密介质**，声阻抗小的介质称为**波疏介质**。声波在两种不同介质的分界面上的反射和折射时，反射波和折射波的能量分配就是由这两种介质的声阻抗来决定的。

3) 声强和声强级

声波的平均能流密度称为**声强**，对简谐声波，由式(11-5-17)可知其声强为

$$I=\frac{1}{2}\rho uA^2\omega^2=\frac{1}{2}\frac{p_m^2}{\rho u}=\frac{1}{2}\frac{p_m^2}{Z} \tag{11-6-5}$$

由此式可知，声强与频率的平方、振幅的平方成正比。显然，频率越高越容易获得较大的声强。辐射同样功率的高频发声器，尺寸可以较小，以致单位面积上所发射的功率(即声强)较大。另外，因为高频声波易于聚焦，可以在焦点处获得极大的声强。

引起人的听觉的声波，不仅有一定的频率范围，还有一定的声强范围。能够引起人的听觉的声强范围为 $10^{-12}\sim1\ \mathrm{W/m^2}$。声强太小，不能引起听觉；声强太大，将引起痛觉。能够引起听觉的最低声强($10^{-12}\ \mathrm{W/m^2}$)称为听觉域；高于上限的声强也不能引起听觉，而太高只能引起痛觉，这一声强的上限值($1\ \mathrm{W/m^2}$)称为痛觉域。

由于可闻声强的数量级相差悬殊，通常用声强级来描述声波的强弱。规定声强 $I_0=10^{-12}\ \mathrm{W/m^2}$ 作为测定声强的标准，某一声强 $I$ 的**声强级**用 $L$ 表示，即

$$L=\lg\frac{I}{I_0} \tag{11-6-6}$$

声强级的单位为**贝尔**(B)。实际上，贝尔这一单位太大，通常以**分贝**(dB)为单位。1 B=10 dB。这样，式(11-6-6)可表示为

$$L=10\lg\frac{I}{I_0}\ (\mathrm{dB}) \tag{11-6-7}$$

此外，声音**响度**是人对声音强度的主观感觉，它与声强级有一定的关系，声强级越大，人感觉越响。表 11-6-2 给出了常遇到的一些声音的声强级及响度。

**表 11-6-2　一些声音的声强、声强级和响度**

| 声　　源 | 声强/($\mathrm{W\cdot m^{-2}}$) | 声强级/dB | 响　　度 |
|---|---|---|---|
| 聚焦超声波 | $10^9$ | 210 | 震耳 |
| 喷气飞机起飞 | $10^3$ | 150 | |
| 炮声、摇滚乐 | 1 | 120 | |
| 痛觉域 | 1 | 120 | |
| 雷声、炮声、铆钉锤 | $10^{-1}$ | 110 | 极响 |
| 锅炉 | $10^{-2}$ | 100 | |

续表

| 声　源 | 声强/($W\cdot m^{-2}$) | 声强级/dB | 响　度 |
|---|---|---|---|
| 警笛 | $10^{-4}$ | 80 | 响 |
| 闹市(平均) | $10^{-5}$ | 70 | |
| 工厂(平均) | $10^{-6}$ | 60 | 正常 |
| 交谈(平均) | $10^{-7}$ | 50 | |
| 收音机(轻) | $10^{-8}$ | 40 | 轻 |
| 交谈(轻) | $10^{-10}$ | 20 | |
| 细语、树叶抖动 | $10^{-11}$ | 10 | 极轻 |
| 听觉域 | $10^{-12}$ | 0 | |

通常,声波是由振动的弦线(如提琴弦线、人的声带等)、振动的空气柱(如风琴管、单簧管等)、振动的板与振动的膜(如鼓、扬声器等)等产生的机械波。近似周期性或者少数几个近似周期性的波合成的声波,如果强度不太大时会产生愉快悦耳的乐音;如果波形不是周期性或者是由个数很多的一些周期波合成的声波,听起来就是噪音。

**【例题 11-9】** 歌手在露天舞台上演唱,某观众与歌手相距 $r_1$,另一位观众与歌手相距 $r_2=3r_1$,则两位观众听到的声音的声强级相差多少?

**解** 设 $I_1$ 和 $I_2$ 分别为声音传到 $r_1$ 和 $r_2$ 处的声强,则两位观众听到的声强级差为

$$\Delta L=L_2-L_1=10\lg\frac{I_2}{I_0}-10\lg\frac{I_1}{I_0}=10\lg\frac{I_2}{I_1}$$

歌手演唱产生的是球面波,其振幅与距离成反比,即有

$$\frac{A_2}{A_1}=\frac{r_1}{r_2}$$

又对于球面波,波的强度与振幅的平方成正比,所以有

$$\frac{I_2}{I_1}=\frac{A_2^2}{A_1^2}=\frac{r_1^2}{r_2^2}$$

因此

$$\Delta L=10\lg\frac{r_1^2}{r_2^2}=20\lg\frac{r_1}{r_2}=20\lg\frac{r_1}{3r_1}=20\lg\frac{1}{3}=-9.5\ \text{dB}$$

结果表明,距离增加了 2 倍,声强级衰减了 9.5 dB。

大量实验表明,如果声强级增加 10 dB 左右,则声音听上去几乎比原来响一倍。可见,本例中两位观众听到的歌声响度相差近一倍。

**2. 超声波和次生波**

1) 超声波

超声波的特点是频率高,波长短,通常情况下衍射不显著,因而具有良好的定向

传播特性，也易于聚焦。超声波的频率可以高到 $10^8 \sim 10^{12}$ Hz，相当于电磁波谱的微波频段，因而其声强比一般声波大得多，用聚焦方法可以获得声强高达 $10^9$ W/m$^2$ 的超声波。超声波的穿透本领也很大，特别是在液体、固体中传播时，衰减很小。在不透明的固体中，能穿透几十米的厚度。超声波的这些特性，在技术上得到了广泛应用。利用超声波的定向发射性质，例如，声波雷达——声纳，可以探测出潜艇的方位和距离。声纳技术还可以测量海洋深度、流速和温度，探测海底地貌和鱼群等。超声波的能量大而且集中，所以也可以用来切削、焊接、钻孔、清洗机件，还可以用来处理种子和促进化学反应等。

超声波遇到杂质或介质分界面时有显著的反射，可以用来探测工件内部的缺陷。超声探伤仪的优点是不损伤工件，而且由于穿透力强，因而可以探测大型工件，如用于探测万吨水压机的主轴和横梁等。此外，在医学上可用来探测人体内部的病变，如“B 超”仪就是利用超声波来显示人体内部结构的图像。

2）次声波

次声波又称亚声波，次声波的突出特点是频率低，波长长，衰减极小，能够远距离传播。目前，人类所接触的次声波的最低频率可达 $10^{-4}$ Hz。空气对声波的吸收是随频率的升高而加强，例如，1000 Hz 的声波的能量传播 7 km 后仅由于吸收就损失了 90%，而 20 Hz 的声波的能量大约在传播 100 km 后才被吸收了 90%，所以人耳一般只能听到几十公里以内的声音。至于次声波，1 Hz 的次声波能量传播 3000 km 才吸收 90%，0.01 Hz 的次声波要绕地球一周才吸收 90%。次声波在大气中传播几千公里后，吸收还不到万分之几分贝。因此对它的研究和应用将受到越来越多的重视，目前已形成现代声学的一个新分支——次声学。

次声波与地球、海洋和大气等大规模运动有密切关系。在火山爆发、地震、陨石坠落、大气湍流、雷暴、磁暴等自然现象中都有次声波产生。例如，龙卷风是激烈旋转的空气柱，从地面上接云端。龙卷风旋涡直径一般在几十米到几百米，风速可达 100～150 m/s。观察到的与龙卷风相应的次声，其周期近似为 1 s。台风是一种旋转并移动的热带气旋，台风旋涡的直径一般达几百公里，中间是风眼，其眼壁直径可达数十公里，风眼中波浪互相叠加，发出的声波周期在 4～8 s 之间。次声波已成为研究地球、海洋、大气等大规模运动的有力工具。

## 二、地震波

**地震**是地球内部介质局部发生急剧的破裂，产生地震波，从而在一定范围内引起地面振动的现象。它就像刮风、下雨和闪电一样，是地球上经常发生的一种自然现象。大地的振动是地震最直观、最普遍的表现，在海底或滨海地区发生的强烈地震，还能引起巨大的波浪，称为海啸。地震是极其频繁的，全球每年发生地震约 500 万次，但绝大多数不能被人感知，只能由地震仪记录到，只有少数（几十次）地震造成或大或小的灾难。

地球内部介质破裂的位置称为**震源**,是地震波的波源,一般位于地下几公里到几百公里处。震源在地面上的垂直投影称为**震中**,是地面上离震源最近的一点,也是接收振动最早的部位。震源至震中的距离称为**震源深度**,目前观测到的最深的地震深度是 720 km。对于同样大小的地震,由于震源深度不一样,对地面造成的破坏程度也不一样。震源越浅,破坏越大,但波及范围也越小,反之亦然。

地震波是由震源发出的在地球介质中传播的机械波。地震发生时,震源区的介质发生急速的破裂和运动,形成一个波源。由于地球介质的连续性,这种波动就向地球内部及表层各处传播。地震波在地球内部有两种形式:纵波和横波(推进波和剪切波),它们被地震学家分别称为 P 波(首波 Primary 或压缩波 Pressure)和 S 波(次波 Secondary 或剪切波 Shear)。P 波的传播速度较快,从地壳内到地幔深处为 5～14 km/s,首先到达震中;S 波的传播速度较慢,为 3～8 km/s,第二个达到震中。两种波速的差异可用来计算震源的位置。在震中区,P 波使地面上下振动,破坏性较弱;S 波使地面水平晃动,破坏性较强。由于 P 波传播速度较快,衰减也较快,S 波传播速度较慢,衰减也较慢,因此离震中较远的地方,往往感觉不到上下振动,但能感到水平晃动。P 波和 S 波在地表相遇时会产生沿地表传播的表面波,它是由纵波与横波产生的混合波,简称**面波**。面波的波长较长、振幅大,只能沿地表面传播,是造成建筑物强烈破坏的主要因素。面波也有两种形式,一种是扭曲波,使地表发生扭曲,振动只发生在水平方向上,没有垂直分量,称为**勒夫波**(Love wave);另一种使地表上下波动,称为**瑞利波**(Rayleigh wave),又称为**地滚波**。

P 波、S 波及面波的到达可以用地震仪在不同时刻记录下来,如图 11-6-1、图 11-6-2所示。另外,P 波传到地球表面还会折射到大气中去,如果其频率在可闻声波的频率之内(20～10000 Hz),人耳就可能听到地震波运行时的轰鸣声——地声。在波动频率低于 20 Hz 时,人们将只感觉到地面振动而听不到地震波运行的声音。

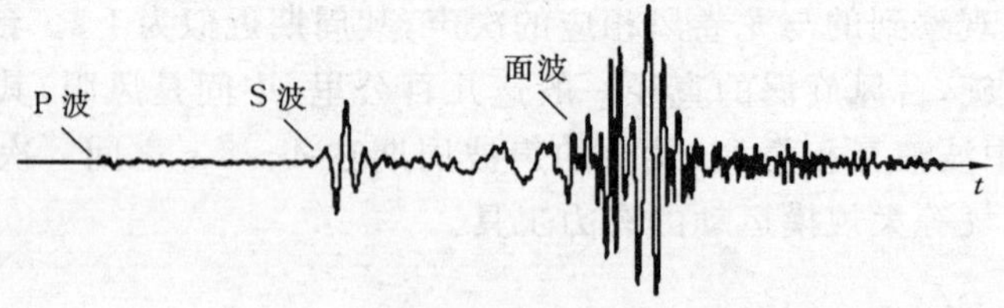


**图 11-6-1　地震仪记录的地震波类型(纵波、横波、面波)**

地震波的振幅可以大到几米(例如:1976 年的唐山 7.8 级大地震,地表起伏可达 1 m 多;2008 年的汶川 8.0 级巨大地震,地表起伏最大可达 6 m 多),因而可以造成巨大灾害。地震释放的能量 $E$ 通常用**里氏地震震级** $M$ 表示,它们之间的关系是

$$M=0.67\lg E-2.9 \tag{11-6-8}$$

例如,一次里氏 7 级地震释放的能量约为 $10^{15}$ J,这大约相当于百万吨级氢弹爆

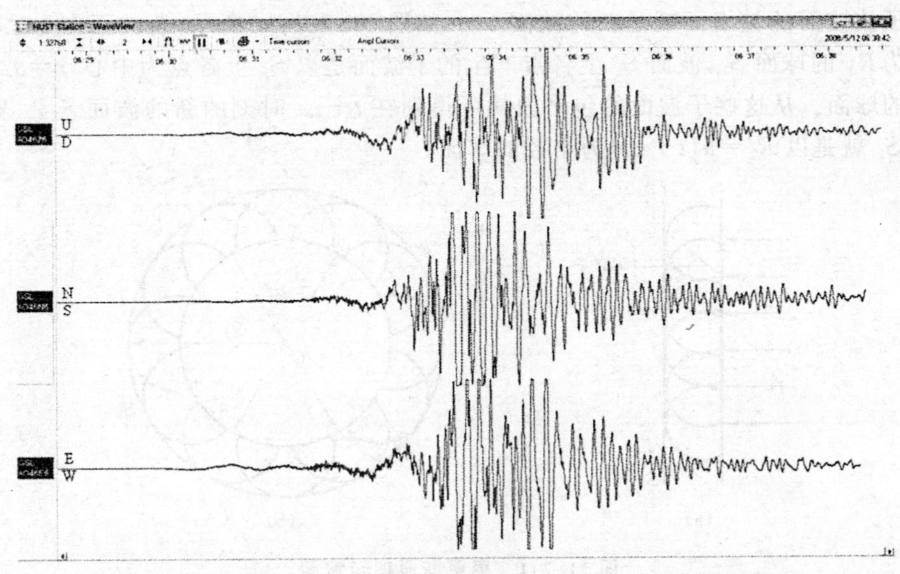


**图 11-6-2　华中科技大学 HUST 地震台 JCZ-1 宽频地震仪记录的 2008 年 5 月 12 日汶川 8.0 级地震的地震波曲线**

炸所放出的能量。

对地震波的详细分析可以推知它们传播所经过的介质分布情况。目前对地球内部结构的认识几乎全部来自对地震波的分析。人造地震可以帮助了解地壳内地层的分布，它是石油和天然气勘探的一种重要手段。此外，对地震波的分析也是检测地下核试验的一种可靠方法。

# 第 7 节　波的衍射和波的干涉

## 一、惠更斯原理和波的衍射

波在各向同性的介质中以直线传播，波在传播时波面的形状保持不变。但实际上波在传播过程中常会遇到不同的介质和障碍物，波在介质的界面上反射和折射或绕过障碍物后，波面的形状和波的传播方向都发生了变化。如何确定波面的形状和波的传播方向？荷兰物理学家惠更斯（Huygens）提出的**惠更斯原理**解决了这个问题。

### 1. 惠更斯原理

**某一时刻，同一波面上的各点都可以看做是产生子波的波源，其后任一时刻，这些子波源发出的波面的包络面就是新的波面。**这就是惠更斯原理。

根据惠更斯原理，设波在各向同性介质中以速度 $u$ 传播，如图 11-7-1(a)所示，若波面在 $t$ 时刻为一平面 $S_1$，该波面上的各点就是产生子波的波源，在 $t+\Delta t$ 时刻，这些子波波面的包络面就是新的波面 $S_2$。如图 11-7-1(b)所示，若波面在 $t$ 时刻是半径为 $R_1$ 的球面 $S_1$，波面 $S_1$ 上各点产生的子波面是以 $S_1$ 上各点为中心，$r=u\Delta t$ 为半径的球面。从这些子波面的包络面就可得到在 $t+\Delta t$ 时刻的新的波面 $S_2$。显然，波面 $S_2$ 就是以 $R_2=u(t+\Delta t)$ 为半径的球面。

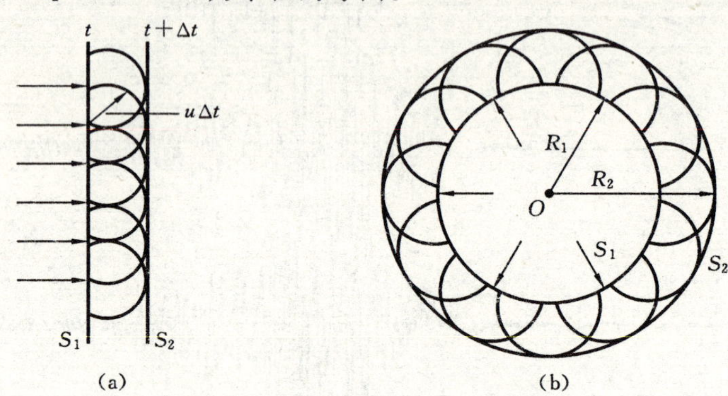


**图 11-7-1 惠更斯原理示意图**

(a)平面波；(b)球面波

**2. 波的衍射**

波在传播过程中遇到障碍物时，其传播方向会绕过障碍物发生偏转，这种现象称为**波的衍射**。如图 11-7-2 所示，根据惠更斯原理，当平面波入射到一个平行于波面的有缝障碍物时，缝中波面上的各点可作为新的子波源发出球面波，而这些子波面的包络面就是新的波面。可以看到新的波面不再是平面，其波面的形状和波的传播方向都发生了很大变化，这就是**衍射现象**。例如，隔墙不见其人，但可闻其声，这便是声波的衍射所致。

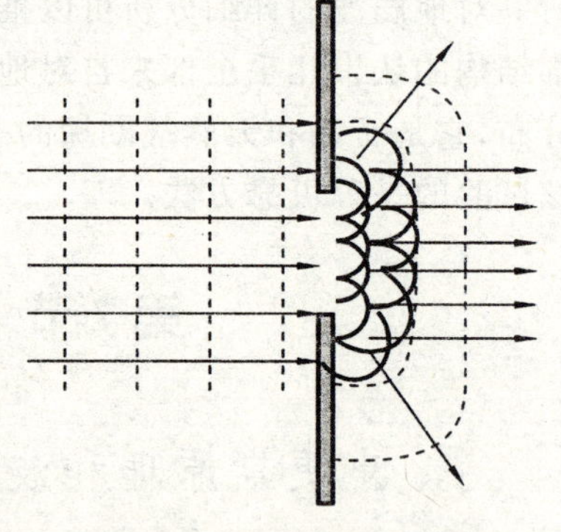

**图 11-7-2 波的衍射**

衍射现象是波动的一个重要特征。衍射现象的显著与否取决于波长和障碍物的尺寸大小。当波长远小于障碍物的线度时，衍射现象不明显，而当波长与障碍物的线度差不多，或波长更长时，才会有明显的衍射现象。

**3. 波的反射与折射**

当波从一种介质入射到另一种介质时，在两种介质的分界面上，传播方向将发生改变。如图 11-7-3 所示，入射角为 $i$ 的平面波的一部分由界面反射回介质 1 中，形成反射波；另一部分穿过界面进入介质 2 中，形成折射波，这就是波的反射和折射现象。

根据惠更斯原理，图 11-7-3 中某 $t$ 时刻波面 $AA'$ 上 $A'$ 点发出的子波经 $\Delta t$ 时刻到达 $B$ 点，而 $A$ 点发出的子波，一部分形成反射波，经 $\Delta t$ 时刻到达 $B'$ 点，包络面 $BB'$ 即为新的波面。因在同种介质中波速相同，$A'B=B'A=u_1\Delta t$，所以三角形 $ABA'$ 与三角形 $BAB'$ 全等，从而得

$$i = i' \qquad (11\text{-}7\text{-}1)$$

即入射角等于反射角，这就是波的**反射定律**。

同时，当 $A'$ 点发出的子波经 $\Delta t$ 时刻到达 $B$ 点时，$A$ 点向介质 2 中发出的子波（折射波）经 $\Delta t$ 时刻传到 $D$ 点，$AD = u_2\Delta t$，包络面 $BD$ 即 $\Delta t$ 时刻后波传播到介质 2 中的新波面，折射线与界面法线的夹角 $\gamma$ 为折射角。由图 11-7-3可知

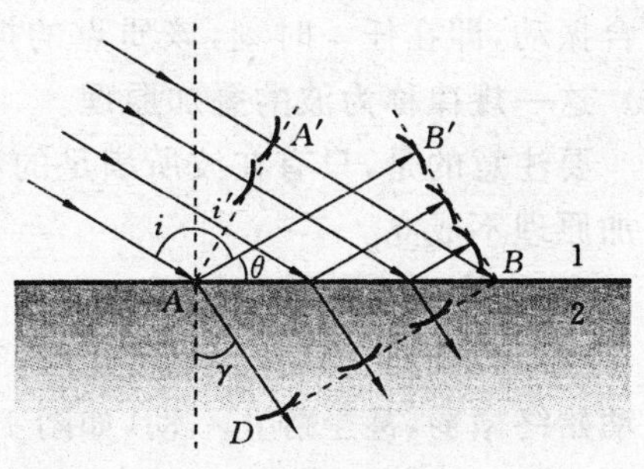


图 11-7-3　波在两种介质分界面上的反射和折射

$$A'B = B'A = AB\cos\theta = AB\sin i = u_1\Delta t$$

$$AD = AB\sin\gamma = u_2\Delta t$$

从而得

$$\frac{\sin i}{\sin\gamma} = \frac{u_1}{u_2} = n_{21} \qquad (11\text{-}7\text{-}2)$$

这就是波传播时的**折射定律**，式中的 $n_{21}$ 称为第 2 种介质相对于第 1 种介质的相对折射率。

因为惠更斯原理对机械波和电磁波都是适用的，所以由它推出的反射定律和折射定律对机械波和电磁波都成立。

另外，式(11-7-2)表明，在 $u_1 < u_2$ 时，$i < \gamma$。若增大 $i$，则 $\gamma$ 随之增大。当 $i$ 增大到某一特定值 $i_{临}$ 时，会有 $\gamma = \frac{\pi}{2}$。若 $i$ 再增大，则折射波消失，入射波全部反射，这种现象称为**全反射**。由式(11-7-2)有

$$\sin i_{临} = \frac{u_1}{u_2}\sin\frac{\pi}{2} = \frac{u_1}{u_2} = n_{21}$$

得全反射条件为

$$i > i_{临} = \arcsin\frac{u_1}{u_2} \qquad (11\text{-}7\text{-}3)$$

当波从波密介质射向波疏介质($u_2 < u_1$)时，有可能发生全反射。

## 二、波的干涉

前面我们讨论了一列波在弹性介质中的传播规律，下面将在波的叠加原理的基础上讨论两列或两列以上的波在介质的同一区域相遇时，介质中各质点的振动情况和波的传播规律。

### 1. 波的叠加原理

当几列波在同一介质中传播时，每一列波不受同时存在的其他波的影响，各自保持原有特性（频率、波长、振动方向等）继续沿原来的传播方向前进，好像在各自的传播过程中，并没有遇到其他波一样，这称为**波传播的独立性**。因此我们在听交响乐时，众多不同的乐器同时演奏发出不同的声波，但我们还是可以分辨出各种乐器的音调。

而在波相遇的区域内,介质中任一质点的振动为各列波单独在该点所引起振动的合振动,即在任一时刻,该质点的振动位移是各个波在该点所引起的位移的矢量和。这一规律称为**波的叠加原理**。

要注意的是,只有在波所满足的波动方程是线性方程时,叠加原理才成立,否则叠加原理不成立。

**2. 波的干涉与相干条件**

当两列波同在某一区域传播时,会使空间某些点的振动始终较强,而另一些点的振动始终微弱,甚至静止不动,如图 11-7-4 所示,在波的重叠区域会呈现出有规则的稳定分布的现象。我们把这种现象称为**波的干涉**。

1) 波的相干条件

一般来说,两个或两个以上的波列在介质中相遇叠加时,其叠加结果比较复杂,并不一定会形成干涉现象。要产生干涉现象必须满足一定的条件:**相遇的两列波频率相同,振动方向相同,并且在相遇区域两列波的位相差是恒定不变的**。这就是波的**相干条件**,满足相干条件的两列波称为**相干波**,相应的波源称为**相干波源**。

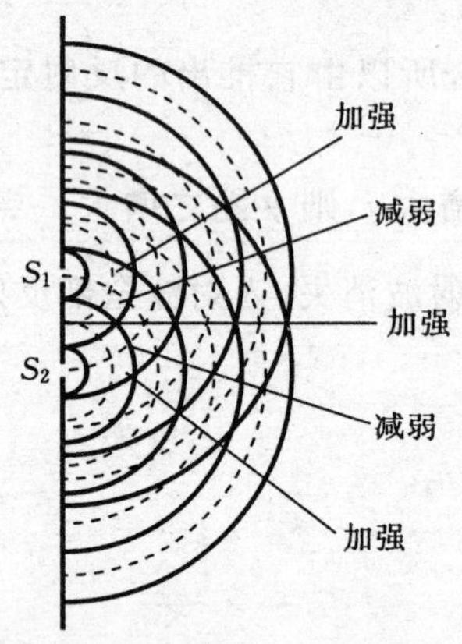


**图 11-7-4 两列相干波的干涉图样**

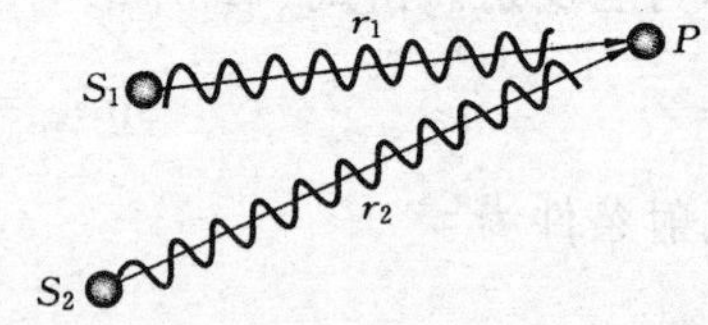


**图 11-7-5 两列波在点 $P$ 处的干涉**

2) 干涉的极大与极小

如图 11-7-5 所示,设有两个相干波源 $S_1$ 和 $S_2$,其振动方程分别为

$$y_{S_1}=A_1\cos(\omega t+\varphi_1)$$
$$y_{S_2}=A_2\cos(\omega t+\varphi_2)$$

两波源传出的波在点 $P$ 处相遇,在点 $P$ 处产生的振动分别为

$$y_{P_1}=A_1\cos\left(\omega t+\varphi_1-\frac{2\pi}{\lambda}r_1\right)$$

$$y_{P_2}=A_2\cos\left(\omega t+\varphi_2-\frac{2\pi}{\lambda}r_2\right)$$

式中,$r_1$ 和 $r_2$ 为两波源到点 $P$ 的距离。两列波在点 $P$ 处产生的振动为同方向、同频率的谐振动,根据叠加原理,其合成后仍然是一谐振动。即点 $P$ 的振动为

$$y_P = y_{P_1} + y_{P_2} = A\cos(\omega t + \varphi) \tag{11-7-4}$$

根据式(11-2-1)和式(11-2-2),上式中合振动的振幅为

$$A = \sqrt{A_1^2 + A_2^2 + 2A_1A_2\cos\left[(\varphi_2 - \varphi_1) - \frac{2\pi}{\lambda}(r_2 - r_1)\right]} \tag{11-7-5}$$

而式(11-7-4)中合振动的初位相为

$$\varphi = \arctan\frac{A_1\sin\left(\varphi_1 - \frac{2\pi r_1}{\lambda}\right) + A_2\sin\left(\varphi_2 - \frac{2\pi r_2}{\lambda}\right)}{A_1\cos\left(\varphi_1 - \frac{2\pi r_1}{\lambda}\right) + A_2\cos\left(\varphi_2 - \frac{2\pi r_2}{\lambda}\right)} \tag{11-7-6}$$

因简谐波的强度与振幅的平方成正比,所以合振动的振幅和波强大小取决于位相差,即

$$\Delta\varphi = (\varphi_2 - \varphi_1) - \frac{2\pi}{\lambda}(r_2 - r_1) \tag{11-7-7}$$

(1) 当 $\Delta\varphi = \pm 2k\pi$ $(k=0,1,2,\cdots)$时,合振动的振幅最大(波强最强),$A = A_1 + A_2$,称为干涉极大。

(2) 当 $\Delta\varphi = \pm(2k+1)\pi$ $(k=0,1,2,\cdots)$时,合振动的振幅最小(波强最弱),$A = |A_1 - A_2|$,称为干涉极小。

(3) 如果两波源的初位相相同,即 $\varphi_1 = \varphi_2$,则位相差为

$$\Delta\varphi = -\frac{2\pi}{\lambda}(r_2 - r_1) = -\frac{2\pi}{\lambda}\Delta r$$

式中,$\Delta r = r_2 - r_1$ 称为**波程差**。这时位相差只取决于波程差,而振幅极大和极小的条件为

$$\Delta r = \begin{cases} \pm k\lambda & \text{极大} \\ \pm\left(k + \frac{1}{2}\right)\lambda & \text{极小} \end{cases}$$

式中,$k=0,1,2,\cdots$。由此可确定空间各点合成振幅的大小和波的强度,从而得到波的强度在空间的分布——干涉现象。

**【例题 11-10】** 两个相干波源 $S_1$ 和 $S_2$ 相距 5 m,其振幅相等,频率均为 100 Hz,位相差为 π。若波速为 400 m/s,求 $S_1$、$S_2$ 之间干涉为极小的各点位置。

**解** 如图 11-7-6 所示,设以 $S_1$ 为坐标原点,$S_1S_2$ 方向为 $x$ 轴正向,两个波在波源的振动方程分别为

$$y_{O_1} = A\cos\omega t$$

$$y_{O_2} = A\cos(\omega t + \pi)$$

图 11-7-6　例题 11-10 图

在 $S_1$ 和 $S_2$ 之间取任一点 $P$,其坐标为 $x$,则两列波在点 $P$ 处引起的振动位移分别为

$$y_{P_1} = A\cos\omega\left(t - \frac{x}{u}\right)$$

$$y_{P_2} = A\cos\left[\omega\left(t - \frac{5-x}{u}\right) + \pi\right]$$

而它们的位相差为

$$\Delta\varphi=\varphi_2-\varphi_1=\pi-\omega\left(\frac{5-x}{u}-\frac{x}{u}\right)=\pi-2\pi\nu\left(\frac{5-2x}{u}\right)$$

由振幅极小的条件 $\Delta\varphi=\pm(2k+1)\pi$,可得

$$\pi-2\pi\nu\left(\frac{5-2x}{u}\right)=\pm(2k+1)\pi$$

代入频率和波速的数值,整理得

$$x=\pm(2k+1)+1.5\ (\mathrm{m})$$

当 $k=0$ 时,$x=0.5$ m 或 $x=2.5$ m;当 $k=1$ 时,$x=4.5$ m,符合题意。所以 $S_1$、$S_2$ 间干涉极小的各点位置在点 $x=0.5$ m、2.5 m、4.5 m 处。

## 三、驻波

### 1. 驻波的形成

当两列振幅相同的相干波在同一直线上沿相反方向相向传播时,在相遇的区域叠加后就会形成驻波。如图 11-7-7 所示,把一根绳线的一端固定,另一端与一个机械振动源相连,当振动源开始振动时,在绳线上形成从左向右的入射波,入射波沿绳线传到右端并在固定点处产生反射波。入射波和反射波在同一绳线上沿相反方向传播,频率合适时,它们相互叠加形成如图 11-7-7 所示的稳定波形。绳上有的地方振幅最大,有的地方振幅为零,波形不“跑动”,这种波就称为驻波。

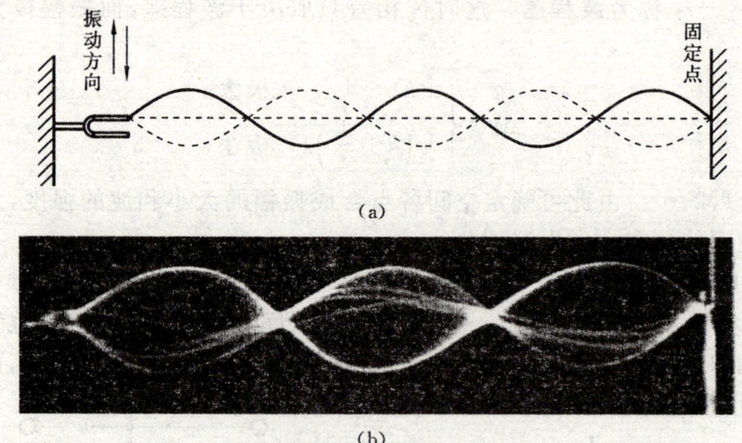


**图 11-7-7 驻波图示**

(a) 示意图; (b) 弦驻波实验图

设有频率相同、振幅和振动方向均相同的两列相干波,一个沿 $x$ 轴正向传播,表示为

$$y_1=A\cos\left(\omega t-\frac{2\pi x}{\lambda}\right)$$

沿 $x$ 轴负向传播的波为

$$y_2 = A\cos\left(\omega t + \frac{2\pi x}{\lambda}\right)$$

叠加后的合成波为

$$y = y_1 + y_2 = A\cos\left(\omega t - \frac{2\pi x}{\lambda}\right) + A\cos\left(\omega t + \frac{2\pi x}{\lambda}\right)$$

由三角关系，可得

$$y = 2A\cos\frac{2\pi x}{\lambda}\cos\omega t \tag{11-7-8}$$

上式就是驻波的表达式——驻波方程。

**2. 驻波的特征**

由驻波的表达式(11-7-8)可看出，这是一个周期相同，但振幅与位置 $x$ 有关的谐振动。它不表示行波，只表示各点均在做频率相同的谐振动，但振幅不同。下面对驻波的振幅特点和位相特征分别进行讨论。

1) 驻波的波腹和波节

式(11-7-8)中，$2A\cos\frac{2\pi x}{\lambda}$ 的绝对值就是驻波的振幅，它与时间无关，只与空间位置相关，不同 $x$ 处，质点的振幅各不相同。

当 $\left|\cos\frac{2\pi x}{\lambda}\right| = 1$ 时，振幅最大，这时有

$$\frac{2\pi}{\lambda}x = k\pi \quad (k = 0, \pm 1, \pm 2, \cdots)$$

即

$$x = k\frac{\lambda}{2} \quad (k = 0, \pm 1, \pm 2, \cdots) \tag{11-7-9}$$

满足上式的质点，振幅最大($2A$)，称为**波腹**，如图 11-7-8 中的 $a$，$b$ 点。

当 $\left|\cos\frac{2\pi x}{\lambda}\right| = 0$ 时，振幅最小，这时有

$$\frac{2\pi}{\lambda}x = (2k+1)\frac{\pi}{2} \quad (k = 0, \pm 1, \pm 2, \cdots)$$

即

$$x = (2k+1)\frac{\lambda}{4} \quad (k = 0, \pm 1, \pm 2, \cdots) \tag{11-7-10}$$

满足上式的质点，振幅为零，称为**波节**，如图 11-7-8 中的 $x_1$，$x_2$ 点。

由式(11-7-9)和式(11-7-10)可知，两相邻的波腹（或波节）之间的距离为半波长 $\frac{\lambda}{2}$，而波腹与相邻的波节之间的距离为 $\frac{\lambda}{4}$。

2) 驻波的位相

驻波表达式(11-7-8)中与时间有关的振动因子 $\cos\omega t$ 在相同时刻不会带来位相

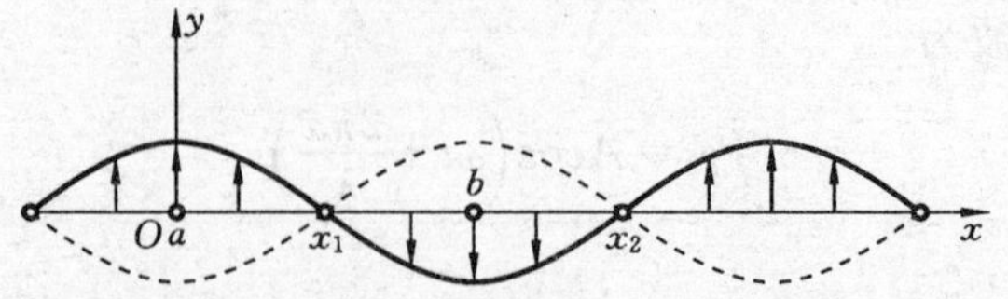


图 11-7-8　驻波的波腹波节及位相分布

的不同，但系数 $2A\cos\frac{2\pi x}{\lambda}$ 在 $x$ 值不同时是会有正有负的。把相邻两个波节之间的各点分为一段，如图 11-7-8 中的 $0\sim x_1$ 之间(或 $x_1\sim x_2$ 之间)，这两段的 $x$ 值范围分别为 $-\frac{\lambda}{4}<x<\frac{\lambda}{4}$，$\frac{\lambda}{4}<x<\frac{3\lambda}{4}$。由余弦函数的取值规律可知，其振幅中 $\cos\left(\frac{2\pi}{\lambda}x\right)$ 的值有相同的符号，而对于在波节两侧的点(如图 11-7-8 中点 $x_1$ 左、右两侧段内的点)，则符号相反。因此，**驻波中两相邻波节之间各点的振动位相相同，一波节两侧各点的振动位相相反。**

3) 驻波的能量

由于形成驻波的两列相干波的振幅相等、传播方向相反，因此它们的平均能流密度大小相等、方向相反，驻波的总平均能流密度为零，所以驻波不传播能量。

进一步的分析发现：当介质中除波节外各点的位移达到最大值时，其速度为零，即动能为零，而这时介质有最大的弹性形变，因此这时质点的全部能量为势能。由于在波腹附近的相对形变为零，所以势能为零；而在波节附近的相对形变最大，所以势能最大。因此，驻波的势能集中在波节附近。

而当驻波中所有质点同时达到平衡位置时，介质的形变为零，所以势能为零，即驻波的全部能量都是动能。这时在波节处质点的速度为零，动能为零；而在波腹处的质点的速度最大，动能最大。因此，驻波的动能集中在波腹附近。

因此，在整个振动过程中，驻波的动能和势能不断转换。在转换过程中，能量由波腹附近转移到波节附近，再由波节附近转移到波腹附近。波节始终不动，能量不能经它们向外传播，所以驻波在振动过程中没有能量的定向传播。

**3. 半波损失**

在实际中往往通过入射波和反射波的叠加来形成驻波。如图 11-7-7 所示，由于反射点是固定点，在该处形成驻波的一个波节，这说明入射波和反射波在反射点的位相相反，也可认为反射波与入射波之间有 $\pi$ 的位相突变。这等价于反射波多走(或少走)了半个波长的波程。这种现象称为**半波损失**。

入射波在两种介质的分界面上反射时是否会发生半波损失，取决于介质的密度 $\rho$ 与波速 $u$ 的乘积。$\rho u$ 较大的为波密介质，$\rho u$ 较小的为波疏介质。实验表明在波垂直入射的情况下，当波从波疏介质入射到波密介质时，反射波有半波损失；当波从波密介质入射到波疏介质时，反射波无半波损失。半波损失不仅存在于机械波反射中，也存在于电磁波反射中。

【例题 11-11】　一列沿 $x$ 轴正向传播的平面简谐波为 $y=A\cos(\omega t-kx)$，如图 11-7-9 所示，在距坐标原点 $O$ 为 $x_0=4\lambda$ 处被一垂直面反射，若反射点为固定端，求：(1) 反射波的波函数；(2) 驻波的波函数；(3) 原点 $O$ 到点 $x_0$ 之间的各个波节和波腹的位置。

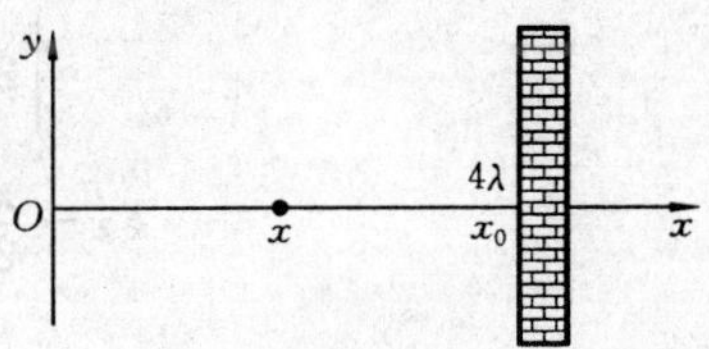


图 11-7-9　例题 11-11 图

解　(1) 解法一　根据入射波的波函数，并考虑反射面处的半波损失，得反射波在点 $x_0$ 处的振动表达式，即

$$y_1=A\cos[(\omega t-kx_0)+\pi]$$

则任意一点 $x$ 处反射波的波函数为

$$\begin{aligned}y_{\text{反}}&=A\cos[\omega(t-\Delta t)-kx_0+\pi]\\&=A\cos\left[\omega\left(t-\frac{x_0-x}{u}\right)-kx_0+\pi\right]\\&=A\cos(\omega t+kx-15\pi)\end{aligned}$$

即

$$y_{\text{反}}=A\cos(\omega t+kx-\pi)$$

解法二　入射波经反射后再回到任意点 $x$ 处，所需时间为

$$\Delta t=2\,\frac{x_0-x}{u}$$

得反射波的波函数为

$$\begin{aligned}y_{\text{反}}&=A\cos\left[\omega\left(t-2\,\frac{x_0-x}{u}\right)-kx+\pi\right]\\&=A\cos(\omega t-2kx_0+kx-\pi)\\&=A\cos(\omega t+kx-\pi)\end{aligned}$$

(2) 驻波的波函数为

$$\begin{aligned}y&=y_{\text{入}}+y_{\text{反}}\\&=A\cos(\omega t-kx)+A\cos(\omega t+kx-\pi)\\&=2A\cos\left(kx-\frac{\pi}{2}\right)\cos\left(\omega t-\frac{\pi}{2}\right)\end{aligned}$$

(3) 波节的位置应满足

$$2A\cos\left(kx-\frac{\pi}{2}\right)=0$$

即

$$x=\frac{n\pi}{k}=\frac{n\lambda}{2}\quad(n=0,1,2,\cdots,8)$$

亦即

$$x=0,\frac{\lambda}{2},\lambda,\cdots,4\lambda$$

波腹的位置应满足

$$\left|2A\cos\left(kx-\frac{\pi}{2}\right)\right|=2A$$

$$kx-\frac{\pi}{2}=n\pi \quad (n=0,1,2,\cdots,7)$$

即
$$x=\frac{(2n+1)}{k}\frac{\pi}{2}=(2n+1)\frac{\lambda}{4}$$

亦即
$$x=\frac{\lambda}{4},\frac{3\lambda}{4},\cdots,\frac{15}{4}\lambda$$

**4. 弦线上的驻波**

驻波现象有许多实际的应用。例如，将一根弦线两端拉紧固定，当拨动弦线时，弦线中产生来回传播的波，叠加后形成驻波。由于两端固定，所以固定端点必是波节，因此驻波的波长和弦长必须满足下列条件：

$$L=n\frac{\lambda}{2} \quad (n=1,2,\cdots)$$

若用 $\lambda_n$ 和 $\nu_n$ 表示与某一 $n$ 值对应的波长和频率，设弦线中的波速为 $u$，则

$$\lambda_n=\frac{2L}{n} \tag{11-7-11}$$

$$\nu_n=n\frac{u}{2L} \tag{11-7-12}$$

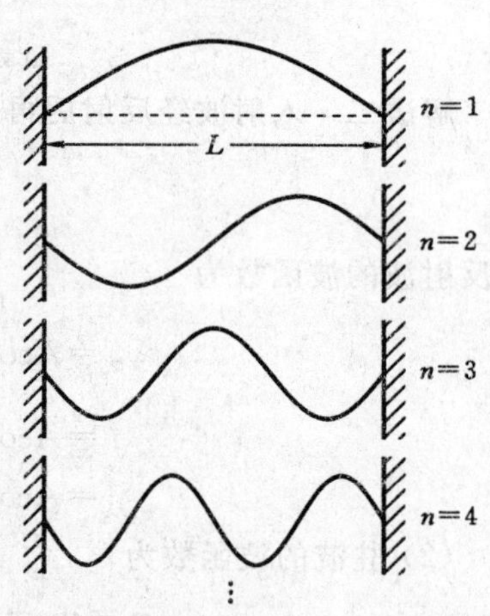

图 11-7-10　简正模式

也就是说，只有波长或频率满足上述条件才能在弦上形成驻波，其波长和频率值是不连续的，即是“量子化”的。

满足式(11-7-12)的频率称为弦振动的**本征频率**，各频率所对应的驻波称为**简正模式**(见图11-7-10)。其中，最低频率 $\nu_1$ 称为**基频**，其他较高的 $\nu_2$，$\nu_3$，…称为二次、三次、…**谐频**。简正模式所对应的频率反映了系统的固有频率特性，如果外界驱动源的频率与系统的某个简正模式的频率相同或相近，则系统将被激发，产生振幅很大的驻波，这种现象也称为共振。

## 第 8 节　多普勒效应

机械波的传播需要介质。在前面机械波的讨论中，隐含一个前提条件，即波源和接收器相对于介质都是静止的，所以波的频率和波源的频率相同，接收器收到的频率与波的频率相同，也与波源的频率相同。然而，实际中常会遇到波源或接收器相对于介质运动的情况，这时接收器接收到的频率和波源的振动频率不同。这种现象是由

多普勒(J. C. Doppler)在 1842 年首先发现的，称为**多普勒效应**。例如，高速行驶的火车汽笛的音调，在接近我们时听到的汽笛音调变高，远离我们时听到的音调变低，这种现象就是声波的多普勒效应。下面讨论这一效应的规律。

## 一、声波的多普勒效应

为了简单起见，假定波源和接收器在同一直线上运动。波源相对于介质的运动速度用 $v_S$ 表示，接收器相对于介质的运动速度用 $v_R$，波速用 $u$ 表示。波源的频率、接收器接收到的频率和波的频率分别用 $\nu_S$、$\nu_R$ 和 $\nu$ 表示。在这里，应特别注意区别三者的意义：波源的频率 $\nu_S$ 是波源在单位时间内振动的次数；接收器接收到的频率 $\nu_R$ 是接收器在单位时间内接收到的完整波的个数；波的频率 $\nu$ 是单位时间内通过介质某点的完整波的个数，它等于波速 $u$ 除以波长 $\lambda$。由于运动，这三个频率可能互不相同。下面分几种情况讨论。

**1. 波源和接收器都相对于介质静止**($v_S=0, v_R=0$)

若波源和接收器都相对于介质静止，则接收器在单位时间接收到的完整波的数目就应等于波源在单位时间发出的完整波的数目，即

$$\nu_R=\frac{u}{\lambda}=\nu_S \tag{11-8-1}$$

接收器收到的频率与波源振动的频率相等。

**2. 波源相对于介质不动，接收器以速度 $v_R$ 相对于介质运动**($v_S=0, v_R\neq 0$)

如图 11-8-1 所示，若接收器 $R$ 以速度 $v_R$ 向着静止的波源 $S$ 运动，接收器在单位时间内接收到的完整波的个数应等于分布在 $u+v_R$ 距离内波的数目，即

$$\nu_R=\frac{u+v_R}{\lambda}=\frac{u+v_R}{u/\nu}=\frac{u+v_R}{u}\nu$$

式中，$\nu$ 是波的频率。由于波源相对于介质静止，所以波的频率就等于波源的频率，因此有

$$\nu_R=\frac{u+v_R}{u}\nu_S \tag{11-8-2}$$

这表明，当接收器向着静止的波源运动时，接收到的频率大于波源的振动频率，是波源频率的 $1+\frac{v_R}{u}$ 倍。

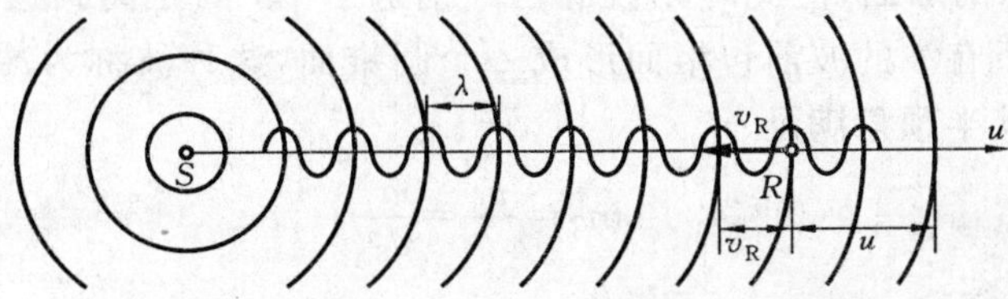


图 11-8-1　波源静止

当接收器是远离波源运动时,通过类似的分析,可得接收器接收到的频率为

$$\nu_R=\frac{u-v_R}{u}\nu_S \tag{11-8-3}$$

即此时接收到的频率低于波源的频率。当 $v_R=u$ 时,接收器所接收到的频率为零。即接收器与波相对静止时,接收的波数为零。

**3. 波源相对于介质以 $v_S$ 运动,接收器静止**($v_S\neq 0, v_R=0$)

因为波速 $u$ 与波源的运动无关,当波源运动时,其振动频率不变。但由于波源在运动,它所发出的两个同相振动状态是在不同地点发出的。如图 11-8-2 所示,如果波源 $S$ 是向着接收器 $R$ 运动的,经 $T_S$ 时间传播了一个完整的波形,同时波源位置由 $S$ 点运动到 $S'$ 点,$T_S$ 为波源的振动周期,$S$ 和 $S'$ 这两个地点相隔的距离为 $v_S T_S$。由于波源的运动,介质中的波长缩短了。若波源静止于介质中的波长为 $\lambda_0(\lambda_0=uT_S)$,则波源相对介质运动时,在介质中的波长为

$$\lambda=\lambda_0-v_S T_S=(u-v_S)T_S=\frac{u-v_S}{\nu_S}$$

相应的频率为

$$\nu=\frac{u}{\lambda}=\frac{u}{u-v_S}\nu_S$$

由于接收器静止,它接收到的频率就是波的频率,即

$$\nu_R=\frac{u}{u-v_S}\nu_S \tag{11-8-4}$$

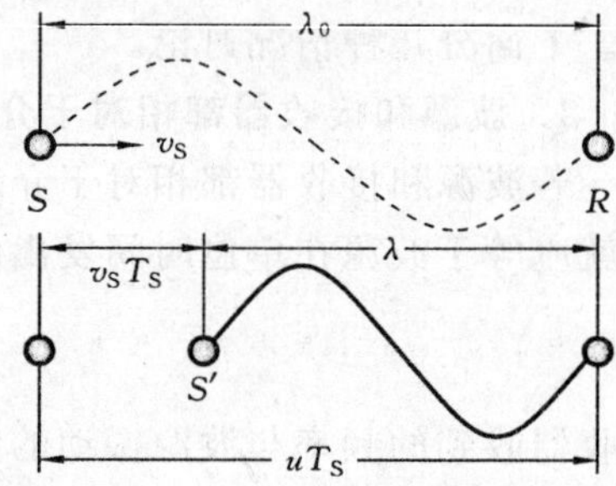


**图 11-8-2 波源运动的多普勒效应**

此时,接收器收到的频率大于波源的频率。

若波源远离接收器运动时,通过类似的分析,可得接收器接收到的频率为

$$\nu_R=\frac{u}{u+v_S}\nu_S \tag{11-8-5}$$

此时接收器接收到的频率低于波源的频率。

注意,当波源向着接收器运动时,若波源的速度 $v_S$ 超过波速 $u$,则式(11-8-4)的计算结果为一负值,失去意义。这时在任意时刻波源本身始终位于它所发出的波的前方,在波源前方不可能有任何波动产生,这就是**超波速运动**现象。

如图 11-8-3 所示,当 $t=0$ 时,波源经过点 $S_1$ 发出一个波,在其后 $t$ 时刻的波阵面为半径等于 $ut$ 的球面,但此时刻波源已经前进了 $v_S t$ 的距离到达点 $S$。在 $t$ 时段内,波源发出的所有波的波前包络面形成一个圆锥面,这种波称为**冲击波**,这个圆锥面称为**马赫锥**,其半顶角满足

$$\sin\alpha=\frac{ut}{v_S t}=\frac{u}{v_S} \tag{11-8-6}$$

$\frac{v_S}{u}$通常称为**马赫数**,$\alpha$ 称为**马赫角**。锥面就是受扰动的介质和未受扰动的介质的分界面,在两侧有着压强、密度和温度的突变。例如,飞机、炮弹等以超音速飞行时,都

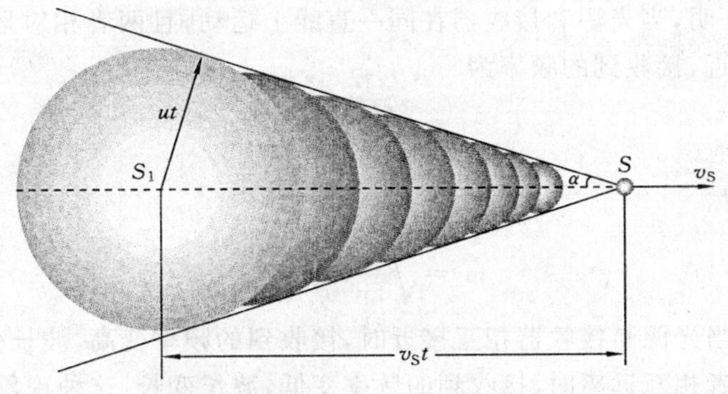


**图 11-8-3　马赫锥**

会在空气中激起冲击波。冲击波面到达的地方，空气压强突然增大。过强的冲击波可使掠过地区的物体遭到损坏(如使玻璃窗碎裂等)，这种现象称为**声暴**。

类似的现象在水波中也可以看到。当船的航速超过水面上的水波速度时，在水面上激起以船头为顶端的 V 形波，这种波称为**艏波**。

**4. 波源和接收器相对于介质同时运动**($v_S \neq 0, v_R \neq 0$)

综合 2、3 的结果，当波源和接收器相向运动时，接收器接收到的频率为

$$\nu_R = \frac{u + v_R}{u - v_S}\nu_S \tag{11-8-7}$$

当波源和接收器彼此离开时，接收器接收到的频率为

$$\nu_R = \frac{u - v_R}{u + v_S}\nu_S \tag{11-8-8}$$

**【例题 11-12】**　一静止波源向一飞机发射频率 $\nu_S = 30\ \text{kHz}$ 的超声波，飞机以速度 $v$ 远离波源运动。相对波源静止的观察者测得反射波的频率为 $\nu = 10\ \text{kHz}$。已知声速 $u = 340\ \text{m} \cdot \text{s}^{-1}$，求飞机的飞行速度 $v$。

**解**　飞机接收到的超声波频率为

$$\nu_{R1} = \frac{u - v}{u}\nu_S$$

飞机又作为"波源"反射出频率为 $\nu_{R1}$ 的波。观察者接收到此反射超声波的频率为

$$\nu_R = \frac{u}{u + v}\nu_{R1} = \frac{u - v}{u + v}\nu_S$$

解得

$$v = \frac{\nu_S - \nu_R}{\nu_S + \nu_R}u = \frac{30000 - 10000}{30000 + 10000} \times 340\ \text{m} \cdot \text{s}^{-1} = 170\ \text{m} \cdot \text{s}^{-1}$$

## 二、电磁波的多普勒效应

电磁波也有多普勒效应，但电磁波的传播不依赖于任何介质，因此接收的频率取决于光源和接收器的相对速度。电磁波以光速传播，涉及相对运动时必须考虑相对

论效应。可以证明,当光源和接收器在同一直线上运动,且两者相对运动的速率为 $v$ 时,两者相互接近,接收到的频率为

$$\nu_R=\sqrt{\frac{1+v/c}{1-v/c}}\nu_S \tag{11-8-9}$$

两者相互远离时,

$$\nu_R=\sqrt{\frac{1-v/c}{1+v/c}}\nu_S \tag{11-8-10}$$

由此可知,当光源与接收器相互接近时,接收到的频率变高,波长变短,这种现象称为**紫移**;当两者相互远离时,接收到的频率变低,波长变长,这种现象称为**红移**。通常把 $\Delta\nu=\nu_R-\nu_S$ 称为**多普勒频移**(Doppler shift)。

多普勒效应有着广泛的应用。例如,天文学家将来自遥远星系的光谱与地球上相同元素的光谱比较,发现星系光谱几乎都发生红移,由此推断这些星系正在远离地球向四面飞去,即在"退行"。这一观察结果支持了宇宙膨胀的理论。另外,多普勒效应在交通管理中可用于测量汽车的运动速度。测速仪所发出的波遇到运动的车辆而发生反射,反射波被测速仪接收。反射波会出现多普勒频移,频移量与车速有关,据此可以测出车速。用同样的技术还可测量出大气中气流的流速和人体的血液流速等。

## 第 9 节　电磁振荡与电磁波

从前面已知,机械振动在介质中传播而形成机械波。广义上除机械振动外,电磁学中的电量、电流等物理量在某个定值附近的周期变化也可称为振动(电磁振荡),它可由电磁振荡电路来产生,电磁振荡可形成电磁波。这种振动及传播,既具有振动和波的共性,又具有由于机理不同而呈现出的个性。本节仅对电磁振荡和电磁波作简略讨论。

### 一、电磁振荡

电路中电量和电流的周期性变化称为**电磁振荡**,产生电磁振荡的电路称为**振荡电路**。

**1. LC 电路——无阻尼振荡**

一个电容器和一个自感线圈串联而成的电路称为 LC **电路**(见图 11-9-1),这是最简单的电磁振荡电路。

1) 振荡过程

设最初电容器具有能量 $W_e$,如图 11-9-2(a)所示,电容器 $C$ 与自感线圈 $L$ 相连,合上 K 键,接通电路,这时电容器开始放电,由于自感作用,电路中电流将逐渐增大。当电容器放电完毕时,电路中的电

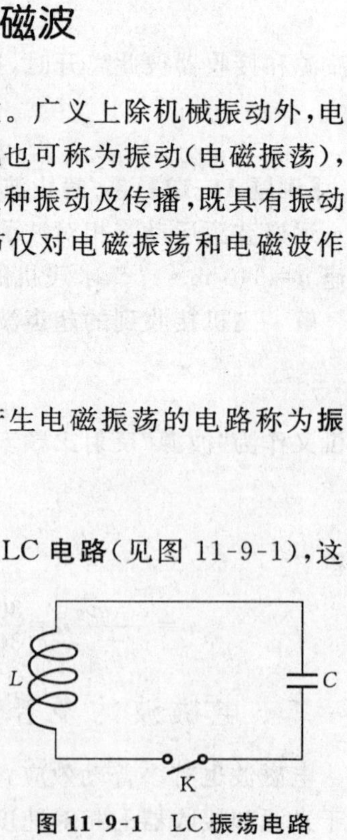

**图 11-9-1　LC 振荡电路**

流达到最大值，如图 11-9-2(b)所示，电容器能量为零，电能完全转换为磁能 $W_m$，储存在线圈 $L$ 中的磁场中。然后由于自感 $L$ 的作用，电容器反向充电，电路中电流逐渐减弱，如图 11-9-2(c)所示，当充电完毕，电流为零时，电容器极板上的电荷量达到最大值，此时磁场能量 $W_m$ 又完全转换为电场能量 $W_e$。电容器又开始放电，不过此时电流与前面所述方向相反，如图 11-9-2(d)所示，电场能量 $W_e$ 又转换成磁场能量 $W_m$。此后电容器再次被充电，回到它的初始状态，完成了一个振荡的周期。如果忽略电路中的电阻，那么这个电磁振荡将会一直持续下去——无阻尼振荡。

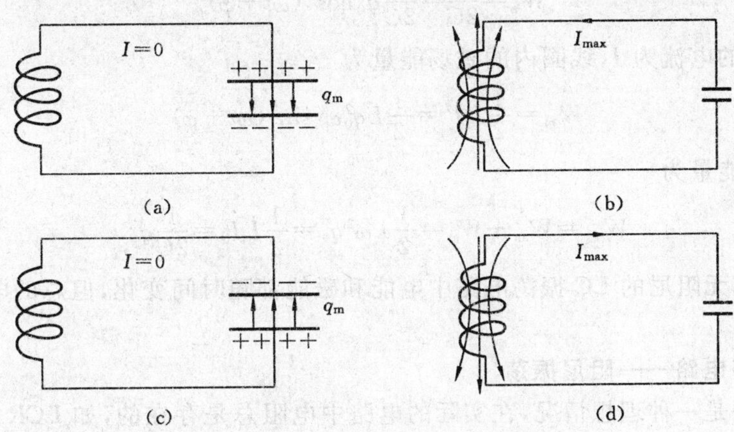


**图 11-9-2　电磁振荡过程示意图**

2) 振荡方程

设在某一时刻，电容器极板上的电荷量为 $q$，电路中的电流为 $I$，LC 电路中，任一时刻的自感电动势应与电容器任一时刻两极板间的电势差相等，即

$$-L\frac{\mathrm{d}I}{\mathrm{d}t}=\frac{q}{C}$$

将电流 $I=\frac{\mathrm{d}q}{\mathrm{d}t}$ 代入上式，可得

$$\frac{\mathrm{d}^2q}{\mathrm{d}t^2}=-\frac{1}{LC}q \tag{11-9-1}$$

令 $\omega^2=\frac{1}{LC}$，得

$$\frac{\mathrm{d}^2q}{\mathrm{d}t^2}+\omega^2q=0$$

这与谐振动的微分方程 $\frac{\mathrm{d}^2x}{\mathrm{d}t^2}+\omega^2x=0$ 完全相似，因此方程的解为

$$q=q_0\cos(\omega t+\varphi) \tag{11-9-2}$$

振荡回路中的电流为

$$I=\frac{\mathrm{d}q}{\mathrm{d}t}=-\omega q_0\sin(\omega t+\varphi)=I_0\cos\left(\omega t+\varphi+\frac{\pi}{2}\right) \tag{11-9-3}$$

式(11-9-2)和式(11-9-3)分别表示了 LC 电路中,电容器极板上的电荷量和回路中的电流都按谐振动的规律变化。式中,$q_0$ 为电容器极板上电荷量的最大值,称为电荷振幅;$I_0=\omega q_0$ 表示电流的最大值,称为电流振幅,$\omega$ 是振荡的角频率,即电路的固有频率。

3) LC 振荡电路的能量

任一时刻 $t$,电容器极板上的电荷量为 $q$,相应的电场能量为

$$W_e=\frac{q^2}{2C}=\frac{1}{2C}q_0^2\cos^2(\omega t+\varphi)$$

此时电路中的电流为 $I$,线圈内的磁场能量为

$$W_m=\frac{1}{2}LI^2=\frac{1}{2}Lq_0^2\omega^2\sin^2(\omega t+\varphi)$$

电路中的总能量为

$$W_{总}=W_m+W_e=\frac{1}{2}L\omega^2q_0^2=\frac{1}{2}LI_0^2=\frac{1}{2C}q_0^2 \tag{11-9-4}$$

上式说明:在无阻尼的 LC 振荡电路中电能和磁能都随时间变化,但总的电磁能量保持不变。

**2. LCR 电路——阻尼振荡**

LC 电路是一种理想情况,在实际的电路中电阻总是存在的,如 LCR 电路(见图 11-9-3),与第 3 节中有阻尼的机械振动进行类比,得

$$L\frac{dI}{dt}+IR+\frac{1}{C}q=0$$

整理得

$$\frac{d^2q}{dt^2}+\frac{R}{L}\frac{dq}{dt}+\frac{1}{LC}q=0 \tag{11-9-5}$$

即

$$\frac{d^2q}{dt^2}+2\beta\frac{dq}{dt}+\omega^2q=0 \tag{11-9-6}$$

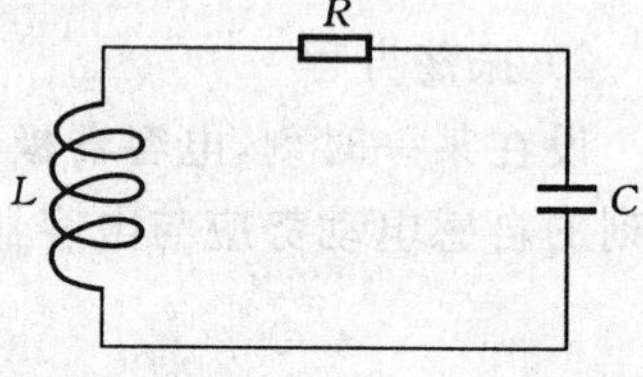


**图 11-9-3　LCR 电路**

式中,$\omega^2=\dfrac{1}{LC}$,$2\beta=\dfrac{R}{L}$。

1) 阻尼不大的情况

若 $\beta<\omega$,即 $R<2\sqrt{L/C}$,则式(11-9-6)的解为

$$q=q_0e^{-\beta t}\cos(\omega' t+\varphi')$$

式中,$\omega'=\sqrt{\omega^2-\beta^2}$。

2) 受迫振荡

若在电路中加入周期性的电动势 $\mathscr{E}$,即

$$\mathscr{E}=\mathscr{E}_0\cos\omega' t \tag{11-9-7}$$

则式(11-9-6)为

$$\frac{d^2q}{dt^2}+2\beta\frac{dq}{dt}+\omega^2q=\mathscr{E}_0'\cos\omega' t \tag{11-9-8}$$

在电路振荡达到稳定时，上式的解为

$$q=q_0\cos(\omega' t+\alpha)$$

有

$$I=I_0\sin(\omega' t+\alpha)$$

当电路满足条件

$$\omega'=\sqrt{\frac{1}{LC}} \tag{11-9-9}$$

即外加电动势的角频率与系统的固有角频率相等时，振荡电流将有最大振幅，产生电共振——谐振。

从以上的讨论可知，电磁振荡和机械振动的规律非常相似，所以用类比法可得到机械振动和电磁振荡对应的物理量，见表 11-9-1。

**表 11-9-1　弹簧振子振动与 LC 电磁振荡对应的物理量比较**

| 弹 簧 振 子 | LC 电路 |
|---|---|
| 位移：$x$ | 电荷：$q$ |
| 速度：$v$ | 电流：$I$ |
| 质量：$m$ | 电感：$L$ |
| 劲度系数：$k$ | 电容的倒数：$\frac{1}{C}$ |
| 阻力系数：$\gamma$ | 电阻：$R$ |
| 弹性势能：$\frac{1}{2}kx^2$ | 电场能量：$\frac{1}{2C}q^2$ |
| 振动动能：$\frac{1}{2}mv^2$ | 磁场能量：$\frac{1}{2}LI^2$ |

## 二、电磁波

### 1. 电磁波的辐射

LC 电路能够产生电磁振荡，但不能作为一个有效的电磁波发射源。原因是：

(1) 电场和磁场的能量局限于电容器和电感线圈元件，辐射能力很低；

(2) 电磁波的辐射强度与波源振荡频率 $\omega$ 的四次方成正比，而一般振荡电路中的 $L$ 值和 $C$ 值都较大，所以回路的振荡频率较低。

因此，要将振荡电路中的电磁波有效地发射出去，必须减小电路中的自感 $L$ 和电容器的电容量 $C$，并让电路开放。

如果拉开电容器极板间的距离使之增大，同时把线圈放开拉直成一根直线（就是我们熟知的天线），如图 11-9-4 所示，这样开放了电路，使电场磁场布散在周围空间，并且减小了 $L$ 和 $C$，提高了电路的振荡频率，成为一个有效的电磁波发射源，能够辐射电磁波,并向四周传播。电流在天线内往复振荡,天线两端出现正负交替的等量异号电荷,形成振荡偶极子。

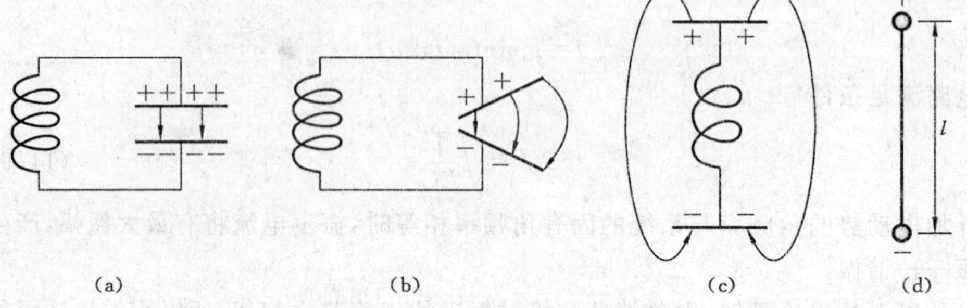


**图 11-9-4　天线的形成**

当电偶极子振荡时,电场线会脱离偶极子而形成闭合回线,这些闭合回线以一定的速率向空间传播。同时变化的电场所激发磁场的磁场线也是闭合回线,且以与电场线相同的速率向空间传播,两者相互正交,其传播形成了电磁辐射。

**2. 平面电磁波**

1) 波动方程

振荡偶极子所发射的电场和磁场的波动方程可以由求解麦克斯韦方程组得到(参见第 8 章第 5 节)。如图 11-9-5 所示,以偶极子的取向为极轴,球面上任意一点 $P$ 的位置矢量 $\boldsymbol{r}$ 的方向为电磁波的传播方向,其与极轴的夹角为 $\theta$,则电场和磁场的波动表达式分别为

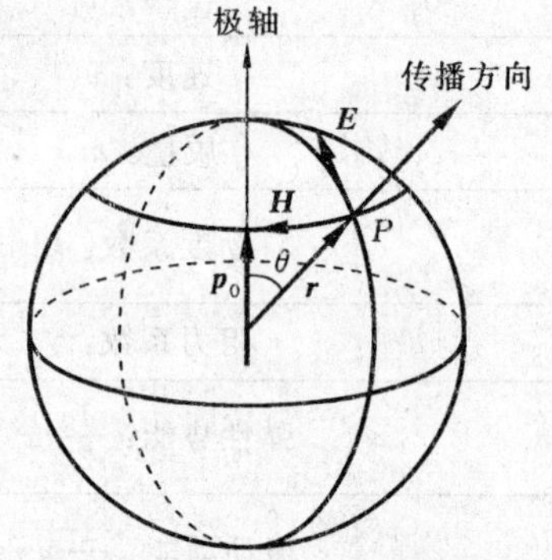


**图 11-9-5　振荡偶极子发射的电磁波示意图**

$$E(r,t)=\frac{\omega^2\mu p_0\sin\theta}{4\pi r}\cos\omega\left(t-\frac{r}{u}\right) \quad (11\text{-}9\text{-}10)$$

$$H(r,t)=\frac{\omega^2 p_0\sin\theta}{4\pi r u}\cos\omega\left(t-\frac{r}{u}\right) \quad (11\text{-}9\text{-}11)$$

式中,$u$ 为电磁波的传播速度,$\omega$ 为振荡偶极子的振荡角频率,电场 $\boldsymbol{E}$ 和磁场 $\boldsymbol{H}$ 相互垂直,$\boldsymbol{E}$、$\boldsymbol{H}$、$\boldsymbol{r}$ 三者成右手螺旋关系。上式表明:在垂直于偶极子方向辐射最强,而沿偶极子方向没有辐射。

由于接收电磁波总在距振荡偶极子较远处的一个局部范围内,若 $\theta$ 和 $r$ 的改变量很小,由式(11-9-10)和式(11-9-11)可知波振幅不变,因此观察到的电磁波波面是平面,从而可把电磁波看成平面波。假设 $\boldsymbol{E}$ 沿 $y$ 轴方向振动,$\boldsymbol{H}$ 沿 $z$ 轴方向振动,电磁波沿 $x$ 轴方向传播,则一维平面电磁波的波动方程(参见式(8-5-15)和式(8-5-16))为

$$\frac{\partial^2 E_y}{\partial x^2}=\frac{1}{u^2}\frac{\partial^2 E_y}{\partial t^2}$$

$$\frac{\partial^2 H_z}{\partial x^2}=\frac{1}{u^2}\frac{\partial^2 H_z}{\partial t^2}$$

而波动方程的解，即一维平面电磁波的波动表达式为

$$E=E_0\cos\omega\left(t-\frac{x}{u}\right) \tag{11-9-12}$$

$$H=H_0\cos\omega\left(t-\frac{x}{u}\right) \tag{11-9-13}$$

其波动示意图如图 11-9-6 所示。

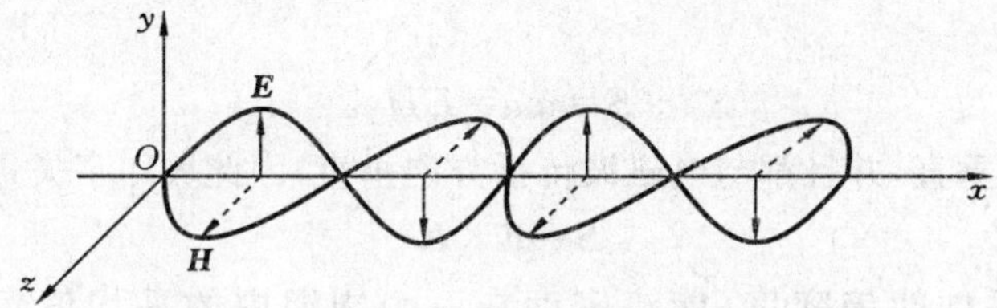


图 11-9-6　平面电磁波

2）电磁波的性质

(1) $\boldsymbol{E}$ 和 $\boldsymbol{H}$ 相互垂直，并且都与传播方向垂直，所以电磁波是横波。$\boldsymbol{E}\times\boldsymbol{H}$ 的方向就是波速 $\boldsymbol{u}$ 的方向。

(2) 从电磁波的波动表达式可看到，$\boldsymbol{E}$ 和 $\boldsymbol{H}$ 有相同的频率，且位相相同。在传播方向任一点处，$\boldsymbol{E}$ 和 $\boldsymbol{H}$ 满足如下关系：

$$\sqrt{\varepsilon}\boldsymbol{E}=\sqrt{\mu}\boldsymbol{H} \tag{11-9-14}$$

(3) 电磁波的波动方程中给出电磁波的传播速度为

$$u=\frac{1}{\sqrt{\varepsilon\mu}} \tag{11-9-15}$$

即电磁波的传播速度 $u$ 仅取决于介质的介电常数和磁导率。

真空中传播的电磁波的波速为

$$c=\frac{1}{\sqrt{\varepsilon_0\mu_0}}=2.9979\times10^8\ \text{m/s}$$

在真空中电磁波的波速等于真空中的光速，光波是一种电磁波。

电磁波的波长由下式决定

$$\lambda=uT=\frac{u}{\nu}$$

3）电磁波的能量

电场和磁场具有能量，电磁波的传播必然伴随着电磁能量的传递，这是电磁波的主要性质之一。

在电磁学中已经求得电场和磁场的能量密度分别为

$$w_e=\frac{1}{2}\varepsilon E^2,\quad w_m=\frac{1}{2}\mu H^2$$

总的能量密度为

$$w=w_e+w_m=\frac{1}{2}(\varepsilon E^2+\mu H^2) \tag{11-9-16}$$

由式(11-9-14)可得

$$w=\varepsilon E^2=\mu H^2=\sqrt{\varepsilon\mu}EH=\frac{1}{u}EH$$

电磁波的能流密度又称为**坡印亭矢量**,用 $\boldsymbol{S}$ 表示,其方向沿电磁波传播方向,大小为

$$S=wu=EH$$

因为 $\boldsymbol{E}$ 和 $\boldsymbol{H}$ 相互垂直,并且都与电磁波传播方向垂直,因此坡印亭矢量 $\boldsymbol{S}$ 可以表示为

$$\boldsymbol{S}=\boldsymbol{E}\times\boldsymbol{H} \tag{11-9-17}$$

与机械波类似,**平均能流密度**(能流密度在一个周期内的平均值)称为**波强**(见式(11-5-17)),所以电磁波的波强为

$$S=\frac{1}{2}E_0H_0$$

式中,$E_0$ 和 $H_0$ 分别为电场强度和磁场强度的最大值。

## 习　题

**11-1**　试证明:当一个水平截面上下相等且均匀的物体被置于密度比它大的液体中,并沿竖直方向自由振动时,做的是简谐振动。问它的振动周期是多少?

**11-2**　在球形碗中有一能在碗的底部自由滑动的物体,如球形碗的半径为 1 m,试求出物体做微小振动的周期,与它等效的摆长是多少?

**11-3**　使某一刚体可以绕通过它的某一水平轴在竖直平面内摆动,这样的刚体称为复摆。设从水平轴到质心的距离为 $d$,刚体的质量为 $m$,绕水平轴的转动惯量为 $J$。试证明:对于小的角位移,复摆做谐振动,其周期 $T=2\pi\sqrt{J/(mgd)}$。

**11-4**　在一个电量为 $Q$、半径为 $R$ 的均匀带电球中,沿某一直径挖一条隧道,另有一质量为 $m$、电量为 $-q$ 的微粒在这个隧道中运动。试证明该微粒的运动是简谐振动,并求出振动周期(假设均匀带电球体的介电常数为 $\varepsilon_0$)。

**11-5**　如将氢原子中的电子云视为均匀分布在半径为 $a_0=0.053$ nm 的球体内,质子则处于球体的中心。证明:质子稍微偏离中心后引起的微小振动是简谐振动,并求其频率。将已知常数值代入求出频率的值并与氢光谱的最大频率 $3.8\times10^{15}$ Hz 相比较。

**11-6**　劲度系数分别为 $k_1$ 与 $k_2$ 的两根轻质弹簧,分别按如图所示的方式连接(振动体与水平面之间是光滑的)。试证明图中各个振动系统皆为谐振动,并求出它们的谐振频率。

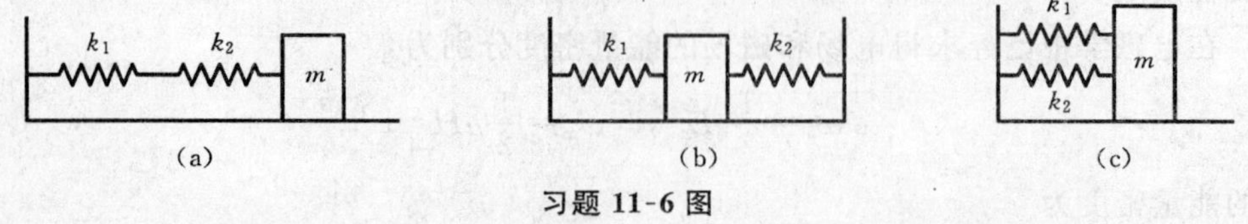


**习题 11-6 图**

**11-7**　如图所示，在水平光滑桌面上用轻弹簧连接两个质量均为0.05 kg的小球，弹簧的劲度系数为$1\times10^3$ N/m。如沿弹簧轴线沿相反方向拉开两球后再释放，求此后两球振动的频率。

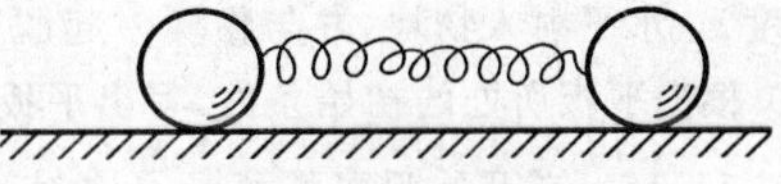

习题11-7图

**11-8**　两根劲度系数分别为$k_1$和$k_2$的轻弹簧与质量为$m$的物体组成如图所示的振动系统，当物体被拉离平衡位置而释放时，证明物体做的是谐振动，并求出谐振动的周期。（设两弹簧的质量忽略不计）

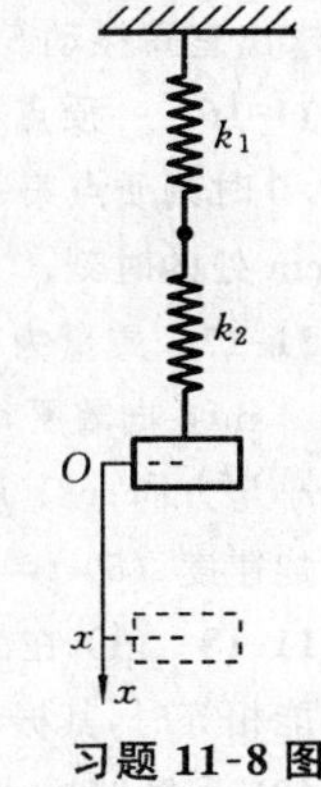


习题11-8图

**11-9**　一物体置于一水平木板上，如木板以2 Hz的频率做水平简谐运动，物体和木板间的静摩擦系数为0.5。试问：要物体不沿木板表面滑动，木板最大振幅应为多大？

**11-10**　一质点的$a_{\max}=4.93\times10^{-1}$ m/s$^2$，$\nu=0.5$ Hz，初始位移为$-25$ mm。当质点从初始位置出发沿$x$轴负方向运动时，写出谐振动的位移表示式。

**11-11**　一个谐振动的$x$-$t$曲线如图所示。(1) 写出此振动的位移表示式；(2) 求出$t=10.0$ s时的$x$、$v$、$a$的值，并说明此刻它们各自的方向。

**11-12**　一物体竖直悬挂在劲度系数为$k$的弹簧上做简谐振动。设振幅$A=0.24$ m，周期$T=4.0$ s，开始时在平衡位置下方0.12 m处向上运动。求：(1) 物体振动的位移方程表示式；(2) 物体由初始位置运动到平衡位置上方0.12 m处所需的最短时间；(3) 物体在平衡位置上方0.12 m处所受到的合外力的大小及方向。（设物体的质量为1.0 kg）

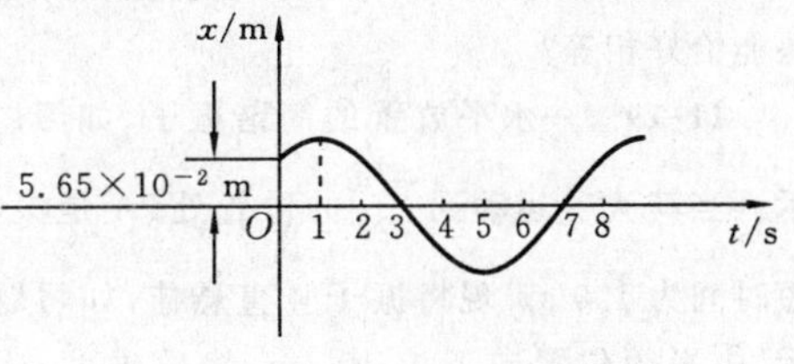


习题11-11图

**11-13**　如图所示，有一轻质弹簧，其劲度系数$k=500$ N/m，上端固定，下端悬挂一质量$M=4.0$ kg的物体$A$。在物体$A$的正下方$h=0.6$ m处，以初速度$v_{01}=4.0$ m/s向上抛出一质量$m=1.0$ kg的油灰团$B$，击中$A$并附着于$A$上。试：(1) 证明$A$与$B$做简谐振动；(2) 写出它们共同做简谐振动的位移表示式；(3) 求弹簧所受的最大拉力是多少？（假设$g=10$ m/s$^2$，弹簧未挂重物时，其下端端点位于$O'$点）

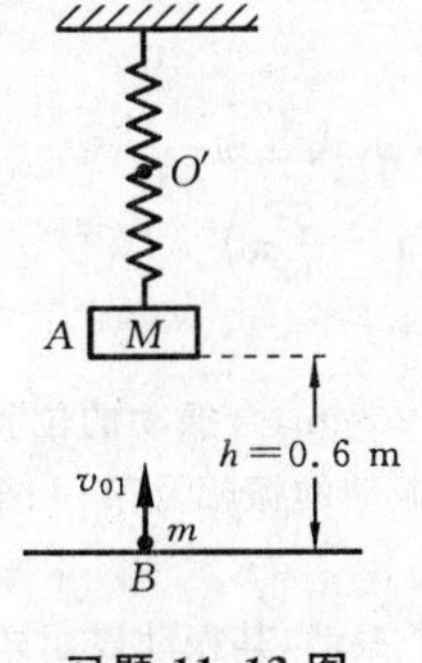


习题11-13图

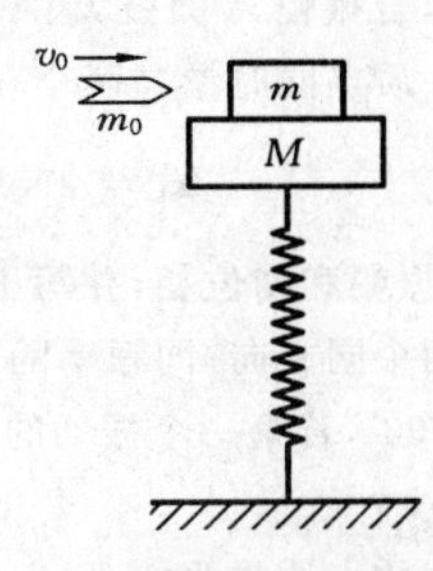


习题11-14图

**11-14**　如图所示，有一劲度系数为$k$的轻质弹簧竖直放置，一端固定在水平面上，另一端连接一质量为$M$的光滑平板，平板上又放置一质量为$m$的光滑小物块。今有一质量为$m_0$的子弹以

速度 $v_0$ 水平射入物块,并与物块一起脱离平板。(1) 证明物块脱离平板后,平板将做简谐振动;(2) 根据平板所处的初始条件,写出平板的谐振位移表示式。

**11-15** 在开始观察弹簧振子时,它正振动到负位移一边的 1/2 振幅处,此时它的速度为 $2\sqrt{3}$ m/s,并指向平衡位置,加速度的大小为 $2.00\times10\ \text{m/s}^2$。(1) 写出这个振子的振动位移表示式;(2) 求出它每振动 5 s,首尾两时刻的位相差。

**11-16** 一质点在 $x$ 轴上做谐振动,振幅 $A=4$ cm,周期 $T=2$ s,其平衡位置取作为坐标原点,若 $t=0$ 时刻质点第一次通过 $x=-2$ cm 处,且向 $x$ 轴正方向运动,试求该质点第二次通过 $x=-2$ cm 处的时刻。

**11-17** 质量为 10 g 的小球做谐振动,其中 $A=0.24$ m,$\nu=0.25$ Hz。当 $t=0$ 时,初位移为 $1.2\times10^{-1}$ m 并向着平衡位置运动。求:(1) $t=0.5$ s 时,小球的位置;(2) $t=0.5$ s 时,小球所受的力的大小与方向;(3) 从起始位置到 $x=-12$ cm 处所需的最短时间;(4) 在 $x=-12$ cm 处小球的速度与加速度;(5) $t=4$ s 时的 $E_k$、$E_p$ 及系统的总能量。

**11-18** (1) 在简谐振动中,当位移等于振幅一半时,总能量中的动能、势能各是多少?当动能与势能相等时,其振动位移是多少?

(2) 当简谐振动的周期为 $T$、初位相为零时,振动进行到什么时刻,这个谐振动系统的动能与势能恰好相等?

**11-19** 一水平放置的简谐振子,如习题 11-19 图(a)所示。当其从 $\dfrac{A}{2}$ 运动到 $\dfrac{-A}{2}$ 的位置处($A$ 是振幅)时,需要的最短时间为 1.0 s。现将振子竖直悬挂,如习题 11-19 图(b)所示,由平衡位置向下拉 10 cm,然后放手,让其做简谐振动。已知 $m=5.0$ kg,以向上方向为 $x$ 轴正方向,$t=0$ 时,$m$ 处于平衡位置下方且向 $x$ 轴负方向运动,其势能为总能量的 0.25 倍,试求:(1) 振动的周期、角频率、振幅;(2) $t=0$ 时,振子的位置、速度和加速度;(3) $t=0$ 时,振动系统的势能、动能和总能量;(4) 振动的位移表示式。

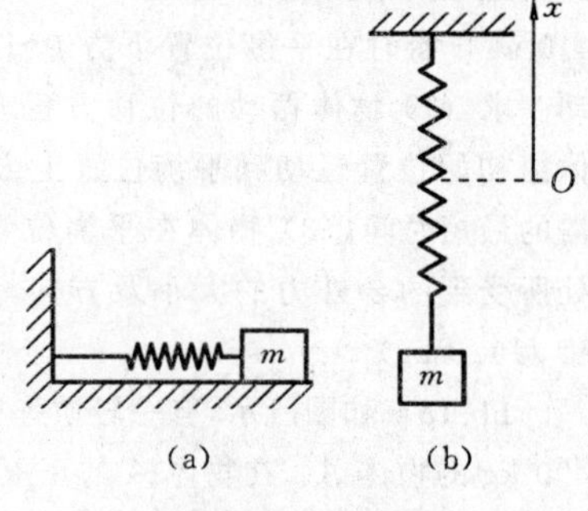


习题 11-19 图

**11-20** 同方向振动的两个谐振动,它们的运动规律为

$$x_1=5.00\times10^{-2}\cos\left(10t+\frac{3}{4}\pi\right)\ (\text{m}),\quad x_2=6.00\times10^{-2}\sin(10t+\varphi)\ (\text{m})$$

问 $\varphi$ 为何值时,合振幅 $A$ 为极大、$A$ 为极小?

**11-21** 一质点同时参与两个在同一直线上的谐振动,其表示式各为

$$x_1=4\cos\left(2t+\frac{\pi}{6}\right),\quad x_2=3\cos\left(2t-\frac{5}{6}\pi\right)$$

求其合振动的振幅和初位相,并写出合振动的位移方程。

**11-22** 两个同方向、同频率的谐振动,其合振动的振幅为 20 cm,合振动的位相与第一个振动的位相之差为 30°,若第一个振动的振幅为 17.3 cm,求第二个振动的振幅及第一、第二两个振动的位相差各是多少?

**11-23** 一质点质量为 0.1 kg,它同时参与互相垂直的两个振动,其振动表示式分别为

$$x=0.06\cos\left(\frac{\pi}{3}t+\frac{\pi}{3}\right),\quad y=0.03\cos\left(\frac{\pi}{3}t-\frac{\pi}{3}\right)$$

试写出质点运动的轨迹方程,画出图形,并指明是左旋还是右旋。

**11-24**　楼内空调用的鼓风机如果安装在楼板上，工作时它就会使楼房产生震动。为了减小这种震动，可以把鼓风机安装在有4个弹簧支撑的底座上。经验指出，驱动频率为振动系统固有频率的5倍时，可减震90%以上。如鼓风机和底座的总质量为576 kg，鼓风机轴的转速为1800 r/min(转/分钟)，按5倍计算，所用的每个弹簧的劲度系数应多大？

**11-25**　一台大座钟的摆长为0.994 m，摆锤质量为1.2 kg。(1) 当摆自由摆动时，在15.0 min内振幅减小一半，此摆的阻尼系数为多大？(2) 要维持此摆的振幅为8°不变，需要以多大功率向摆输入机械能。

**11-26**　试在相空间中作出弹簧振子自由振动、阻尼振动的相图。

**11-27**　一余弦波沿着一弦线行进，弦线上某点从最大位移到零位移的时间是0.17 s，试问：(1) 周期与频率各为多少？(2) 如波长是1.4 m，波速多大？

**11-28**　一波的频率为500 Hz，而传播速度为350 m/s。试问：(1) 位相差为60°的两点相距多远？(2) 在某一点处，前后相隔$10^{-3}$ s出现的两个位移之间的位相相差多大？

**11-29**　一沿很长弦线行进的横波的方程由$y=6\cos(0.02\pi x+4\pi t)$表示，其中$x$、$y$的单位为cm，$t$的单位为s。试求：(1) 振幅；(2) 波长；(3) 频率；(4) 波的速率；(5) 波的传播方向；(6) 弦线上质点的最大横向速率。

**11-30**　一沿$x$轴正向传播的波，波速为2 m/s，原点的振动方程为$y=0.6\cos\pi t$。求：(1) 该波的波长；(2) 波的表示式；(3) 同一质点在1 s末与2 s末的位相差；(4) 如有$A$、$B$两点，其$x$轴上坐标分别为1 m和1.5 m，在同一时刻，$A$、$B$两点的位相差是多少？

**11-31**　一波源位于$x=-1$ m处，它的振动方程为$y=5\times10^{-4}\cos(6\,000\,t-1.2)$ (m)，设该波源产生的波无吸收地分别向$x$轴正向和负向传播，波速为300 m/s。试分别写出上述正向波和负向波的表示式。

**11-32**　已知一平面简谐波的波动表示式为

$$y=4\cos\left(2\pi x+6\pi t+\frac{\pi}{2}\right)$$

式中，$x$、$y$以cm为单位，$t$以s为单位。(1) 求振幅、波长、周期、频率和波速；(2) 画出$t_1=\dfrac{T}{4}$时刻及$t_2=\dfrac{3T}{4}$时刻的波形曲线。

**11-33**　如图所示的为$t=0$时刻的波形。求：(1) $O$点振动的位移表示式；(2) 此波在任一时刻的波动表示式；(3) $P$点的振动方程；(4) $t=0$时刻，$A$、$B$两点之质点的振动方向(要在图上标出来)。

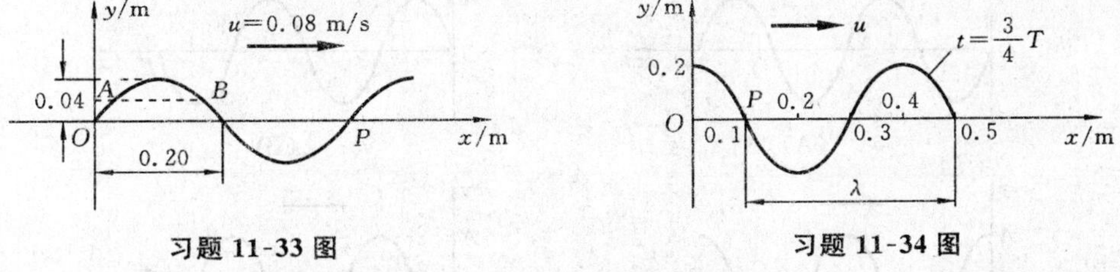


习题11-33图　　习题11-34图

**11-34**　一平面余弦波在$t=\dfrac{3}{4}T$时刻的波形曲线如图所示。该波以$u=36$ m/s的速度沿$x$轴正方向传播。(1) 求出$t=0$时刻，$O$点与$P$点的初位相；(2) 写出$t=0$时刻，以$O$点为坐标原点的波动表示式。

**11-35**　一平面波在媒质中以速度 $u=20$ m/s沿 $x$ 轴正方向传播,如图所示。已知在传播路径上某点 $A$ 的振动方程为 $y_A=3\cos(4\pi t)$,若以 $B$ 为坐标原点,写出该波的波动表示式。

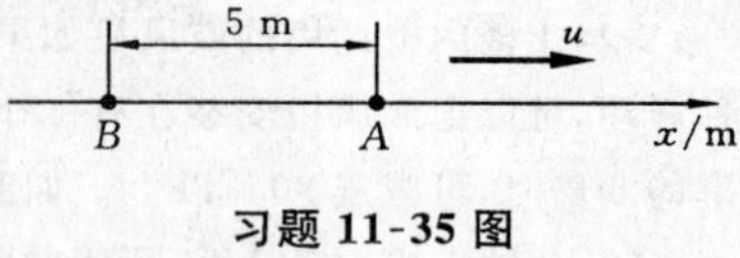

习题 11-35 图

**11-36**　假设在一根弦线中传播的简谐波为

$$y=A\cos(kx-\omega t)$$

式中,$k=\frac{\omega}{u}$称为波数。(1) 写出弦线中能量密度与能流密度表示式;(2) 写出平均能量密度与平均能流密度(波强)的表示式。

**11-37**　在直径为0.14 m的圆柱形管内,有一波强为 $9.00\times10^{-3}$ J/(s·m$^2$)的空气余弦式平面波以波速 $u=300$ m/s沿柱轴方向传播,其频率为300 Hz。求:(1) 平均能量密度及能量密度的最大值;(2) 相邻的两个同位相面的波阵面内的体积中的能量。

**11-38**　一波源的辐射功率为 $1.00\times10^4$ W,它向无吸收、均匀、各向同性介质中发射球面波。若波速 $u=3.00\times10^8$ m/s,试求离波源400 km处(1) 波的强度;(2) 平均能量密度。

**11-39**　一个声音向各方向均匀地发射总功率为10 W的声波,求距离声源多远处,声强级为100 dB。

**11-40**　设正常谈话的声强 $I=1.0\times10^{-6}$ W·m$^{-2}$,响雷的声强 $I'=0.1$ W·m$^{-2}$,它们的声强级各是多少?

**11-41**　在地壳中地震纵波的传播速率大于地震横波的传播速率。如纵波的传播速率为5.5 km·s$^{-1}$,横波传播速率为3.5 km·s$^{-1}$,在 $A$ 处发生地震,$B$ 处收到横波信号较收到纵波信号迟5 min,试求接收处与地震处的距离。

**11-42**　如图所示的为一向右传播的简谐波在 $t$ 时刻的波形图,$BC$ 为波密介质的反射面,波由 $P$ 点反射,则反射波在 $t$ 时刻的波形图为(　　)。

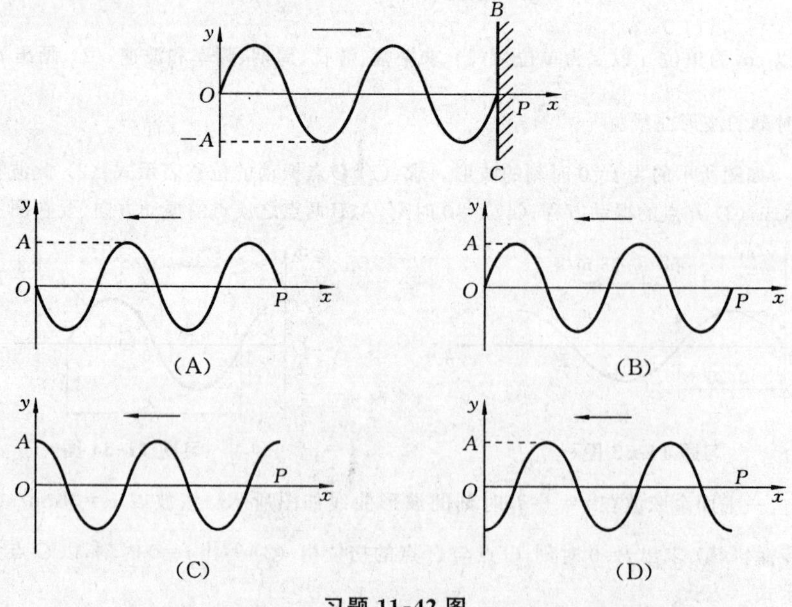

习题 11-42 图

**11-43**　两相干波源的振动方程分别为 $y_1=10^{-4}\cos 10\pi t$ (m)和 $y_2=10^{-4}\cos 10\pi t$ (m)，$P$ 点到两波源的距离分别为 4 cm 和 10 cm。(1) 在下列条件下求 $P$ 点的合振幅：波长为 4 cm 和波长为 0.6 cm；(2)求 $P$ 点合成振动的初位相。

**11-44**　$S_1$ 与 $S_2$ 是振幅相等的两个相干波源，它们相距 $\frac{\lambda}{4}$，如果波源 $S_1$ 的位相比波源 $S_2$ 的位相超前 $\frac{\pi}{2}$。求：(1) $S_1$、$S_2$ 连线上在 $S_1$ 外侧各点的合成波强度；(2) $S_1$、$S_2$ 连线上在 $S_2$ 外侧各点的合成波强度。

**11-45**　如图所示，地面上有一波源 $S$ 与一高频率波探测器 $D$ 之间的距离为 $d$，从 $S$ 直接发出的波与从 $S$ 发出经高度为 $H$ 的水平层反射后的波，在 $D$ 处加强，反射线和入射线与水平层所成的角度相同。当水平层升高 $h$ 距离时，在 $D$ 处第一次未测到信号。不考虑大气的吸收，试求这个波的波长 $\lambda$ 的表示式。

**11-46**　如图所示，在同一媒质中有两列振幅均为 $A$，角频率均为 $\omega$，波长均为 $\lambda$ 的相干平面余弦波，沿同一直线相向传播。第一列波由右向左传播，它在 $Q$ 点引起的振动为 $y_Q=A\cos\omega t$；第二列波由左向右传播，它在 $O$ 点($x$ 坐标的原点)引起振动的位相比同一时刻第一列波在 $Q$ 点引起的振动的位相超前 $\pi$。$O$ 点与 $Q$ 点之间的距离为 $l=1$ m，(1) 求 $O$ 与 $Q$ 之间任一点 $P$ 的合振动的表示式；(2) 若波的频率 $\nu=400$ Hz，波速 $u=400$ m/s，求 $O$ 点与 $Q$ 点之间(包括 $O$、$Q$ 点在内)因干涉而静止的点的位置。

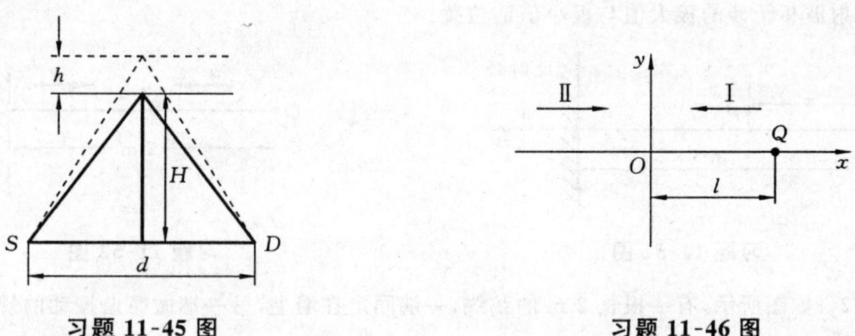


习题 11-45 图　　习题 11-46 图

**11-47**　如图所示，它是一种声波干涉仪。声波从入口处 $E$ 进入仪器，分 $B$、$C$ 两路在管中传播至喇叭口 $A$ 会合传出去。弯管 $C$ 可以伸缩，当它逐渐伸长时，从喇叭口发出的声音周期性地增强或减弱。设 $C$ 管每伸长 8 cm，声音减弱一次，求此声音的频率(设空气中的声速为 340 m/s)。

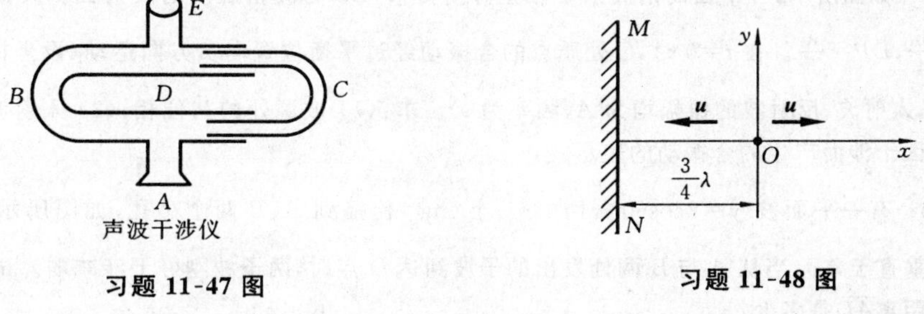


习题 11-47 图　　习题 11-48 图

**11-48**　在 $x$ 轴的原点 $O$ 有一波源，其振动方程为 $y=A\cos\omega t$，波源发出的简谐波沿 $x$ 轴的正、负两个方向传播。如图所示，在 $x$ 轴负方向距离原点 $O$ $\frac{3\lambda}{4}$ 的位置有一块由波密媒质做成的反射面

$MN$,试求:(1) 由波源向反射面发出的行波波动表示式和沿 $x$ 轴正方向传播的行波表示式;(2) 反射波的行波波动表示式;(3) 在 $MN$-$yO$ 区域内,人射行波与反射行波叠加后的波动表示式,并讨论它们干涉的情况;(4) 在 $x>0$ 区域内,波源发出的行波与反射行波叠加后的波动表示式,并讨论它们干涉的情况。

**11-49** 有两列波在一很长的弦线上传播,其波动表示式分别为

$$y_1=6.0\cos\frac{\pi}{2}(0.020x-8.0t),\quad y_2=6.0\cos\frac{\pi}{2}(0.020x+8.0t)$$

$x$、$y$ 的单位为 cm,$t$ 的单位为 s。(1) 求各波的频率、波长、波速;(2) 求波腹与波节的位置分别在什么位置。

**11-50** 一弦线按下述方程振动

$$y=0.5\cos\frac{\pi x}{3}\cos 40\pi t$$

式中,$x$、$y$ 的单位为 m,$t$ 的单位为 s。问:(1) 振幅与速度各为多大的两波叠加才能产生上述振动?(2) 相邻两波节间的距离为多大?(3) 在 $x=0.03$ m 处,当 $t=\frac{9}{8}$ s 时,弦线上的质点速度为多大?

**11-51** 在坐标原点 $O$ 处有一波源,其振动方程为 $y=A\cos\omega t$。由波源发出的平面波沿 $x$ 轴的正方向传播,在距波源 $d$ 处有一反射平面将波反射(反射时无半波损失),如图所示。求:(1) 在波源 $O$ 与反射面之间的连线上任一点的反射波的表示式;(2) 在波源 $O$ 与反射面之间的连线上,入射波与反射波相干涉的极大值与极小值的位置。

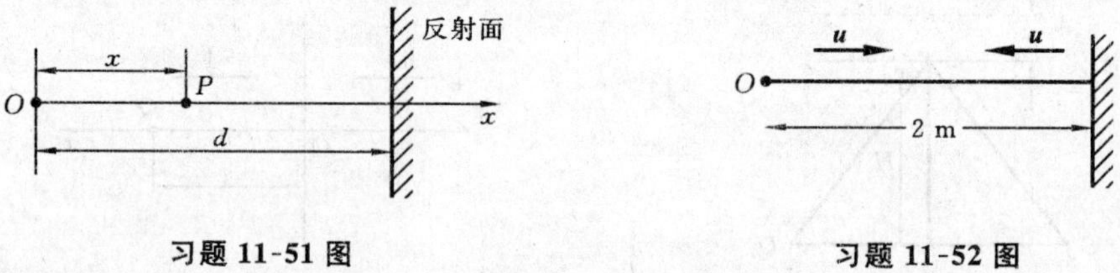


习题 11-51 图　　习题 11-52 图

**11-52** 如图所示,有一根长 2 m 的弦线,一端固定在墙上,另一端做简谐振动的规律为

$$y=0.5\cos\left(2\pi t+\frac{\pi}{2}\right)\ (\mathrm{m})$$

这个振动状态沿弦线传播,传到墙壁形成反射波。分别写出(1) 入射波与反射波的波动表示式(假设波长 $\lambda=0.5$ m);(2) 驻波方程表示式;(3) 波节与波腹的位置。

**11-53** 如图所示,一平面简谐波沿 $x$ 轴正方向传播,$BC$ 为波密媒质的反射面。波由 $P$ 点反射,$OP=\frac{3\lambda}{4}$,$DP=\frac{\lambda}{6}$。在 $t=0$ 时,$O$ 处质点的合振动经过平衡位置向负方向运动(设坐标原点在波源 $O$ 处,入射波、反射波的振幅均为 $A$,频率为 $\nu$)。求:(1) 波源处的初位相;(2) 入射波与反射波在 $D$ 点因干涉而产生的合振动的表示式。

**11-54** 有一平面波 $y=2\cos 600\pi\left(t-\frac{x}{330}\right)$ (m),传播到 $A$、$B$ 两个小孔,如图所示。$\overline{AB}=1$ m,$AD$ 垂直于 $AB$,当从 $A$ 与 $B$ 两处发出的子波到达 $D$ 点时,两子波刚好干涉减弱。试求 $D$ 点离 $A$ 点的距离 $\overline{AD}$ 是多少?

**11-55** 沿河航行的汽轮鸣笛,其频率 $\nu=400$ Hz,站在岸边的人测得笛声频率 $\nu'=395$ Hz。已知声速为 340 m/s,试求汽轮的速度,并判断汽轮是趋近观测者,还是远离观测者?

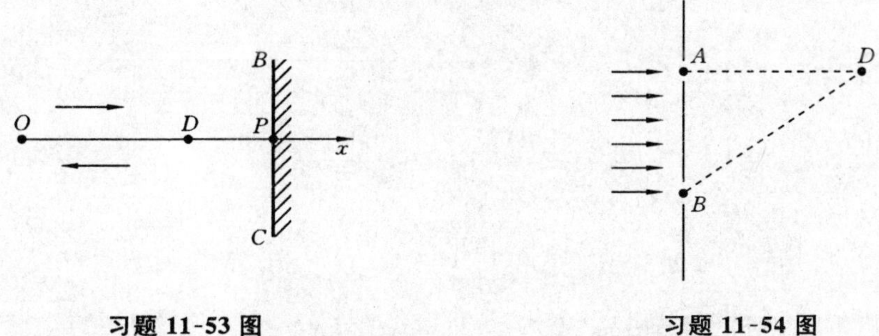


习题 11-53 图　　　习题 11-54 图

**11-56**　人的主动脉内血液的流速一般是 0.32 m/s。今沿血流方向发射 4.0 MHz 的超声波，被红血球反射回的波与原发射波的频差为拍频。已知声波在人体内的传播速度为 $1.54\times10^3$ m/s，求所形成的拍频。

**11-57**　警察在公路检查站使用雷达测速仪测来往汽车的速度。如所用雷达波的频率为 $5.0\times10^{10}$ Hz，发出的雷达波被一迎面开来的汽车反射回来，与入射波形成了频率为 $1.1\times10^4$ Hz 的拍频。问此汽车是否已超过了限定车速 100 km/h。

**11-58**　振荡电路 LC 中，当电场和磁场的能量相等时，(1) 用电容器上的电荷振幅表示这时电容器上的电荷大小；(2) 用电感器中的电流振幅表示这时电感器上的电流大小。

**11-59**　某 LC 振荡电路，$L=400\ \mu$H，$C=100$ pF。如开始振荡时，电容器两极板间的电势差为 1 V，且电路中的电流为零。试计算：(1) 振荡频率；(2) 电路中的最大电流；(3) 电容器中电场的最大能量及线圈中磁场的最大能量。

**11-60**　在真空中，一沿 $x$ 轴方向传播的平面电磁波的电场由下式决定：

$$E_x=0,\quad E_z=0,\quad E_y=0.6\cos\left[2\pi\times10^8\left(t-\frac{x}{c}\right)\right]\ (\text{V/m})$$

试求：(1) 波长和频率；(2) 磁感应强度的波函数及振动方向。

**11-61**　一平面电磁波的波长为 3 m，在自由空间沿 $x$ 方向传播，电场 $\boldsymbol{E}$ 沿 $y$ 方向，振幅为 300 V/m。试求：(1) 电磁波的频率 $\nu$、角频率 $\omega$ 及波数 $k$；(2) 磁场 $\boldsymbol{B}$ 的方向和振幅 $B_m$；(3) 电磁波的能流密度及其对时间周期 $T$ 的平均值。

**11-62**　在地面上测得太阳光的能流约为 1.4 kW/m²，(1) 求 $\boldsymbol{E}$ 和 $\boldsymbol{B}$ 的最大值；(2) 从地球到太阳的距离约为 $1.5\times10^{11}$ m，试求太阳的总辐射功率。

**11-63**　一氩离子激光器发射波长 514.5 nm 的激光。当它以 3.8 kW 的功率向月球发射光束时，光束的全发散角为 0.880 $\mu$rad。如月地距离按 $3.82\times10^5$ km 计，求：(1) 该光束在月球表面覆盖的圆面积的半径；(2) 该光束到达月球表面时的强度。

**11-64**　LC 振荡电路中，$L=3.0$ mH，$C=2.7\ \mu$F。当 $t=0$ 时，电荷 $q=0$，电流 $i=2.0$ A。求：(1) 在上述初始条件下，对电容器充电，电容器上出现的最大电量是多少？(2) 从 $t=0$ 开始充电，电容器上任一时刻的电能表示式(写成时间的函数式)；(3) 电能随时间变化的变化率的表示式，以及电能变化率的最大值。

# 第五篇

# 光学

光学是研究光的传播特性及光与物质相互作用规律的物理学科。

人类对光的研究至少已有2000多年的历史。约在公元前400年，我国先秦时代的哲学家墨翟所著的《墨经》中，就有了关于光的传播特性的记载。古希腊数学家欧几里德在公元前300年也发现了光的直线传播特性，并明确提出光线的概念。17世纪上半叶，光的反射定律和折射定律的建立奠定了几何光学的基础。到17世纪末，关于光的本性的认识，最具代表的是牛顿提出的微粒说和惠更斯倡导的波动说，这两种观点的争论一直持续到20世纪初。19世纪初，托马斯·杨和菲涅耳等人通过对光的干涉、衍射和偏振等现象的研究，建立起了比较完整的光的波动理论。19世纪中叶，麦克斯韦在电磁理论中指出光是一种电磁波，更加深了人们对光的波动性认识。在20世纪初，又发现一些无法用光的波动性解释的实验现象，1905年爱因斯坦提出了光子假说，用光的粒子性很好地解释了光和物质的相互作用。

所以，光既有波动性又有粒子性。在传播过程中主要表现出光的波动性，而在与物质相互作用的过程中则表现出光的粒子性。

通常把以光线为基础研究光的传播和成像的规律，称为几何光学；涉及光的内在属性而研究光的各种现象，称为物理光学。而以光的波动性为基础研究光的干涉、衍射、偏振等又称为波动光学；以光的粒子性为基础研究光与物质的相互作用称为量子光学。

本篇简述几何光学基础，主要讲述物理光学中的波动光学理论。

# 第 12 章　几何光学简介

当研究对象的几何尺寸远大于所用光波的波长，且波动效应不明显时，仅以光的直线传播性质为基础，研究光在透明介质中传播问题的光学部分，称为**几何光学**。它实际上研究的是波动光学的极限问题，不考虑波长、位相、振幅等因素，而把组成物体的物点看成几何点，把其发出的光束看成互相关联的无数几何光线的集合，光线传播的路径和方向代表光能传播的路径和方向。几何光学理论基础是几何定律和一些基本的光学实验定律，例如：① 光在均匀介质中的直线传播定律；② 光的独立传播定律和光路可逆原理；③ 光通过两种介质分界面时的反射定律和折射定律。本章主要讨论光通过球面时的折射规律、透镜成像规律及放大镜、显微镜和望远镜等几种光学仪器。

## 第 1 节　球面折射

### 一、反射和折射定律

单色光入射到两种介质的分界面时，其传播方向发生改变，如图 12-1-1 所示（假定两种介质的折射率 $n_1 < n_2$）。入射光线 $AO$、反射光线 $OB$ 和折射光线 $OC$ 与分界面 $O$ 点的法线 $PQ$ 所组成的平面分别称为**入射面、反射面和折射面**；对于均匀介质来说，反射光线 $OB$ 和折射光线 $OC$ 都在入射面内，并且反射角 $i'$ 和折射角 $\gamma$ 与入射角 $i$ 的关系为

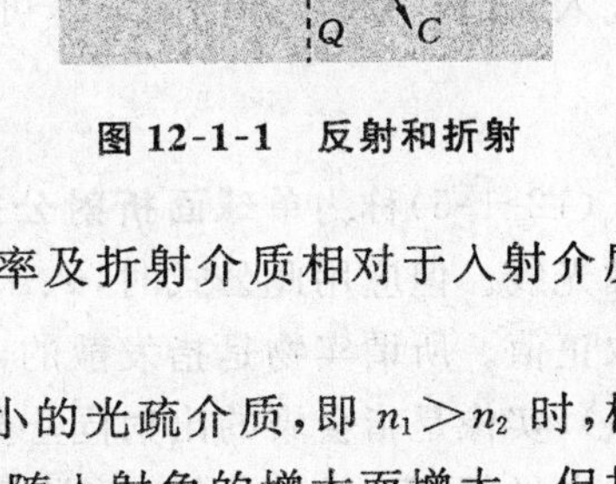

$$i' = i \tag{12-1-1}$$

$$\frac{\sin i}{\sin \gamma} = \frac{n_2}{n_1} = n_{21} \tag{12-1-2}$$



**图 12-1-1　反射和折射**

式中，$n_1$、$n_2$、$n_{21}$ 分别表示入射介质、折射介质的折射率及折射介质相对于入射介质的相对折射率。

如果光线从折射率大的光密介质入射到折射率小的光疏介质，即 $n_1 > n_2$ 时，根据式(12-1-2)知，$\gamma > i$，即折射角总是大于入射角，且随入射角的增大而增大。但折射角最大为 90°，此时 $\sin\gamma = 1$，如果入射角再增大，则发生全反射。折射角等于 90°时

对应的入射角称为临界角 $i_c$。根据折射定律,计算得

$$i_c = \arcsin \frac{n_2}{n_1} \tag{12-1-3}$$

## 二、单球面折射

当两种折射率不同的透明介质的分界面为球面的一部分时,光所产生的折射现象称为**单球面折射**。单球面折射成像规律是一般光学系统成像的基础。

图 12-1-2 所示有两种均匀透明介质,折射率分别为 $n_1$ 和 $n_2$,并假定 $n_1 < n_2$,$MN$ 为球形折射面,其曲率中心为 $C$,曲率半径为 $r$,通过物点 $O$ 和球面曲率中心 $C$ 的直线 $OC$ 为主光轴,主光轴与球面的交点为折射面的顶点 $P$。自物点 $O$ 发出沿主光轴的光线,在界面上不发生折射,而沿其他任一方向发出的光线 $OA$ 经单球面折射后与主光轴交于 $I$ 点,$I$ 点是物点 $O$ 的像,用 $u$ 表示物距 $OP$,$v$ 表示像距 $PI$。$u$ 与 $v$ 的关系可由折射定律导出。

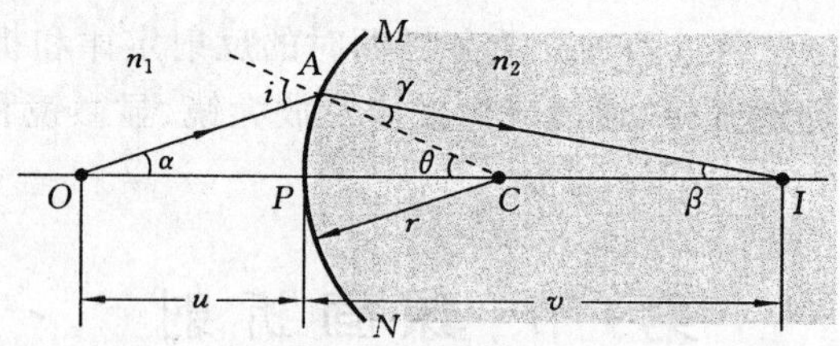


**图 12-1-2 单球面折射**

如果光线与主光轴的夹角很小,则此光线称为**近轴光线**,否则称为**远轴光线**。下面的讨论仅限于近轴光线。对于近轴光线 $OA$、$AI$ 来说,由于 $i$、$\gamma$ 很小,因此,$\sin i \approx i$,$\sin\gamma \approx \gamma$。折射定律可简化为 $n_1 \cdot i = n_2 \cdot \gamma$,由图 12-1-2 中几何关系可知,$i = \alpha + \theta$,$\theta = \gamma + \beta$,即 $\gamma = \theta - \beta$,将 $i$、$\gamma$ 的表达式代入上式,整理得

$$n_1 \cdot \alpha + n_2 \cdot \beta = (n_2 - n_1)\theta \tag{12-1-4}$$

由于 $\alpha$、$\beta$、$\theta$ 均很小,它们的正切值可以用其角度的弧度值代替,则

$$\alpha \approx \tan\alpha = \frac{\overset{\frown}{AP}}{u}, \quad \beta \approx \tan\beta = \frac{\overset{\frown}{AP}}{v}, \quad \theta \approx \tan\theta = \frac{\overset{\frown}{AP}}{r}$$

代入式(12-1-4),并消去 $\overset{\frown}{AP}$,可得

$$\frac{n_1}{u} + \frac{n_2}{v} = \frac{n_2 - n_1}{r} \tag{12-1-5}$$

式(12-1-5)称为**单球面折射公式**,它适用于一切凸球面和凹球面,并且只适用于近轴光线。但应用此公式时,$u$、$v$、$r$ 须遵守如下符号规则:实物物距 $u$ 和实像像距 $v$ 均取正值。所谓实物是指发散的入射同心光束的顶点(不一定有实际光线通过这个顶点),实像是指会聚的出射同心光束的顶点,如图 12-1-3 中 $u_1 > 0$,$v_2 > 0$;虚物物距 $u$ 和虚像像距 $v$ 均取负值,所谓虚物是指会聚的入射同心光束的顶点(一定没有实际光线通过这个顶点),虚像是指发散的出射同心光束的顶点,如图 12-1-3 中 $u_2 < 0$,$v_1 <$

0。入射光线对着凸球面，$r$ 取正值；入射光线对着凹球面，$r$ 取负值，如图 12-1-3 中 $r_1<0, r_2>0$。

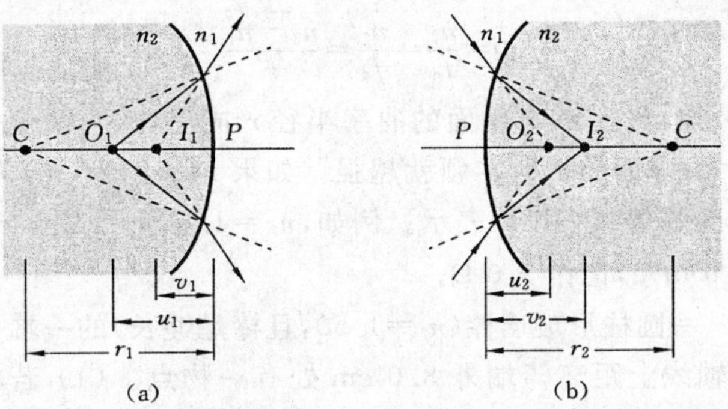


**图 12-1-3　物和像**

当点光源位于主光轴某点 $F_1$ 时，若由该点发出的光线经单球面折射后成为平行光线，点 $F_1$ 称为**该折射面的第一焦点**，如图 12-1-4(a)所示，从第一焦点 $F_1$ 到折射面顶点 $P$ 的距离称为**第一焦距**，用 $f_1$ 表示。将 $v=\infty, u=f_1$ 代入式(12-1-5)，得

$$f_1=\frac{n_1}{n_2-n_1}r \tag{12-1-6}$$

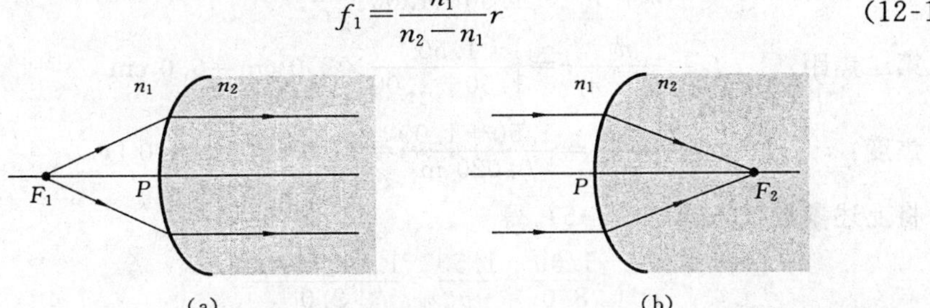


**图 12-1-4　单球面折射的焦点和焦距**

如果平行于主光轴的近轴光线经单球面折射后成像于主光轴上一点 $F_2$，则点 $F_2$ 称为**折射面的第二焦点**，如图 12-1-4(b)所示，从第二焦点 $F_2$ 到折射面顶点 $P$ 的距离称为**第二焦距**，用 $f_2$ 表示。将 $u=\infty, v=f_2$ 代入式(12-1-5)，得

$$f_2=\frac{n_2}{n_2-n_1}r \tag{12-1-7}$$

当 $f_1$、$f_2$ 为正值时，$F_1$、$F_2$ 是实焦点，折射面有会聚光线作用；当 $f_1$、$f_2$ 为负值时，$F_1$、$F_2$ 是虚焦点，折射面有发散光线作用。

比较式(12-1-6)和式(12-1-7)可知，折射面两个焦距不相等，其比值等于折射面两侧介质的折射率之比，即

$$\frac{f_1}{f_2}=\frac{n_1}{n_2} \tag{12-1-8}$$

焦距是衡量球面折射本领的物理量，球面的曲率半径 $r$ 越小，焦距 $f_1$、$f_2$ 就越

短，球面的折射本领就越强。因此我们常用某侧介质的折射率与该侧焦距的比值来表示球面折射本领，称为**折射面的焦度**，用 $\Phi$ 表示。

$$\Phi=\frac{n_1}{f_1}=\frac{n_2}{f_2}=\frac{n_2-n_1}{r} \tag{12-1-9}$$

由式(12-1-9)知，焦度 $\Phi$ 与球面的曲率半径 $r$ 成反比，与两侧介质的折射率之差成正比，$\Phi$ 值越大，球面的折射本领就越强。如果 $r$、$f$ 以米(m)为单位，$\Phi$ 的国际制单位为 $\mathrm{m}^{-1}$，称为屈光度，用 D 表示。例如，$n_2=1.5$，$n_1=1.0$，$r=10\ \mathrm{cm}$ 的单球面，其焦度等于 $5.0\ \mathrm{m}^{-1}$，记作 5.0 D。

**【例题 12-1】**　一圆柱形玻璃棒($n_2=1.50$，且棒足够长)的一端是半径为 2.0 cm 的凸球面，在棒的轴线上距离棒端外 8.0 cm 处有一物点。(1) 若将此棒置于空气($n_1=1.00$)中时，求此凸球面的焦距、焦度及所成像的位置？(2) 若将此棒放入水($n_1'=1.33$)中时，所成像的位置又在何处？

**解**　(1) 当玻璃棒置于空气中时，将 $n_1=1.00$，$n_2=1.50$，$r=2.0\ \mathrm{cm}$，$u=8.0\ \mathrm{cm}$ 分别代入式(12-1-6)、式(12-1-7)、式(12-1-9)，得

第一焦距：　$f_1=\dfrac{n_1}{n_2-n_1}r=\dfrac{1.00}{1.50-1.00}\times 2.0\ \mathrm{cm}=4.0\ \mathrm{cm}$

第二焦距：　$f_2=\dfrac{n_2}{n_2-n_1}r=\dfrac{1.50}{1.50-1.00}\times 2.0\ \mathrm{cm}=6.0\ \mathrm{cm}$

焦度：　$\Phi=\dfrac{n_2-n_1}{r}=\dfrac{1.50-1.00}{0.020\ \mathrm{m}}=25.0\ \mathrm{m}^{-1}=25.0\ \mathrm{D}$

将上述参数代入式(12-1-5)，得

$$\frac{1.00}{8.0}+\frac{1.50}{v}=\frac{1.50-1.00}{2.0}$$

解得像距

$$v=12.0\ \mathrm{cm}$$

因此，所成像在玻璃棒内轴线上离棒顶点 12.0 cm 处为实像。

(2) 当玻璃棒置于水中时，将 $n_1'=1.33$，$n_2=1.50$，$r=2.0\ \mathrm{cm}$，$u=8.0\ \mathrm{cm}$ 代入式(12-1-5)，得

$$\frac{1.33}{8.0}+\frac{1.50}{v}=\frac{1.50-1.33}{2.0}$$

解得像距

$$v=-18.5\ \mathrm{cm}$$

因此，所成像在玻璃棒轴线上顶点外 18.5 cm 处为虚像。

## 三、共轴球面系统

如果一个光学系统由两个或两个以上折射球面组成，而且这些球面的曲率中心和各球面顶点在同一直线上，它们便组成**共轴球面系统**，各球心所在直线称为**共轴系统的主光轴**。

光通过共轴球面系统的成像，取决于入射光依次在每一个球面上折射的结果。

在成像过程中，前一个球面所成的像（实像或虚像），即为相邻的后一球面的物（实物或虚物）。只要前一个球面所成的像在后一球面之前，光线束到达后一球面时是发散的，就可把前一球面的像当做后一球面的实物；而当光线束在前一球面折射后是会聚的，本应成实像，只是在未成像之前先遇上了后一球面，这时可将此会聚光线束延长，其会聚点看做后一球面的虚物。因此，可应用单球面折射公式，采用逐次成像法，直到求出最后一个球面的像，此像即为光线通过共轴球面系统所成的像。

**【例题 12-2】** 玻璃球（$n=1.52$）直径为 22.0 cm，一点光源放在球前 42.0 cm 处，求近轴光线通过玻璃球后所成的像。

**解**　对第一折射面而言，将 $n_1'=1.00, n_2'=n=1.52, r'=11.0$ cm，$u_1=u=42.0$ cm 代入式(12-1-5)，得

$$\frac{1.00}{42.0}+\frac{1.52}{v_1}=\frac{1.52-1.00}{11.0}$$

解得

$$v_1=64.8 \text{ cm}$$

如果没有第二折射面，$I_1$ 应在 $P_1$ 后面 64.8 cm 处。$I_1$ 对于第二折射面是虚物，将物距 $u_2=(22.0-64.8)$ cm $=-42.8$ cm，$n_1''=1.52$，$n''_2=1.00$，$r''=-11.0$ cm 代入式(12-1-5)，得

$$\frac{1.52}{-42.8}+\frac{1.00}{v_2}=\frac{1.00-1.52}{-11.0}$$

解得

$$v_2=v=12.1 \text{ cm}$$

因此，最后成像在玻璃球后面 12.1 cm 处，整个系统的成像过程如图 12-1-5 所示。

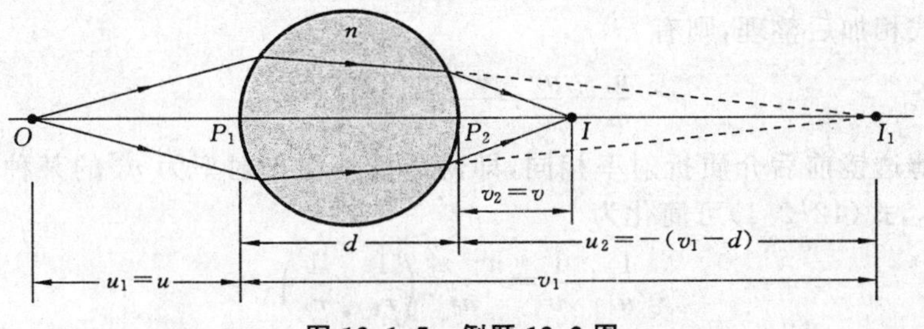


**图 12-1-5　例题 12-2 图**

# 第 2 节　透　　镜

透镜是由两个共轴折射面组成的光学系统，两折射面之间是均匀的透明介质。根据透镜折射面的形状可将透镜分为球面透镜（常简称透镜）和非球面透镜（如柱面、椭球面透镜）。凡中间部分比边缘部分厚的透镜叫做**凸透镜**；凡中间部分比边缘部分薄的透镜叫做**凹透镜**。连接透镜两球面曲率中心的直线称为**透镜的主光轴**。透镜两折射面在其主光轴上的间隔称为**透镜的厚度**。若透镜的厚度与焦距相比不能忽略，则称为**厚透镜**；若可忽略不计，则称为**薄透镜**。

## 一、薄透镜

### 1. 薄透镜成像

下面以图 12-2-1 所示的凸凹薄透镜为例来讨论薄透镜成像公式。设折射率为 $n$ 的薄透镜置于折射率为 $n_1$ 和 $n_2$ 两种介质的界面处，从主光轴上物点 $O$ 发出的光经透镜折射后成像于 $I$ 处。

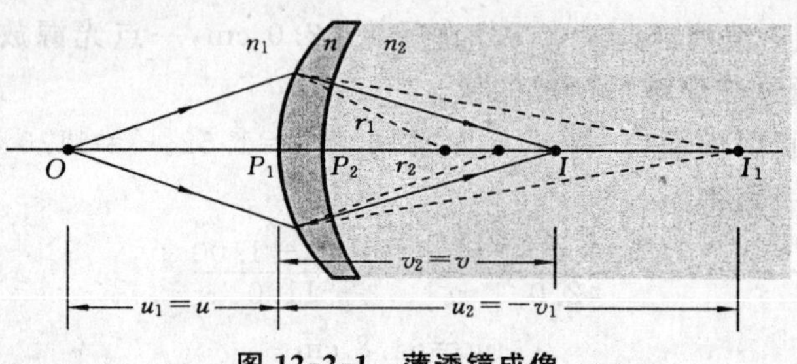


图 12-2-1 薄透镜成像

以 $u_1$、$v_1$、$r_1$ 和 $u_2$、$v_2$、$r_2$ 分别表示第一折射面和第二折射面的物距、像距和曲率半径；以 $u$、$v$ 分别表示透镜的物距和像距。因为是薄透镜，所以这些量都可以从光心算起，则 $u_1\approx u$，$u_2=-v_1$（虚物），$v_2\approx v$。将它们分别代入式(12-1-5)，得

$$\frac{n_1}{u}+\frac{n}{v_1}=\frac{n-n_1}{r_1}$$

$$\frac{n}{-v_1}+\frac{n_2}{v}=\frac{n_2-n}{r_2}$$

将上述两式相加后整理，则有

$$\frac{n_1}{u}+\frac{n_2}{v}=\frac{n-n_1}{r_1}-\frac{n-n_2}{r_2} \tag{12-2-1}$$

如果薄透镜前后介质折射率相同，即薄透镜处在折射率为 $n_0$ 的某种介质中，则 $n_1=n_2=n_0$，式(12-2-1)可简化为

$$\frac{1}{u}+\frac{1}{v}=\frac{n-n_0}{n_0}\left(\frac{1}{r_1}-\frac{1}{r_2}\right) \tag{12-2-2}$$

实际上，薄透镜通常放置在空气中，$n_0=1$，所以式(12-2-2)又可简化为

$$\frac{1}{u}+\frac{1}{v}=(n-1)\left(\frac{1}{r_1}-\frac{1}{r_2}\right) \tag{12-2-3}$$

以上三式都称为**薄透镜成像公式**。公式中 $u$、$v$、$r_1$、$r_2$ 的正、负号仍然遵守前面叙述的符号规则。它们对各种形状的凸、凹薄球面透镜都适用。

如果薄透镜前后介质的折射率不相同，由式(12-2-1)可以得出薄透镜的两焦距分别为

$$f_1=\left[\frac{1}{n_1}\left(\frac{n-n_1}{r_1}-\frac{n-n_2}{r_2}\right)\right]^{-1} \tag{12-2-4}$$

$$f_2=\left[\frac{1}{n_2}\left(\frac{n-n_1}{r_1}-\frac{n-n_2}{r_2}\right)\right]^{-1} \tag{12-2-5}$$

薄透镜的焦度为
$$\Phi=\frac{n_1}{f_1}=\frac{n_2}{f_2}=\frac{n-n_1}{r_1}-\frac{n-n_2}{r_2} \tag{12-2-6}$$

如果薄透镜置于相同介质中（如空气），则其第一焦距与第二焦距相等，用 $f$ 表示，即
$$f=\left[(n-1)\left(\frac{1}{r_1}-\frac{1}{r_2}\right)\right]^{-1} \tag{12-2-7}$$

将 $f$ 代入式(12-2-3)，得
$$\frac{1}{u}+\frac{1}{v}=\frac{1}{f} \tag{12-2-8}$$
此式是薄透镜成像的又一常用公式，称为**薄透镜成像公式的高斯形式**。

对置于空气中的薄透镜，焦距的倒数为薄透镜的焦度，即 $\Phi=\frac{1}{f}$，其国际制单位仍为屈光度(D)。配制眼镜时人们习惯将透镜的焦度以"度"为单位，1 D=100 度。

每个透镜主光轴上都有一个特殊点：凡是通过该点的光，其传播方向不变，这个点称为透镜的**光心**。对于薄透镜，两个顶点可以看做重合于一点，这一点就近似看做薄透镜的光心，在薄透镜中度量距离都是从光心算起。通过光心的任一直线称为薄透镜的**副光轴**。

如图 12-2-2 所示，通过焦点 $F_1$、$F_2$ 分别作一平面垂直于主光轴，在近轴条件下，这两个平面分别称为**第一焦平面和第二焦平面**。与副光轴平行的光射向透镜，折射后会聚于第二焦平面上一点，如图 12-2-2(a)所示；而第一焦平面上任一点发出的光，经透镜折射后，将成为一束与副光轴平行的光，如图 12-2-2(b)所示。

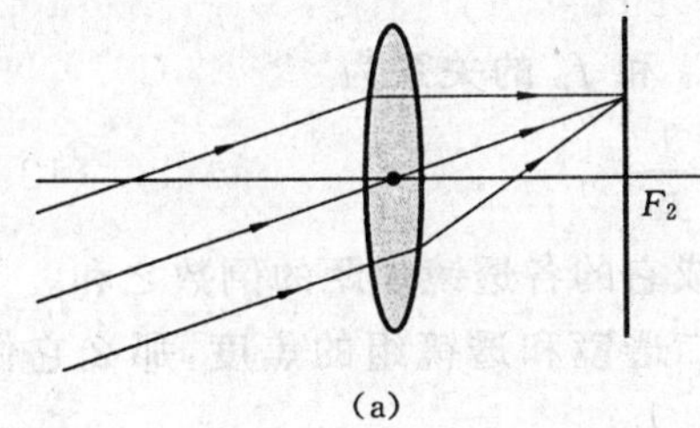


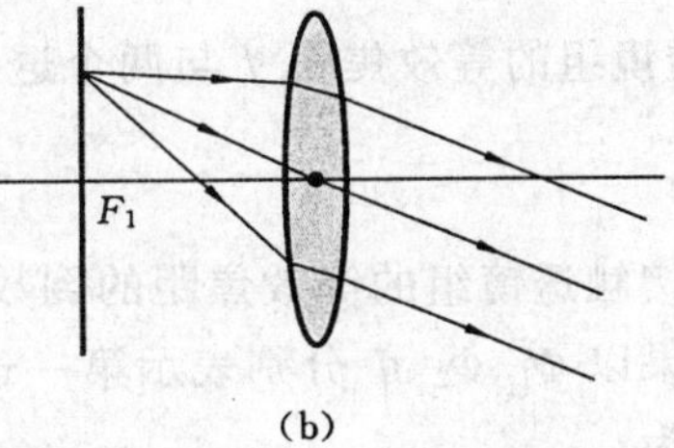


**图 12-2-2　焦平面**

**【例题 12-3】** 如图 12-2-3 所示，空气中有一个平凸薄透镜，已知球面曲率半径为 20.0 cm，透镜的折射率为 $n=1.50$，求透镜的焦距。

**解**　已知 $n=1.50, r_1=\infty, r_2=-20.0$ cm，代入式(12-2-7)，得
$$f=\left[(1.50-1.00)\times\left(\frac{1}{\infty}-\frac{1}{-20.0}\right)\right]^{-1}\ \text{cm}=40.0\ \text{cm}$$

**2. 薄透镜组合**

由两个或两个以上薄透镜组成的共轴系统，称为**薄透镜组合**，简称**透镜组**。例如，显微镜和望远镜的目镜和物镜都是由薄透镜组合而成的透镜组。物体通过透镜组后所成像，可以利用薄透镜成像公式采用逐次透镜成像法求出，即先求第一透镜所

成的像，将此像作为第二透镜的物，再求出第二透镜所成的像，依次类推，直到求出最后一个透镜所成的像，此像便是物体经过透镜组后所成的像。

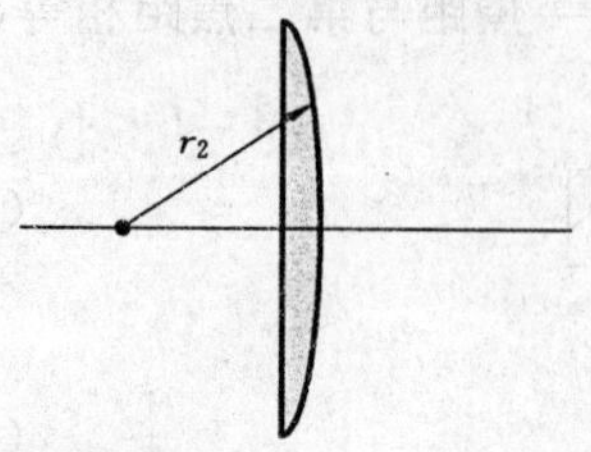


图 12-2-3　例题 12-3 图

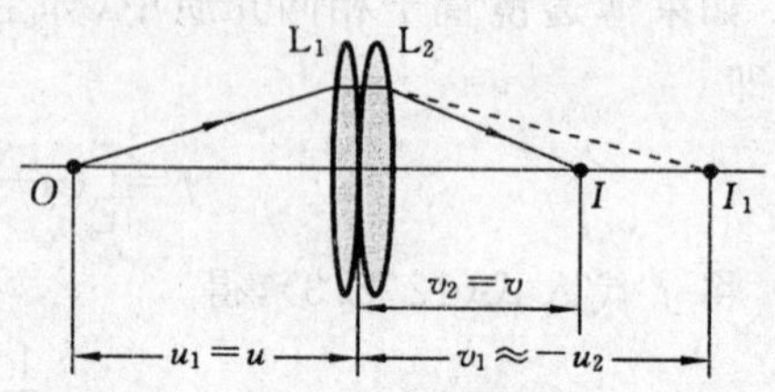


图 12-2-4　薄透镜的组合

最简单的透镜组是由两个薄透镜紧密贴合在一起组成的，如图 12-2-4 所示。假设两个透镜焦距分别为 $f_1$ 与 $f_2$，物体经透镜 $L_1$ 成像在 $I_1$ 处，相应的物距和像距为 $u_1$ 与 $v_1$，再假设透镜组的厚度仍然可以忽略不计，且透镜组的物距为 $u$，像距为 $v$，则 $u_1=u$。对于第一个透镜 $L_1$，由薄透镜成像公式(12-2-8)，得

$$\frac{1}{u}+\frac{1}{v_1}=\frac{1}{f_1}$$

对于第二个透镜 $L_2$，$u_2=-v_1$(虚物)，$v_2=v$，则

$$\frac{1}{-v_1}+\frac{1}{v}=\frac{1}{f_2}$$

将以上两式相加，得

$$\frac{1}{u}+\frac{1}{v}=\frac{1}{f_1}+\frac{1}{f_2} \tag{12-2-9}$$

所以，透镜组的等效焦距 $f$ 与两个透镜焦距 $f_1$ 和 $f_2$ 的关系为

$$\frac{1}{f}=\frac{1}{f_1}+\frac{1}{f_2} \tag{12-2-10}$$

即紧密接触透镜组的等效焦距的倒数等于组成它的各透镜焦距的倒数之和。

如果以 $\Phi_1$、$\Phi_2$、$\Phi$ 分别表示第一透镜、第二透镜和透镜组的焦度，那么它们之间的关系为

$$\Phi=\Phi_1+\Phi_2 \tag{12-2-11}$$

这一关系常被用来测量透镜的焦度。如测定凹透镜(如近视眼镜片)的焦度，就是用已知焦度的凸透镜与它紧密接触，使组合后的焦度为零，即光线通过透镜组后既不发散也不会聚，光线的方向不改变。此时，$\Phi_1+\Phi_2=0$ 或 $\Phi_1=-\Phi_2$，即两透镜的焦度绝对值相等、符号相反。

**【例题 12-4】**　折射率为 1.50 的薄透镜，一面是平面，另一面是半径为 0.20 m 的凹面，将此透镜水平放置，凹面朝上且充满水，求整个系统的焦距(设水的折射率为 $\frac{4}{3}$)。

**解**　置于空气中的薄透镜，其焦度为

$$\Phi=\frac{1}{f}=(n-1)\left(\frac{1}{r_1}-\frac{1}{r_2}\right)$$

由于整个系统可以看成是两个薄透镜的组合，假设光线自下往上方向入射，对于由玻璃构成的凹透镜，已知 $r_1=\infty$，$r_2=0.20$ m，$n=1.50$，代入上式得

$$\Phi_1=(1.50-1)\left(\frac{1}{\infty}-\frac{1}{0.20}\right)\text{D}=-2.50\text{ D}$$

对于由水构成的凸平透镜，已知 $r_1=0.20$ m，$r_2=\infty$，$n=\frac{4}{3}$，代入上式得

$$\Phi_2=\left(\frac{4}{3}-1\right)\left(\frac{1}{0.20}-\frac{1}{\infty}\right)\text{D}=1.67\text{ D}$$

整个系统的焦度和焦距分别为

$$\Phi=\Phi_1+\Phi_2=-2.50\text{ D}+1.67\text{ D}=-0.83\text{ D}$$

$$f=\frac{1}{\Phi}=-1.20\text{ m}$$

**【例题 12-5】** 凸透镜 $L_1$ 和凹透镜 $L_2$ 的焦距分别为 10.0 cm 和 −4.0 cm，$L_2$ 位于 $L_1$ 右侧 12.0 cm 处。一物体放置在凸透镜 $L_1$ 左侧 20.0 cm 处，求此物体经透镜组合后所成的像。

**解**　由凸透镜 $L_1$ 的成像公式

$$\frac{1}{20.0}+\frac{1}{v_1}=\frac{1}{10.0}$$

解得

$$v_1=20.0\text{ cm}\quad（实像）$$

凹透镜 $L_2$ 的成像：由两透镜的位置关系可知，$u_2=-(20.0-12.0)$ cm $=-8.0$ cm（虚物），$f_2=-4.0$ cm，$v_2=v$，将这些数据代入成像公式，则

$$\frac{1}{-8.0}+\frac{1}{v}=\frac{1}{-4.0}$$

解得

$$v=-8.0\text{ cm}\quad（虚像）$$

## 二、厚透镜

厚透镜成像可以利用逐次成像法，也可以利用三对基点，利用三对基点不仅可以简化厚透镜的成像过程，而且可以简化任何复杂的共轴球面系统的成像过程，只要知道三对基点的位置，就可以用作图法或计算法求出物与像之间的关系。共轴球面系统的三对基点包括一对焦点、一对主点和一对节点。

**1. 一对焦点（$F_1$、$F_2$）**

如图 12-2-5 所示，将点光源放在主光轴上某点 $F_1$ 处，若光源发出的光线(1)经厚透镜后成为平行于主光轴的平行光线，则 $F_1$ 点称为**厚透镜的第一主焦点**。若平行于主光轴的光线(2)经厚透镜后交于主光轴上的某点 $F_2$，则 $F_2$ 点称为**厚透镜的第二主焦点**。

**2. 一对主点（$H_1$、$H_2$）**

确定了焦点的位置仍不足以确定焦距或出射光线的方向，为此，还必须确定另一

对基点。在图 12-2-5 中，通过 $F_1$ 的入射光线(1)的延长线与经过整个系统折射后的出射光线的反向延长线相交于 $A_1$ 点。过 $A_1$ 点作垂直于主光轴的平面且交于主光轴 $H_1$ 点，$H_1$ 点称为**折射系统的第一主点**，$A_1H_1B_1$ 平面称为**第一主平面**。同样，平行于主光轴的入射光线(2)的延长线与经过整个系统折射后的出射光线的反向延长线相交于 $B_2$ 点。过 $B_2$ 点作垂直于主光轴的平面交于主光轴 $H_2$ 点，$H_2$ 点称为**折射系统的第二主点**，$A_2H_2B_2$ 平面称为**第二主平面**。

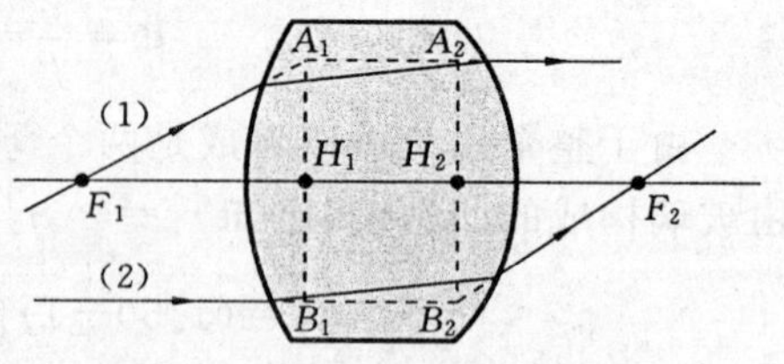

**图 12-2-5　一对焦点和一对主点**

在图 12-2-5 中，无论光线在折射系统中经过怎样的曲折路径，在效果上只等于在相应的主平面发生一次折射。通常将第一焦点 $F_1$ 到第一主点 $H_1$ 的距离称为**第一焦距** $f_1$，物到第一主平面的距离称为物距 $u$。第二焦点 $F_2$ 到第二主点 $H_2$ 的距离称为**第二焦距** $f_2$，像到第二主平面的距离称为像距 $v$。

**3. 一对节点($N_1$、$N_2$)**

在厚透镜的主光轴上可以找到两点 $N_1$ 和 $N_2$，如图 12-2-6 所示。以任何角度向 $N_1$ 点入射的光线都以相同的角度从 $N_2$ 射出，光线不改变方向，仅发生平移。$N_1$、$N_2$ 分别称为**厚透镜的第一节点**和**第二节点**。$N_1$ 和 $N_2$ 的性质类似于薄透镜的光心。

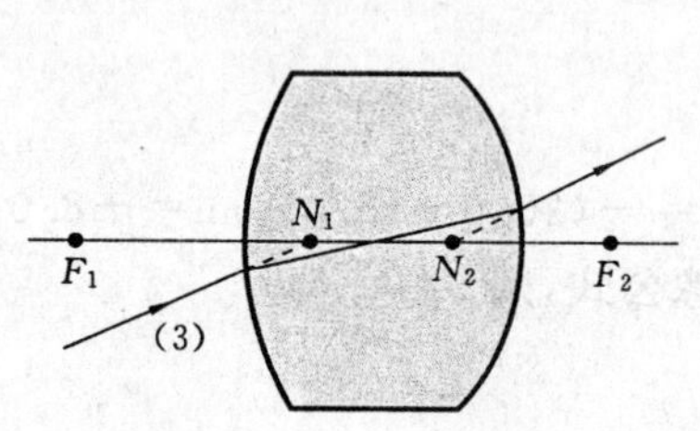

**图 12-2-6　一对节点**

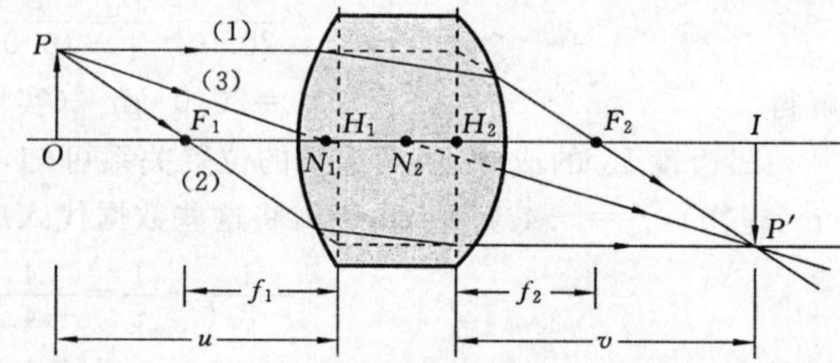

**图 12-2-7　用作图法求物体的像**

只要知道厚透镜三对基点在折射系统中的位置，根据三对基点的特性，便可像薄透镜那样利用三条光线中的任意两条用作图法求出物体经系统折射后所成的像，如图 12-2-7 所示。

各基点的位置取决于折射系统的具体条件。如果折射系统前后介质的折射率相同(如折射系统置于空气中)，则 $f=f_1=f_2$，$N_1$ 与 $H_1$ 重合，$N_2$ 与 $H_2$ 重合。在这种情况下，物距 $u$、像距 $v$、焦距 $f$ 之间的关系等同于薄透镜成像公式，即

$$\frac{1}{u}+\frac{1}{v}=\frac{1}{f}$$

式中，$u$、$v$、$f$ 皆以相应的主平面为起点计之。

事实上，单球面和薄透镜也有三对基点，只不过是单球面的两主点重合在单球面的顶点 $P$ 上，其两节点重合在单球面的曲率中心 $C$ 点上；而薄透镜的两主点及两节

点都重合在薄透镜的光心上。

## 三、柱面透镜

如果薄透镜的两个折射面是圆柱面的一部分，这种透镜称为**圆柱面透镜**，如图 12-2-8 所示。柱面透镜的两个折射面可以都是圆柱面，也可以一面为圆柱面，另一面为平面；它与透镜一样，也有凸柱面透镜和凹柱面透镜两种。

**图 12-2-8　圆柱面透镜**

在光学系统中，通常将包含主光轴的平面都称为**子午面**，子午面与折射面之间的交线称为**子午线**。前面介绍的折射面是球面，它的任何子午线的曲率半径相等，这种折射系统称为**对称折射系统**。如果折射面在各个方向上的子午线曲率半径不相同，那么由这种折射面组成的共轴系统称为**非对称折射系统**。非对称折射系统对通过各子午面光线的折射本领不同，因此，主光轴上点光源发出的光束经此系统折射后不能形成一个清晰的点像，柱面透镜的成像就是如此。如图 12-2-9 所示的凸柱面透镜，图 12-2-9(a)表示柱面透镜在水平方向的焦度最大且为正值，对光线起会聚作用；图 12-2-9(b)表示柱面透镜在竖直方向的焦度为零，折射光线不改变方向，因此，点状物体经柱面透镜后形成的像为一条竖直线 $I_1I_2I_3$，如图 12-2-9(c)所示。

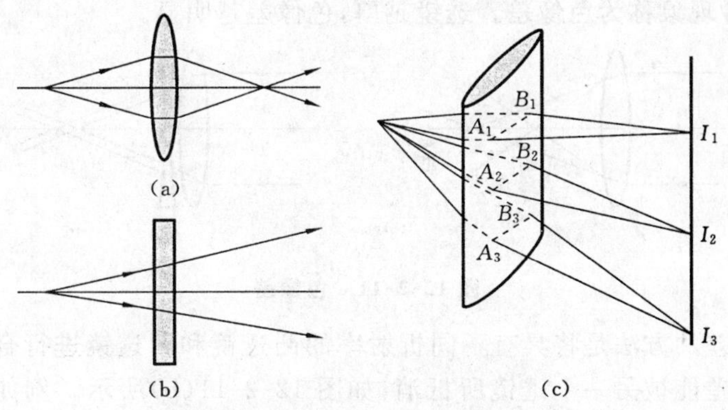


**图 12-2-9　圆柱面透镜成像示意图**

## 四、透镜的像差

由于各种因素的影响，由物体发出的光线经透镜折射后所成的像与理想的像有偏差，这种现象称为**透镜的像差**。产生像差的原因较多，下面仅简单介绍球面像差和色像差。

### 1. 球面像差

主光轴上点状物体发出的远轴光线和近轴光线经透镜折射后不能会聚于主光轴

上某一点,如图 12-2-10(a)所示,这种现象称为**球面像差**,简称**球差**。产生球差的原因是通过透镜边缘部分的远轴光线比通过透镜中央部分的近轴光线偏折得多一些,点状物体或点光源不能生成点像,而生成一个边缘模糊的圆形亮斑。

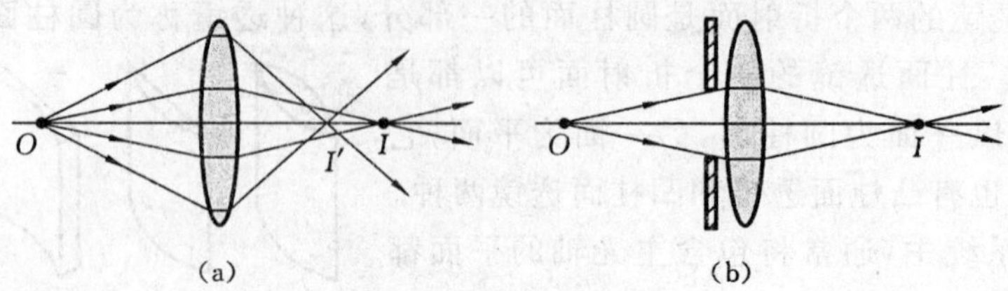


**图 12-2-10　球面像差**

减小球面像差最简单的方法是在透镜前放置一个光阑,它只让近轴光线通过透镜,因此点光源可以生成一个清晰的点像,如图 12-2-10(b)所示。由于光阑使通过透镜的光能减少,导致像的亮度减弱。减小球面像差的另一办法是采用凸凹透镜进行合理的组合,这样组成的透镜组虽然降低了焦度,却能够减小球差。

**2. 色像差**

不同颜色的光在同一种光学材料中的折射率略有差异,波长越短,其折射率越大。当一束白光通过透镜后,紫光偏折最多,红光偏折最少,如图 12-2-11(a)所示。因此,不同波长的光通过透镜后不能成一个清晰的点像,而是成一个带有颜色的光斑,我们把这种现象称为**色像差**。透镜越厚,色像差越明显。

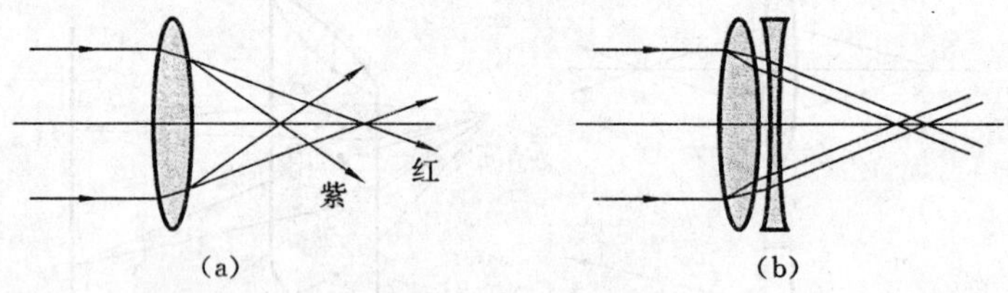


**图 12-2-11　色像差**

改善色像差的方法是将具有不同折射率的凸透镜和凹透镜进行合理搭配,使一个透镜的色像差能被另一个透镜所抵消,如图 12-2-11(b)所示。例如,冕牌玻璃的色散能力较火石玻璃弱,所以,在冕牌玻璃的凸透镜上胶粘一块火石玻璃的凹透镜,这样的组合透镜能够有效地减小色像差。

## 第 3 节　几种光学仪器

### 一、放大镜

为了看清楚微小物体或物体的细节,需要把物体移近眼睛,以增大物体对人眼的张角,使物体在视网膜上产生一个较大的像。但眼睛的调节是有限的,物体太近反而看不清(正常眼近点为10～12 cm),因此常借助会聚透镜以增大物体对人眼的视角。用于这一目的的会聚透镜称为**放大镜**。

使用放大镜时,通常将物体放在放大镜焦点内并靠近透镜焦点处,根据凸透镜的成像规律,物体经放大镜折射后形成正立、放大的虚像,像与物在透镜的同一侧。

在图12-3-1(a)中,物体放在目视距离(25 cm)处,眼睛直接观察物体的视角为$\beta$;利用放大镜观察同一物体时视角增大到$\gamma$,如图12-3-1(b)所示。通常用这两个视角的比值$\frac{\gamma}{\beta}$来衡量放大镜放大视角的能力,称为**角放大率**,用$\alpha$表示,即

$$\alpha=\frac{\gamma}{\beta} \tag{12-3-1}$$

由于一般用放大镜观察物体的线度$y$很小,故视角$\beta$、$\gamma$很小,则

$$\beta\approx\tan\beta=\frac{y}{25}$$

$$\gamma\approx\tan\gamma=\frac{y}{f}$$

将上述两式代入式(12-3-1)中,得

$$\alpha=\frac{y/f}{y/25}=\frac{25}{f} \tag{12-3-2}$$

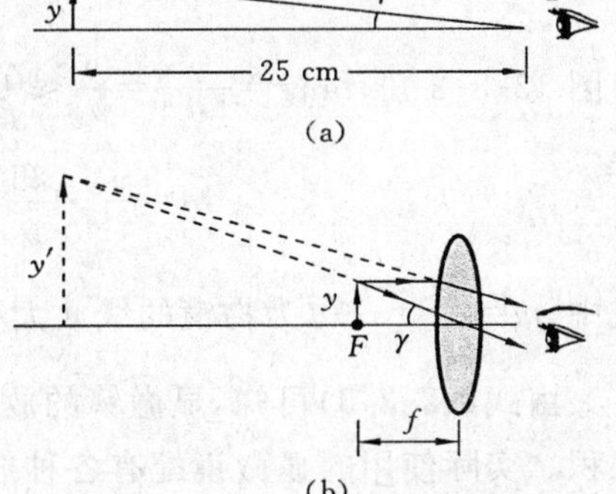

**图12-3-1　放大镜原理图**

式中,$f$为放大镜的焦距。式(12-3-2)表明,放大镜的角放大率与它的焦距$f$成反比,即放大镜的焦距越小,角放大率越大。但如果$f$太小,透镜会很凸、很厚,这种透镜难以磨制且色像差严重,所以单一透镜的放大镜的放大率一般约为几倍,若是组合透镜,放大率也只有几十倍。

## 二、光学显微镜

普通放大镜的放大倍数是有限的,如果想观察更细微的物体就要借助显微镜了,它是生物学和医学中广泛使用的仪器。普通光学显微镜由两组会聚透镜组成,其光路如图12-3-2所示。$L_1$是一个焦距($f_1$)极短的物镜,$L_2$是一个焦距($f_2$)稍长的目镜。为了减小各种像差,显示清晰像,实际的物镜和目镜分别由多个薄透镜组成。将被观察的物体(设物长为$y$)置于靠近物镜的第一焦点外,经$L_1$折射后物体在目镜的第一焦点内形成一个倒立、放大的实像(实像的长度用$y'$表示),实像再经目镜放大后形成正立的虚像(虚像长为$y''$),虚像相对于人眼张开的视角为$\gamma$。可见,显微镜经物镜、目镜两次放大,因此它的放大倍数比放大镜大得多,显微镜的放大倍数可达$10^2$～$10^3$倍。

根据光学仪器放大率的定义,显微镜的角放大率为

$$M=\frac{\gamma}{\beta}\approx\frac{\tan\gamma}{\tan\beta}$$

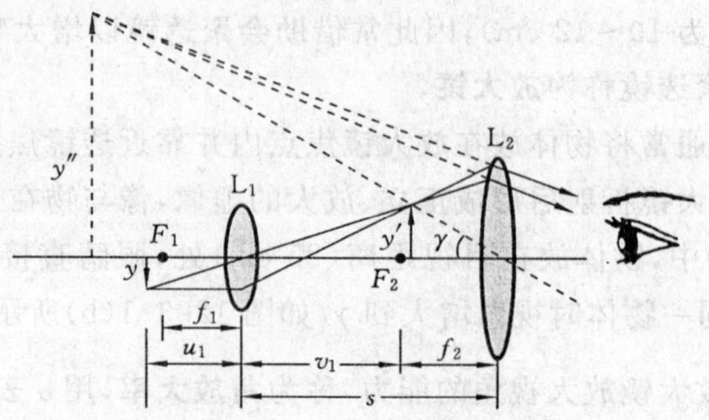


图 12-3-2 光学显微镜的光路示意图

由图 12-3-2 知，$\tan\gamma=\dfrac{y''}{|v_2|}=\dfrac{y'}{u_2}\approx\dfrac{y'}{f_2}$，$\tan\beta=\dfrac{y}{25}$，将它们代入上式得

$$M=\frac{y'}{u_2}\cdot\frac{25}{y}\approx\frac{y'}{y}\cdot\frac{25}{f_2}=\frac{v_1}{u_1}\cdot\frac{25}{f_2}=m\alpha \tag{12-3-3}$$

式中，$m=\dfrac{y'}{y}=\dfrac{v_1}{u_1}$称为物镜的线放大率；$\alpha=\dfrac{25}{u_2}\approx\dfrac{25}{f_2}$称为目镜的角放大率。

由式(12-3-3)可知，显微镜的放大率等于物镜的线放大率与目镜的角放大率的乘积。实际使用的显微镜配有各种放大率的物镜和目镜，适当组合可以获得所需的放大率。

由于被观察物体靠近物镜第一焦点，即 $u_1\approx f_1$，且物镜和目镜的焦距都很小，所以物镜的线放大率$\dfrac{v_1}{u_1}\approx\dfrac{s}{f_1}$，$s$ 是显微镜镜筒的长度($s\approx v_1+f_2\approx v_1$)，因此显微镜的放大率又可改写为

$$M=\frac{s}{f_1}\cdot\frac{25}{f_2}=\frac{25s}{f_1f_2} \tag{12-3-4}$$

由此可知，显微镜镜筒越长，物镜和目镜的焦距越短，它的放大率就越大。

## 三、望远镜

望远镜可根据工作方式分为折射式、反射式和折反式。折射式望远镜的光学系统与普通显微镜的光学系统基本相同。在这两种光学仪器中，物镜所成的像都是通过目镜来观察的。其区别在于望远镜用于观察远距离处的大物体，而显微镜用于观察近在手边的小物体。天文望远镜中，物镜的第二焦点与目镜的第一焦点重合，即两系统的光学间隔为零。而大地测量用的望远镜中，两系统的光学间隔是不为零的小量。若物镜和目镜都是会聚透镜的望远镜，称为**开普勒望远镜**。而物镜为会聚透镜、目镜为发散透镜的望远镜，称为**伽利略望远镜**。

图 12-3-3 为开普勒天文望远镜的原理示意图。当来自无限远物点的光线，在物镜 $L_1$ 上与望远镜的光轴有一个不大的夹角 $\beta$，光束经物镜 $L_1$ 后被会聚于物镜的第

二焦平面而成像 $y'$，此光束经目镜 $L_2$ 后成为与望远镜光轴有较大夹角 $\gamma$ 的平行光。这表明，望远镜使位于无限远处的物体仍成像于无限远处，并且使物体对人眼的视角变大，这类望远镜的镜筒长度等于物镜和目镜的焦距之和。**望远镜的角放大率**定义为最后像对眼睛的视角与物体对人眼的视角之比。如图 12-3-3 所示，物体对物镜的视角 $\beta$ 与物体对人眼的视角基本相同，最后像对眼睛的视角非常接近 $\gamma$，因为视角 $\beta$、$\gamma$ 很小，所以它们弧度值近似等于它们的正切值，即

$$\beta = \tan\beta = \frac{y'}{f_1}, \quad \gamma = \tan\gamma = \frac{y'}{f_2}$$

因此，望远镜的角放大率为

$$M = \frac{\gamma}{\beta} = \frac{y'/f_2}{y'/f_1} = \frac{f_1}{f_2} \tag{12-3-5}$$

式(12-3-5)表明，望远镜的角放大率等于物镜与目镜的焦距之比。

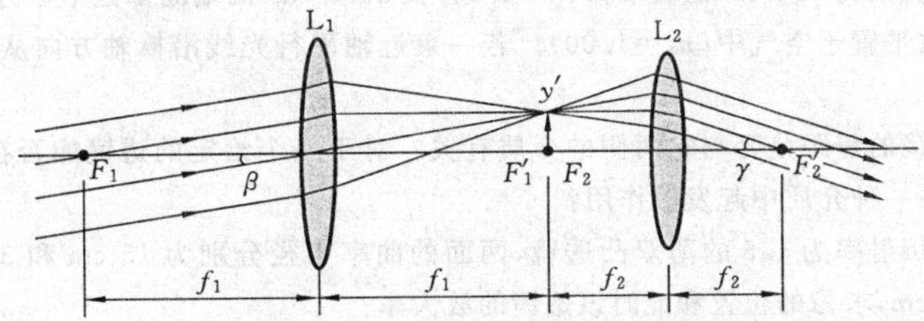


**图 12-3-3　开普勒望远镜光路示意图**

在大型望远镜中，物镜用凹面镜代替，这种反射望远镜的构型在理论上和实际应用中都有许多优点。凹面镜没有色像差，球面像差又比透镜容易矫正，所用材料也不必是透明的，因而反射镜可以比透镜更坚固。

1990 年 4 月 24 日发射的哈勃空间望远镜(Hubble Space Telescope，HST)是设置在地球轨道上的、通光口径为 2.4 m 的反射式天文望远镜，如图 12-3-4 所示。由于大气层中的大气湍流、散射及吸收紫外线的臭氧层，这些因素都限制了地面上望远镜做进一步的观测，哈勃空间望远镜的位置在地球的大气层之上，因此具有地面上望远镜所没有的优势，这些优势包括它的影像不会受到大气湍流的扰动，又没有大气散射造成的背景光，还能观测未被臭氧层吸收掉的紫外线。哈勃空间望远镜的出现使天文学家成功地摆脱地面条件的限制，并可以获得更加清晰与更广泛波段(115～1010 nm)的观测图像。它已经成为天文史上最重要的观测仪器，帮助天文学家解决了许多根本性的问题和对天文物理有更多的认识。

**图 12-3-4　哈勃空间望远镜**

## 习　题

**12-1**　单球面折射公式的适用条件是什么？在什么情况下起会聚作用？在什么情况下又起发散作用？

**12-2**　某种液体($n_1=1.4$)和玻璃($n_2=1.5$)的分界面为球面。有一个物体置于球面轴线上液体的这一侧，离球面顶点 42 cm，并在球面前 30 cm 处成一虚像。求球面的曲率半径，并指出球面的曲率中心在哪种介质中。

**12-3**　一只容器高 50 cm，其中装满了甘油，观测者垂直观测容器底好像升高了 16 cm，求甘油的折射率。

**12-4**　一直径为 20 cm 的玻璃球($n=1.50$)，球内有一个小气泡，从最近的方向上看好像在球表面和球心的正中间，求小气泡的实际位置。

**12-5**　一根直径为 8.0 cm 的玻璃棒($n=1.50$)长 20.0 cm，两端面都是半径为 4.0 cm 的凸球面，将该玻璃棒水平置于空气中($n_0=1.00$)。若一束近轴平行光线沿棒轴方向从左向右入射，求像的位置。

**12-6**　薄透镜的焦距是否与它两侧的介质有关？对于一个给定的透镜能否在一种介质中起会聚作用，而在另一种介质中起发散作用？

**12-7**　一个折射率为 1.5 的薄双凸透镜，两面的曲率半径分别为 15 cm 和 30 cm，放在空气中，若物距为 30 cm，求像的位置和此时该透镜的放大率？

**12-8**　折射率为 1.5 的薄平凸透镜，在空气中的焦距为 20 cm，求该透镜凸面的曲率半径是多少？如果把该透镜置于某种折射率为 1.6 的透明油中，求其焦距？

**12-9**　在空气($n_1=1.00$)中焦距为 0.10 m 的双凸薄透镜(其折射率 $n=1.50$，两凸面的曲率半径相同)，若令其一面与水($n_2=1.33$)相接，则此系统的焦度改变了多少？

**12-10**　某人的眼镜是折射率为 1.52 的凹凸形的薄凹透镜，曲率半径分别为 0.08 m、0.13 m，求其在空气中的焦距和焦度，以及在水中的焦度。

**12-11**　两个焦距分别为 $f_1=4.0$ cm，$f_2=6.0$ cm 的薄透镜在水平方向先后放置，某物体放在焦距为 4.0 cm 的透镜外侧 8.0 cm 处，求在下列两种情况下其像最后成在何处？(1) 两透镜相距 10 cm；(2) 两透镜相距 1.0 cm。

**12-12**　一个焦距为 10 cm 的凸透镜与一个焦距为 −10 cm 的凹透镜左右放置，相隔 5 cm，某物体最后成像在凸透镜左侧 15 cm 处。求：(1) 此物体放置在何处；(2) 像的大小和性质。

**12-13**　把焦距为 10 cm 的凸透镜和焦距为 −20 cm 的凹透镜紧密贴合在一起，求贴合后的透镜组的焦度？

**12-14**　一人将眼紧靠在焦距为 15 cm 的放大镜去观察邮票，看到邮票的像在 30 cm 远处，问邮票实际距放大镜多远？

**12-15**　显微镜目镜的焦距为 2.50 cm，物镜的焦距为 1.60 cm，物镜和目镜相距 22.1 cm，最后成像于无穷远处。问：(1) 标本应放在物镜前什么地方；(2) 物镜的线放大率是多少；(3) 显微镜的总放大倍数是多少。

# 第13章　波动光学

几何光学基于光线的概念，通过三个基本定律揭示了光的传播和成像规律。但实际上，几何光线并不能反映光的内在属性。19世纪以来，随着杨氏和菲涅耳等人对光的干涉、衍射等现象的深入研究和成功解释，以及麦克斯韦电磁理论的建立，形成了以电磁波理论为基础的波动光学。

本章基于光的电磁理论，详细讨论光的干涉、衍射和偏振现象所遵从的规律及其相关应用。

## 第1节　光　波

### 一、光的电磁理论

**光是电磁波**。实验证明，光在透明介质中的传播速率 $v$ 小于其在真空中的传播速率 $c$。将 $c$ 与 $v$ 的比值定义为该透明介质的**折射率**，即

$$n=\frac{c}{v} \tag{13-1-1}$$

折射率是表征介质光学性质的重要参数，同一介质对不同波长的光表现出不同的折射率。由于电磁波在真空中的传播速率 $c=\frac{1}{\sqrt{\varepsilon_0\mu_0}}$，在介质中的传播速率 $v=\frac{c}{\sqrt{\varepsilon_r\mu_r}}$，其中 $\varepsilon_r$ 为介质的相对介电常量，$\mu_r$ 为相对磁导率，故有

$$n=\sqrt{\varepsilon_r\mu_r} \tag{13-1-2}$$

通常意义上的光波是指能引起人的视觉的电磁波，称为**可见光**，在电磁波谱中的波长范围为400～760 nm，对应的频率范围为 $7.5\times10^{14}\sim3.9\times10^{14}$ Hz。可见光中不同的波长引起人眼的感受不同，产生不同的颜色感觉。可见光的波长、频率与颜色的对应关系如表13-1-1所示。此外，人眼对于可见光中不同波长的光的灵敏度也不一样。在可见光区域中心波长大约为550 nm处，相对灵敏度最高，这种波长的光引起黄绿色的感觉。由此向可见光谱的两端，人眼的相对灵敏度下降。

光波有两个互相垂直的振动矢量，即电场强度 $\boldsymbol{E}$ 和磁场强度 $\boldsymbol{H}$。实验表明，无

**表 13-1-1　可见光七种颜色的波长和频率范围**

| 颜　色 | 中心波长/nm | 波长范围/nm | 中心频率/Hz | 频率范围/Hz |
|---|---|---|---|---|
| 红 | 660 | 760～622 | $4.5\times10^{14}$ | $3.9\times10^{14}\sim4.8\times10^{14}$ |
| 橙 | 610 | 622～597 | $4.9\times10^{14}$ | $4.8\times10^{14}\sim5.0\times10^{14}$ |
| 黄 | 570 | 597～577 | $5.3\times10^{14}$ | $5.0\times10^{14}\sim5.4\times10^{14}$ |
| 绿 | 550 | 577～492 | $5.5\times10^{14}$ | $5.4\times10^{14}\sim6.1\times10^{14}$ |
| 青 | 480 | 492～470 | $6.3\times10^{14}$ | $6.1\times10^{14}\sim6.4\times10^{14}$ |
| 蓝 | 460 | 470～455 | $6.5\times10^{14}$ | $6.4\times10^{14}\sim6.6\times10^{14}$ |
| 紫 | 430 | 455～400 | $7.0\times10^{14}$ | $6.6\times10^{14}\sim7.5\times10^{14}$ |

论是人眼的视觉神经或是照相感光乳胶及光电器件等,对于光的响应都是由于电场而不是磁场所引起的,所以我们选用电场强度 $\boldsymbol{E}$ 来表征光波,并把 $\boldsymbol{E}$ 称为**光矢量**或**电矢量**,$\boldsymbol{E}$ 的振动称为**光振动**。

## 二、光源

### 1. 光源及其发光机理

能发光的物体称为光源。常用的光源可分为普通光源和激光光源两大类。普通光源包括热辐射光源(由热能激发,如太阳、白炽灯等)和非热辐射光源(由电能、光能或化学能激发,如日光灯、气体放电管等)。热辐射光源较为普遍。

按照现代物理理论,分子或原子的能量只能取一系列分立的值,这些能量值称为**能级**。原子的最低能级状态称为基态,其他较高能级状态称为激发态,基态是最稳定的状态。光源中处于低能态的原子在吸收外界能量后,便跃迁到能量较高但不稳定的激发态,很快会自发地从高能态跃迁回较低能态或基态,并把多余的能量以发光的形式辐射出来。普通光源的这种发光机理称为**自发辐射**。自发辐射过程的时间极短,仅持续 $10^{-9}\sim10^{-8}$ s,因此,光源中每个原子每一次发光只是一个持续时间极短、长度有限的光波列。设发光时间为 $\Delta t$,则光波列的长度 $L$ 为

$$L=c\Delta t \tag{13-1-3}$$

一个原子经一次跃迁后,发出一个频率、初位相和振动方向确定的光波列,该原子还可以被激发到较高的能级而再次发光,因而原子发光具有**间歇性**。一般来说,即便先后两次发光的频率相同,其振动方向和初位相也不可能都相同,即原子发光还具有**随机性**。另外,普通光源内,同时有许多原子在发光。原子发光的随机性还表现在,同一时刻不同原子发出的光是完全独立的,频率、振动方向和初位相无任何内在联系。原子发光的间歇性和随机性决定了两个普通光源或同一光源的不同部分发出的光不是相干光,即普通光源不是相干光源。而激光的发光机理与普通光源根本不

同,激光具有亮度高、相干性好等特点。

**2. 单色光、光谱**

只有单一波长成分的光称为**单色光**,否则为**非单色光**。由于光波由一系列持续时间 $\Delta t$ 有限的波列组成,每一波列均不能看做持续时间无限长的单色平面波,所以严格的单色光实际上是不存在的。由傅里叶分析可知,频率为 $\nu$ 的有限长波列可以分解为以 $\nu$ 为中心频率、强度不等的各种不同频率的单色平面波的叠加。可以证明,频率范围 $\Delta\nu$ 与 $\Delta t$ 有如下关系:

$$\Delta\nu \cdot \Delta t = 1 \tag{13-1-4}$$

它表明,波列的持续时间越长,其单色性越好。若波列的持续时间无限长,即 $\Delta t \to \infty$,则波列的长度为无限长,此时 $\Delta\nu \to 0$,表示该波列为真正的单色平面波。

使光源发出的光通过棱镜或其他分光仪器,可将光波中不同频率的光分开,形成**光谱**。光谱中每一波长成分对应的光线称为光谱线(简称谱线),每条光谱线的强度分布所对应的波长范围 $\Delta\lambda$($\lambda$ 表示波长),称为谱线宽度(简称线宽),如图 13-1-1 所示。每种光源都有各自特有的光谱结构,通过对光谱的分析,人们可以对原子、分子的微观结构和化学成分进行研究。

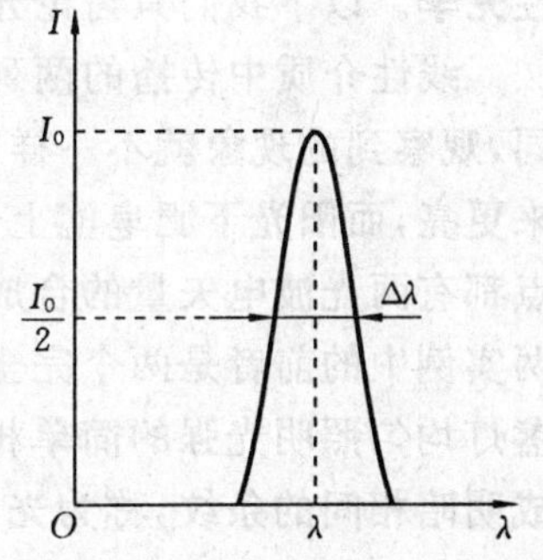


**图 13-1-1 谱线及线宽**

普通光源发出的光是由大量分子或原子所发出的,包含各种不同的波长成分,这种光称为**复色光**。如果光波对应的波长范围很窄,则这种光称为准单色光。由各种可见光波长成分构成的非单色光给人眼的感觉是白色的,称为**白光**。

## 三、光波的描述

由于实际光波都可以看成是若干单色平面光波的叠加,因此,可利用单色平面光波这个简单的模型来描述各种复杂的实际光波。按照波动理论,沿 $x$ 方向传播的单色平面光波的波函数可表示为

$$\boldsymbol{E}(x,t) = \boldsymbol{E}_0 \cos\left(\omega t - \frac{2\pi}{\lambda}x + \varphi_0\right) \tag{13-1-5}$$

式中,$\boldsymbol{E}_0$ 表示光矢量的振幅,$\omega$ 是光波的角频率,$\lambda$ 为光波的波长,$\varphi_0$ 为光波的初位相。

人眼或感光仪器所检测到光的强弱是由光波的平均能流密度决定的,由于平均能流密度正比于光矢量振幅的平方,所以光强 $I \propto E_0^2$。通常我们关心的是光强的相对分布,可设此正比关系中的比例系数大小为 1,则光场中任一点的光强可用该点光矢量振幅的平方表示,即

$$I = E_0^2 \tag{13-1-6}$$

# 第2节 光波的叠加 光程

## 一、光波的叠加和干涉

光波是交变电磁场在空间的传播,与机械波的物理本质完全不同。但是理论和实验研究表明,在真空及某些介质中,光在其中独立传播并服从波的叠加原理。当两列(或多列)光波同时存在时,在它们的交叠区域内每点电矢量的振动是各列光波单独在该点产生振动的合成。服从叠加原理的介质称为**线性介质**,否则为**非线性介质**。违反叠加原理的效应称为**非线性效应**,研究光波的各种非线性效应的学科称为**非线性光学**。以下我们只讨论光波在线性介质中的传播特性。

线性介质中传播的两列光波在某一区域相遇时,它们相互叠加。若叠加条件不同,观察到的现象就不一样。例如,房间里两盏灯光照在同一物体上只会使物体看起来更亮,而阳光下肥皂泡上却呈现出五彩缤纷的颜色。细致一点考察,交叠区的每一点都有两光波电矢量的合成,合成光波的强度分布决定了我们所观察的结果。上述两实例中的前者是两个完全独立的光源所发出光波的叠加,叠加后的光强相当于两盏灯均匀照明光强的简单相加;后者是由于光波的相干叠加而引起光强重新分布,形成明暗相间的条纹,称为**光波的干涉**。

既然并不是任意两列光波都可以观察到干涉现象,那么要产生光的干涉现象,相遇的光波必须满足什么条件呢?

## 二、非相干叠加 相干叠加和相干条件

光的干涉本质上是波的干涉。因此,要产生光的干涉现象,相互叠加的两列光波必须满足波的相干条件,即频率相同、振动方向相同、位相差恒定。下面以两个单色平面光波的叠加为例,讨论产生干涉现象的条件。

如图13-2-1所示,设 $S_1$、$S_2$ 是两个频率相同的光源,任意场点 $P$ 离两光源的距离分别为 $r_1$ 和 $r_2$,设 $S_1$、$S_2$ 在 $P$ 点引起的光振动分别为

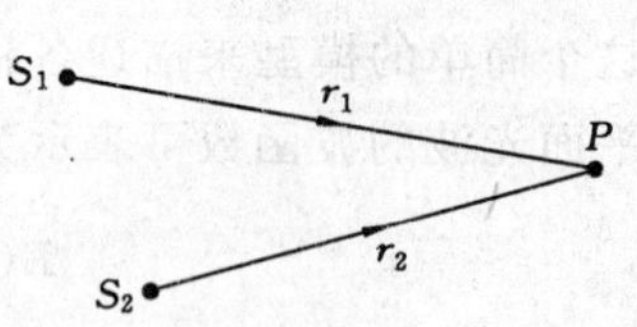

$$E_1=E_{10}\cos\left(\omega t-\frac{2\pi}{\lambda}r_1+\varphi_{10}\right)$$

$$E_2=E_{20}\cos\left(\omega t-\frac{2\pi}{\lambda}r_2+\varphi_{20}\right)$$



**图13-2-1 两光波的叠加**

式中,$E_{10}$、$\varphi_{10}$ 和 $E_{20}$、$\varphi_{20}$ 分别为两光源光矢量的振幅和初位相,且两光振动方向相同。根据波的叠加原理,$P$ 点的光振动是两光波分别在该点引起的光振动的叠加,即

$$E=E_1+E_2 \tag{13-2-1}$$

这是两个同方向、同频率的简谐振动合成问题。由式(11-2-1)可知,两光波叠加后,

$P$ 点合成光矢量的振幅 $E$ 表示为

$$E^2 = E_{10}^2 + E_{20}^2 + 2E_{10}E_{20}\cos\Delta\varphi \tag{13-2-2}$$

式中，

$$\Delta\varphi = -\frac{2\pi}{\lambda}(r_2 - r_1) + (\varphi_{20} - \varphi_{10}) \tag{13-2-3}$$

为两光振动在 $P$ 点的位相差。由表 13-1-1 可知，光波的频率极高（周期极短），因而在人眼或其他常用光探测器的观测时间 $\tau$ 内，两光波在相遇区引起的叠加波振动已经经历了上百万亿个周期。这样，我们所观察到的光强实际上是在较长时间 $\tau$ 内的平均强度，即

$$\begin{aligned} I = \overline{E^2} &= \frac{1}{\tau}\int_0^{\tau}(E_{10}^2 + E_{20}^2 + 2E_{10}E_{20}\cos\Delta\varphi)\,\mathrm{d}t \\ &= I_1 + I_2 + 2\sqrt{I_1 I_2}\ \overline{\cos\Delta\varphi} \end{aligned} \tag{13-2-4}$$

式中，$2\sqrt{I_1 I_2}\ \overline{\cos\Delta\varphi}$ 称为干涉项，它与 $\Delta\varphi$ 即两光波的初位相 $\varphi_{10}$，$\varphi_{20}$ 和空间 $P$ 点的位置及传播光波的介质有关。干涉项的取值决定了两光波叠加的性质和光强的空间分布。下面分两种情况讨论。

**1. 非相干叠加**

由于普通光源中分子或原子发光的间歇性和随机性，在观测时间 $\tau$ 内，来自两个独立光源的两束光引起叠加处光振动的位相差 $\Delta\varphi$ 随时间快速变化，以致 $\Delta\varphi$ 将以相同的概率取 $0\sim 2\pi$ 之间的一切数值。所以，干涉项中 $\overline{\cos\Delta\varphi}=0$，此时，式(13-2-4)简化为

$$I = I_1 + I_2 \tag{13-2-5}$$

即两独立光源发出的光在叠加区域的光强为各光波光强的**非相干叠加**（简单叠加），不会发生干涉现象。

**2. 相干叠加**

如果两束光在光场中各点的位相差 $\Delta\varphi$ 取恒定值，即 $\Delta\varphi$ 与时间无关，则干涉项中 $\overline{\cos\Delta\varphi} = \cos\Delta\varphi$，于是在相遇的 $P$ 点处叠加后的光强为

$$I = I_1 + I_2 + 2\sqrt{I_1 I_2}\cos\Delta\varphi \tag{13-2-6}$$

因为 $\Delta\varphi$ 恒定，干涉项 $2\sqrt{I_1 I_2}\cos\Delta\varphi$ 取确定值，则 $P$ 点的光强将取始终不变的确定值。由式(13-2-3)可知，叠加区域的不同位置一般有不同的 $\Delta\varphi$，而 $\cos\Delta\varphi$ 可在 $+1$ 和 $-1$ 之间变化，导致在叠加区域内形成了一个强弱稳定的光强分布图样，这就是光的干涉现象，相应的光波称为**相干光**，它们的叠加称为**相干叠加**。考虑到位相函数的周期性，干涉图样应是一组明暗相间的**干涉条纹**。对于叠加区域中位相差相同的点，由于它们的光强相等，它们形成同一条纹，因此干涉条纹实际上是光场中位相差等值线的反映。

由式(13-2-6)，不难得到干涉极大（即明条纹中心）和干涉极小（即暗条纹中心）满足的条件为

$$\Delta\varphi=\begin{cases}\pm 2k\pi & \text{明纹}\\ \pm(2k+1)\pi & \text{暗纹}\end{cases}\quad (k=0,1,2,\cdots) \tag{13-2-7}$$

相应的明纹光强和暗纹光强为

$$\begin{cases}I_{max}=I_1+I_2+2\sqrt{I_1I_2} & \text{明纹}\\ I_{min}=I_1+I_2-2\sqrt{I_1I_2} & \text{暗纹}\end{cases} \tag{13-2-8}$$

若两光波的强度相等,即 $I_1=I_2$,则干涉图样的强度分布为

$$I=4I_1\cos^2\frac{\Delta\varphi}{2} \tag{13-2-9}$$

即光强分布随位相差周期变化,如图 13-2-2 所示,图中虚线表示两光波的非相干叠加,实线表示相干叠加。

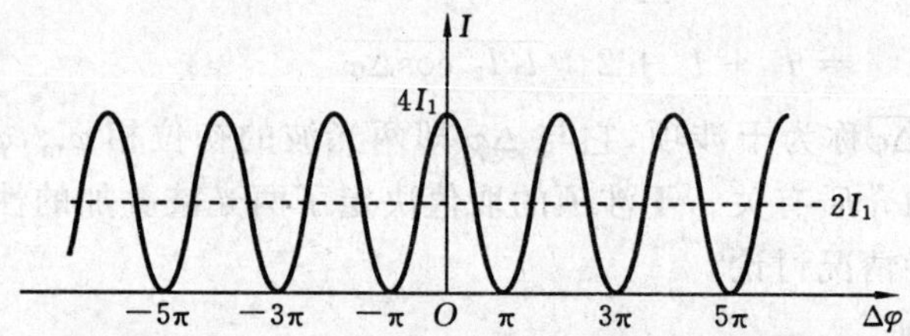


**图 13-2-2 两光叠加时光强随位相差的变化**

为了描述干涉图样的清晰程度,通常引入衬比度(对比度或反衬度)的概念,其定义为

$$V=\frac{I_{max}-I_{min}}{I_{max}+I_{min}} \tag{13-2-10}$$

式中,$I_{max}$ 和 $I_{min}$ 分别表示干涉图样中相邻明纹和暗纹中心的极值强度。一般地,$0\leqslant V\leqslant 1$,当两束相干光波叠加时,利用式(13-2-8)可得干涉图样的衬比度为

$$V=\frac{2\sqrt{I_1I_2}}{I_1+I_2}=\begin{cases}1 & (I_1=I_2\neq 0)\\ 0 & (I_1\text{ 或 }I_2=0)\\ <1 & (I_1\neq I_2,\text{且 }I_1\neq 0,I_2\neq 0)\end{cases} \tag{13-2-11}$$

由此可见,两束光波的强度越接近,衬比度就越大,干涉条纹就越清晰。因此,在观察双光束干涉时,应尽量设法使它们的光强相等。

**3. 相干条件及相干光的获取**

综上所述,产生光的干涉的必要条件为:

(1) 各光波的频率相等;

(2) 各光振动存在相互平行的振动分量;

(3) 各光振动之间的位相差保持稳定。

以上条件称为**相干条件**,相干光即是满足相干条件的光波,产生相干光的光源称为**相干光源**。

由光源的发光机理可知,普通光源发出的光波是由一系列有限长的波列组成的,

这些波列的频率一般不相同，光振动的方向及位相差随时间随机地快速变化，在观测时间内干涉项恒为零，所以普通光源或同一普通光源的不同部分发出的光波是不相干的。为了利用普通光源获得相干光，可人为地把同一列光波分解成两束，使之经历不同的路径再相遇叠加。由于这两束光来自同一光波列，它们必然是满足光的相干条件的相干光，在叠加区域内就将产生干涉现象。通常由普通光源获得相干光的方法有分波阵面法和分振幅法两种，据此已制成了众多的干涉装置。

## 三、光程

在波的干涉中，我们已了解了波程的概念。对光波而言，同等重要的是**光程**的概念。因为光学中经常需要研究光在透明介质中的传播情况，特别是在光的干涉现象的分析中需要计算经过不同介质传播的相干光相遇时的位相差，此时引入光程就会相当方便。

我们知道，单色光无论在哪种介质中传播，其频率 $\nu$ 始终等于光源的频率，但在不同介质中的传播速度是不同的。若光在真空中的传播速度为 $c$，在真空中的波长为 $\lambda=\dfrac{c}{\nu}$，则在折射率为 $n$ 的介质中的传播速度为 $v=\dfrac{c}{n}$，在介质中的波长则为 $\lambda_n=\dfrac{\lambda}{n}$。

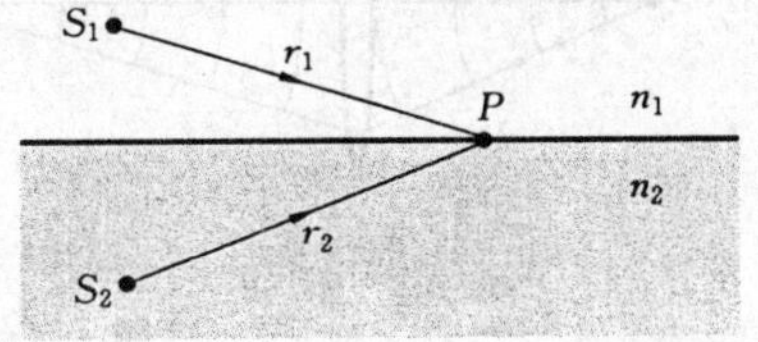

**图 13-2-3　两相干光在不同介质中传播**

设从初位相相同的相干光源 $S_1$ 和 $S_2$ 发出两束相干光，分别在折射率为 $n_1$ 和 $n_2$ 的介质中传播，如图 13-2-3 所示，则两相干光分别引起介质分界面上的相遇点 $P$ 的光振动的位相差为

$$\Delta\varphi=\frac{2\pi r_2}{\lambda_2}-\frac{2\pi r_1}{\lambda_1}=\frac{2\pi}{\lambda}(n_2r_2-n_1r_1) \tag{13-2-12}$$

式中，$r_1$ 和 $r_2$ 分别为两光源 $S_1$ 和 $S_2$ 到空间相遇点 $P$ 的几何距离。由式(13-2-12)可以看出，在光通过不同介质时计算其位相差，若统一用真空中的光波波长 $\lambda$，则只需将相应介质中的几何路程 $r$ 换成 $nr$ 即可。

**光波在某一介质中所经几何路程与介质折射率之积称为光程**。若一单色光通过折射率分别为 $n_1$、$n_2$、$n_3$ 的三种介质，几何路程分别为 $d_1$、$d_2$、$d_3$，则总光程为 $n_1d_1+n_2d_2+n_3d_3$。根据光程定义，可将光在折射率为 $n$ 的介质中通过的几何路程 $r$ 按相同的位相变化折算成真空中的几何路程 $nr$。这样，通过不同介质的一束单色光，其传播方向上两点间的位相变化均可用真空中的几何路程表示。

按光程定义，真空中 $n=1$，光程就是其几何路程。由于空气中 $n\approx1$，因而实际中常把光在空气中的传播近似看做在真空中的传播。

若用 $\delta=n_2r_2-n_1r_1$ 表示光程差，则由式(13-2-12)得位相差和光程差的关系为

$$\Delta\varphi=\frac{2\pi}{\lambda}\delta \tag{13-2-13}$$

应该注意的是,不论光在什么介质中传播,上式中的 $\lambda$ 总是光在真空中的波长。

利用光程概念,由式(13-2-7)和式(13-2-13)得到,初位相相同的两相干光源发出的光在空间相遇时,其干涉极大、极小条件可由光程差表示,即

$$\delta=\begin{cases}\pm k\lambda & \text{明纹}\\ \pm(2k+1)\dfrac{\lambda}{2} & \text{暗纹}\end{cases}\quad (k=0,1,2,\cdots) \tag{13-2-14}$$

透镜是我们经常见到的光学仪器,使用透镜涉及光波在不同介质中的传播。把一束光看做是由许多连续分布的光线组成的,当它们通过透镜后,会有附加的光程差吗?

我们知道自物点发出的光束经透镜后能会聚成一实像,这一事实表明:使用光学仪器成像后,物点和像点之间各光线的光程都相等,这就是**物像之间的等光程性**,亦即当我们使用透镜改变光波的传播情况时,对各光线不会产生附加的光程差,如图 13-2-4 所示。

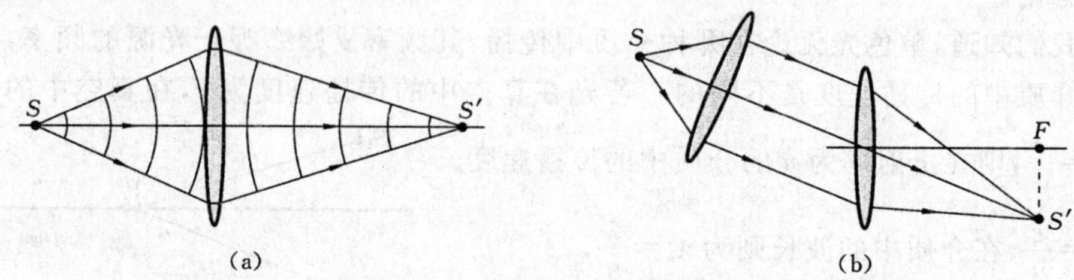


**图 13-2-4　物像之间的等光程性**

# 第 3 节　分波阵面干涉

从一点光源发出的光波的同一波阵面上设法分离出两部分,这两部分具有相同的位相,按照惠更斯原理,它们可视为新的光源。无论点光源发出的光的位相如何变化,分离出而得到的两新光源位相差恒为零。它们是相干光源,各自发出的光波在相遇区域会产生干涉。这类干涉现象称为**分波阵面干涉**。

## 一、分波阵面干涉

下面介绍几种分波阵面干涉实验。

### 1. 杨氏实验

英国物理学家托马斯·杨(Thomas Young)于 1801 年所做的杨氏实验,第一次验证了光的波动说,是导致光的波动理论被普遍接受的一个决定性实验。托马斯·杨由此实验计算出光的波长,这是这个物理量的最早测定。

杨氏实验装置如图 13-3-1 所示。用单色强光源照射针孔 $S$,$S$ 可视作点光源,发出的光照到另两个小针孔 $S_1$ 和 $S_2$ 上,$S$ 与 $S_1$、$S_2$ 的距离相等。由于 $S_1$ 和 $S_2$ 处于同一波阵面上的不同部分,它们作为子波源是相干的。在距离双孔 $D$ 处的屏上可

以观测到一组近乎平行的明暗相间的干涉条纹。后来，人们用三个平行狭缝代替小孔，由于狭缝可看做许多点光源，各点光源产生的干涉条纹都与狭缝平行，条纹明暗位置一样，因而它们重叠(非相干叠加)后使条纹的强度显著增加，这就是以柱面波代替球面波的**杨氏双缝实验**。若用激光光源，利用其相干性好和亮度高的特点，直接用激光束照射双孔，即可形成清晰明亮的干涉条纹。

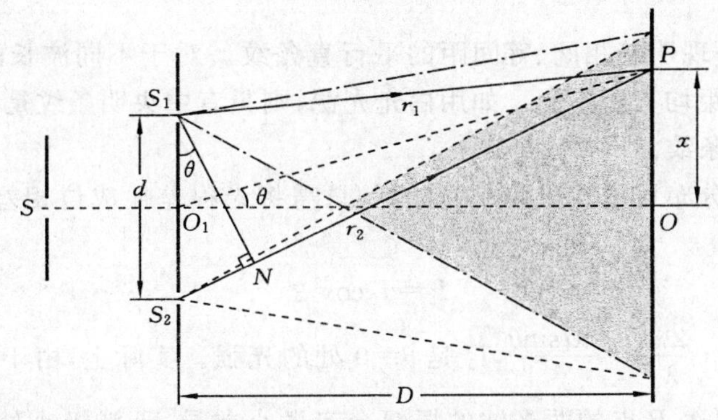


**图 13-3-1 杨氏双缝干涉实验**

令 $S_1$ 与 $S_2$ 之间的距离为 $d$，它们的中垂线 $O_1O$ 交观察屏于 $O$ 点，整个系统置于空气($n\approx1$)中。现考察屏上任一点 $P$，设 $P$ 点到 $O$ 点的距离为 $x$，到 $S_1$，$S_2$ 的距离分别为 $r_1$ 和 $r_2$，$\angle PO_1O=\theta$。在实验中，$d$ 的大小一般在毫米以下，而 $D$ 可达到米的量级，即 $d\ll D$。此外，通常只是在屏中心附近 10 条左右的条纹才亮到足以可见，所以在可观测范围内，可设 $x\ll D$，即 $\theta$ 很小。因此，可近似认为 $S_1P$，$S_2P$ 和 $O_1P$ 相互平行。过 $S_1$ 作 $S_2P$ 的垂线交 $S_2P$ 于 $N$，则两同相相干光源 $S_1$，$S_2$ 到 $P$ 点的光程差为

$$\delta=r_2-r_1\approx\overline{S_2N}=d\sin\theta\approx d\tan\theta=\frac{dx}{D}$$

根据干涉条件，当 $P$ 点是明纹时，有

$$\delta=\frac{dx}{D}=\pm k\lambda\quad(k=0,1,2,\cdots)$$

或

$$x=\pm k\frac{D}{d}\lambda\quad(k=0,1,2,\cdots)\tag{13-3-1}$$

式中，$k$ 称为条纹的级数。$k=0$ 为零级明纹，即中央明纹。$k=1$ 为一级明纹，它有两条，分布在中央明纹两侧，等等。

当 $P$ 点是暗纹时，有

$$\delta=\frac{dx}{D}=\pm(2k+1)\frac{\lambda}{2}\quad(k=0,1,2,\cdots)$$

或

$$x=\pm(2k+1)\frac{D}{2d}\lambda\quad(k=0,1,2,\cdots)\tag{13-3-2}$$

各级暗纹均为两条,相对于中央明纹对称分布。相邻两明纹或暗纹的间距相等,且均为

$$\Delta x=\frac{D}{d}\lambda \tag{13-3-3}$$

上式表明条纹间距与级次无关。实验中,可由测出的 $\Delta x$, $D$ 和 $d$ 的值求得光波的波长。

总之,屏上呈现明暗相间、等间距的平行直条纹。对于不同波长的单色光,干涉条纹的位置和间距均有所不同。如用白光光源,则只有中央明条纹是白色的,两侧为由紫到红的彩色条纹。

屏上的光强分布可由式(13-2-9)计算,只需将光程差换成位相差代入即可。表示式为

$$I_\theta=I_0\cos^2\beta \tag{13-3-4}$$

式中,$\beta=\frac{\Delta\varphi}{2}=\frac{1}{2}\cdot\frac{2\pi}{\lambda}\delta=\frac{\pi d\sin\theta}{\lambda}$,$I_0$ 是 $\theta=0$ 处的光强。实际上,由于两缝到 $P$ 点的距离不同,因此到达 $P$ 点的两光波的振幅会有微小差异,干涉极小处的合成振幅不会严格为零。

如果在双缝后面置一透镜,干涉条纹会呈现在透镜的焦平面上。置屏幕于焦平面处,如图 13-3-2 所示,狭缝 $S_1$、$S_2$ 的光到屏上一点 $P$ 的光程差为 $\delta=d\sin\theta$,即仍有 $\delta=\frac{dx}{D}$近似成立。

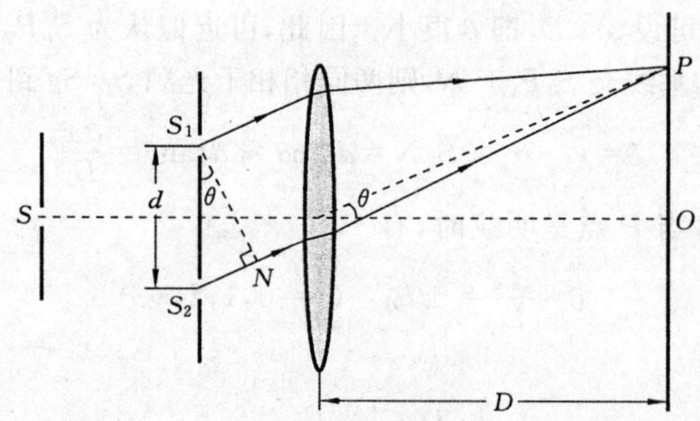


图 13-3-2 使用透镜的杨氏双缝干涉实验

这与无透镜时相比,在相同假设下所得结果完全吻合。因而在接收屏较远时,杨氏双缝干涉条件一般均可表示为

$$\delta=d\sin\theta$$

$$\delta=\begin{cases}\pm k\lambda & \text{明纹}\\ \pm(2k+1)\dfrac{\lambda}{2} & \text{暗纹}\end{cases}\quad(k=0,1,2,\cdots) \tag{13-3-5}$$

**【例题 13-1】** 杨氏双缝实验中,以氦氖激光束($\lambda=632.8$ nm)照射双缝,在离双

缝 2 m 远的屏上得到间距为 2.4 mm 的干涉条纹，求两缝之间的距离。

**解**　两相邻明纹间距为 $\Delta x=\frac{D}{d}\lambda$，所以

$$d=\frac{D\lambda}{\Delta x}=\frac{2\times 632.8\times 10^{-9}}{2.4\times 10^{-3}}\ \mathrm{m}=5.27\times 10^{-4}\ \mathrm{m}$$

计算所得数量级表明实际双缝的间距很小，它远远小于屏与双缝的距离。

**【例题 13-2】**　杨氏双缝实验中，入射光的波长为 $\lambda$，现将一厚度为 $l$、折射率为 $n$ 的透明介质薄片放在 $S_2$ 缝后，问干涉条纹将如何移动？如果观察到零级明纹移到原来的 $k$ 级明纹处，求介质的厚度 $l$。

**解**　如图 13-3-3 所示，原来没有介质时，从 $S_1$ 和 $S_2$ 发出的光波，到达屏上观测点 $P$ 的光程差为 $\delta=r_2-r_1$；$S_2$ 后放入透明介质后，$P$ 点的光程差为

$$\delta'=(r_2-l+nl)-r_1=r_2-r_1+(n-1)l$$

即介质的引入使 $P$ 点的光程差改变了 $\delta'-\delta=(n-1)l$，光程差的改变即意味着条纹的变化。考察对应光程差为零的零级明纹，有介质时，由 $\delta'=0$ 得其位置满足

$$r_2-r_1=-(n-1)l<0 \qquad ①$$

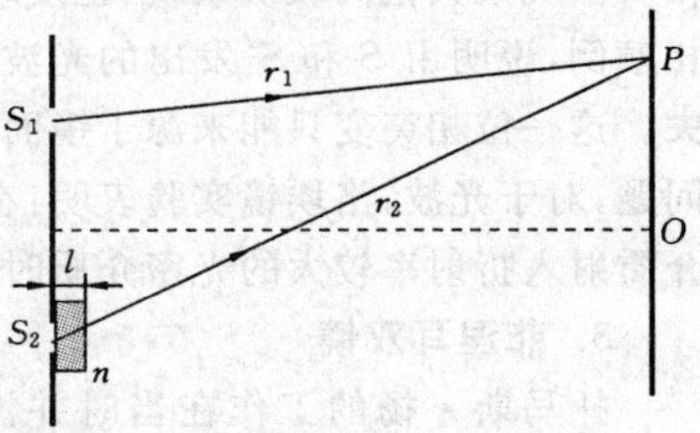

图 13-3-3　例题 13-2 图

与原来零级明纹所满足的 $\delta=r_2-r_1=0$ 对比可知，$S_2$ 后有介质时，零级明纹将向屏的下方移动。结合式(13-3-3)分析可知，介质的引入不会改变相邻条纹的间距，因此，移过屏上任一可观察点的条纹数目均相等，即 $S_2$ 后引入介质将使条纹整体向下平移。

原来没有介质时，$k$ 级明纹的位置满足

$$r_2-r_1=k\lambda \qquad ②$$

依题意，观察到零级明纹移到原来的 $k$ 级明纹处，即式①和式②必须同时满足，于是得

$$l=-\frac{k\lambda}{n-1}$$

式中，$k$ 为负整数。

本例提供了一种测量透明介质折射率的方法。

**2. 洛埃镜**

洛埃(H. Lloyd)镜装置主要是一平面反射镜，如图 13-3-4 所示。与纸面垂直的狭缝光源 $S$ 发出的光波，一部分直接投射到屏 E 上，另一部分掠入射到平面镜 $MN$ 上，反射后与直射光波交叠。由于这两束光是由分割波阵面得到的，它们是相干光，在交叠区域将发生干涉，屏 E 上的 $AB$ 区间呈现明暗相间的干涉条纹。由于反射光可看成是光源 $S$ 对平面镜 $MN$ 所成的虚像 $S'$(虚光源)发出的，故干涉条纹的具体分布可由 $S$ 和 $S'$ 到屏上交叠区的光程差确定。

如果把屏幕 E 推近平面镜，置于 E′位置，由于 $S$ 和 $S'$ 到接触点 $N$ 的路程相等，

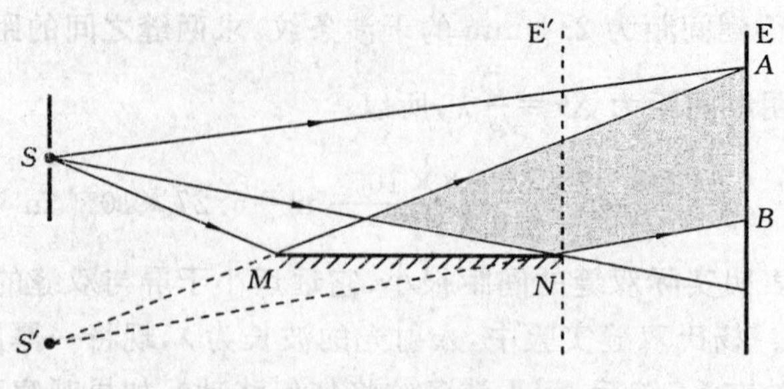


图 13-3-4 洛埃镜实验

在 $N$ 处似乎应出现明纹,但实验发现 $N$ 处出现的是暗纹,表明两光波在 $N$ 处的位相相反。观察其他高级次条纹,也发现实际明暗条纹中心的位置和预期的位置正好互相颠倒,说明由 $S$ 和 $S'$ 发出的光波在空间传播时有 $\pi$ 的位相突变,即产生了**半波损失**。这一位相突变只能来源于镜面反射。在第 11 章中已讨论过机械波的半波损失问题,对于光波,洛埃镜实验表明:在正入射和掠入射情况下,光自折射率较小的光疏介质射入折射率较大的光密介质时,反射光会产生半波损失。

**3. 菲涅耳双镜**

托马斯·杨的工作在当时并没有得到普遍承认。1818 年,法国物理学家菲涅耳(A. Fresnel)做了双平面反射镜和双棱镜透射实验,进一步证明了光有干涉现象,并得到了普遍承认。菲涅耳双平面反射镜是利用两个平面镜的反射把波阵面分开,它的装置示意图如图 13-3-5 所示。

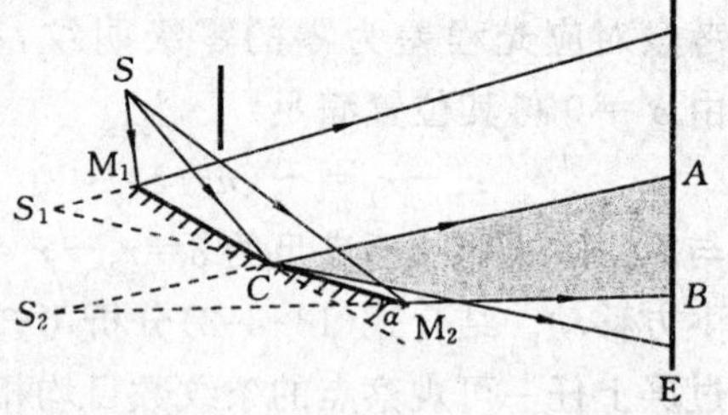


图 13-3-5 菲涅耳双面镜实验

$M_1$ 和 $M_2$ 是一对紧靠着且夹角 $\alpha$ 很小的平面反射镜。狭缝光源 $S$ 之缝方向与两平面镜交线 $C$ 平行。$S$ 发出的光波经两镜面反射而被分割为两束,两反射光在空间有部分交叠。图中接收屏 E 上的交叠区会形成等间距的平行干涉条纹。设 $S$ 对 $M_1$ 和 $M_2$ 的虚像分别为 $S_1$ 和 $S_2$,屏上的干涉图样可以看做是由相干的虚像光源 $S_1$ 和 $S_2$ 发出的光波干涉所产生。因而在这类问题的计算中,屏上交叠区的光强分布可由 $S_1$ 和 $S_2$ 到屏上该处的光程差确定,其方法类似于杨氏双缝实验。

## 二、时间相干性和空间相干性

普通光源发光的间歇性使得每一列光波都是非单色光,这就导致了光的时间相干性。此外,由于实际光源总有一定的大小,而光源中不同部分所发出的光是彼此独立的非相干光,这导致了光的空间相干性。时间相干性和空间相干性问题存在于所有的干涉现象中,下面以杨氏双缝干涉实验为例分别加以说明。

**1. 时间相干性**

如图 13-3-6 所示,发自 $S$ 的每个波列,被双缝 $S_1$、$S_2$ 分成两束相干光。对于屏

幕的中心 $O$ 点，两光波所经历的光程相等，即它们的传播时间相等，$O$ 点是干涉加强的明条纹。

当从 $S_1$、$S_2$ 分出的两束光波在 $O$ 点以外的其他位置交叠时，由于两束光的光程不同，传播时间也不相等。若两光路的光程差 $\delta=r_2-r_1<L$（$L$ 为波列的长度），由同一波列分出的两分光束可以相遇叠加（见图 13-3-6(a)），这时将发生干涉。若 $\delta=L$，同一波列分出的两分光束刚好错开（见图 13-3-6(b)），在点 $P_2$ 处交叠的是来自 $S$ 的不同波列，它们的叠加为非相干叠加，则点 $P_2$ 处不会出现干涉条纹。进一步分析可知，当光程差 $\delta>L$ 时，由同一波列分出的两光波将完全错开而不能产生干涉现象（见图 13-3-6(c)）。

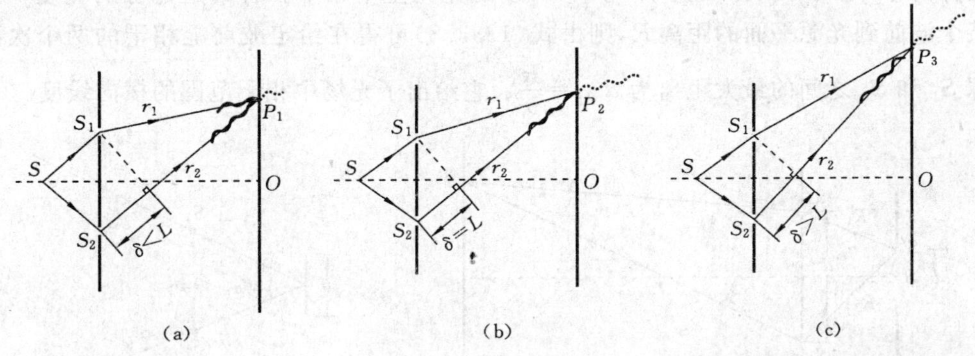


**图 13-3-6 时间相干性**

这种由于两光路的光程相差过大，或者说光波经历两光路所用时间相差过大，而导致的不相干现象，称为**光的时间相干性**。$L$ 称为光的相干长度，相应的传播时间 $\tau_0=\frac{L}{c}$ 称为**相干时间**。由式(13-1-3)和式(13-1-4)可得

$$L=\frac{c}{\Delta\nu}=\frac{\lambda^2}{\Delta\lambda} \tag{13-3-6}$$

上式表明了相干长度与光谱线宽度及波长宽度之间的关系。光谱线的单色性越好（即频带越窄），波列就越长，时间相干性就越好。

普通单色光源如钠光灯、镉灯、水银灯等，光波的波长宽度为 $10^{-12}\sim10^{-10}$ m，所以相干长度数量级为 0.1～10 cm。激光的相干长度可达 $10^5$ m，是非常好的相干光。

**2. 空间相干性**

如图 13-3-7 所示，设缝光源 $S$ 的宽度为 $b$，其中心用 $S$ 表示，上沿用 $S'$ 表示。由中心 $S$ 发出的光到达双缝 $S_1$ 与 $S_2$ 的光程相等，而由边缘 $S'$ 发出的光到达双缝 $S_1$ 与 $S_2$ 的光程不相等，当 $b\ll R$ 时，该光程差为

$$\delta_b=R_2-R_1\approx\frac{R_2^2-R_1^2}{2R}$$

$$=\frac{R^2+\left(\frac{d}{2}+\frac{b}{2}\right)^2-R^2-\left(\frac{d}{2}-\frac{b}{2}\right)^2}{2R}=\frac{bd}{2R} \tag{13-3-7}$$

显然，对于观察屏上的任一点 $P$，光源 $S$ 的中心所发的光与边缘所发的光都会产生附加光程差 $\delta_b$。若 $\delta_b=\frac{\lambda}{2}$，则 $S'$ 与 $S$ 各自发出的光经双缝后在屏幕上形成的两套干涉条纹明暗刚好相反，同时光源的上半部分各点产生的条纹恰与下半部分对应点产生的条纹也明暗相反，从而导致条纹消失，即条纹的衬比度为零。定义此时的光源宽度为光源的极限宽度，用 $b_0$ 表示，则有

$$\frac{b_0 d}{2R}=\frac{\lambda}{2} \quad \text{或} \quad b_0=\frac{R}{d}\lambda \tag{13-3-8}$$

上式表示，当 $b<b_0$ 时，屏幕上会出现清晰的干涉条纹，而当 $b$ 达到 $b_0$ 时，条纹的衬比度降为零，此时可认为双缝 $S_1$ 与 $S_2$ 所发的光完全不相干。若给定光源的宽度 $b$ 和某个波前到光源平面的距离 $R$，则由式(13-3-8)可得在给定波前上相干的两个次波源 $S_1$ 和 $S_2$ 之间的最大距离为 $d_{\max}=\frac{R}{b}\lambda$，它给出了光场中相干范围的横向线度。

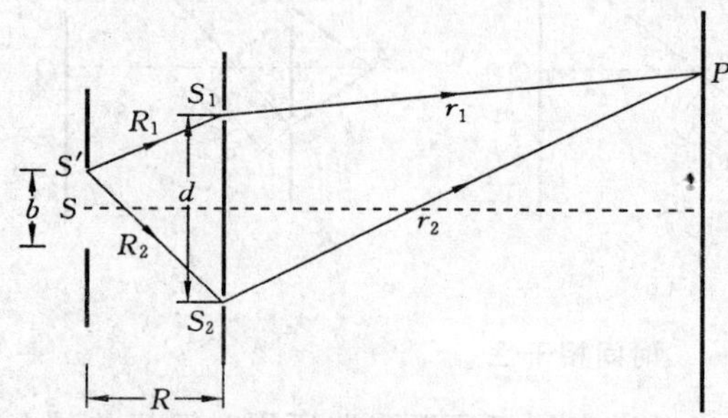


图 13-3-7　光源宽度对干涉条纹的影响

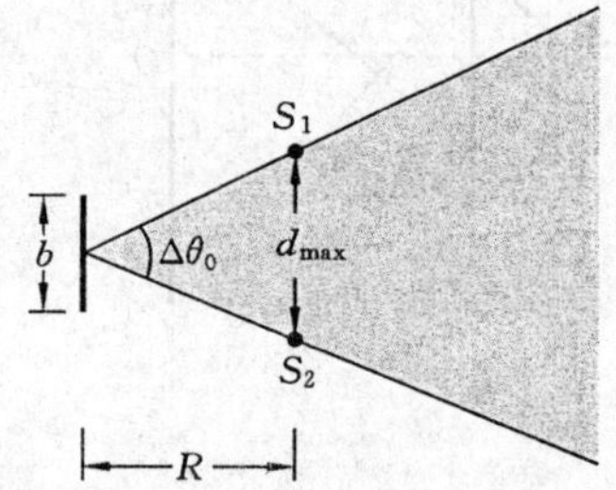


图 13-3-8　光的空间相干性
(阴影部分表示相干区域)

以上分析表明，一般来说，对于宽度为 $b$ 的光源，只有在其波前的一定范围内提取出的两个次波源才是相干的，这便是**光的空间相干性**。光的空间相干性可通过相干孔径角来表征，如图 13-3-8 所示，其大小定义为相干次波源的最大间距对光源中心的张角，即

$$\Delta\theta_0 \approx \frac{d_{\max}}{R}=\frac{\lambda}{b} \tag{13-3-9}$$

由上式可知，光源的线宽度越小，其相干孔径角越大，光源的空间相干性越好。点光源的空间相干性最大，其光场中各点都是完全相干的；激光可近似视为点光源，故它具有很好的空间相干性。

## 第 4 节　分振幅干涉

除了分波阵面可得到相干光外，还可以把一列光波进行振幅分解，从而得到相干光。从能量的观点看，光波投射到介质表面时，它所携带的能量一部分被反射，一部

分被折射。光波的能量又正比于振幅的平方，所以光在介质表面的反射和折射，可以看做是对入射光波振幅的某种分解。分解而得的反射光与折射光是相干的。当透明介质的两个表面对入射光波依次反射时，第一表面反射的光与第二表面反射后又透射的光是相干光，它们在同一区域相遇会发生干涉，这称为**分振幅干涉**。至于在同一区域出现的反射两次以上的光，由理论计算可知其强度已经大大减弱，因而可以忽略不计。在透明介质的透射方向也会产生分振幅干涉现象。

一般来说，透明介质的两个表面可以互相平行，也可以有一定的夹角。考虑到时间相干性，为了得到干涉图样，介质层必须很薄，所以这类干涉通常又称为**薄膜干涉**。生活中所见的水面油膜、肥皂泡及其他透明薄膜在光照下所呈现的美丽色彩就是这种分振幅薄膜干涉的结果。下面，我们分别就两种情况进行讨论。

## 一、等倾干涉

由**两表面平行的薄膜**所得到的干涉称为**等倾干涉**。因常见的光源多是有一定宽度的扩展光源，它由许多点光源构成，各点光源发出的光波被薄膜表面分振幅从而产生干涉，所以整个单色扩展光源就可以在较大区域内得到明亮的干涉图样。图 13-4-1 表示扩展光源 $S$ 照射两表面平行的薄膜。光源 $S$ 中任一部位 $S_1$ 发出的倾角为 $\theta$ 的一束光 1 在两表面反射后，在薄膜上部形成两平行光 2 和 3，它们是相干光，干涉后干涉图样出现在无穷远处。如果我们用透镜来观察，干涉图样将出现在透镜的焦平面上。

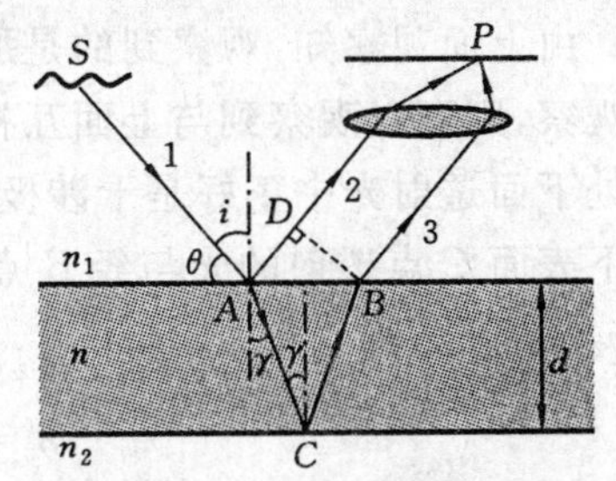


**图 13-4-1　扩展光源入射两表面平行的薄膜**

由图 13-4-1 计算光线 2 和 3 经透镜会聚于 $P$ 点后它们间的光程差，就可确定干涉图样的特征。过 $B$ 点作光线 2 的垂线 $BD$，据物像间的等光程性可知，$B$ 到 $P$ 与 $D$ 到 $P$ 的光程相等。设薄膜的折射率为 $n$，两边介质的折射率分别为 $n_1$、$n_2$，且 $n_1<n<n_2$，显然图中所示的两界面的反射光均有半波损失，因而光线 2 和 3 之间没有因反射而引起的附加光程差。它们间的光程差为

$$\delta=n(\overline{AC}+\overline{BC})-n_1\,\overline{AD} \tag{13-4-1}$$

设入射角和折射角分别为 $i$ 和 $\gamma$，薄膜厚度为 $d$，由折射定律和几何关系可得

$$n_1\sin i=n\sin\gamma,\quad \overline{AC}=\overline{BC}=\frac{d}{\cos\gamma}$$

$$\overline{AD}=\overline{AB}\sin i=2d\tan\gamma\sin i$$

于是

$$\delta=2nd\cos\gamma=2d\sqrt{n^2-n_1^2\sin^2 i} \tag{13-4-2}$$

按干涉条件，此光程差若为波长的整数倍，则在 $P$ 点出现干涉亮点；若为半波长的奇数倍，则在 $P$ 点出现干涉暗点。由式(13-4-2)可看出，光程差是入射角的函数，或者说依赖于入射光线的倾角。当倾角变化时，光线 2 和 3 会聚于焦平面的不同点处，各

处的光程差也不一样,因而出现明暗相间的干涉条纹。

在纸平面上,单色光源上的各部位向薄膜发出的同向入射光由于具有相同的倾角 $\theta$,它们两次反射后经透镜均会聚于 $P$ 点,光程差又都为 $2d\sqrt{n^2-n_1^2\sin^2 i}$,因而使各干涉点变得更加明晰。考虑光源 $S$ 上的各部位向空间各个方向发光:同一倾角的光均经两表面反射后会聚,且光程差相同,在空间会形成一圆形干涉条纹。不同倾角的光在透镜焦面被会聚于不同处,因而得到一组明暗相间的圆环形干涉条纹。正是由于**倾角相等的光对应同一条纹**,所以这种薄膜干涉被称为**等倾干涉**。干涉条件为

$$\delta=2d\sqrt{n^2-n_1^2\sin^2 i}=\begin{cases}k\lambda & \text{明纹}\quad(k=1,2,\cdots)\\(2k+1)\dfrac{\lambda}{2} & \text{暗纹}\quad(k=0,1,2,\cdots)\end{cases}\tag{13-4-3}$$

式中,$\lambda$ 是光在真空中的波长。

如果用白光照射薄膜,在同样倾角条件下,各波长的光干涉的极大、极小互不相同。由上面观察知,观察到的是那些反射加强的光,即一组彩色条纹。如果在薄膜下面观察,则可以观察到与上面互补的一组条纹。即某波长在某处上面干涉为极小,在该处下面透射光中正好是干涉极大。由图 13-4-1 可以得到透射光的干涉条件,直接从下表面 $C$ 点透射的光与经 $B$ 点反射又透过下表面的光在薄膜下部干涉,按 $n_1<n<n_2$ 的假设,光程差

$$\delta'=2d\sqrt{n^2-n_1^2\sin^2 i}+\frac{\lambda}{2}$$

式中,$\frac{\lambda}{2}$项来源于薄膜下表面反射所产生的半波损失,它使得 $\delta'$ 正好与反射光的光程差相差$\frac{\lambda}{2}$,表明反射光的干涉图样和透射光的干涉图样互补,即反射光相互加强时,透射光正好相互减弱,反之亦然。

在计算光程差时,需要注意在反射过程中可能存在的半波损失。请读者考虑在何种折射率条件下应在式(13-4-2)右端加上$\frac{\lambda}{2}$。

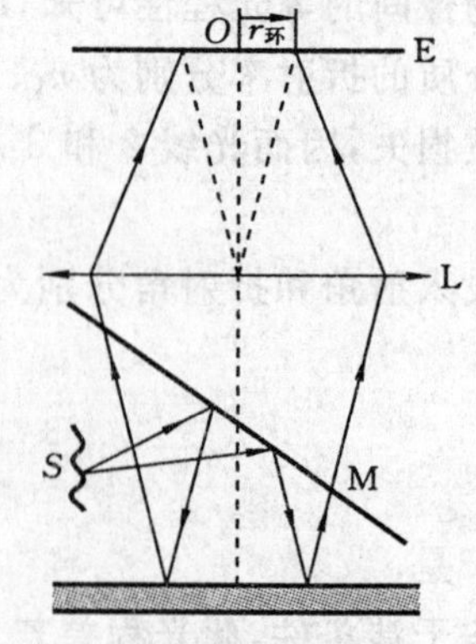

**图 13-4-2 等倾干涉条纹观察示意图**

实际观察等倾干涉条纹的装置如图 13-4-2 所示,其中 $S$ 是单色扩展光源,M 是半反射玻璃板,L 是光轴与薄膜表面垂直的透镜,屏幕 E 置于透镜的焦平面上。光源 $S$ 上某一点发出的光线经 M 反射后入射到薄膜上,所有倾角相同的光线处在同一圆锥面上,它们在薄膜两表面反射后再透过 M 经透镜 L 会聚于屏 E 上,最后在屏上形成一圆形干涉条纹。经 M 反射垂直入射薄膜的光经薄

膜反射后，会聚于圆形干涉条纹的圆心 $O$。由于对薄膜倾角不同的光经薄膜反射后，各自的光程差不同，所以最后在屏 E 上形成一组以 $O$ 为圆心的明暗相间的同心圆环，此即**等倾干涉条纹**。

下面，我们讨论等倾干涉条纹的特点及薄膜厚度发生改变时引起条纹的变化。设 $n_1<n<n_2$，由式(13-4-2)可知

$$\delta=2nd\cos\gamma$$

当 $i=0$ 时，$\gamma=0$，此时光程差最大，因而靠近中心的干涉条纹级数高，从中心到边缘，干涉条纹的级数渐低。设相邻两明纹级数为 $k$ 和 $k+1$，则有

$$2nd\cos\gamma_k=k\lambda$$
$$2nd\cos\gamma_{k+1}=(k+1)\lambda$$

因为 $\gamma_{k+1}-\gamma_k$ 很小，由上两式可以得到近似关系，即

$$\Delta\gamma_k=\gamma_{k+1}-\gamma_k\approx-\frac{\lambda}{2nd\sin\gamma_k} \tag{13-4-4}$$

此式表明：离干涉中心越远（$\gamma_k$ 越大），条纹间的间隔就越来越小。也就是说，等倾干涉图样是中间间距较大、边缘处间距较小的圆形条纹。式中的负号说明级数高的条纹靠近中心，它的入射角要小些。

如令 $\gamma_k=0$，则有 $\delta=2nd=k\lambda$，中心正好是 $k$ 级明纹，此时将 $d$ 增大$\frac{\lambda}{2n}$，则 $\delta=2n\left(d+\frac{\lambda}{2n}\right)=2nd+\lambda=(k+1)\lambda$，中心斑点的级数大 1，这意味着中心处产生出一个新的斑点。如果让 $d$ 连续增大，就可观察到自干涉条纹中心处条纹不断冒出。反之，会观察到条纹不断地向中心陷进而消失。根据这个道理观察条纹的移动，可以精确地确定 $d$ 的改变量。

## 二、等厚干涉

**两表面有一定夹角的薄膜**所产生的干涉是常见的另一类分振幅干涉，如图 13-4-3所示。由于实际问题中处理的主要是单色光近于垂直入射，即 $i=\gamma=0$，因而下面仅讨论这种情况。

一般来说，薄膜两表面的夹角都很小。我们可以设想把上表面分成许多很窄的窄条，每一窄条与下表面等距，即平行于下表面。各窄条与下表面的距离不等。当单色光垂直入射($i=0$)时，对于各窄条均可使用前面推得的光程差公式，上下表面反射光的光程差为

$$\delta=2nd$$

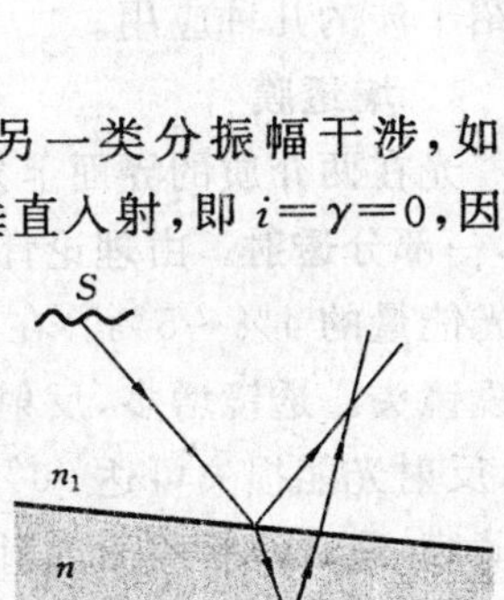

**图 13-4-3　等厚干涉示意图**

式中，$n$ 为薄膜折射率，$d$ 为窄条处厚度。当窄条取无限小时，$d$ 就是一个随位置而连续变化的量。此光程差对应于 $n_1<n<n_2$ 的情况，干涉条件可写为

$$\delta=2nd=\begin{cases}k\lambda & \text{明纹}\quad(k=1,2,\cdots)\\(2k+1)\dfrac{\lambda}{2} & \text{暗纹}\quad(k=0,1,2,\cdots)\end{cases}\tag{13-4-5}$$

上式表明薄膜厚度 $d$ 相等的各点，两表面反射光光程差相等，光强相同，因而干涉明纹和干涉暗纹均按厚度分布，即干涉条纹的形状取决于薄膜等厚点的轨迹。由于**同一厚度对应同一条纹**，这种干涉就称为**等厚干涉**。

因相邻条纹的光程差相差一个波长，所以相邻条纹对应薄膜厚度的差为

$$\Delta d=\frac{\lambda}{2n}\tag{13-4-6}$$

即等于介质内波长的一半。如果薄膜增厚，我们将观察到条纹向薄膜厚度较小的方向移动；反之，向厚度较大的方向移动。

## 三、干涉现象的应用

干涉现象在科学研究和工程技术上有着广泛的应用。我们知道，光波的波长反映了光波的空间周期性，而干涉条纹间距是反映干涉区域光强分布的空间周期性的量。由于光的波长很短，光速极大，我们很难直接观察到光的空间周期性。稳定的干涉条纹却易于观察，通过干涉条纹的变化，可以测定相当于光波波长数量级的距离的变化，即可测定长度及长度的微小改变。因此，光的干涉现象为我们提供了检验精密机械或光学零件的重要方法，也为其他领域提供了一种重要研究手段。在工业上显微干涉仪可以检查光学玻璃的表面质量，测定机件磨光面的光洁度。在光谱学中应用精确度极高的干涉仪可以准确地测定光谱线的波长及谱线的精细结构。化学工业上可以用折射干涉仪极准确地测量气体和液体的折射率，并确定气体或液体中的杂质浓度。在天文学中，利用特种天体干涉仪能够测定远距离星体的直径。下面我们介绍干涉的几种应用。

**1. 增透膜**

光在两介质的界面上发生反射和折射，从能量角度看，入射光的能量一部分反射，一部分透射。由理论计算可知，当光从空气正入射玻璃表面时，反射光能量占入射光能量的 4%～5%。在各种光学仪器中，由于矫正像差等原因，往往需要采用多透镜镜头。透镜增多，反射能量损失也就增大。潜水艇上使用的潜望镜有 20 个透镜，反射光能损失可达 90%。为了避免反射光能的损失，我们可以在玻璃表面敷一层薄膜，使由薄膜两面反射的光形成相消干涉，即减少光的反射，增加光的透射。这样的薄膜就称为**增透膜**。

按照同样的道理，可以利用薄膜提高反射率。显然利用单层膜是不可能大幅度提高反射率的，为此可以采用多层膜。使用多层介质高反射膜，光强反射率可达 99%以上。

**【例题 13-3】** 如图 13-4-4 所示，折射率为 1.50 的玻璃表面涂一层氟化镁(折

射率 $n=1.38$)。为使其在可见光谱的中心($\lambda=550$ nm)处产生极小反射，那么这层薄膜必须有多厚?

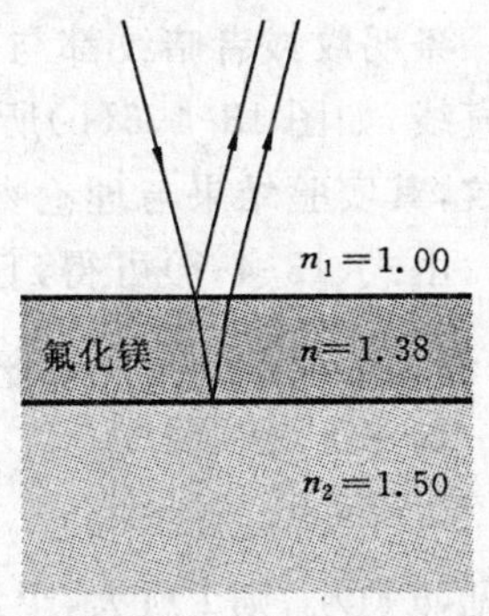

**图 13-4-4　增透膜**

**解**　假设光垂直入射。由于在两表面均是由光密介质向光疏介质反射，因而两反射光都有半波损失，它们的光程差为

$$\delta=2nd$$

按干涉极小条件

$$\delta=2nd=\pm(2k+1)\frac{\lambda}{2}\quad(k=0,1,2,\cdots)$$

当 $k=0$ 时，有

$$d=\frac{\lambda}{4n}=\frac{5.5\times10^{-7}}{4\times1.38}\ \text{m}\approx10^{-7}\ \text{m}$$

氟化镁薄膜的厚度为 $10^{-7}$ m 或$(2k+1)\times10^{-7}$ m，都可以达到题目所要求的目的。

由于确定厚度的膜只能使确定波长的单色光反射相消，因此复色光入射时可视实际需要选取一定厚度的膜以消去某一波长。不过对于目视仪器，由于人眼对光谱的黄-绿段($\lambda=550$ nm)最敏感，所以常用它来消除反射光。此时透射光呈黄绿色，反射光呈现与透射光互补的蓝紫色，这就是我们观察照相机镜头所看到的颜色。

**2. 劈尖干涉**

等厚干涉中较常见的有劈尖干涉，即薄膜的两个表面是平面，且有一定角度，类同劈尖。图 13-4-5(a)所示的为空气劈尖示意图，从两玻璃板之间的楔形空气薄膜上下表面反射的光相互干涉，形成等厚干涉条纹。当平行单色光垂直入射时，厚度为 $d$ 处的两表面的反射光光程差为

$$\delta=2d+\frac{\lambda}{2}$$

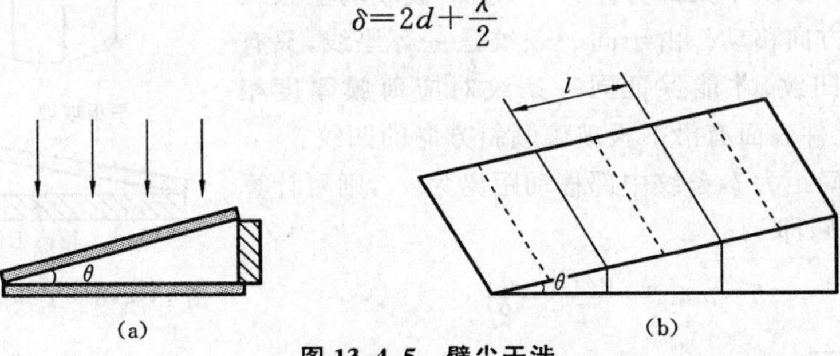

**图 13-4-5　劈尖干涉**

(a) 空气劈尖；(b) 条纹示意图

这里空气折射率 $n$ 取为 1，下表面反射光有半波变化，光程差中出现$\frac{\lambda}{2}$项。干涉条件为

$$\delta=2d+\frac{\lambda}{2}=\begin{cases}k\lambda & \text{明纹}\quad(k=1,2,\cdots)\\(2k+1)\dfrac{\lambda}{2} & \text{暗纹}\quad(k=0,1,2,\cdots)\end{cases}\qquad(13\text{-}4\text{-}7)$$

每一条明纹或者暗纹都与一定的空气劈厚度 $d$ 对应。干涉条纹是一组平行于交棱的直线,如图 13-4-5(b)所示的条纹示意图。在 $d=0$ 处,由于半波损失,应该观察到暗纹,其实验结果与理论吻合。

由式(13-4-7)可得,任意两相邻明纹或两相邻暗纹所对应的空气层厚度差为 $\frac{\lambda}{2}$,设相邻明纹间或相邻暗纹间的间距为 $l$,劈尖顶角为 $\theta$,则有

$$l=\frac{\lambda}{2\sin\theta} \tag{13-4-8}$$

可见,$\theta$ 愈小,则 $l$ 愈大,干涉条纹愈疏;$\theta$ 愈大,则 $l$ 愈小,干涉条纹愈密。当 $\theta$ 大到一定程度时,干涉条纹就密得无法分开,因而这类干涉条纹只能在很尖的劈上才能观察到。当 $\theta$ 很小时,式(13-4-8)可简化为

$$l=\frac{\lambda}{2\theta} \tag{13-4-9}$$

请读者考虑对于折射率为 $n$ 的介质劈尖,条纹间距 $l$ 应如何表示?

对于劈尖干涉,只要知道光的波长 $\lambda$,测得条纹间距 $l$,就可以求得两表面夹角 $\theta$。由此原理在实际中可以测量玻璃板的不平行度,如用细丝夹在两玻璃板一端,还可测定细丝直径,另外还可用来检验精密机械零件表面的光洁度等。总之,劈尖干涉可以演化出多种多样的测量装置,在实际中有着广泛的应用。

**【例题 13-4】** 图 13-4-6 是检验精密加工后的工件表面光洁度的装置示意图。下面是待测工件,上面是标准平板玻璃,其间形成空气劈。用单色光垂直入射,如在反射光中观察到图示中的条纹,问工件表面光洁度如何?

**解** 干涉条纹中央部分左移,对应平板玻璃上条纹中部向劈尖方向移动。由于同一条纹是一等厚线,只有工件表面有凹纹,才能保证同一条纹对应薄膜厚度相等。因此,工件表面有沿平板玻璃倾斜方向的凹纹。

设条纹间距为 $l$,条纹中部移动距离为 $a$,,则可计算出凹纹深度 $h$,即

$$h=a\sin\theta=\frac{a\lambda/2}{l}=\frac{a\lambda}{2l}$$

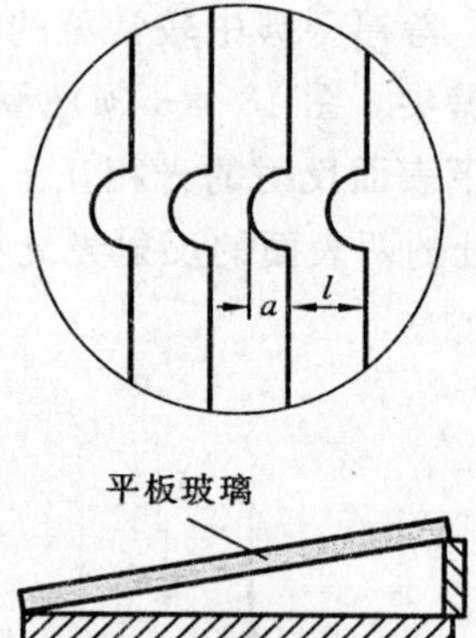


**图 13-4-6 工件表面的检测**

**3. 牛顿环**

还有一种常见的等厚干涉——**牛顿环**。把一曲率半径很大的平凸透镜放在一块平面玻璃板上,两者之间形成一厚度不均匀的空气薄层,如图 13-4-7 所示。设接触点为 $O$,当平行单色光垂直入射到平凸透镜时,将呈现一系列以 $O$ 为中心的同心干涉圆环。这种干涉条纹是牛顿首先观察到并加以描述的,所以又叫牛顿环。

在平面玻璃板上表面反射的光有半波损失,而在凸面上的反射光无半波损失,所以在上面观察到的两反射光干涉的条件为

$$\delta=2d+\frac{\lambda}{2}=\begin{cases}k\lambda & \text{明环} \quad (k=1,2,\cdots)\\ (2k+1)\frac{\lambda}{2} & \text{暗环} \quad (k=0,1,2,\cdots)\end{cases} \tag{13-4-10}$$

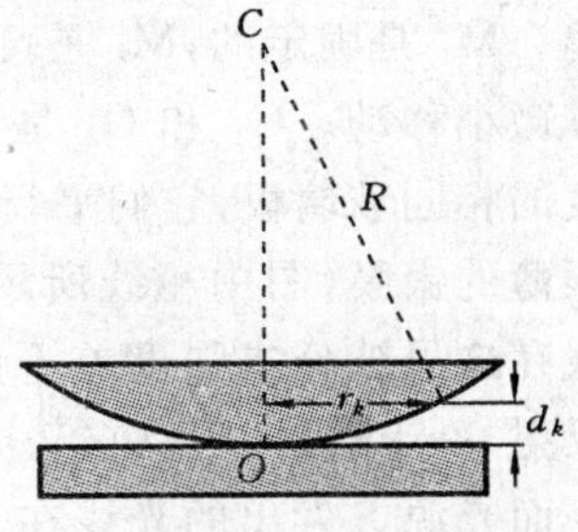

图 13-4-7 牛顿环简图

式中，空气折射率 $n\approx1$，$d$ 为某级条纹相应处空气层的厚度。显然，中心 $O$ 处为暗点。中央条纹级数低，边缘条纹级数高。

设透镜曲率半径为 $R$，半径为 $r$ 的圆环条纹对应的空气层厚度为 $d$，由几何关系得

$$r^2=R^2-(R-d)^2=2Rd-d^2$$

因为 $R\gg d$，可将 $d^2$ 项略去，上式近似为 $d=\frac{r^2}{2R}$，将此式代入式(13-4-10)，便得牛顿环明、暗纹半径公式，即

$$\left.\begin{aligned}r&=\sqrt{\frac{(2k-1)R\lambda}{2}} \quad \text{明纹} \quad (k=1,2,3,\cdots)\\ r&=\sqrt{kR\lambda} \quad \text{暗纹} \quad (k=0,1,2,\cdots)\end{aligned}\right\} \tag{13-4-11}$$

对暗环，取 $k>1$，由上式得相邻暗环半径差为

$$r_{k+1}-r_k=\sqrt{kR\lambda}\left(\sqrt{1+\frac{1}{k}}-1\right)\approx\sqrt{kR\lambda}\left(1+\frac{1}{2k}-1\right)=\frac{\sqrt{R\lambda}}{2\sqrt{k}}$$

可见，随着级数 $k$ 增大，相邻暗环间距减小，即干涉条纹变密，对明环也有相同结论。所以，牛顿环是中心疏、边沿密的同心圆环。

如果 $\lambda$ 已知，用测距显微镜测得 $r_k$，就可以计算出透镜凸球面的曲率半径 $R$。反之，如知道 $R$，也可求得 $\lambda$。不过实际应用中为避免由于中心 $O$ 处两表面不能严格密接而产生的误差，可以测量距中心较远处两个干涉环的半径以计算 $R$，如测得 $r_k$ 和 $r_{k+m}$，则有

$$R=\frac{r_{k+m}^2-r_k^2}{m\lambda} \tag{13-4-12}$$

当以白光投射时，在反射光中可以见到中心为暗斑、外围为彩色的环状条纹。无论是单色光入射还是白光入射，如在透射光中观察，所得干涉图样与反射光中所得图样互补。

**4. 迈克耳孙干涉仪**

用分振幅法产生双光束以实现干涉的典型近代精密仪器之一是**迈克耳孙干涉仪**，它是美国物理学家迈克耳孙在 1881 年最早制成的。迈克耳孙曾用它测量过保存在巴黎的标准米棒的长度，它还被用于近代著名的迈克耳孙-莫雷实验中。迈克耳孙因此而获得 1907 年的诺贝尔物理学奖。

迈克耳孙干涉仪的构造如图 13-4-8 所示。$M_1$ 和 $M_2$ 是一对精密磨光的平面反

射镜。$M_1$ 是固定的，$M_2$ 是可动的，它可用螺旋调节作微小移动。$G_1$ 和 $G_2$ 是两块同种材料、同样厚度的相同玻璃板，它们平行放置。$G_1$ 的背面镀有很薄的银膜(图中粗线所示)，以便从光源来的光线在这里被分成强度差不多相等的两部分，一半反射、一半透射，所以它又被称为**光束分离板**。

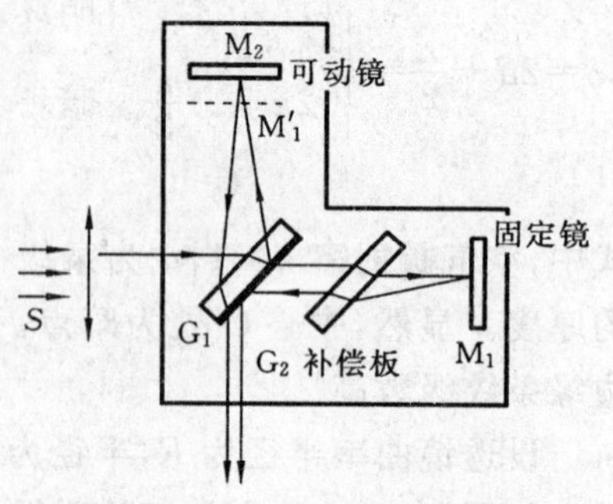


**图 13-4-8　迈克耳孙干涉仪**

面光源 $S$ 发出的光线在 $G_1$ 的镀银面上反射和透射。反射光经 $M_2$ 反射后，又透过 $G_1$ 进入眼睛。透射光透过 $G_2$ 经 $M_1$ 反射，再经 $G_2$，在 $G_1$ 反射而进入眼睛。为使两束光在玻璃介质中的光程相等，在光路中加入了补偿板 $G_2$。进入眼睛的两束光是相干光，相互叠加后形成干涉条纹。

设 $M_1'$ 是固定反射镜 $M_1$ 对 $G_1$ 镀银面所成的像，则从 $M_1$ 反射到眼睛中的光线就好像是从 $M_1'$ 反射的一样，因此，两相干光的干涉可等效于 $M_2$ 和 $M_1'$ 之间空气薄膜产生的干涉。当 $M_1$ 和 $M_2$ 垂直，$M_1'$ 与 $M_2$ 就平行，可以观察到圆形等倾干涉条纹；当 $M_1$ 与 $M_2$ 不垂直，则 $M_1'$ 与 $M_2$ 不平行，有平行等厚干涉条纹产生。

当将可动反射镜 $M_2$ 前后稍作平移时，相当于改变了 $M_2$ 与 $M_1'$ 间的空气层厚度，视场中会观察到条纹的移动。$M_2$ 移动 $\frac{\lambda}{2}$，对应于一个条纹移到邻近条纹位置，所以知道了视场中明条纹移动数目 $\Delta N$，就可以算出 $M_2$ 平移的距离，即

$$\Delta d=\Delta N \cdot \frac{\lambda}{2} \tag{13-4-13}$$

据此比较和测量长度可以达到十分高的精度，研究这些问题的学科称为**光干涉度量学**。

**【例题 13-5】**　在迈克耳孙干涉仪的一臂引入长 $l=5$ cm 的玻璃管，并充以一个大气压的空气，用波长 $\lambda=500$ nm 的光产生干涉。在将玻璃管逐渐抽成真空的过程中，观察到 $N=60$ 条干涉条纹的移动，求空气的折射率。

**解**　设空气的折射率为 $n$，在玻璃管内的空气抽空前后，两相干光光程差的变化为 $2(n-1)l$。又由干涉条件知，条纹移动一条时，对应光程差的变化为一个波长，则有

$$2(n-1)l=N\lambda$$

故空气的折射率为

$$n=1+\frac{N\lambda}{2l}=1+\frac{60\times 500\times 10^{-9}}{2\times 5\times 10^{-2}}=1.0003$$

## 第 5 节　光波的衍射

与机械波类似，光波也会产生衍射现象。本节主要介绍惠更斯-菲涅耳原理，并

详细讨论光波的几种常见的衍射。

## 一、两种衍射 惠更斯-菲涅耳原理

光遇到狭缝、小孔等障碍物时，会偏离直线进入几何阴影区，并且几何阴影区和几何照明区的光强分布不均匀，出现一系列明暗相间的条纹，这就是光的衍射。如果合拢你的手指，用眼睛贴近指缝观看光源时，不难看到这种现象。

### 1. 菲涅耳衍射与夫琅和费衍射

研究光的衍射的实验装置主要由光源、衍射屏（障碍物）及接收屏组成。依它们之间相对位置的不同，常将衍射分为两类。一类是光源和光屏到障碍物的距离均不是很远，并且没有使用透镜。此时，光线不是平行光，即波面不是平面。这种情况是菲涅耳最早（1818 年）描述的，所以称为**菲涅耳衍射**。另一类是光源和光屏到障碍物的距离都很大，此时入射光为平行光，波面是平面，衍射光也是平行光。这种衍射称为**夫琅和费衍射**，它是夫琅和费（J. von Fraunhofer）最早描述的（1821—1822 年）。在实验室里，我们可以利用透镜使入射球面光波变成平行光，在障碍物后再利用透镜使平行光会聚，这就很容易实现夫琅和费衍射条件。显然，菲涅耳衍射是普遍情况，夫琅和费衍射只是它的特例，但夫琅和费衍射是一种重要的极限情况，其计算比较简单。另外，在近代的傅里叶变换光学中，夫琅和费衍射装置就是傅里叶频谱分析器。这里主要讨论夫琅和费衍射及其应用。

### 2. 惠更斯-菲涅耳原理

为了解释衍射现象并研究衍射条纹的强度分布，菲涅耳将惠更斯原理发展成惠更斯-菲涅耳原理，它是研究衍射现象的理论基础。

惠更斯原理表明，波源发出的波阵面 $\Sigma$ 上的每一点都可视为一个新的子波源。这些子波源发出次级子波，其后任一时刻次级子波的包迹决定新的波阵面。惠更斯原理用于光波能确定光波的传播方向，但不能确定沿不同方向传播的光振动的振幅。惠更斯本人相信光的波动说，却不相信光的衍射，他认为他的次级子波只在它们与共同包络相切之处才有作用！

菲涅耳在次级子波概念的基础上，提出的“子波相干叠加”理论，又称为**惠更斯-菲涅耳原理**。这个原理可以表述为：**同一波面上的每一个微小面元都可看做是新的振动中心，它们发出次级子波。这些次级子波经传播而在空间某点相遇时，该点的振动是所有这些次级波在该点的相干叠加。**

### 3. 菲涅耳衍射积分公式

根据惠更斯-菲涅耳原理，已知波在某时刻的波阵面 $\Sigma$，就可计算波传播到其前方某点 $P$ 的振动。如图 13-5-1 所示，$P$ 点的振动应是波阵面 $\Sigma$ 上所有面元在 $P$ 点所产生振动的合成。

设波阵面 $\Sigma$ 的初位相为零，$\Sigma$ 上面元 $\mathrm{d}\Sigma$ 到 $P$ 点的距离为 $r$，面元法向单位矢量 $\boldsymbol{e}_{\mathrm{n}}$ 与 $\boldsymbol{r}$ 的夹角为 $\alpha$，则 $\mathrm{d}\Sigma$ 在 $P$ 点所产生的振动的振幅 $\mathrm{d}y$ 正比于 $\mathrm{d}\Sigma$ 处 $\Sigma_i$ 振动的振

幅 $a(\Sigma_i)$，又正比于面元面积 $\mathrm{d}\Sigma$，反比于面元到 $P$ 点的距离 $r$，并与 $\alpha$ 有关，用式子表示为

$$\mathrm{d}y \propto a(\Sigma_i)\frac{f(\alpha)}{r}\cos 2\pi\left(\frac{t}{T}-\frac{r}{\lambda}\right)\cdot \mathrm{d}\Sigma$$

只要 $\mathrm{d}\Sigma$ 取得足够小，上式就足够准确。其中，$f(\alpha)$ 是随 $\alpha$ 角的增大而缓慢减小的函数，称为倾斜因子，它表明由面元发射的次波不是各向同性的。当 $\alpha \geqslant \frac{\pi}{2}$ 时，$f(\alpha)=0$，这意味着不存在退行的次级子波。

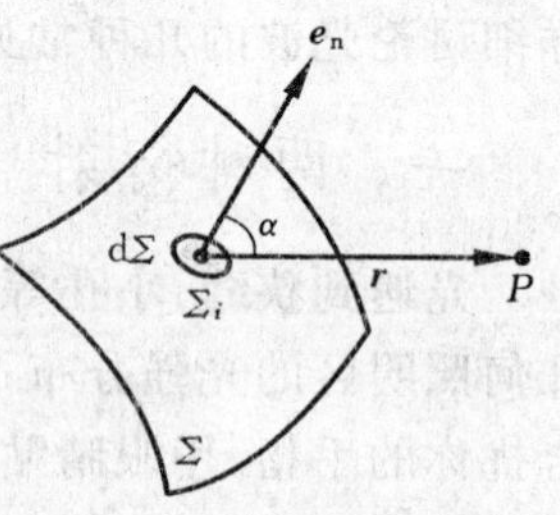


**图 13-5-1　菲涅耳衍射积分示意图**

整个波阵面 $\Sigma$ 在 $P$ 点所产生的合振动可以通过上式对 $\Sigma$ 面积分求出，用 $y$ 表示这个合振动，有

$$y=\int_{\Sigma}\mathrm{d}y=c\int_{\Sigma}\frac{a(\Sigma_i)f(\alpha)}{r}\cos 2\pi\left(\frac{t}{T}-\frac{r}{\lambda}\right)\mathrm{d}\Sigma \qquad (13\text{-}5\text{-}1)$$

此式称为**菲涅耳衍射积分公式**，式中，$c$ 是比例常数。用这个公式解决具体问题时，一般来说，积分相当复杂。但在波阵面对通过 $P$ 点的波面法线呈回转对称时，积分较为简单。特别是对于夫琅和费衍射，由于是平行光，波阵面 $\Sigma$ 的线度比它到光屏的距离小得多，因而式(13-5-1)中的 $ca(\Sigma_i)f(\alpha)/r$ 可认为是一个常数，这样计算较为容易。

值得注意的是，惠更斯-菲涅耳原理的提出不是为了解决光的自由传播，而是为了求有障碍物时衍射场的分布，因而波阵面 $\Sigma$ 一般取在衍射屏的位置。

## 二、单缝夫琅和费衍射

平行光通过狭缝的夫琅和费衍射，在实际应用中有很重要的意义。下面，我们首先研究最简单的单狭缝。

如图 13-5-2 所示，$S$ 是点光源，$L_1$ 与 $L_2$ 为透镜，K 是宽度为 $a$ 的狭缝，E 是接收屏。$S$ 置于 $L_1$ 的焦点上，E 置于 $L_2$ 的焦平面上。光源 $S$ 发出的光经 $L_1$ 后成为平行光，过狭缝 K 经 $L_2$ 在屏上得到它的像。如果没有衍射，像应是屏上的一个亮点。但由于存在衍射，因而得到的是图中屏上显示的衍射图样。衍射图样是与狭缝平行的

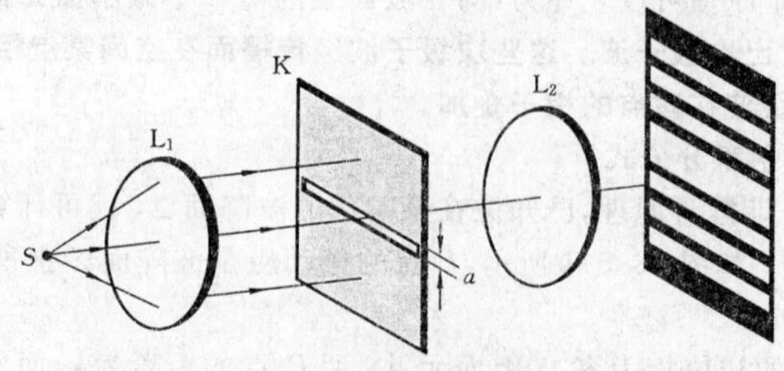


**图 13-5-2　单缝夫琅和费衍射**

**明暗相间条纹,并且条纹向波阵面受限制的方向扩展。**

**1. 单缝衍射光强公式**

利用惠更斯-菲涅耳原理可以计算单缝衍射的光强分布。考虑衍射只在垂直于狭缝的面内进行,因而只对含系统光轴且垂直于狭缝 K 的截面讨论,如图 13-5-3 所示。

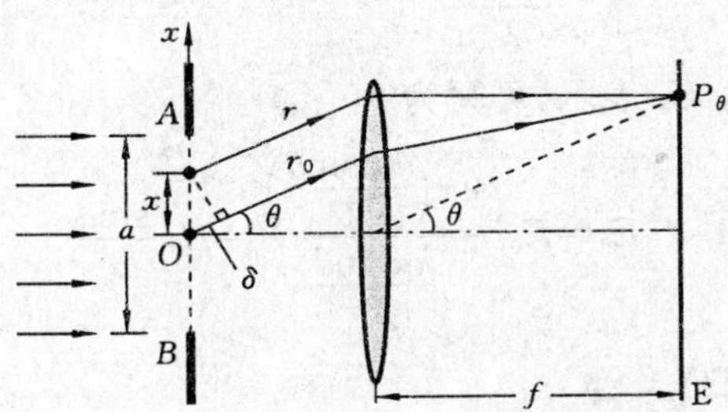


**图 13-5-3 单缝夫琅和费衍射光强计算用图**

入射单色平面波波阵面在狭缝处受到限制,在屏上任一点的光强由狭缝处露出的波阵面作为许多次波源发出的子波相干叠加所决定。我们把缝内的波阵面 $AB$ 分为许多等宽的窄条,它们是振幅相等的次波源,都向前发射次级子波。由于接收屏在透镜 $L_2$ 的焦平面位置,因而与狭缝法线有相同衍射角 $\theta$ 的平行光线会聚于接收屏上的 $P_\theta$ 处。位于中心 $O$ 点处宽度为 $\mathrm{d}x$ 的窄条波阵面作为次波源,根据式(13-5-1),它在 $P_\theta$ 处所引起的振动可表示为

$$\mathrm{d}y_0 = c'\cos 2\pi\left(\frac{t}{T} - \frac{r_0}{\lambda}\right)\mathrm{d}x$$

式中,$r_0$ 是缝中心 $O$ 点到 $P_\theta$ 点的光程,$c'$为一常数。类似地,可写出 $AB$ 上距离 $O$ 点 $x$ 的 $\mathrm{d}x$ 宽窄条波阵面在 $P_\theta$ 处产生的振动为

$$\mathrm{d}y_x = c'\cos 2\pi\left(\frac{t}{T} - \frac{r}{\lambda}\right)\mathrm{d}x \tag{13-5-2}$$

式中,$r$ 为该窄条到 $P_\theta$ 处的光程。由于缝很窄,$c'$可认为是与前相同的常数,即忽略 $O$ 点和 $x$ 点在 $P_\theta$ 点所产生振动振幅的差异。又透镜 $L_2$ 不产生附加光程差,所以上述两窄条次波源到 $P_\theta$ 点的光程差为

$$\delta = r - r_0 = -x\sin\theta \quad 或 \quad r = r_0 - x\sin\theta$$

将此 $r$ 表示式代入式(13-5-2),并对整个 $AB$ 积分,可得狭缝的受限波阵面在 $P_\theta$ 处所生成的光振动,即

$$y = \int \mathrm{d}y_x = \int_{-\frac{a}{2}}^{\frac{a}{2}} c'\cos 2\pi\left(\frac{t}{T} - \frac{r_0 - x\sin\theta}{\lambda}\right)\mathrm{d}x$$

$$= c'\ \frac{\lambda}{2\pi\sin\theta}\int_{-\frac{a}{2}}^{\frac{a}{2}} \mathrm{d}\left[\sin 2\pi\left(\frac{t}{T} - \frac{r_0 - x\sin\theta}{\lambda}\right)\right]$$

$$= c'\ \frac{\lambda}{2\pi\sin\theta}\left[\sin 2\pi\left(\frac{t}{T} - \frac{r_0 - \dfrac{a}{2}\sin\theta}{\lambda}\right) - \sin 2\pi\left(\frac{t}{T} - \frac{r_0 + \dfrac{a}{2}\sin\theta}{\lambda}\right)\right]$$

利用三角公式，可化为

$$y=c'\frac{\lambda}{2\pi\sin\theta}\cdot 2\cos 2\pi\left(\frac{t}{T}-\frac{r_0}{\lambda}\right)\sin\left(\frac{\pi a\sin\theta}{\lambda}\right)$$

$$=c'a\frac{\sin\left(\frac{\pi a\sin\theta}{\lambda}\right)}{\frac{\pi a\sin\theta}{\lambda}}\cdot\cos 2\pi\left(\frac{t}{T}-\frac{r_0}{\lambda}\right) \tag{13-5-3}$$

如改用电矢量的振幅值 $E_0$ 表示，可写为

$$E_\theta=E_0\frac{\sin\left(\frac{\pi a\sin\theta}{\lambda}\right)}{\frac{\pi a\sin\theta}{\lambda}}=E_0\frac{\sin\alpha}{\alpha} \tag{13-5-4}$$

式中，$E_0=c'a$，$\alpha=\frac{\pi a\sin\theta}{\lambda}$。

因光强与电矢量振幅平方成正比，$P_\theta$ 处的光强用 $I_\theta$ 表示，则有

$$I_\theta=I_0\left(\frac{\sin\alpha}{\alpha}\right)^2 \tag{13-5-5}$$

式中，$I_0=E_0^2\propto a^2$。由此，式可以计算单缝衍射在接收屏上的强度分布。$\left(\frac{\sin\alpha}{\alpha}\right)^2$ 通常称为**单缝衍射因子**。

**2. 单缝衍射的特点**

由式(13-5-5)可作出单缝衍射光强分布曲线，如图 13-5-4(a)所示。由图可知，屏上各处光强不等，$\alpha=0$ 即 $\theta=0$ 处出现光强最强的主极大，两侧对称地分布有一系列次极大和极小，下面分几个方面进行具体讨论。

1) 主极大

由式(13-5-5)很容易知道，具有相同 $\theta$ 角的屏上部位有相同的光强，因而屏上的衍射图样是一些相互平行的条纹，它们都平行于狭缝。对于 $\theta=0$ 的地方，各衍射光线之间由于没有光程差而相干加强，因而此处光强最大，有 $I_\theta=I_0$，即在透镜 $L_2$ 的主光轴与屏的交点处有最大的光强 $I_0$。**最大光强与狭缝宽度 $a$ 的平方成正比**，最大光强又称为**主极大**或**零级衍射斑**。

2) 次极大

除了中央主极大外，屏上光强分布还有**次极大**存在。次极大的位置可通过 $\frac{\mathrm{d}}{\mathrm{d}\alpha}\left(\frac{\sin\alpha}{\alpha}\right)^2=0$ 计算，所得方程 $\alpha=\tan\alpha$ 可利用作图法求解，如图 13-5-4(b)所示。结果为

$$\alpha=\pm 1.43\pi,\pm 2.46\pi,\pm 3.47\pi,\cdots$$

相应的 $\sin\theta$ 值为

$$\sin\theta=\pm 1.43\frac{\lambda}{a},\pm 2.46\frac{\lambda}{a},\pm 3.47\frac{\lambda}{a},\cdots$$

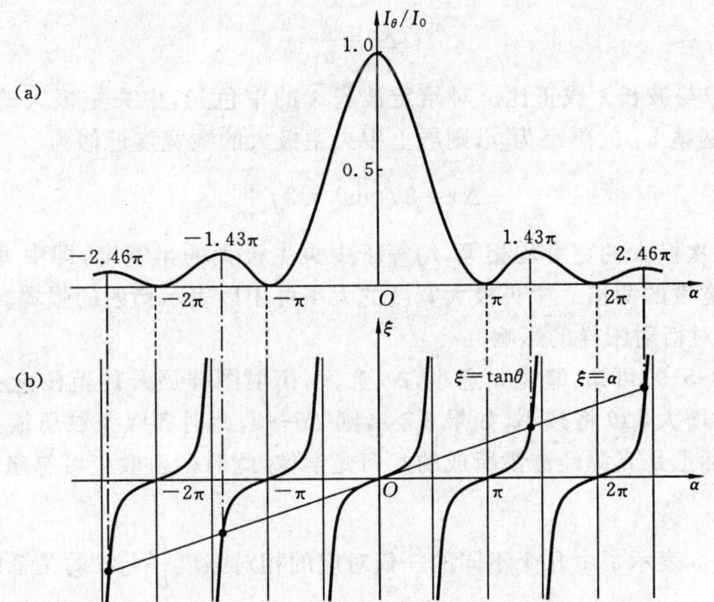


**图 13-5-4 单缝夫琅和费衍射光强分布及极大值点位置**

通常，可把次极大的位置近似表示为

$$a\sin\theta=\pm(2k+1)\frac{\lambda}{2}\quad(k=1,2,3,\cdots)\tag{13-5-6}$$

这些次极大又称**高级衍射斑**。由式(13-5-6)计算可得各次极大的强度为

$$I_1\approx4.5\%I_0,\quad I_2\approx1.6\%I_0,\quad I_3\approx0.8\%I_0,\quad\cdots\tag{13-5-7}$$

可见，高级衍射斑的强度比中央零级衍射斑的强度小得多，即单缝衍射中衍射光的能量主要集中在中央主极大处。

3）暗纹位置

当 $\alpha\neq0$ 而 $\sin\alpha=0$ 时，屏上所对应地方的光强为零，因而出现暗纹。暗纹的位置满足关系

$$\alpha=\pm k\pi\quad(k=1,2,\cdots)$$

对应 $\sin\theta$ 值为

$$\sin\theta=\pm\frac{k\lambda}{a}\quad(k=1,2,\cdots)$$

或写为

$$a\sin\theta=\pm k\lambda\quad(k=1,2,\cdots)\tag{13-5-8}$$

4）明纹的角宽度

规定**相邻暗纹的角距离为其间明纹的角宽度**，即相邻暗纹间的区域为对应的明纹范围，明纹的宽度由暗纹条件即式(13-5-8)决定。一般情况下 $\theta$ 角较小，可得中央主极大的半角宽度为

$$\Delta\theta=\frac{\lambda}{a} \tag{13-5-9}$$

上式表明,$\Delta\theta$ 与波长 $\lambda$ 成正比。对给定波长 $\lambda$ 的单色光,中央主极大的宽度与缝宽成反比。若透镜 $L_2$ 的焦距为 $f$,则屏上中央主极大的线宽度近似为

$$\Delta x=2f\tan\theta_1=2f\frac{\lambda}{a} \tag{13-5-10}$$

不难得到,各次极大的宽度均相等,均等于中央主极大的半宽度,即中央极大的宽度为其余极大宽度的两倍。中央极大宽度的大小可用以表示衍射的强弱。

5) 缝宽对衍射图样的影响

由式(13-5-9)可知,缝宽 $a$ 愈小,$\Delta\theta$ 愈大,衍射图样展开的范围愈大,衍射愈显著;随着 $a$ 的增大,$\Delta\theta$ 将减小,如果 $a\gg\lambda$,则 $\Delta\theta\to 0$,此时各级条纹压缩为一条亮线,这一亮线实际上是光源经透镜所成的几何光学像,此时衍射效应可忽略,光可看做是直线传播。

图 13-5-5 表示了由几个不同的$\dfrac{a}{\lambda}$值对应的相对强度$\dfrac{I_\theta}{I_0}$与 $\theta$ 的关系曲线。

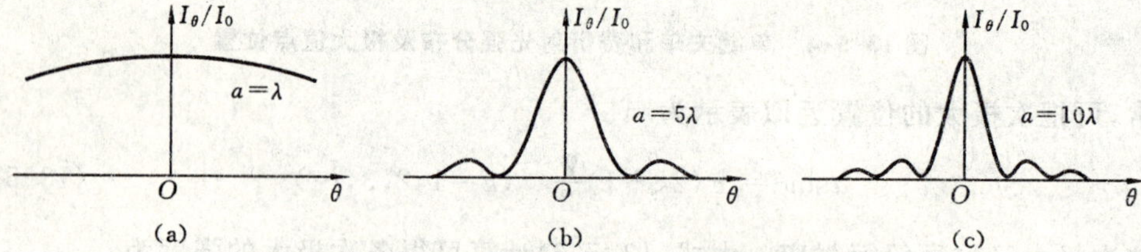


**图 13-5-5　不同缝宽的单缝衍射相对光强分布**

在实际应用中,对于宽度太小或无法直接测定的单缝或细丝,可用光学方法测定其衍射斑的大小,从而推算宽度。目前已据此原理制成了激光衍射细丝测径仪。

**【例题 13-6】**　试近似计算单缝夫琅和费衍射图样中诸次极大的相对强度。

**解**　各次级大的位置可近似地表示为

$$\alpha\approx\pm\left(k+\frac{1}{2}\right)\pi\quad(k=1,2,\cdots)$$

代入式(13-5-6),可得

$$I_\theta=I_0\left[\frac{\sin\left(k+\frac{1}{2}\right)\pi}{\left(k+\frac{1}{2}\right)\pi}\right]^2$$

$$\frac{I_\theta}{I_0}=\frac{1}{\left(k+\frac{1}{2}\right)^2\pi^2}$$

当 $k=1,2,3,\cdots$时,有

$$\frac{I_\theta}{I_0}=0.045,0.016,0.0083,\cdots$$

**【例题 13-7】** 用菲涅耳半波带法确定单缝夫琅和费衍射图样的极小和次极大位置。

**解** 如图 13-5-6(a)所示，由单缝露出的波阵面 $AB$ 发出的衍射角为 $\theta$ 的平行光经透镜相干叠加于屏上的 $P_\theta$ 点，$P_\theta$ 点的光强取决于各光线的光程差。作垂直于各条光线的平面 $AC$，则 $AC$ 面上各点到达点 $P_\theta$ 的光程相等，因而光程差对应于从 $AB$ 面到 $AC$ 面的光程。显然，单缝两边沿处衍射光线的光程差 $\overline{BC}=a\sin\theta$ 为 $\theta$ 方向各光线的最大光程差。

设 $\overline{BC}$ 恰好等于 $\dfrac{\lambda}{2}$ 的 $m$($m$ 为整数)倍，即 $\overline{BC}$ 可按 $\dfrac{\lambda}{2}$ 分成 $m$ 等份，作彼此间距为 $\dfrac{\lambda}{2}$ 且平行于 $AC$ 的平面，这些平面将单缝波面 $AB$ 分割成 $m$ 个波带 $AA_1$，$A_1A_2$，…，在这些带中，自两相邻带的相应点到屏上 $P_\theta$ 点的光程差为半波长，称这种带为**菲涅耳半波带**。如图 13-5-6(b)所示，对于单缝，各半波带的面积相等，各半波带在 $P_\theta$ 点所引起的光振幅接近相等。

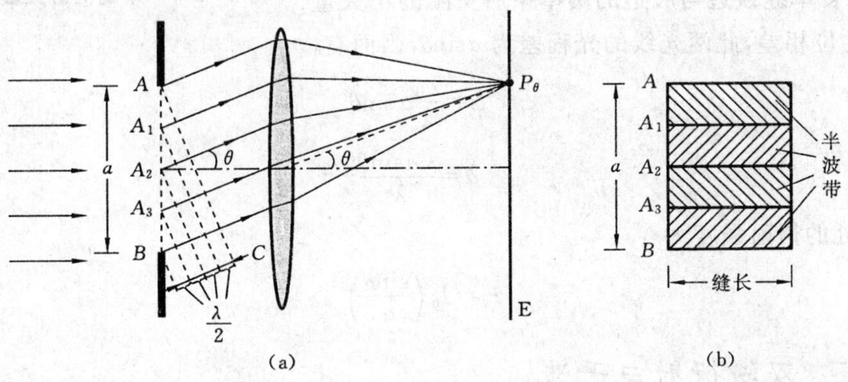


**图 13-5-6 单缝衍射半波带法分析**

如果对于 $P_\theta$ 点半波带数正好是偶数，则因为两相邻波带上的任何两对应位置的点所发出的光线在 $P_\theta$ 点的位相差为 $\pi$，即任何两个相邻波带所发出的光线在 $P_\theta$ 点完全抵消，所以各波带发出的光线在 $P_\theta$ 点完全抵消，$P_\theta$ 点出现暗纹。如果对于 $P_\theta$ 点半波带数是奇数，则只留下一个波带的作用，$P_\theta$ 点将出现亮纹。因此，单缝夫琅和费衍射暗纹条件为

$$a\sin\theta=\pm 2k\frac{\lambda}{2}=\pm k\lambda \quad (k=1,2,\cdots)$$

这正是式(13-5-8)。

次极大条件为

$$a\sin\theta=\pm(2k+1)\frac{\lambda}{2} \quad (k=1,2,\cdots)$$

此即为式(13-5-6)。不难看出，次极大级次越高，即 $\theta$ 越大，单缝波面可分成的半波带数目越多，每个半波带的面积越小，则次极大的亮度就越小。

**【例题 13-8】** 用矢量图解法求单缝夫琅和费衍射的光强分布。

**解** 将狭缝处波阵面分成若干个宽度均为 $\Delta x$ 的窄条波带，每个波带作为次波源，在屏上 $P_\theta$ 点处生成的振动可用一些小矢量表示，它们的振幅相等，位相依次差一相同小量。按矢量合成法，合振动振幅应是图 13-5-7 中的 $E_\theta$。当窄条宽 $\Delta x \to 0$ 时，小矢量连成的折线化为圆弧，其长为 $E_0$，$E_0$ 也就是衍射图样中心处的振幅。设圆弧圆心为 $C$，圆心角为 $2\alpha$，半径为 $R$，则有

$$E_\theta = 2R\sin\alpha$$

又

$$R=\frac{E_0}{2\alpha}$$

所以

$$E_\theta = E_0\frac{\sin\alpha}{\alpha}$$

由几何关系可知

$$2\alpha=\varphi$$

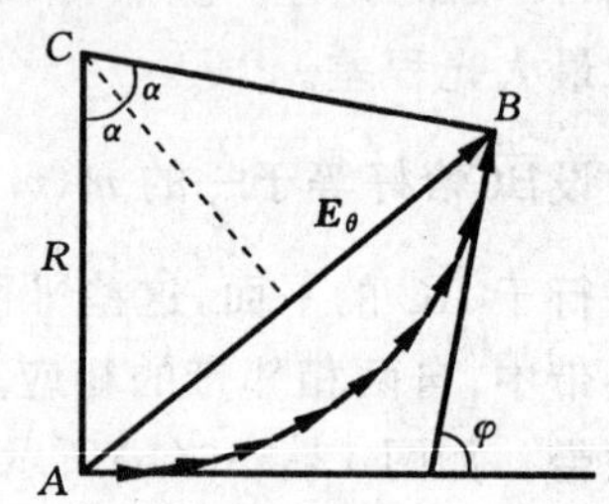


**图 13-5-7 单缝衍射矢量图解**

$\varphi$ 是来自单缝顶边与底边的两窄条所贡献的小矢量之间的位相差，此两光线的光程差为 $a\sin\theta$，因而有

$$\varphi=\frac{2\pi}{\lambda}a\sin\theta$$

可得

$$a=\frac{\pi a\sin\theta}{\lambda}$$

$P_\theta$ 点处的衍射强度为

$$I_\theta = I_0\left(\frac{\sin\alpha}{\alpha}\right)^2$$

## 三、双缝衍射与干涉

平行光通过双狭缝会在接收屏上得到衍射图样。这种衍射介于单缝与多缝之间，由它可以看到多缝衍射的某些特征，另外它在天文观察和气体折射率的测量等方面也有着实际应用。下面我们定量考察双缝衍射图样的光强分布，并与杨氏双缝实验结合来分析衍射与干涉的关系。

### 1. 双缝衍射光强公式

如图 13-5-8 所示，单色平行光入射两宽度同为 $a$ 的狭缝，两狭缝间隔着宽度为 $b$ 的不透明部分。我们不用积分方法，仅根据单缝夫琅和费衍射和双光束干涉的特点即可得到透镜 $L_2$ 焦面处光屏上衍射光波的强度分布。

由于透镜 $L_2$ 的作用，两狭缝各自作为单缝在屏上 $P_\theta$ 点处的电矢量的振幅值分别为

$$E_{1\theta}=E_{10}\frac{\sin\alpha}{\alpha},\quad E_{2\theta}=E_{20}\frac{\sin\alpha}{\alpha}$$

即两狭缝的衍射图样完全相同且位置重合。两狭缝发出的相干光在 $P_\theta$ 点的位相差

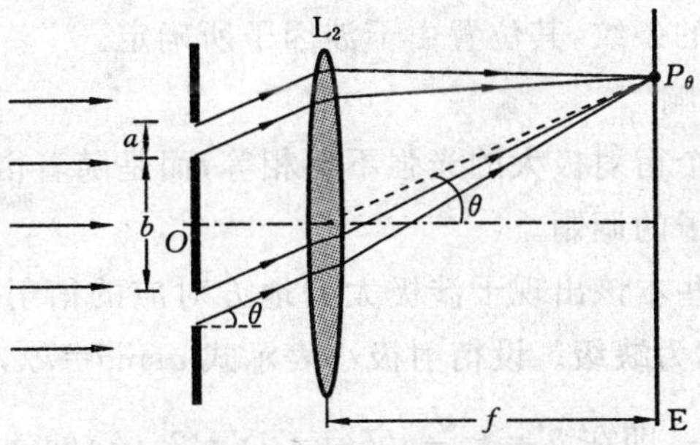


图 13-5-8 双缝夫琅和费衍射

为 $\Delta\varphi=\frac{2\pi}{\lambda}d\sin\theta$，则由式(13-2-9)得合成波强度为

$$I=4I_1\cos^2\frac{\Delta\varphi}{2}$$

式中，$I_1\propto E_{1\theta}^2=E_{2\theta}^2$，则屏上任一点 $P_\theta$ 的光强为

$$I_\theta=I_0\left(\frac{\sin\alpha}{\alpha}\right)^2\cos^2\beta \tag{13-5-11}$$

式中，$I_0=4E_{10}^2$，$\beta=\frac{\Delta\varphi}{2}=\frac{\pi d\sin\theta}{\lambda}$。上式中的 $\left(\frac{\sin\alpha}{\alpha}\right)^2$ 正好就是宽度为 $a$ 的单狭缝夫琅和费衍射图样光强分布表示式(13-5-6)中的**衍射因子**；而 $\cos^2\beta$ 则是我们在杨氏双狭缝实验中所得双缝干涉图样的相对光强分布，称它为双缝**干涉因子**。双缝衍射光强公式表明：夫琅和费双狭缝的衍射图样取决于单缝衍射因子与双缝干涉因子的乘积。

**2. 双缝衍射图样的特点**

1) 极大和极小的位置

在式(13-5-11)中，当 $\theta=0$ 时，$I_\theta=I_0$，可见 $I_0$ 就是透镜主光轴与屏相交处的光强，它是单缝在该处光强的 4 倍。

显然，衍射因子与干涉因子中只要有一个为零，则衍射光强为零。衍射因子为零对应单缝衍射暗条纹(极小)条件式(13-5-8)，即 $a\sin\theta=\pm k\lambda\ (k=1,2,\cdots)$，它决定了单缝衍射各级极大的宽度，比如中央主极大的角宽度 $\Delta\theta=\frac{2\lambda}{a}$；而干涉因子为零对应双缝干涉暗纹条件式(13-3-2)，由它决定的双缝明纹的角宽度为 $\Delta\theta'=\frac{\lambda}{d}$。由 $d=a+b>a$ 可知，$\Delta\theta'<\Delta\theta$，即单缝衍射的每一级极大区域内由于缝间干涉而出现了一系列新的极大值点和极小值点，因而屏上呈现明、暗条纹的位置由干涉因子确定。于是，双缝衍射极大和极小条件分别为

$$d\sin\theta=\pm k\lambda\quad(k=0,1,2,\cdots) \tag{13-5-12}$$

$$d\sin\theta=\pm(2k+1)\frac{\lambda}{2}\quad(k=0,1,2,\cdots) \tag{13-5-13}$$

即接收屏上实际呈现的条纹,其位置由干涉因子所确定。

2) 衍射因子的影响

衍射因子使得每个衍射极大的光强不再相等,而是随着衍射角呈现起伏变化,即干涉光强受到衍射因子的调制。

如果接收屏上某些本该出现干涉极大的地方对应的衍射因子为零,则衍射光强也就为零,这种现象称为**缺级**。设衍射极小表示式 $a\sin\theta=k\lambda$,干涉极大表示式 $d\sin\theta=k'\lambda$,则有 $\dfrac{\beta}{\alpha}=\dfrac{d}{a}=\dfrac{k'}{k}$,即在 $k'=k\dfrac{d}{a}$,$(k=\pm1,\pm2,\cdots)$处就出现缺级,缺级现象是双狭缝及多狭缝衍射中普遍存在的一种现象。

综上所述,双缝夫琅和费衍射实际上是单缝夫琅和费衍射与双缝干涉的综合效应,或者说,双缝衍射图样是单缝衍射对双缝干涉图样调制的结果。

**3. 衍射与干涉**

在杨氏双缝实验中,我们假设狭缝很窄,$a\sim\lambda$,因而每一狭缝的中央衍射斑展得很宽,干涉条纹实际上有几乎相同的强度,这种情况就称为**双缝干涉**。如果 $a>\lambda$,则每一狭缝的其余一些衍射斑出现,在屏上的光能不是均匀分布。相应的衍射斑又发生干涉而出现干涉条纹,此时各干涉条纹的光强当然是不相同的。这种条纹强度明显为衍射因子所调制的图样,常称为**双缝衍射**。图 13-5-9 列出了两种不同缝宽的双

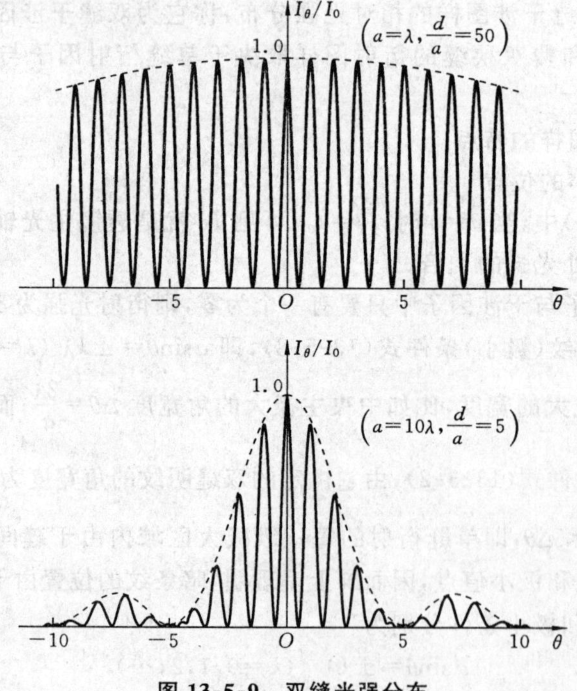


**图 13-5-9 双缝光强分布**

(a) 双缝干涉; (b) 双缝衍射

缝图样，干涉条纹光强分布的包络线用虚线表示。于是我们说从两个很窄的狭缝得到的是干涉图样，从一个较宽的狭缝得到的是衍射图样，而从两个较宽的狭缝得到的是干涉和衍射图样的结合，或称为双缝衍射。

从根本上说，干涉与衍射都是波的相干叠加，没有本质上的不同。由于历史上的原因，由有限数目的分立相干源发出的波的相干叠加称为干涉。由相干源连续分布的无限多次波中心所发出的次波的相干叠加称为衍射。

**【例题 13-9】** 双缝夫琅和费衍射中，如果 $d=0.1\ \mathrm{mm}$，$a=0.02\ \mathrm{mm}$，当用蓝光($\lambda=480\ \mathrm{nm}$)照射时，在距双缝 0.5 m 远处的光屏上干涉条纹间距有多大？从条纹包络线的中央极大到第一极小的线距离有多大？

**解** 干涉条纹的间距取决于干涉因子 $\cos^2\beta$，由式(13-5-12)可得双缝干涉条纹间距为

$$\Delta x=\frac{D}{d}\lambda=\frac{0.5\times480\times10^{-9}}{0.1\times10^{-3}}\ \mathrm{m}=2.4\times10^{-3}\ \mathrm{m}$$

包络线取决于单狭缝衍射因子 $\left(\frac{\sin\alpha}{\alpha}\right)^2$，第一极小条件为

$$a\sin\theta=\lambda$$

$$\sin\theta=\frac{\lambda}{a}=\frac{480\times10^{-9}}{0.02\times10^{-3}}=0.024$$

此值极小，可认为 $\sin\theta\approx\tan\theta$，因而有

$$x=D\tan\theta\approx D\sin\theta=0.5\times0.024\ \mathrm{m}=1.2\times10^{-2}\ \mathrm{m}$$

可见，中央峰内有许多条干涉条纹。

**【例题 13-10】** 对于 $d=0.12\ \mathrm{mm}$，$a=0.03\ \mathrm{mm}$ 的双缝，用波长 $\lambda=550\ \mathrm{nm}$ 的光入射。求：

(1) 单缝衍射包络线的两第一极小间有多少条完整条纹出现；

(2) 图样中心一边的第二个条纹强度与中央条纹强度的比值。

**解** (1) 由双缝的几何结构，有

$$\frac{d}{a}=\frac{0.12}{0.03}=4$$

根据缺极条件知，干涉条纹的正、负四级两极大分别受单缝衍射的正、负一级两极小调制而消失。因而，在单缝衍射主极大包络线内出现的完整条纹数目为

$$(2\times3+1)\text{条}=7\text{ 条}$$

这些干涉条纹的 $\beta$ 值满足 $\beta=0,\pm\pi,\pm2\pi,\pm3\pi$。

(2) 中心一侧的第二条纹对应 $\beta=2\pi$，相应的 $\alpha=\frac{\beta}{4}=\frac{\pi}{2}$，故有

$$\frac{I_\theta}{I_0}=\cos^2\beta\left(\frac{\sin\alpha}{\alpha}\right)^2=(\cos2\pi)^2\left(\frac{\sin\frac{\pi}{2}}{\frac{\pi}{2}}\right)^2=0.41$$

即第二条纹强度是中央条纹强度的 0.41 倍。

由此题可以看出包络线内的条纹数只与缝的几何结构$\left(\frac{d}{a}\right)$有关，而与所使用的光波波长无关，只不过长波的图样比短波的图样宽些而已。

## 四、多缝——衍射光栅

用一系列等宽等间隔的平行狭缝代替单缝，就构成多缝，又称**衍射光栅**，可用来测定光谱线的波长来研究谱线的结构和强度。实际光栅的狭缝数目 $N$ 很大，如一些精制的光栅，在 1 cm 之内可以有多达万条以上的狭缝。用于透射光衍射的**透射光栅**，是用金刚石尖端在玻璃板上刻划大量等宽、等间距的平行刻痕，刻痕使入射光向各个方向散射，不易透过。刻痕间的光滑部分可以透光，与狭缝相同。另外，还有在金属板上刻制成的**反射光栅**，它产生反射光衍射。

**1. 光栅光强分布**

图 13-5-10 是多缝夫琅和费衍射的示意图。要想得到屏上光强分布公式，可以像前面一样采用积分方法，也可用矢量图解法。下面我们用后一种方法处理。

设不透明屏上有 $N$ 条平行狭缝，每条狭缝的宽度为 $a$，相邻狭缝间不透明部分的宽度为 $b$，通常将相邻狭缝对应点间距离($a+b=d$)称为光栅常量。在纸平面内考虑与透镜主光轴成任意角 $\theta$ 的各衍射线，它们来自同一狭缝的不同部分和不同的狭缝，在接收屏上会聚于 $P_\theta$ 点。$P_\theta$ 点的总振动是这些衍射波的相干叠加。$N$ 个缝中，相邻两缝的对应点向 $P_\theta$ 发出的衍射光的位相差均一样。每条狭缝作为单缝向 $P_\theta$ 发出的衍射光在 $P_\theta$ 点的合振幅已在单缝中求出。因每条缝在 $P_\theta$ 点形成一合振动，所以总振动为这 $N$ 个合振动的矢量相加。相邻缝的合振动的位相差即为两相邻狭缝对应点衍射线间的位相差。

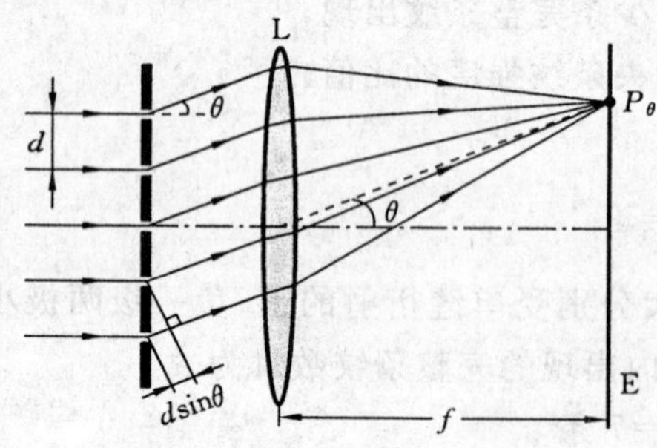


图 13-5-10　多缝夫琅和费衍射

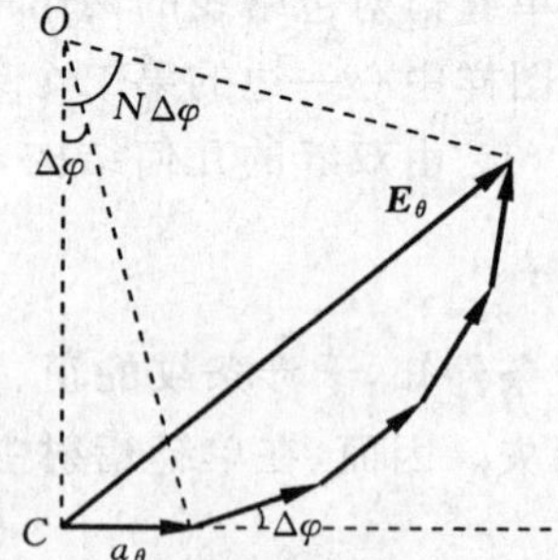


图 13-5-11　矢量法求合振动振幅

如果设一个单狭缝所产生的合振动的振幅为 $a_\theta$，相邻单缝各自合振动位相差为

$$\Delta\varphi=\frac{2\pi}{\lambda}d\sin\theta$$

由图 13-5-11 可计算接收屏上 $P_\theta$ 点的总振动振幅，即

$$E_\theta = 2\,\overline{OC}\sin\frac{N\Delta\varphi}{2} = 2\frac{\frac{a_\theta}{2}}{\sin\frac{\Delta\varphi}{2}}\cdot\sin\frac{N\Delta\varphi}{2} = a_\theta\frac{\sin\frac{N\Delta\varphi}{2}}{\sin\frac{\Delta\varphi}{2}} = a_\theta\frac{\sin(N\beta)}{\sin\beta}$$

式中，$\beta=\frac{\Delta\varphi}{2}$。

利用单缝在屏上电矢量振幅表示式(13-5-4)，上式可以写为

$$E_\theta = E_0\frac{\sin\alpha}{\alpha}\cdot\frac{\sin(N\beta)}{\sin\beta} \tag{13-5-14}$$

取平方，得屏上 $P_\theta$ 点的光强为

$$I_\theta = I_0\left(\frac{\sin\alpha}{\alpha}\right)^2\cdot\left(\frac{\sin(N\beta)}{\sin\beta}\right)^2 \tag{13-5-15}$$

式中，$\alpha=\frac{\pi a\sin\theta}{\lambda}$，$\beta=\frac{\Delta\varphi}{2}=\frac{\pi d\sin\theta}{\lambda}$，$\left(\frac{\sin\alpha}{\alpha}\right)^2$ 仍为来源于单缝衍射的单缝衍射因子，而 $\left(\frac{\sin(N\beta)}{\sin\beta}\right)^2$ 则来源于缝间干涉，称为**缝间干涉因子**。上式表明，光栅衍射是单缝衍射与多缝干涉的综合效应。

**2. 光栅衍射的特点**

根据接收屏上的光强分布公式可以很方便地讨论光栅衍射图样，它有下列的一些特点。

1) 主极大

当 $\beta=\pm k\pi(k=0,1,2,\cdots)$ 时，$\frac{\sin(N\beta)}{\sin\beta}=N$，即干涉因子取极大，此时的干涉条纹称为光栅干涉条纹的**主极大**。容易看出，某处主极大的强度是单缝在该处强度的 $N^2$ 倍。主极大的位置由下式确定：

$$d\sin\theta=\pm k\lambda\quad(k=0,1,2,\cdots) \tag{13-5-16}$$

此式又称为**光栅公式**。由它可知，主极大的位置与光栅缝数无关，只取决于入射光的波长和光栅常数 $d$。一旦 $d$ 给定，对特定波长的入射光，主极大的位置也就确定了，它与单缝衍射因子及缝数 $N$ 无关。

由于衍射角只能取 $-\frac{\pi}{2}<\theta<\frac{\pi}{2}$（或 $|\sin\theta|<1$），这就限定了主极大的最高级次 $|k_{\max}|<\frac{d}{\lambda}$，即 $|k_{\max}|$ 应取小于 $\frac{d}{\lambda}$ 的整数值。

2) 次极大

当 $N\beta=\pm k'\pi(k'=1,2,\cdots)$，而 $\beta=\pm\frac{k'}{N}\pi$ 又不是 $\pi$ 的整数倍时，对应位置的光强为零，出现暗线（极小）。满足这个条件时，

$$k'=1,2,\cdots,N-1,N+1,\cdots,2N-1,2N+1,\cdots$$

此时,对应图 13-5-11 中各单缝分振动的振幅矢量依次相接,恰好构成一个闭合的正多边形。因为 $k'=0,N,2N,\cdots$ 正好对应主极大,所以每两个相邻主极大间有 $N-1$ 个极小。显然两个极小间还应有一极大,这样的极大称为**次极大**。在相邻主极大间有 $N-2$ 个次极大。

由于主极大满足 $\beta=\pm k\pi$,光强为零的极小的位置就满足 $\beta=\pm\left(k+\dfrac{m}{N}\right)\pi$,即

$$d\sin\theta=\pm\left(k+\frac{m}{N}\right)\lambda \tag{13-5-17}$$

式中,$k=0,1,2,\cdots;m=1,2,\cdots,N-1$。次极大在相邻的 $m$ 值之间,由光强分布公式中的干涉因子可以计算次极大的强度,它比主极大的强度小很多。

对于实际光栅,准确讨论次极大和极小的位置没有必要。因为一般光栅的 $N$ 都很大,在两主极大间有很多个次极大,它们的强度很弱,淹没在杂散光的背景之中,难以觉察出它们的存在。

3) 主极大的半角宽度

**主极大的中心到邻近极小间的角距离称为主极大的半角宽**。因为第 $k$ 级主极大的位置满足光栅公式

$$d\sin\theta_k=\pm k\lambda$$

最靠近它的极小的级数为 $k+\dfrac{1}{N}$,此极小所在方向的角度 $\theta_k+\Delta\theta$ 满足

$$d\sin(\theta_k+\Delta\theta)=\left(k+\frac{1}{N}\right)\lambda$$

以上两式相减,整理可得

$$\begin{aligned}\sin(\theta_k+\Delta\theta)-\sin\theta_k&=\sin\theta_k\cos\Delta\theta+\cos\theta_k\sin\Delta\theta-\sin\theta_k\\&=\sin\theta_k\cdot 1+\cos\theta_k\cdot\Delta\theta-\sin\theta_k\\&=\cos\theta_k\cdot\Delta\theta=\frac{\lambda}{Nd}\end{aligned}$$

因为实际上 $\Delta\theta$ 很小,上面推导中用到 $\cos\Delta\theta\approx 1,\sin\Delta\theta\approx\Delta\theta$,则第 $k$ 级主极大的半角宽为

$$\Delta\theta=\frac{\lambda}{Nd\cos\theta_k} \tag{13-5-18}$$

此式表明半角宽与单缝衍射因子无关,它随缝数的增加而减小,即随着缝数的增加,各级主极大将变细。

4) 缺级

与双缝类似,多缝也存在缺级现象。**在单缝衍射极小的地方,即使按缝间干涉,应是主极大,但实际主极大并不会出现**,这就发生缺级。根据主极大的公式和单缝极小条件可以具体计算主极大的缺级。

图 13-5-12 表示多缝衍射图样的光强分布:图(a)为单缝衍射的光强分布曲线,

图(b)为缝间干涉因子曲线，图(c)为它们的乘积曲线。从图中可以看出，单缝衍射因子只改变各级主极大的强度。

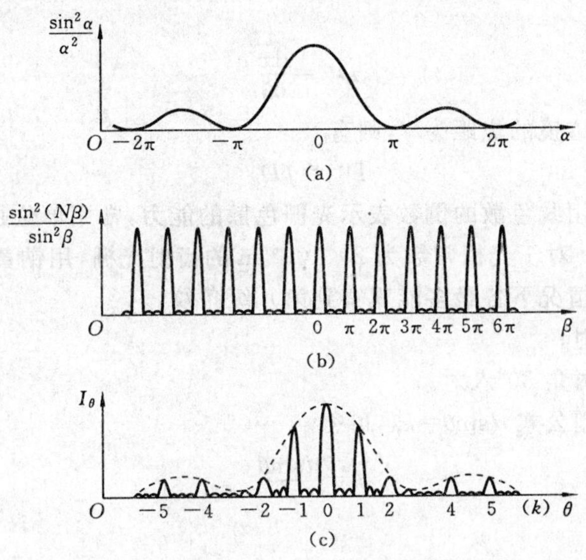


**图 13-5-12** $N=4, a+b=3a$ **的多缝的光强分布曲线**

### 3. 光栅的色散

如果用各种波长混合的光去照射光栅，则每一种波长的光都可以产生一组条纹。除了零级主极大重合外，其余各级相互间有一偏移，这就是光栅的**色散**。如果使用白光，则光通过光栅会被色散成连续光谱。因为除零级外的任一级，按照波长由短波到长波，条纹自零级向左右两侧散开。第二级、第三级光谱拉得很开，有一部分就会相互重叠。例如，波长为 400 nm 的第三级光谱与波长为 600 nm 的第二级光谱会重叠。

在光谱测定技术中，广泛地采用衍射光栅将光束色散成光谱以计算其波长值。这时关心的问题之一是对于波长相差一个小的波长间隔 $\mathrm{d}\lambda$ 的两种单色入射光波，它们通过光栅后，所产生的相应主极大间角距离 $\mathrm{d}\theta$ 的大小。定义**角色散**为

$$D=\frac{\mathrm{d}\theta}{\mathrm{d}\lambda} \tag{13-5-19}$$

$D$ 的单位为 rad/nm。对光栅公式(13-5-16)两边求微分，可得

$$\cos\theta_k\,\mathrm{d}\theta=k\,\frac{\mathrm{d}\lambda}{d}$$

因而，光栅角色散表示为

$$D_k=\frac{k}{d\cos\theta_k} \tag{13-5-20}$$

由上式可以看出角色散与光栅的缝数无关，$d$ 越小，角色散越大，光谱就展开得越宽；光谱级数越高，角色散也越大。要注意由于单缝衍射因子的调制，高级次的主极大强

度降低，一般光栅应用一级和二级光谱。

同样可定义光栅的线色散。设一定波长差 $d\lambda$ 的两条谱线在屏上的线距离为 $dx$，则线色散 $D^*$ 为

$$D^*=\frac{dx}{d\lambda} \tag{13-5-21}$$

如果光栅后的聚焦透镜的焦距为 $f$，则有

$$D^*=fD_k \tag{13-5-22}$$

在光谱仪上习惯于用线色散的倒数表示光栅色散的能力，常用单位是 mm/nm。

**【例题 13-11】** 对于光栅常数为 $2\times10^{-6}$ m 的衍射光栅，用钠黄光($\lambda=589$ nm)入射。求下列两种情况下各最多能观察到第几级条纹。

(1) 光垂直入射；

(2) 光线以入射角 30°入射。

**解** (1) 由光栅公式 $d\sin\theta=k\lambda$，可得

$$k=\frac{d\sin\theta}{\lambda}$$

当 $\theta=\frac{\pi}{2}$ 时，有

$$k=\frac{2\times10^{-6}}{589\times10^{-9}}=3.4$$

取整数，得 $k=3$。

(2) 如图 13-5-13 所示，当光线以 30°入射角入射，到达相邻狭缝的光线之间有光程差

$$\delta_1=d\sin30°$$

从狭缝到光屏某处，它们之间又有光程差

$$\delta_2=d\sin\theta$$

所以，光栅公式可相应地写为

$$\delta_1+\delta_2=d(\sin30°+\sin\theta)=k\lambda$$

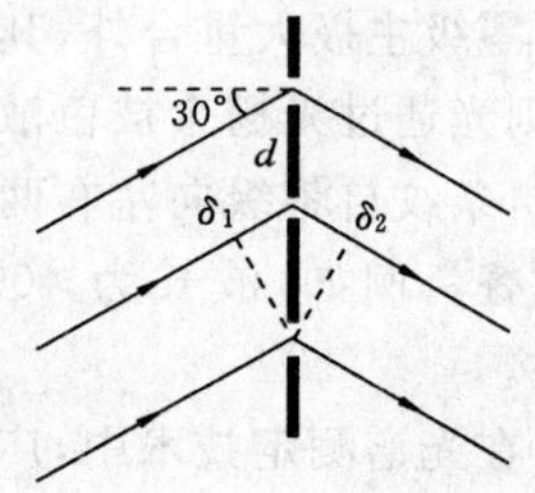


**图 13-5-13　例题 13-11 图**

取 $\theta=\frac{\pi}{2}$，则有

$$k=\frac{d(\sin30°+\sin90°)}{\lambda}=\frac{2\times10^{-6}(0.5+1)}{589\times10^{-9}}=5.09$$

取整数，得 $k=5$。

可见，垂直入射时最多可看到第三级条纹，斜入射时最多可看到第五级条纹，即斜入射能看到更高级次的条纹。

请读者考虑，当平行光以入射角 $\alpha$ 照射光栅时，主极大所满足的光栅公式，此时 0 极主极大在何处。

**【例题 13-12】** 波长为600 nm的光正入射在一光栅上，有两相邻主极大出现在 $\sin\theta=0.2$ 与 $\sin\theta=0.3$ 处，第四级缺级，求：

(1) 光栅常数；

(2) 缝可能的最小宽度；

(3) 能看到的主极大级次。

**解** (1) 由题意知

$$d\sin\theta_1=k\lambda,\quad d\sin\theta_2=(k+1)\lambda$$

所以

$$d=\frac{\lambda}{\sin\theta_2-\sin\theta_1}=\frac{600\times10^{-9}}{0.3-0.2}\ \text{m}=6\times10^{-6}\ \text{m}$$

(2) 主极大第四级满足

$$d\sin\theta=4\lambda$$

而单缝衍射极小满足

$$a\sin\theta=k'\lambda$$

显然当 $\sin\theta$ 与 $\lambda$ 确定后，$k'=1$ 时 $a$ 最小，即此时有

$$a=\frac{k'\lambda}{\sin\theta}=\frac{\lambda}{4\lambda/d}=\frac{d}{4}=1.5\times10^{-6}\ \text{m}$$

(3) 由 $d\sin\theta=k\lambda$，当 $\theta=\frac{\pi}{2}$ 时，

$$k=\frac{d}{\lambda}=\frac{6\times10^{-6}}{600\times10^{-9}}=10$$

由于 $\frac{d}{a}=4$，所以缺 $k=\pm4,\pm8$ 级。又因为第10级条纹出现在 $\theta=\frac{\pi}{2}$ 处，实际上看不到，所以能看到的全部主极大级次为

$$k=0,\pm1,\pm2,\pm3,\pm5,\pm6,\pm7,\pm9$$

**【例题 13-13】** 试用半波带法确定光栅衍射的极小位置。

**解** 如图13-5-14所示，把光栅看成宽度为 $Nd$ 的单缝，它与实际光栅的区别在于，光栅的挡光部分现在是透光的，但在我们仅限于讨论相干相消的极小情形下，两者是等效的。此单缝上下沿衍射光线的光程差 $\delta=Nd\sin\theta$，按半波带法，衍射极小对应光程差等于半波长的偶数倍，即

$$Nd\sin\theta=\pm k'\lambda$$

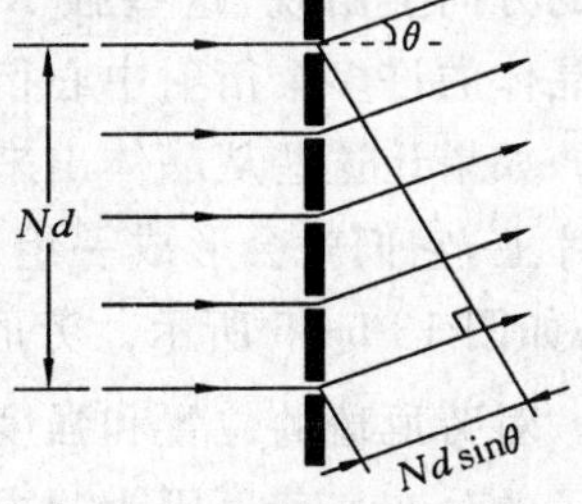

图 13-5-14 例题 13-13 图

由于当 $k'=Nk$ 时，上式回到主极大的光栅公式，所以光栅衍射的极小位置满足

$$d\sin\theta=\pm\frac{k'\lambda}{N}\quad(k'\neq Nk\text{ 的整数})$$

不难看出，此式与式(13-5-17)等价。

## 五、X 射线衍射　布喇格公式

上节所讨论的多缝只在一个方向上具有周期性结构，是一维光栅。除一维以外，还可以有二维和三维光栅。晶体的原子在三维空间里有周期性的结构，这种结构称为晶体的**空间点阵**，或**晶格结构**。原子所在位置称为**格点**，晶体中相邻格点的间隔称为**晶格常数**，其数量级约为 $10^{-10}$ m。这种三维周期性结构可用作三维光栅。1912 年，德国物理学家劳厄(M. Laue)首次利用晶体作为光栅研究了 X 射线的衍射现象。

**1. X 射线衍射**

X 射线是伦琴(W. K. Rontgen)在 1895 年发现的。在真空管中加热的阴极钨丝会发射出电子，对它们加以几万伏直流高压，让电子打在由钼、钨或铜等金属制成的阳极上，就会发射出 X 射线。X 射线是由原子内层电子的跃迁所产生的。1906 年，巴克拉借助偏振实验证实了 X 射线的横波性。由于波长小(波长范围为 $10^{-12}$～$10^{-9}$ m)，它的穿透力强，很容易穿过由氢、氧、碳、氮等较轻元素组成的肌肉，但不易穿透骨骼，利用这个特点可用以检查人体病变。高能量的 X 射线还可用于金属探伤。而由大生物分子 DNA 的 X 射线衍射照片可以显示出其双螺旋结构。

既然 X 射线的波长与原子直径大致同数量级，就不可能用普通的机械刻痕光栅来得到它的衍射图样和测定波长。如对 $\lambda=10^{-10}$ m 的 X 射线，用光栅常数 $d=3\times10^{-6}$ m 的衍射光栅，衍射的第一级极大出现在

$$\theta=\arcsin\frac{\lambda}{d}=\arcsin\left(\frac{10^{-10}}{3\times10^{-6}}\right)=0.002^{\circ}$$

处，它与中央极大靠得太近，实际是无法分辨出来的。劳厄由此想到，既然晶体中的原子排列是有规则的，那么晶体或许可以当做 X 射线的天然三维衍射光栅。

实验表明，如果连续谱的 X 射线投射到氯化钠这一类晶体上，会有很强的 X 射线束在一些严格确定的方向上出现，这些强 X 射线束对应于来自组成该晶体的许多个衍射中心衍射的 X 射线间的干涉极大。如果让这些从晶体出来的 X 射线束投射到照相底片上，它们就会形成一组斑点，这种斑点称为**劳厄斑**，如图 13-5-15 所示。劳厄斑证实了 X 射线的波动性。对劳厄斑的位置和强度进行仔细研究，可以推知晶体中原子如何排列及原子中电子的分布。劳厄因为这方面的工作，荣获了 1914 年的诺贝尔物理学奖。

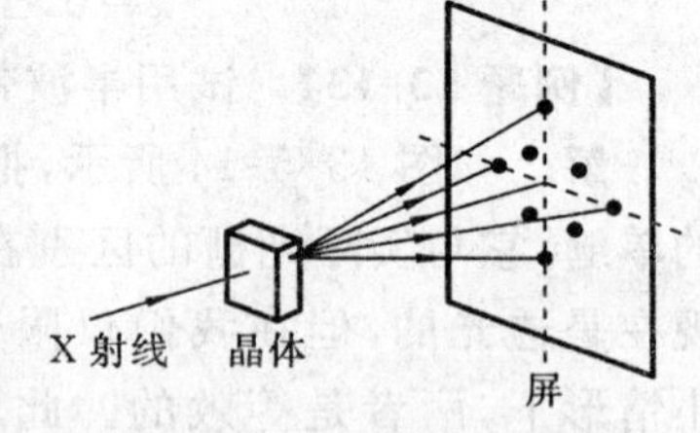

**图 13-5-15　劳厄实验**

**2. 布喇格公式**

英国的布喇格父子(W. H. Bragg 和 W. L. Bragg)对晶体的 X 射线衍射作了解释，并且由此预言了在什么条件下衍射的 X 射线束可能从晶体射出。他们想像晶体是由一系列平行的原子层(晶面)构成的，当 X 射线进入晶体时，晶体内原子中的电

子在其作用下做受迫振动，从而成为一个个次级波源向各个方向发射电磁波。这种称为散射波(或衍射波)的电磁子波与入射 X 射线的频率相同，各散射波在空间相遇时会发生干涉，因而在一定条件下可以观察到强的 X 射线。

为得到干涉极大条件，我们可以把散射波的干涉分为两步处理。第一步处理一个晶面中各原子所发次级波的干涉——点间干涉；第二步处理不同晶面之间的次级波的干涉——面间干涉。图 13-5-16(a)表示了从同一晶面上相邻原子所散射的 X 射线间的干涉，干涉极大条件为

$$\delta = bc - ae = h(\cos\theta - \cos\theta') = n\lambda \quad (n=0,1,2,\cdots) \qquad (13\text{-}5\text{-}23)$$

式中，$h$ 为两相邻原子间距，$\lambda$ 为入射 X 射线波长，$\theta$ 为入射 X 射线与晶面夹角，即掠射角，$\theta'$ 为出射 X 射线与晶面间的夹角。当 $n=0$ 时，有

$$\theta' = \theta$$

这表示 X 射线在晶面上散射时，零级反射主极大方向就是镜面反射方向。当 $n$ 为不等于零的其他整数时，也可以得到强度的极大，但是它们可以被认为是从另外的一组平面上反射的，这另外的一组平面的间距与前面的 $h$ 不同。

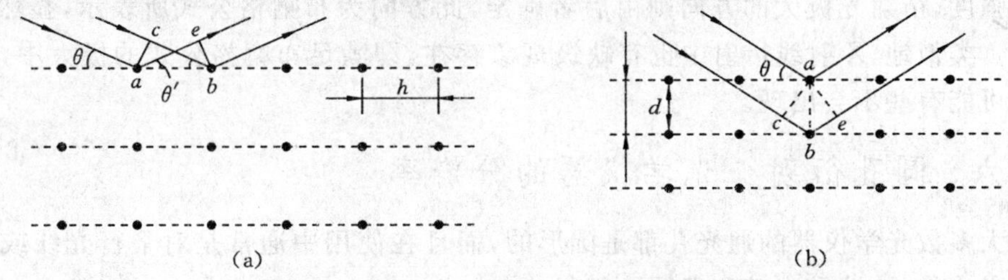


**图 13-5-16　晶体对 X 射线的干涉**

(a) 点间干涉；(b) 面间干涉

不同晶面上反射 X 光之间的干涉如图 13-5-16(b)所示。相邻两晶面上沿镜面反射方向的 X 光间的光程差为

$$\delta = cb + be = 2d\sin\theta$$

式中，$\theta$ 为掠射角，$d$ 为晶面间距。显然，对于晶面间距为 $d$ 的这一组晶面，要使反射 X 光叠加产生干涉极大，来自相邻平面的反射线之间的光程差必须为波长的整数倍，即

$$2d\sin\theta = k\lambda \quad (k=1,2,\cdots) \qquad (13\text{-}5\text{-}24)$$

这个关系式称为**布喇格公式**(1913 年)，满足此条件，将形成干涉极大亮点。由布喇格公式，用已知波长的 X 射线就可以测定晶体晶面间距，从而推知晶体的结构。反之，也可用已知晶体准确地确定 X 射线的波长。布喇格父子就因使用 X 射线研究晶体结构而获得 1915 年的诺贝尔物理学奖。

如图 13-5-17 所示，晶体中有许多晶面族，不同的晶面族的晶面间距一般各不相同。对于给定入射方向的 X 射线，各晶面族均有相应的布喇格公式。可以证明，对某一晶面族取面内点间干涉的各级极大，与对各个可能的晶面族只取零级反射时干

涉极大,这两种方法等效。显然,后者直观得多,布喇格公式反映的正是这种情况。

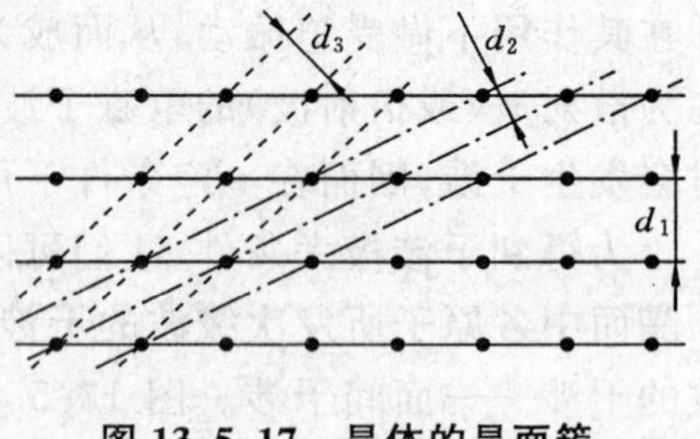

图 13-5-17 晶体的晶面簇

值得注意的是,如果用单色 X 射线束以任意掠射角 $\theta$ 投射到晶体内特定的一族晶面上,布喇格公式(13-5-25)一般是得不到满足的。即使对于各个不同的晶面族,一般也得不到满足,因而一般不会得到反射干涉极大。当入射 X 射线的波长连续分布时,满足

$$\lambda=\frac{2d\sin\theta}{k}\quad(k=1,2,\cdots)$$

的条件的波长,在相应方向上可以产生反射极大。

与一维光学光栅相比较,三维晶体的格点相当于一维光栅的单缝,它们都是衍射单元。与一维光栅的光栅常数相当的,在三维晶体中是晶格常数(它并不一定就是所取晶面族的晶面间距 $d$,但与晶面间距总有确定的几何关系)。衍射单元决定了衍射光的强度,衍射光极大的方向则由后者确定,此方向为布喇格公式所表示,显然由 $d$ 决定。类似地,X 射线衍射中也有缺级现象存在,即满足布喇格公式的极大中,在实际中可能有些不会出现。

## 六、圆孔衍射　光学仪器的分辨率

大多数光学仪器的通光孔都是圆形的,而且在使用中通常是对平行光线或近似平行光成像,这涉及夫琅和费圆孔衍射。

### 1. 圆孔衍射

当平行光通过一透镜而会聚于焦点时,按几何光学的结论得到的是一个像点。但由于光的波动性,波阵面在圆孔处受到限制,圆形波阵面上各点作为子波源向前方发出相干次级光波,它们相互叠加在焦平面处呈现出明暗相间的衍射同心圆,中心零级衍射斑是一亮斑。圆孔衍射装置和衍射图样如图 13-5-18(a)所示,因为爱里(G. B. Airy)于 1835 年首先研究了圆孔衍射图样问题,所以衍射图样的中央极大亮斑又称为**爱里斑**。

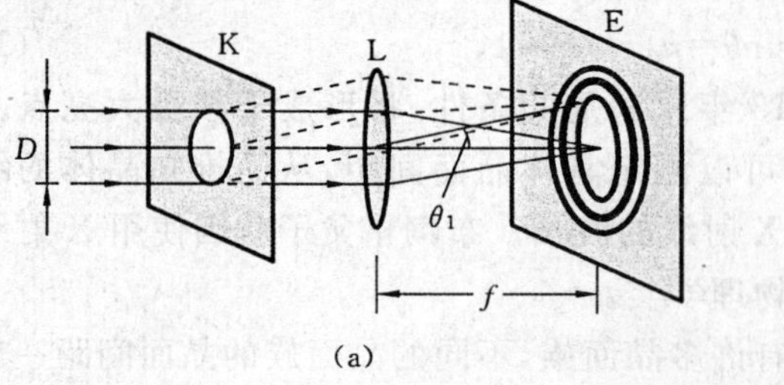


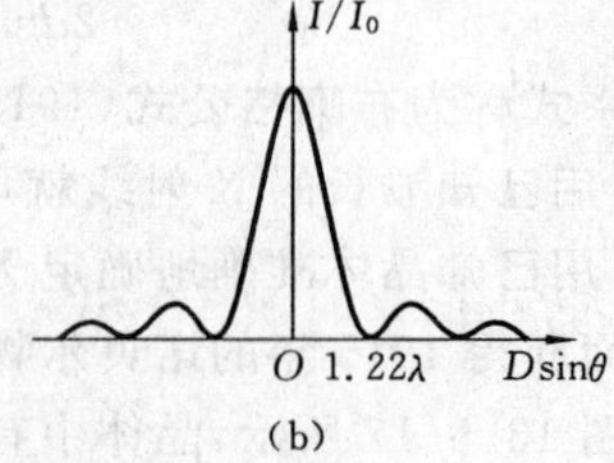


图 13-5-18 夫琅和费圆孔衍射

夫琅和费圆孔衍射图样的光强分布同样可以利用菲涅耳公式(13-5-1)计算。但由于积分较繁，涉及贝塞尔函数，所以我们不进行具体计算，而直接给出有关零级衍射斑的结果。计算表明，圆孔衍射场中约84%的能量集中在中心零级衍射斑内，其余的光能分布在周围各级亮环中，相对光强分布如图13-5-18(b)所示。紧靠中心爱里斑的第一暗环的角半径为

$$\theta_1=\arcsin\left(1.22\frac{\lambda}{D}\right)$$

式中，$\lambda$ 是入射光波长，$D$ 是通光圆孔直径。常用爱里斑半径的张角 $\theta_1$ 来衡量衍射光的弥散程度。

由于一般情况下 $\theta_1$ 都很小，因而上面的式子可以简化为

$$\theta_1=1.22\frac{\lambda}{D}\quad 或\quad \theta_1=0.61\frac{\lambda}{a}\tag{13-5-25}$$

式中，$a$ 为圆孔半径。如果知道会聚透镜的焦距 $f$，就可算出在其焦面上爱里斑的半径，即

$$R\approx f\theta_1=1.22\frac{f\lambda}{D}\tag{13-5-26}$$

当 $D\gg\lambda$ 时，$\theta_1$ 非常小，几乎趋于零，观察屏上只出现一个亮点，因而与几何光学的结果相符，或者说波动光学过渡到几何光学。

如果入射光不是平行光，圆孔后也没有透镜聚焦，就是菲涅耳圆孔衍射。衍射图样同样是明暗交替的圆环，不过中央不一定是亮点。有的情况下中心是亮点，有的情况下中心是暗点，它取决于光源到圆孔的距离和圆孔到光屏的距离。

**2. 圆孔径光学仪器分辨率**

当我们想分辨角距离很小的两个远处点状物体(如一对双星)时，就必须注意到每个物点经透镜所成的像是有一定大小的衍射斑。只有当两个衍射斑离得足够远时，我们才能清楚地分辨它们。如果两个衍射斑彼此靠得太近而重叠，我们就无法区分它们，即这两个点状物体可以看做与一个单独的点状物体没有什么区别。这样，衍射效应对高放大率精密光学仪器的分辨能力设置了某种限度，超过这一限度后即使再提高放大率，也只不过使所成的像变大，而不会增加像的细节的清晰度。

那么在什么情况下，两个点光源通过光学仪器所形成的衍射斑恰好能分辨呢？

瑞利提出了一个判据：**如果有两个点光源，其中一个的衍射图样的中央极大与另一个的衍射图样的第一极小重合时，那么这两个点光源正好是可分辨的**，如图13-5-19所示。

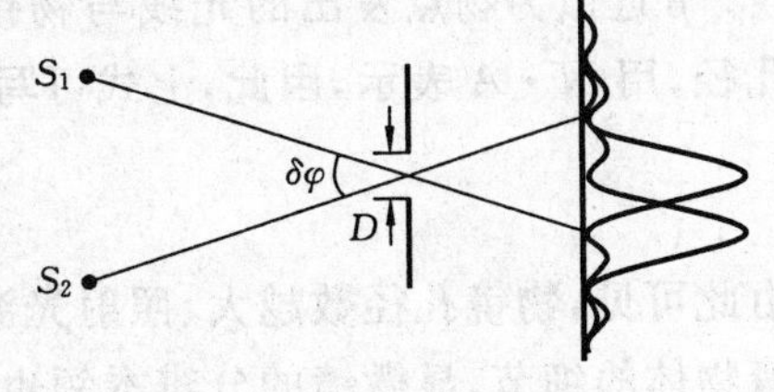

**图 13-5-19　瑞利判据**

由式(13-5-25)可知，来自无限远处两点光源的光通过圆形透镜后，在其焦平面上的衍射图样如按瑞利判据恰能分辨，则两衍射斑中心相对透镜所张的角，亦即刚被分辨得开的两点光源相对透镜所张的角，应为 $\theta_1$，称它为最

**小分辨角**,用 $\delta\varphi$ 表示,有

$$\delta\varphi=\theta_1=1.22\frac{\lambda}{D} \tag{13-5-27}$$

如果两物体之间的角距离 $\theta$ 大于 $\delta\varphi$,我们就可以分辨它们;如果 $\theta$ 小于 $\delta\varphi$,我们就不能分辨它们。**$\delta\varphi$ 越小,我们就说仪器的分辨本领越高**。标志光学仪器能分辨这样两个点的能力的物理量叫做**分辨本领**或**分辨率**。

由上面的讨论可知,使用透镜来分辨角距离很小的两个物体时,应使它们各自衍射图样的中心圆斑尽可能地小。要做到这一点,可以采取增大透镜的直径或采用较短的波长这两种方法。在天文学上,建造大型望远镜的理由之一,就是为了产生较明晰的像。当望远镜的口径增大时,聚集的光就增多,而且衍射斑变小,因此像就更加明亮,更易分辨。这样,很远的星系中较暗的星就可能被看见。

对于显微镜,我们用最小分辨距离 $Z$ 的倒数 $\frac{1}{Z}$ 表示它的分辨本领。如图 13-5-20 所示,其最小分辨角 $\delta\varphi$ 由式(13-5-28)给出,此时 $D$ 为物镜的孔径。显微镜的物镜成像必须满足阿贝(Abbe. E)正弦条件,即

$$nZ\sin\beta=n'Z'\sin\beta' \tag{13-5-28}$$

式中,$Z$ 表示两个物点能被分辨的最小距离,$Z'$ 表示两个物点对应像点的距离,$n$、$n'$ 分别为物镜前后物空间和像空间介质的折射率,$\beta$、$\beta'$ 分别为物空间和像空间的孔径角。当 $\delta\varphi$、$\beta$、$\beta'$ 很小时,有

$$Z'\approx s\sin\delta\varphi=\frac{1.22\lambda s}{D} \quad 和 \quad \sin\beta'\approx\frac{D/2}{s}$$

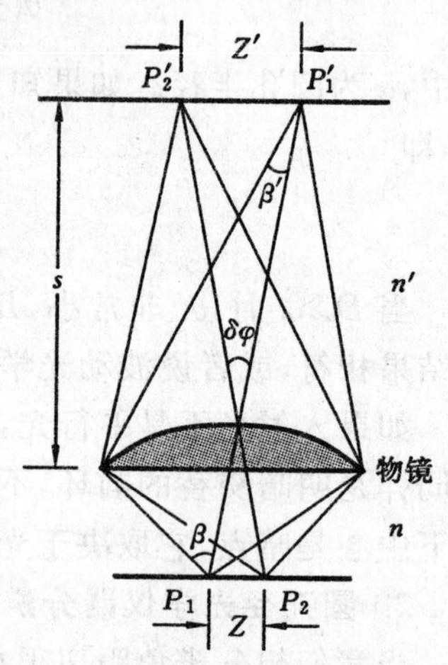


图 13-5-20　显微镜的分辨距离

将上述两式代入式(12-5-28),得

$$nZ\sin\beta=n'\cdot\frac{1.22\lambda s}{D}\cdot\frac{D}{2s}=n'\cdot\frac{1.22\lambda}{2}$$

对于空气来说 $n'=1$,整理上式,得到物镜所能分辨两点之间的最短距离为

$$Z=\frac{1.22\lambda}{2n\sin\beta} \tag{13-5-29}$$

$\beta$ 近似为物点发出的光线与物镜边缘所成锥角的一半。$n\sin\beta$ 称为物镜的数值孔径,用 $N\cdot A$ 表示,因此,上式可写成

$$Z=\frac{0.61\lambda}{N\cdot A} \tag{13-5-30}$$

由此可见,物镜孔径数越大、照射光波长越短,显微镜能分辨的最短距离越小,越能看清物体的细节,显微镜的分辨本领也越强。

提高显微镜的分辨本领的方法之一是增大物镜的孔径数,如利用油浸物镜增大

$n$ 和 $\beta$ 值。通常情况下，显微镜物镜和标本之间的介质是空气(称为**干物镜**)，它的孔径数 $n\sin\beta$ 值最大只能达到 0.95，这是因为自 $P$ 点发出的光束到达成盖玻片与空气界面时，部分光线因为全反射不能进入物镜，进入物镜的光束锥角较小。但是如果在物镜与盖玻片之间滴入折射率较大的透明液体，如香柏油($n\approx1.515$)，可将物镜的孔径数 $N\cdot A$ 增大到 1.5 左右，此即**油浸物镜**。油浸物镜不仅提高了显微镜的分辨本领，而且避免了全反射的产生，增强了像的亮度。

提高显微镜分辨本领的另一种方法是减小照射光波的波长。例如，用 $N\cdot A$ 为 1.5 的高级油浸物镜，用可见光照明(平均波长为 550 nm)，显微镜能分辨的最短距离为 223.7 nm，比这个距离再小的细节就看不清楚了。若改用波长为 275 nm 的紫外光照明，可使分辨本领提高 1 倍，可看清楚 112 nm 的细节。近代电子显微镜是利用波长只有可见光的数万分之一的电子波成像，可以极大地提高显微镜的分辨能力。

**3. 光栅分辨率**

在使用光栅光谱仪时，为了把波长靠得很近的两光波 $\lambda_1$ 和 $\lambda_2$ 分辨清楚，单有很大的色散是不行的，这是因为色散只决定 $\lambda_1$ 和 $\lambda_2$ 两相应主极大的角距离(或线距离)。而由于光的衍射，在焦面上所看到的每一主极大还有一定的宽度。这个宽度的大小决定了分开波长差很小的两条谱线的能力。显然主极大越窄，光栅的分辨能力就越高。定义**光栅的分辨率**为

$$R=\frac{\lambda}{\Delta\lambda} \tag{13-5-31}$$

式中，$\Delta\lambda$ 是恰能分清的两条谱线的波长差。$\Delta\lambda$ 越小，光栅的分辨率就越大。

按瑞利判据，如两谱线恰能分辨，则一谱线的极大恰与另一谱线的邻近极小相重合，即谱线的半角宽应等于恰能分辨的波长差为 $\Delta\lambda$ 的两谱线间的角距离。按照式(13-5-18)，谱线的半角宽为

$$\Delta\theta=\frac{\lambda}{Nd\cos\theta_k}$$

又由角色散关系式(13-5-19)，波长差相差一个小的波长间隔 $\Delta\lambda$ 的两种单色入射光通过光栅后所产生的角距离为

$$\Delta\theta=D\cdot\Delta\lambda=\frac{k}{d\cos\theta_k}\cdot\Delta\lambda$$

上两式相等，得

$$\frac{\lambda}{Nd\cos\theta_k}=\frac{k\Delta\lambda}{d\cos\theta_k}$$

所以光栅的分辨率为

$$R=\frac{\lambda}{\Delta\lambda}=kN \tag{13-5-32}$$

**【例题 13-14】** 人眼睛的瞳孔随光强大小而变，孔径一般在 1.5～6 mm 之间，眼睛可分辨的角距离为多大？

**解** 取 $\lambda=550\ \text{nm}$,眼睛可分辨的角距离由 $\delta\varphi=1.22\dfrac{\lambda}{D}$计算,在

$$\delta\varphi_1=1.22\times\frac{550\times10^{-9}}{1.5\times10^{-3}}\ \text{rad}=4.5\times10^{-4}\ \text{rad}=1'30''$$

到

$$\delta\varphi_2=1.22\times\frac{550\times10^{-9}}{6\times10^{-3}}\ \text{rad}=1.12\times10^{-4}\ \text{rad}=24''$$

之间,通常可取眼睛分辨率为 $1'$。

人眼近似为球形,新生儿眼球的直径约为 16 mm,成人眼球的直径约为 24 mm。近似取 $f=20\ \text{mm}$,则视网膜上爱里斑直径为

$$d=2f\delta\varphi\approx14\ \mu\text{m}$$

**【例题 13-15】** 一个宽 16 cm 的光栅,光栅常数为 $d=3200\ \text{nm}$。在可见光波段的中部,此光栅能分辨的最小波长差为多少?

**解** 光栅缝数为

$$N=\frac{16\times10^{-2}}{d}=\frac{16\times10^{-2}}{3200\times10^{-9}}=5.0\times10^{4}$$

由式(13-5-32),一级光谱的分辨率为

$$R=kN=N=5.0\times10^{4}$$

所以,在可见光波段中部 $\lambda=550\ \text{nm}$ 附近能分辨的最小波长间隔为

$$\Delta\lambda=\frac{\lambda}{R}=\frac{550\times10^{-9}}{5.0\times10^{4}}\ \text{m}=1.1\times10^{-11}\ \text{m}$$

# 第 6 节 光波的偏振

光是一种电磁波,光的干涉和衍射现象证实了光的波动性,光的偏振现象揭示了光的横波性。偏振是横波的重要特点,本节主要介绍光的偏振的一些实验事实和基本理论,以及常见的几种应用。

## 一、光的偏振态

### 1. 光的偏振性

我们借用机械波来说明偏振现象,考察一很细的弹簧线圈内传播的纵波和一细绳上传播的横波。如果让它们垂直穿过一小栅栏,当小栅栏以弹簧或细绳为轴转动时,它不能阻止弹簧内纵波的传播。但对于细绳上的横波,只有当振动方向与栅栏的隙缝平行时,波才能通过;而当它们垂直时,波就不能通过。

波的振动方向和传播方向决定的平面称为**振动面**。对纵波来说,其振动面有无限多个,从垂直波传播方向的不同方位去观察纵波,情况完全相同,即纵波具有振动方向对传播方向的对称性;而横波一般没有无限多个振动面,则横波对于传播方向的

轴来说不具备对称性。这种不对称性就称为**偏振**，它是横波区别于纵波的一个最明显的标志，只有横波才能产生偏振现象。

我们把光波电矢量的振动方向对光的传播方向失去对称性的现象称为**光的偏振**。在垂直于传播方向的二维空间内，电矢量可能存在各种各样的振动状态，这些状态称为**光的偏振态**。

**2. 光的偏振态**

1）线偏振光

电矢量始终沿某一固定方向振动的光称为**线偏振光**。如果沿着光波的传播方向看，上述电矢量的振动显然不是轴对称的。由于线偏振光的电矢量保持在固定的振动面内，所以线偏振又称为**平面偏振光**。按照振动合成与分解的规律，线偏振光可看做是振动方向互相垂直、相位同相或反相的两个线偏振光的合成。线偏振光常用如图 13-6-1 所示的方法表示，其中短线和点子分别表示在纸面内和垂直于纸面的光振动。

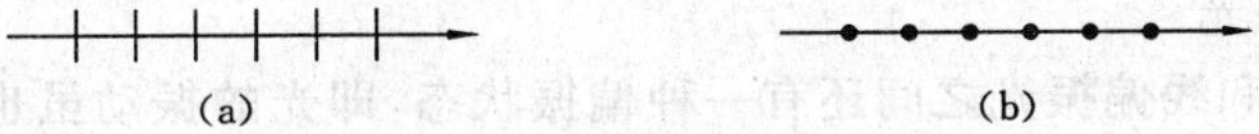

**图 13-6-1 线偏振光的图示**

(a) 振动方向在纸面内； (b) 振动方向垂直于纸面

2）圆偏振光

如果一束光波的电矢量绕着传播方向以波的角频率匀速旋转，并且迎着光的传播看去，电矢量端点的轨迹位于一个圆上，这种光称为**圆偏振光**。

由垂直振动的合成可知，圆偏振光可以看做同频率、等振幅、位相差为$\pm\frac{\pi}{2}$的两个相互垂直的线偏振光的合成，其中正号对应右旋圆偏振光，负号对应左旋圆偏振光。

3）椭圆偏振光

如果迎着光的传播看去，电矢量端点的轨迹为一椭圆的光，称为**椭圆偏振光**。椭圆运动同样可以看做两个相互垂直的简谐振动的合成，只是它们的振幅不等，或者位相差不为$\pm\frac{\pi}{2}$。椭圆偏振光也可分为左旋和右旋，其定义类似圆偏振光。椭圆偏振光是一般的横偏振情况，线偏振光和圆偏振光是它的两种特殊表现形式。

4）自然光

上述三种偏振光，如果在垂直传播方向的各平面内，将其振动均按两垂直方向分解，则最后都可得到有确定位相差的两线偏振光。换言之，它们都是由两列有确定位相关系的线偏振光合成而得。普通光源（如太阳、电灯）所发出的光是这样的吗？我们知道光是由光源中大量原子或分子所发出的，每个原子或分子发出的光可以是线偏振的。但由于普通光源中各个原子或分子的发光各自独立，它们的取向无规则，因而发出的光振动在各个方向均有,且彼此之间位相无关联。平均来看,它们对光的传播方向形成轴对称分布,没有哪个方向比其他方向更占优势,这种光称为**自然光**。

自然光既然在垂直于传播方向上等概率地包含有各个横向振动,尽管它们互相之间无固定的位相关联,但它们每一个都可以按两垂直方向进行分解。整个分解结果,可得到两列等振幅、独立的光振动,在每一分解方向上的强度是总强度的一半。自然光的表示如图 13-6-2 所示,其中等距分布的短线和点子表示没有那个方向的光振动占优势。

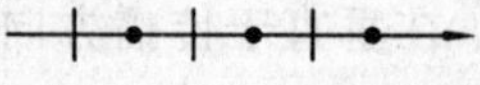

**图 13-6-2 自然光的图示**

如果将自然光在横向地按任意两垂直方向进行分解,所得两分量显然都是线偏振光。两分量之间虽包含有大量位相相关的成分,但从两分量整体来看,它们之间无确定位相关系。因而这样的两分量如果再度合成,得到的还是各方向振动均等的自然光,而不可能得到圆偏振等形态。当采用某些装置移去自然光中某一方向的振动分量后,可以得到沿垂直该方向振动的线偏振光。

5) 部分偏振光

介于自然光和线偏振光之间还有一种偏振状态,即光的振动虽也是各个方向都有,但不同方向的振幅大小不一样,而且各个振动的位相也彼此无关,这种光称为**部分偏振光**。部分偏振光同样可以在横向按两垂直方向进行分解,得到两振幅不等的线偏振光,它们之间没有固定的位相关系,如图 13-6-3 所示。在晴朗的日子里,天空所散射的日光呈蔚蓝色,它就多半是部分偏振光。

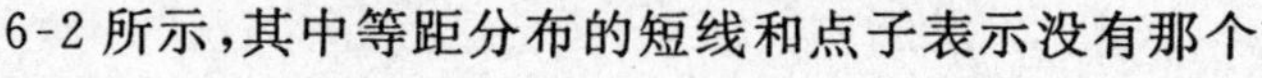

**图 13-6-3 部分偏振光的图示**

(a) 在纸面内的振动较强; (b) 垂直纸面的振动较强

## 二、马吕斯定律

普通光源发出的光都是自然光,使自然光成为线偏振光的方法有多种,最简单的方法是使用偏振片。

### 1. 偏振片 起偏与检偏

由自然光获得线偏振光的过程称为**起偏**,相应的装置称为**起偏器**。1938 年兰德(E. H. land)发现,有些晶体如碘化奎宁能吸收某一方向的光振动,只允许与之相垂直的光振动通过,这种选择吸收的性质称为晶体的**二向色性**。将具有**二向色性**的晶体涂敷在透明薄片上,就成为**偏振片**。允许通过的光振动方向称为偏振片的**偏振化方向**,又称为**透光轴**,用符号"↕"表示。

偏振片是一种起偏器。在图 13-6-4 中,强度为 $I_0$ 的自然光入射在偏振片 $P_1$ 上,透射光成为线偏振光,其电矢量的振动方向沿着 $P_1$ 的偏振化方向。若将 $P_1$ 绕光的传播方向转动，观察到透射光的光强 $I_1$ 不变，总满足 $I_1=\frac{I_0}{2}$。如果让此线偏振光通过另一个偏振片 $P_2$，当旋转 $P_2$ 时，在它的透射光中会观察到强度的变化。当 $P_2$ 的偏振化方向与入射的偏振光振动方向（即 $P_1$ 的偏振化方向）相同时，观察到透射光的光强最强，如图 13-6-4(a)所示；当两方向垂直时，观察不到透射光，即此时透射光强为零，称为**消光**，如图 13-6-4(b)所示。显然这与其他偏振态的光通过偏振片后所观察到的现象是不同的，所以偏振片又可用来检验线偏振光，此时称为**检偏器**。

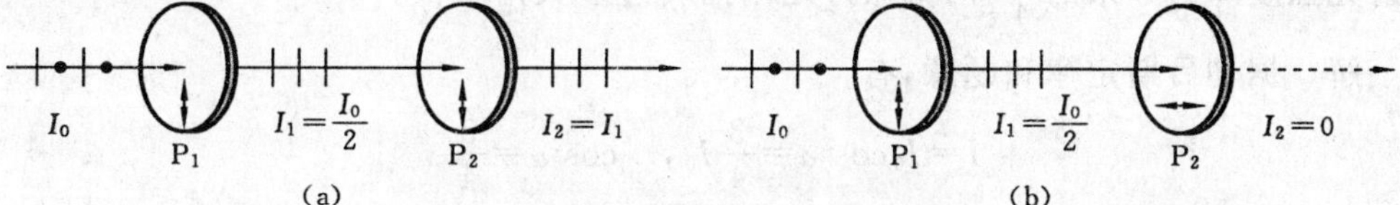


**图 13-6-4 偏振片的起偏与检偏**

**2. 马吕斯定律**

如图 13-6-5(a)所示，强度为 $I_0$ 的线偏振光垂直入射于偏振片 $P$，其电矢量的振动方向与偏振片的偏振化方向之间有任意夹角 $\alpha$，则透过偏振片 $P$ 的光是光振动与纸面斜交的线偏振光。假设入射偏振光的振幅为 $E$，则通过振幅分解可知，透过偏振片后，电矢量的振幅应为 $E_{/\!/}=E\cos\alpha$，如图 13-6-5(b)所示。因为光强正比于振幅的平方，所以由偏振片出射的光强为

$$I=I_0\cos^2\alpha \tag{13-6-1}$$

此式称为**马吕斯定律**，是马吕斯(E. L. Malus)在 1809 年从实验中发现的。如果旋转偏振片，透射光的强度随 $\alpha$ 而变，当 $\alpha=0$ 或 $\alpha=\pi$ 时，透射光强等于入射光强；当 $\alpha=\frac{\pi}{2}$ 或 $\alpha=\frac{3\pi}{2}$ 时，透射光强为零，而 $\alpha$ 为其他值时，透射光强介于最强和零之间。由此可检验线偏振光，并确定其光振动方向。

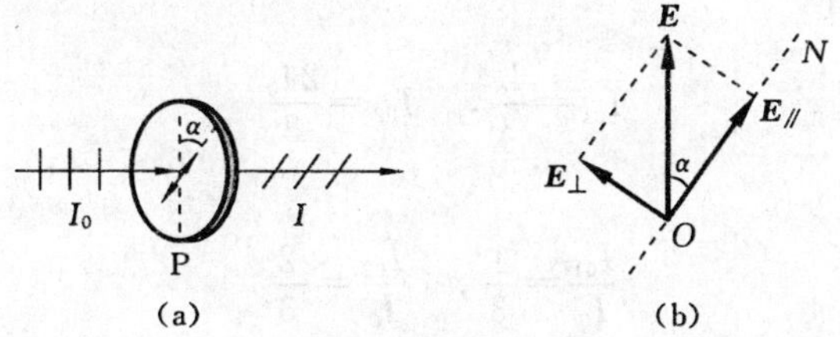


**图 13-6-5 马吕斯定律**

有趣的是，当自然光垂直入射两平行放置的偏振片时，如果两偏振片的偏振化方向互相垂直，则出射光强为零。但如果此时在两偏振片之间另外平行地插入一偏振片，它的偏振化方向与先前两者不同，则最后的透射光不再为零。它的强度可利用马吕斯定律计算出来。

用圆偏振光或椭圆偏振光入射偏振片时，由于它们均可分解为两垂直线偏振分

量,因而有光透过。当以入射光线为轴旋转偏振片时,圆偏振光透过的光强不变,而椭圆偏振光透过的光强会在极大与极小之间变化,但不会有消光现象,也就是说极小不为零。这两种现象类似于自然光和部分偏振光通过偏振片时,旋转偏振片所观察到的现象。因此只用一个偏振片不可能区分圆偏振光和自然光,也不可能区分椭圆偏振光和部分偏振光。

**【例题 13-16】** 两偏振片平行放置,如偏振化方向平行时透射光强度为 $I_0$,要使透射光强度降为原来的$\frac{3}{4}$,两偏振片之一需转过多大角度?

**解** 据马吕斯定律和题意,有

$$I=I_0\cos^2\alpha=\frac{3}{4}I_0,\quad \cos^2\alpha=\frac{3}{4}$$

即

$$\alpha=\pm\arccos\left(\pm\frac{\sqrt{3}}{2}\right)=\pm30°,\pm150°$$

不管哪个偏振片向哪个方向旋转,都可得到本题所要求的结果。

**【例题 13-17】** 由线偏振光和自然光混合而得的光束通过一偏振片,透射光强度随偏振片的旋转而变化。如最大光强是最小光强的 2 倍,求入射光束中两种成分的相对强度。

**解** 设入射光强为 $I_0$,其中线偏振光光强为 $I_{01}$,自然光光强为 $I_{02}$,则

$$I_0=I_{01}+I_{02}$$

自然光通过偏振片后,其强度不随偏振片的旋转而变化,应为$\frac{I_{02}}{2}$。根据马吕斯定律,最大透射光强为 $I_{01}+\frac{I_{02}}{2}$,最小透射光强为$\frac{I_{02}}{2}$,由题意知

$$I_{01}+\frac{I_{02}}{2}=2\cdot\frac{I_{02}}{2}$$

与前面式子联解,可得

$$I_{01}=\frac{I_0}{3},\quad I_{02}=\frac{2I_0}{3}$$

相对强度分别为

$$\frac{I_{01}}{I_0}=\frac{1}{3},\quad \frac{I_{02}}{I_0}=\frac{2}{3}$$

## 三、布儒斯特定律

1809 年,马吕斯在通过一个方解石晶体观察巴黎勒克森堡宫殿窗户反射的太阳光时,首先发现光在反射时可以产生部分偏振或者全偏振。

实验表明,当自然光入射到两种介质的分界面上时,反射光和折射光一般都是部分偏振光,其中反射光中垂直入射面的光振动较强,而折射光中平行入射面的光振动较强,如图 13-6-6(a)所示。

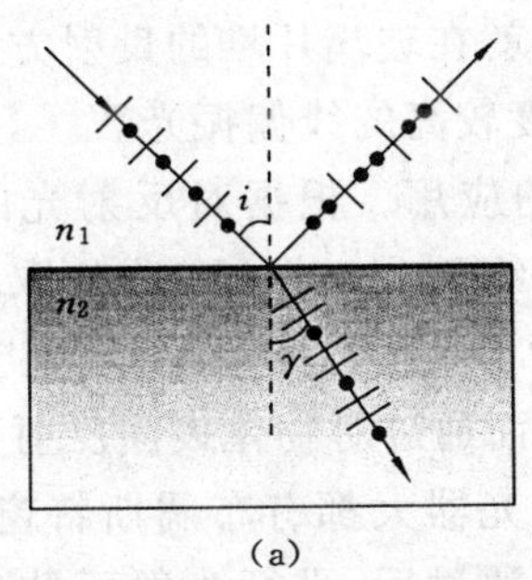

(a)

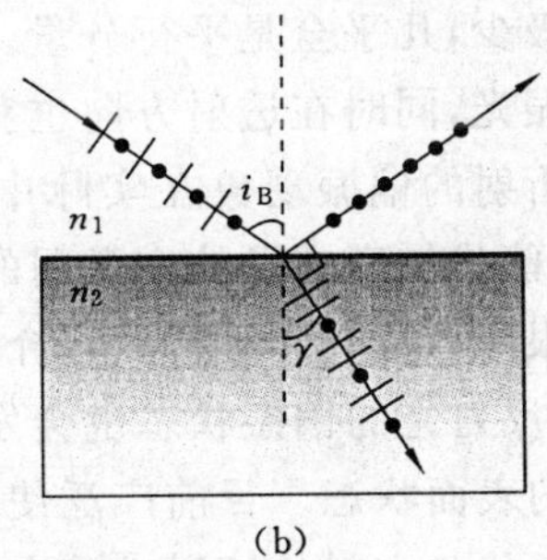

(b)

**图 13-6-6　反射光和折射光的偏振及布儒斯特定律**

实验还发现，随着入射角的变化，反射光和折射光的偏振程度随之改变。特别对于反射光，当入射角等于某一特殊角度 $i_B$ 时，反射光成为线偏振光，其电矢量垂直于入射面，此时折射光仍为部分偏振光。称 $i_B$ 为**起偏振角或布儒斯特角**。

布儒斯特(S. D. Brewster)1812 年在实验中注意到：当入射角为 $i_B$ 时，反射光线与折射光线互相垂直，即

$$i_B+\gamma=\frac{\pi}{2}$$

式中，$\gamma$ 为折射角，如图 13-6-6(b)所示。由折射定律，可得

$$n_1\sin i_B=n_2\sin\gamma=n_2\cos i_B$$

所以

$$\tan i_B=\frac{n_2}{n_1} \tag{13-6-2}$$

上述关系称为**布儒斯特定律**。它表示当光从 $n_1$ 介质入射到 $n_2$ 介质，而反射光为线偏振光时，入射角与介质折射率的关系。不难证明，如果光线逆转，即光从介质 $n_2$ 入射介质 $n_1$ 时，反射光同样是振动方向垂直于入射面的线偏振光。

在入射角不等于 $i_B$ 时，反射光和折射光均有不同程度的偏振，成为部分偏振光。以上讨论仅是针对自然光入射而言，其余偏振态的光入射，结果视具体情况而定。一般而言，任意偏振态的光入射，只要它满足布儒斯特定律，在反射方向观察到的总是线偏振光。

如反射面是玻璃，自然光以起偏振角入射时，垂直于入射面的分量约有 15%反射。此时反射光虽是完全线偏振的，但它的强度较弱。而折射光是折射的全部入射平行分量和所余 85%的垂直分量之混合，它是部分偏振的。

为了增强反射光的强度，从而获得较强的线偏振光，同时提高折射光的偏振程度，可采用玻璃片堆装置。把许多玻璃片平行放置于空气中，当自然光以起偏振角入射时，在各界面多次反射和折射。由于在各界面均是以布儒斯特角入射，反射光都是线偏振光。各界面的反射增强了反射光的强度，同时也增加了透射光的偏振程度。当玻璃片足够多时，最后出来的透射光就接近于完全线偏振光。它的电矢量垂直入

射面的分量极少,几乎全是平行分量。这样,我们就在玻璃片堆的反射方向获得强度足够的线偏振光,同时在透射方向也获得偏振程度较高的线偏振光。

反射和折射的偏振现象在实际中还有其他的应用。根据对反射光的偏振的研究,现在已经能推知宇宙颗粒在微弱的银河磁场(约 $5\times10^{-10}$ Hz)中的取向是颗粒的较长线度与银河磁场方向平行。当介质表面吸附了某种分子或原子,甚至吸附的是单原子层时,反射光的偏振状态也会发生变化,因而通过对物体表面反射光的测量可以研究物体的表面状态。目前广泛使用的气体激光器大都有布儒斯特窗,它就是让光束以布儒斯特角入射的倾斜玻璃窗。当光多次通过后,平行入射面的分量几乎全部保留,而垂直分量几乎全部丢失,这样一来,最后由激光器发射出的光就是100%线偏振的。在日常生活中,发生在光滑的柏油路面、水面或其他类似面上的镜面反射的"耀眼"太阳光,是水平振动为主的部分偏振光,如使用偏振化方向竖直的太阳眼镜,就会大大减少进入人眼的反射光。

## 第7节　双　折　射

前面我们讨论了利用选择吸收和反射获得线偏振光。下面我们将介绍利用晶体的双折射获得线偏振光。

### 一、晶体对光的双折射现象

在各向同性介质中行进的光,它的速率(因而折射率)与其传播方向无关,也与光的偏振状态无关。对于光学各向异性介质,情况有所不同。通常一束通过玻璃、水、熔融石英等各向同性介质的光,只有一束折射光。但通过方解石晶体($CaCO_3$)等各向异性介质时,对应一束入射光可能观察到两束折射光,这种现象就称为**双折射**。

如图 13-7-1 所示,一束自然光入射到方解石晶体的一个表面,在另一表面有两束光出射。如果在不同的入射角下进行实验,可以发现晶体内的两条折射光中的一条总符合通常的折射定律,亦即折射率为一常数。但是另一束光不遵从通常的折射定律,或者说对于不同的入射角,它的折射率不同,而且此折射光不一定在入射面内。通常我们把晶体内的前一折射光称为**寻常光**(简称 **o 光**),后一折射光称为**非常光**(简称 **e 光**)。要注意,o 光和 e 光只是对双折射晶体内部而言才有意义。

用偏振片来检验双折射现象中的两束出射光,会发现这两束出射光都是线偏振光。在一定条件下,两束光的振动方向相互垂直。

寻常光线和非常光线均在入射面内的情况,显然是我们所感兴趣的,因为此时它们的偏振方向一般很容易确定。为此,我们先了解几个概念。

由实验可知,在方解石晶体中有一特殊方向,当光沿这个方向传播时,不发生双折射现象,此时 o 光和 e 光不分开,它们在此方向有相同的传播速度,就像在各向同性介质中传播一样。这个特殊的方向称为晶体的光轴方向,晶体内平行于这个方向

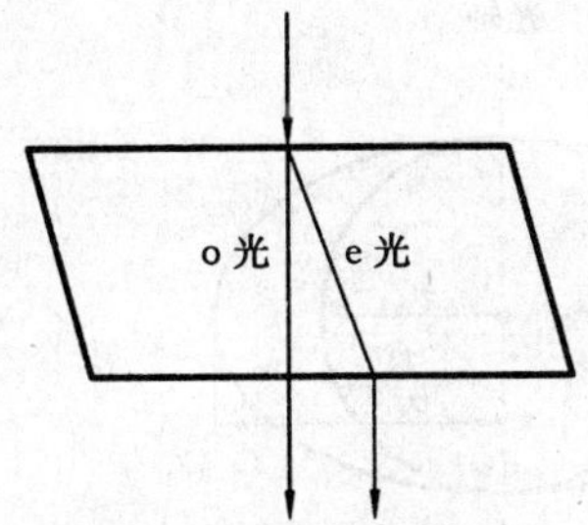


图 13-7-1　双折射现象

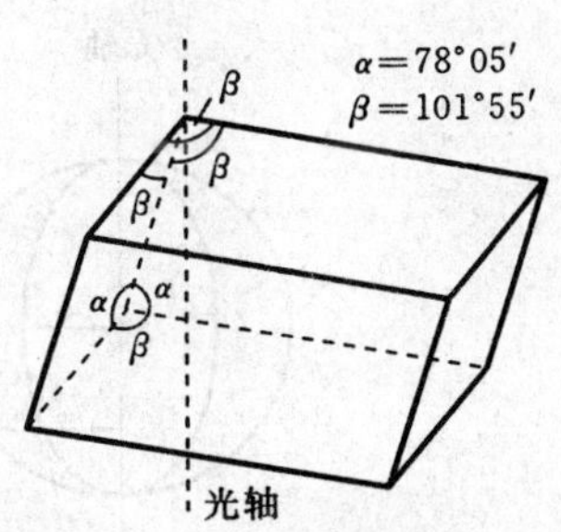


图 13-7-2　方解石晶体的光轴

的任一条线都可称为**光轴**。图 13-7-2 表示一典型的方解石晶体，它的棱边可有任意长度，但每个面均为平行四边形，一对锐角为 78°05′，一对钝角为 101°55′。由三个钝角相会合的两个顶点的任一个，引出一条直线，该直线与晶体各棱边成等角，它的方向就是晶体光轴的方向。显然，在晶体中与此直线平行的任何直线都是光轴。有些晶体，如方解石、石英、冰等各具一个光轴方向，称为**单轴晶体**。而云母、硫磺等有两个光轴方向的晶体，称为**双轴晶体**。我们以下只讨论单轴晶体。

当光线入射晶体时，入射表面的法线与光轴组成的平面称为晶体的**主截面**。任一光线和光轴所决定的平面称为该光线的**主平面**。用检偏器可以判定，o 光的电矢量振动方向垂直于 o 光的主平面，e 光的电矢量振动方向平行于 e 光的主平面。一般情况下，由于 e 光不一定在入射面内，o 光和 e 光的主平面并不重合，所以 o 光和 e 光的振动方向也不互相垂直。

实验发现，当光轴在入射面内，即当入射面与主截面重合时，o 光和 e 光的主平面也都与主截面重合，此时 o 光和 e 光的振动方向互相垂直。下面仅讨论这种特殊情况。

## 二、惠更斯原理对双折射的解释

### 1. o 光和 e 光的波面

根据惠更斯原理，晶体中任一子波源要激发 o 光和 e 光两个波面。由于晶体对 o 光表现出各向同性，即 o 光沿各方向的传播速率 $v_o$ 相同，因此 o 光的子波波面为球面。而晶体对 e 光表现出各向异性，e 光沿不同方向的传播速率不同，所以 e 光的子波波面为以光轴为轴的旋转椭球面。由于沿光轴方向不发生双折射现象，即此时 o 光和 e 光的速率相等，因此任一子波源的两子波波面在光轴方向上相切。在垂直光轴的方向上，两束光的速率相差最大。用 $v_e$ 表示晶体中 e 光沿垂直于光轴方向的传播速率，对于 $v_o>v_e$ 的晶体，球面包围椭球面，如图 13-7-3(a)所示，这种晶体称为**正晶体**，如石英等；对于 $v_o<v_e$ 的另一类晶体，则椭球面包围球面，如图 13-7-3(b)所示，这种晶体称为**负晶体**，如方解石等。

已知介质的折射率定义为真空中光速 $c$ 与介质中光速 $v$ 之比。对于 o 光，晶体的折射率 $n_o=\dfrac{c}{v_o}$，它与传播方向无关，只是由晶体材料决定的常数。对于 e 光，由于

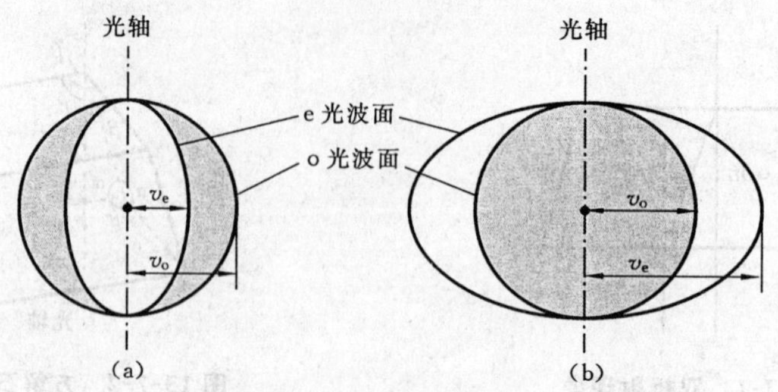


**图 13-7-3 晶体中的波面**

(a) 正晶体； (b) 负晶体

各方向的速率不同，故不存在普遍意义的折射率。通常把真空中的光速与 e 光沿垂直于光轴方向的传播速率之比 $n_e=\dfrac{c}{v_e}$ 称为 e 光的折射率。$n_o$ 和 $n_e$ 都称为晶体的主折射率。对正晶体，$n_o<n_e$；对负晶体，$n_o>n_e$。

**2. 惠更斯作图法**

当平面光波入射到各向异性介质上，一般就分为偏振状态和传播特征各不相同的两束光波。界面上的任一子波源向晶体内发出球面子波和椭球面子波。在较迟时刻 $t$，与各组子波相切的平面就代表该时刻对应的 o 光的波面和 e 光的波面，自入射点引向相应子波波面和光波面切点的连线方向即为晶体中 o 光和 e 光的传播方向。

图 13-7-4 表示了平行光入射方解石晶体的几种情况，光轴均位于与图面重合的

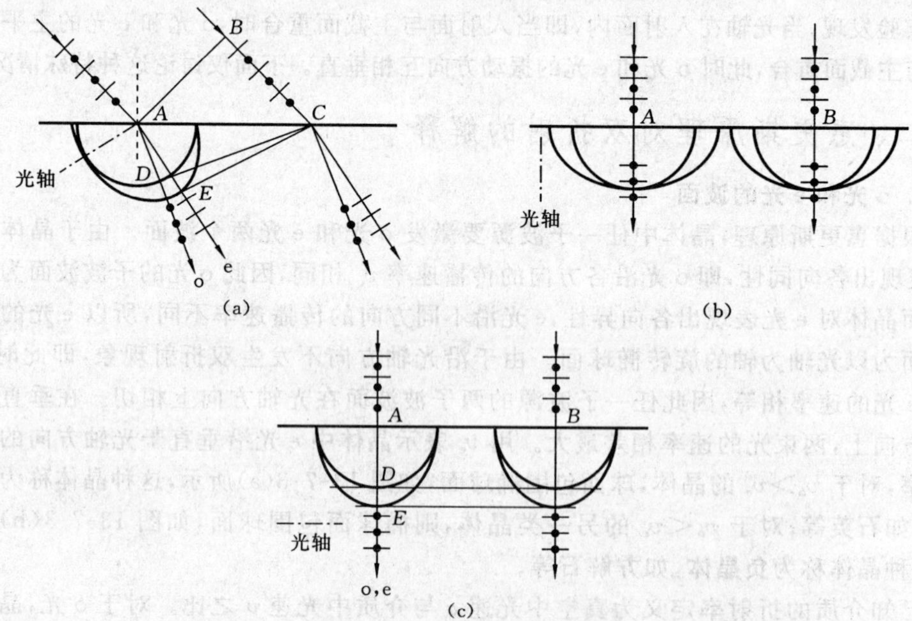


**图 13-7-4 平行光入射方解石**

(a) 倾斜入射； (b) 垂直入射(平行光轴)； (c) 垂直入射(垂直光轴)

入射面内。图 13-7-4(a)是平面波倾斜入射,$AB$ 为其波阵面。当光由 $B$ 点经 $\Delta t$ 时间传播到 $C$ 点时,$A$ 点向晶体内发出两个波面:一个是 o 光的半球面,其半径为 $v_o\Delta t$;另一个是 e 光的半椭球面,垂直于光轴方向处是椭球面的长半轴,其值为 $v_e\Delta t$,两波面相切于光轴方向。过 $C$ 点作两平面分别与球面和椭球面相切于 $D$ 点和 $E$ 点,引 $AD$ 和 $AE$ 两直线,就得到 o 光和 e 光在晶体中的传播方向。o 光的振动方向垂直于纸面,e 光的振动方向在纸平面内。图 13-7-4(b)表示了光轴垂直于界面,光线正向入射。此时 $A$、$B$ 两点各自发出两种次级子波,从图中可见相应子波的共同切面彼此重合,o 光和 e 光没有分开,它们传播的速度一样,即 $v_o=v_e$,亦即沿此方向晶体对 o 光和 e 光的折射率相等,没有双折射现象。图 13-7-4(c)表示光轴平行于界面,光线正入射。此时 o 光和 e 光的传播方向虽都与入射光相同,但波面不再重合,两成分的传播速度不一样,隐含了双折射。

## 三、利用双折射获得线偏振光

我们知道,o 光和 e 光均是线偏振光,如果能设法把它们分开,就从自然光中获得了线偏振光。一般常用的方法是把双折射晶体做成棱镜,自然光通过时,一束偏振光透过它,另一束经全反射偏移到一边。另一方法是利用某些双折射晶体(如电气石)对两偏振光的选择吸收而得到。前一方法中最有名的是 1828 年由苏格兰物理学家尼科耳(Nicol)发明的尼科耳棱镜。1968 年经过改进的格兰-汤普森(Galan-Thompson)棱镜与尼科耳棱镜原理相似,但更优越,这种棱镜如图 13-7-5 所示,它是由一块根据特殊要求加工的直角方解石棱镜和一块玻璃直角棱镜用特种胶合剂胶合而成。自然光垂直光轴入射方解石,会分解成 o 光和 e 光。显然,入射前的自然光也等效于这样两束等强度线偏振光。由材料折射率的值可以看出,在胶合剂与方解石界面,o 光沿原方向前进;e 光由光密介质入射光疏介质,在入射角大于临界角时会发生全反射。制作棱镜时很容易满足以上条件,因而平行主平面的振动被移去,通过棱镜后得到的是垂直主平面的线偏振光。这种棱镜可以用作起偏器或检偏器。

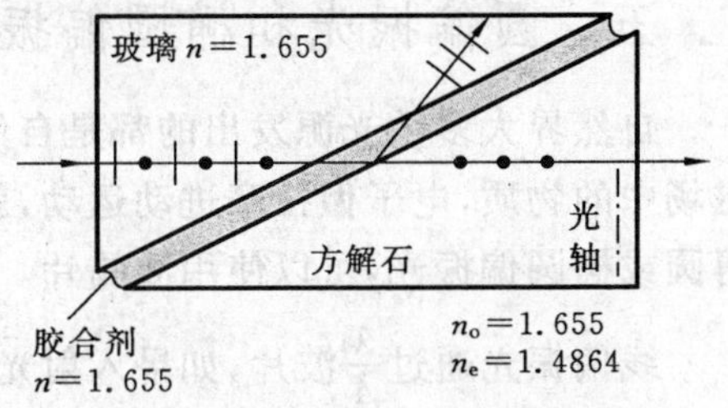


**图 13-7-5 格兰-汤普森棱镜**

利用选择吸收获得偏振光在第 6 节中已作过详细的讨论。某些天然晶体的选择吸收特别强,如 1 mm 厚的电气石晶体,寻常光线几乎全被吸收。用它作偏振片,虽不是对所有波长的光都同等偏振,但由于尺寸可大可小、价格低,所以应用相当广泛。

## 四、波晶片

双折射晶体除了可制作偏振器外,还可用来改变两个分量之间的相对位相,从而改变偏振态。为此目的制成的光学器件称为**波晶片或位相延迟片**。波晶片是从单轴晶体上切割下来的平行薄片,其表面与晶体的光轴平行。当光线垂直光轴入射时(见图 13-7-4(c)),在晶体内分出的 o 光和 e 光的传播方向完全相同,但由于折射率 $n_o$ 和 $n_e$ 不同,所以它们通过厚度为 $d$ 的晶片后,将产生$(n_o-n_e)d$ 的光程差,相应的位相差为

$$\Delta\varphi=\varphi_o-\varphi_e=\frac{2\pi}{\lambda}(n_o-n_e)d \tag{13-7-1}$$

适当选择厚度 $d$,可以使两分量之间产生任意数值的位相延迟,即任意位相差。

实际中常用的波晶片是**四分之一波片**($\frac{\lambda}{4}$波片)和**二分之一波片**($\frac{\lambda}{2}$波片或半波片),前者满足$(n_o-n_e)d=\frac{\lambda}{4}$,有 $\Delta\varphi=\frac{\pi}{2}$;后者满足$(n_o-n_e)d=\frac{\lambda}{2}$,有 $\Delta\varphi=\pi$。这些波晶片都是对特定波长的光而言的。

## 五、圆偏振光和椭圆偏振光的获得

自然界大多数光源发出的都是自然光,但也有发出圆或椭圆偏振光的,如处在强磁场中的物质,电子做拉摩进动运动,就发出圆或椭圆偏振的电磁辐射。要人为地获得圆或椭圆偏振光,可以使用波晶片。下面我们来看几种光通过波晶片的情况。

线偏振光通过$\frac{\lambda}{4}$波片,如果入射光振动方向与 o 光相同,无 e 光,则出射光为线偏振光;如果入射光振动方向与 e 光相同,则出射光也为线偏振光;当入射光振动方向与 o 光、e 光的振动方向分别成 45°角时,所得 o 光、e 光的振幅相等,经$\frac{\lambda}{4}$波片后,位相差$\frac{\pi}{2}$,所以出射光为圆偏振光。在其他情况下,o 光、e 光振幅不等,经$\frac{\lambda}{4}$波片后,位相差$\frac{\pi}{2}$,出射光为椭圆偏振光。

圆偏振光入射$\frac{\lambda}{4}$波片,o 光和 e 光出射时位相差为 0 或 $\pi$,因而总是得到线偏振光。

椭圆偏振光入射$\frac{\lambda}{4}$波片,o 光和 e 光的振动方向如果分别与椭圆两主轴一致,则出射时两垂直振动位相差为 0 或 $\pi$,得到线偏振光,其他位置还是得椭圆偏振光。

至于自然光或部分偏振光经过$\frac{\lambda}{4}$波片后出射光的偏振态,请读者自行分析。

使用半波片由线偏振光入射,还是得线偏振光,不过它的偏振方向由第Ⅰ、Ⅲ象

限转过 $2\theta$ 角到第Ⅱ、Ⅳ象限。半波片常用于改变或调整线偏振光的振动方向。半波片还能将右旋圆偏振光转换为左旋偏振光，反之亦然。

实际中需要确定所接收到的光的偏振态。我们知道，用检偏器可以确定线偏振光，但不能区分自然光和圆偏振光，也不能区分部分偏振光和椭圆偏振光。读者可根据前述$\frac{\lambda}{4}$波片的作用，自行总结出检验各种偏振光的方法及步骤。

## 第8节　偏振光的干涉

### 一、偏振光的干涉

两偏振光如果满足波的干涉条件，我们同样可以观察到干涉现象，它在实际中有着许多应用。

由波晶片的作用可知，当线偏振光通过波晶片后，在晶体中产生频率相同、位相差恒定的 o 光和 e 光，它们由于传播方向相同，将相互叠加，但是两光波的振动方向垂直，不满足相干条件，叠加的结果一般是椭圆偏振光而不是干涉。我们只需在波晶片后再放置一块偏振片，即可把 o 光和 e 光的振动方向引到同一方向，从而实现偏振光的干涉。通常使两偏振片的偏振化方向互相垂直，如图 13-8-1 所示。

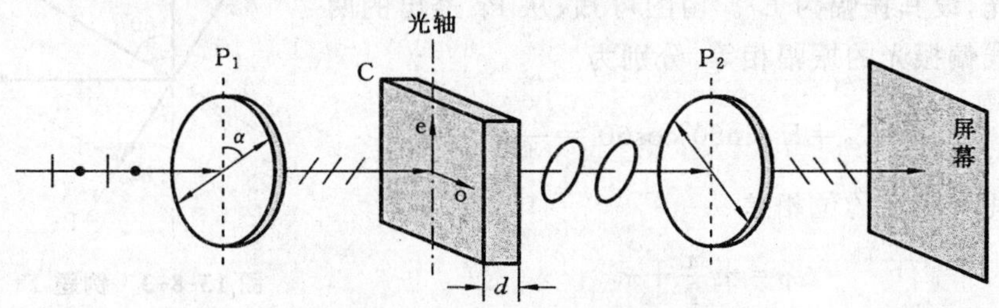


图 13-8-1　偏振光干涉实验

图 13-8-2 为偏振光干涉的振幅矢量图。单色自然光通过偏振片 $P_1$ 产生振幅为 $E$ 的线偏振光，通过波晶片 C 后产生的 o 光和 e 光的振幅分别为 $E_{o1}$ 和 $E_{e1}$，它们之间的位相差为 $\Delta\varphi'=\frac{2\pi}{\lambda}(n_o-n_e)d$，两束光通过偏振片 $P_2$ 后的振幅分别为

$$E_{o2}=E_{o1}\cos\alpha=E\sin\alpha\cos\alpha$$

$$E_{e2}=E_{e1}\sin\alpha=E\cos\alpha\sin\alpha$$

两者振幅相等。它们的总位相差为

$$\Delta\varphi=\frac{2\pi}{\lambda}(n_o-n_e)d+\pi \qquad (13\text{-}8\text{-}1)$$

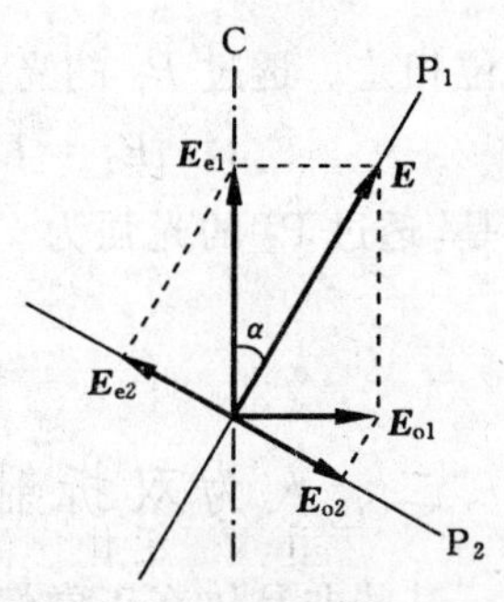


图 13-8-2　偏振光干涉的振幅矢量图

其中,附加的位相差 $\pi$ 是由于 $E_{o1}$ 和 $E_{e1}$ 投影的方向相反而引起的。

当 $\Delta\varphi=2k\pi$($k$ 为整数)时,干涉最强,视场明亮;当 $\Delta\varphi=(2k+1)\pi$($k$ 为整数)时,干涉最弱,视场变暗。对于劈尖形晶片,则会出现明暗相间的等厚条纹。

如果是白光入射,对于一定厚度的波晶片,各波长干涉强弱不同,视场出现一定的色彩,称为**色偏振**,所呈现的颜色称为**干涉色**。有趣的是,实验中转动 $P_2$ 时,发现屏上的颜色会发生变化,读者可结合式(13-8-1)分析这一现象。

色偏振现象可用来极灵敏地检定某些物质是否具有双折射性质。把这些物质做成的薄片置于偏振化方向正交的两平行偏振片之间,视场变亮或显色,就表示有双折射存在。还可根据晶体在两偏振片之间形成的干涉色得知相应的光程差,结合测出的晶片厚度可求得晶体的折射率之差 $n_o-n_e$,从而精确地鉴别矿石的种类。

**【例题 13-18】** 在相互正交的偏振片 $P_1$ 和 $P_2$ 之间插入一块$\frac{\lambda}{4}$波片,波片的光轴与 $P_1$ 的偏振化方向间的夹角为 60°,光强为 $I_0$ 的单色自然光垂直入射于 $P_1$,求透过 $P_2$ 的光强 $I$。

**解** 通过两偏振片和波片的光振动的振幅关系如图 13-8-3 所示,其中 $P_1$、$P_2$ 分别代表两偏振片的偏振化方向,C 是波片的光轴方向。

光强为 $I_0$ 的单色自然光通过 $P_1$ 后成为强度 $I_1=\frac{I_0}{2}$ 的线偏振光,设其振幅为 $E_1$。由图可知,从 $P_2$ 透出的两个相干线偏振光的振幅相等,分别为

$$E_{o2}=E_{e2}=E_1\sin60°\cos60°=\frac{\sqrt{3}}{4}E_1$$

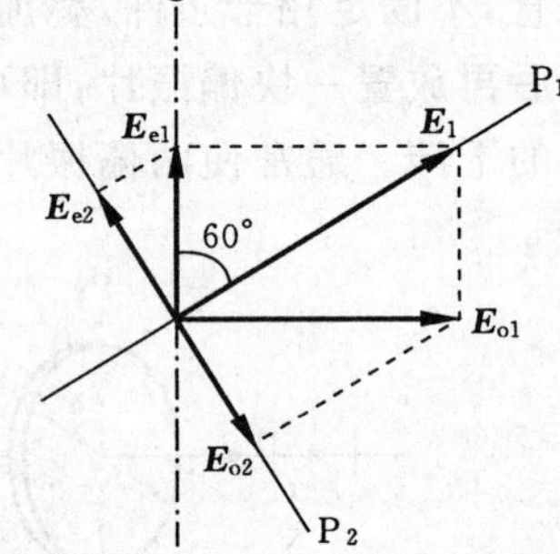


**图 13-8-3 例题** 13-18 **图**

它们之间有固定的位相差

$$\Delta\varphi=\pm\frac{\pi}{2}+\pi$$

式中,$\pm\frac{\pi}{2}$是$\frac{\lambda}{4}$波片产生的位相差,正负号取决于波片的性质。$\pi$ 是由投影引入的附加位相差。透过 $P_2$ 的光是这两个线偏振光的相干叠加,合振幅满足

$$E_1^2=E_{o2}^2+E_{e2}^2+2E_{o2}E_{e2}\cos\Delta\varphi=E_{o2}^2+E_{e2}^2=2E_{o2}^2$$

于是,透过 $P_2$ 的光强为

$$I=E_1^2=2\times\frac{3}{16}E_1^2=\frac{3}{8}\times\frac{I_0}{2}=\frac{3}{16}I_0$$

## 二、人为双折射

某些非晶体在正常情况下是各向同性的,没有双折射现象。但在一定的外界条件下,如施加压力、置于电场或磁场中,就会变为各向异性而显示出双折射性质,此时将其置于两正交偏振片之间,就可出现干涉。

**光学应力分析技术**在实际中有广泛的应用，它的原理就是利用某些在正常状态下不具双折射性质的物质，如玻璃及各种各样的塑料，在受到机械应力时，不再各向同性，表现出双折射，其有效光轴在应力方向上。当置于两正交偏振片之间后，应力越集中的地方各向异性越强，相应 o 光、e 光的折射率差值越大，干涉条纹就越细密。对实际中的机械工件、桥梁、水坝均可用透明塑料作成模型，然后按比例仿实际情况加上外应力，观察和分析干涉条纹就可了解它的应力分布，这称为**光测弹性方法**。

**克尔效应**(1875 年)与**泡克耳斯效应**(1893 年)则是用外电场产生双折射。

克尔效应是某些非晶体或液体在强大电场($E\approx 10^4$ V/m)作用下，分子作定向排列，从而各向异性。光轴方向在外电场方向，垂直光轴入射分解的 o 光和 e 光折射率之差正比于 $E^2$。把这样的物质放在偏振化方向垂直的两平行偏振片之间，且外电场平行偏振片。如果无外加强大电场，则在光垂直入射偏振片时，另一边没有光射出；如果加以与偏振化方向成 45°的外电场，就可透光。这种电光效应几乎没有延迟时间，它追随外电场的交变响应频率可达 $10^{10}$ Hz，因而可用作高速光闸、电光调制器(用电讯号改变光的强弱)等。实际中常用的材料是硝基苯($C_6H_5NO_2$)液体，它被装在称为克尔盒的玻璃盒子内，广泛用于高速摄影、光束测距、激光通信中。

泡克耳斯效应是某些晶体加了电场后，折射率的变化正比于 $E$，所以又称**晶体的线性电光效应**。KDP 晶体($KH_2PO_4$)、ADP 晶体($NH_4H_2PO_4$)等均有这种效应。由于它使用方便，所用电压也低，因而得到了广泛的应用。

## 第 9 节　旋光效应

### 一、旋光现象

1811 年阿喇果(D. F. J. Arago)发现，当线偏振光通过某些透明物质后，其振动面会绕光的传播方向转过一个角度，这种现象称为**旋光效应**。具有旋光效应的物质称为**旋光物质**。例如，石英晶体、松节油、食糖溶液、氨基酸等都是旋光物质。

观察旋光效应的装置如图 13-9-1 所示，在两个正交的偏振片 $P_1$ 和 $P_2$ 之间放入旋光物质，观察到原来在单色光照射下全暗的视场变为明亮。将检偏器 $P_2$ 绕光的传播方向转动一个角度，视场又会重新变暗。这说明线偏振光通过旋光物质后仍然是线偏振光，但振动面旋转了一个角度。用这种方法可以检验物质是否具有旋光性。

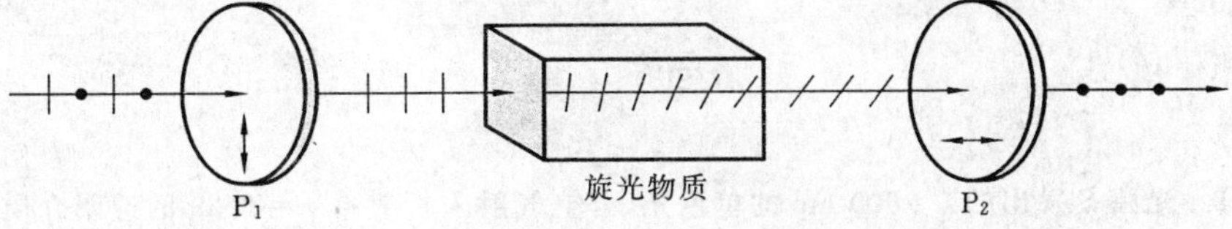


**图 13-9-1　旋光效应**

实验表明,旋光效应有下述规律。

(1) 不同的旋光物质使线偏振光的振动面沿不同的方向转动。如果迎着光线观察,振动面顺时针方向旋转的物质称为右旋物质;逆时针方向旋转的物质称为左旋物质。一般地,同一旋光物质都有右旋和左旋两种,二者互为旋光异构体。对某些药物来说,右旋和左旋的异构体具有不同的疗效。

(2) 对于固体旋光物质,振动面旋转的角度 $\varphi$ 与物质的厚度 $d$ 成正比,即

$$\varphi=\alpha d \tag{13-9-1}$$

式中,$\alpha$ 称为旋光率,单位为°/mm,它与物质的种类和入射光波长有关。如 1 mm 厚的石英所产生的偏转角对紫光为 48.9°,黄光为 21.7°,红光为 15°。

(3) 对于液体旋光物质,偏转角度还与溶液的浓度 $c$ 成正比,即

$$\varphi=[\alpha]cd \tag{13-9-2}$$

式中,$[\alpha]$称为溶液的比旋光率,它不仅与溶液的种类和入射光波长有关,还与温度有关。利用溶液的旋光效应可迅速测定溶液中所含旋光物质的浓度,据此制成的量糖计在制糖、制药及化学工业中得到广泛的应用。

## 二、磁致旋光

不但许多天然物质具有旋光效用,用人工方法在一定条件也可以产生旋光效应,其中最重要的是磁致旋光效应。1845 年法拉第发现,当线偏振光通过磁性物质时,若沿光传播的方向施加磁场,线偏振光的振动面会发生旋转,这就是**磁致旋光效应**或称为**法拉第旋光效应**。实验表明,对于给定均匀介质,振动面转动的角度与样品长度 $d$ 和磁感应强度的大小 $B$ 成正比,即

$$\varphi=VBd \tag{13-9-3}$$

式中,$V$ 称为维尔德常数,一般物质的 $V$ 值都很小。

天然物质中的自然旋光性由物质结构决定,其振动面的旋转方向与光的传播方向无关。对右旋物质,迎着光的传播方向看去,振动面右旋,如果光反向传播,迎着光的传播方向看到振动面还是右旋。实验发现,磁致旋转则与之不同。当光沿磁场方向传播时是右旋,逆磁场方向传播时则是左旋。这样当线偏振光由于反射来回两次通过同一磁光物质时,其振动面将转过 $2\varphi$ 角度。利用这一特点在激光技术中可制成光隔离器,它只允许光从一个方向通过而不能从相反的方向通过,这样可以避免激光的多级放大装置中众多界面的反射可能对前级造成的干扰和损害。

## 习 题

**13-1** 光源 $S$ 发出的 $\lambda=600$ nm 的单色光,自空气射入折射率 $n=1.23$ 的透明介质层,再射入空气到 $C$ 点,如图所示。设介质层厚度为 1 cm,入射角为 30°,$\overline{SA}=\overline{BC}=5$ cm,试求:(1) 此光在介质中的频率、速度和波长;(2) 光源 $S$ 到 $C$ 点的几何路程为多少?光程为多少?

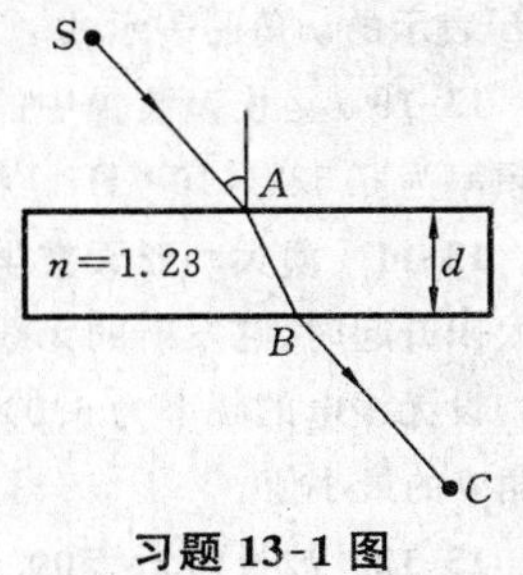

习题 13-1 图

**13-2**　两光源都以光强 $I$ 照射到某一表面上，此表面上并合光照射的强度可能是下列数值中的一个：

(1) $I$；(2) $\sqrt{2I}$；(3) $2I$；(4) $4I$；(5) $2\sqrt{2}I$。

产生上面光强的两光源情况如下时，你选择哪个结果：当两光源为独立的白炽光源；当两光源为两束平面平行相干光源。简明地阐述你的理由。

**13-3**　两个同频率的电磁波叠加时，在什么情况下其合振动强度 $I$ 总是(即在任一位相关系下)等于原振动强度 $I_1$ 和 $I_2$ 之和？

**13-4**　若双狭缝的距离为 0.30 mm，以单色平行光垂直照射狭缝时，在离双缝 1.20 m 远的屏幕上，第五级暗条纹处离中心极大的间隔为 11.39 mm。问所用的光波波长是多大？

**13-5**　缝间距 $d=1.00$ mm 的杨氏实验装置中缝屏到屏幕间的距离 $D=10.00$ m。屏幕上条纹间隔为 $4.73\times10^{-3}$ m。问入射光的频率为多大？(实验是在水中进行的，$n_水=1.333$)

**13-6**　在杨氏实验装置中，$S_1$、$S_2$ 两光源之一的前面放一长为 2.50 cm 的玻璃容器。先是充满空气，后是排出空气，再充满试验气体，结果发现光屏幕上有 21 条亮纹通过屏上某点而移动了。入射光的波长 $\lambda=656.2816$ nm，空气的折射率 $n_a=1.000276$，求试验气体的折射率 $n_g$。

**13-7**　如图所示，钠光($\lambda=589.0$ nm)照射在相距 $d=2.0$ mm 的双缝上，图中的 $D$ 为 40 mm。如果 $D\gg d$ 这个假定不成立，那么第 10 条明条纹的位置之值将有多大的误差？

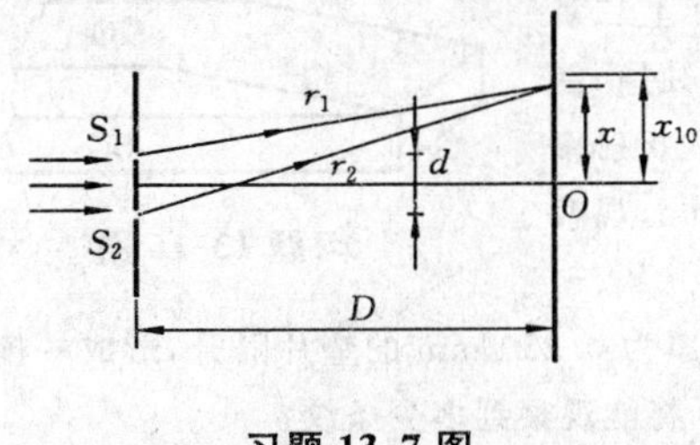

习题 13-7 图

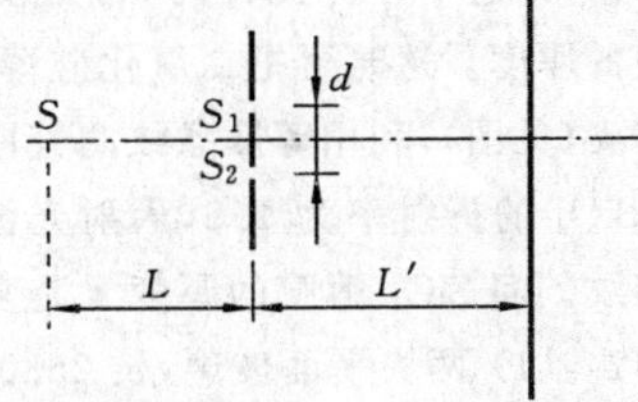

习题 13-8 图

**13-8**　在图中的干涉实验中，点光源 $S$ 距离双缝屏为 $L$，缝间距为 $d$，缝屏到屏幕之间的距离为 $L'$。

(1) 如果光源 $S$ 向上移动(沿 $y$ 轴方向)距离 $l$，则干涉图样向何方移动？移动多少？

(2) 如果光源 $S$ 逐渐变为较长波长的单色光，则干涉图样有何变化？

(3) 如果两狭缝间距为 $2d$，则干涉图样中相邻极大之间的距离如何变化？

(4) 如果每个缝的自身宽度加倍，则干涉图样中相邻极大之间的距离变化如何？

(5) 如果用两个光源的光分别通过各自的狭缝，则干涉图样又如何？

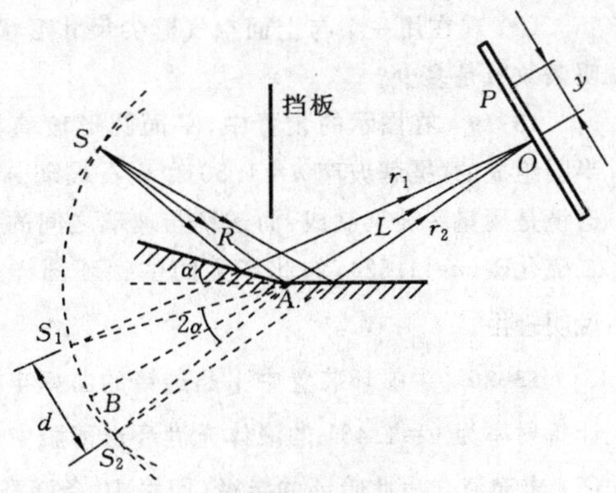

习题 13-9 图

**13-9**　在菲涅尔双镜(见图)中，两镜面夹角为 $\alpha$，试导出以入射光波长 $\lambda$、条纹间隔 $\Delta y$，以及 $R$

与$L$表示的$\alpha$角的表示式。

**13-10** 洛埃镜装置中的等效缝间距$d=2.00$ mm,缝屏与屏幕间的距离$D=5.00$ m,入射光的频率为$6.522\times10^{14}$ Hz。将装置放在空气中进行实验,试求第一级极大的位置。

**13-11** 澳大利亚天文学家通过观察太阳发出的无线电波,第一次把干涉现象用于天文观测。当太阳升起时,它发射的无线电波一部分直接射向他们的天线,另一部分经海面反射到他们的天线。设无线电的频率为$6.0\times10^{7}$ Hz,接收天线高出海面25 m,求观察到相消干涉时太阳光线的掠射角$\theta$的最小值。

**13-12** 波长为$\lambda=500.0$ nm的光垂直地照射在厚度为$1.608\times10^{-6}$ m的薄膜上,薄膜的折射率为1.555,置于空气中。(1) 求经薄膜反射后两相干光的位相差;(2) 若薄膜的折射率为1.455,要求不产生反射光而全部透射,求薄膜的最小厚度。

**13-13** 折射率为1.25的油滴落在折射率为1.57的玻璃板上化开成很薄的油膜。一个连续可调波长大小的单色光源垂直照射在油膜上,观察发现500 nm与700 nm的单色光在反射中消失,求油膜的厚度。

**13-14** 从与法线方向成30°角的方向去观察一均匀油膜($n=1.33$),看到油膜反射的是波长为500.0 nm的绿光。(1) 问油膜的最薄厚度为多少?(2) 在上述基本情况不变的条件下,仅改变观察方向,即由法线方向去观察,问反射光的颜色如何?

**13-15** 在制作珠宝时,为了使人造水晶($n=1.5$)具有强的反射本领,就在其表面上镀一层一氧化硅($n=2.0$)。要使波长为560 nm的光强烈反射,镀层至少应多厚?

**13-16** 制造半导体元件时,常常要精确测定硅片上二氧化硅薄膜的厚度。这时可把二氧化硅薄膜的一部分腐蚀掉,使其形成劈尖(见图),利用等厚条纹测其厚度。已知Si的折射率为3.42,$SiO_2$的折射率为1.5,入射光波长为589.3 nm,观察到7条暗纹。问$SiO_2$薄膜的厚度$d$是多少?

习题 13-16 图

**13-17** (1) 两块平面玻璃,长25.0 cm,一端用一厚为0.250 mm的垫片隔开,形成一楔形空气膜。用波长为$\lambda=694.3$ nm的光垂直照射时,每厘米将能观察到多少条纹?

(2) 将装置放入折射率为$n=1.400$的乙醇中,会是多少条条纹?

**13-18** (1) 以波长为700.0 nm的平行光投射到空气劈尖上,入射角$i=30°$,劈尖末端厚度为0.005 cm,组成劈尖的玻璃的折射率$n_1=1.50$,求劈表面的明条纹数目。

(2) 现在用一个与上面空气劈尖尺寸形状完全相同的玻璃劈尖($n_2=1.50$)取代之,问现在的明条纹数是多少?

**13-19** 在图示的装置中,平面圆形玻璃板是由两个半圆组成的(冕牌玻璃$n=1.50$和火石玻璃$n=1.75$),凸透镜是用冕牌玻璃制成,而透镜与玻璃之间的空间充满着二硫化碳($n=1.62$),如此产生的牛顿环图样如何?简要说明理由。

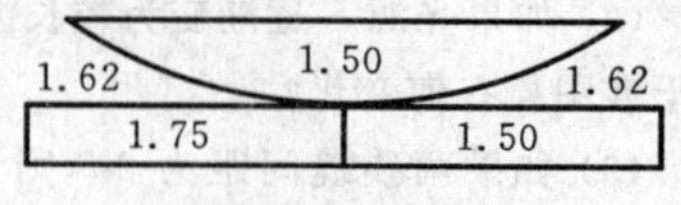


习题 13-19 图

**13-20** 牛顿环装置中平凸透镜的曲率半径$R=2.00$ m,垂直入射的光的波长$\lambda=589.29$ nm,让折射率为$n=1.461$的液体充满环形薄膜中。(1) 求充以液体前后第10条暗环条纹半径之比;(2) 求充液之后此暗环的半径(即第10条暗环的$r_{10}$)。

**13-21** 一束由波长分别为650 nm和520 nm的两单色光组成的光,垂直入射到牛顿环装置的透镜上，透镜的曲率半径 $R=8.5\times10^{-1}$ m。如果长波光的第 $k$ 条暗纹与短波光的第 $k+1$ 条暗纹重合，求这条暗纹的直径，以及此处的膜厚。

**13-22**　(1) 在迈克耳孙干涉仪的一臂中，垂直于光束线插入一块厚度为 $L$、折射率为 $n$ 的透明薄片。如果取走薄片，为了能观察到与取走薄片前完全相同的条纹，试确定平面镜需要移动多少距离。(2) 现薄片的 $n=1.434$，入射光 $\lambda=589.1$ nm，观察到有 35 条条纹移过，求薄片的厚度。

**13-23**　用迈克耳孙干涉仪做干涉实验，设入射光的波长为 $\lambda$。在转动迈克耳孙干涉仪的反射镜 $M_2$ 的过程中，在总的干涉区域宽度 $L$ 内，观测到完整的干涉条纹数从 $N_1$ 开始逐渐减少，而后突变为同心圆环状的等倾干涉条纹。若继续转动 $M_2$，又会看到由疏变密的直线干涉条纹，直到在宽度 $L$ 内有 $N_2$ 条完整的干涉条纹为止。求在此过程中 $M_2$ 转过的角度 $\Delta\theta$。

**13-24**　(1) 在迈克耳孙干涉仪上可以看见 3 cm×3 cm 的亮区，它与 $M_1$、$M_2$ 两平面镜的面积相对应。用 600 nm 的光做光源时，此亮区出现 24 条平行条纹，求两镜面偏离垂直方向的角度。

(2) 调节装置使偏离角消失，并使其显示出圆环状条纹。缓慢移动可动镜 $M_2$，使等效膜厚度 $d$ 减少，条纹向视场中心收缩。当 $\Delta d=3.142\times10^{-4}$ m 时，$\Delta N=850$，求此单色光的波长(这个单色光是另换的一个光源发出的)。

**13-25**　某氦氖激光器所发出的红光波长为 $\lambda=632.8$ nm，其谱线宽度为(以频率计)$\Delta\nu=1.3\times10^9$ Hz。它的相干长度或波列长度是多少？相干时间又是多少？

**13-26**　用平均波长 $\bar{\lambda}=643.847$ nm、波长宽度 $\Delta\lambda=0.0013$ nm 的红光照射迈克耳孙干涉仪。初始光程差为 0，即 $d=0$。然后移一面镜子，直到条纹消失。该镜子必须移动多少距离？它相当于多少个波长？

**13-27**　平行光正入射后面置有会聚透镜的单缝，这是典型的单缝夫琅和费衍射。如果透镜与接收屏都不动，而将单缝向上或向下稍作移动，试问此时屏上的衍射条纹位置是否会发生变化？为什么？若只上下移动透镜，情况如何？

**13-28**　单缝衍射实验中，垂直入射的单色光波长为 $\lambda$，缝宽为 $10\lambda$，最多会观察到几级明条纹？如果缝宽为 $1\lambda$ 和 $100\lambda$ 呢？

**13-29**　在单缝衍射的屏幕上第一极小与第五级极小之间的距离为 $3.50\times10^{-1}$ mm，狭缝到屏幕之间的距离为 40 cm，所用光的波长 $\lambda=550$ nm。求缝宽 $a$。

**13-30**　波长分别为 $\lambda_1$ 与 $\lambda_2$ 的两束平面光波，通过单缝后形成衍射，$\lambda_1$ 的第一极小与 $\lambda_2$ 的第二极小重合。问：(1) $\lambda_1$ 与 $\lambda_2$ 之间关系如何？(2) 图样中还有其他极小重合吗？

**13-31**　单缝缝宽 $a=0.5$ mm，聚焦透镜的焦距 $f=50.0$ cm，入射光波长 $\lambda=650.0$ nm。求第一级极小和第一级极大在屏幕上的位置(即距离中央的位置)。

**13-32**　一束单色光自远处射来，垂直投射到宽度 $a=6.00\times10^{-1}$ mm 的狭缝后，射在距缝 $D=4.00\times10$ cm 的屏上。如距中央明纹中心距离为 $y=1.40$ mm 处是明条纹，求：(1) 入射光的波长；(2) $y=1.40$ mm 处的条纹级数 $k$；(3) 根据所求得的条纹级数 $k$，计算出此光波在狭缝处的波阵面可作半波波带的数目。

**13-33**　抽丝机抽制细丝时可用激光监控其粗细。当激光束越过细丝时，所产生的衍射条纹和它通过遮光板上一条同样宽度的单缝所产生的衍射条纹一样。设所用 He-Ne 激光器所发激光波长为 632.8 nm，衍射图样投放在 2.65 m 远的屏上。如果细丝直径要求 1.37 mm，屏上两侧的两个第十级极小之间的距离应是多大？

**13-34**　由杨氏双缝干涉可知，干涉图样中的各级明条纹，包括中央条纹在内，它们的光强都一样。为什么实际得到的干涉明条纹是中央的光强大,而两边光强依次减弱呢?

**13-35** 双缝衍射中,在入射光波长 $\lambda$ 不变的条件下,当缝宽 $a$ 变宽或缝间距 $d$ 变宽时,其条纹有何变化?

**13-36** 入射光波长 $\lambda=550$ nm,投射到双缝上,缝间距 $d=0.15$ mm,缝宽 $a=0.30\times10^{-1}$ mm。问:(1) 在衍射中央极大包络线两侧第一极小之间有几条完整的条纹?(2) 中央包络线内一侧的第三条纹强度与中央条纹强度的比值是多大?

**13-37** 欲使双缝夫琅和费图样中衍射包络线的中央极大恰好有 11 条干涉条纹,必须让缝间距 $d$ 与缝宽 $a$ 之间有什么关系?

**13-38** 试证:双缝夫琅和费衍射图样中,中央包络线内的干涉条纹条数为 $2\dfrac{d}{a}-1$,式中,$d$ 是缝间距,$a$ 是缝宽。

**13-39** 一个光栅对于 680 nm 波长光的第一级主极大衍射角比对于 430 nm 波长光的第一级主极大衍射角大 20°,求它的光栅常数。

**13-40** 从光源射出的光束垂直照射到衍射光栅上。若波长为 $\lambda_1=656.3$ nm 和 $\lambda_2=410.2$ nm 的两光线的最大值在 $\theta=41°$ 处叠加,问衍射光栅常数为何值?

**13-41** 有 6000 条刻线均匀分布在宽 2.00 cm 的范围内,若用 589.0 nm 波长的光入射这个光栅,问在哪些衍射角度方向出现主极大?

**13-42** 波长为 600 nm 的单色光垂直入射在一光栅上,第二、第三级条纹分别出现在 $\sin\theta=0.20$与 $\sin\theta=0.30$ 处,第四级缺级。问:(1) 光栅常数为多大?(2) 狭缝宽度为多大?(3) 按上述选定的 $a$、$b$ 值,在整个衍射范围内,实际呈现出的全部级数是多少?

**13-43** 波长为 600.0 nm 的单色光垂直照射在光栅常数 $d$ 为 900.0 nm 的光栅上。问:(1) 衍射图样中主极大条纹数为多少?(2) 若光栅上有 1000 条缝,这些主极大的角宽度为多大?

**13-44** 有一光栅,在 2.54 cm 的宽度上均匀分布 $10^4$ 条刻线。有束黄色钠光(由波长为 589.00 nm 与 589.59 nm 的光组成)垂直入射到光栅上。(1) 求这束钠光中两光线第一级极大之间的角距离;(2) 如果只是为了分辨第三级中钠双线问题,光栅应具有几条刻线?

**13-45** 钠黄光($\lambda=589.3$ nm)垂直入射一衍射光栅,测得第二级谱线的偏角是 10°11′。如以另一波长的单色光垂直入射此光栅,它的第一级谱线的偏角是 4°42′,求此光的波长。

**13-46** 有一刻线区域总宽度为 7.62 cm、光栅常数 $d=1.905\times10^{-6}$ m 的光栅。分别求出此光栅对于波长 $\lambda=589.0$ nm 的光波的 $k=1$、2、3 三级的色散与分辨本领。

**13-47** 用晶格常数等于 $3.029\times10^{-10}$ m 的方解石来分析 X 射线的光谱,发现入射光与晶面的夹角 $\theta$ 为 43°20′和 40°42′时,各有一条主极大的谱线。求这两谱线的波长。

**13-48** 在一块晶体表面投射以单色的 X 射线,第一级的布喇格衍射角 $\theta=3.4°$,问第二级反射出现在什么角度上?

**13-49** 波长 $2.96\times10^{-1}$ nm 的 X 射线投射到一晶体上,观察到第一级反射极大偏离原射线方向 31.7°。试求相应于此反射极大的原子平面之间的距离。

**13-50** 在地面上空 160 km 处绕地飞行的卫星,具有焦距 2.4 m 的透镜,它对地面物体的分辨本领是 0.36 m。试问:如果只考虑衍射效应,该透镜的有效直径应为多大?(设光波波长 $\lambda=550$ nm)

**13-51** 波长 $\lambda$ 为 632.8 nm,直径为 2.00 mm 的激光光束从地球射向月球。月球到地面的距离为 $3.82\times10^5$ km。在不计大气影响的情况下,月球上的光斑有多大?若激光器的孔径由2.00

mm扩展到1.00 m,此时月球上的光斑又为多大?

**13-52**　经测定,通常情况下人眼的最小分辨角 $\theta_R$ 等于 $2.20\times10^{-4}$ rad。如果纱窗上两根细丝之间的距离为2.00 mm,问能分辨得清的最远距离。

**13-53**　用孔径为1.27 m(直径)的望远镜,分辨双星的最小角距 $\theta$ 是多大?(假设有效波长为540 nm)

**13-54**　对角频率为 $\omega$,沿正 $z$ 轴方向传播,且振动面与 $zx$ 平面成30°角的线偏振光,写出一个表示式。

**13-55**　用两个偏振片分别作为起偏振器和检偏振器,在它们的偏振化方向分别成 $\alpha_1=30°$ 和 $\alpha_2=45°$ 的角时,观测两束不同的入射自然光。设两透射光的强度相等,求两束自然光的强度之比。

**13-56**　一束光是由线偏振光与自然光混合组成的,当它通过一理想偏振片时发现透射的光强随着偏振片偏振化方向的旋转而出现5倍的变化。求这光束中两光各占几分之几?

**13-57**　如果自然光的光强在通过 $P_1$ 与 $P_2$ 两偏振片后减少到原来的 $\frac{1}{4}$,则 $P_1$ 与 $P_2$ 的偏振化方向之间的夹角应该是多大?(假定偏振片 $P_1$ 与 $P_2$ 都是理想的)

**13-58**　光强为 $I_0$ 的自然光投射到一组偏振片上,它们的偏振化方向的夹角是:$P_3$ 与 $P_2$ 为30°,$P_2$ 与 $P_1$ 为60°,则视场区的光强为多大?将 $P_2$ 拿掉后又是多大?

**13-59**　平行放置两偏振片,使它们的偏振化方向成60°的夹角。(1) 如果两偏振片对光振动平行于其偏振化方向的光线均无吸收,自然光通过后,视场的光强与入射光强之比是多少?(2) 如果对上述能透过的光各吸收10%,比值又是多少?(3) 今在 $P_1$ 与 $P_2$ 之间插入 $P_3$,且偏振化方向与前两者的偏振化方向均成30°角,则比值变成多少?分别按无吸收与有吸收的情况再算一次。

**13-60**　在两个偏振化方向互为正交的偏振片之间有一个偏振片以角速度 $\omega$ 绕光传播方向旋转。证明:自然光通过这三块偏振片后在视场中的光强变化角频率为 $4\omega$,并有下面关系式

$$I=\frac{I_0}{16}(1-\cos4\omega t)$$

假设以上偏振片都是理想的。

**13-61**　如图所示,用点与短线箭头画在图中反射线与折射线上,以表明它们的偏振状态。图中的 $i_0$ 为起偏振角,$i\neq i_0$。

**13-62**　反射角为何值时,在水($n_{水}=1.33$)面上得到的反射光为线偏振光?并求出此时的折射角。

**13-63**　一束光以58°角入射到一平面玻璃的表面时,反射光是完全偏振的,求:(1) 透射光束的折射角;(2) 玻璃的折射率。

**13-64**　一块折射率为1.517的玻璃片,如图放在折射率为1.333的水中,并与水平面成 $\theta$ 夹角。要使在水平面与玻璃面上反射的都是完全偏振光,那么 $\theta$ 的值为多大?

**13-65**　晶体片的光轴平行于其表面,它对波长为525.0 nm的光的折射率为 $n_o=2.356$,$n_e=2.378$。如果这种波长的线偏振光透过晶体片合成为与偏振方向相同的线偏振光,问晶体片的最小厚度是多少?

**13-66**　一束很细的自然光以入射角 $i=45°$ 投射到方解石晶体上,晶体的光轴在图中用点表示。(1) 当 $d=1.00$ cm时,求两束光透射后在晶体表面的线距离 $l$。(2) 这两束光线中,哪个是o光,哪个是e光?将它们偏振的振动面用点与短线箭头标出。(方解石的折射率为 $n_o=1.6534$,$n_e=1.4864$)

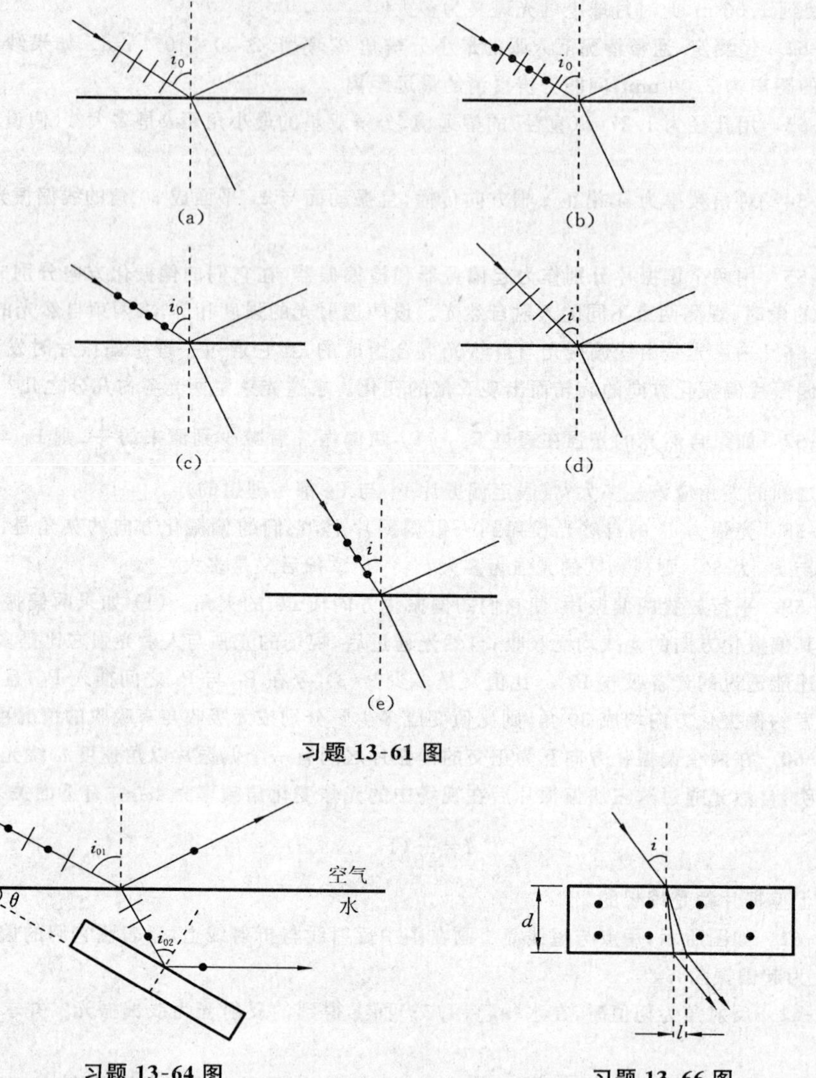


习题 13-61 图



习题 13-64 图



习题 13-66 图

**13-67** 晶体片的光轴与晶体表面平行,入射光线向晶体表面垂直射入。问在以下各情况时透射光的各偏振状态如何?(1) 入射光是自然光;(2) 入射光是线偏振光;(3) 入射光是部分偏振光;(4) 入射光是椭圆偏振光;(5) 入射光是振动面与光轴平行的线偏振光。

**13-68** 试用一块偏振片和一块$\frac{\lambda}{4}$波片去鉴别自然光、部分偏振光、线偏振光、圆偏振光与椭圆偏振光。

**13-69** 如图所示,在两个偏振化方向互为正交的偏振片 $P_1$、$P_2$ 之间放进一块厚度 $d=1.713\times10^{-4}$ m的晶体片。此晶片的光轴平行于晶片表面,而且与 $P_1$、$P_2$ 的偏振化方向皆成45°角。以$\lambda=589.3$ nm的自然光垂直入射到 $P_1$ 上,该晶体对此光的折射率 $n_o=1.658$、$n_e=1.486$。(1) 说明1、2、3区域的光的偏振态;(2) 求3区域光强与入射光强 $I_0$ 之比;(3) 若晶片C的光轴与晶片表面垂直，再次求 3 区域光强与入射光强 $I_0$ 之比。

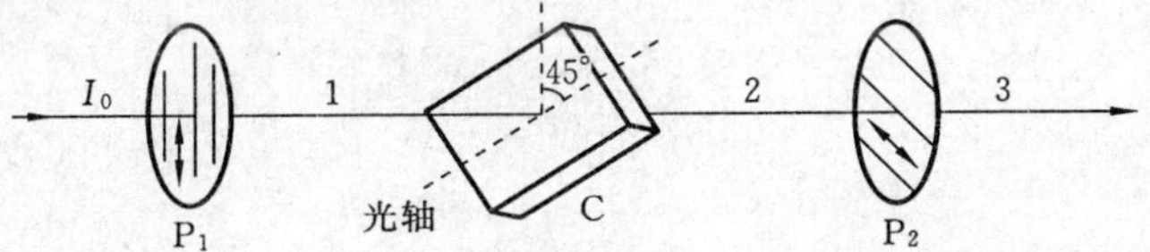


习题 13-69 图

**13-70** 用一波长为 $\lambda$ 的单色光正交入射到用云母片做成的厚度为 $2.165\times10^{-5}$ m 的$\frac{1}{4}$波片上，云母片对此光的两个折射率为 $n_1=1.6049$，$n_2=1.6117$，求此光波的波长。

**13-71** 如图所示，一片偏振片和一片$\frac{\lambda}{4}$波片粘合在一起，并知道偏振片的偏振方向与波片光轴方向成$\frac{\pi}{4}$的夹角。此合成片上有一面称为 A 面，面对 A 面用相应的单色光入射，透过光由铝片反射回来，但看不到返回的光；如果将合成片翻过面来，即让 A 面对着铝片，就可看到返回的光。问 A 面是偏振片还是$\frac{\lambda}{4}$波片？

**13-72** 在两个偏振化方向成 30°角的偏振片 $P_1$ 与 $P_2$ 之间放进一块$\frac{\lambda}{4}$波片，其光轴与 $P_2$ 偏振化方向平行。用光强为 $I_0$，相应波长为 $\lambda$ 的单色自然光垂直照射到 $P_1$ 上。(1) 说明 1、2、3 区域的光的偏振态；(2) 求 3 区域的光强。

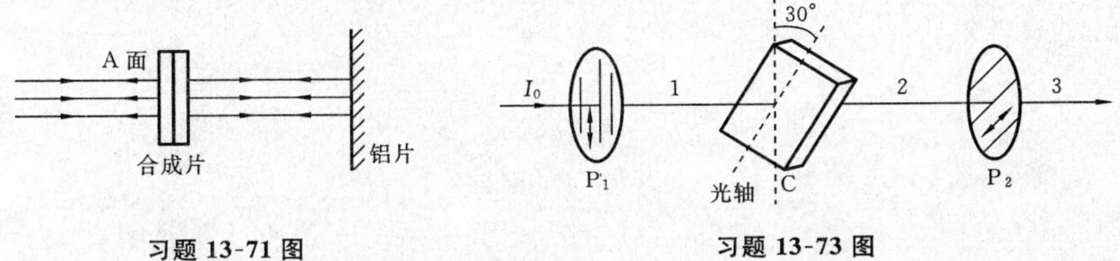


习题 13-71 图　　习题 13-73 图

**13-73** 如图所示，在激光冷却技术中，用到一种“偏振梯度效应”。它是使强度和频率都相同、但偏振方向相互垂直的两束激光相向传播，从而在叠加区域能周期性地产生各种不同偏振态的光。设两束光分别沿 $+x$ 和 $-x$ 方向传播，光振动方向分别沿 $y$ 方向和 $z$ 方向。已知在 $x=0$ 处的合成偏振态为线偏振态，光振动方向与 $y$ 轴成 45°。试说明沿 $+x$ 方向每经过$\frac{\lambda}{8}$的距离处的偏振态。

**13-74** 在杨氏双缝干涉中，垂直入射的是平面单色自然光，在屏幕上得到干涉条纹。(1) 在双缝的后面贴放一偏振片，使双缝的光都通过它，此时有无干涉？若有的话，条纹有何变化？(2) 在其中一缝的偏振片后再贴放一片光轴与偏振片的偏振化方向成 45°的$\frac{\lambda}{2}$波片，屏上的条纹又如何变化？

# 第六篇

# 量子物理

20世纪初，当物理实验涉及光与原子、电子相互作用时，光显示出了粒子性，从而使经典物理学遇到严重的困难。本篇第14章先介绍这些实验事实，再说明如何从这些事实导致能量子假设，然后简单叙述玻尔原子理论。

早期量子论虽然能够对黑体辐射、光电效应和单电子原子的光谱等实验事实作出解释，但是理论的进一步发展却遇到了很多困难。例如，玻尔理论是玻尔假设与经典物理学的混合物，并不是一个完整自洽的理论，另一方面，玻尔理论不能解释原子光谱线的强度、光谱的精细结构及多电子原子的复杂光谱问题。1924年，德布罗意首先提出了物质波的假设，揭开了现代量子理论大幕的一角。在1925年到1932年间，由薛定谔、海森堡、波恩和狄拉克等人建立起能描述微观实物粒子运动的新理论，称为量子力学。本篇第15章着重介绍量子力学的基本概念和基本原理，并应用它来说明电子、原子的某些运动特征。最后简单介绍激光和半导体及核物理。

# 第 14 章　早期量子论

## 第 1 节　黑体辐射　普朗克能量子

### 一、热辐射

通常处于任一温度下的物体，其中的大量分子或原子都以振荡偶极子的方式不断发射电磁波，因而，物体的表面伴有能量向周围空间传播，我们把这种以电磁波形式向外传播能量的过程称为**辐射**，传播出去的能量称为**辐射能**。

实验表明，对给定的物体来说，在单位时间内辐射能的多少及这些辐射能在所发射的电磁波中不同波长范围内的分布情况，都与该物体的温度有关。所以，这种辐射称为**热辐射**。例如，通有电流的灯丝，在温度低于 800 K 时，灯丝虽发热但不辐射可见光，绝大部分的辐射能分布在电磁波谱的红外（长波）部分，也就是说，灯丝辐射的电磁波中，绝大部分是红外线。当灯丝的温度高于 800 K 后，灯丝呈现可见光的辐射，单位时间的辐射能也随着温度上升而增多，而且辐射能的分布逐渐移向短波部分，如图 14-1-1 所示。

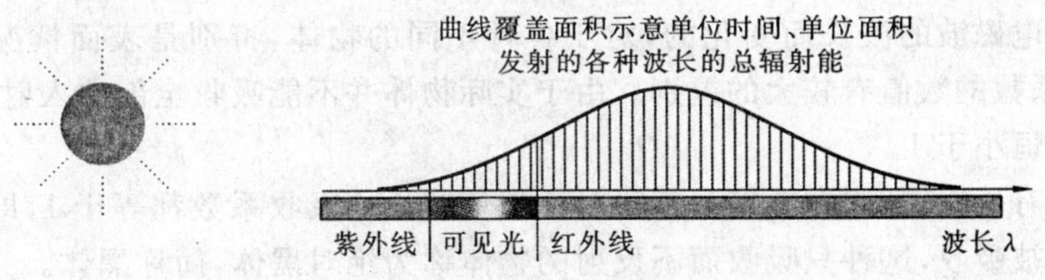


**图 14-1-1　热辐射的波长分布示意图**

实验表明，从炽热物体上发出的热辐射，包含有各种波长的电磁波，通常是一种连续光谱。太阳光就是由各种波长的光混合而成的。

需要指出的是，热辐射是能量传递和交换的一种重要方式。热辐射的能量以光速在空间传播，当辐射遇到其他物体时，就有一部分能量被吸收。例如，手放在火炉旁，就有热的感觉；又如太阳虽离地球约 $1.5\times10^8$ km，且其间绝大部分空间几乎是真空，但太阳热辐射的能量却传到了地球上。显然，辐射能既不是靠介质的传导，也不是靠空气的对流。

当物体因热辐射而消耗的能量等于从外界吸收的能量时，该物体的热辐射过程达到平衡。这时，物体的状态可用一个确定的温度 $T$ 来描述，这种热辐射称为平衡热辐射。本节只讨论平衡热辐射的规律。

在介绍热辐射的基本规律之前，先定义两个相关的物理量。

(1) 在单位时间内，从温度为 $T$ 的物体表面上，单位面积所发射的各种波长的电磁波能量之总和，称为**辐出度**，记作 $M$，其单位为 $\mathrm{W\cdot m^{-2}}$。显然，对于给定的一个物体，辐出度只是其温度 $T$ 的函数，即 $M=M(T)$。

(2) 在单位时间内，从物体表面的单位面积上，所发射的波长在 $\lambda$ 到 $\lambda+\mathrm{d}\lambda$ 范围内的电磁波能量为 $\mathrm{d}M(T)$，于是，我们用下式

$$M_{\lambda}(T)=\frac{\mathrm{d}M(T)}{\mathrm{d}\lambda} \tag{14-1-1}$$

定义该物体的**单色辐出度**，其单位为 $\mathrm{W\cdot m^{-3}}$。实验指出，单色辐出度 $M_{\lambda}(T)$是辐射物体的温度 $T$ 和辐射波长 $\lambda$ 的函数，故有时也表示成 $M(\lambda,T)$。它反映了物体在不同温度下辐射能按波长的分布规律。

据上所述，在一定温度时，物体的辐出度与单色辐出度有如下关系

$$M(T)=\int_0^{\infty}M_{\lambda}(T)\mathrm{d}\lambda \tag{14-1-2}$$

实验指出，单色辐出度 $M_{\lambda}(T)$不仅随温度和波长而变化，还与物体本身的性质及表面粗糙程度有关。相应地，由式(14-1-2)可知，对不同的物体，辐出度 $M(T)$也是不同的。

当热辐射照射到某一不透明物体的表面时，一部分能量被物体所吸收，另一部分能量则从表面反射出去(如果物体是透明的，还有一部分能量被透射过去)。被吸收的能量与入射总能量的比值称为该物体的吸收系数。物体的吸收系数是随物体的温度和入射电磁波的波长而变化的，对于各种不同的物体，特别是表面情况不同的物体，吸收系数的数值有较大的差别。由于实际物体并不能吸收全部的入射能量，因而吸收系数恒小于1。

设想有一物体，它在任何温度时对于任何波长的吸收系数都等于1，即入射的辐射能全部被吸收，这种只吸收而不反射的物体称为**绝对黑体**，简称**黑体**。

在自然界中，绝对黑体是不存在的，即使吸收系数最大的烟煤，对太阳光来说，吸收系数也不过是0.99。但是，我们可以用下述方法得到非常近似的绝对黑体。取一不透明的封闭空腔，在空腔上开一小孔(见图14-1-2)，当外界的辐射穿入小孔后，将与空腔内表面多次反射作用后几乎全部被吸收，能够再由小孔穿出空腔外的反射电磁波是微乎其微的。因此，小孔的吸收系数可近似为1，即小孔可以看成是绝对黑体。试验表明，凡是易于吸收电磁辐射的

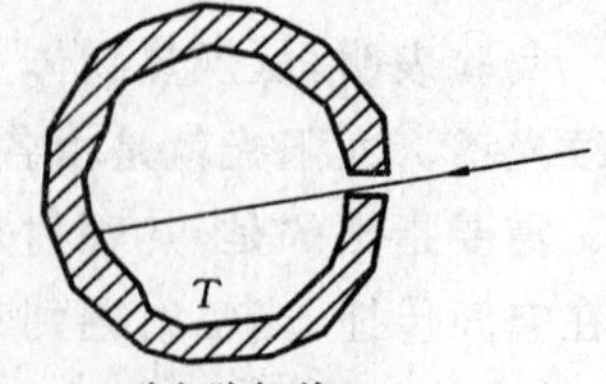


**图 14-1-2 空腔小孔模型**

物体，也一定是易于发射电磁辐射的物体，这样，物体才能达到热平衡。由于小孔易于吸收辐射，因此，如果将空腔加热，那么小孔也易于向外发出辐射，这就是绝对黑体的辐射。

## 二、黑体辐射定律

有了绝对黑体的模型，就可由试验来研究黑体的辐射性质，如图 14-1-3 所示，由试验结果，可得到下述普遍定律。

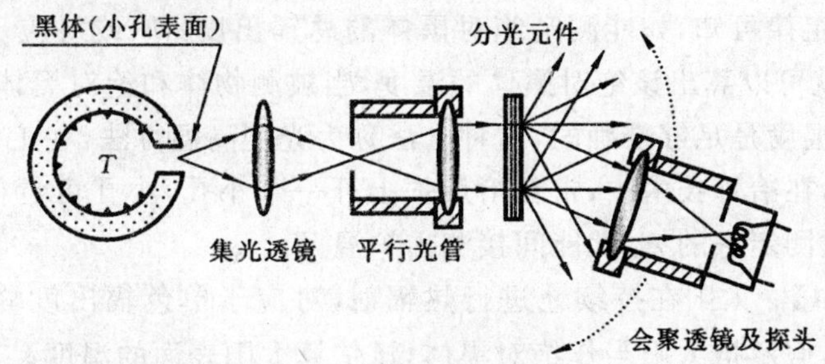


图 14-1-3　黑体辐射的探测示意图

**1. 斯特潘-玻尔兹曼(J. Stefan-L. E. Boltzmann)定律**

从日常生活经验可知，物体的辐射能随着温度的升高而迅速增加。试验证明，绝对黑体的辐出度 $M_0(T)$ 与热力学温度 $T$ 的四次方成正比。这一结论称为斯特潘-玻尔兹曼定律，可表示为

$$M_0(T)=\sigma T^4 \tag{14-1-3}$$

式中，$\sigma$ 称为斯特潘常量，其值为 $\sigma=5.670\times10^{-8}\ \mathrm{J\cdot s^{-1}\cdot m^{-2}\cdot K^{-4}}$。

**2. 维恩(W. Wien)位移定律**

黑体辐射时，设对应于各波长的单色辐出度为 $M_{\lambda_0}$，它与波长 $\lambda$ 及热力学温度 $T$ 有关。试验结果可以用图 14-1-4 表示。

由图可见，在每一条曲线上，$M_{\lambda_0}(T)$ 相应地有一个峰值，即最大值。这意味着，

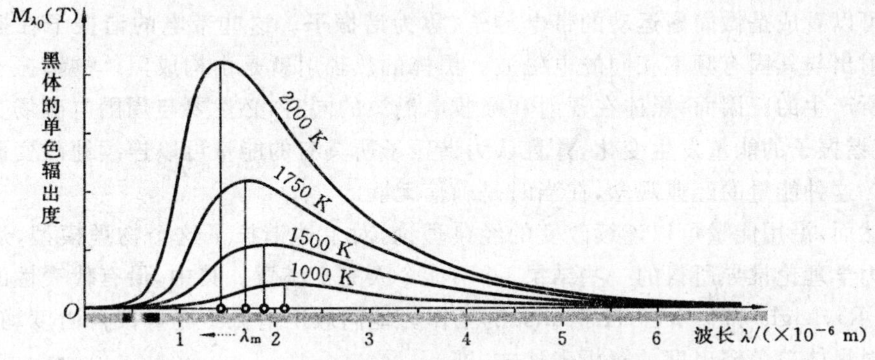


图 14-1-4　绝对黑体单色辐出度按波长分布的曲线

对应于黑体的一个给定温度，总存在着一个最大的单色辐出度。对应于这个峰值的波长用$\lambda_m$表示。热力学温度$T$愈高，$\lambda_m$值愈小，两者的关系确定为

$$T\lambda_m=b \tag{14-1-4}$$

式中，$b=2.898\times10^{-3}\ \mathrm{m\cdot K}$。上式可表述为如下的维恩位移定律：**当绝对黑体的温度增高时，对应于单色辐出度峰值的波长向短波方向移动**。例如，低温的火炉发出较多的波长较长的红光，而高温的白炽灯则发出较多的波长短一些的光(如绿光或蓝光等)。

根据上述定律可知，如能测定绝对黑体的总辐出度$M_0$或对应于单色辐出度峰值的波长$\lambda_m$，就可以算出该绝对黑体的温度，当被测物体和绝对黑体相近似时，用这种方法测得的温度是足够准确的，这种方法称为光测高温方法，在工业技术中有广泛的应用。例如，在冶炼技术中，常在冶炼炉上开一个小孔，小孔可近似地看做绝对黑体，从而可通过测定它的$\lambda_m$就能间接测出炉温$T$。

**【例题 14-1】** 太阳在持续地进行热辐射，对应于单色辐出度峰值的波长$\lambda_m=4.70\times10^{-7}\ \mathrm{m}$，假定把太阳当作绝对黑体，试估算太阳表面的温度。

**解** 根据维恩位移定律，可算出太阳的热力学温度为

$$T=\frac{b}{\lambda_m}=\frac{2.898\times10^{-3}\ \mathrm{m\cdot K}}{4.70\times10^{-7}\ \mathrm{m}}=6.17\times10^{3}\ \mathrm{K}$$

**3. 经典物理的“紫外灾难”**

在热辐射问题的研究中，人们根据绝对黑体的实验结果，试图从理论上找出符合实验曲线(见图 14-1-4)的函数式$M_{\lambda_0}=M_{\lambda_0}(T)$。如果能够给出它的解析表达式，那么，根据式(14-1-2)便可计算出绝对黑体的总辐出度$M_0$，即

$$M_0=\int_0^{\infty}M_{\lambda_0}(T)\,\mathrm{d}\lambda \tag{14-1-5}$$

这对照明、传热学等工程领域的研究无疑是非常有用的。

在19世纪末，许多物理学家在寻求上述函数式$M_{\lambda_0}=M_{\lambda_0}(T)$的过程中，根据经典电磁理论提出了物质辐射和吸收电磁波的热辐射机制，认为物质中振动着的分子、原子可以看成是做简谐运动的带电粒子，称为**谐振子**。这些带电的谐振子在振动时将辐射出与其固有频率相同的电磁波。黑体的热辐射就是由构成黑体的谐振子持续振动所产生的。因而，黑体在辐射和吸收电磁波的同时，必然要与周围电磁场交换能量，使谐振子的能量发生变化，并且认为谐振子所具有的能量可以连续地改变而取任意值。这种能量的经典观念，在当时是确信无疑的。

然而，沿用能量可以连续改变的经典理论，对上述谐振子这个物理模型，运用经典热力学理论推导所得的一些结果，并不能令人完全满意。其中，最有代表性的是瑞利(B. Rayleigh)和金斯(J. H. Jeans)的工作。他们假定谐振子能量按自由度均分，导出绝对黑体单色辐出度的解析表达式，即

$$M_{\lambda_0}(T)=2\pi c\lambda^{-4}kT \tag{14-1-6}$$

式中，$c$ 为真空中的光速，$k$ 为玻耳兹曼常量。上式称为**瑞利-金斯公式**。这个公式在长波部分与实验结果一致，但是在短波部分却与实验结果存在明显的偏离。当波长越短时，由式(14-1-6)给出的黑体单色辐出度将变得越大而趋于无限大，或者说，在短波部分导致式(14-1-6)发散，这无论在实验和理论上都是不对的。这一荒谬结论的出现，暴露了经典物理在处理黑体辐射问题时所面临的不可克服的困难，由于式(14-1-6)在可见光的紫外发散，故在物理学史上被称为"紫外灾难"。它困惑了当时许多物理学家，从而也动摇了经典物理理论的基本观念。

此外，1896 年维恩从经典热力学和麦克斯韦分布率出发，也导出了一个公式，即维恩公式

$$M_{0\nu}=\alpha\nu^3 \mathrm{e}^{-\beta\nu/T} \tag{14-1-7}$$

式中，$\alpha$ 和 $\beta$ 为常数，$\nu$ 为辐射电磁波的频率。维恩公式在短波部分与实验曲线符合得很好，但在长波部分出现了较大的偏差，如图 14-1-5 所示。

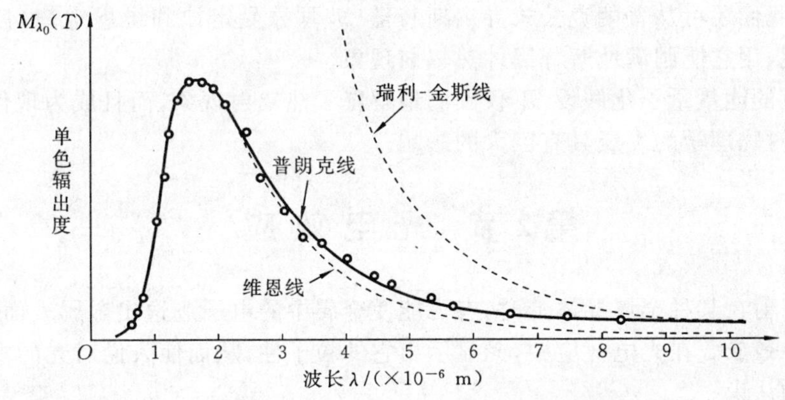


**图 14-1-5　黑体辐射的理论与实验曲线**

## 三、能量子假设　普朗克公式

1900 年，普朗克(M. Planck)终于找到了一个与实验曲线符合的黑体辐射公式。为了从理论上导出这个公式，他认为在研究分子、原子的微观运动规律(这里研究微观的振动)时，必须抛弃上述对能量连续取值的经典观念，并提出与经典理论相矛盾的新假设。

(1) 谐振子只能处于某些特殊的状态，在这些状态中它们的能量是某个最小能量单元 $\varepsilon$ 的整数倍(即只能处于能量为 $\varepsilon, 2\varepsilon, \cdots, n\varepsilon, \cdots$ 的这些状态，$n$ 为正整数，称为**量子数**)。这种最小的能量单元 $\varepsilon$ 称为**能量子**。

(2) 频率为 $\nu$ 的谐振子的最小能量单元 $\varepsilon$ 正比于频率，写作

$$\varepsilon=h\nu \tag{14-1-8}$$

式中，$h$ 是一个普适常量，称为**普朗克常量**。这些构成了普朗克的能量子假设。

按照普朗克量子假设，谐振子的能量是不连续的，存在着能量的最小基本单元；

谐振子和电磁场交换能量的过程也不是连续的,亦即谐振子发射或吸收辐射时,按照它自己的频率,以一个与频率成正比的“能量子”$\varepsilon = h\nu$ 为基本单元来放出或吸收能量,它放出或吸收的能量只能是 $h\nu$ 的整数倍,即 $E = h\nu, 2h\nu, \cdots, nh\nu$,一份一份地按不连续的方式进行,而不能是介于这些数值之间的其他数值(如 $0.6h\nu$ 等)。

普朗克把绝对黑体腔壁的原子看做带电的谐振子,根据上述量子假设,认为腔壁的谐振子只能按能量子 $h\nu$ 的整数倍不连续地吸收或辐射能量,由此推出的绝对黑体单色辐出度的分布公式,称为**普朗克公式**,即

$$M_{\lambda_0}(T) = \frac{2\pi hc^2}{\lambda^5} \frac{1}{e^{\frac{hc}{k\lambda T}} - 1} \tag{14-1-9}$$

式中,$\lambda$ 和 $T$ 分别为波长和热力学温度,$k$ 和 $c$ 分别为玻耳兹曼常量和光速,e 为自然对数的底。与实验结果相比较,可求得普朗克常量,其值为

$$h = 6.626176 \times 10^{-34}\ \mathrm{J \cdot s}$$

并且,我们还可从普朗克公式导出斯特藩-玻耳兹曼定律和维恩定律(读者自己推证),因此,用它能圆满地解释黑体热辐射现象。

普朗克的能量量子化假设,不仅圆满地解释了热辐射现象,而且成为现代量子理论的开端,对物理学的发展具有巨大的影响。

## 第 2 节 光电效应

当光照射在某种金属导体上时,有可能使金属中的电子逃逸出金属表面,这种现象称为**光电效应**。在光电效应中,光显示出它的粒子性,从而使人们对光的本质获得了进一步的认识。

### 一、光电效应的实验

光电效应现象的实验装置如图 14-2-1 所示,图中有一抽去空气的真空玻璃容器,容器内设置阴极 K 和阳极 A,这两个电极分别和电流计 G、伏特计 V 及电池组按图示连接。电源对 A、K 两极提供了电压 $U_{AK} = U_A - U_K$,且电势差 $U_A - U_K$ 使两极间形成一个电场强度为 $E$、方向由阳极 A 指向阴极 K 的电场。

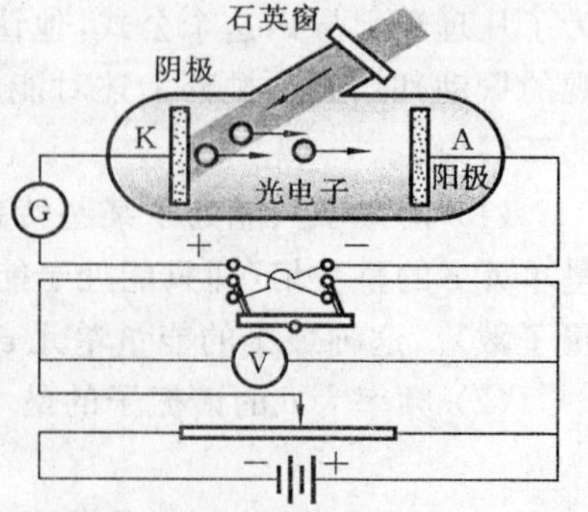

图 14-2-1 光电效应装置图

实验开始时,由于阴极 K 与阳极 A 之间是断路的,所以电流计 G 不显示有电流通过。当以某种频率的单色光照射到阴极 K 上时,电流计 G 就显示出电路中有电流通过。改变两极间电压 $U_{AK}$,电流强度 $I$ 也随之改变,两者之间的关系可由图 14-2-2 中的伏安特性曲线表示。对于上述实验结果,我们可以解释如下:当一定频率的光照

射在金属极板 K 上时，板上就释放出电子，称为**光电子**。光电子就在这两极间的电场内做加速运动，奔向阳极 A，形成线路中的电流 $I$，这种电流称为**光电流**。当电压 $U_{AK}$ 相当大时，阴极 K 上所释放的电子全部飞到 A 极上，这时电流强度 $I$ 达到饱和值 $I_m$；当两极间加上反向电势差($U_A<U_K$)，电压 $U_{AK}$ 为负值时，电子在逆向电场力作用下做减速运动。在电压达到一定值 $U_a$ 时，光电子已不能到达阳极 A，于是光电流为零。这一电压 $U_a$ 称为**遏止电压**。

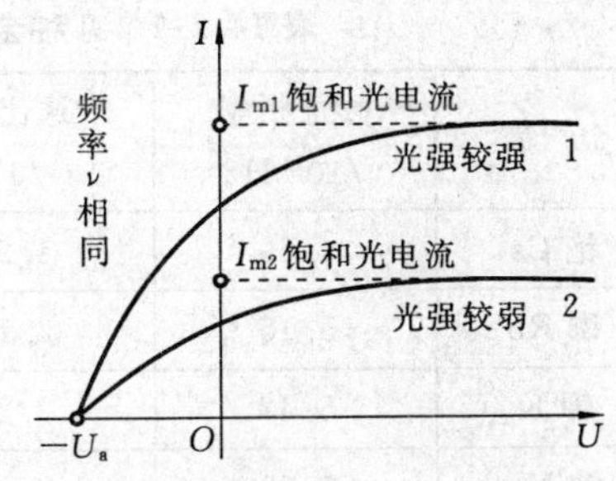


**图 14-2-2　光电效应的伏安特性曲线**

现在，我们根据实验结果来说明光电效应的规律。由于饱和光电流 $I_m$ 的大小取决于单位时间内自阴极 K 逸出的光电子数目 $N$，即 $I_m=Ne$($e$ 为电子的电荷)，因此，在分析用不同强度的光照射阴极 K 而得到的伏安特性曲线(见图 14-2-2)之间的关系时，可给出第一条实验结论：

(1) 单位时间内自阴极表面逸出的光电子数与入射光的强度成正比。

当电压达到遏止电压 $U_a$ 时，光电流为零，这就说明电子由于减速运动已不能到达阳极 A，这时电子从阴极逸出时具有的初动能全部消耗于克服电场力做功，故

$$\frac{1}{2}mv_{max}^2=e|U_a| \tag{14-2-1}$$

实验指出，用频率不同的光照射阴极 K 时，相应的遏止电压也不同，且其大小与光的频率存在着如下的线性关系(见图 14-2-3)：

$$|U_a|=k\nu-U_0$$

将此关系式代入式(14-2-1)，得

$$\frac{1}{2}mv_{max}^2=ek\nu-eU_0 \tag{14-2-2}$$

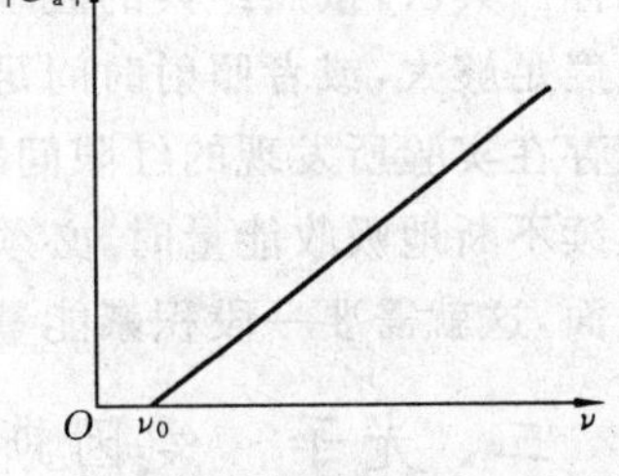


**图 14-2-3　遏止电压与光频率的关系**

式中，$e$ 是电子的电荷(绝对值)，$k$ 是一个与阴极材料性质无关的常量，另一恒量 $U_0$ 取决于材料的性质。于是得到第二条实验结论：

(2) 光电子的初动能与入射光的频率成线性关系，而与入射光的强度无关。

因为动能必须是正值，由此可得第三条实验结论：

(3) 要产生光电效应，入射光的频率不能小于一定的数值 $\nu_0$。

这个极限称为**红限**或**截止频率**，它可由式(14-2-2)令 $mv^2/2=0$，求得 $\nu_0=U_0/k$。实验指出，当入射光的频率小于红限频率 $\nu_0$ 时，不论光的强度有多大，照射时间有多长，都不会产生光电效应，而且不同的金属，有不同的截止频率，如表14-2-1所列。

当入射光的频率大于截止频率时，无论光的强度多弱，都有光电子从金属表面逸

**表 14-2-1　几种金属的逸出功 $A$ 和截止频率(红限)$\nu_0$**

| 金属 | 截止频率 /$10^{14}$ Hz | 逸出功 /eV | 金属 | 截止频率 /$10^{14}$ Hz | 逸出功 /eV |
|---|---|---|---|---|---|
| 铯 Cs | 4.69 | 1.94 | 铝 Al | 9.03 | 3.74 |
| 铷 Rb | 5.15 | 2.13 | 硅 Si | 9.90 | 4.10 |
| 钾 K | 5.43 | 2.25 | 铜 Cu | 10.80 | 4.47 |
| 钠 Na | 5.53 | 2.29 | 钨 W | 10.97 | 4.54 |
| 锑 Sb | 5.68 | 2.35 | 锗 Ge | 11.01 | 4.56 |
| 钙 Ca | 6.55 | 2.71 | 硒 Se | 11.40 | 4.72 |
| 锌 Zn | 8.06 | 3.34 | 银 Ag | 11.55 | 4.78 |
| 铀 U | 8.76 | 3.63 | 铂 Pt | 15.28 | 6.33 |

出。根据实验测定，从接收光的照射到电子逸出金属表面，所需时间不超过 $10^{-9}$ s，这就是光电效应的“瞬时性”。因此，可得第四条实验结论：

(4) 若入射光的频率大于截止频率，则入射光一开始照射，立刻就产生光电效应。

上述光电效应的实验结论无法用经典的波动理论来解释。首先，按照经典理论，光照射在金属上时，光的强度越大，则光电子获得的能量也就越多，它从金属表面逸出的初动能也就越大，所以光电子的初动能理应与光强度有关，但这与上述实验结论相悖。其次，按照经典的波动理论，无论何种频率的光照射在金属上，只要入射光的强度足够大，或者照射时间足够长，使电子获得足够能量，总可从金属表面逸出，不应该存在实验所发现的红限问题。再有，按照光的波动说，金属中的电子从入射光波中连续不断地吸收能量时，必须积累到一定量值(至少须等于逸出功)时，才能逸出金属表面，这就需要一段积累能量的时间，但是，实验结果并非如此。

## 二、光子　爱因斯坦方程

为了解决经典电磁波理论在解释光电效应现象时所遇到的困难，爱因斯坦在普朗克能量子概念的基础上，在 1905 年提出，不应该将光的辐射能看做是连续分布的，光被电子吸收时也是一份一份不连续地被吸收的。他对光的本性提出如下的新概念。

光是一粒一粒的、以光速运动着的粒子流，这些光粒子称为**光子**。每一光子的能量为 $\varepsilon=h\nu$，即与光的频率成正比，式中 $h$ 为普朗克常量，所以不同频率的光子具有不同的能量，而光强度则取决于单位时间内通过单位面积的光子数目。

当频率为 $\nu$ 的光照射在金属上时，电子吸收一个光子，便获得了能量 $h\nu$，其中，一部分能量消耗于电子从金属表面逸出时克服表面原子的引力所做的功，即所谓逸出功 $A$(其值可查表 14-2-1)，另一部分能量转换为光电子的初动能 $mv^2/2$。按照能量守恒定律，得

$$h\nu=\frac{1}{2}mv^2+A$$

或
$$\frac{1}{2}mv^2=h\nu-A \tag{14-2-3}$$

这就是爱因斯坦**光电效应方程**。它直接地说明了光电子的动能和频率的线性关系。当入射光的强度增加时，每个光子的能量并没有增加，而只是光子的数目增多，因而单位时间内吸收光子能量而释放出来的光电子数目，亦随之增加。这就很自然地说明了光电子数目与入射光强度的正比关系。这个方程也说明了截止频率的存在，并且说明频率等于截止频率的光子的能量，恰好等于该物体电子的逸出功（令式(14-2-3)中 $mv^2/2=0$，即得 $h\nu_0=A$）。如果频率小于截止频率，那么光子的能量，即被电子吸收的能量，小于逸出功，因此不论光的强度如何，都不能产生光电效应（电子同时吸收两个以上的光子的概率极小）。反之，如果频率大于截止频率，那么光子的能量大于电子的逸出功，电子一旦吸收该能量就立刻可以逸出表面，不需要经过一段积累过程，因此不论光强如何微弱，都能立刻产生光电效应。

不仅如此，将爱因斯坦方程(14-2-3)和实验公式(14-2-2)及截止频率 $\nu_0=U_0/k$ 相比较，得

$$h=ke,\quad \nu_0=\frac{A}{ke} \tag{14-2-4}$$

可见，爱因斯坦方程还说明了另外一点：热辐射中的常量 $h$ 和光电效应中的常量 $k$ 之间有一定的关系。$h$ 的量值已由热辐射中得出，$e$ 的量值又是已知的，$k$ 的量值可由光电效应的实验中算出。结果表明，这些量值准确地满足关系式 $h=ke$，从而说明了爱因斯坦的光子假设是正确的。

**【例题 14-2】** 能使铯产生光电效应的光的最大波长 $\lambda_0=660$ nm，试求当波长 $\lambda=400$ nm 的光照射在铯上时，金属铯放出的光电子的速度（电子质量为 $9.11\times10^{-31}$ kg，这里忽略电子质量的改变）。

**解** 根据爱因斯坦方程

$$h\nu=\frac{1}{2}mv^2+A$$

可解出光电子的速度为

$$v=\sqrt{(h\nu-A)\frac{2}{m}}=\sqrt{\left(\frac{hc}{\lambda}-A\right)\frac{2}{m}}$$

因 $A=h\nu_0=hc/\lambda_0$，按题设数据，可算出光电子的速度为

$$\begin{aligned}v&=\sqrt{hc\left(\frac{1}{\lambda}-\frac{1}{\lambda_0}\right)\frac{2}{m}}\\&=\Big[6.63\times10^{-34}\ \text{J}\cdot\text{s}\times3.00\times10^{8}\ \text{m}\cdot\text{s}^{-1}\\&\quad\times\left(\frac{1}{400\times10^{-9}\ \text{m}}-\frac{1}{660\times10^{-9}\ \text{m}}\right)\times\frac{2}{9.11\times10^{-31}\ \text{kg}}\Big]^{1/2}\end{aligned}$$

应用光电效应的原理可制成真空光电管。最简易的真空光电管的构造如图14-2-4所示。这是一个抽成真空的玻璃泡,内表面上涂有感光层构成阴极 K。用于不同光谱范围的光电管,其感光层是用不同截止频率的物质(如银、钾、锌等)制成的。阳极 A 一般做成圆环形,用电池组 $E$ 在阳极和阴极间加上电压。当光照射在阴极 K 上时,电路中就有电流通过,饱和电流的强度和入射光的强度有严格的比例关系。这种光电管的灵敏度很高,可用于记录和测量光通量。在电视、有声电影和无线电传真技术中,可用来把光信号转换为电信号。在自动控制和自动保护等装置中光电管常可用作自动开关。

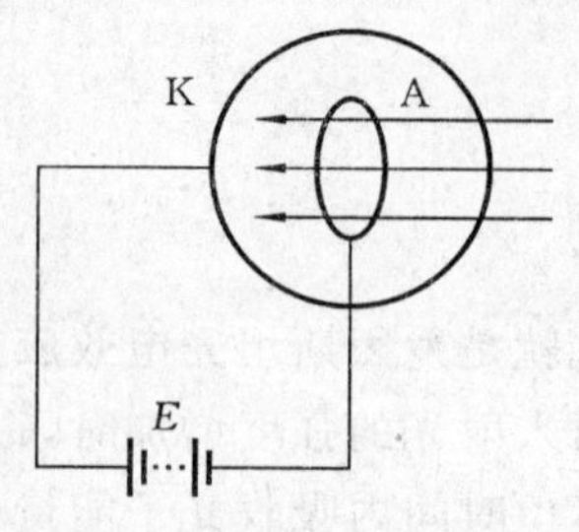


**图 14-2-4　光电管**

上述的光电效应都发生在物体的表面层,使光电子逸出体外,所以称为**外光电效应**。光也可以深入到物体的内部,例如半导体在光的照射下,内部的原子要释放出电子,但这些电子仍留在物体内部,可使物体的导电性增加,这种现象称为**内光电效应**,其应用也颇为广泛。

## 三、光的波粒二象性

光电效应使人们认识到,原来被认为是电磁波的光具有粒子性,因而光是既具有波动性又具有粒子性的实体。人们称之为**波粒二象性**。

光的粒子性可用光子的质量、能量和动量来描述。如上所述,光子的能量为

$$E=\varepsilon=h\nu \tag{14-2-5}$$

根据相对论中物质的质量与能量关系 $\varepsilon=mc^2$,光子的质量为

$$m=\frac{\varepsilon}{c^2}=\frac{h\nu}{c^2} \tag{14-2-6}$$

需要指出的是,光子并非经典力学中所描述的质点,它没有静止质量,也不存在与光子相对静止的参考系。光子的动量为 $p=mc$,由上式,有

$$p=mc=\frac{h\nu}{c}=\frac{h}{\lambda} \tag{14-2-7}$$

总之,光在传播过程中,以它的干涉、衍射和偏振等现象,凸现出光的波动性;而在光电效应等现象中,当光和物质相互作用时,表现出具有质量、动量和能量等光的微粒性。因此,光具有波动和粒子两重性质,这就是所谓光的波粒二象性。

光的波粒二象性可从光子的能量 $\varepsilon=h\nu$ 和动量 $p=h/\lambda$ 这两个公式中体现出来。这两个关系式称为**爱因斯坦光子方程**。能量 $\varepsilon$ 和动量 $p$ 显示出光具有粒子性,而频率 $\nu$ 和波长 $\lambda$ 则显示出光具有波动性。光的这两种性质借助于普朗克常量 $h$ 定量地联系在一起。光子方程是联系波动性与粒子性的桥梁,使我们对光的本性获得了更全面的认识。

# 第 3 节　康普顿效应

1923 年，康普顿(A. H. Compton)用 X 射线入射晶体的散射实验，进一步证实了光子的存在。

## 一、X 射线的散射实验

康普顿实验装置如图 14-3-1 所示。由伦琴射线管 R 发出的波长为 $\lambda_0$ 的 X 射线，通过光阑 D 后，投射到一块散射物质(如石墨)S 上，通过 S 后，沿各方向发出散射射线，并经光阑 B 后形成一束射线，入射到装有晶体 C 和电离室 F 的摄谱仪上，摄谱仪可测定散射射线的波长及其强度。伦琴射线管 R 和石墨 S 可以一起转动，以使不同方向(即 $\varphi$ 角)的散射线通过光阑 B 而投射到摄谱仪。康普顿实验结果示意图如图 14-3-2 所示。

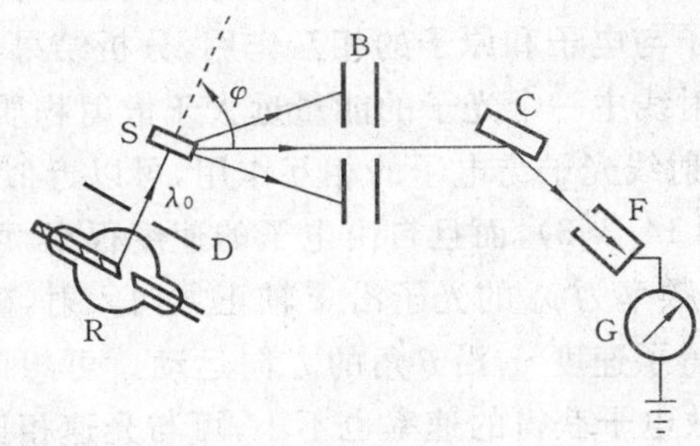


图 14-3-1　康普顿实验装置示意图

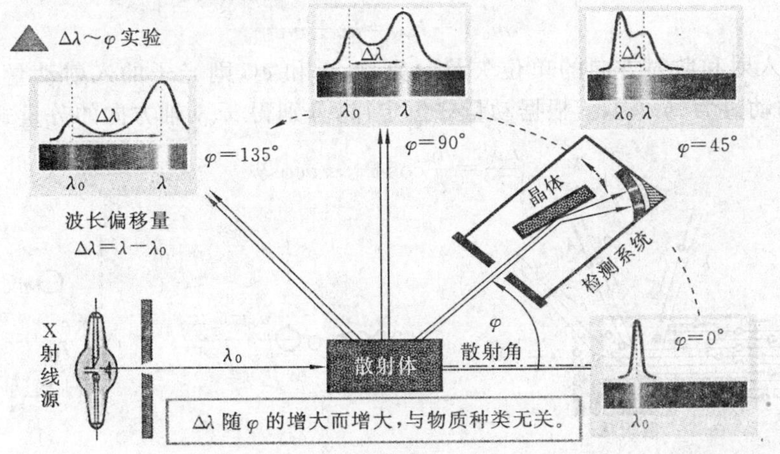


图 14-3-2　康普顿实验结果示意图

实验指出：

(1) 散射线中除了有与入射线波长 $\lambda_0$ 相同的射线外，还有比入射线波长 $\lambda_0$ 更长的射线；

(2) 波长的变化 $\lambda-\lambda_0$ 随散射角 $\varphi$ 的增大而增大，且在同一散射角下，波长的变化与散射物质无关。

上述这种散射线波长发生改变的现象，就称为**康普顿效应**。

我们知道，X 射线是一种电磁波。按照经典的电磁波理论，当波长为 $\lambda$ 的电磁波射入物质时，将引起物质中的带电粒子以与入射电磁波相同的频率做受迫的电磁振荡，并向各方向辐射出同一频率的电磁辐射，即散射电磁波的频率(或波长)应与入射电磁波的频率(或波长)相等，不应出现波长改变的现象。可见，经典理论无法解释康普顿效应。

## 二、康普顿的理论解释

为了解释 X 射线散射中出现波长改变的现象，康普顿引用爱因斯坦光子概念，考虑光子与电子和原子的相互作用，分析结果与实验相符。

X 射线中一个光子的能量远大于散射物质中一个外层电子的束缚能量，因此，入射的 X 射线光子与电子的相互作用，可以近似地看做光子与一个自由电子的弹性碰撞(见图 14-3-3)，而且自由电子的速度很小，可以忽略。设碰撞前电子是静止的(即 $v_0=0$)，频率为 $\nu_0$ 的光子沿 $x$ 轴正方向入射，碰撞后光子沿 $\varphi$ 角的方向散射出去，电子则获得了速度 $v$，沿 $\theta$ 角的方向运动。可想而知，由于光子的速率为 $c=3\times10^8\ \mathrm{m\cdot s^{-1}}$，故电子获得的速率也不小，可与光速相比，故由狭义相对论的质量与能量的关系，电子在碰撞前后的相应能量为 $m_0c^2$ 和 $mc^2$，其中，$m_0$ 和 $m$ 分别为电子在碰撞前后的静止质量和运动质量。在碰撞过程中，根据能量守恒定律，有

$$m_0c^2+h\nu_0=h\nu+mc^2 \tag{14-3-1}$$

设光子的入射和散射方向的单位矢量分别为 $\boldsymbol{e}_1$ 和 $\boldsymbol{e}_2$，则光子的入射动量为 $(h\nu_0/c)\boldsymbol{e}_1$，散射的动量为 $(h\nu/c)\boldsymbol{e}_2$，根据动量守恒定律，分别得 $x$、$y$ 轴方向的分量式为

$$\frac{h\nu_0}{c}=\frac{h\nu}{c}\cos\varphi+mv\cos\theta \tag{14-3-2}$$

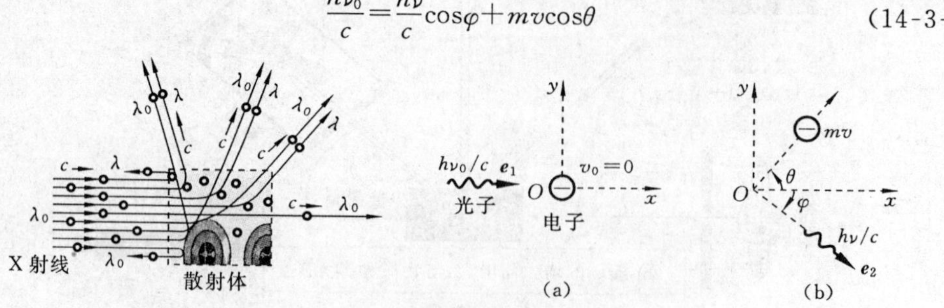


**图 14-3-3 光子与自由电子的碰撞**

(a) 碰撞前； (b) 碰撞后

和

$$0=-\frac{h\nu}{c}\sin\varphi+mv\sin\theta \tag{14-3-3}$$

按狭义相对论的质量与速度的关系，碰撞后的电子质量为 $m=m_0\Big/\sqrt{1-\frac{v^2}{c^2}}$，把它代入式(14-3-2)、式(14-3-3)，联立式(14-3-1)、式(14-3-2)、式(14-3-3)，消去 $v$ 和 $\theta$，得

$$\Delta\lambda=\lambda-\lambda_0=\frac{h}{m_0 c}(1-\cos\varphi)=\lambda_c(1-\cos\varphi) \tag{14-3-4}$$

这就是波长改变的公式，其中，$\lambda_c=h/m_0c=2.43\times10^{-12}$ m 称为**康普顿波长**。上式表明，波长的改变量仅与光子的散射角 $\varphi$ 有关。当 $\varphi=0$ 时，波长不变；$\varphi$ 增大时，$\lambda-\lambda_0$ 也增大；当 $\varphi=\pi$ 时，波长的改变最大。这一结论与实验结果完全符合。

此外，入射 X 线中的光子也要与原子中束缚很紧的电子发生碰撞，这种碰撞可以看做光子与整个原子的碰撞，由于原子的质量很大，根据碰撞理论，光子碰撞后光子能量损失很小，因而散射时光子的频率几乎不变，故在散射线中也有与入射 X 射线波长相同的射线。由于轻原子中电子束缚不紧，重原子中的内层电子束缚很紧，因此原子量小的物质，康普顿效应较强，原子量大的物质，康普顿效应不显著。这在实验上也已被证实。

康普顿效应的发现，进一步揭示了光的粒子性。康普顿效应在理论分析和实验结果上的一致，直接证实了光子方程 $\varepsilon=h\nu$，$p=h/\lambda$ 的正确性，光子是具有一定的质量、能量和动量的粒子；康普顿效应的解释还证实了在微观粒子的相互作用过程中，也严格遵从能量守恒定律和动量守恒定律。或者说：在微观世界的粒子运动和相互作用过程中，人们在宏观世界中总结的基本守恒定律依然成立，这一点极大地鼓舞了人们探索微观世界的信心，这也是康普顿效应更深层次的重要意义。

**【例题 14-3】**　波长为 $\lambda_0=0.03$ nm 的 X 射线入射晶体，与材料中的静态自由电子相互作用，并在散射角 $\varphi=60°$的方向上出射，试求：散射光子的波长和反冲电子的动能。

**解**　(1) 如图 14-3-4 所示，由康普顿散射公式 $\Delta\lambda=\lambda_c(1-\cos\varphi)$，代入

$$\lambda_c=\frac{h}{m_0 c}=2.43\times10^{-12}\ \text{m},\quad \varphi=60°$$

得

$$\lambda=\lambda_0+\lambda_c(1-\cos\varphi)=3.12\times10^{-2}\ \text{nm}$$

(2) 由碰撞过程中系统的总能量守恒，得

$$h\nu_0+m_0c^2=h\nu+(m_0c^2+E_k)$$

$$E_k=h(\nu_0-\nu)=hc\left(\frac{1}{\lambda_0}-\frac{1}{\lambda}\right)=2.25\times10^{-16}\ \text{J}$$

$$=1.59\times10^3\ \text{eV}$$

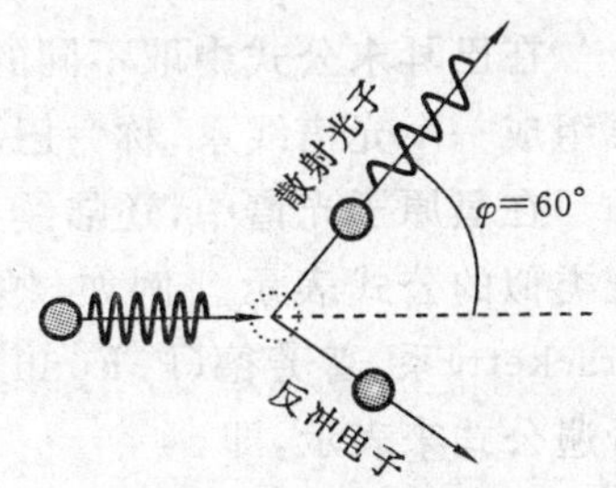


**图 14-3-4　例题 14-3 图**

# 第4节 玻尔量子理论

## 一、氢原子光谱的规律性

实验表明,在通常的气压下,炽热气态的元素发射出来的光通过棱镜或光栅后,并不分解(即色散)成包含有各种颜色的连续光谱,而是在黑暗的背景上呈现出若干条颜色不同的线状亮条纹,这种亮条纹称为谱线,每条谱线的波长都可以精密地测定。由这些不连续的谱线所组成的光谱,称为线状光谱。后来了解到这种线状光谱是原子受外界激发后发射的,因此也称为**原子光谱**。

从氢气放电管可以得到氢原子光谱,如图 14-4-1 所示。1885 年,巴耳末(J. J. Balmer)最先把氢原子光谱中可见光各谱线的波长表示成经验公式:

$$\lambda=B\frac{n^2}{n^2-4} \tag{14-4-1}$$

式中,$B=364.6$ nm 为一恒量,当正整数 $n=3,4,5,6,\cdots$时,上式即分别给出氢原子光谱中可见光部分的 $H_\alpha$、$H_\beta$、$H_\gamma$、$H_\delta$、…各条光谱线的波长。这个公式称为**巴耳末公式**,按该公式所求出的计算值与试验观测值符合得很好。

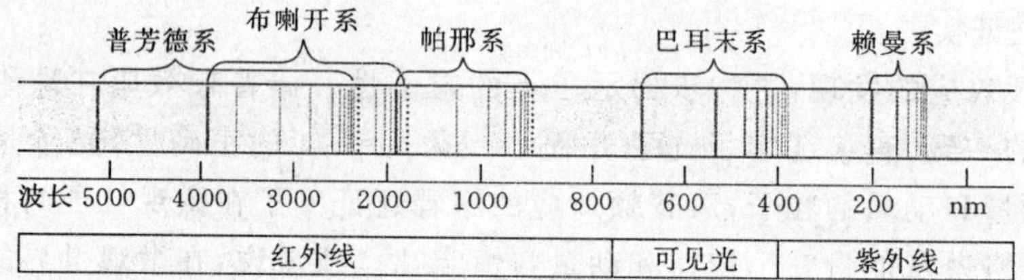


**图 14-4-1 氢原子的线光谱图**

谱线也常用频率 $\nu$ 或波数(波长的倒数)$\tilde{\nu}=1/\lambda$ 来表征。波数 $\tilde{\nu}$ 是 1 m 长度内所含有的完整波长的数目,它的单位是 $m^{-1}$。这样,可以把巴耳末公式改写成

$$\tilde{\nu}=\frac{1}{\lambda}=R\left(\frac{1}{2^2}-\frac{1}{n^2}\right)\quad(n=3,4,5,\cdots) \tag{14-4-2}$$

式中,$R=4/B=1.0973731534\times10^7\ m^{-1}$,称为**里德伯**(J. R. Rydberg)**常量**。

在巴耳末公式中取不同的 $n$ 值时,就得到相应的不同 $\tilde{\nu}=1/\lambda$ 值的谱线,这些谱线组成一个光谱线系,称为**巴耳末系**。

在氢原子光谱中,还陆续发现了与巴耳末系并列的其他一连串的线系,并可由完全类似的公式表示。例如,帕邢(L. Pashen)系、赖曼(T. Lyman)系、布喇开(F. S. Brackett)系、普芳德(P. Fund)系,等等。所有这些氢原子光谱线系都可归纳成一个普遍公式来表示,即

$$\tilde{\nu}=R\left(\frac{1}{k^2}-\frac{1}{n^2}\right) \tag{14-4-3}$$

对一个已知的线系，$k$ 有一定的正整数值($k=1,2,3,4,5$)，而 $n$ 可取从 $k+1$ 开始的一系列正整数。式(14-4-3)称为**里德伯公式**，又称**广义巴耳末公式**。

用这样简单的规律来表示氢原子光谱的谱线，其结果又非常准确，这绝不是单纯地找到了一个经验公式而已，而是氢原子内在规律性的表现。

## 二、玻尔的基本假设

氢原子是最简单的原子，按照卢瑟福的原子有核模型，在氢原子中，带有正电荷 $+e$ 的原子核的外围仅有一个带负电荷 $-e$ 的电子，电子绕核做圆周运动的向心力，就是它们之间的库仑吸引力，因而绕核运行的电子有加速度。按照经典电磁理论，电子要向周围空间不断地辐射电磁波，电子的能量将不断地减少而逐渐接近原子核，最后落到核上。这样说来，原子应该是一个不稳定的系统。可是，实验指出，原子具有高度的稳定性，即使受到外界干扰，也很难改变原子的属性。这都说明原子内部有一种稳定的结构在起支配作用，与上述这种不断变化的不稳定状况截然不同。再说，电子辐射的电磁波的频率应等于电子绕核运行的频率，而且由于电子在绕行时能量逐渐减少，其轨道就越来越小，相应的频率便越来越高，即电子绕核旋转的频率在连续地变化，电子辐射的电磁波的频率也应该连续地变化，因而所呈现的原子光谱应是连续光谱。这与实际观测到的分立的线状光谱，显然也是完全不符的。综上所述，用经典理论来解释原子内电子的运动情况和原子光谱，遇到了不可克服的困难。

为了解决上述困难，1913 年，玻尔(N. Bohr)以原子有核模型为基础，结合上述原子光谱的规律，发展了普朗克的量子概念，对氢原子结构问题提出了两个基本假设，使光谱现象获得了初步解释。玻尔的基本假设如下。

(1) 电子在一定轨道上绕核运动时，虽然有加速度，但原子具有一定的能量 $E_n$ 而不会发生辐射，从而处于稳定的运动状态(简称定态)。这称为**定态假设**。

并不是任意绕核轨道都是定态，在电子绕核运动的所有轨道中，只有在电子的角动量 $L$ 等于 $h/2\pi$ 的整数倍的那些轨道上，运动才是稳定的，即

$$L=n\frac{h}{2\pi} \tag{14-4-4}$$

式中，$h$ 为**普朗克常量**，$n$ 为正整数，称为**量子数**。式(14-4-4)称为**轨道量子化条件**。

(2) 只有原子从一个具有较大能量 $E_n$ 的稳定运动状态跃迁到另一个较低能量 $E_k$ 的稳定运动状态时，原子才以光子形式发射出单色辐射，其频率是

$$\nu=\frac{E_n}{h}-\frac{E_k}{h} \tag{14-4-5}$$

上述关系式称为**跃迁定则**(或称频率条件)。

## 三、玻尔对氢原子的成功解释

现在根据玻尔的上述假设，先研究氢原子中电子的轨道半径。设质量为 $m$ 的电

子在半径为 $r_n$ 的稳定轨道上以速率 $v_n$ 做圆周运动，所受的向心力就是原子核(设原子核固定不动)作用在电子上的库仑力。由牛顿第二定律，有

$$\frac{e^2}{4\pi\varepsilon_0 r_n^2}=m\frac{v_n^2}{r_n} \tag{14-4-6}$$

式中，$e$ 为氢原子核和电子的电荷绝对值。设电子以半径 $r_n$ 做圆轨道运动的状态为定态，那么由量子条件，其角动量 $L=mv_nr_n$ 应满足式(14-4-4)，即

$$mv_nr_n=n\frac{h}{2\pi},\quad (n=1,2,\cdots) \tag{14-4-7}$$

由式(14-4-6)、式(14-4-7)，可得氢原子中第 $n$ 个稳定轨道的半径为

$$r_n=\frac{\varepsilon_0 h^2}{\pi me^2}n^2\quad (n=1,2,\cdots) \tag{14-4-8}$$

当 $n=1$ 时，$r_1=\varepsilon_0 h^2/(\pi me^2)$ 为最靠近原子核的轨道的半径。由于 $\varepsilon_0$、$h$、$m$、$e$ 皆为已知的常量，由计算可得 $r_1=0.529\times10^{-10}$ m，$r_1$ 称为第一玻尔轨道半径，简称**玻尔半径**。因此，上式也可写作

$$r_n=n^2r_1 \tag{14-4-9}$$

由上式可得氢原子中电子绕核运动的轨道半径可能值为 $r_1,4r_1,9r_1,\cdots$，所以原子中电子的轨道半径只能取一些不连续的值。这就是所谓轨道半径的量子化。

下面研究氢原子的能量。电子在第 $n$ 个轨道上运动时，原子的总能量 $E_n$，等于电子的动能 $mv_n^2/2$ 与电子在原子核电场中的电势能 $-e^2/(4\pi\varepsilon_0 r_n)$ 之代数和，即

$$E_n=\frac{1}{2}mv_n^2-\frac{e^2}{4\pi\varepsilon_0 r_n}$$

由 $mv_n^2/r_n=e^2/(4\pi\varepsilon_0 r_n^2)$，得 $mv_n^2/2=e^2/(8\pi\varepsilon_0 r_n)$，代入上式，再将式(14-4-8)的 $r_n$ 代入，得

$$E_n=-\frac{me^4}{8\varepsilon_0^2h^2}\frac{1}{n^2}\quad (n=1,2,\cdots) \tag{14-4-10}$$

当 $n=1$ 时，$E_1=-me^4/(8\varepsilon_0^2h^2)$，将 $m$、$e$、$\varepsilon_0$、$h$ 代入，可算出 $E_1=-13.6$ eV。$E_1$ 是电子处于第一轨道($n=1$)时，氢原子所拥有的能量，称为氢原子的基态能量。氢原子处于基态时，能量最小，最为稳定。我们也可将上式写作

$$E_n=\frac{E_1}{n^2}\quad (n=1,2,\cdots) \tag{14-4-11}$$

对量子数 $n>1$ 的各个状态，其能量分别为 $E_2=E_1/4$，$E_3=E_1/9$，$E_4=E_1/16$，…，称为**激发态**。由此可见，由于原子内的电子只能在一些稳定的量子轨道上运动，因此原子所具有的能量 $E_n$ 也是不连续的，即只能具有 $E_1,E_2,E_3,\cdots$ 特定的数值。或者说，原子的能量也是量子化的。既然原子能量数值的高低，像一级一级的阶梯一样，通常就把这种不连续的能量数值称为**原子的能级**。

上面根据玻尔的基本假设说明了电子绕核运动的轨道不是任意的，而只能在符合量子条件的那些轨道(称为量子轨道)上运动，并且处于稳定的运动状态，即具有一

定的能量，而不辐射出能量。

下面再由玻尔假设，结合光子学说，来研究原子辐射现象，并解释氢原子光谱的产生。

当原子受到辐射的照射或高能粒子的碰撞等外界因素激发时，它就吸收一定的能量，从原来较低的能级跳到另一个较高的能级，即发生了能级的跃迁。拥有较高能级的原子处于激发态，它的电子就跃迁到量子数较大的相应轨道上运动。但是，处于激发态的原子是不稳定的，能够自发地从相应的较高能级跃迁到较低能级的激发态或基态。由玻尔的假设，当原子从量子数为 $n$ 的初状态跃迁到量子数为 $k$ $(k<n)$ 的末状态时，原子就发射出单色光，其频率为

$$\nu_{kn}=\frac{E_n}{h}-\frac{E_k}{h}=\frac{me^4}{8\varepsilon_0^2h^3}\left(\frac{1}{k^2}-\frac{1}{n^2}\right)$$

如用波数表示，则

$$\tilde{\nu}_{kn}=\frac{\nu_{kn}}{c}=\frac{me^4}{8\varepsilon_0^2h^3c}\left(\frac{1}{k^2}-\frac{1}{n^2}\right) \tag{14-4-12}$$

式中，$c$ 为真空中的光速。将上式和广义的巴耳末公式(14-4-3)

$$\tilde{\nu}=R\left(\frac{1}{k^2}-\frac{1}{n^2}\right)$$

相比较，可以看出，若令 $R=me^4/(8\varepsilon_0^2h^3c)$，两式完全相同。在氢原子中，$m$、$e$、$\varepsilon_0$、$c$、$h$ 都是已知量，代入 $R=me^4/(8\varepsilon_0^2h^3c)$ 中，大家不难自行算出 $R=1.097373\times10^7\ \mathrm{m^{-1}}$。而在巴耳末的经验公式中，$R=1.096775\times10^7\ \mathrm{m^{-1}}$，可见，式(14-4-2)和经验公式(14-4-3)准确地符合。故里德伯常量为

$$R=\frac{me^4}{8\varepsilon_0^4h^3c} \tag{14-4-13}$$

综上所述，玻尔理论能够圆满地解释氢原子的光谱(见图 14-4-2)，因而在一定

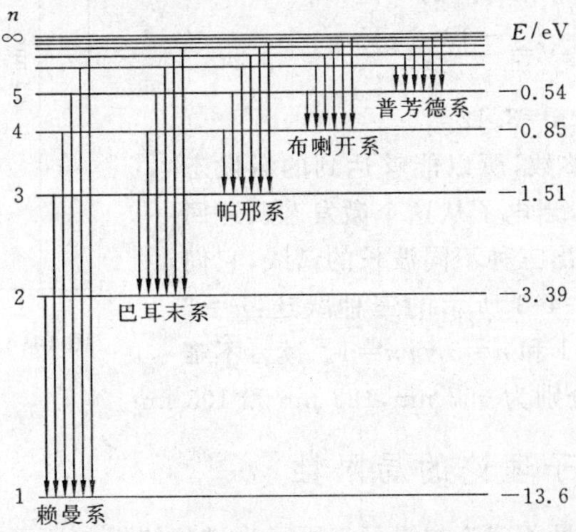


**图 14-4-2　氢原子光谱的能级图**

的准确程度上,它反映了原子内部的运动规律。

**【例题 14-4】** 求氢原子的电离能,即把电子从 $n=1$ 的轨道移到离原子核无限远处($n=\infty$)时氢原子变成为氢离子所需做的功。

**解** 对氢原子来说,电子在轨道 $n=1$ 时,氢原子的能量为 $E_1$,电子离原子核无限远时,$E_\infty=0$,则得氢原子电离能为

$$\Delta E=E_\infty-E_1=-E_1=\frac{me^4}{8\varepsilon_0^2h^2}$$

将各量的数值代入上式,得

$$\Delta E=\frac{9.11\times10^{-31}\ \mathrm{kg}\times(1.60\times10^{-19}\ \mathrm{C})^4}{8\times(8.85\times10^{-12}\ \mathrm{C^2\cdot N^{-1}\cdot m^{-2}})^2\times(6.63\times10^{-34}\ \mathrm{J\cdot s})^2}$$
$$=2.17\times10^{-18}\ \mathrm{J}=13.6\ \mathrm{eV}$$

上述氢原子电离能数值和实验值 13.58 eV 很接近。

**说明** 若提供给原子系统的能量大于它的电离能 $\Delta E$,则游离出去的电子还可以有动能,此后,由于游离的电子已不再受原子的束缚,因而它的能量不再服从量子条件,即不取分立值,而是连续变化的。

**【例题 14-5】** 在气体放电管中,用携带着能量 12.2 eV 的电子去轰击氢原子,试确定此时的氢可能辐射的谱线的波长。

**解** 氢原子所能吸收的最大能量就等于对它轰击的电子所携带的能量 12.2 eV。氢原子吸收这一能量后,将由基态能级 $E_1=-13.6$ eV 激发到更高的能级 $E_n$,因而

$$E_n=E_1+12.2=(-13.6+12.2)\ \mathrm{eV}$$
$$=-1.4\ \mathrm{eV}$$

如图 14-4-3 所示。由于 $E_1=-13.6$ eV,故由上式可求得与激发态 $E_n$ 相对应的 $n$ 值,即

$$-1.4\ \mathrm{eV}=\frac{-13.6\ \mathrm{eV}}{n^2}$$

亦即　　　　$n=3.12$

因 $n$ 只能是正整数,所以能够达到的激发态对应于 $n=3$。这样,当电子从这个激发态跃迁回到基态时,将可能发出三种不同波长的谱线,它们分别相应于如图 14-4-3 所示的三种跃迁:$n=3$ 到 $n=2$,$n=2$ 到 $n=1$ 和 $n=3$ 到 $n=1$。读者不难求出这三种波长 $\lambda$ 分别为 657 nm,122 nm 和 103 nm。

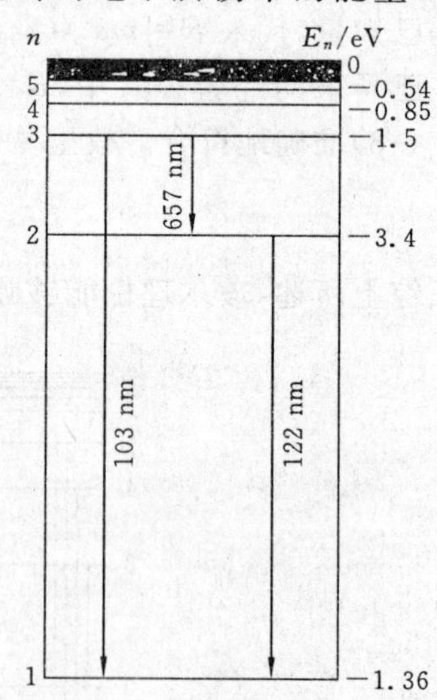


**图 14-4-3　例题 14-5 图**

## 四、玻尔量子理论的局限性

如上所述,玻尔量子理论在揭示氢原子光谱规律性与原子结构的内在联系上取

得了极大的成功。但是，对于较复杂原子的光谱就无法解释。这就表明玻尔量子理论存在着局限性。其实，玻尔量子理论是一个半经典、半量子的理论，它既引用了近代物理中的量子化概念，又沿用了轨道等经典物理的概念和理论来处理氢原子问题，这就是玻尔量子理论的缺陷所在。只有在量子力学建立以后，才使人们对微观粒子的状态和运动规律获得更全面、更深刻的认识。不过，玻尔的敢于创新精神，最先指出了量子规律在微观领域中的重要意义，其功绩也是不可低估的。

## 习　题

**14-1**　设有一物体(可视作绝对黑体)，其温度自300 K增加到600 K，问其辐出度增加为原来的多少倍？

**14-2**　从冶炼炉的小孔内发出热辐射，经测定，它相应于单色辐出度峰值的波长$\lambda_m=1.16\times10^{-4}$ cm，求炉内温度。

**14-3**　钾的光电效应红限是$\lambda_0=6.2\times10^{-5}$ cm，求：(1) 钾原子的逸出功；(2) 在$\lambda=3.3\times10^{-5}$ cm的紫外光照下，钾的遏止电压$U_a$。

**14-4**　从铝中移出一个电子需要4.2 eV的能量，今有波长200 nm的光投射到铝表面上，问：(1) 由此发射出来的电子最大动能为多少？(2) 遏止电压$U_a$为多少？(3) 铝的截止波长为多少？

**14-5**　(1) 一米长被定义为$^{86}$Kr的橙色辐射波长的1650763.73倍。问这种辐射的光子所具有的能量是多少？(2) 一个光子的能量等于一个电子的静止能量($m_0c^2$)，问该光子的频率、波长和动量是多少？在电磁波谱中属于何种射线？

**14-6**　求：(1) 红色光($\lambda=7.0\times10^{-3}$ cm)；(2) X射线($\lambda=0.025$ nm)；(3) γ射线($\lambda=1.24\times10^{-3}$ nm)的光子的能量、动量和质量。

**14-7**　有一功率为10 W的单色光灯泡，每秒发射$3.0\times10^{19}$个光子，试问发射光波的波长为多少？

**14-8**　如果入射光的波长从400 nm变到300 nm，则从表面发射的光电子的遏止电压将变化多少？

**14-9**　波长$\lambda=0.0708$ nm的X射线在石蜡上受到康普顿散射，求在$\pi/2$和$\pi$方向上散射的X射线波长各是多少？

**14-10**　已知X射线的能量为0.60 MeV，在康普顿散射之后，波长变化了20%，求反冲电子增加的能量。

**14-11**　在康普顿散射中，入射光子的波长为0.003 nm，反冲电子的速度为光速的60%，求散射光子的波长及散射角。

**14-12**　在康普顿散射实验中，$\lambda_c=h/m_0c$是电子的康普顿波长，在与入射方向成120°角的方向上散射光子与入射光子的波长差$\Delta\lambda$是多少？

**14-13**　试确定氢原子光谱中，位于可见光区(380～780 nm)的那些波长。

**14-14**　试计算赖曼系的最短波长和最长波长(以m表示)。

**14-15**　对处在第一激发态($n=2$)的氢原子，如果用可见光照射，能否使之电离？

**14-16**　用可见光照射能否使基态氢原子受到激发？如果改用加热的方式，需加热到多高温度才能使之激发？要使氢原子电离，至少需加热到多高温度？(提示：温度为$T$时，原子的平均动

能为 $E=3kT/2$，并在碰撞中可交出动能的一半）

**14-17** 从 $He^+$ 和 $Le^+$ 中移去一个电子，求所需要的能量。

**14-18** 如果氢原子中电子从第 $n$ 轨道跃迁到第 $k=2$ 轨道，所发出光的波长为 $\lambda=487$ nm，试确定第 $n$ 轨道的半径。

**14-19** 按照玻尔理论求氢原子在第 $n$ 轨道上运动时的磁矩。证明电子在任何一轨道上运动时的磁矩与角动量之比为一常数。

**14-20** 氢原子被外来单色光激发后发出的光仅有三条谱线，问外来光的频率是多少？

**14-21** 如果有一电子，远离质子时的速度为 $1.875\times10^6$ m/s，现被质子所捕获，放出一个光子而形成氢原子，如果在氢原子中电子处于第一玻尔轨道，求放出光子的频率。

**14-22** 具有能量 15 eV 的光子，为氢原子中处于第一玻尔轨道的电子所吸收而形成一个光电子，问此时光电子远离质子时的速度为多少？

**14-23** 氢介子原子是由一质子及一绕质子旋转，且带有与电子电量相等的介子组成，求介子处于第一轨道时与质子的距离。（介子的质量为电子质量的 210 倍）

# 第 15 章　量子力学基础

前面我们讨论了玻尔的半经典理论，将量子的概念应用到氢原子系统。然而，从理论上讲，玻尔理论是玻尔假设与经典物理结合的产物，并不是一个完全自洽的理论，存在局限性。1924 年，德布罗意(L. de Broglie)首先提出了物质波假设，随后薛定谔(E. Schrödinger)、海森堡(W. Heisenberg)、玻恩(M. Born)和狄拉克(P. A. M. Dirac)等人建立了用于描写微观粒子运动的全新理论，称为量子力学。量子力学与相对论一起成为近代物理学的两大理论基石。本章将介绍量子力学的基本概念和原理。

## 第 1 节　德布罗意波

光的干涉、衍射现象证实了光的波动性。而反过来，光的粒子性也由热辐射、光电效应和康普顿效应给予了有力的证明。光具有“波粒二象性”，描述其粒子性的能量 $E$ 和动量 $p$ 与描述其波动性的频率 $\nu$ 和波长 $\lambda$ 之间，通过普朗克常数 $h$，用表达式 $E=h\nu$ 和 $p=\dfrac{h}{\lambda}$ 定量地联系起来。

1924 年，德布罗意在光的粒子性的启发下，提出了“所有的实物粒子都具有波粒二象性”的假设，并给出了实物粒子波粒二象性之间的关系。德布罗意认为，质量为 $m$ 的粒子，以速率 $v$ 运动时，具有能量 $E$ 和动量 $p$；从波动性方面来看，它具有频率 $\nu$ 和波长 $\lambda$，它们之间满足关系式：

$$E=h\nu \tag{15-1-1}$$

$$p=\frac{h}{\lambda} \tag{15-1-2}$$

以上两式称为**德布罗意关系式**。实物粒子所表现出来的这种波称为**德布罗意波**或**物质波**。

以电子为例，设其初速度为零，经过电势差为 $U$ 的电场加速后，如果电子的速度 $v\ll c$，由动能定理得

$$\frac{1}{2}mv^2=eU \quad 即 \quad v=\sqrt{\frac{2eU}{m}}$$

由德布罗意关系式，得

$$\lambda=\frac{h}{\sqrt{2emU}} \tag{15-1-3}$$

将 $h=6.63\times10^{-34}$ J · s, $e=1.60\times10^{-19}$ c, $m=9.11\times10^{-31}$ kg 等数据代入后，得

$$\lambda=\frac{1.225}{\sqrt{U}}\ \text{nm} \tag{15-1-4}$$

德布罗意物质波的概念成功地解释了玻尔氢原子假设中令人困惑的轨道量子化条件。他认为电子的物质波绕圆轨道传播，当满足驻波条件时，物质波才能在圆轨道上持续存在，这样的轨道才是稳定的轨道(见图15-1-1)。设 $r$ 为稳定的电子轨道半径，有

$$2\pi r=n\lambda \quad (n=1,2,3,\cdots)$$

将 $\lambda=\dfrac{h}{mv}$ 代入即得

$$mvr=n\frac{h}{2\pi} \quad (n=1,2,3,\cdots)$$

这正是玻尔理论中关于电子轨道的量子化条件。

德布罗意由于提出微观粒子具有波动性，因此荣获了1929年的诺贝尔物理学奖。

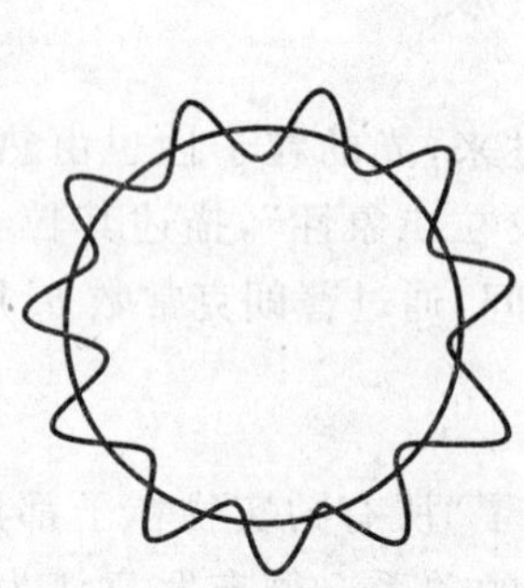

**图 15-1-1　物质波绕圆轨道传播**

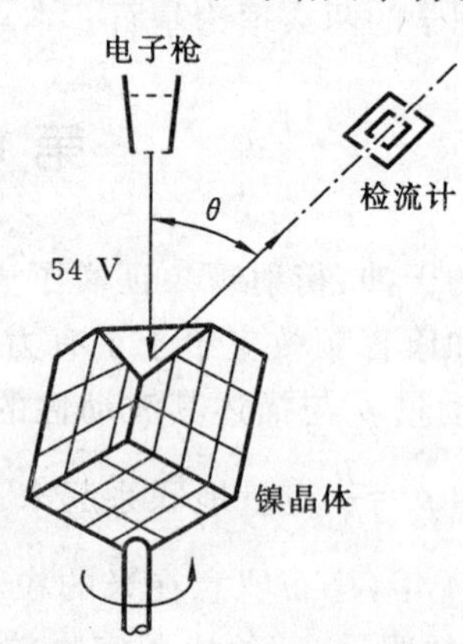


**图 15-1-2　电子衍射实验**

德布罗意物质波的概念提出后，很快就得到了实验验证。1927年，戴维逊(C. J. Davisson)和革末(L. H. Germer)做了电子衍射实验，实验装置如图15-1-2所示。电子枪发射的电子束，经过电压 $U$ 加速后投射到镍单晶的水平面上(经研磨加工而成的平面)。电子束在晶体上散射后进入探测器，其电流由检流计测出。实验发现，当加速电压为54 V时，在 $\theta=50^\circ$ 的散射方向上电子束的强度最大，该方向上出现的电子数最多。这种现象与晶体的X射线衍射极为类似。用波的语言来分析，电子数密集处就是电子波干涉加强之处。由式(15-1-4)可得波长

$$\lambda=\frac{1.225}{\sqrt{54}}\ \text{nm}=0.167\ \text{nm} \tag{15-1-5}$$

式(15-1-5)是由德布罗意理论得出的结果，它与实验结果符合得如何？我们将电子束的行为作为波来处理，采用布拉格方法分析此晶体衍射，这时对应的晶面簇如图15-1-3所示，已知晶面间距为 $d=0.091$ nm，电子对晶面的掠射角为 $\varphi=$

$\frac{180°-50°}{2}=65°$，由布拉格公式得

$$2d\sin\varphi=k\lambda$$

取 $k=1$，则可计算出实验结果为

$$\lambda=2d\sin\varphi=0.165\ \text{nm} \qquad (15\text{-}1\text{-}6)$$

式(15-1-6)给出的实验值与式(15-1-5)给出的理论值惊人的一致。所以，上述实验证实了电子确实具有波动性，也就证实了德布罗意假设的正确性。

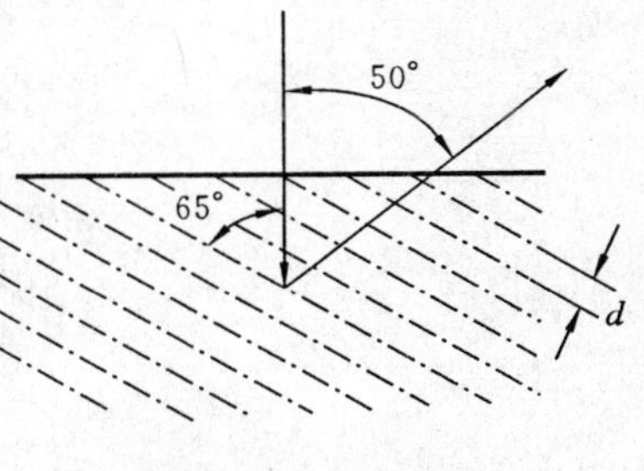


**图 15-1-3　晶面族**

1928 年，汤姆逊(G. P. Thomson)用快速电子穿过晶体薄片后在屏幕上也显示出圆环形的条纹。戴维逊和汤姆逊因发现电子在晶体中的衍射现象而共同获 1937 年的诺贝尔物理学奖。

随后，实验也证实质子、中子等微观粒子也同样存在波动性。特别是中子衍射技术，已成为研究固体微观结构的最有效的方法之一。

## 第 2 节　微观粒子的状态描述　波函数

### 一、单光子干涉实验

从 20 世纪 20 年代开始，人们就认识到微观粒子不仅具有粒子性，而且还具有波动性，称之为波粒二象性。而按照经典物理的概念，粒子和波具有完全不同的图像：波是扩展的、可叠加的，有干涉、衍射现象；粒子则是颗粒性的，有纤细的运动轨迹，打到荧光屏上可产生闪光点。两种如此迥异的性质怎能相容地属于同一客体呢？德布罗意假设的物质波是如何与粒子相对应的呢？电子、质子、中子等微观粒子到底是波还是粒子呢？在历史上曾有各种各样的说法，例如，“粒子由波组成”，或者“波由粒子在空间分布所形成”，等等，现在需要指出的是，这两种观点都不正确。微观粒子既不完全等同于经典意义的粒子，又不完全等同于经典意义的波。这种波粒二象性产生了我们用通常的直观想象无法理解的性质，而这些性质又导致了许多奇妙的量子现象。

下面，我们来讨论一个有趣的实验——单光子干涉实验。

在图 15-2-1 所示的装置中，相移器为一块透明介质板，用来调节光程。调节入射光使其非常弱，以至于每次只有单个光子入射到分束(半透)器 1 上。

(1) 若光子透过分束器 1 沿水平方向入射到反射镜 1 上，经其反射向上到达分束器 2，其结果是要么透过分束器 2 由 A 接收到，B 无接收，要么被分束器 2 向右反射由 B 接收到，A 无接收。

(2) 若光子经分束器 1 反射后沿垂直方向入射到反射镜 2 上，其结果同(1)。

所以，若将光子看做经典的粒子而每次只能经过某一路径(一个经典粒子不可能

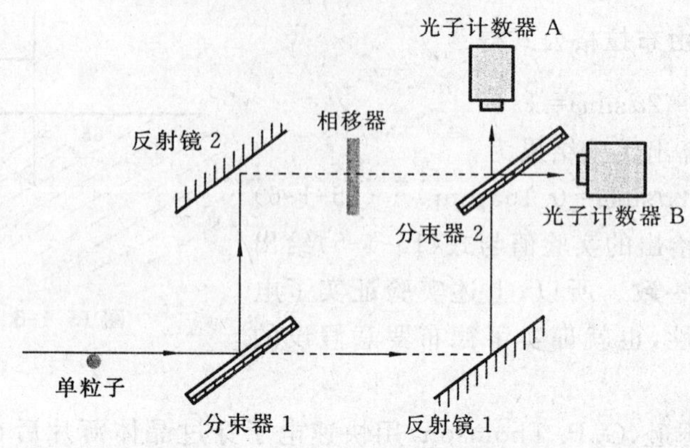


图 15-2-1 单光子干涉实验的图一

再细分为两部分分别走两条不同路径)，接收器 A 和 B 收到光子的概率相等，各占 $\frac{1}{2}$。如果我们依次入射 100000 个光子，那么 A 和 B 接收到的光子数应各占一半，但实际情况并非如此。

实际情况是：通过调节相移器，我们可以使得总是只有一个接收器接收到光子。例如，总是 A 接收到光子，而 B 总接收不到。如果我们依次入射 100000 个光子，那么 A 将接收到全部光子，而 B 接收不到光子。若进一步调节相移器，令每次入射一个光子，则可以使得情况正好反过来：总是 B 接收到光子，而 A 总是无接收(按照经典概念，无论怎样调节相移器，A 和 B 接收到的光子数都应各占一半)。这种现象显然意味着微观粒子的行为一定有别于经典的粒子。

如何解释以上单光子的行为呢？答案是，如果将光子入射后的行为看做波动就很容易解释：单光子入射后呈现出波性。首先，与单光子相关的波入射到分束器 1 (见图 15-2-2)，分解为两束(只有波才能分解为几束)，一束向上经反射镜 2 反射后经过相移器向分束器 2 入射(以虚线箭头表示)；同时，另一束向右经反射镜 1 反射后向分束器 2 入射(以实线箭头表示)。从左往右到达分束器 2 的光波，由分束器再分

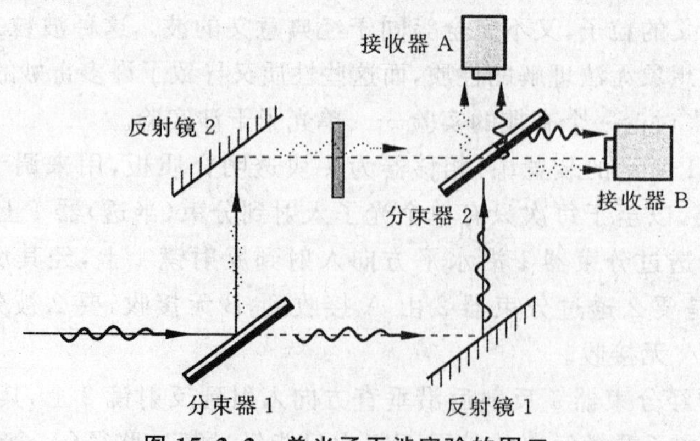


图 15-2-2 单光子干涉实验的图二

解为向上和向右的两束，同样，从下往上到达分束器 2 的光波，也由分束器再分解为向上和向右的两束。到达接收器 A 的两束光之间及到达接收器 B 的两束光之间由于以下各种原因会有一定的光程差或位相差：

(1) 通过相移器及分束器时；

(2) 在分束器上反射时(正反面反射时产生的位相变化是不同的)会产生位相变化(与入射角度有关)。

所以，到达接收器 A 的两束光之间及到达接收器 B 的两束光之间会产生波的干涉现象。如果总是 A 接收到光子，而 B 总是接收不到光子，则说明到达 A 处的两束光干涉相长 $I=I_{max}$(光子到达 A 的概率为 1)，同时到达 B 处的两束光干涉相消 $I=0$(光子到达 B 的概率为 0)。当情况反过来时，说明调节相移器导致的光程改变正好为$\frac{\lambda}{2}$。

由于我们每次只让一个光子入射，那么该实验就意味着每个光子在某种意义上同时通过了两条路径。对于经典粒子，这种情况是完全不可能出现的。

单光子干涉实验说明什么？它说明以下几点：

(1) 微观粒子同时通过了两条路径；

(2) 量子力学中粒子的"波性"是与单个粒子相联系的。更强的说法是狄拉克描述的：Each photon interferences only with itself。

所以，光有粒子性，但又不能将其视为经典的粒子。光子的这种性质不是其独有的，所有微观粒子都具有这样的性质。如果不超越经典观念的范畴，就很难理解微观粒子的行为。

在微观粒子的情况下，首先要解决用什么方法去恰当地描述将波和粒子这两种性质集于一身的微观粒子的状态。

## 二、波函数

由于微观粒子具有波粒二象性，我们不能再用牛顿力学的研究方法去研究微观粒子的运动。因此，要寻求一种新的描述方法，这种新方法要求既可以反映出微观粒子的粒子性(粒子具有能量 $E$ 和动量 $p$)，又可以反映其波动性(波具有频率 $\nu$ 和波长 $\lambda$)。应该用什么量去描述微观粒子的状态呢？由于所有物质粒子都具有波动性，因此我们将引入波函数来表示它们的状态，这就是量子力学的第一个重要假设：**一个系统的状态可以用一个波函数完全描述，它包含了系统处于该状态时的所有物理信息。**

下面以自由粒子为例给出其波函数。自由粒子的能量 $E$ 和动量 $p$ 都是恒量，所以其物质波的频率 $\nu$ 和波长 $\lambda$ 也均为恒量，这种情况当然是在机械波一章讨论到的、可以用余弦函数表示的单色平面波。设平面波沿 $x$ 轴方向传播，可用下式表示，即

$$y(x,t)=A\cos 2\pi\left(\nu t-\frac{x}{\lambda}\right)$$

为了把量子力学中的波动与一般的波动区别开来,将 $y(x,t)$ 记为 $\Psi(x,t)$ 并用复数形式表示,则有

$$\Psi(x,t)=\psi_0 e^{-i2\pi\left(\nu t-\frac{x}{\lambda}\right)}$$

将关系式 $E=h\nu, p=\dfrac{h}{\lambda}$ 和 $\hbar=\dfrac{h}{2\pi}$ 代入,得到描述自由粒子波动性的平面物质波的波函数为

$$\Psi(x,t)=\psi_0 e^{-\frac{i}{\hbar}(Et-px)} \tag{15-2-1}$$

式(15-2-1)就是描述能量 $E$、动量 $p$ 及沿 $x$ 轴方向运动的自由粒子的物质波的波函数。微观粒子的粒子性体现在位相之中,而微观粒子的波动性体现在方程的形式上。这种能量有确定值的状态称为定态。

式(15-2-1)描写了微观自由粒子的波动行为。在一般情况下,粒子都受到外来场的作用(例如,氢原子中电子受到核的库仑场的作用),它们的动量不再是恒量,相应地,它们就不能用式(15-2-1)即单色平面波来描述了。对这种普遍情况,微观粒子的波函数 $\Psi(x,t)$ 需要用求解薛定谔方程(见后面的描述)得出。例如,后面要讲到的一维无限深势阱中粒子的波函数就是

$$\Psi(x,t)=A\sin\left(\frac{n\pi}{a}x\right)e^{-iE_n t/\hbar}$$

### 三、态叠加原理

量子力学的第二个重要假设为态叠加原理:

**(1) 如果 $\Psi_1$ 和 $\Psi_2$ 是微观粒子的两个可能状态,那么它们的线性叠加态 $\Psi=c_1\Psi_1+c_2\Psi_2$ 也是粒子的一个可能状态,其中 $c_1,c_2$ 是任意复数;**

**(2) 粒子处在叠加态的意义为"粒子既处在 $\Psi_1$ 态,又处在 $\Psi_2$ 态"或"部分处在 $\Psi_1$ 态,部分处在 $\Psi_2$ 态"。**

前面我们讨论的"单光子干涉实验"正是量子态叠加原理的一个例子。例如,单个微观粒子到达分束器1后向上走的状态为 $\Psi_1$,向右走的状态为 $\Psi_2$,而实际上微观粒子同时走了两条路径,所以说它是"部分处于 $\Psi_1$ 态,部分处于 $\Psi_2$ 态"。即前面讲到的单光子干涉实验中,单个微观粒子在到达分束器1时所处的状态可以表示为

$$\Psi=c_1\Psi_1+c_2\Psi_2$$

## 第3节 波函数的概率解释

1926年,玻恩对波函数提出了一种统计解释。不论是光还是电子的干涉、衍射实验,对于单个入射光子或电子,在荧光屏上出现的总是一个闪光点,这闪光点出现在屏上何处,一般无法确定。当粒子一个一个地入射,开始时屏幕上的闪光点杂乱无章,但随着粒子数的增多,屏上逐渐显示出干涉(或衍射)条纹。当粒子数足够大时,

就呈现出非常清晰的条纹，这些条纹的分布就是光波或物质波的强度分布，反映了光或物质波的的统计特性。

显然，物质波在空间某点的强度与粒子出现在该点的概率密度成正比。因此，物质波的强度也就描写了粒子出现在该点的概率密度。

物质波的强度可用$|\Psi|^2=\Psi^*\Psi$表示（对于单色平面波，$|\Psi|^2=A^2$），因此电子在点 $x$ 处出现的概率与$|\Psi(x,t)|^2$成正比。由于电子的坐标 $x$ 是连续变化的，所以应该表述为：电子出现在区间 $x$ 到 $x+\mathrm{d}x$ 内的概率为

$$\mathrm{d}P=|\Psi(x,t)|^2\mathrm{d}x \tag{15-3-1}$$

显然，电子出现在点 $x$ 附近的单位区间内的概率

$$\rho(x,t)=\frac{\mathrm{d}P}{\mathrm{d}x}=|\Psi(x,t)|^2 \tag{15-3-2}$$

称为 $t$ 时刻电子出现在点 $x$ 处的（位置）概率密度。推广到三维情况，应为

$$\mathrm{d}P=|\Psi(\boldsymbol{r},t)|^2\mathrm{d}x\mathrm{d}y\mathrm{d}z \tag{15-3-3}$$

$$\rho(\boldsymbol{r},t)=\frac{\mathrm{d}P}{\mathrm{d}x\mathrm{d}y\mathrm{d}z}=|\Psi(\boldsymbol{r},t)|^2$$

在第 2 节的讨论中看到：微观粒子具有粒子性，但又不能将其视为经典的粒子。而由式(15-3-2)可以看到：微观粒子具有波动性，但也不是经典意义的波，与微观粒子对应的波是一种概率波。

一定时刻在空间给定点的体积元 $\mathrm{d}x$ 区间内粒子出现的概率应为一确定的有限值，因此波函数必须满足 $\Psi(x,t)$是空间坐标的单值、有限、连续（包括其一阶导数连续）的函数，这称为**波函数的标准化条件**。

在整个空间内粒子出现的概率等于 1，将式(15-3-1)对整个空间积分后，其值应等于 1，即波函数必须满足

$$\int_{-\infty}^{+\infty}|\Psi(x,t)|^2\mathrm{d}x=1 \tag{15-3-4}$$

这称为**波函数的归一化条件**。

如果上述积分值不等于 1，则可在波函数前乘一非零的常数 $C$，使得

$$\int_{-\infty}^{+\infty}C^2|\Psi(x,t)|^2\mathrm{d}x=1 \tag{15-3-5}$$

从而定出 $C$。这步骤称为归一化，而 $C\psi(x,t)$则称为**归一化的波函数**。

**【例题 15-1】** 设粒子在一维空间运动，其状态可用下面的波函数描述：

$$\Psi(x,t)=\begin{cases}0 & \left(x\leqslant-\dfrac{b}{2},x\geqslant\dfrac{b}{2}\right)\\ A\mathrm{e}^{-\frac{\mathrm{i}E}{\hbar}t}\cos\left(\dfrac{\pi x}{b}\right) & \left(\dfrac{-b}{2}<x<\dfrac{b}{2}\right)\end{cases}$$

式中，$A$ 为任意常数，$E$ 为该状态下粒子的能量确定值，$b$ 为确定常数。求归一化的波函数和粒子的位置概率密度 $\rho(x)$（这种能量有确定值的状态称为**定态**）。

**解**　根据波函数的归一化条件，有

$$\int_{-\infty}^{-b/2} |\psi(x,t)|^2 \mathrm{d}x + \int_{-b/2}^{b/2} |\psi(x,t)|^2 \mathrm{d}x + \int_{b/2}^{+\infty} |\psi(x,t)|^2 \mathrm{d}x = 1$$

积分得到

$$A^2 \int_{-b/2}^{b/2} \cos^2\left(\frac{\pi x}{b}\right) \mathrm{d}x = A^2 \frac{b}{2} = 1$$

解出归一化系数,得 $A=\sqrt{\frac{2}{b}}$。由此可写出归一化的概率密度为

$$\rho(x) = \begin{cases} 0 & \left(x \leqslant \frac{-b}{2}, x \geqslant \frac{b}{2}\right) \\ \frac{2}{b}\cos^2\left(\frac{\pi x}{b}\right) & \left(\frac{-b}{2} < x < \frac{b}{2}\right) \end{cases}$$

从上式看出,只有当 $\frac{-b}{2}<x<\frac{b}{2}$ 时才可以找到粒子,在点 $x=0$ 附近找到粒子的概率最大。

**【例题 15-2】** 对于描述自由粒子的单色平面波

$$\Psi(x,t) = \psi_0 \mathrm{e}^{-\frac{\mathrm{i}}{\hbar}(Et-px)}$$

求粒子出现在空间点 $x$ 的概率密度(见图 15-3-1)。

**解** $\rho(x) = |\Psi(x,t)|^2 = \psi_0^2 \mathrm{e}^{-\frac{\mathrm{i}}{\hbar}(Et-px)} \cdot \mathrm{e}^{\frac{\mathrm{i}}{\hbar}(Et-px)} = \psi_0^2$ (一个常数)

图 15-3-2 是一个自由粒子的概率密度 $|\psi(x)|^2$ 对 $x$ 的曲线:从 $-\infty$ 到 $+\infty$ 的一条平行于 $x$ 轴的直线。由于概率密度 $|\psi(x)|^2$ 对所有的 $x$ 值都是相同的,这表示粒子出现在 $x$ 轴的任何地方的概率都相同,表明微观自由粒子的动量完全确定时,它的空间坐标却完全不能确定。显然,这与经典粒子有显著不同。

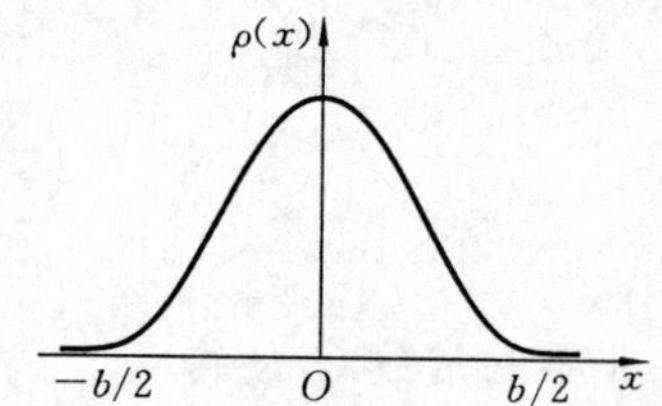


**图 15-3-1 例题 15-1 的概率密度**

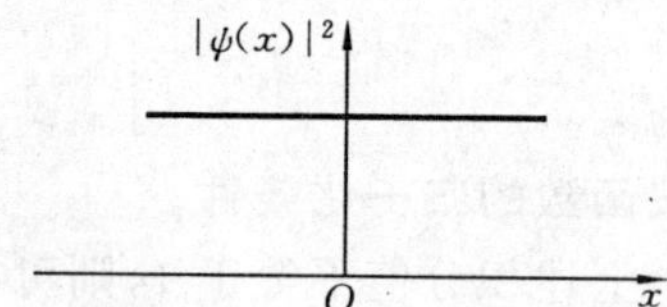


**图 15-3-2 自由粒子的概率密度**

## 第 4 节 不确定关系

在经典力学中,运动物体在任何时刻都有完全确定的位置、动量、能量和角动量,等等。与此不同的是,微观粒子具有明显的波动性,在每一确定的空间体积微元中以一定的概率出现。这就是说,粒子的空间位置是不确定的。正是由于这个原因,使得微观粒子的运动失去了“轨道”的概念。粒子的位置虽然不确定,但基本上可以知道出现在某个范围,例如,“原子的线度为 $10^{-10}$ m”就意味着电子在原子核周围出现的

位置不确定，但离开原子核的坐标范围应为 $x=0$ 到 $x+\Delta x=10^{-10}$ m。这个位置的范围 $\Delta x$，称为坐标的不确定量。在三维情况下，坐标的不确定量应为 $\Delta x, \Delta y, \Delta z$。

粒子的动量也是如此，如果波函数是单色平面波，则对应的动量是确定的，但这是理想的情况。一般的波函数都不是单色平面波，即使是自由粒子的波函数，实际上也不是完全的单色平面波，而是由包括一定波长范围 $\Delta\lambda$ 的许多单色波组成的。由于波长有一定的范围，根据德布罗意公式 $p=\frac{h}{\lambda}$，就使得粒子的动量也具有了一个不确定的范围 $\Delta p$，称为动量的不确定量。

不仅如此，微观粒子的其他力学量如能量、角动量等一般也都是不确定的。1927 年，德国物理学家海森堡提出微观粒子的坐标与动量两个不确定量之间的关系应满足

$$\Delta x \Delta p_x \geqslant \frac{\hbar}{2}, \quad \Delta y \Delta p_y \geqslant \frac{\hbar}{2}, \quad \Delta z \Delta p_z \geqslant \frac{\hbar}{2} \tag{15-4-1}$$

式(15-4-1)称为坐标和动量的不确定量关系。它的物理意义是，微观粒子不可能同时具有确定的坐标和相应的动量。粒子坐标的不确定范围越小，动量的不确定范围就越大，反之亦然。

海森堡是通过设想的理想实验推出以上不确定量关系的。最简单的例子就是利用单缝衍射来测量入射电子的横向位置(见图 15-4-1)。设想与电子对应的物质波是单色平面波，入射到宽度为 $a$ 的单缝上，在单缝屏处，只有通过狭缝的电子才能达到屏幕，这一步骤相当于对电子进行了 $x$ 轴方向的位置测量。对于一个电子来说，不能确定它从缝中哪一点通过，因此，电子的位置在 $x$ 轴方向有一个不确定度 $\Delta x=a$。与此同时，由于电子的衍射，从缝出射以后电子的动量分量 $p_x$ 不再为零且可能具有不同大小的 $p_x$，如果只考虑到达屏幕上中央极大的电子，由衍射第一极小条件 $\sin\theta_1=\frac{\lambda}{a}$，得

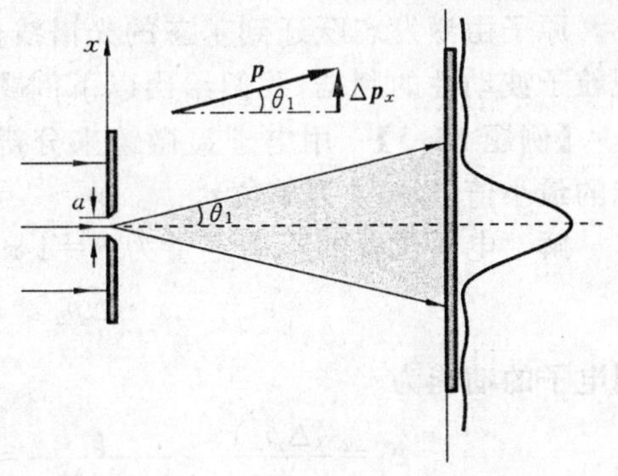


**图 15-4-1　利用单缝测量入射电子的横向位置**

$$0 \leqslant p_x \leqslant p\sin\theta_1$$

$x$ 轴方向电子动量的不确定范围为

$$\Delta p_x = p_x - 0 = p\sin\theta_1 = \frac{h}{\lambda}\frac{\lambda}{a} = \frac{h}{\Delta x}$$

于是有

$$\Delta x \Delta p_x = h$$

考虑到电子可以到达更高级次的次极大，实际上有

$$\Delta x \Delta p_x \geqslant h$$

以上只是借助一个特例作粗略估算，严格推导所得的关系式为式(15-4-1)。作为估算，不确定关系式(15-4-1)的右边，有时可以取为$\hbar$、$h$或$\frac{h}{2}$。

不确定关系是微观粒子的固有属性，是波粒二象性及其统计关系的必然结果，并非测量仪器对粒子的干扰，也不是仪器有误差的缘故。

不确定关系不仅存在于坐标和动量之间，也存在于能量和时间之间。如果微观粒子处于某一状态的时间为$\Delta t$，则其能量必然有一个不确定量$\Delta E$，由量子力学可推出二者之间的关系为

$$\Delta t\Delta E\geqslant\frac{\hbar}{2} \tag{15-4-2}$$

该式称为能量和时间的不确定关系。利用这个关系式可以解释原子各激发态的能级宽度$\Delta E$和它在该激发态的平均寿命之间的关系。原子在激发态典型的平均寿命$\Delta t\approx10^{-8}$ s。这样，原子激发态能级的能量值一定有不确定量$\Delta E\geqslant\frac{\hbar}{2\Delta t}\approx10^{-8}$ eV，这就是激发态的能级宽度。显然除基态外，原子的激发态平均寿命越长，能级宽度越小。原子由激发态跃迁到基态的光谱线也有一定宽度。应用不确定关系可以作为微观粒子波动性的判据，我们给出以下例题。

**【例题 15-3】** 用电子显微镜来分辨大小为 1 nm 的物体，估算所需要的电子动能的最小值(以 eV 为单位)。

**解** 电子位置的不确定量为$x=1$ nm，取$\Delta p_x=mv$，则

$$\Delta x\cdot\Delta p_x\geqslant\frac{\hbar}{2},\quad \Delta p_x\geqslant\frac{\hbar}{2\Delta x}$$

则电子的动能为

$$E_{\mathrm{k}}=\frac{(\Delta p_x)^2}{2m}\geqslant\frac{\hbar}{8(\Delta x)^2m}=\frac{(1.05\times10^{-34})^2}{8(1\times10^{-9})^2\times9.1\times10^{-31}}\ \mathrm{J}$$

$$E_{\mathrm{kmin}}=1.5\times10^{-21}\ \mathrm{J}=9.5\times10^{-3}\ \mathrm{eV}$$

**【例题 15-4】** 原子的线度为$10^{-10}$ m，求原子中电子速度的不确定量。

**解** "电子在原子中"就意味着电子位置的不确定量为$\Delta r=10^{-10}$ m，由不确定关系，有

$$\Delta r\Delta p_r=\Delta r\cdot m\Delta v\geqslant\frac{\hbar}{2}$$

$$\Delta v\geqslant\frac{\hbar}{2m\Delta r}=\frac{1.05\times10^{-34}}{2\times9.1\times10^{-31}\times10^{-10}}\ \mathrm{m/s}=0.6\times10^{6}\ \mathrm{m/s}$$

由玻尔理论可估算出氢原子中电子的轨道运动速度约为$10^6$ m/s。可见，速度的不确定量与速度大小的数量级基本相同。因此，原子中电子在任一时刻没有完全确定的位置和速度，也没有确定的轨道，不能看成经典粒子，波动性十分明显。

## 第 5 节　薛定谔方程

第 3 节中给出了粒子波函数的物理解释。如果知道一个粒子的波函数$\Psi$，则能

够计算出粒子在空间某一点的$|\Psi|^2$，$|\Psi|^2$是发现该粒子的概率密度。但是如何得到波函数呢？是否存在类似于波动方程$\frac{\partial^2 y}{\partial x^2}=\frac{1}{u^2}\frac{\partial^2 y}{\partial t^2}$（见机械波一章）的一个能求解的微观粒子的波动方程呢？1926 年，埃尔文·薛定谔提出了这样一个方程称为薛定谔方程，并在一些重要的问题中解出了此方程。

薛定谔方程是量子力学最基本的方程，它的地位与经典力学中的牛顿运动方程、电磁场中的麦克斯韦方程组相当，它是不能由其他基本原理推导出来的。其正确性只能由实践来检验。

下面介绍的是建立薛定谔方程的主要思路，并非方程的理论推导。

## 一、自由粒子的薛定谔方程

一个沿 $x$ 轴运动，具有确定的动量 $p=mv_x$ 和能量 $E=\frac{p^2}{2m}$ 的自由粒子，其波函数为单色平面波

$$\Psi(x,t)=\psi_0\mathrm{e}^{-\frac{i}{\hbar}(Et-px)}$$

将上式对 $x$ 求二阶偏导数，得

$$\frac{\partial^2\Psi}{\partial x^2}=-\frac{p^2}{\hbar^2}\Psi \tag{15-5-1}$$

对 $t$ 求一阶偏导数，得

$$\frac{\partial\Psi}{\partial t}=-\frac{\mathrm{i}}{\hbar}E\Psi \tag{15-5-2}$$

由式(15-5-1)和式(15-5-2)，并考虑限于低速的情况，利用自由粒子的动量和动能的非相对论关系 $E=\frac{p^2}{2m}$，最后得

$$-\frac{\hbar^2}{2m}\frac{\partial^2\Psi}{\partial x^2}=\mathrm{i}\,\hbar\frac{\partial\Psi}{\partial t} \tag{15-5-3}$$

这就是一维运动自由粒子的波函数所遵循的规律，称为一维运动自由粒子含时的薛定谔方程。该方程正如机械波波函数所满足的方程$\frac{\partial^2 y}{\partial x^2}=\frac{1}{u^2}\frac{\partial^2 y}{\partial t^2}$一样，由物理问题的边界条件和初始条件可以从式(15-5-3)来求解出具体问题中微观自由粒子的波函数。

## 二、在势场中粒子的薛定谔方程

如果粒子不是自由粒子而是处在势场中的粒子，波函数所适用的方程可用类似的方法建立。考虑到粒子的总能量应为动能 $E_\mathrm{k}=\frac{p^2}{2m}$与势能 $V(x,t)$之和，即 $E=\frac{p^2}{2m}+V(x,t)$，可以得到推广式

$$-\frac{\hbar^2}{2m}\frac{\partial^2\Psi(x,t)}{\partial x^2}+V(x,t)\Psi(x,t)=\mathrm{i}\,\hbar\frac{\partial\Psi(x,t)}{\partial t} \tag{15-5-4}$$

这就是在势场中一维运动粒子的含时薛定谔方程。

如果粒子在三维空间中运动,则式(15-5-4)可推广为

$$-\frac{\hbar^2}{2m}\left(\frac{\partial^2\Psi}{\partial x^2}+\frac{\partial^2\Psi}{\partial y^2}+\frac{\partial^2\Psi}{\partial z^2}\right)+V\Psi=\mathrm{i}\,\hbar\frac{\partial\Psi}{\partial t} \tag{15-5-5}$$

采用拉普拉斯算符$\nabla^2=\frac{\partial^2}{\partial x^2}+\frac{\partial^2}{\partial y^2}+\frac{\partial^2}{\partial z^2}$,式(15-5-5)也可写为

$$-\frac{\hbar^2}{2m}\nabla^2\Psi+V\Psi=\mathrm{i}\,\hbar\frac{\partial\Psi}{\partial t} \tag{15-5-6}$$

式(15-5-6)就是一般的薛定谔方程。一般来说,只要知道粒子的质量和它在势场中的势能函数 $V$ 的具体形式,就可以写出其薛定谔方程,再根据给定的初始条件和边界条件求解,就可以得出描写粒子运动状态的波函数 $\Psi$,而由$|\Psi|^2$ 给出粒子在不同时刻、不同位置出现的概率密度。

## 三、定态薛定谔方程

当势能 $V=V(x)$不显含时间而只是坐标的函数时,薛定谔方程(15-5-4)的解可用分离变量法进行一些简化。考虑这方程的一种特解:

$$\Psi(x,t)=\psi(x)f(t) \tag{15-5-7}$$

方程(15-5-6)的解可以表示为许多这种特解之和。将式(15-5-7)代入方程(15-5-4)中,整理可得

$$\left[-\frac{\hbar^2}{2m}\frac{\mathrm{d}^2\psi(x)}{\mathrm{d}x^2}+V(x)\psi(x)\right]\frac{1}{\psi(x)}=\mathrm{i}\,\hbar\frac{\mathrm{d}f(t)}{\mathrm{d}t}\frac{1}{f(t)}$$

因为上式左边只是坐标 $x$ 的函数,而右边只是时间 $t$ 的函数,所以只有两边都等于同一个常数时,等式才成立。将这个常数记为 $E$,则有

$$\mathrm{i}\,\hbar\frac{\mathrm{d}f(t)}{\mathrm{d}t}\frac{1}{f(t)}=E \tag{15-5-8}$$

$$\left[-\frac{\hbar^2}{2m}\frac{\mathrm{d}^2\psi(x)}{\mathrm{d}x^2}+V(x)\psi(x)\right]\frac{1}{\psi(x)}=E \tag{15-5-9}$$

对式(15-5-8)积分后,得到

$$f(t)=\mathrm{e}^{-\frac{\mathrm{i}}{\hbar}Et}$$

由于指数只能是无量纲的纯数,所以 $E$ 具有能量的量纲。这样式(15-5-9)可以写成

$$-\frac{\hbar^2}{2m}\frac{\mathrm{d}^2\psi(x)}{\mathrm{d}x^2}+V(x)\psi(x)=E\psi(x) \tag{15-5-10}$$

在三维情况下,写成

$$-\frac{\hbar^2}{2m}\nabla^2\psi(x)+V\psi(x)=E\psi(x) \tag{15-5-11}$$

式(15-5-10)和式(15-5-11)称为定态薛定谔方程。此时,总的波函数为

$$\Psi(x,t)=\psi(x)\mathrm{e}^{-\frac{\mathrm{i}}{\hbar}Et}$$

粒子的位置概率密度为

$$|\Psi(x,t)|^2=\Psi(x,t)\Psi^*(x,t)=|\psi(x)|^2$$

与时间无关，正是由于这个性质，这样的态称为**定态**，其波函数 $\Psi(x,t)=\psi(x)\mathrm{e}^{-\frac{\mathrm{i}}{\hbar}Et}$ 和 $\psi(x)$ 都称为**定态波函数**。

## 第 6 节　一维定态薛定谔方程的应用

在这一节中我们将用定态薛定谔方程来求解几个具体的量子力学问题。

### 一、一维无限深势阱

如果粒子在保守力场中的势能曲线构成一个深阱状，而粒子的总能量又低于阱壁高度，那么粒子的运动有何特征？例如，金属中的电子、原子核中的质子就处于这样的"势阱"中（见图 15-6-1）。

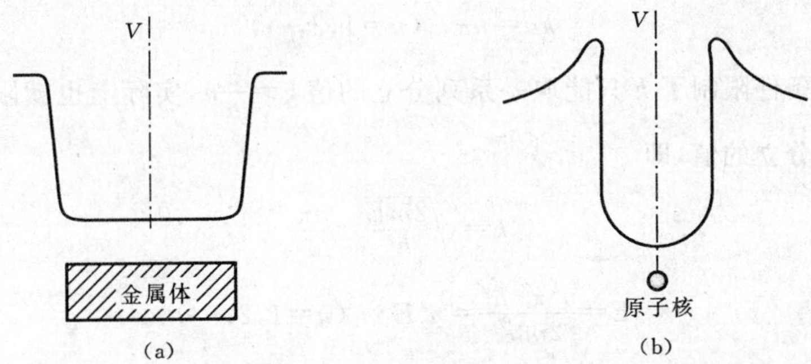


**图 15-6-1　金属中的电子、原子核中的质子所处的"势阱"**

(a) 电子的势能曲线；(b) 质子的势能曲线

在量子力学中，微观粒子的运动应由物质波来描述，而物质波必须遵从薛定谔方程。我们将具体应用薛定谔方程来处理一维无限深势阱中粒子的运动。所谓无限深势阱就是阱的深度为无限的情况，这是为了使问题变得简化而提出的一个简化势阱模型。

$$V=\begin{cases}0 & (0<x<a)\\ \infty & (x\leqslant 0, x\geqslant a)\end{cases}$$

一维无限深势阱的势能曲线如图 15-6-2 所示。由于势能与时间无关，粒子的波函数具有定态形式：

$$\Psi(x,t)=\psi(x)\mathrm{e}^{-\frac{\mathrm{i}}{\hbar}Et}$$

仅需由定态薛定谔方程解出 $\psi(x)$。考虑到势能是分段表述的，所以列方程求解也需分阱外、阱内两个区间进行。在阱外，由于 $V\to\infty$，对于能量 $E$ 为有限的粒

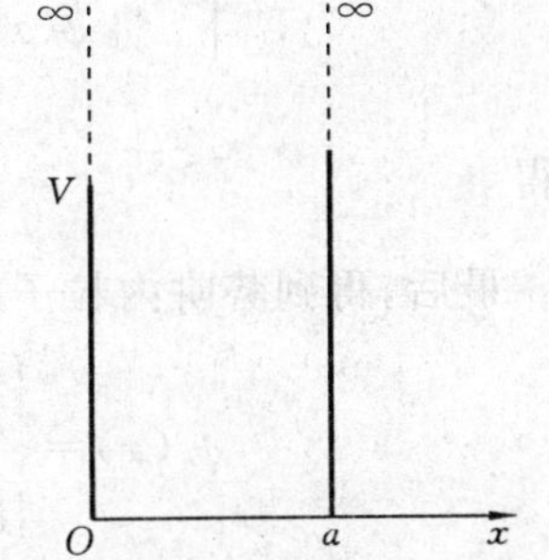


**图 15-6-2　一维无限深势阱**

子,没有可能性到达阱外,所以在 $x\leqslant 0$ 和 $x\geqslant a$ 的区域,$\psi=0$。

在阱内,设波函数为 $\psi$,由于 $V=0$,定态薛定谔方程为

$$-\frac{\hbar^2}{2m}\frac{\mathrm{d}^2\psi}{\mathrm{d}x^2}=E\psi \quad 或 \quad \frac{\mathrm{d}^2\psi}{\mathrm{d}x^2}+\frac{2mE}{\hbar^2}\psi=0$$

记 $k^2=\frac{2mE}{\hbar^2}$,上式变为

$$\frac{\mathrm{d}^2\psi}{\mathrm{d}x^2}+k^2\psi=0$$

其解是

$$\psi(x)=A\sin kx+B\cos kx$$

式中,$A$ 和 $B$ 为两个待定常数。由波函数的标准化条件——连续性,有

$$\psi(0)=0,\quad \psi(a)=0$$

由此得

$$\psi(0)=B=0,\quad \psi(a)=A\sin ka=0$$

因 $A\neq 0$,故

$$ka=n\pi \quad (n=1,2,\cdots)$$

由边界条件限制了 $k$ 只能取一系列分立的值 $k=\frac{\pi}{a}n$,实际上也就限制了粒子的能量只能取分立的值,即

$$k=\sqrt{\frac{2mE}{\hbar^2}}=\frac{n\pi}{a}$$

$$E=\frac{n^2\pi^2\hbar^2}{2ma^2}=n^2E_1 \quad (n=1,2,\cdots)$$

即

$$E_1=\frac{\pi^2\hbar^2}{2ma^2}$$

因此,得到在阱内的波函数为

$$\psi(x)=A\sin\frac{n\pi x}{a}$$

由波函数归一化条件

$$\int_{-\infty}^{+\infty}|\psi(x)|^2\mathrm{d}x=\int_0^a A^2\sin^2\frac{n\pi x}{a}\mathrm{d}x=A^2\frac{a}{2}=1$$

解得

$$A=\sqrt{\frac{2}{a}}$$

最后,得到势阱内粒子的定态波函数为

$$\psi_n(x)=\begin{cases}\sqrt{\frac{2}{a}}\sin\left(\frac{n\pi x}{a}\right) & (n=1,2,\cdots;\ 0<x<a)\\ 0 & (x\leqslant 0,x\geqslant a)\end{cases} \tag{15-6-1}$$

下面对一维无限深势阱中粒子的运动特征作几点讨论。

(1) 粒子的能量是一系列分立的、不连续的值。

$$E=\frac{n^2\pi^2\hbar^2}{2ma^2}=E_n \quad (n=1,2,\cdots) \tag{15-6-2}$$

式中，$n$ 为粒子的能量量子数。可见，能量的量子化并不是强加的，而是通过求解薛定谔方程自然得出的。粒子的能级图如图 15-6-3 所示。

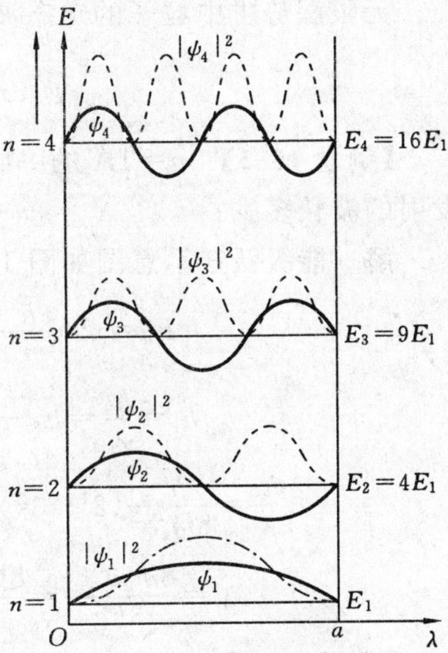


**图 15-6-3　一维无限深势阱中粒子的几个波函数及相应的(位置)概率密度**

(2) 粒子最低能量不为零。量子数最小取 $n=1$，则

$$E_1=\frac{\pi^2\hbar^2}{2ma^2}$$

称为粒子的基态能量。上式表明，$a$ 愈小，$E_1$ 就愈大，粒子运动愈剧烈。按照经典理论，粒子的能量是连续分布的，其能量可以为零。

(3) 在能级图中同时画出了粒子的几个波函数及相应的概率密度。从图中可以看到，在每一个定态下，粒子出现在各点的概率是不均匀的。

这与经典概念很不相同。若是经典粒子，粒子在势阱两壁之间做匀速直线运动，出现在势阱中各点的概率相同。

(4) 每一个定态下的波函数都是驻波形式，即粒子的物质波在势阱中形成驻波，其波长与势阱宽度 $a$ 的关系应满足

$$a=n\frac{\lambda}{2} \quad (n=1,2,\cdots)$$

在势阱两端及各节点附近，粒子出现的概率为零。而在各腹点附近粒子出现的概率最大。

(5) 在量子数 $n$ 很大即能量很高时，有

$$\frac{\Delta E_n}{E_n}=\frac{2n+1}{n^2}\xrightarrow{n\to\infty}0$$

可见，在量子数极大时，相邻两能级间隔的大小与该能级的大小相比要小得多，完全可以忽略不计，故可将此时能级的分布看做连续的。因此，当粒子在很高的能级上运动时，用经典力学对其处理与用量子力学的处理是完全等价的。在图 15-6-4 中画出了 $n=15$ 时的概率密度的情况，这个图足以说明，当 $n$ 增大时，粒子出现在势阱中各点的概率变得越来越均匀。这一结果是一个普遍原理的一个例子。该原理称为对应原理：在量子数足够大时，量子物理的结果与经典物理的结果趋于一致。这一原理是丹麦物理学家玻尔首先提出的。

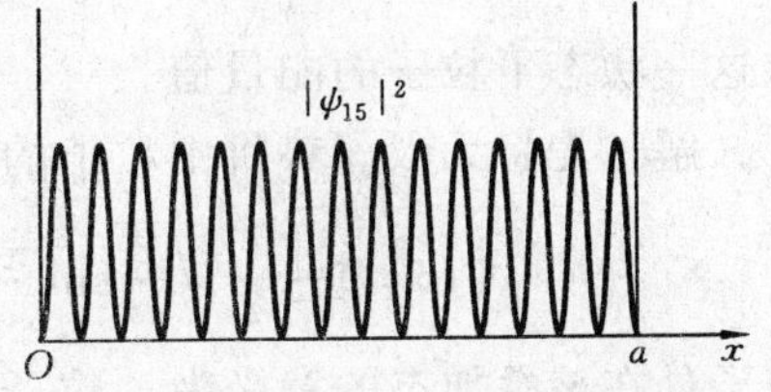


**图 15-6-4　$n=15$ 时的概率密度**

无限深势阱中粒子的定态波函数在包括了时变因子时为

$$\Psi_n(x,t)=\sqrt{\frac{2}{a}}\sin\left(\frac{n\pi}{a}x\right)e^{-i\frac{E_n}{\hbar}t} \tag{15-6-3}$$

**【例题 15-5】** $a=1\text{Å}$ 的一维无限深势阱,一电子从 $n=2$ 态跃迁到 $n=1$ 的态时发射的波长多少?

**解** 能级跃迁示意图如图 15-6-5 所示。

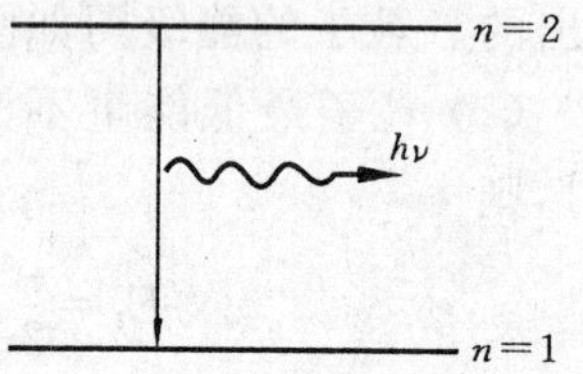

$$E_n=n^2\frac{h^2}{8m_e a^2}$$

$$h\nu=\frac{hc}{\lambda}=E_2-E_1$$

$$\frac{hc}{\lambda}=\frac{h^2}{8m_e a^2}(2^2-1^2)=\frac{3h^2}{8m_e a^2}$$

$$\lambda=\frac{8m_e a^2 c^2}{3hc}=\frac{8(m_e c^2)a^2}{3hc}=\frac{8\times 0.51\times 10^6}{3\times 12414}\ \text{Å}=109\ \text{Å}$$



图 15-6-5 能级跃迁

**【例题 15-6】** 质量为 $m$ 的粒子在阱宽为 $a$ 的一维无限深方势阱内,定态波函数为 $\psi_n=\sqrt{\frac{2}{a}}\sin\frac{n\pi x}{a}$,(1) 粒子处于基态;(2) 粒子处于 $n=2$ 的态时,试求在 0 到 $a/3$ 范围内找到粒子的概率。

**解** (1)

$$\psi_1=\sqrt{\frac{2}{a}}\sin\frac{\pi x}{a}$$

$$P=\int_0^{\frac{a}{3}}|\psi_1|^2 dx=\int_0^{\frac{a}{3}}\frac{2}{a}\sin^2\frac{\pi x}{a}dx=0.196$$

(2)

$$\psi_2=\sqrt{\frac{2}{a}}\sin\frac{2\pi x}{a}$$

$$P=\int_0^{\frac{a}{3}}|\psi_2|^2 dx=\int_0^{\frac{a}{3}}\frac{2}{a}\sin^2\frac{2\pi x}{a}dx=0.402$$

**【例题 15-7】** 无限深方势阱中粒子如果不是处在由求解薛定谔方程得到的任意一个定态 $\psi_n=\sqrt{\frac{2}{a}}\sin\frac{n\pi x}{a}$,而是处在若干个定态的叠加态,假设这个叠加态由基态和第一激发态叠加而成,即

$$\Psi(x,t)=c_1\Psi_1(x,t)+c_2\Psi_2(x,t)=\frac{1}{2}\Psi_1(x,t)+\frac{\sqrt{3}}{2}\Psi_2(x,t)$$

求这一状态下粒子的能量值。

**解** 先将无限深势阱中粒子的基态和第一激发态的定态波函数代入上式,得到

$$\Psi(x,t)=\frac{1}{2}\sqrt{\frac{2}{a}}\sin\frac{\pi x}{a}\cdot e^{-iE_1t/\hbar}+\frac{\sqrt{3}}{2}\sqrt{\frac{2}{a}}\sin\frac{2\pi x}{a}\cdot e^{-iE_2t/\hbar}$$

粒子处在该叠加态的意义为:"粒子既处在 $\Psi_1$ 态,又处在 $\Psi_2$ 态"。有多大的概率处在 $\Psi_1$ 态呢?量子力学给出这个概率为

$$\frac{|c_1|^2}{|c_1|^2+|c_2|^2}=\left(\frac{1}{2}\right)^2=\frac{1}{4}$$

同样处在 $\Psi_2$ 态的概率为

$$\frac{|c_2|^2}{|c_1|^2+|c_2|^2}=\left(\frac{\sqrt{3}}{2}\right)^2=\frac{3}{4}$$

在该叠加态下对粒子的能量进行测量，其测量值为不确定的，测量的可能值为 $E_1$ 和 $E_2$。这样就可以通过多次测量求平均值的方法求出该叠加态下粒子能量的平均值（又称期望值），即

$$\overline{E}=\frac{1}{4}E_1+\frac{3}{4}E_2$$

式中，$E_1=\frac{\pi^2\hbar^2}{2ma^2}$，$E_2=\frac{2^2\pi^2\hbar^2}{2ma^2}$。所以，粒子的能量平均值为

$$\overline{E}=\frac{1}{4}\times\frac{\pi^2\hbar^2}{2ma^2}+\frac{3}{4}\times\frac{2^2\pi^2\hbar^2}{2ma^2}=\frac{13\pi^2\hbar^2}{8ma^2}$$

这种在叠加态下求粒子能量（平均值）的方法必须是：该状态的波函数应该是一系列定态波函数的任意线性组合，这些定态波函数是由求解薛定谔方程得到的。

## 二、一维势垒　隧道效应

图 15-6-6 表示一个总能量为 $E$ 的电子沿 $x$ 轴运动。它感受的势能除了在 $0<x<L$ 内具有定值 $V_0$ 外，在其他地方均为零。称此时粒子感受到高度为 $V_0$、厚度为 $L$ 的势垒。

按经典的概念，从左边向势垒射来的电子将被势垒反弹而沿原方向返回，粒子不可能出现在势垒中和势垒右侧。但是，根据量子力学理论，电子是一种概率波，因而有机会“穿过”势垒而出现在另一侧。

求解定态薛定谔方程式(15-5-10)可以分别求出图 15-6-6 中三个区域内描述电子的波函数 $\psi(x)$：① 势垒左侧；② 势垒中；③ 势垒右侧。在解中出现的任意常数可以由在 $x=0$ 和 $x=L$ 处 $\psi(x)$ 和它对 $x$ 的一阶导数连续得到，再求 $|\psi(x)|^2$ 即可得到概率密度。

图 15-6-7 表示所得结果的曲线。在势垒左侧($x<0$)的振动曲线是与电子对应

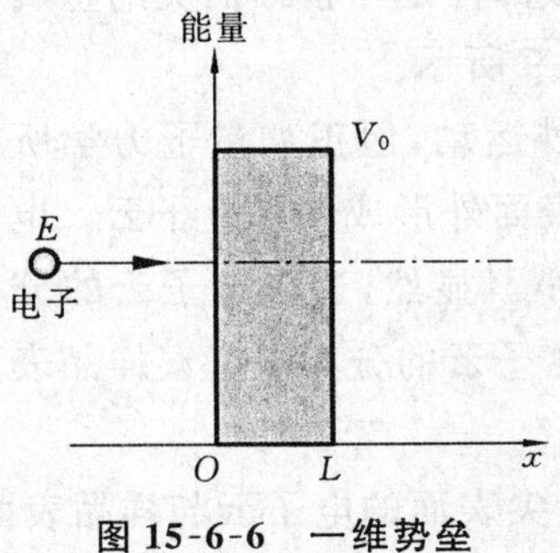


**图 15-6-6　一维势垒**

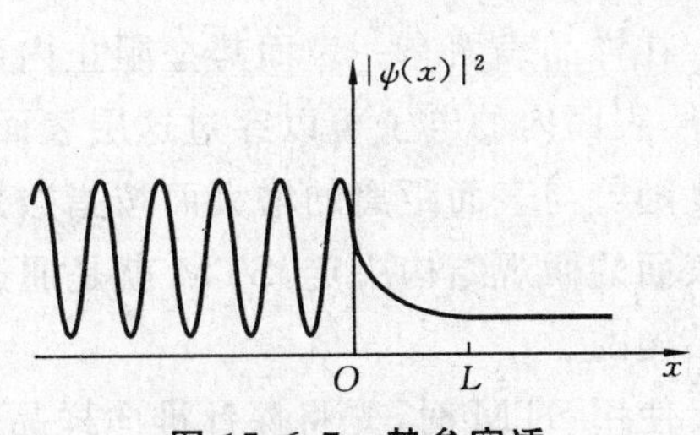


**图 15-6-7　势垒穿透**

的物质波的入射波和反射波(振幅较入射波小些)的合成。这种振动之所以发生,是因为这两列沿相反方向传播的波相互干涉而形成的驻波图样。

在势垒中($0<x<L$),概率密度随 $x$ 按指数规律减小。不过,只要 $L$ 不大,在 $x=L$ 处,概率密度并不完全等于零。

在势垒的右侧($x>L$),概率密度曲线不为零。于是,在此区域内电子可以被检测到,只是概率很小而已。电子具有一定的概率到达势垒的另一侧。这种现象,称为**隧道效应或隧穿效应**。

另外,由于电子的总能量小于势垒的高度,而电子又可以以一定的概率出现在势垒中,所以与经典力学不同的是:在量子力学中,粒子的总能量等于动能加势能,即 $E=E_k+V$ 不再成立,需要修改(当式子两边都是平均值时,即 $\bar{E}=\bar{E}_k+\bar{V}$ 将在量子力学中成立)。

在图 15-6-7 中的入射波和势垒可以定义一个透射系数 $T$,这一系数给出入射来的电子可能透过势垒(即发生隧穿)的概率。例如,如果 $T=0.020$,那么,每 1000 个电子向势垒射去,就会有 20 个(平均来说)穿过势垒,其余 980 个电子将被反射。

透射系数近似为

$$T\approx e^{-2kL} \tag{15-6-4}$$

式中,

$$k=\sqrt{\frac{8\pi^2 m(V_0-E)}{h^2}} \tag{15-6-5}$$

由于式(15-6-4)的指数形式,即 $T$ 的值对于它所包含的三个变量:粒子质量 $m$、势垒厚度 $L$ 和能量差 $V_0-E$ 是极其敏感的。

现代电子技术中使用的半导体隧道二极管、约瑟夫森超导元件等都是利用隧道效应制成的。利用隧道效应还可研制扫描隧穿显微镜(简称 STM)。

1982 年,宾尼希(G. Binnig)和他的老师罗里尔(H. Rohrer)发明了扫描隧穿显微镜,其显微分辨率超过电子显微镜数百倍,达到 0.1 nm。利用这种显微镜,人类第一次观察到了物质表面上排列着的一个个的单个粒子。由于这一发明在表面科学、材料科学和生命科学等领域中具有重大意义和应用前景,从而成为 20 世纪 80 年代的世界十大科技成就之一。宾尼希和罗里尔也因此被授予 1986 年诺贝尔物理学奖。

STM 的特点是既不用光源也不用透镜,其显微部件是一枚细而尖的金属(如钨)探针,其装置与原理示意图如图 15-6-8 和图 15-6-9 所示。

在样品表面有一表面势垒阻止内部的电子向外运动,但正如量子力学所描述的那样,表面内的电子可以穿过这层表面势垒,到达表面外形成一层电子云。电子云的密度随着与表面距离的增大而按指数规律迅速减小。显然,这层电子云的分布由样品表面的微观结构决定,STM 就是通过显示这层电子云的分布来考察样品表面的微观结构的。

使用 STM 时,先将探针推向样品表面,直至针尖表面的电子云与样品表面的电

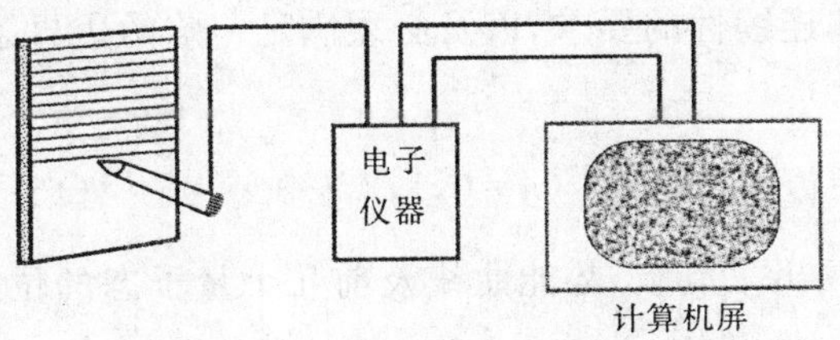


图 15-6-8　STM 装置与原理示意图

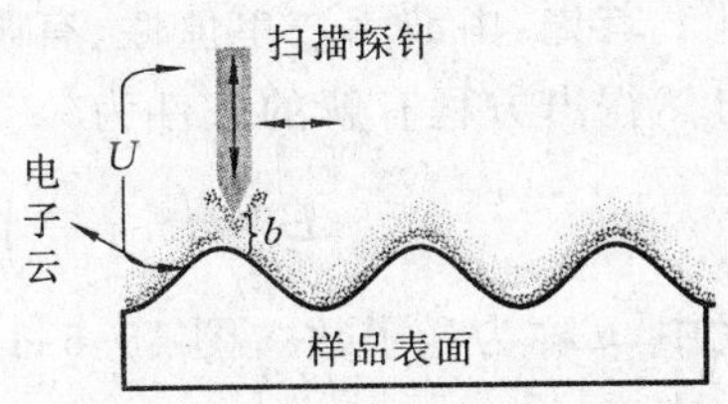


图 15-6-9　样品表面电子云

子云略有重叠。这时在探针和样品之间加上电压，电子就会通过电子云形成隧穿电流。该电流对针尖与表面之间距离 $b$ 的变化极其敏感，随着探针在样品表面上方全面横向扫描，根据隧穿电流的变化利用一反馈装置控制针尖与表面之间的恒定距离。将探针扫描和起伏运动的数据送入计算机系统处理，在屏幕上或绘图机上显示出样品表面的三维图像。与实际尺寸比，这一图像可放大 1 亿倍。

STM 不但可以用来观察材料表面的原子排列，更深入地"认识世界"，而且现已用来配置原子以"改造世界"：可以用探针的针尖吸住一个孤立原子，然后把它放到另一个位置，迈出了人类用单个原子这样的"砖块"来建造大厦即各种材料的第一步。图 15-6-10 是 IBM 公司的科学家精心制作的"量子围栏"的计算机照片。

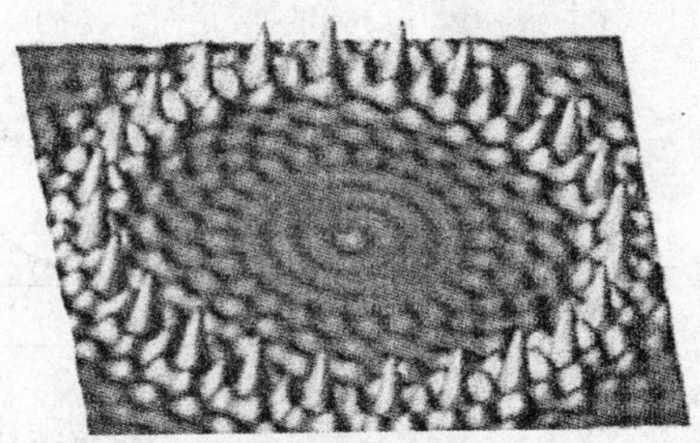

图 15-6-10　量子围栏

在 4 K 的温度下用 STM 的针尖一个一个地把 48 个铁原子放到了一块精致的铜表面上围成一个圆圈，圈内就形成了一个势阱，把在该处铜表面运动的电子围起来。图中圈内的圆形波纹就是这些电子的波动图景(驻波)，它的大小和图形与量子力学的预言符合得非常好。

## * 三、谐振子

在量子力学中，谐振子是一个十分重要的物理模型，许多受到微小扰动的体系，都可以近似地看成是谐振子系统，如分子振动、晶格振动、原子核表面振动等。

微观的一维线性谐振子的势能

$$V=\frac{1}{2}kx^2=\frac{1}{2}m\omega^2x^2 \tag{15-6-6}$$

式中，$\omega=\sqrt{\frac{k}{m}}$是一个常量；$x$ 是振子离开平衡点的位移。

设振子的定态波函数为 $\psi(x)$，代入薛定谔方程

$$\left(-\frac{\hbar^2}{2m}\frac{\mathrm{d}^2}{\mathrm{d}x^2}+\frac{1}{2}m\omega^2x\right)\psi(x)=E\psi(x) \tag{15-6-7}$$

由于其解相当复杂，这里只给出一些结论。

首先,由波函数单值性、有限性和连续性的要求,以及必须满足一定的边界条件,自然得出方程有解的条件为

$$E_n=\left(n+\frac{1}{2}\right)\hbar\,\omega=\left(n+\frac{1}{2}\right)h\nu\quad(n=0,1,2,\cdots)\tag{15-6-8}$$

式中,$n$ 称为量子数。图 15-6-11 中画出了能级、势能曲线及前几个量子态的位置概率密度。

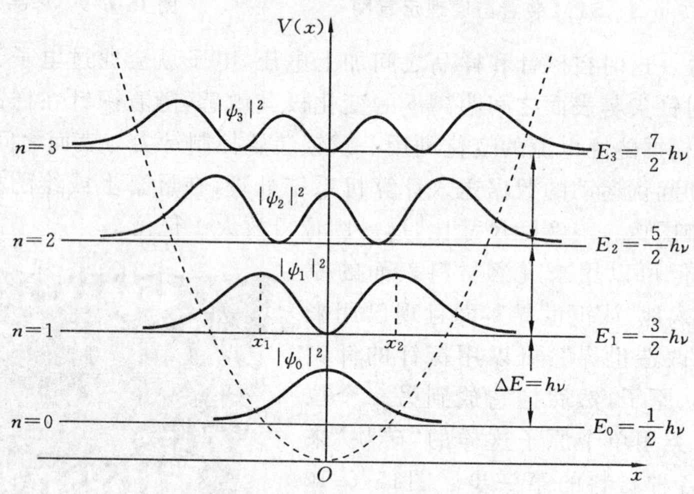


**图 15-6-11　能级、势能曲线**

我们对微观谐振子讨论如下:

(1) 微观谐振子的能量是分立的、量子化的。相邻能级的间隔 $\Delta E=h\nu$。

(2) 系统最小能量不为零,$E_0=\frac{1}{2}h\nu$ 称为基态能量或零点能量。这说明微观粒子是不可能完全静止下来的。这个与早期量子论不同的结论,实际上是微观粒子波动性的本质表现。

(3) 微观谐振子的位置分布与经典谐振子的位置分布完全不同,在经典谐振子不可能出现的地方仍有一定的概率出现,并且在每一个定态下出现在各点的概率也不同,由 $|\psi_n|^2$ 给出在第 $n$ 个量子态下出现在空间各点的概率。

例如,当谐振子处于 $n=0$ 的基态,能量有确定值 $E_0=\frac{1}{2}h\nu$。在该状态下测量粒子的位置坐标无确定值,但出现在点 $x=0$ 附近的概率最大。当谐振子处于 $n=1$ 的第一激发态时,能量有确定值 $E_1=\frac{3}{2}h\nu$。在该状态下测量粒子的位置坐标无确定值,但出现在点 $x_1$ 和 $x_2$ 附近的概率最大,出现在点 $x=0$ 附近的概率为 0。

(4) 由图看到:$\psi_n(x)$在有限范围内与 $x$ 轴相交 $n$ 次,即 $\psi_n(x)=0$ 有 $n$ 个根或有 $n$ 个节点,节点附近粒子出现的概率为 0。

(5) 与经典谐振子比较。在经典情况下，谐振子在区间$[x, x+\mathrm{d}x]$内出现的概率为

$$P(x)\mathrm{d}x=\frac{\mathrm{d}t}{T},\quad 即\quad P(x)=\frac{\mathrm{d}t}{T\mathrm{d}x}=\frac{1}{Tv}$$

式中，$T$ 为谐振子的运动周期，$v$ 为谐振子的运动速度。概率曲线如图 15-6-12 中虚线所示。

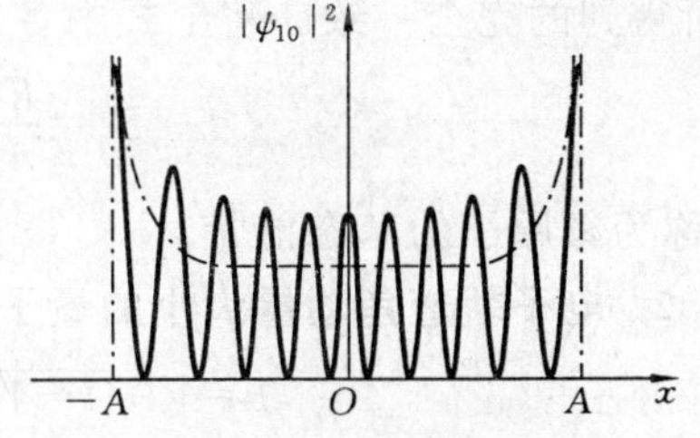


**图 15-6-12　$n=10$ 时微观振子的概率密度**

可见，微观谐振子在前几个量子态时的概率密度与经典情况毫无相似之处，但当 $n$ 增加时相似形也随之增加。图 15-6-12 中以实线绘出了当 $n=10$ 时的微观谐振子的概率密度，随着量子数 $n$ 的增加，量子和经典两种情况在平均上已相当符合，差别仅在于$|\psi|^2$迅速振荡而已。

## 第 7 节　用量子力学处理氢原子问题

### 一、氢原子的定态

薛定谔方程最早也是最成功的应用，是精确地求解了氢原子的能级和氢原子中电子的定态波函数。由于求解的数学过程比较复杂，这里仅给出定态方程的求解结果。

氢原子是电子与核结合在一起的束缚体系，其中的电子与上一节势阱中的电子一样处于电势的束缚之中，即电子处在以核为中心的三维球对称的库仑势阱中。电子的势能函数为

$$V=-\frac{e^2}{4\pi\varepsilon_0 r}$$

式中，$r$ 为电子离开核的距离。由于核的质量比电子的质量要大得多，为简单起见，假设原子核是静止的。又由于势能函数具有球对称性，所以采用球坐标较为方便。将 $V$ 代入薛定谔方程，得

$$-\frac{\hbar}{2m}\nabla^2\psi(r,\theta,\varphi)-\frac{e^2}{4\pi\varepsilon_0 r}\psi(r,\theta,\varphi)=E\psi(r,\theta,\varphi)\qquad(15\text{-}7\text{-}1)$$

数学上，已知上述方程的解可写为

$$\psi(r,\theta,\phi)=R(r)\Theta(\theta)\Phi(\phi)\qquad(15\text{-}7\text{-}2)$$

代入方程(15-7-1)，用分离变量法求解，在求解过程中利用边界条件及波函数的标准化条件可得到电子的能量、角动量大小及其分量必须分别满足下列量子化公式。

**1. 能量的量子化**

$$E_n=-\frac{me^4}{8\varepsilon_0^2h^2}\frac{1}{n^2}=-\frac{me^4}{32\pi^2\varepsilon_0^2\hbar^2}\frac{1}{n^2}\quad(n=1,2,3\cdots)\qquad(15\text{-}7\text{-}3)$$

$n$ 称为主量子数,给出氢原子的能量。由量子力学求得的氢原子能级公式与玻尔理论所得到的完全一致。将上式中各常数代入后,可将能量写为

$$E_n=\frac{E_1}{n^2},\quad E_1=-13.6\ \text{eV}$$

$E_1$ 称为氢原子的基态能量。

**2. 电子轨道角动量大小的量子化**

$$L=\sqrt{l(l+1)}\hbar\quad (l=0,1,2,\cdots,n-1)\tag{15-7-4}$$

$l$ 称为角量子数,给出电子轨道角动量的大小。当主量子数 $n$ 确定时,$l$ 有 $n$ 个不同的取值。该条件与玻尔的轨道角动量量子化条件 $L=n\hbar$有所不同。

**3. 电子轨道角动量空间取向的量子化(轨道平面取向的量子化)**

角动量的 $z$ 分量为

$$L_z=m_l\hbar\quad (m_l=0,\pm1,\pm2,\cdots,\pm l)\tag{15-7-5}$$

式中,$m_l$ 称为轨道磁量子数,给出电子轨道角动量的方向。当角量子数 $l$ 确定时,$m_l$ 有 $2l+1$ 个不同的取值。

将氢原子波函数 $\psi(r,\theta,\varphi)$记为 $\psi_{n,l,m_l}$,试分析当 $\psi_{n,l,m_l}$ 中的主量子数 $n$ 确定时,可能有多少个不同的态。

$n$ 一定时,$l$ 可取 $0,1,2,\cdots,n-1$,即同一个能级有 $n$ 个不同大小的电子轨道角动量与之对应。而对每一个 $l$,轨道角动量的大小为 $L=\sqrt{l(l+1)}\hbar$,但其方向由 $m_l$ 确定,$m_l=0,\pm1,\pm2,\cdots,\pm l$,即有 $2l+1$ 个不同的轨道角动量的空间取向对应同一个大小的轨道角动量,所以对一个确定的 $n$,可以存在的不同的状态数为

$$\sum_{l=0}^{n}(2l+1)=n^2$$

**【例题 15-8】** 氢原子处在 $n=2$ 的状态,可能有多少个不同的状态?各状态下的能量、角动量及角动量的 $z$ 分量各如何?

**解** $n=2$ 时有 4 个不同的量子态,它们分别为

$$\psi_{n,l,m_l}=\psi_{2,0,0},\psi_{2,1,0},\psi_{2,1,1},\psi_{2,1,-1}$$

四个态中氢原子的能量同为

$$E_n=\frac{E_1}{2^2},\quad E_1=-13.6\ \text{eV}$$

四个态中电子的角动量大小分别为 $\psi_{2,0,0}$态,因 $l=0$,故 $L_0=0$。

$\psi_{2,1,0},\psi_{2,1,1},\psi_{2,1,-1}$三个态中,因 $l=1$,故 $L_1=\sqrt{1(1+1)}\hbar=\sqrt{2}\hbar$。

但这三个原子态中电子轨道角动量的 $z$ 分量即轨道角动量的方向各不相同,其方向分别如图 15-7-1(a)、(b)、(c)所示。

综上所述,氢原子中电子的稳定状态是用一组量子数 $n$、$l$、$m_l$ 来描述的,其定态波函数为

$$\psi(r,\theta,\phi)=R(r)\Theta(\theta)\Phi(\phi)$$

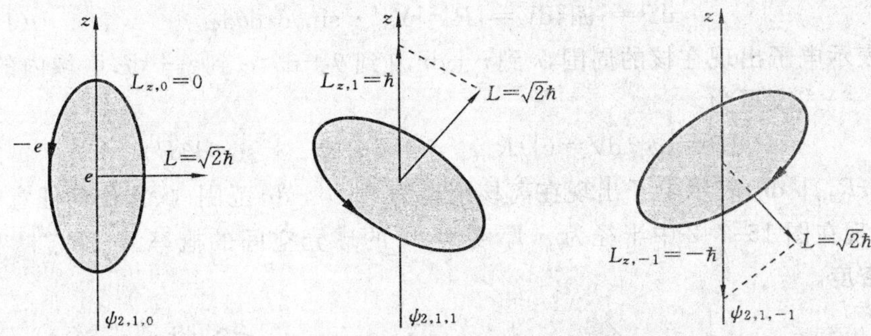


**图 15-7-1　三个原子态中电子轨道角动量的 z 分量**

量子力学计算给出，$\psi(r,\theta,\phi)=R(r)\Theta(\theta)\Phi(\phi)$ 中函数 $R(r)$ 与量子数 $n$、$l$ 有关，记为 $R_{n,l}(r)$，称为**径向波函数**。波函数 $\Theta(\theta)$ 与 $\Phi(\varphi)$ 的乘积与量子数 $l$、$m_l$ 有关，记为 $Y_{l,m_l}(\theta,\varphi)$，称为**角向波函数**。所以，氢原子定态波函数写为

$$\psi_{n,l,m_l}(r,\theta,\varphi)=R_{n,l}(r)Y_{l,m_l}(\theta,\varphi)$$

表 15-7-1 给出了几个低量子数时波函数的具体表达式。

**表 15-7-1　氢原子的定态波函数($a_0$ 为玻尔半径)**

| $n$ | $l$ | $m_l$ | $R_{n,l}(r)$ | $Y_{l,m_l}(\theta,\varphi)$ |
|---|---|---|---|---|
| 1 | 0 | 0 | $\frac{2}{a_0^{3/2}}\mathrm{e}^{-r/a_0}$ | $\frac{1}{\sqrt{4\pi}}$ |
| 2 | 0 | 0 | $\frac{1}{\sqrt{2}a_0^{3/2}}\left(1-\frac{r}{2a_0}\right)\mathrm{e}^{-r/2a_0}$ | $\frac{1}{\sqrt{4\pi}}$ |
| 2 | 1 | 0 | $\frac{1}{2\sqrt{6}a_0^{3/2}}\frac{r}{a_0}\mathrm{e}^{-r/2a_0}$ | $\sqrt{\frac{3}{4\pi}}\cos\theta$ |
| 2 | 1 | $\pm1$ | $\frac{1}{2\sqrt{6}a_0^{3/2}}\frac{r}{a_0}\mathrm{e}^{-r/2a_0}$ | $\mp\sqrt{\frac{3}{8\pi}}\sin\theta\mathrm{e}^{\pm\mathrm{i}\varphi}$ |
| 3 | 0 | 0 | $\frac{2}{3\sqrt{3}a_0^{3/2}}\left[1-\frac{2r}{3a_0}+\frac{2}{27}\left(\frac{r}{a_0}\right)^2\right]\mathrm{e}^{-r/3a_0}$ | $\frac{1}{\sqrt{4\pi}}$ |
| 3 | 1 | 0 | $\frac{8}{27\sqrt{6}a_0^{3/2}}\frac{r}{a_0}\left(1-\frac{r}{6a_0}\right)\mathrm{e}^{-r/3a_0}$ | $\sqrt{\frac{3}{4\pi}}\cos\theta$ |
| 3 | 2 | 0 | $\frac{4}{81\sqrt{30}a_0^{3/2}}\left(\frac{r}{a_0}\right)^2\mathrm{e}^{-r/3a_0}$ | $\sqrt{\frac{5}{16\pi}}(3\cos^2\theta-1)$ |
| 3 | 2 | $\pm1$ | $\frac{4}{81\sqrt{30}a_0^{3/2}}\left(\frac{r}{a_0}\right)^2\mathrm{e}^{-r/3a_0}$ | $\mp\sqrt{\frac{15}{8\pi}}\cos\theta\sin\theta\mathrm{e}^{\pm\mathrm{i}\varphi}$ |
| 3 | 2 | $\pm2$ | $\frac{4}{81\sqrt{30}a_0^{3/2}}\left(\frac{r}{a_0}\right)^2\mathrm{e}^{-r/3a_0}$ | $\sqrt{\frac{15}{32\pi}}\sin^2\theta\mathrm{e}^{\pm2\mathrm{i}\varphi}$ |

## 二、氢原子中电子的位置概率分布

电子出现在核的周围小体积元 $\mathrm{d}V=r^2\sin\theta\mathrm{d}r\mathrm{d}\theta\mathrm{d}\varphi$ 中的概率为

$$\mathrm{d}P=|\psi|^2\mathrm{d}V=|R|^2|Y|^2r^2\sin\theta\mathrm{d}r\mathrm{d}\theta\mathrm{d}\varphi \tag{15-7-6}$$

它表示电子出现在核的周围，$r$ 到 $r+\mathrm{d}r$，$\theta$ 到 $\theta+\mathrm{d}\theta$，$\varphi$ 到 $\varphi+\mathrm{d}\varphi$ 区域内的概率。将(15-7-6)式改写为

$$\mathrm{d}P=|\psi|^2\mathrm{d}V=(|rR_{n,l}|^2\mathrm{d}r)\cdot(|Y_{l,m_l}|^2\sin\theta\mathrm{d}\theta\mathrm{d}\phi)$$

式中，$(|rR_{n,l}|^2\mathrm{d}r)$ 表示电子出现在离核距离为 $r\sim r+\mathrm{d}r$ 范围内、方位角任意时的概率，即出现在图 15-7-2 中半径为 $r$，厚度为 $\mathrm{d}r$ 的球壳空间的概率。$|rR_{n,l}|^2$ 称为**径向概率密度**。

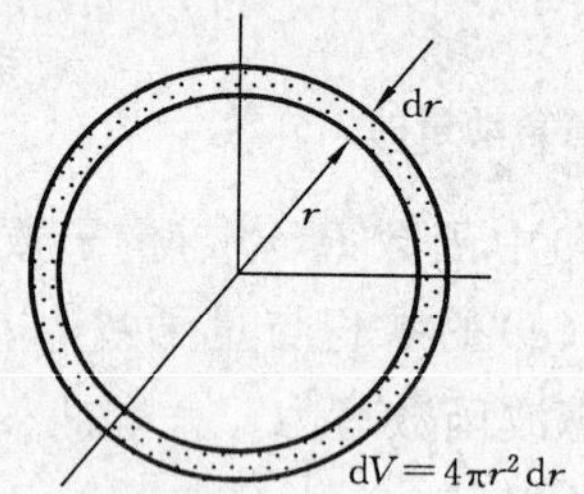


**图 15-7-2　半径为 $r$、厚度为 $\mathrm{d}r$ 的球壳空间**

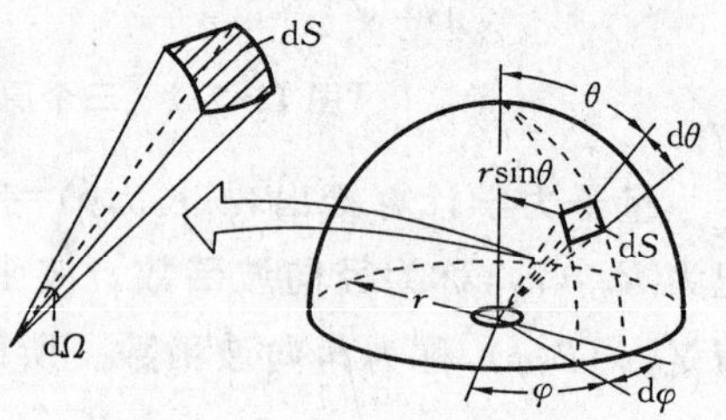

**图 15-7-3　立体角元**

$|Y_{l,m_l}|^2\sin\theta\mathrm{d}\theta\mathrm{d}\varphi$ 表示电子出现在图 15-7-3 中方位角为 $\theta,\phi$ 附近立体角元 $\mathrm{d}\Omega=\sin\theta\mathrm{d}\theta\mathrm{d}\phi$ 内，而 $r$ 取任意值时的概率。$|Y_{l,m_l}|^2$ 称为**角向概率密度**。

在图 15-7-4 中给出了几个量子态的径向概率密度分布。可以看到，当氢原子处于基态时($n=1,l=0$)，电子出现在玻尔半径 $a_0$ 附近的概率最大，这与玻尔理论是一致的。对于 $n=2$ 的态，$l=0$ 态有两个峰值，而 $l=1$ 态的峰值恰好位于玻尔的第二个圆形轨道半径处。

由薛定谔方程解出 $\Phi(\varphi)=\dfrac{1}{\sqrt{2\pi}}\mathrm{e}^{\mathrm{i}m_l\varphi}$，$|\Phi|^2=\dfrac{1}{2\pi}$ 为常数，所以角向概率密度 $|Y_{l,m_l}|^2$ 与 $\varphi$ 无关，即角向概率分布对于 $z$ 轴具有旋转对称性。

图 15-7-5 给出了几个角向概率分布的例子。

玻尔理论认为电子具有确定的轨道，而量子力学则给出的是电子出现在各处的概率。为了形象地表示电子的空间分布规律，通常形象地用电子云来表示电子出现在各处的概率的大小：将概率大的区域用较密集的小点表示出来，将概率小的区域用较稀疏的小点表示出来，即量子力学给出的是电子在空间某处小体积内出现的概率大小。所以量子力学没有轨道的概念。

**【例题 15-9】**　证明氢原子基态的径向概率密度在 $r=a_0$ 处有极大值。

**证**　查表 15-7-1 得氢原子基态的径向概率密度为

$$r^2R_{1,0}^2=r^2\cdot\frac{4}{a_0^3}\mathrm{e}^{-2r/a_0}$$

将其对 $r$ 求一阶导数，可得

$$\frac{\mathrm{d}(r^2R_{1,0}^2)}{\mathrm{d}r}=\frac{4}{a_0^3}r^2\left(\frac{-2}{a_0}\right)\mathrm{e}^{-2r/a_0}+\frac{4}{a_0^3}2r\mathrm{e}^{-2r/a_0}=\frac{8}{a_0^4}r(a_0-r)\mathrm{e}^{-2r/a_0}$$

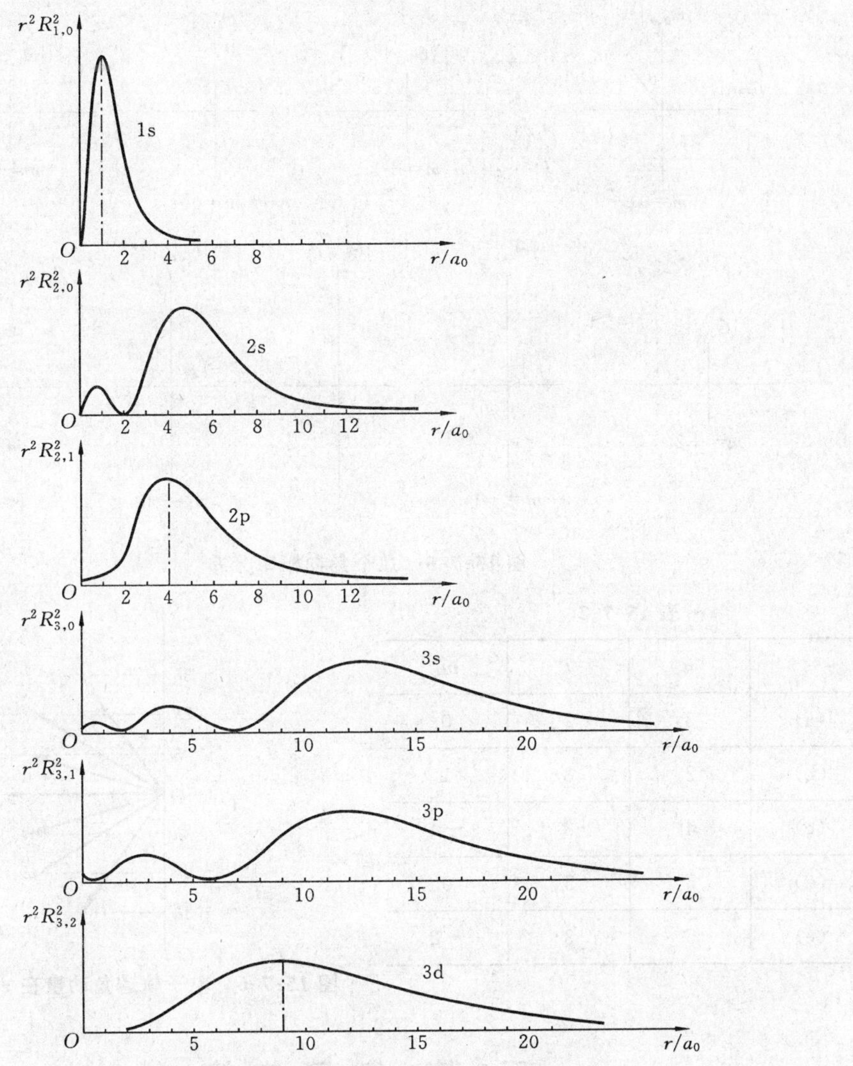


**图 15-7-4　几个量子态的径向概率密度分布**

令一阶导数等于零，得到氢原子基态的径向概率密度在 $r=a_0$ 处有极大值。（提示：当 $r=0$ 和 $r=\infty$ 时，也有 $\frac{\mathrm{d}(r^2R_{1,0}^2)}{\mathrm{d}r}=0$，不过它们对应于概率密度的极小值）

**【例题 15-10】**　表 15-7-2 中列出氢原子五个假想的态的量子数。试判断哪些态是不可能的？

答　(b)，(c)，(d)。

**【例题 15-11】**　如图 15-7-6 所示，处于某一量子态的电子的轨道角动量的大小是 $2\sqrt{3}\hbar$，此时电子的轨道角动量在 $z$ 轴上的投影允许有几个？

答　7 个，$l=3$，则 $m_l=0,\pm1,\pm2,\pm3$。

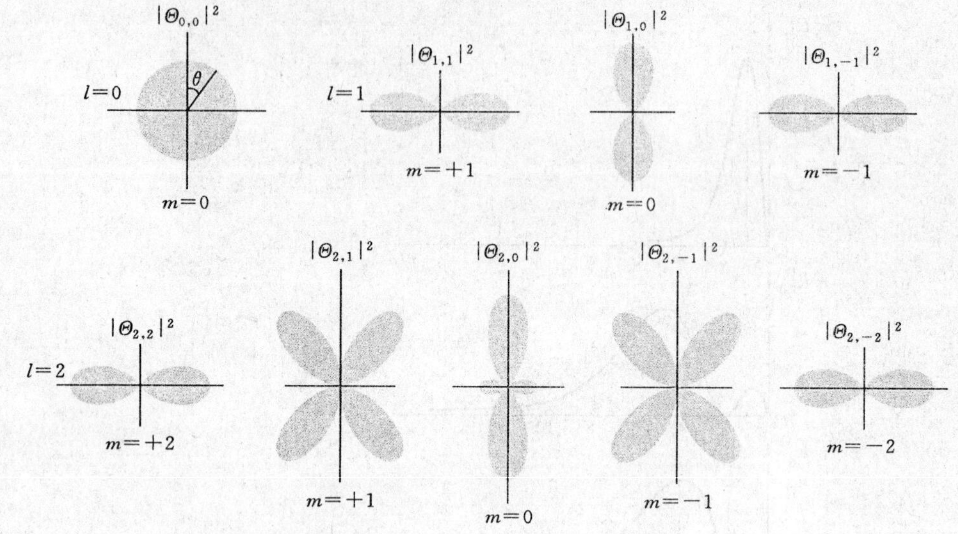


**图 15-7-5 几个角向概率分布**

**表 15-7-2**

| | $n$ | $l$ | $m_l$ |
|---|---|---|---|
| (a) | 3 | 2 | 0 |
| (b) | 2 | 3 | 1 |
| (c) | 4 | 3 | −4 |
| (d) | 5 | 5 | 0 |
| (e) | 5 | 3 | −2 |

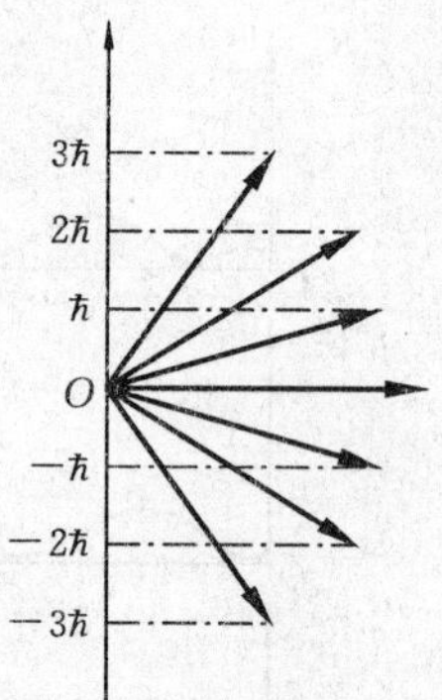


**图 15-7-6 电子轨道角动量在 $z$ 轴上的投影**

# 第8节 电子自旋

## 一、史特恩-盖拉赫实验

1921 年史特恩(O. Stern)和盖拉赫(W. Gerlach)进行了一个著名的实验,其目的是为了验证电子角动量的空间量子化。实验装置如图 15-8-1 所示,让处于 $l=0$ 态的银原子束通过非均匀磁场。由于 $l=0$,有银原子中电子的轨道角动量 $\boldsymbol{L}=\boldsymbol{0}$,而且轨道运动产生的磁矩 $\boldsymbol{\mu}_l=\boldsymbol{0}$。由电学中已知:一个磁矩在非均匀磁场中要受到力的作用,这就是说这些银原子经过不均匀磁场时不受力的作用,原子打到感光板的中间。但实际情况是:在感光板上得到了两条分开的径迹,而且分开的距离关于中心对称。是什么力使原子束的轨迹发生了偏转呢?人们认识到只有磁矩才能够受到非均匀磁场的作用力，而这里原子没有轨道磁矩却发生了偏转，那么偏转的原因一定是由于其他类型的磁矩或其他类型的角动量。到底原子还具有什么磁矩使原子束的运动轨迹发生偏转呢？

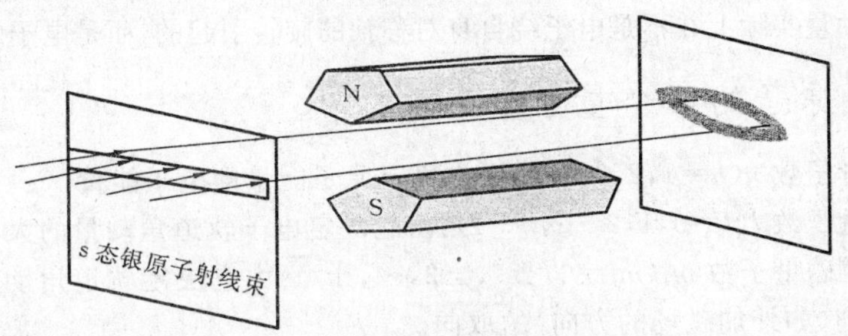


图 15-8-1　史特恩-盖拉赫实验装置

## 二、电子自旋

为了说明史特恩-盖拉赫实验的结果，1925 年，两位荷兰学者乌伦贝克(G. E. Uhlenbeck)和古兹米特(S. A. Goudsmit)提出了电子自旋的假设。他们认为，电子应该被看成一个有一定大小的小球，它除了绕核做轨道运动外，还有一个绕自身的对称轴旋转的运动，如图 15-8-2 所示。电子具有自旋角动量 $\boldsymbol{L}_s$ 及相应的自旋磁矩 $\boldsymbol{\mu}_s$。

电子自旋所具有的自旋角动量与电子的轨道角动量有许多相似的性质，由量子力学计算可得到以下结论。

(1) 电子自旋角动量的大小为量子化的，其大小为

$$L_s=\sqrt{s(s+1)}\hbar, \quad s=\frac{1}{2} \tag{15-8-1}$$

式中，$s$ 称为自旋量子数，它只能取$\frac{1}{2}$这一个值。

(2) 自旋角动量 $\boldsymbol{L}_s$ 在任意方向($z$ 方向)的投影值只有两个，如图 15-8-3 所示。

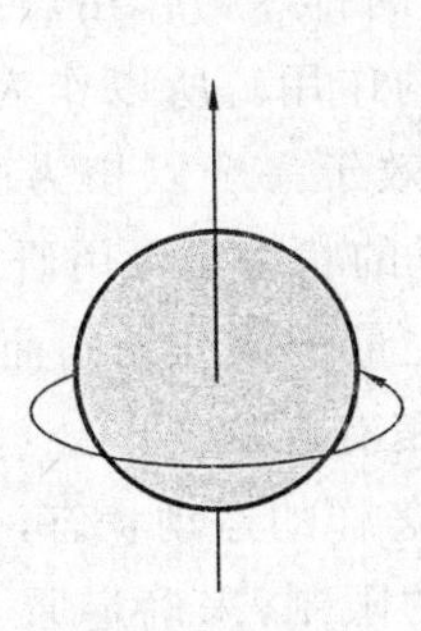

图 15-8-2　电子自旋

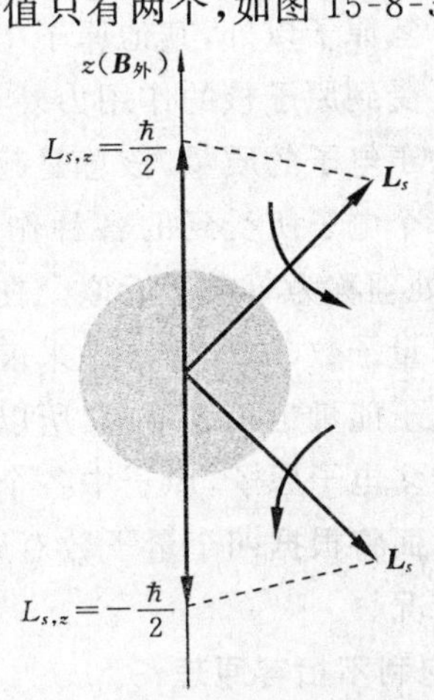


图 15-8-3　电子自旋角动量

$$L_{s,z}=m_s\hbar,\quad m_s=\pm\frac{1}{2} \tag{15-8-2}$$

式中,$m_s$ 称为**自旋磁量子数**。引入电子自旋后,史特恩-盖拉赫实验得到了很好的解释。自旋角动量实际上并不是电子绕自身对称轴的旋转引起的,而是电子的内禀属性。

### 三、氢原子的四个量子数

(1) 主量子数 $n(n=1,2,3,\cdots)$:由它决定原子能量即电子能量。

(2) 角量子数 $l(l=0,1,2,\cdots,n-1)$:由它决定电子轨道角动量的大小。

(3) 轨道磁量子数 $m_l(m_l=0,\pm1,\pm2,\cdots,\pm l)$:由它决定轨道角动量在空间相对于某一方向(如外加磁场的方向)的取向。

(4) 自旋磁量子数 $m_s\left(m_s=\pm\frac{1}{2}\right)$:由它决定自旋角动量在空间相对于某一方向(如外加磁场的方向)的取向。

**【例题 15-12】** 分别计算量子数 $n=2,l=1$ 和 $n=2$ 的电子的可能状态数。

**解** 对 $n=2,l=1$ 的电子,可取 $m_l=0,\pm1$,共有 3 种状态;对每一种 $m_l$,又可取 $m_s=\pm\frac{1}{2}$,故共有 $3\times2=6$ 种状态。

对处于 $n=2$ 的电子,可取 $l=0$ 和 1。当 $l=0$ 时 $m_l=0,m_s=\pm\frac{1}{2}$,有 2 种状态;当 $l=1$ 时,如上所述有 6 种状态。所以,处于 $n=2$ 的电子的可能状态数为 $6+2=8$,即 $2n^2=8$。

## 第 9 节　原子的电子壳层结构

除了氢原子以外,其他原子中都包含有多个电子。在多电子原子中,每个电子的运动除了受到原子核的作用力外,还受到其他运动电子的排斥力作用。由于核的质量远远大于电子的质量,核总是起着一个中心的、主要的作用。所以作为一种近似,原子中每个电子所受到的各种作用的平均效应可以等效于一个以核为中心的有心力,这样处理称为**单电子近似**。在这种近似下,每个电子的状态仍可用研究氢原子得到的四个量子数$(n,l,m_l,m_s)$来表示。不同的是,此时主量子数 $n$ 相同而角量子数 $l$ 不同的电子能量也稍有不同,所以角量子数 $l$ 对能量也稍有影响。

对于多电子原子,原子中各个电子在原子中各处于怎样的运动状态,分布规律如何呢?下面将根据四个量子数对原子中电子运动状态的限制,来确定原子核外电子的分布情况。

**1. 泡利不相容原理**

原子内电子的状态由四个量子数来确定,泡利(W. Pauli)指出:在一个原子系统内，不可能有两个或两个以上的电子具有相同的状态，亦即不可能具有相同的四个量子数，这称为泡利不相容原理。所以可以算出，原子中具有相同主量子数 $n$ 的电子数目最多为

$$Z_n = \sum_{l=0}^{n-1} 2(2l+1) = 2n^2 \tag{15-9-1}$$

1916 年，柯塞耳（W. kssel）认为绕核运动的电子组成许多壳层，主量子数 $n$ 相同的电子属于同一壳层。对应于 $n=1,2,3,\cdots$ 的壳层分别用 K，L，M，…来表示。在一个壳层内，又按不同的角量子数 $l$，分成若干次壳层，显然主量子数为 $n$ 的壳层中包含 $n$ 个次壳层，对应于 $l=0,1,2,3,4,5,\cdots$，分别用小写字母 s，p，d，f，g，h，…来表示。

当 $n=1$ 而 $l=0$ 时，K 壳层上可能有两个电子（s 电子），以 $1s^2$ 表示；

当 $n=2$ 而 $l=0$ 时（L 壳层，s 次层），可能有两个电子（s 电子），以 $2s^2$ 表示；

当 $n=2$ 而 $l=1$ 时（L 壳层，p 次层），可能有六个电子（p 电子），以 $2p^6$ 表示。

综上所述，L 壳层上最多可能有 8 个电子，其余类推。表 15-9-1 中列出了原子内主量子数 $n$ 的壳层上最多可能有的电子数 $Z_n$ 和具有相同 $l$ 的次层上最多可能有的电子数。

**表 15-9-1　原子中壳层和次层的最多可能有的电子数**

| $n$ \ $l$ | 0<br>s | 1<br>p | 2<br>d | 3<br>f | 4<br>g | 5<br>h | 6<br>i | $Z_n$ |
|---|---|---|---|---|---|---|---|---|
| 1，K | 2 | | | | | | | 2 |
| 2，L | 2 | 6 | | | | | | 8 |
| 3，M | 2 | 6 | 10 | | | | | 18 |
| 4，N | 2 | 6 | 10 | 14 | | | | 32 |
| 5，O | 2 | 6 | 10 | 14 | 18 | | | 50 |
| 6，P | 2 | 6 | 10 | 14 | 18 | 22 | | 72 |
| 7，Q | 2 | 6 | 10 | 14 | 18 | 22 | 26 | 98 |

**2. 能量最小原理**

原子系统处于正常状态时，每个电子趋向占有最低的能级。能级基本上取决于主量子数 $n$，$n$ 愈小，能级也愈低，所以离核最近的壳层，一般首先被电子填满。但能级也与角量子数 $l$ 有关，因而在某些情况下，$n$ 较小的壳层还未填满，而在 $n$ 较大的壳层上就开始有电子填入。这一情况在周期表的第四个周期中就开始表现出来。我国科学家徐光宪总结出这样的规律：对于原子的外层电子而言，能级高低以 $n+0.7l$ 值来确定，该值越大，能级就越高。例如，4s 和 3d 两个状态，4s 的 $n+0.7l=4$，而 3d 的 $n+0.7l=4.4$，所以有 $E(4s)<E(3d)$，这样，4s 态应比 3d 态先被电子占有。

## 习　题

**15-1** (1) 写出实物粒子德布罗意波长与粒子动能 $E_k$ 和静止质量 $m_0$ 的关系;(2) 证明:当 $E_k \ll m_0c^2$ 时,$\lambda = \dfrac{h}{\sqrt{2E_km_0}}$;当 $E_k \gg m_0c^2$ 时,$\lambda \approx \dfrac{hc}{E_k}$;(3) 计算动能分别为 0.01 MeV 和 1 GeV 的电子的德布罗意波长(1 MeV=$10^6$ eV,1 GeV=$10^9$ eV)。

**15-2** 求下列情况下中子的德布罗意波长。(1) 被温度为 3 K 的液氦冷冻着的、动能等于 $\dfrac{3kT}{2}$ 的中子;(2) 室温(取 $T=300$ K)下的中子(称热中子,中子质量为 $m_n=1.67\times10^{-27}$ kg)。

**15-3** 经 206 V 的加速电势差后,一个带有单位电荷的粒子,其德布罗意波长为 0.002 nm,求这个粒子的质量,并指出它是何种粒子。

**15-4** 一束光的波长 $\lambda=400$ nm,光子质量是多少?动量是多少?若一电子的德布罗意波长也是 400 nm,不考虑相对论效应,电子的速度是多少?

**15-5** 在戴维逊-革末实验中,电子的能量至少应为 $\dfrac{h^2}{8m_ed^2}$。如果所用镍晶体的散射平面间距 $d=0.091$ nm,则所用电子的最小能量是多少?

**15-6** 一个粒子沿 $x$ 轴方向运动,可以用下列波函数描述,即

$$\psi(x)=\frac{C}{1+\mathrm{i}x}\quad(\mathrm{i}=\sqrt{-1})$$

(1) 由归一化条件求出常数 $C$;(2) 求概率密度函数;(3) 粒子在什么地方出现的概率最大?

**15-7** 已知一维运动粒子的波函数为

$$\psi(x)=\begin{cases}Ax\mathrm{e}^{-\lambda x} & (x\geqslant 0)\\ 0 & (x<0)\end{cases}$$

式中,$\lambda>0$。试求:(1) 归一化常数 $A$ 和归一化波函数;(2) 该粒子位置坐标的概率分布函数(即概率密度);(3) 在何处找到粒子的概率最大。(提示:$\int_0^\infty x^n\mathrm{e}^{-\alpha x}\mathrm{d}x=\dfrac{n!}{\alpha^{n+1}}$)

**15-8** 根据描写自由粒子的波函数,求出粒子概率密度与空间坐标的关系,并讨论其意义。

**15-9** 铀核的线度为 $7.2\times10^{-15}$ m。根据不确定关系估算:(1) 核中的 $\alpha$ 粒子($m_\alpha=6.7\times10^{-27}$ kg)的动量值和动能值各约为多少?(2) 一个电子在核中的动能的最小值约为多少 MeV($m_e=9.11\times10^{-31}$ kg)?

**15-10** 氦氖激光器所发出的红光波长 $\lambda=632.8$ nm,谱线宽度 $\Delta\lambda=10^{-9}$ nm。试求该光子沿运动方向的位置不确定量(即波列长度)。

**15-11** 在一维无限深势阱中的粒子,已知势阱宽度为 $a$,粒子质量为 $m$。试用不确定关系式估计其零点能量。(提示:利用 $\Delta p\Delta x\geqslant\dfrac{\hbar}{2}$)

**15-12** 利用不确定关系式估算氢原子基态的结合能和第一玻尔半径。(提示:写出总能量的正确表达式,然后利用不确定关系式 $\Delta p\Delta r\geqslant\dfrac{h}{2\pi}$ 分析使能量为最小的条件)

**15-13** 试用不确定关系式估计在原子序数为 $Z$ 的轻元素中,电子最靠近核的总能量。(提示:利用 $\Delta p\Delta r\geqslant\dfrac{h}{2\pi}$)

**15-14** 一个质量为 $m$ 的粒子被限制在长度为 $L$ 的一维线段上，试根据物质波的解释，说明这个粒子的能量只能取分立值。

**15-15** 试证明如果确定一个运动粒子的位置时，其不确定量等于这个粒子的德布罗意波长，则同时确定其速度，其不确定量约等于它的速度。（运用 $\Delta x\Delta p=h$ 公式证明）

**15-16** 在一维无限深势阱中运动的粒子，由于边界条件的限制，势阱宽度 $a$ 必须等于德布罗意半波长的整数倍。试利用这一条件导出能量公式 $E_n=\frac{h^2}{8ma^2}n^2$。

**15-17** 一粒子在一维无限深势阱中运动而处于基态。从阱的一端到离此端 1/4 阱宽的距离内，它出现的概率有多大？

**15-18** 宽度为 $a$ 的一维无限深势阱中，粒子所处的态函数为 $\psi=\sqrt{\frac{2}{a}}\sin\frac{2\pi x}{a}\cos\frac{4\pi x}{a}$。求 $\Psi$ 态中粒子的能量平均值。

（提示：利用公式 $\sin\alpha\cos\beta=\frac{1}{2}[\sin(\alpha+\beta)+\sin(\alpha-\beta)]$ 将波函数 $\Psi$ 展开为一维无限深势阱中粒子的定态波函数的线性组合）

**15-19** 假设谐振子处于归一化的叠加态

$$\psi(x)=\frac{1}{\sqrt{50}}[\phi_1(x)e^{-E_1t/\hbar}+\sqrt{49}\phi_2(x)e^{-E_2t/\hbar}]$$

试求此谐振子的能量平均值。

**15-20** 氢原子的径向波函数 $R(r)=Ae^{-\frac{r}{a_0}}$，式中 $a_0$ 为玻尔半径，$A$ 为常数。求 $r$ 为何值时电子径向概率密度最大。

**15-21** 证明：氢原子 2p 和 3d 态径向概率密度的最大值分别位于距核 $4a_0$ 和 $9a_0$ 处（2p 和 3d 态的径向波函数请在教材中自己查找），其中 $a_0$ 为玻尔半径。

**15-22** 氢原子中的电子处于 $n=4$，$l=3$ 的状态。问：(1) 该电子角动量 $\boldsymbol{L}$ 的值为多少？(2) 这角动量 $\boldsymbol{L}$ 在 $z$ 轴的分量有哪些可能的值？(3) 角动量 $\boldsymbol{L}$ 与 $z$ 轴的夹角的可能值为多少？

**15-23** 下列表述中对泡利不相容原理描述正确的是（　　）。

(a) 自旋为整数的粒子不能处于同一态

(b) 自旋为整数的粒子能处于同一态

(c) 自旋为半整数的粒子能处于同一态

(d) 自旋为半整数的粒子不能处于同一态

**15-24** 写出硼（B，$Z=5$），氩（Ar，$Z=18$），铜（Cu，$Z=29$），溴（Br，$Z=35$）等原子在基态时的电子排布式。

# 第16章 半导体与激光简介

如果说20世纪是以微电子技术为基础的电子信息时代，则21世纪将是以微电子与光电技术相结合的光电子信息时代。半导体和激光的发展几乎对所有的科学领域都产生了重大的影响。本章将简单介绍有关半导体和激光的基本知识。

## 第1节 半 导 体

半导体是导电物质中的一类，它的电导率介于导体和绝缘体之间，半导体材料类别很多，但它们具有一些共同的特殊电学性质，例如其电导率对光照、温度、杂质的影响非常敏感。人们对半导体特性的研究最早可以追溯到1833年法拉第的工作。他通过实验发现硫化银的电导率是随着温度的升高而增加的。此后，人们陆续发现了半导体的其他一些电学性质。在量子力学建立以后，人们对固体中的电子运动规律有了较深刻的认识，在此基础上，威尔逊(C. T. R. Wilson)于1931年建立了固体能带模型(能带理论)，运用这一模型对半导体中的导电机理、规律等能够作出圆满的理论解释，从而把半导体的研究工作向前大大地推进了一步。

1948年，巴丁(J. Bardeen)和肖克莱(N. B. Shockley)发明了晶体管，带来了现代电子学的革命。此后，半导体器件发展成了集成电路、大规模集成电路和超大规模集成电路。半导体成为以大规模集成电路为主的微电子学的基础，半导体器件和半导体电路已广泛地应用于几乎所有的高新技术中。

本节将简单介绍晶体的微观结构、固体能带理论，并着重阐述半导体的物理基础。

### 一、晶体的微观结构

通过X射线、电子或中子射线在晶体中的衍射实验可以探知晶体的微观结构。晶体是由分子、原子或离子按一定的方式构成结构单元，并在空间中是按一定的规律作周期性重复排列而成的。晶体的这种周期性结构称为晶格结构。例如，图16-1-1给出的是氯化钠晶体的结构。

晶体按照其结合力的性质可以分为离子晶体、共价晶体、金属晶体、分子晶体和氢键晶体五种。离子晶体是由正、负离子组成，通过离子间的离子键结合成晶体，其结合力强，所以具有熔点高、硬度大、电子导电性弱等特点，例如氯化钠晶体；共价晶体是原子间以共价键结合的晶体，同样其结合力很强，也具有熔点高、硬度大的特点，同时因价电子定域在共价键上，使其电导率低，一般属于绝缘体或半导体；金属晶体是通过金属键结合的晶体，由于金属键没有饱和性和明显的方向性，故金属晶体的原子通常按密集堆积的规则排列。根据金属键的特点，金属一般具有很高的熔点和硬度，还具有良好的导电性和导热性；分子晶体是依靠分子间范德瓦耳斯力结合的晶体。范德瓦耳斯力很弱，因此分子晶体的结合力很小，导致其熔点很低，硬度很小。大部分有机化合物晶体及低温下的某些气体形成的晶体属于分子晶体；氢键晶体是原子间以氢键结合的晶体，例如冰晶。其他实际中晶体原子间的作用较为复杂，可以同时存在多种键。

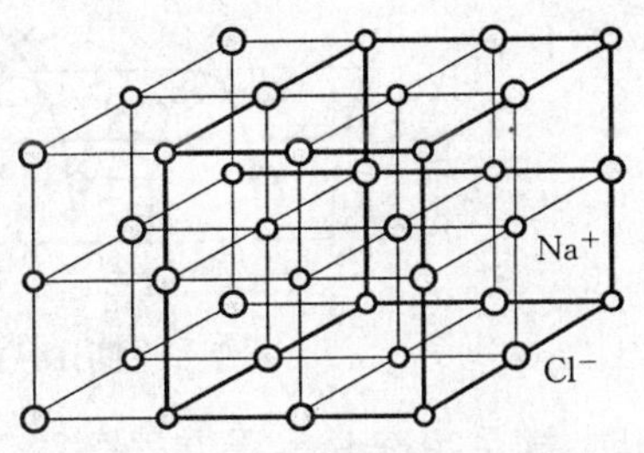


**图 16-1-1　NaCl 晶体结构**

## 二、固体能带理论

固体的这些不同类型的晶体微观结构，使其在宏观上具有不同的导电性能。

我们知道，晶体是由众多的原子所组成，每个原子又包含原子核和电子。理论上，若能写出这个多体问题的薛定谔方程并求其解，便可以了解晶体的物理性质。当然，这是不可能的。实际上，需要采用近似的处理方法，即：在研究晶体中的电子能量状态时，先假设晶体中周期排列着的原子核固定不动，将多体问题简化为多电子问题；再设想每个电子在固定的原子核形成的势场及其他电子的平均场中运动，即将多电子问题简化为单电子问题。这种研究晶体中电子能量状态的理论称为**固体的能带理论**。

### 1. 晶体中的电子状态

单个原子中，电子能量是不连续的，这叫做能量的量子化。由泡利不相容原理：每个能级最多只能有两个自旋相反的电子；能量越高，相邻能级间的能量差就越小；当电子从原子中挣脱时能量已显示不出一级一级的差别，在能量图上形成能量连续的区域，这时电子可以自由运动，成为自由电子。

但是对于多原子的晶体，其中的原子排列紧密，相邻原子的电子云发生重叠。每个电子不仅受到本身原子核的作用，同时还受到邻近原子核的影响，内层电子因受原子核的牢牢束缚而影响较小；外层电子却不同，它的“轨道”的大小与相邻原子间距离是同一数量级，使其势垒高度变得较小(见图 16-1-2)。在这种情况下由于存在隧道效应，各原子中的电子便可从一个原子进入另一个原子，即在电子云重叠区出现的电子不再归属于一个母核，而可以在整个晶体中运动，这称为**电子的共有化**。

电子的共有化将使原来的能级发生变化。1928 年，布洛赫(F. Bloch)通过求解薛定谔方程发现，原来的能级将分裂成能带。

以一维线性晶体点阵为例。由量子力学原理可知，单电子在孤立离子势场中运

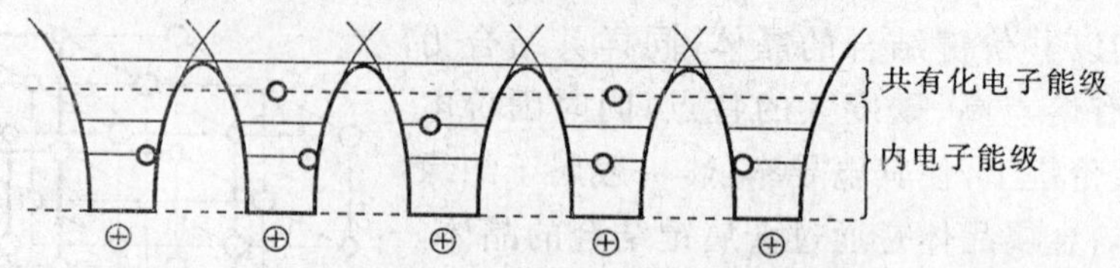


图 16-1-2 晶体原子的周期性势垒

动时,满足定态薛定谔方程

$$\nabla^2 \Psi + \frac{2m}{\hbar}(E-U)\Psi = 0 \tag{16-1-1}$$

式中,$U$ 为电子在离子势场中的势函数,它具有周期性,即

$$U(x) = U(x+a) \tag{16-1-2}$$

布洛赫指出其解的形式应为

$$\Psi(x) = u(x)\mathrm{e}^{ikx} \tag{16-1-3}$$

式中,振幅函数 $u(x)=u(x+a)$,$k$ 为波矢。

求解所得的重要结论是:能级将分裂成能带,能带中存在禁带。能级曲线及能带如图 16-1-3 所示。

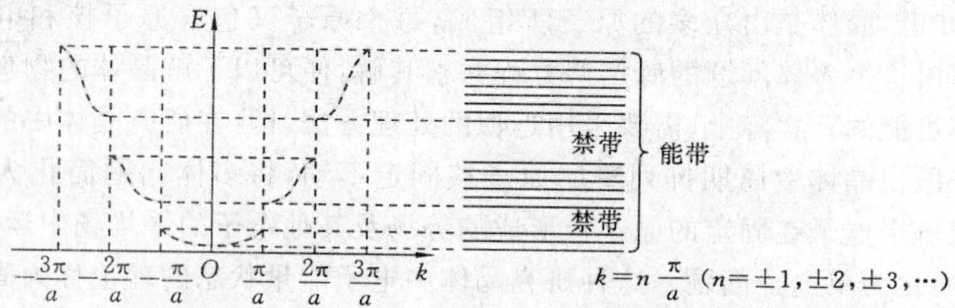


图 16-1-3 晶体原子的能级曲线及能级

**2. 晶体中的能带结构**

电子的共有化运动使得不同原子的相应轨道上的电子互相转移,在这些相应轨道上,电子具有相等的能量。根据泡利不相容原理,每个能级只能容纳两个自旋相反的电子,$N$ 个原子组成的晶体里,每一个原子的每一相同能级($n,l,m_l,m_s$)都分裂为 $N$ 个能量很接近的新能级。每个 $s$ 能级的能带最多只能容纳 $2N$ 个电子,而 p 能级的能带可以分为三个支能带,每个支能带可容纳 $2N$ 个电子,整个 p 能带可容纳 $6N$ 个电子。以此类推,每个角量子数 $l$ 一定的能带最多可容纳 $2(2l+1)N$ 个电子。如图 16-1-4 所示为金属钠的能级的分裂。$r_0$ 为实际晶体中的原子间距,可以看出,随着原子间距的减小,能级开始分裂,形成能级密集的能带。原子数 $N$ 越大,分裂后的能级数也越多,能级越密集。由于 $N$ 很大(1 $\mathrm{cm}^3$ 晶体中 $N=10^{23}\sim10^{24}$),因而相邻能级的能量差很小($10^{-22}$ eV),能带中电子的能量可以认为是连续变化的。钠原子的电子组态为 $1\mathrm{s}^2 2\mathrm{s}^2 2\mathrm{p}^6 3\mathrm{s}^1$,3s 态为价电子能级,我们把价电子能级的这种分裂而产生的能带称为价带,价带以上的能带(如 Na 的 3p 态)在未被激发的正常情况下,没

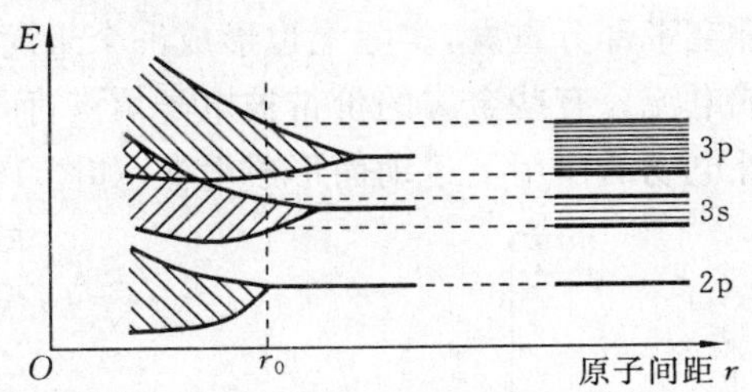


**图 16-1-4　晶体能级的分裂及不同能级的能带**

有电子填入称为**空带**。

晶体的能带结构具有以下特点。

(1) 原子中每一个许可的能级都可能分裂成能带,每一能带来源于各自的能级,即不同的能级将分裂成不同的能带。

(2) 能带宽度 $\Delta E$ 随能级增高(外层轨道电子共有化程度增高)而增大。$\Delta E$ 只由组成晶体的原子性质决定,与 $N$ 无关。$N$ 增大,只是能带内能级密度增大。

(3) 两个相邻能带之间,可能有一个能量间隔,在这个能量间隔中,不存在电子的稳定能态,这个能量间隔称为**禁带**,用 $\Delta E_g$ 表示。两个相邻能带也可能互相重叠,例如,金属镁(Mg)原子,其电子组态为 $1s^2 2s^2 2p^6 3s^2$,$3s^2$ 为价带,但 3s 能带与上层的 3p 空带部分重合,这时禁带消失。

(4) 填满电子的能带称为**满带**。晶体处在外电场中时,满带中的电子不起导电作用。对于未被电子填满的价带和未被电子填充的空带,价带中的电子在外电场的作用下可参与导电而形成电流;若有电子受激发而进入空带,在外电场作用下也可参与导电,所以价带和空带都是导带。另外还有一种情况,某些金属(如镁),其价电子是偶数,价电子能带已有 $2N$ 个电子,但仍能导电。这是因为这类金属结合成晶体时,能级分裂大,价带与其上的空带发生了重叠。

(5) 最小能量原理告诉我们,电子总是先填满能量较低的能态,在温度无限接近于 0 K 时,电子所能占据的最高能级(价电子能级)称为费米能级,其等能面称为费米面。也就是说,无限接近于绝对零度时,费米面以内的能态都被电子占据,而费米面以外的能态全都空着,正是费米面附近的电子的运动对晶体的性质产生重大影响。

## 三、半导体

依据能带理论可对导体、绝缘体、半导体的导电性作出说明。按照能带的分布和能带中电子填充的情况,可将晶体分为导体、绝缘体和半导体。

### 1. 导体

各种金属都是导体,导体的能带结构具有如图 16-1-5 所示的三种情况。如图 16-1-5(a)所示的情形表示价带中只填入部分电子,在外场的作用下,电子很容易在该能带中从低能态跃迁到高能态,从而形成电流。图 16-1-5(b)则表示,价带虽已被填满,但此价带与另一相邻空带部分重叠,实际上也形成一个未满的能带。在外电场的作用下,电子运动可以形成电流。有些金属的价带被电子填满,而这个价带又与它相邻的空带相连,电子可以在外电场的作用下运动而形成电流,如图 16-1-5(c)所示。

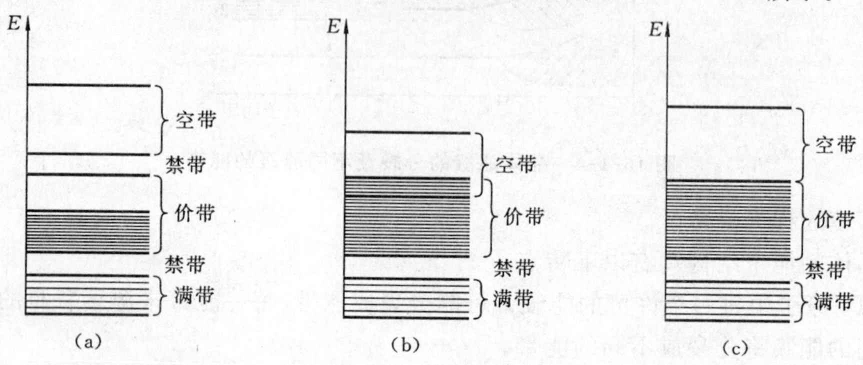


**图 16-1-5 导体能带结构**

(a) 价带只填入部分电子; (b) 价带与空带重叠; (c) 价带与空带相连

**2. 绝缘体**

绝缘体的能带特征是价带为满带,而且与相邻空带间的禁带较宽(3~6 eV),一般温度下电子很难从满带激发到上面的空带中,即不导电(见图 16-1-6)。当外电场很强时,可以使价带中较多电子越过禁带而进入空带,使之成为导带,这时绝缘体被"击穿"。

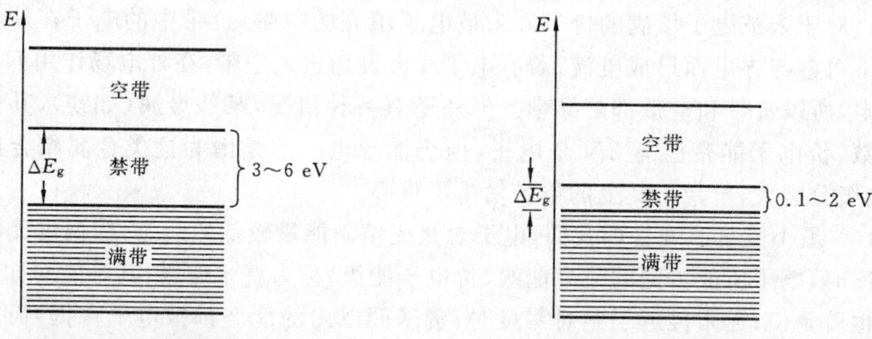


**图 16-1-6 绝缘体能带结构** **图 16-1-7 半导体能带结构**

**3. 半导体**

半导体的能带结构与绝缘体相似,只是禁带宽度要小得多(0.1~2 eV),如图 16-1-7 所示。用不太大的激发能量便可将满带中的电子激发到上面的空带中去,而在满带中留下空位,称为**空穴**。空带中的电子和满带中的空穴在外电场中都参与导电,它们统称为**载流子**。

不含杂质的纯净半导体称为**本征半导体**。如前所述,本征半导体在外电场中参与导电的载流子是少量的电子-空穴对,一般情况下,电子-空穴对数目有限,导电形成的电流很弱,是不良导体。实际应用时,在本征半导体中加入少量适当的其他元素，形成杂质半导体。掺杂后的半导体大大改变了半导体的导电性能。

掺入不同的杂质，可构成两类半导体，一类以电子导电为主，称为 **N 型半导体**；另一类以空穴导电为主，称为 **P 型半导体**。

在四价元素，如锗(Ge)、硅(Si)等半导体中用扩散方法掺入少量五价元素，如磷(P)或砷(As)等杂质，可以形成 N 型半导体(见图 16-1-8)。在这种情况下，五价元素中的四个价电子和相邻四价元素的价电子形成共价键，多出一个价电子被松散地束缚在五价元素上，其束缚程度低于共价键中的电子。这个"多余"电子的能级位于本征半导体的禁带中，并靠近空带的下方，此能级称为**施主能级**，如图 16-1-9 所示。由于施主能级与空带下方间距 $\Delta E_D$(约 0.01 eV)通常很小，杂质能级中的价电子很容易被激发到空带中，空带中的电子浓度要比本征半导体的大大增加。在外电场中参与导电的载流子主要是电子，因此而得名 N 型半导体。

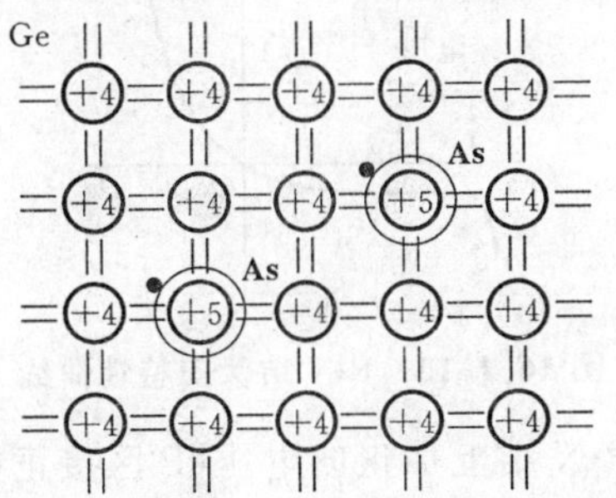


**图 16-1-8**　N 型半导体

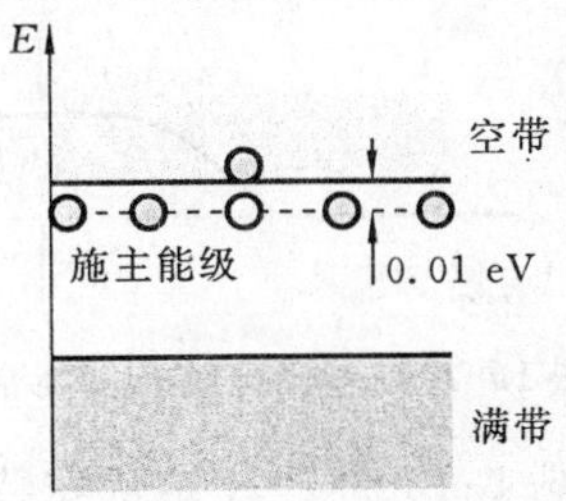


**图 16-1-9**　N 型半导体能带结构

同样道理，在四价元素中掺入少量三价元素如硼(B)、镓(Ga)等，即形成 P 型半导体(见图 16-1-10)。在这种情况下，杂质原子的三个价电子与邻近的四价原子形成共价键时缺少一个电子，相当于存在一个空穴。这个空穴的能级也出现在本征半导体的禁带中，而且靠近满带的顶部，如图 16-1-11 所示。于是满带中的电子极易被激发到杂质能级上去，这个杂质能级因能接收电子而被称为受主能级。此时满带中留下的空穴浓度大于同温度下本征半导体满带中的空穴浓度，在外电场中参与导电的主要载流子就是空穴。

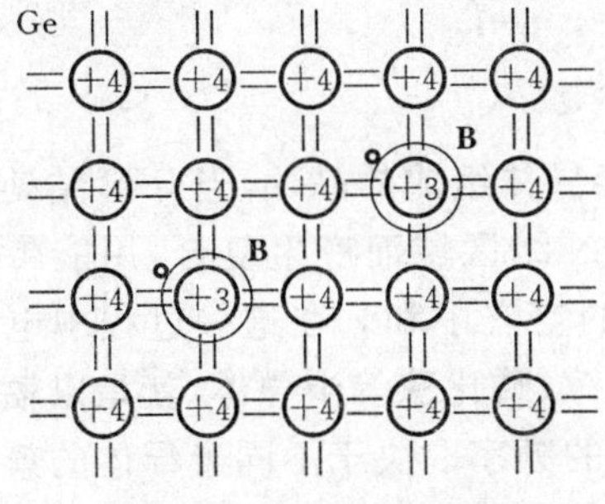


**图 16-1-10**　P 型半导体

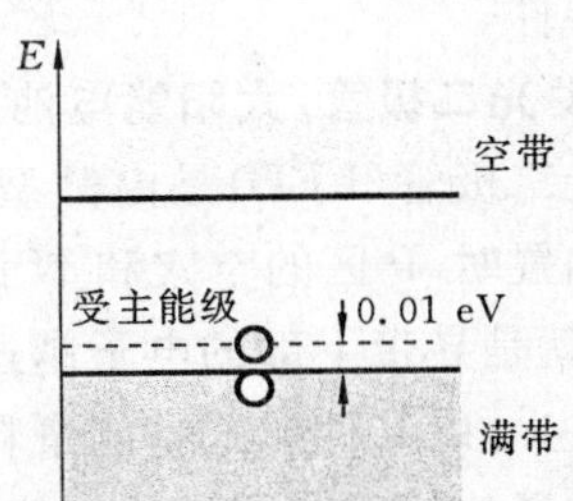


**图 16-1-11**　P 型半导体能带结构

## 四、P-N 结

将 P 型半导体与 N 型半导体相接触，或者将纯净半导体的一侧掺以施主杂质，制成 N 型区，另一侧掺以受主杂质，制成 P 型区，则两区的交界处就构成了 P-N 结，如图 16-1-12(a)所示。在其接触区，由于载流子浓度的差异，N 区的电子将向 P 区扩散，P 区中的空穴也向 N 区扩散。扩散的结果是在交界面处 P 区一侧形成负电薄层，N 区一侧出现带正电的薄层，其厚度约为 $10^{-7}$ m，这就是 P-N 结。P-N 结内的电场由 N 区指向 P 区，最后达到平衡时，在接触层两侧形成电势差 $U_0$，称为**接触电势差**，这种电场称为**内建电场**，它所形成的势垒如图 16-1-12(b)所示。

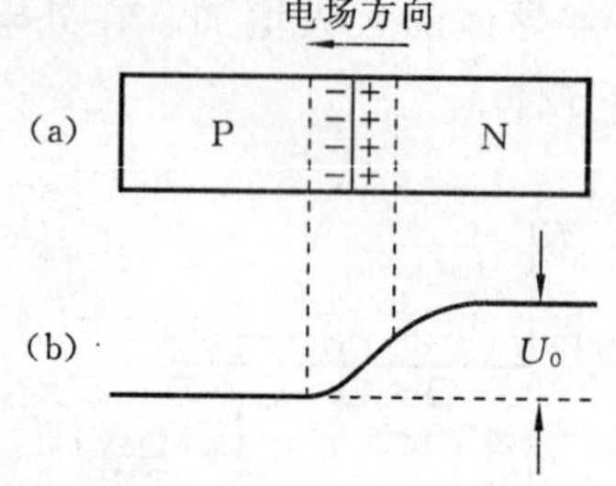


**图 16-1-12**　P-N 结及其能带

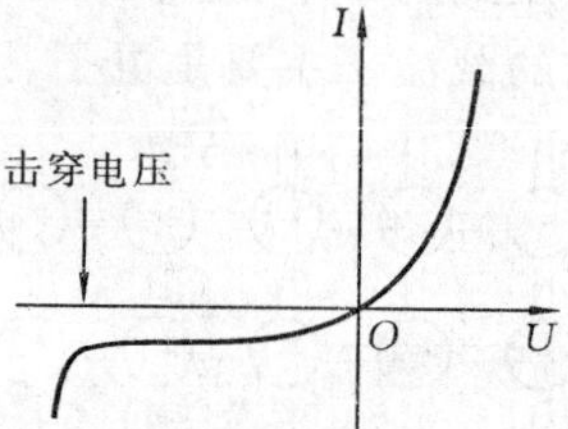

**图 16-1-13**　P-N 结伏安特性曲线

图 16-1-13 为 P-N 结伏安特性曲线。当在 P-N 结上加正向电压(P 区接正极，N 区接负极)时，则外电场将削弱内建电场，使空间电荷区变窄，电阻减小，载流子扩散占主导而形成电流；如果在 P-N 结加上反向电压，这时外电场与内建电场方向一致，使空间电荷区加宽，电阻增大。曲线表明，在一定范围内 P-N 结具有整流作用，即单向导电作用；当反向电压大到某一值时，反向电流突然增大，P-N 结被击穿。这就是二极管的单向导电特性。

## 五、半导体器件简介

许多性能优异的半导体器件就是利用半导体及其复合结构的这些特殊性质制造的。它们在现代高新技术中扮演着不可替代的重要角色。下面简要介绍几种常见的半导体器件。

### 1. 发光二极管、太阳能电池

发光二极管(LED)是由 P 型半导体和 N 型半导体组成的晶片，当 P-N 结处于正向电压偏置时，P 区的空穴和 N 区的电子进入 P-N 结区域而产生复合，用能带理论来理解，就是导带下部的电子越过禁带与价带中的空穴中和。在这一过程中电子的能量要减少，以某种形式将能量释放出来，如砷化镓、磷化稼等半导体，就是以辐射光子的形式释放这部分能量的。能量的大小或光子的频率取决于不同半导体的禁带宽度。发光二极管已被广泛应用于各种电子设备及仪表的发光显示。

利用 P-N 结还可制成光电池，其原理如下。采用扩散方法，在 P 型半导体表面上掺入 N 型半导体杂质，这样，在 P 型表面上就形成了一个 N 型的薄层，从而构成 P-N 结。当光照射到 P-N 结附近时，光子便产生如下的电子一空穴对，即

$$\gamma \rightarrow e^- + e^+$$

于是在 P-N 结处电偶层内强电场的作用下，电子将移到 N 型中，而空穴则移到 P 型中，从而使 P-N 结两边分别带上正、负电荷。这样，在光的照射下，P-N 结就相当于一个电池。这种由光的照射，使 P-N 结产生电动势的现象，叫做**光生伏特效应**。利用太阳光照射 P-N 结产生电能的装置，称为**太阳能光电池**。非晶硅太阳能光电池的光电转换效率只有 10%左右，而砷化镓(GaAs)晶体的太阳能光电池的光电转换效率目前已达 20%以上。它保证了人造卫星、空间站、航天器等所需的电力供应，提供了一种方便而可靠的能源。随着科学技术的发展，光电转换效率将会不断提高。

**2. 晶体管**

晶体管的发明是 20 世纪中叶科学技术领域具有划时代意义的一件大事。因为与电子管相比，晶体管有体积小、耗电省、寿命长、易固化等优点，它的诞生使电子学发生了根本性的变革，同时加快了自动化和信息化的步伐，对人类社会的经济和文化产生了不可估量的影响。

晶体管由两个 P-N 结组合而成，分 PNP 型和 NPN 型两种。鉴于它们的工作原理基本相同，因此我们就以 PNP 型晶体管为例作简要介绍。

PNP 型晶体管是由两块 P 型半导体中间夹一薄层 N 型半导体构成的，一侧的 P 区称为发射极，记作 e；另一侧的 P 区称为集电极，记作 c；中间的 N 区称为基极，记作 b，如图 16-1-14(a)所示。

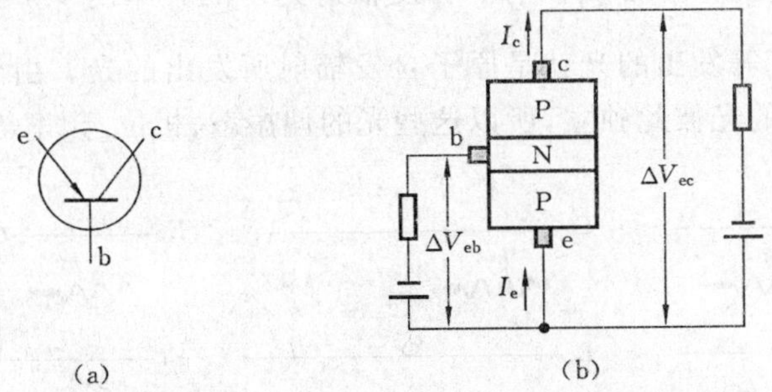


**图 16-1-14　PNP 型晶体管示意图**

(a) PNP 型晶体管的电路标记；(b) 晶体管工作原理图

图 16-1-14(b)为晶体管的工作原理图。发射极 e 的电势高于集电极 c 的电势，电势差为 $\Delta V_{ec}$；发射极 e 和基极 b 的电压取正向偏置，基极 b 和集电极 c 的电压取反向偏置。一般发射极的掺杂浓度要比基极高得多，因此从发射极到基极通过 P-N 结的电流 $I_e$ 以空穴为主。由于基极半导体很薄，且掺杂浓度低，因此只有少量空穴在基极与电子复合，绝大多数的空穴将加速越过反向偏置的 P-N 结进入集电极，形成

集电极电流 $I_c$。在基极空穴不断与电子复合,同时在正向偏压 $\Delta V_{eb}$ 的作用下从基极拉走空穴,不断提供可复合的电子,当两者达到动态平衡时就形成了基极电流 $I_b$。基极电流虽小,但它的些许变化将引起集电极电流的较大变化。在适当配置偏压的情况下,集电极电流 $I_c$ 与基极电流 $I_b$ 成正比,即

$$I_c=\beta I_b$$

这时的晶体管可以看做一个电流放大器,$\beta$ 称为电流增益,其值一般为 10~100。

## 第2节 激 光

自 1960 年美国人梅曼(T. H. Maiman)制造了世界上第一台红宝石激光器以来,各种激光器便相继出现。激光是一种新型光源。它不但引起了现代光学应用技术的巨大变革,还促进了物理学和其他有关学科的发展。本节将简要介绍激光的产生原理和它的特性及应用。

### 一、自发辐射与受激辐射

1916 年爱因斯坦在《关于辐射的量子理论》一文中指出,在玻尔能级理论基础上,原子能级的跃迁有三种基本形式:自发辐射、受激吸收、受激辐射。

在正常情况下,物质中的原子大多数处于基态。由于外来某种作用(如光照、加热、碰撞等)原子将从基态(能量为 $E_1$)跃迁至某激发态(能量为 $E_2$),而处于激发态的原子是不稳定的,在极短时间内(约为 $10^{-8}$ s)自发地辐射光子而回到基态(见图 16-2-1(a)),这一过程称为自发辐射。自发辐射光子的频率为 $\nu=\dfrac{E_2-E_1}{h}$。普通光源如白炽灯、日光灯等发出的光就是原子自发辐射所发出的光。由于光源中包含的众多原子各自发出的光彼此独立,所以这些光的偏振态、相位、频率等彼此互不相关,是非相干光。

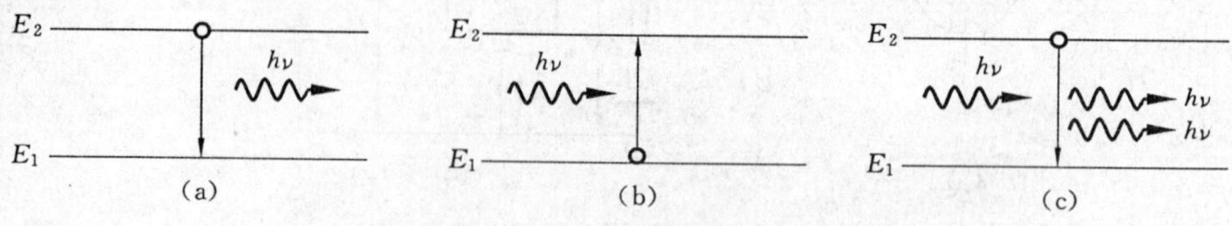


**图 16-2-1 三种跃迁形式**

(a) 自发辐射; (b) 受激吸收; (c) 受激辐射

如果原子处在低能态 $E_1$ 上,当它受到频率为 $\nu=\dfrac{E_2-E_1}{h}$ 的外来光子作用时,它将吸收这一光子的能量跃迁至高能态 $E_2$(见图 16-2-1(b)),这一过程称为受激吸收。如果入射光是强光,具有高密度的同态光子(如激光),原子也可能在满足 $nh\nu=E_2-E_1$ 的条件下,连续吸收几个光子从低能态 $E_1$ 跃迁到某高能态 $E_2$ 上去,这就是

多光子受激吸收过程(概率很小)。

当原子处在高能态 $E_2$ 上而又未发生自发辐射时,如果受到了一个频率为 $\nu=\frac{E_2-E_1}{h}$ 的外来光子的刺激作用,那么它就有可能向低能态 $E_2$ 跃迁并同时辐射出与外来光子的频率、相位、偏振态及传播方向都相同的光子(见图 16-2-1(c)),这就是受激辐射。受激辐射是激发态原子在外来光子同步作用下的辐射过程,当一个光子进入原子系统后,由于受激辐射将产生 2 个全同光子,这 2 个光子与周围其他原子作用又形成 4 个全同光子……以此类推,全同光子成倍增加,这就实现了**光放大**。受激辐射的光放大是激光产生的基本机制。

根据爱因斯坦辐射理论,设初态 $E_1$ 上的原子数密度为 $N_1$,$E_2$ 上的原子数密度为 $N_2$,则自发过程的概率只与 $N_2$ 有关,单位时间内自发辐射的光子数密度为

$$\left(\frac{\mathrm{d}N_{21}}{\mathrm{d}t}\right)_{\text{自发}}=a_{21}N_2 \tag{16-2-1}$$

如果以 $\rho(\nu)$ 表示入射光的能量密度,则单位时间内由于吸收光子从能态 $E_1$ 跃迁到能态 $E_2$ 的原子数密度为

$$\left(\frac{\mathrm{d}N_{12}}{\mathrm{d}t}\right)_{\text{吸收}}=b_{12}\rho(\nu)N_1=W_{12}N_1 \tag{16-2-2}$$

单位时间内受激辐射的原子数密度为

$$\left(\frac{\mathrm{d}N_{21}}{\mathrm{d}t}\right)_{\text{受激}}=b_{21}\rho(\nu)N_2=W_{21}N_2 \tag{16-2-3}$$

式(16-2-1)、式(16-2-2)、式(16-2-3)中的系数 $a_{21}$、$b_{12}$ 和 $b_{21}$ 称为**爱因斯坦系数**,它们分别表征三种过程中的跃迁本领,其值与原子本身的性质有关。$W_{12}$ 表示单位时间内原子从能态 $E_1$ 跃迁到能态 $E_2$ 的概率,$W_{21}$ 表示原子在单位时间内从能态 $E_2$ 跃迁到能态 $E_1$ 受激辐射的概率。在光与原子相互作用时,以上三种跃迁是同时存在的,达到平衡时,原子数按能级的分布是确定的,即单位时间、单位体积内通过吸收从基态跃迁到激发态的原子数等于从激发态通过自发辐射和受激辐射回到基态的原子数,即

$$\left(\frac{\mathrm{d}N_{12}}{\mathrm{d}t}\right)_{\text{吸收}}=\left(\frac{\mathrm{d}N_{21}}{\mathrm{d}t}\right)_{\text{自发}}+\left(\frac{\mathrm{d}N_{21}}{\mathrm{d}t}\right)_{\text{受激}}$$

通过统计理论可以求得三个爱因斯坦系数之间的关系为

$$\begin{cases}b_{21}=b_{12}\\ a_{21}=\dfrac{8\pi h\nu^3}{c^3}b_{12}\end{cases} \tag{16-2-4}$$

这是理解激光原理的重要公式。

由于自发辐射,处于激发态 $E_2$ 的原子将不断跃迁到基态,使 $N_2$ 不断减小。$\mathrm{d}t$ 时间内 $N_2$ 的减小量为 $\mathrm{d}N_2=-\mathrm{d}N_{21}=-a_{21}N_2\mathrm{d}t$,则

$$N_2=N_{20}\mathrm{e}^{-a_{21}t} \tag{16-2-5}$$

式中,$N_{20}$为$t=0$时激发态$E_2$上的原子数。当$t=\tau=\frac{1}{a_{21}}$时,激发态$E_2$上的原子数减少到原来的$\frac{1}{\mathrm{e}}$,称为原子在$E_2$能级的平均寿命。如果原子处于激发态$E_n$,$E_n$下面存在着多个较低能态$E_m(m<n)$,从能态$E_n$到各低能态都存在跃迁概率,总跃迁概率是$\sum_m a_{nm}$,原子在$E_n$上的平均寿命为

$$\tau=\frac{1}{\sum_m a_{nm}} \tag{16-2-6}$$

一般来说,原子激发态的平均寿命约为$10^{-8}$ s,但也有些激发态的平均寿命达到$10^{-3}$ s,这种较长寿命的受激态称为**亚稳态**。

## 二、粒子数反转与光放大

根据玻尔兹曼统计分布规律,当粒子(原子、分子)处于温度$T$的平衡态时,$E_1$、$E_2(E_2>E_1)$两能级上的粒子数的比为

$$\frac{N_2}{N_1}=\mathrm{e}^{-\frac{E_2-E_1}{kT}}\ll 1 \tag{16-2-7}$$

即激发态的粒子数$N_2$远小于基态粒子数$N_1$。图16-2-2(a)表示了这种粒子数正常分布的情况。又由式(16-2-2)、式(16-2-3)及$b_{12}=b_{21}$得

$$\left(\frac{\mathrm{d}N_{21}}{\mathrm{d}t}\right)_{\text{受激}}-\left(\frac{\mathrm{d}N_{12}}{\mathrm{d}t}\right)_{\text{吸收}}=b_{21}\rho(\nu)(N_2-N_1) \tag{16-2-8}$$

这表明受激吸收与受激辐射相比占绝对优势,光在穿过粒子系统时就会越来越弱,在平衡态下无法依靠受激辐射来实现光放大。

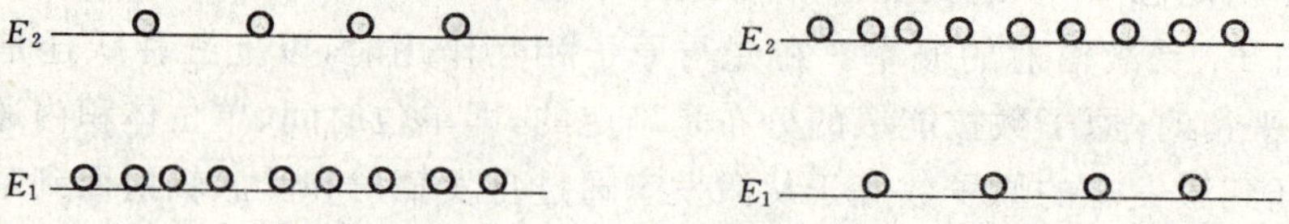

**图16-2-2 粒子数分布**

由式(16-2-8)知,要使受激辐射占优势,必须使高能态的粒子数$N_2$大于低能态的粒子数$N_1$,即改变粒子数的正常分布,这种分布称为**粒子数反转**,如图16-2-2(b)所示。在粒子数反转的情况下,受激辐射的光子数越来越多,光在穿过粒子系统时就会越来越强,从而得到光的放大,获得激光输出。

要实现粒子数反转,首先要有适当的工作物质,这些工作物质有能够发生粒子数反转的能级结构,我们称这种物质为**激活介质**;其次,要有能量输入系统,将能量输送给激活介质,使尽可能多的粒子从低能态激发到高能态,以实现粒子数反转。这一过程称为**激励**(或**抽运**、**泵浦**)。

## 三、激光器

激光是一种具有极高亮度和极好单色性的光源。激光器的发明开创了一个光学新时代，发展了一门高技术。

**1. 激光器的基本结构**

激光器的基本结构包括激励能源、激活介质和光学谐振腔三个组成部分，如图 16-2-3 所示。

1）激活介质

激活介质就是能够发生粒子数反转的工作物质，即该物质必须要有亚稳态能级。

2）激励能源

激励能源是向工作物质提供能量，把原子、分子从基态激发到高能态的能源。常用的泵浦方式有：利用光源（如高亮度氙灯、氪灯或激光器）的光辐射把粒子泵浦到高能态，这种方式称为**光学泵浦**。固体激光器、染料激光器都采用这种泵浦方式。另一种是**气体放电泵浦**，即利用气体放电中形成的电子或者离子与工作物质中的原子发生非弹性碰撞，把它们激发到高能态。气体激光器、金属激光器等都采用这种泵浦方法。粒子束泵浦，则是通过向工作物质注入高能电子或离子，让它们与工作物质的原子或分子做非弹性碰撞，把后者激发到高能态。高气压气体激光器、半导体激光器均使用这种泵浦方式。除此之外，利用工作物质化学反应时产生的能量，把原子、分子激发到高能态的化学泵浦，也是一种常用的泵浦方式。

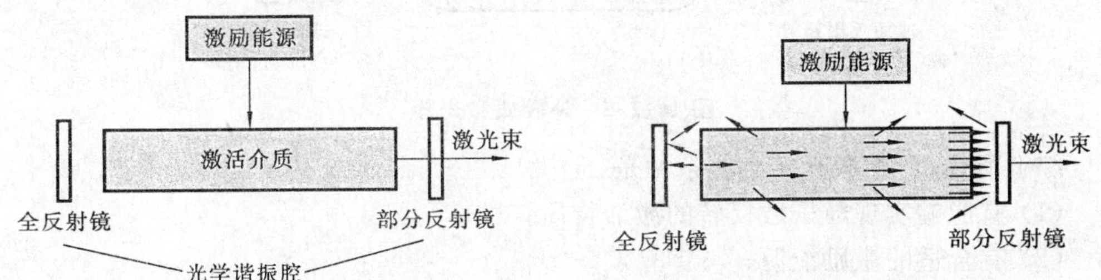


**图 16-2-3　激光器的基本结构**　　　**图 16-2-4　谐振腔对光束方向的选择**

3）光学谐振腔

实现了粒子数反转分布的激活介质可以形成光放大，但是，引起激活介质中受激辐射的初始光信号来自自发辐射，而自发辐射是随机的，所以它们被放大后，各自的频率、相位、偏振态和传播方向仍是互不相关的。只有从中选取一定频率和一定方向的光，使其享有最优越的条件进行放大，同时抑制其他方向和频率的光信号，才能获得方向性、单色性都很好的强光束——激光。光学谐振腔就是为此目的设计的装置。

谐振腔是置于激活介质两端的两块反射镜，其中一块是全反射镜，另一块是部分反射镜，如图 16-2-4 所示。谐振腔的作用是对光束的方向和频率进行选择，并通过光在腔内的振荡实现光放大。

谐振腔对方向的选择作用是使偏离轴线的光经反射后逸出腔外,不致形成稳定光束,而沿腔轴线的光在腔内来回反射,一次次放大,同时在一定条件下形成稳定的激光束,从部分反射镜输出。

谐振腔的选频作用是由于沿轴线方向来回反射的平面波间相干叠加,只有形成驻波的光才能形成振荡放大,产生激光。设腔长为 $L$,介质折射率为 $n$,波长为 $\lambda$,由驻波条件得

$$nL=k\frac{\lambda}{2}\quad(k=1,2,3,\cdots)$$

即

$$\nu_k=\frac{c}{\lambda}=k\frac{c}{2nL}\quad(k=1,2,3,\cdots)\tag{16-2-9}$$

于是只有某几个满足式(16-2-9)谐振频率的受激辐射才可以得到振荡放大而形成激光。

在外腔式激光器中,激光管两端还装有布儒斯特窗(见图 16-2-5),其法线方向与管轴方向夹角为布儒斯特角 $i_b$,这样,振动方向在入射面内的振动全部透射,使反射损耗减到最小,而振动方向垂直于入射面的振动因反射损耗较高而被抑制,所以由激光管输出的是线偏振光。

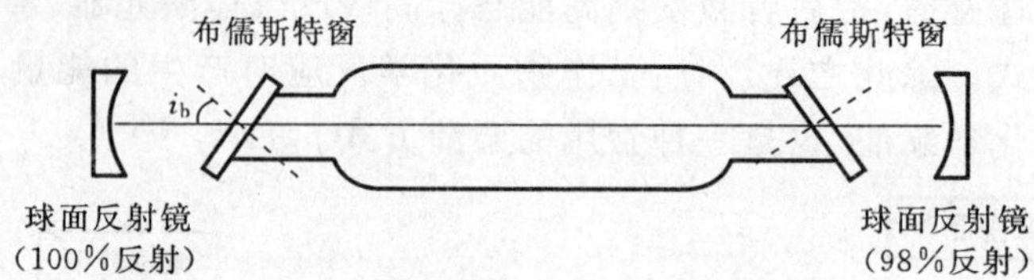


**图 16-2-5　外腔式激光器**

综上所述,产生激光的必要条件是:

(1) 有能够实现粒子数反转的激活物质;

(2) 有合适的激励能源;

(3) 光学谐振腔。

**2. 常用的激光器**

激光器的种类很多,可按激励方式、运转方式、用途分类。这里简单介绍按工作物质分类的几种激光器。

1) 固体激光器

固体激光器是用人工方法把能产生受激辐射的金属离子(通常是过渡元素 $Cr^{3+}$、$Nd^{3+}$ 等)掺入晶体或玻璃基质中制成的。固体激光器具有激光形成的阈值低、输出能量大、峰值功率高、结构紧凑、牢固耐用等优点。但由于工作物质的不均匀性和热效应及能级结构的限制,输出光束质量较差,工作波长局限于短波的波段。

2) 气体激光器

气体激光器以气体为工作物质,利用气体原子、分子或离子的分立能级进行工

作。由于气体的光学均匀性好，能级宽带相当窄（几兆赫数量级或更小），所以输出的光束质量较好。

3）染料激光器

染料激光器是以有机染料溶液为工作物质，属于液体激光器。这种激光器的突出优点是它的输出波长在一较宽的范围内连续可调，而且有利于各种不同的染料，激光输出可覆盖从近紫外到近红外的波段范围。染料激活粒子密度大，其增益系数可与固体激光器相比拟。此外，使用染料工作物质具有均匀性好、冷却方便的优点，只要控制好液体中的温度梯度，就能得到与气体激光器相似的光束发散角。

4）半导体激光器

半导体激光器是通过一定方式，在半导体的能带之间或者在能带与杂质能级之间实现非平衡载流子的粒子数反转。当处于粒子数反转状态的大量电子与空穴复合时，便产生受激发射作用。CaAs 半导体激光器是目前性能较好、应用较广的一种半导体激光器。它是电流注入 P-N 结形成粒子数反转，用磨平端面作光学谐振腔反射镜，激光波长为 0.85 $\mu$m，如图 16-2-6 所示。

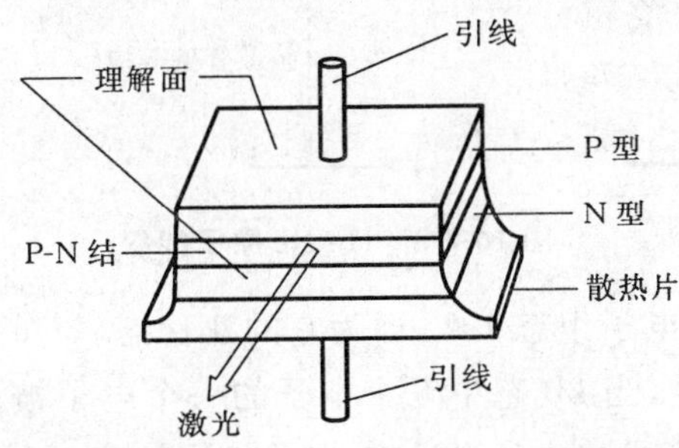


**图 16-2-6　GaAs 结型激光器件的结构示意**

5）自由电子激光器

自由电子激光是激光家族的一个新成员。由于它的工作物质是自由电子，因此称为自由电子激光。自由电子激光具有一系列传统的激光无法替代的优点。例如，频率在大范围内连续可调，峰值功率和平均功率大且可调，相干性好，偏振强，等等。

自由电子激光的产生机理不同于传统的激光，它不是通过受激辐射产生的。

自由电子激光器包括能产生相对论性电子束的高性能电子源（电子加速器），以及使电子前后振荡的磁扭摆器和由反射镜组成的光学谐振腔（见图 16-2-7）。电子束注入交变磁场后被迫在管中螺旋前进，由于韧致辐射效应产生光辐射，光在两镜面之间来回反射，并与电子束相互作用，电子将能量转移给光场导致辐射强度不断增大，从而形成激光。

下面以 He-Ne 激光器为例简要阐明常见激光的产生机理。

He-Ne 激光器是 1961 年研制成功的中性气体激光器。如图 16-2-8 所示，He 原子有两个电子，其基态的电子组态为 $1s^2$，当其中一个电子处在 1s 态而另一个电子被

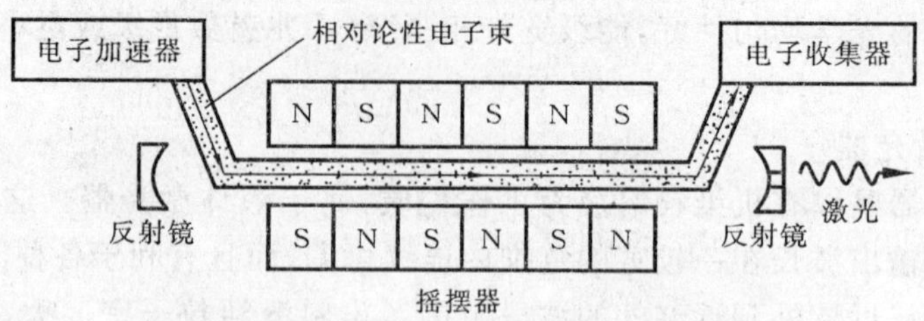


**图 16-2-7　自由电子激光器基本结构示意图**

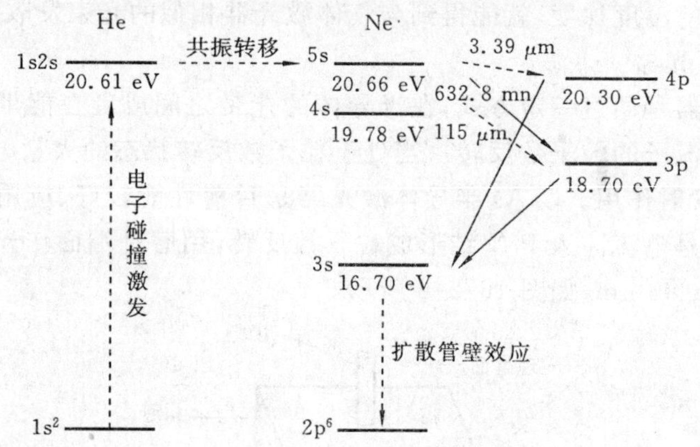


**图 16-2-8**　He-Ne **原子能级**

激发在 2s 态时，此时的电子组态 1s2s 即为它的亚稳态。Ne 原子有 10 个电子，其基态电子组态为 $1s^2 2s^2 2p^6$，当 2p 态中 6 个电子的一个电子被激发至 3s、4s、5s、3p、4p 等电子态上时，则分别形成相应的激发态，其中 $2p^5 4s$ 和 $2p^5 5s$ 即为它的亚稳态。

在基态 He 原子受到高速电子碰撞之后，它立即跃迁到亚稳态能级 1s2s 上。亚稳态 He 原子的能量与亚稳态 Ne 原子的能量水平相当。因此，亚稳态的 He 原子对基态 Ne 原子进行碰撞能够把 Ne 原子从基态激发到 4s 和 5s 亚稳态，而 He 原子则由于失去相应的能量回到基态，它仅起到能量的传递作用。高速电子也能直接碰撞基态 Ne 原子而使它激发到 4s、5s、4p、3p 等高能级上。由于基态 Ne 原子既可以通过 He 原子又可以通过电子的碰撞跃迁到 4s、5s 亚稳态，而 4p、3p 等能级的跃迁只能通过电子的碰撞得到，所以最终在 4s、5s 亚稳态能级上将累积有大量的 Ne 原子，从而实现了对 4p、3p 等能级的粒子数反转。在适当频率光子的刺激下，亚稳态 5s 能级上的 Ne 原子将产生从 5s 跃迁至 3p 辐射出波长为 632.8 nm 的橘红色激光，这就是由 He-Ne 激光器所获得的激光。当然，还有分别从 5s 跃迁至 4p 及 4s 跃迁至 3p 的所产生的波长分别为 3.39 μm 和 1.15 μm 的受激辐射激光。此后，由于 3p 态不是亚稳态，Ne 原子将通过自发辐射由 3p 跃迁至 3s 态，再通过毛细管壁的作用回到基态。

由此可见，He-Ne 激光器的工作物质是 Ne 原子，之所以在激光管内充有 He 气是因为 Ne 原子吸收放电电子的动能而被激发的可能性很小的缘故。在一般情况下，处在 5s 和 4s 的 Ne 原子的数目并不多，即很难对 4p 和 3p 能级实现粒子数反转，因此，需要容易与放电电子相碰撞而获得能量的 He 原子去充当把 Ne 原子激发到 5s 和 4s 能级的角色。He-Ne 混合气体是四能级系统的激活介质。四能级系统比三能级系统更容易实现粒子数反转。

如图 16-2-9 所示，激光管中部放置一毛细管作为放电管。放电管的两端装有电极，阴极做成圆筒状，面积较大，利于发射大量电子；阳极一般由钨棒制成。谐振腔大多用平凹腔，其上蒸镀多层介质膜，反射率接近 100%。该激光器可输出 3.39 μm 和 1.15 μm 两组红外激光和一组可见红光(633 nm)激光(最强)。He-Ne 激光器具有结构简单、寿命长、稳定可靠、价格低廉等优点。

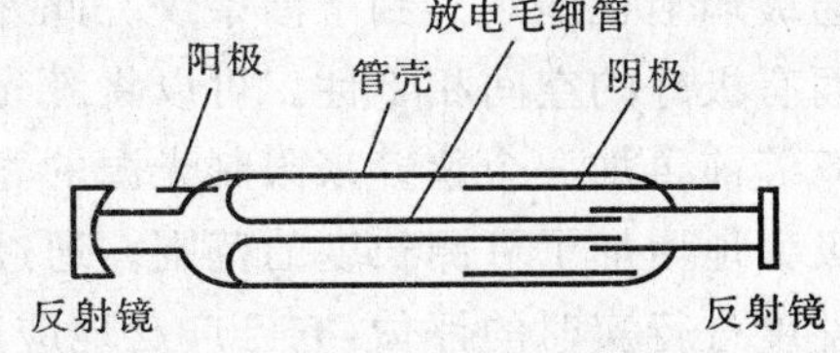


**图 16-2-9　He-Ne 激光器**

## 四、激光的特性及应用

由于激光产生的机理与普通光源很不相同，使得它具有一系列普通光源所没有的如下优点。

**1. 方向性好**

激光束发散角很小，比普通探照灯光小 100 多万倍。激光的发散角大致等于激光器端部通光圆面(直径 $d$)的衍射爱里斑的角直径，即约为 $1.22\dfrac{\lambda}{d}$。由于一般 $\lambda \ll d$，$\dfrac{\lambda}{d} \approx 5'$，因此激光束几乎是平行光束。若将激光射向几千米之外，光束直径也只增大几厘米。利用激光方向性好的特性，可将其用于定位、导向和测距等。

**2. 能量集中**

由于激光束方向性好，使能量在空间高度集中，还可以利用激光脉冲或采取某些措施(如调 Q 和锁模)，把光能压缩在极短的时间内发射出去，使能量在时间上得以集中。因此，激光光源有极大的亮度，能在直径极小的区域内($10^{-3}$ nm)产生几百万度的高温。从一个功率约为 1 kW 的 $CO_2$ 激光器发射出的激光经聚光以后，在几秒钟内就可以将 5 cm 厚的钢板烧穿。激光能量高度集中的特性，在工业上被广泛应用于打孔、焊接和切割；在医学上被用于激光外科手术。例如，用准分子激光原位角膜磨镶术治疗近视、远视；在军事上被用于激光侦测、激光通信、激光制导、激光武器等。

**3. 单色性好**

从普通光源得到的单色光的谱线宽度约为 $10^{-2}$ nm，单色性最好的氪灯的谱线宽度为 $4.7\times10^{-3}$ nm，而 He-Ne 激光器发射的 632.8 nm 激光的谱线宽度只有 $10^{-9}$ nm。若在技术上需要进一步提高激光的单色性，通常要从多模激光束中提取出单模激光，而且要采用稳频措施。目前就采用了碘稳频的 He-Ne 激光器作为计量工作的标准光源。利用激光单色性好的特点，可以把激光波长作为长度标准，用于精密测量。

**4. 相干性好**

由于受激辐射的光子是全同光子,因此激光是很好的相干光。它的时间相干性极好,例如 He-Ne 激光器发射的激光的相干长度约为 400 km。因此,把它投射到普通玻璃上也能观察到干涉条纹。此外,在激光的横截面上各点的光也都是相干的,因而有极好的空间相干性。可以将激光直接照射到双缝上获得杨氏干涉条纹,不必在双缝前再加一个狭缝来限制光源的宽度。利用激光相干长度可达几十公里的特点,极大地增加了可测长度的范围。通过直接观察干涉图像,可以对待测物质表面的平整度进行实时的评估,它已广泛地应用于对金属表面性质和缺陷的检测、板材料厚度的检测、微小长度变化等诸多方面。利用光的多普勒效应,可以确定物体的速度,而且可以测定较低的速度。由于它是非接触式测量,不会影响被测物体的运动,利用这一特性还可以方便地对有毒、有腐蚀性和高温下运动的物体进行测量。血液流速计、振动测量仪、激光陀螺仪等都是激光测速的仪器。此外,激光准直、激光测距、直径测量、电流测量、电压测量等都可实现精确测量。**激光全息摄影术**正是利用了其相干性,照片不仅记录了光的强度,还记录了相位,从而使得照片具有立体效果。

激光技术已日益成为整个科学技术领域强有力的研究工具。在现代科学前沿中,生命科学、遗传研究、能源研究、材料合成等都与超快速运动过程有关。激光技术可用于探索微观世界的超快速运动;激光技术已深入到生命科学的各个领域,有助于揭开生命的奥秘。

## 习　题

**16-1** 什么叫固体能带?

**16-2** 在晶体中,原子的能级分裂成晶体能带的基本原因是什么?

**16-3** 什么叫满带(价带)、导带和禁带?

**16-4** 根据固体能带理论,试说明金属导体为什么具有良好的导电性能。

**16-5** 试从绝缘体和半导体的能带结构,分析它们的导电性能的区别。

**16-6** 太阳能电池中,本征半导体锗的禁带宽度是 0.67 eV,求它们能吸收的辐射的最大波长。

**16-7** 纯硅在"OK"时能吸收的辐射的最大波长是 1.09 μm,求硅的禁带宽度。

**16-8** 在锗晶体中掺入适量的锑或铟,各形成什么类型的半导体?大致画出它的能带结构示意图。

**16-9** 原子的跃迁有哪几种方式?

**16-10** 什么是粒子数反转?实现粒子数反转的必要条件是什么?

**16-11** 二能级系统的激活介质能否实现粒子数反转?

**16-12** 激光器的主要组成部分有哪些?光学谐振腔的作用是什么?

**16-13** 产生稳定激光束的必要条件是什么?

**16-14** 用激光光源作干涉仪实验与用普通光源相比,有何优点?

**16-15** 激光的优点有哪些?激光的应用主要有哪些方面?

# 第 17 章　原子核物理简介

## 第 1 节　原子核的结构和基本性质

### 一、原子核的组成与大小

实验表明，原子核是由一定数目的质子和中子组成的一个复杂系统，对质子和中子而言，虽然带电情况不同，但质量、自旋等特性及在核内的相互作用中，有许多性质是相近的，因此我们常把质子和中子统称为核子。

实验指出，原子核占有的体积正比于其包含的核子数（质量数）$A$。如果把原子核看作是球体，设其半径为 $R$，则其体积为 $4\pi R^3/3$，因此 $R^3 \propto A$，故可写成

$$R = R_0 A^{1/3} \tag{17-1-1}$$

式中，$R_0$ 是比例系数，实验测定 $R_0 \approx 1.20\times10^{-15}$ m。按上式计算，碳原子核（${}^{12}_{6}C$）的半径为

$$R = 1.20\times10^{-15}\times12^{1/3}\ \text{m} = 2.7\times10^{-15}\ \text{m}$$

如此还可算出，铀原子核（${}^{238}_{92}U$）的半径约为 $7.4\times10^{-15}$ m，氧原子核（${}^{16}_{8}O$）的半径约为 $3.1\times10^{-15}$ m，等等。可见，原子核大小的数量级皆为 $10^{-15}$ m。

由于原子核的体积与其质量成正比，这表明核内物质的分布基本上是均匀的，因此任何原子核都具有近乎相同的密度。由原子核的体积 $4\pi R^3/3$ 和质量 $m$ 可算得原子核的密度为

$$\rho = \frac{m}{4\pi R^3/3} = \frac{(1.66\times10^{-27})A}{4\pi(1.20\times10^{-15}\times A^{1/3})^3/3} = 2.29\times10^{17}\ \text{kg}\cdot\text{m}^{-3} \tag{17-1-2}$$

可见，原子核的密度是极大的（$\rho_{水} = 10^3\ \text{kg}\cdot\text{m}^{-3}$）。

上述原子核密度近乎相同的事实表明，无论原子核中核子数目有多少，每一个核子在核内几乎都占有相同大小的体积。由此也证实了核力是饱和的，因为如果核力不具有饱和性，即每个核子都受到所有其他核子的吸引力，则核内的核子数目越多，核子之间将挤得更为紧密，每个核子所占体积将变小，从而导致核物质密度随核内的核子数增多而变大。显然，这与上述实验事实不符。

### 二、原子核的电荷与质量

原子核的重要特征之一是它的电荷数。原子核内的中子不带电，质子带正电，一

个质子的电荷在大小上等于电子的电量 e。以 $Z$ 表示核内的质子数,则原子核的电荷为 $+Ze$,故 $Z$ 又称原子核的电荷数。一个中性原子的核,它的电荷数 $Z$ 等于核外电子的数目。因此,$Z$ 也等于元素的原子序数。

原子核的另一个重要特征是它的质量。由于电子的质量很小,所以原子核几乎集中了原子的全部质量。例如,最轻的氢原子核的质量为 $m_{\mathrm{H}}=1.672\times10^{-27}$ kg,核外只有一个电子,其质量仅为 $m_e=9.109\times10^{-31}$ kg,两者的比值为

$$\frac{m_e}{m_{\mathrm{H}}}=\frac{9.109\times10^{-31}\ \mathrm{kg}}{1.672\times10^{-27}\ \mathrm{kg}}=\frac{1}{1836}$$

元素的原子序数 $Z$ 越大,这个比值就越小。例如,铀原子的这一比值约为 1/4800。可见,原子核的质量与原子的质量相差很小(仅相差核外全部电子的质量),因而可以认为原子核的质量就等于原子的质量。在原子核物理学中,用千克作为原子核质量的单位,显得太大,常使用另一种质量单位,称为"原子质量单位",用符号 u 表示,1 u $=1.660566\times10^{-27}$ kg。

原子核的质量采用原子质量单位来表示时,各种原子核的质量都接近于整数。原子核质量最接近的整数称为原子核的质量数,以 $A$ 表示。例如,氧的一种同位素 ${}^{16}_{8}\mathrm{O}$ 的原子核或氧原子的质量是 15.994915 u,所以它的质量数是 $A=16$。

采用原子质量单位时,中子的质量 $m_n$ 和质子的质量 $m_p$ 分别为

$$m_n=1.008665\ \mathrm{u},\quad m_p=1.007276\ \mathrm{u}$$

可见,质子和中子的质量都近似地等于 1 个原子质量单位,所以原子核的质量数 $A$ 就等于组成核的质子和中子的总质量数,亦即核子数。于是可得质量数为 $A$,电荷数为 $Z$ 的原子核,它的质子数 $N_p$ 和中子数 $N_n$ 分别为

$$N_p=Z,\quad N_n=A-Z \tag{17-1-3}$$

一般说来,电荷数 $Z$ 和质量数 $A$ 是表达原子核最基本特征的物理量,所以常用 ${}^{A}_{Z}\mathrm{X}$ 来标记不同的原子核,X 代表某一元素,如 ${}^{1}_{1}\mathrm{H}$,${}^{4}_{2}\mathrm{He}$,${}^{12}_{6}\mathrm{C}$,${}^{16}_{8}\mathrm{O}$,等等。在原子核物理学中,电子等粒子虽然不是原子核,也常用这种标记方法,例如,电子的质量为 0.000549 u,可用 ${}^{0}_{-1}\mathrm{e}$ 表示。质子就是氢原子核,它带有与电子电荷大小相等的正电荷,质量为 1 u,可用 ${}^{1}_{+1}\mathrm{p}$(或 ${}^{1}_{1}\mathrm{H}$)表示;中子是不带电的中性粒子,质量为 1 u,可用 ${}^{1}_{0}\mathrm{n}$ 表示。

## 三、原子核的自旋与磁矩

实验表明,组成原子核的核子(质子和中子)都有内禀角动量,即自旋。质子和中子的自旋量子数为常数,均为 1/2。此外,核子在核内的空间运动,相应的还有轨道角动量,所有这些运动的总和使原子核具有总角动量。实验发现,每一种处于一定能态的核的总角动量具有确定的数值,通常所说的核自旋是指原子核基态的总角动量。

原子核既具有角动量,又带有正电荷,因而也就有磁矩,与原子的情况相同,如用 $J$ 表示核的自旋量子数,$\mu_J$ 表示核的磁矩,则原子核自旋的数值为

$$P_J=\sqrt{J(J+1)}\hbar$$

磁矩为

$$\mu_J=g_N\frac{e}{2m_p}P_J$$

核磁矩通常用它在给定 $z$ 方向的投影的最大值来量度，即

$$\mu_{Jz}=g_N\frac{e}{2m_p}J\hbar=g_N\mu_N J \tag{17-1-4}$$

式中，$g_N$ 称为原子核的 g 因子，由实验测定。其中：

$$\mu_N=\frac{e\hbar}{2m_p} \tag{17-1-5}$$

称为核磁子，$m_p$ 为质子的质量，是电子质量的 1836 倍，因此核磁子是玻尔磁子（$\mu_B=\frac{e\hbar}{2m_e}$）的 1/1836。

原子核的自旋和磁矩，最初是为了解释光谱线的超精细结构这一实验现象而引入的，后来又被许多其他实验现象所证实，例如，奇特原子的性质和核磁共振等。反过来，实验上也常用射频光谱仪、微波谱仪或核磁共振谱仪方法，通过测量谱线分裂的多重性和间隔大小来确定原子核的自旋及磁矩。

## 四、原子核的核力与结合能

在原子核内，核子之间的距离都在 $10^{-15}$ m 以内，而所有质子都是带正电的，因此它们之间有很强的静电斥力，这种斥力有拆散原子核的趋势；另一方面，把原子核拆散成质子和中子需要耗费巨大的功。可见，在核子之间一定还存在一种比静电斥力更强的相互作用力，以使质子和中子集结在一起，形成稳定的核，这种力称为**核力**。关于核力的详细性质尚不完全清楚，目前只能根据实验结果肯定以下几条性质。

(1) 无论是质子与质子、中子与中子或质子与中子之间都有核力相互作用，而且任意两个核子之间的核力大致相等。

(2) 核力是一种短程力。在大于 $10^{-15}$ m 的距离时，核力远比库仑力小，在小于 $10^{-15}$ m 的距离时，核力比库仑力增加得更为迅猛，这时核力起主要作用。

(3) 核力具有“饱和”的性质，亦即一个核子仅与它相紧邻的核子之间才有核力的相互作用，而不能与核内所有更远的核子都以核力相互作用。

实验还指出，在核子之间的作用范围 $10^{-15}$ m 内，如核子之间的距离较大，核力表现为吸力，而当核子间的距离小到 $0.4\times10^{-15}$ m 时，核力就由吸力变为强大的斥力。这种斥力的存在使得核子不可能非常接近。

关于核力的本质，目前认为是一种交换力。大家知道，电磁力是通过光子的交换来实现的，与之类似，核力是通过一种新的基本粒子——介子的交换来实现的。

如果原子核的质量等于组成这种核的质子和中子的质量之总和，则质量数为 $A$、电荷数为 $Z$ 的原子核的质量，按式(17-1-3)，应为

$$Zm_p+(A-Z)m_n$$

但从实验测定的原子核的质量总是小于上式所给出的值，其差额

$$B=[Zm_p+(A-Z)m_n]-m \tag{17-1-6}$$

称为**质量亏损**。例如，氦核${}^4_2$He 的质量数 $A=4$，质子数 $N_P=Z=2$，中子数为 $N_n=A-Z=4-2=2$。当由两个质子和两个中子组成氦核时，则它的质量应等于全部核子质量之总和，即

$$Zm_p+(A-Z)m_n=(2\times1.007276+2\times1.008665)\ \text{u}=4.031882\ \text{u}$$

但实际测得氦核${}^4_2$He 的质量 $m_{He}=4.001505$ u，故氦核的质量亏损为

$$\Delta m=(4.031882-4.001505)\ \text{u}=0.030377\ \text{u}$$

根据计算，其他原子核也都有这种质量亏损。从上述计算看来，这种质量亏损似乎微不足道。然而，根据相对论质能关系有

$$\Delta E=\Delta mc^2$$

由此可知，当一些单个核子形成原子核时有质量亏损，与质量亏损联系的就一定有能量的改变要放出大量的能量。以氦核为例，形成一个氦原子核时所放出的能量为

$$\begin{aligned}\Delta E&=\Delta mc^2=(3\times10^8)^2\times0.030377\times1.660566\times10^{-27}\ \text{J}\\&=4.539871\times10^{-12}\ \text{J}\approx28.34\ \text{MeV}\end{aligned}$$

形成 1 mol 的氦核，即 $6.022\times10^{23}$ 个氦原子核所放出的能量为

$$\begin{aligned}\Delta E_{mol}&=6.022\times10^{23}\times28.34\times1.602\times10^{-13}\ \text{J}\cdot\text{mol}^{-1}\\&=2.73\times10^{12}\ \text{J}\cdot\text{mol}^{-1}\end{aligned}$$

这相当于燃烧 100 t 煤时所放出的热量。

由质子和中子形成某种原子核时所放出的能量，称为**结合能**。相反，如果要使原子核分裂为单个的质子和中子时，外界就必须供给与结合能等值的能量或做这样多的功。

如果把某原子核的结合能用这核中的总核子数 $A$ 去除，就可以得到每个核子的平均结合能 $\Delta E/A=\Delta mc^2/A$。以 $\Delta E/A$ 为纵坐标，$A$ 为横坐标，可得两者的关系，如图 17-1-1 所示。

从图 17-1-1 可以看出，对应于中等原子量元素的核，每个核子的平均结合能最大，且近似地等于 8.6 MeV，因此最稳定。而对于轻核和重核，每个核子的平均结合能都比上述数值小，因此当轻核聚合成中等质量的核或重核分裂成中等质量的核时，都有大量能量放出，这种能量称为**原子核能**，简称**原子能**。

## 五、原子核的结构与模型

到目前为止，核的结构还没有精确、全面的理论描述，因此，只能利用模型来近似说明。为此，人们已经建立了很多模型，每种模型能解释某一方面的问题。作为例子，下面简单介绍核的**液滴模型**和**壳层模型**，它们在裂变能量和能级的计算中给出了重要的结果。

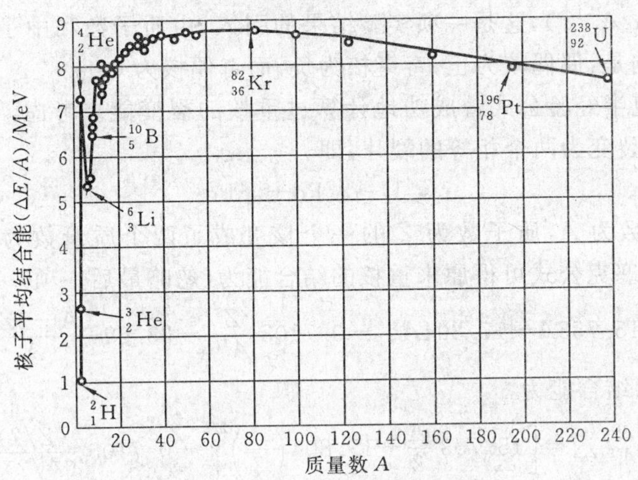


**图 17-1-1　核子的平均结合能曲线**

液滴模型最初是由玻尔根据核力和液体的分子力的相似而提出的。此模型设想核是一滴“核液”，核力在核子间距离很小时变为巨大的斥力，使核液具有“不可压缩性”，核子间距较大时，核力又表现为引力。斥力和引力的平衡使得核子之间保持一定的平衡间距，而使核液有一恒定的密度。像普通的液滴由于表面张力而聚成球形那样，也可以设想核液滴也有表面张力而使核紧缩成球形。在这种相似的基础上，核的液滴模型提出了一个核的结合能的计算公式，该公式包括以下几项：

$$E_b = a_1 A - a_2 A^{2/3} - a_3 Z^2/A^{1/3} - a_4 (A-2Z)^2/A + a_5 A^{-1/2} \qquad (17\text{-}1\text{-}7)$$

式中的 5 个常量要通过用最小二乘法对实验结果进行拟合来求得。下面的一组数据使式(17-1-7)与实验结果非常相近(特别是对于 $A>20$ 的核)。

$$a_1 = 15.753 \text{ MeV}$$

$$a_2 = 17.804 \text{ MeV}$$

$$a_3 = 0.7103 \text{ MeV}$$

$$a_4 = 23.69 \text{ MeV}$$

$$a_5 = \pm 11.18 \text{ MeV} \quad (\text{或 } a_5 = 0)$$

式(17-1-7)最早是由韦塞克(C. F. von Weisaker)1935 年提出的，人们通常称其为核结合能的韦塞克半经验公式。其中几项的意义分别如下：

(1) 体积项($a_1 A$)，这是由核力的近程性决定的能量；

(2) 表面项($-a_2 A^{2/3}$)，由于表面的核子的紧邻核子数比内部核子的紧邻核子数少，所以应加以一负值的修正；

(3) 电力项$\left(-a_3 \dfrac{Z^2}{A^{1/3}}\right)$，质子间的库仑斥力有减少结合能的效果，所以应再加一库仑势能的修正项；

(4) 不对称项($-a_4 (A-2Z)^2/A$)，这是一个量子力学修正项；

(5) 对项($a_5 A^{-1/2}$),这是一项实验结果的引入,由质子数和中子数的组合决定,对结合能的影响是:偶偶核为正,奇奇核为负,而奇偶核为0。

利用韦塞克半经验公式曾成功地计算过重核的裂变能。考虑$^{236}_{92}$U($^{235}_{92}$U 核吸收一个中子生成)裂变为两个相等的裂片,即

$$^{236}_{92}\mathrm{U} \rightarrow {}^{118}_{46}\mathrm{Pd} + {}^{118}_{46}\mathrm{Pd}$$

此反应中,质量数为 $A$,质子数为 $Z$ 的一个核变成了两个质量数为 $A/2$、质子数为 $Z/2$的核。由韦塞克公式可得原来重核的结合能为(忽略最后一项)

$$E_{b,A,Z} = \left[15.753A - 17.804A^{2/3} - 0.7103\frac{Z^2}{A^{1/3}} - 23.69\frac{(A-2Z)^2}{A}\right]\mathrm{MeV}$$

裂变后每个核的结合能为

$$E_{b,A/2,Z/2} = \left[15.753\frac{A}{2} - 17.804\left(\frac{A}{2}\right)^{2/3} - 0.7103\frac{(Z/2)^2}{(A/2)^{1/3}} - 23.69\frac{(A/2-2Z/2)^2}{A/2}\right]\mathrm{MeV}$$

此裂变释放出的能量为

$$2E_{b,A/2,Z/2} - E_{b,A,Z} = \left(-4.6A^{2/3} + 0.26\frac{Z^2}{A^{1/3}}\right)\mathrm{MeV}$$

此结果的第一项是裂变后原子核的表面积增大而核"表面张力"做的功,这是核力做的功。上式右侧第二项是重核裂开时两裂片的质子间的库仑斥力做的功。将 $A=236$,$Z=92$ 代入上式,可得

$$\left(-4.6\times 236^{2/3} + \frac{0.26\times 92^2}{236^{1/3}}\right)\mathrm{MeV}$$
$$=(-180+360)\ \mathrm{MeV} = 180\ \mathrm{MeV}$$

此式表明,核力做了 $-180$ MeV 的功,即重核裂开时,裂片反抗相互吸引的核力做了功,同时库仑斥力使裂片分开做了 360 MeV 的功。两项抵消后裂片共获得动能 180 MeV,这就是裂变所释放的核能或原子能,与实验结果一致。

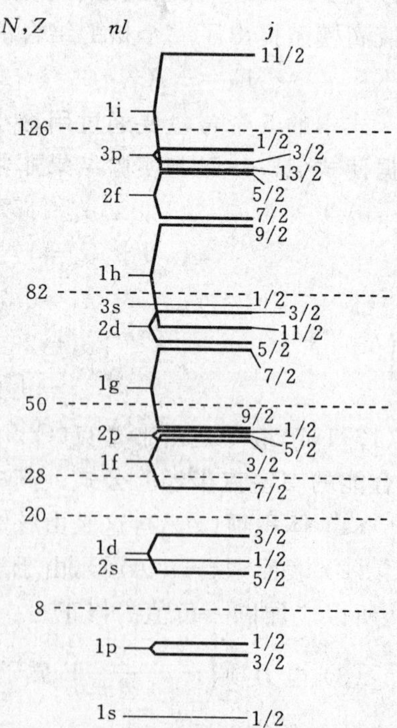

图 17-1-2　壳模型单核子的能级图

液滴模型很好地计算了结合能,但不能说明核的能量和角动量的量子化,也不能说明平均结合能的极大值。迈耶(M. G. Mayer)和金森(H. D. Jenson)提出了类似于原子能级那样的壳层模型,该模型给出的核子的能级如图 17-1-2 所示。图中符号和原子能级的符号意义相同。与原子能级不同的是:能级差变大(MeV 量级),特别是由于自旋-轨道耦合甚强而引起的轨道能级的分裂

间隔很大(由于核力场不是有心力场,所以 $l<n$ 的限制不再有效)。由图可知,对于 $Z$(质子数)或 $N$(中子数)为 8,20,28,50,82,126 的核,称为**幻数核**,分布有核子的最高能级到其上边没有核子的能级的差都比较大。说明这些幻数核都特别稳定,与原子中的惰性元素原子类似。核的稳定性这一现象在此前已从实验结果中得知了,壳模型对它作出了较圆满的解释。

## 第 2 节　原子核的衰变

### 一、天然放射性现象

1896 年贝克勒尔(H. Becquerel)在研究铀盐的性质时,偶然发现铀盐(铀化钾)不断地放出一些射线(辐射),这些射线是看不见的,但能穿过可见光所不能穿过的物体(如黑纸)并使照相底片感光。接着居里夫妇(M. S. Curie,P. Curie)发现镭和钋也都能够放出类似的射线,而且强度比铀放出的更强。

铀、镭等元素能够放出上述射线的性质,称为**放射性**。具有放射性的元素称为**放射性元素**,除上述铀、镭和钋外,后来又发现了位于门捷列夫元素周期表末尾的一些其他重元素都具有放射性。这些元素不用人工处理,就会自发地放出上述射线,故称为**天然放射性**。

进一步的研究发现,放射性射线一般具有下述几种性质:① 能使气体电离;② 能激发荧光;③ 能使照相底片感光;④ 可以贯穿可见光所不能穿透的一些物体;⑤ 射线足够强时,能破坏细胞组织;⑥ 放射性物质的温度总是高于周围物质的温度,并且周围物质吸收了这射线后,温度也要升高。这表明放射性元素在放射过程中不断地释放出能量。

研究放射性元素的射线在磁场中的表现时,发现它们是由三种不同本质的射线所组成的,这三种射线分别称为 α、β 和 γ 射线。如图 17-2-1 所示,在铅块中钻一深的孔道,孔道的底部放置放射性物质,因为射线不能穿过很厚的铅板,所以仅能沿着孔道射出而成为很窄的一束。在孔道上的空间,加一垂直于图面向里的磁场,则射线束通过该磁场时就分成三部分,即 α、β 和 γ 三种射线。由图 17-2-1 可见,α 射线在磁场中的偏转方向与带正电荷的运动粒子的偏转方向一样,β 射线的偏转方向与带负电荷的运动粒子的偏转方向一样,而 γ 射线则不发生偏转。

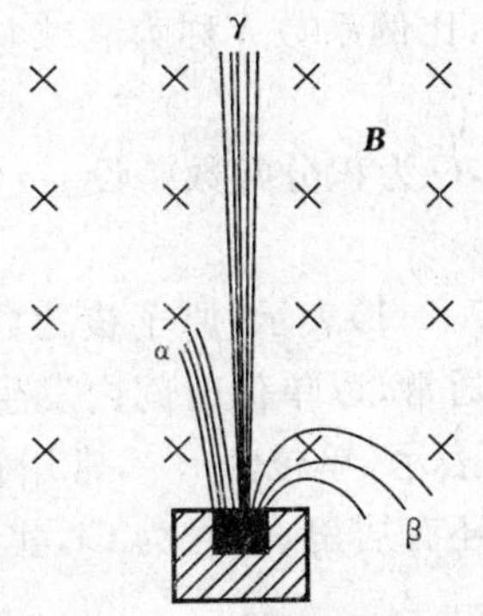

图 17-2-1　磁场中放射性元素的射线分成三部分

对这些射线作进一步的研究后,确定了 α 射线是一种粒子流,这种粒子的质量为氢原子质量的 4 倍,带有两倍于电子电荷的正电荷,即氦原子核,称为 α

粒子。β射线是高速飞行的电子流，称为β粒子。γ射线是波长比X射线更短的电磁波，即光子流。在这三种射线中，α射线的电离本领最强，γ射线的电离本领最弱；α射线贯穿物体的本领最弱，而γ射线贯穿物体的本领最强；β射线的电离本领和贯穿本领都介于α和γ射线之间。

下面说明上述放射性现象的本质：1908年，卢瑟福用光谱分析方法发现盛有少量的镭盐($RaCl_2$)的密闭容器里，出现了两种本来在容器内所没有的气体，经研究确定，一种气体是氦，另一种气体是当时新发现的元素，叫做氡。这一实验结果的解释如下：镭的原子核中放出一个α粒子(即氦原子核)，α粒子吸收两个电子中和后，成为氦原子，这就是容器内所产生的第一种气体；镭的原子核放出α粒子后转变为新元素氡的原子核，电子中和后的氡原子就是容器内新发现的第二种气体，氡元素也具有放射性。人们陆续发现很多元素的核是不稳定的，都会自发地发生转变，放出射线，这就是所谓原子核的衰变。由此可见，放射性现象的本质就是原子核的衰变过程，衰变之后的元素转变为另外的元素。放射性现象同时指出了原子核是由很多粒子所组成的复杂系统。天然放射性元素的衰变方式有下列三种：α衰变——从核中放出α粒子(α射线)的过程；β衰变——核中放出电子(β射线)的过程；γ衰变——从核中放出光子(γ射线)的过程。

## 二、原子核衰变的规律

原子核是否具有放射性及其衰变方式，取决于核的内在性质，与温度、压强、电场或磁场等外界条件无关。理论和实验证明，在核衰变的过程中，原子核的数目随时间按指数规律减少。这一结果可推导如下。

设在$t$和$t+\mathrm{d}t$时刻，某一放射源中放射性元素的原子核数目分别为$N$和$N+\mathrm{d}N$。$\mathrm{d}N$为原子核数目在$\mathrm{d}t$时间内因衰变而引起的变化量，它与原来的原子核数目$N$及衰变时间$\mathrm{d}t$成正比。由于原子核数目随时间而减少，故$\mathrm{d}N$是负值，即

$$\mathrm{d}N=-\lambda N\mathrm{d}t$$

式中，比例系数$\lambda$称为衰减常数，其值只与元素本身的性质有关。将上式积分，得

$$\ln N=-\lambda t+C$$

式中，$C$为积分常数。设$t=0$时，放射源中原子核数目为$N_0$，由上式得

$$N=N_0\mathrm{e}^{-\lambda t} \tag{17-2-1}$$

式(17-2-1)表示，原子核的数目$N$是随时间$t$按指数规律减少的。

通常，以单位时间内发生核衰变的次数来表示放射性的强弱，称为**放射性活度**。以$A$表示，单位为$\mathrm{s}^{-1}$，常用符号Bq(贝克勒尔)表示，1 Bq=1 $\mathrm{s}^{-1}$；此外，活度的常用单位还有居里，符号为Ci，实用单位有毫居(mCi)和微居($\mu$Ci)。

$$1\ \mathrm{Ci}=3.70\times10^{10}\ \mathrm{Bq} \tag{17-2-2}$$

设在$\mathrm{d}t$时间内发生核衰变的次数(即原子核减少的数目)为$-\mathrm{d}N$，按照放射性活度的定义，由式(17-2-1)得

$$A=-\frac{\mathrm{d}N}{\mathrm{d}t}=\lambda N_0\mathrm{e}^{-\lambda t}$$

以 $A_0$ 表示 $t=0$ 时的放射性活度，显然，$A_0=\lambda N_0$，故上式成为

$$A=A_0\mathrm{e}^{-\lambda t} \tag{17-2-3}$$

即放射性活度 $A$ 也是随时间 $t$ 按指数规律而减小的，两者的关系可用如图 17-2-2 所示的曲线表示。

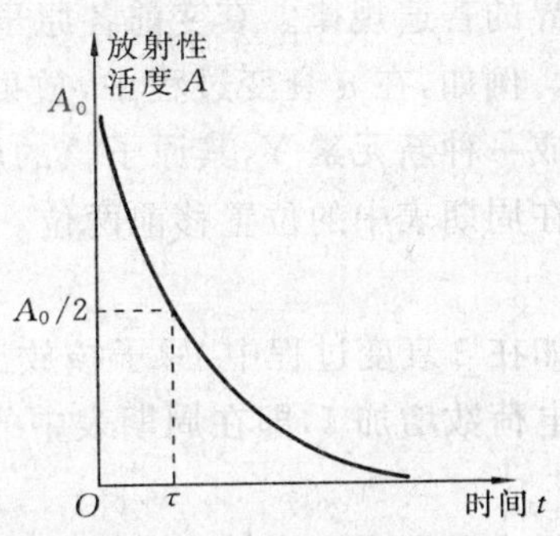


图 17-2-2　放射性活度与时间的关系曲线

由式(17-2-3)可知，放射性元素衰变的快慢取决于 $\lambda$ 的值。在习惯上，常用另一个恒量来表示，这个恒量就是放射性活度减弱为原来的一半(即 $A=A_0/2$)时所经历的时间，称为放射性元素的**半衰期**，用 $\tau$ 表示。由式(17-2-3)得

$$\frac{A_0}{2}=A_0\mathrm{e}^{-\lambda\tau}$$

所以

$$\tau=\frac{\ln 2}{\lambda}=\frac{0.693}{\lambda} \tag{17-2-4}$$

各种放射性元素半衰期 $\tau$ 的长短相差很大，例如，铀($^{238}_{92}\mathrm{U}$)的半衰期为 $4.5\times10^9$ a(a 表示以年为单位)，镭的半衰期为 1600 a，钋的半衰期为 $3\times10^{-7}$ s。半衰期的意义如下：设有 1 g 镭，经过半衰期 1600 a 后，剩下$\frac{1}{2}$g；再经过 1600 a 后，剩下$\frac{1}{4}$g；如此类推。

**【例题 17-1】**　$^{226}_{88}\mathrm{Ra}$ 的半衰期为 1600 a，10 g 纯 $^{226}_{88}\mathrm{Ra}$ 的活度是多少？这一样品经过 400 a 和 6000 a 时的活度又分别是多少？

**解**　样品中最初的核数为

$$N_0=\frac{10\times6.023\times10^{23}}{226}=2.66\times10^{22}$$

衰变常量为

$$\lambda=0.693/\tau=\frac{0.693}{1600\times3.156\times10^7}\ \mathrm{s}^{-1}=1.37\times10^{-11}\ \mathrm{s}^{-1}$$

起始活度为

$$A_0=\lambda N_0=1.37\times10^{-11}\times2.66\times10^{22}\ \mathrm{Bq}=3.65\times10^{11}\ \mathrm{Bq}$$

按照式(17-2-2)的定义，$A_0$ 约等于 10 Ci。再由式(17-2-3)可得

$$A_{400}=A_0\mathrm{e}^{-\lambda t}=A_0\times2^{-t/\tau}=3.65\times10^{11}\times2^{-400/1600}\ \mathrm{Bq}$$
$$=3.07\times10^{11}\ \mathrm{Bq}=8.3\ \mathrm{Ci}$$

$$A_{6000}=3.65\times10^{11}\times2^{-6000/1600}\ \mathrm{Bq}=2.71\times10^{10}\ \mathrm{Bq}=0.73\ \mathrm{Ci}$$

与其他过程一样，原子核的衰变过程也遵循电荷守恒、动量守恒和能量守恒等自

然界的普遍规律。衰变前各原子核的电荷数与质量数的总和应分别等于衰变后的总和。例如,在 α 衰变过程中,放射性元素 X 的原子核放出一个 α 粒子($^4_2$He)时,就蜕变成一种新元素 Y,其原子核的质量数比原来元素的质量数减少 4,而电荷数减少 2,即在周期表中的位置移前两位。可用下列反应式表示:

$$^A_ZX \rightarrow ^{A-4}_{Z-2}Y + ^4_2He$$

又如在 β 衰变过程中,原子核放出一个 β 粒子($^0_{-1}$e)时,新元素原子核的质量数不变,而电荷数增加 1,即在周期表中的位置移后一位。可用下列反应式表示:

$$^A_ZX \rightarrow ^A_{Z+1}Y + ^0_{-1}e$$

上两式通常称为**位移定则**,根据这个定则能决定新元素在周期表中的位置。原子核进行 γ 衰变时,核的能级发生改变,但核的组成不发生变化,元素在元素周期表上的位置也不变。

## 三、放射性的探测方法

前面讲过,放射性元素所放出的 α、β 和 γ 三种射线都能激发荧光,使气体电离和使照相底片感光,但强弱程度不同,因而我们能够分别观察由这三种射线所引起的现象。不仅如此,由于单个的 α 粒子和 β 粒子都具有很高的能量,所以我们能够记录单个的 α 粒子或 β 粒子的运动情况,这对放射性现象和核反应(后面将讨论)的研究有重大的意义。观察这些粒子的设备和方法很多,例如**云雾室**①和各种**计数器**等。

计数器是根据射线能使气体电离的性能制成的,如图 17-2-3 所示是常用的一种金属丝计数器,称为盖革(H. W. Geiger)-米勒(Muller)计数器。在两端用绝缘物质封闭的金属管内储有低压气体(压强约为 $10^4$ Pa),沿管的轴线装置一段金属丝 D(如钨丝),在金属丝和管壁之间用电池组 B 提供一定的电压,这一电压比管内气体的击穿电压稍低,因而,管内没有射线穿过时,气体不放电。当某种射线的一个高速粒子进入管内时,导致管内气体原子电离,而释放出几个自由电子,并在电场作用下奔向金属丝 D,沿途又电离了气体的其他原子,释放出更多的电子,这些电子再接连电离出越来越多的气体原子,最终使管内气体成为导电体,丝极与管壁之间产生迅速的气体放电现象,将一个脉冲电流

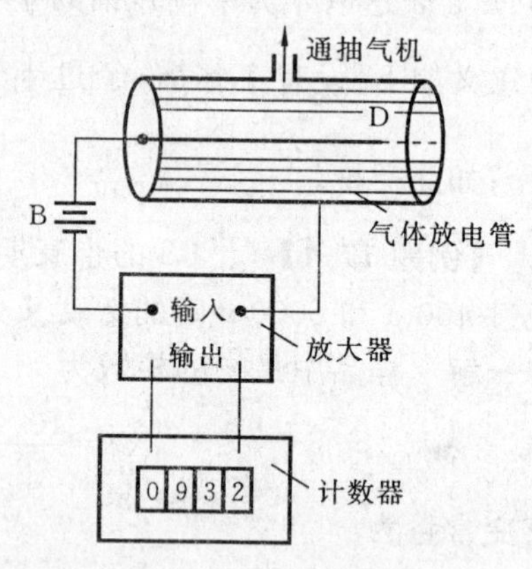

图 17-2-3　盖革-米勒计数器

① 云雾室是观察粒子径迹的实验设备。当带电粒子通过充满饱和蒸汽的云雾室时,在粒子通过的路径上气体发生的电离而出现一连串的离子,这时使气体绝热膨胀而降温,室内的气体便处于过饱和状态就以这些离子为凝结中心,形成微小液滴。这样,在粒子经过的路径上就显示出一条白色的云雾,这就是粒子的径迹。可根据径迹的粗细、长短及弯曲情况,研究入射带电粒子的能量等性质。

输入放大器，并由连接放大器输出端的计数器自动地记录下每个粒子飞入管内时的放电，由此就可检测出粒子的数目。

## 第 3 节　核反应与核能的利用

不稳定元素会自发产生核衰变现象。那么，对于稳定元素来说，是否能使它的原子核结构发生改变，从而把一种元素转变为另一种元素呢？

### 一、核反应

1919 年，卢瑟福用天然放射性元素放出的 α 粒子，去轰击氮核（氮核$^{14}_{7}N$当做一个靶子），完成了第一次人工核反应，从此人们开始了人工核反应的研究。这个反应过程表示为

$$^{14}_{7}N+^{4}_{2}He\rightarrow(^{18}_{9}F)\rightarrow^{17}_{8}O+^{1}_{1}H$$

当 α 粒子射入氮原子核后，首先形成不稳定的氟的同位素$^{18}_{9}F$，它会立刻自行分裂，放出质子$^{1}_{1}H$，而转变为$^{17}_{8}O$。质子就是在这个反应中首先发现的。通常，在核反应式中，用元素符号代表原子核，如 N、He、F、O、H 分别表示相应元素的原子核。

上述用高能粒子轰击原子核而放出一个或几个粒子的过程称为**核反应**。与衰变过程一样，核反应过程也严格遵守电荷守恒、动量守恒和能量守恒等基本守恒定律。核反应过程一般可用下式表示：

$$^{A}_{Z}X+a\rightarrow^{A'}_{Z'}Y+b$$

式中，a 是入射粒子，b 是反应后放出的粒子；X 是被轰击的原子核，称为**靶核**；Y 是形成的新核，称为**反冲核**。1932 年，约里奥-居里（F. J. Curie）和查德威克（J. Chadwick）在研究 α 粒子轰击铍核$^{9}_{4}Be$所引起的核反应时，发现了中子，其反应式为

$$^{9}_{4}Be+^{4}_{2}He\rightarrow^{12}_{6}C+^{1}_{0}n$$

进一步研究还发现了中子的一些基本性质：因为中子不带电荷，实际上不会与原子中的电子发生相互作用，不会使原子电离，所以当中子穿过物质时，它的能量损失缓慢，表现为强大的穿透本领（能够穿透几十厘米厚的铅层）。

因为中子不会直接使原子电离，所以要从中子所产生的次级现象中才能观察到中子。例如，当中子与原子核碰撞时，中子将能量传给原子核，使原子核运动起来，而在其路径上产生大量离子，这时就可用云雾室等方法去观察。中子与质子碰撞时，因为它们的质量很相近，每碰撞一次，中子就有很大一部分能量传给质子。因此，使高能中子通过含氢的物质（如水、石蜡等）时，它的速度就很快地降低到热运动的速度，变成了所谓的慢中子或热中子。中子不带电荷，它不会受到核电场的排斥作用，因而中子比其他粒子更容易钻进原子核而引起核的分裂。现在已经知道，中子几乎可使一切元素的核产生裂变。

人们现在已知的核反应都是指一个入射的高能粒子轰击一靶核时引起的变化，

下面举几个典型例子。

1919 年,卢瑟福第一次用 α 粒子轰击氮核实现的人工核嬗变:

$$ {}_{2}^{4}\mathrm{He}+{}_{7}^{14}\mathrm{N}\rightarrow{}_{8}^{17}\mathrm{O}+{}_{1}^{1}\mathrm{p}-1.19\ \mathrm{MeV} $$

此反应式也常简写成$^{14}\mathrm{N}(\alpha,\mathrm{p})^{17}\mathrm{O}$。

1932 年,查德威克发现中子的核反应:

$$ {}_{2}^{4}\mathrm{He}+{}_{4}^{9}\mathrm{Be}\rightarrow{}_{6}^{12}\mathrm{C}+{}_{0}^{1}\mathrm{n}+5.7\ \mathrm{MeV} $$

此反应式也常简写成$^{9}\mathrm{Be}(\alpha,\mathrm{n})^{12}\mathrm{C}$。

第一次用加速粒子引发的核反应:

$$ {}_{1}^{1}\mathrm{p}+{}_{3}^{7}\mathrm{Li}\rightarrow({}_{4}^{8}\mathrm{B})\rightarrow2{}^{4}\mathrm{He}+8.03\ \mathrm{MeV} $$

一种可能的铀核裂变反应:

$$ {}_{92}^{235}\mathrm{U}+{}_{0}^{1}\mathrm{n}\rightarrow{}_{56}^{144}\mathrm{Ba}+{}_{36}^{89}\mathrm{Kr}+2{}_{0}^{1}\mathrm{n}+200\ \mathrm{MeV} $$

氢弹爆炸的热核反应:

$$ {}_{1}^{2}\mathrm{H}+{}_{1}^{3}\mathrm{H}\rightarrow{}_{2}^{4}\mathrm{He}+{}_{0}^{1}\mathrm{n}+17.6\ \mathrm{MeV} $$

太阳中进行的热核反应(质子-质子链):

$$ {}_{1}^{1}\mathrm{H}+{}_{1}^{1}\mathrm{H}\rightarrow{}_{1}^{2}\mathrm{H}+{}_{1}^{0}\mathrm{e}+\nu_{e}+0.42\ \mathrm{MeV} $$

$$ {}_{1}^{1}\mathrm{H}+{}_{1}^{2}\mathrm{H}\rightarrow{}_{1}^{3}\mathrm{H}+\gamma+5.49\ \mathrm{MeV} $$

$$ {}_{1}^{3}\mathrm{He}+{}_{1}^{3}\mathrm{He}\rightarrow{}_{2}^{4}\mathrm{He}+2{}_{1}^{1}\mathrm{H}+12.85\ \mathrm{MeV} $$

其总效果是

$$ 4{}_{1}^{1}\mathrm{H}\rightarrow{}_{2}^{4}\mathrm{He}+2{}_{1}^{0}\mathrm{e}+2\nu_{e}+2\gamma+24.67\ \mathrm{MeV} $$

在核反应中,粒子的转变和产生都要严格遵守一些守恒定律,如能量守恒、电荷守恒、角动量守恒、重子数守恒、轻子数守恒、宇称守恒等。

在表示一种核反应的概率时,常用到**反应截面**这一概念,核反应的反应截面 $\sigma$ 是单位时间内一个靶粒子的反应次数和入射粒子流强 $I$(单位时间内通过单位面积的入射粒子数)的比值,即

$$ \sigma=\frac{R}{NI} \tag{17-3-1} $$

式中,$R$ 是反应速率,即单位时间内的反应次数,$N$ 是入射粒子流射中的靶核数。反应截面是核反应发生的概率表示,如果入射粒子是经典粒子,而且每个粒子飞向一个核的瞄准距离小于该核的半径,就一定会发生碰撞而引发反应。这种情况下,该反应的反应截面就应当等于该核的几何截面面积。为了方便,定义反应截面的单位为**靶恩**,符号为 b,即

$$ 1\ \mathrm{b}=10^{-28}\ \mathrm{m}^{2} \tag{17-3-2} $$

由于入射粒子的波动性,即使经典瞄准距离大于核半径也能引发核反应,但每次引发的概率小于 100%,所以实际的反应截面可能大于也可能小于靶核的几何截面面积。例如,$^{113}\mathrm{Cd}$ 捕获慢中子的反应截面约为 55000 b,差不多是$^{113}\mathrm{Cd}$ 核的几何截面的 $10^{4}$ 倍。正是由于这样大的反应截面,镉就成了控制反应堆反应速率的上好材

料。把镉做的控制棒插入反应堆内，堆内中子流量和裂变速率就会减小。

**【例题 17-2】** 假设有下述核反应：

$$^{60}_{28}\mathrm{Ni}+^{4}_{2}\mathrm{He}=^{63}_{30}\mathrm{Zn}+^{1}_{0}\mathrm{n}$$

对于能量为 18 MeV 的 $\alpha$ 粒子的反应截面是 0.7 b。此反应在回旋加速器中进行，靶为厚 2.5 $\mu$m 的 Ni 箔。Ni 的密度是 8.8 g/cm$^3$，其中$^{60}_{28}$Ni 的天然丰度为 26.2%，入射束电流为 8 $\mu$A。求反应速率。

**解**　入射 $\alpha$ 粒子流强为

$$I=\frac{8\times10^{-6}}{2\times1.6\times10^{-19}S}=\frac{2.5\times10^{13}}{S}\ (\mathrm{m^2\cdot s^{-1}})$$

式中，$S(\mathrm{m^2})$为入射束流的横截面积。在该束流内的 Ni 原子的数目为

$$N'=6.02\times10^{23}\times\frac{2.5\times10^{-6}\times S\times8.8\times10^{3}}{58.7\times10^{3}}=2.26\times10^{23}S$$

在束流中$^{60}_{28}$Ni 核的数目为

$$N=0.262N'=5.92\times10^{22}S$$

由式(17-3-1)给出反应速率为

$$R=\sigma NI=0.7\times10^{-28}\times5.92\times10^{22}\times2.5\times10^{13}\ \mathrm{s^{-1}}=1.04\times10^{8}\ \mathrm{s^{-1}}$$

对于各种核反应，除关注核的种类的变化外，还要特别注意能量的转化情况。即核反应的 $Q$ 值，核反应释放的能量也可以通过质量亏损算出。对于如下的一般核反应：

$$\mathrm{X}(x,y)\mathrm{Y}$$

它的 $Q$ 值为

$$Q=(m_{\mathrm{X}}+m_x-m_y-m_{\mathrm{Y}})c^2$$

对不同的核反应 $Q$ 值可正可负。$Q>0$，称为放能反应；$Q<0$，称为吸能反应。

下面讨论一个吸能反应。设想入射粒子的动能为 $E_{\mathrm{k},x}$，靶粒子 X 在实验室中静止。应注意的是要引发吸能反应，入射粒子的动能等于该反应的 $Q$ 值(绝对值)是不够的。这是因为入射粒子和静止的靶粒子的质心动能在反应时是不会改变，因而不会参与核转变。引发核反应的初动能必须大于$|Q|$。一般来讲，上述核反应总要经过入射粒子和靶粒子结合为一体的中间阶段，然后再分解成后来的粒子。分析从最初到两者结合为一体这一过程可以求得入射粒子和靶粒子在它们的质心系中的动能之和为

$$E_{\mathrm{kc}}=\frac{m_{\mathrm{X}}}{m_x+m_{\mathrm{X}}}E_{\mathrm{k},x}$$

这也就是该吸热反应所可能利用的初始注入能，此初始能大于$|Q|$时才能引发该吸热反应。因此，入射粒子的动能至少应等于

$$E_{\mathrm{k,X}}=\frac{m_x+m_{\mathrm{X}}}{m_{\mathrm{X}}}|Q|=\left(1+\frac{m_x}{m_{\mathrm{X}}}\right)|Q| \tag{17-3-3}$$

这一引发吸能核反应所需的入射粒子的最小能量称为该反应的**阈能**。

**【例题 17-3】** 计算下述核反应的阈能：$^{13}C(n,\alpha)^{10}Be$ 给定原子质量

$$m_C = 13.003355\ \text{u},\quad m_{Be} = 10.01354\ \text{u}$$

**解** 由质量亏损计算 $Q$ 值为

$$Q = (13.003355 + 1.008665 - 4.002603 - 10.013534) \times 931.5\ \text{MeV} = -3.835\ \text{MeV}$$

负号表示该反应为吸能反应。由式(17-3-3)可得在实验室中此核反应阈能为

$$E_{k,X} = \left(1 + \frac{m_n}{m_C}\right)|Q| = \left(1 + \frac{1}{13}\right) \times 3.835\ \text{MeV} = 4.13\ \text{MeV}$$

以上是在$|Q|$值相对较小的情况下用经典力学计算的结果。近代高能加速器给出的入射粒子的能量可达 GeV 甚至 TeV 量级，这样入射粒子和靶核的质心动能就很大，因而注入能只占入射粒子能量的很小一部分。正是由于用高能粒子去轰击静止的靶核时能量利用率很低，所以现代高能加速器都采用了对撞机的结构。在这种加速器中质量相同的高能粒子对撞时的全部能量都可用来引发核反应。

## 二、人工放射性

1934 年，约里奥-居里夫妇发现，用 $\alpha$ 粒子轰击各种物质时，经过核反应所产生的新元素是不稳定的，是一种放射性元素。这种用人为方法产生放射性元素的现象，称为**人工放射性现象**。这一发现对产生人为放射性同位素提供了重要的实验基础。通常应用中子作为入射粒子也可产生放射性同位素，例如

$$^{14}_{7}N + ^{1}_{0}n \rightarrow ^{14}_{6}C + ^{1}_{1}H$$

而$^{14}_{6}C$是放射性的，其反应如下

$$^{14}_{6}C \rightarrow ^{14}_{7}N + ^{\ 0}_{-1}e \quad (\text{半衰期大于 5000 a})$$

式中，$^{14}_{6}C$ 就是人工放射性同位素。

在人工放射性现象中，还发现了正电子$^{\ 0}_{+1}e$。正电子的质量与电子质量相同，但具有与电子电荷大小相等的正电荷。例如，$\alpha$ 粒子轰击硼核$^{10}_{5}B$之后，产生了氮同位素$^{13}_{7}N$，这一同位素将继续放出正电子$^{\ 0}_{+1}e$，这种过程称为 $\beta^+$ 衰变，衰变过程为

$$^{10}_{5}B + ^{4}_{2}He \rightarrow ^{13}_{7}N + ^{1}_{0}n$$

$$^{13}_{7}N \rightarrow ^{13}_{6}C + ^{\ 0}_{+1}e$$

正是通过人工核反应的研究，人们陆续发现了质子、中子、正电子等微观世界的粒子；此后又不断发现了更多新的粒子，如介子、超子等，统称为基本粒子。近代高能粒子加速器的发展和应用，以及对宇宙射线的研究，大大促进了关于核结构的研究，这些对于我们进一步认识物质世界并利用核能具有重大意义。

## 三、放射性的利用与防护

在自然条件下，大部分元素仅有稳定的同位素，只有门捷列夫元素周期表末端的一些元素有天然放射性，但在人工的元素转换的反应中，所有元素都可得到人工的放

射性同位素，现在已经得到了 700 多种人工放射性同位素。

根据放射性同位素的性质和特点，它们已在工农业生产或医药卫生等多方面获得广泛的应用。

**1. 射线的利用**

放射性同位素所放出的射线都能穿透物质，但它们能穿透物质的本领是不同的，其中 γ 射线穿透本领最强，β 射线次之，α 射线最弱。在穿过物质时它们都按照一定的规律为物质所吸收或散射，同时在穿过物质时，也都能够使物质的分子电离，从而引起化学变化以至生理变化。射线的这些特性可应用到下述几方面：① 利用射线的穿透性质来检查机械零件内部的缺陷；利用射线被物质吸收的性质来测量物体的密度及厚度、泥浆的浓度、河道中水流的含沙量等；② 利用射线的电离本领来消除有害的静电积累；③ 利用射线辐照，治疗癌症等疾病。

下面介绍工业上的一个应用实例。如图 17-3-1 所示在制药厂的生产线上，利用安置在传送带下方的放射源所辐射的 γ 射线，可以检测传送过去的胶囊所装药量是否符合规定的要求。若胶囊内所装的药过量，便有更多的射线被其吸收，则装置在传送带正上方的探测器（如盖革-米勒计数器）所记录的 γ 射线透射率就较低。反之，若装药不足，则透射率就较高。利用自动控制系统，将这些不合格的胶囊自动挑拣出来，而只让合格的装药胶囊通过。这样，就能精确地控制出厂产品的质量指标。利用 γ 射线的这种检测装置，也可用来检测饮料（如啤酒厂、汽水厂等）生产出来的瓶装饮料中是否含有杂质，如肉眼难以观察的微小尘粒等。

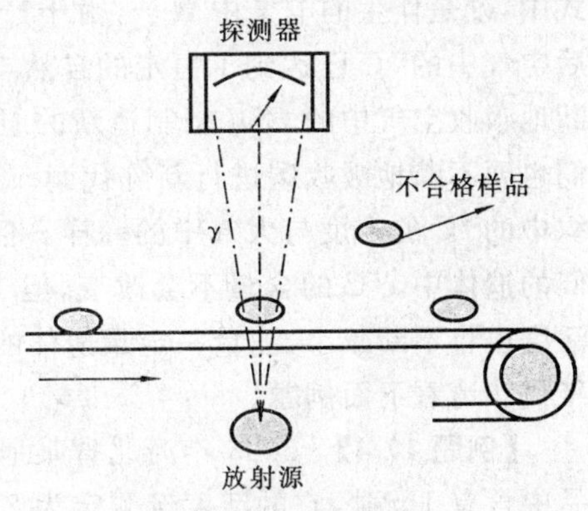

**图 17-3-1　γ 射线检测**

由于 γ 射线检测装置不接触被测物质，且 γ 射线不受周围环境因素（如温度、压强、湿度和电磁场等）的影响，因而可推广到其他的工业领域中去。例如，用于检测容器内的物位（如液位或物料高度等）及秤量物料的重量等。近年来问世的核子秤，可以在生产线上快速而自动地秤量出物料的重量。

**2. 示踪原子的利用**

因为放射性同位素的踪迹很容易被检查出来（例如用计数器等），所以在工业生产、化学反应、生物成长、医疗诊断中，常在所用的元素中加入少量的这种元素的放射性同位素，在混合物中所有原子的化学性质都是完全一样的，但放射性同位素的原子却单独具有放射性，因此就可以检查出这种同位素原子在全部过程中的动态及所产生的效果。这就是“示踪原子”方法的依据。例如，在给水工程中，应用示踪原子检漏；在水文地质勘探中，利用放射性同位素作为指示剂来确定地下水的运动方向和流速。由此可见，人工放射性的发现，不但对原子核的性质有了进一步的了解，并且还有极重要的应用价值。

**3. 放射性鉴年**

放射性的另一个重要应用是鉴定古物年龄，这种方法称为放射性鉴年法。例如，测定岩石中铀和铅的含量可以确定该岩石的地质年龄。下面介绍一种对于生物遗物的$^{14}C$放射性鉴年法。

$^{14}C$放射性鉴年法是利用$^{14}C$的天然放射性来鉴定有生命物体的遗物(如骨骼、皮革、木头、纸等)的年龄的方法。它是20世纪50年代里贝(W.F.Libby)发明的，并因此获得1960年诺贝尔化学奖。各种生物都要吸收空气中的$CO_2$用来合成有机分子。这些天然碳中绝大部分是$^{12}C$，只是很小一部分$^{14}C$是来自太空深处的宇宙射线中的中子和地球大气中的$^{14}N$核发生下述核反应产生的。

$$_0^1n+_7^{14}N\rightarrow{}_6^{14}C+_1^1p$$

这些$^{14}C$核接着以$(5730\pm30)$a的半衰期进行下述衰变：

$$_6^{14}C\rightarrow{}_7^{14}N+{}_{-1}^{\ 0}\beta+\nu_e$$

式中，$\nu_e$是伴生的电子中微子，由于产生的速率不变，同时又进行衰变，经过上万年后空气中的$^{14}C$已达到了恒定的自然丰度，约$1.3\times10^{-10}\%$。植物活着的时候，它不断地吸收空气中的$CO_2$来制造新的组织代替旧的组织。动物一般要吃植物，所以它们也要不断地吸收碳进行新陈代谢。生物组织不能区别$^{12}C$和$^{14}C$，所以它们身体组织中的$^{14}C$的丰度与大气中的一样。但是，一旦它们死了，就再不吸收$CO_2$了。在它们的遗体中，$^{12}C$的含量不会改变，但$^{14}C$由于衰变而不断减少，于是由此衰变产生的活度也将不断减小，测量一定量遗体的活度就能判定该遗体的存在时间，或者说死亡年代。请看下面例题。

**【例题 17-4】** 2003年河北省某地考古遗迹中发现有古时的粟，一些这种粟的样品中含有1 g碳，它的活度经测定为$2.8\times10^{-12}$Ci。求这些粟的年龄。

**解** 1 g新鲜碳中的$^{14}C$核数为

$$N_0=6.023\times10^{23}\times1.3\times10^{-12}/12=6.5\times10^{10}$$

这些粟的样品活着的时候，活度应为

$$\begin{aligned}A_0&=\lambda N_0=(\ln2)N_0/\tau=0.693\times6.5\times10^{10}/(5730\times3.156\times10^7)\ \text{Bq}\\&=0.25\ \text{Bq}=6.8\times10^{-12}\ \text{Ci}\end{aligned}$$

由于$A_t=2.8\times10^{-12}$ Ci，由$A_t=A_0e^{-0.639t/\tau}$计算可得

$$t=\frac{\tau}{0.693}\ln\frac{A_0}{A_t}=\frac{5730}{0.693}\ln\frac{6.8\times10^{-12}}{2.8\times10^{-12}}\ \text{a}=7300\ \text{a}$$

据考证，这些粟是世界上发现得最早的粟，比在印度和埃及发现的都要早。

**4. 放射性的防护**

核辐射是原子核从一种结构或一种能量状态转变为另一种结构或另一种能量状态过程中所释放出来的微观粒子流。核辐射可以使物质引起电离或激发，故称为**电离辐射**。电离辐射又分直接致电离辐射和间接致电离辐射。直接致电离辐射包括α粒

子、β射线、质子等带电粒子。间接致电离辐射包括光子、中子等不带电粒子。而电磁波(紫外线、可见光、X射线等)的电离作用很弱或完全没有电离作用,称为非电离辐射。而就辐射对人体的影响而言,又分为**内照射**和**外照射**,外照射是指体外辐射源对人体的照射。而进入人体内的放射性核素作为辐射源对人体的照射称为内照射。

α射线穿透能力很弱,射程很短。天然放射性核素如铀、钍等所放射出来的α射线在人体组织中只有几十微米的射程,因而α射线对人体不存在外照射危害。但是由于α射线电离本领极强,因而α射线具有强电离和短射程的特点,这使得它对人体的内照射危害较大。因此,如果α辐射体进入(吸入或食入等)人体就有可能使人体某些组织器官受到损伤,如果α辐射体集中蓄积于某一部位时,该部位甚至有可能引起严重损伤,损伤程度取决于蓄积量多少及放射性核素种类,故应该特别注意防止α辐射物质进入体内。

β射线比α射线具有较强的穿透能力。如在空气中,β射线的射程可以达到几米。大约 70 keV 的β射线就能穿透人的皮肤角质层而使活组织受到伤害。因此,β射线对人体可以构成外照射危害,其危害大小与β射线能量及通量密度(单位时间内通过单位面积的粒子数)等有关。较大剂量的β外照射可使皮肤"灼伤",使眼睛角膜引起损伤,因此不能忽视对β射线外照射的防护。β射线的电离能力比较弱,因此,对人体组织的内照射危害不如α射线那样大。高能β射线在重元素材料中会产生轫致辐射,因此屏蔽时内层材料应选用原子序数较低的物质,常用的有内层衬铝的铅板或铁板等。β射线还可以被有机玻璃、塑料等材料屏蔽。

γ射线的穿透本领与α、β射线相比要大得多,即使离开放射源较远的地方也可能使人体受到照射,所以在外照射防护中,最主要的防护因素之一是γ射线。为了减少和避免γ射线所造成的危害,操作时注意控制一定距离和时间,或者用原子序数较高的金属材料(如铁、铅或混凝土等)做屏蔽材料进行防护。由于γ射线不能直接引起电离,而是通过次级作用产生间接电离粒子——电子,而电子电离本领亦不如α射线那样强,因此γ射线对人体的内照射危害比α、β要相对小些。但γ射线是人们最容易碰到、也最需要防护的射线。

随着核能有效利用的发展,辐射和放射性物质在生活各方面的应用也盛行起来。可以预料,在应用中发生辐射损伤的可能性也增大了。因此,近年来越来越显出了辐射防护问题的重要性。作为一个实际问题,应从大处、高处着眼,也就是说,只有以辐射防护为前提并在其支持之下,才能开始期待核能利用的健康发展。所以正确的认识辐射就很重要,只有这样才不会对辐射产生恐惧或轻视,从而对其应用自如。

## 四、重核的裂变

把轻核聚合成较重的中等质量的原子核,或把重核分裂成两个中等质量的原子核时,都会释放出大量能量,前者称为轻核聚变,后者称为重核裂变,这是获得原子核能的两种途径。对于一定的质量来说,在核反应过程中所放出的能量要比化学反应中所放出的化学能大几百万倍以上。因此,利用原子核能具有重要意义。当然,实际利用原子核能,还要克服很多困难。

重核分裂的过程相对较易产生,实际上,天然放射性元素就在自发地进行这种过程,但是这种过程不容易用人工的方法加以控制;另一方面由于功率太低,所以不能加以大量利用。人为地利用高能粒子来冲击原子核,虽然也能使原子核裂变而放出能量,但是发生这种反应的概率很低,大量入射粒子无益地散逸掉而不引起核反应,所以一般说来,从核反应所获得的能量,反而远少于我们产生高能粒子时所耗去的能量,显然,这是得不偿失的。因此,我们必须进一步去探索如何更有效地利用原子核能的问题。

利用重核裂变时释放的原子核能,只是在 1938 年开始发现用中子轰击铀($^{235}_{92}U$)等几种重核时的分裂现象后,才成为可能。例如,当一个$^{235}_{92}U$ 原子核受到慢中子轰击时会分裂成为质量大致相等的两块碎片,即两个中等原子量的核,并放出 1~3 个中子,这种中子称为**再生中子**,同时还放出大量能量,这就是重核裂变。这种裂变反应可用下式表示(见图 17-3-2),即

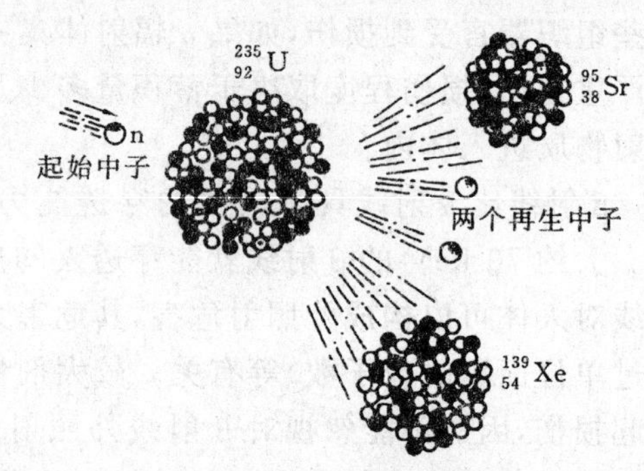


**图 17-3-2 重核裂变示意图**

$$^{235}_{92}U+^{1}_{0}n\rightarrow ^{139}_{54}Xe+^{95}_{38}Sr+2\,^{1}_{0}n$$

在铀核裂变时,产生的不一定都是 Xe(氙)和 Sr(锶),也可能是其他中等质量的元素的原子核,如 Ba(钡)、Kr(氪)等。而且我国物理学家钱三强、何泽慧发现:$^{235}_{92}U$ 核也可能分裂成为 3 个或 4 个新原子核,但是发生这种裂变的概率很小。

一个$^{235}_{92}U$ 核分裂时放出约 195 MeV 的能量,而且分裂时放出的再生中子又能够引起另外的$^{235}_{92}U$ 核的分裂。依次滚雪球似的扩大,可使反应继续进行下去,并不断释放出大量原子核能。这种反应称为**链式反应**。

但实际上要使$^{235}_{92}U$ 核发生链式反应,还要考虑两个问题:第一,天然的铀是两种同位素$^{235}_{92}U$ 和$^{238}_{92}U$ 的混合物,其中$^{238}_{92}U$(占 99.3%)要吸收大部分的中子而不产生分裂;第二,$^{235}_{92}U$ 的分裂主要是由慢中子引起的,但分裂时所放出的再生中子是快中子,一部分快中子要飞出铀块范围之外,另一部分将被$^{238}_{92}U$ 所吸收(这时形成同位素$^{239}_{92}U$)而不产生分裂。由此可见,在分裂过程中所放出的再生中子,只有一部分能够引起$^{235}_{92}U$ 反应,如果这种中子的数目不够多,反应就要中止。为了维持链式反应,可以增加铀中同位素$^{235}_{92}U$ 的浓度,增大铀块体积,或者用人工的方法降低再生中子的速度。这些方法往往联合采用,以增大铀核分裂的机会。

如果用纯净的$^{235}_{92}U$,要使它发生链式反应,必须使铀块有足够大的体积,因为体积太小时,少量$^{235}_{92}U$ 核分裂时所发生的再生中子,大部分将在没有与别的铀核碰撞之前就飞出铀块之外,链式反应就不能产生。能够发生链式反应的最小体积,称为临

**界体积**。临界体积中所含铀($^{235}_{92}$U)的质量,称为**临界质量**。当几块质量小于临界质量的铀$^{235}_{92}$U 很快地合拢起来而总质量超过临界质量时,就会发生极猛烈的链式反应而引起爆炸。原子弹的构造就是根据这个原理制成的。1964 年 10 月 16 日,我国第一颗原子弹爆炸成功,以后又多次成功地爆炸了原子弹。

使中子减速而得到的链式反应,通常都是在称为核反应堆的装置中进行的。所谓减速,就是使再生中子通过称为减速剂的某种物质时,与减速剂中的原子核连续地发生弹性碰撞,每次碰撞后,中子只是把部分动能传给原子核,而不引起核的转变。由于连续碰撞的结果,再生中子的速度很快降低。按弹性碰撞的理论,如果与中子碰撞的原子核愈轻,则中子在每次碰撞中传给这个核的能量也愈多,因而中子的减速愈快。所以,减速剂一般采用石墨、水和重水等物质。

一般反应堆都应该包括下述三个部分:① 某种可以分裂的物质(即核燃料),有的用天然铀,有的用$^{235}_{92}$U 的浓缩铀;② 减速剂;③ 冷却剂。在$^{235}_{92}$U 吸收了慢中子而分裂时便放出原子核能。通过某种冷却剂的循环工作可以吸收这种能量,使反应堆的温度不致增高,并把原子核能传输到反应堆外,以供应用。冷却剂可采用压缩气体、水和液态金属(钠或钠钾合金)等。在不同的反应堆中,对上述三个部分也采用不同的材料。

图 17-3-3 表示利用原子能发电的加压水冷却反应堆核电站的示意图。在反应堆内,将装有铀块的金属棒(即"燃料棒")浸在减速剂(具有高压的普通水)中,并配置较易吸收中子的物质(如镉等)做成的控制棒,将它拉出和插入,以增减反应堆的倍增率。作为减速剂的高压水,兼作冷却剂之用,它把反应堆中吸收的热能提供给热交换器,以用于产生蒸汽供给汽轮机,借此可驱动发电机高速运转,输出电能。至于汽轮机排出的蒸汽,在进入冷凝器后,通过抽入冷凝器的冷却水(由河流或水库等水源提供)使之凝结成水,排放到河水中去。

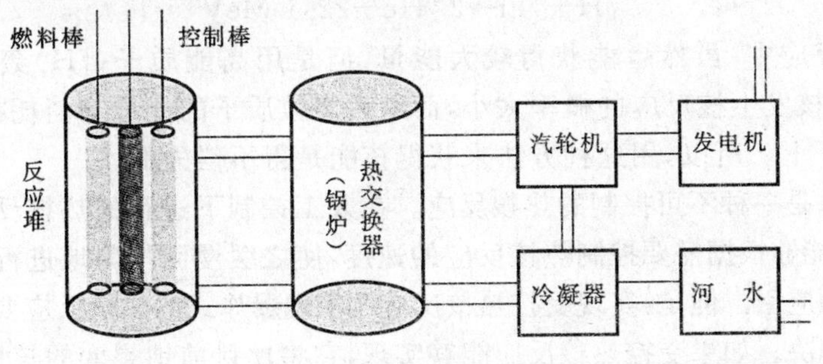


**图 17-3-3　核电站示意图**

在反应堆中,除产生大量热能外,还可得到大量放射性同位素。同时,因为反应堆中产生的碎片都有放射性,为了防止这种射线伤害工作人员,反应堆外及其他有放射性的部分都用足够厚的混凝土壁屏蔽起来,操作过程则通过远距离自动控制来实现。

当前,全世界已拥有 400 多座核电站。我国已成功地建成了大亚湾核电站和秦山核电站等,相信在21世纪,将有更多的核电站建成,为我国工农业的发展和满足人民生活的需求提供更充沛的能源。

## 五、轻核的聚变

轻核聚变是利用原子核能的另一种方法,轻核聚变必须在高温下才能发生。因为在高温下,原子核具有极大的热运动动能,足以克服带电粒子相互接近时所受到的静电斥力,引起粒子发生激烈的相互作用而导致聚变,从而放出大量原子核能。在高温下,使轻核聚合而放出大量原子核能的反应称为**热核反应**。虽然用人工产生且控制这种过程比较困难,但同位素氘($^2_1H$)和氚($^3_1H$)聚合形成氦核($^4_2He$)是一个比较容易产生的热核反应,它的反应式为

$$^2_1H+^3_1H\rightarrow ^4_2He+^1_0n$$

放出的能量比铀核分裂时所放出的还大10倍。在原子弹爆炸时,爆炸中心能达到几百万度的高温。在这样的高温下,热核反应足以发生。热核武器,即氢弹,就是按照这个原理制成的。也就是说,氢弹是用原子弹来引爆的。

在自然界中,太阳就是一个巨大的聚变能量源,估计其内部温度在$10^7\sim10^9$ K以上,故能发生热核反应,而时时刻刻向周围太空放出大量能量,该能量就是太阳核心处的氢聚变成氦而释放出来的。

值得注意的是:在产生热核反应的这样高温度下,原子中的电子已经脱离原子核的束缚,从而原子就不复存在,物质已成为大量快速运动的原子核与电子的混合体,这种聚集状态就是物质存在的第四种形态——**等离子体**。

轻核聚变也可用人工方法来实现,即利用加速器将质子或氘核等加速,去轰击原子核。例如

$$^1_1H+^7_3Li\rightarrow 2\,^4_2He+17.5\ \text{MeV}$$

$$^2_1H+^6_3Li\rightarrow 2\,^4_2He+22.1\ \text{MeV}$$

在以上聚变反应中,虽然也能获得较大能量,但是用高能质子($^1_1H$)轰击锂核($^7_3Li$)时,质子与锂核发生核反应的概率太小,而绝大多数质子的能量却消耗在电离和激发被撞击的原子上。所以,用这种方法来获得核能是得不偿失的。

氢弹爆炸是一种不可控制的热核反应。在人工控制下进行的热核反应,称为**受控热核反应**,它能够根据需要控制热核反应的速度,使之缓慢而均匀地进行,以能适应在生产实践中的应用。但是,实现受控热核反应比实现爆炸式的热核反应要困难得多,至今还未圆满解决。如果受控热核反应能够实现,它将比目前铀裂变的核反应堆具有更多的优点,比如运行安全、污染较少,特别是热核反应中所需要的氘核,在海洋中是极为丰富的。氘可以通过电解重水($D_2O$)得到。虽然重水在普通水中只含有0.015%,但在聚变反应中平均每个氘核,先后共可放出72 MeV的能量。这样估算起来,几升海水就可提供上万度电能。海洋中约有$10^{21}$ L海水,总共可提供$10^{25}$ kW·h的电能。所以,受控热核反应的技术一旦成功,原子核能必将成为未来的主要能源。

国际热核聚变实验堆(ITER)计划是当今世界最大的大科学工程国际科技合作计划之一,也是迄今我国参加的规模最大的国际科技合作计划。ITER 计划吸引了包括中国、欧盟、印度、日本、韩国、俄罗斯和美国等世界主要核国家和科技强国共同参与。中国政府宣布投入 10 亿美元参与 ITER 计划的运作,这是迄今中国投入最大的国际大科学工程。参与该计划研究工作的包括中国科学院等离子体物理研究所、核工业西南物理研究院等中国研究机构,我校相关院系参与了其中部分项目的工作。

## *第 4 节　基本粒子简介

### 一、基本粒子的性质和分类

长期以来,人们一直在探索构成物质的基本单元。通常,把目前所认识到的组成物质的最小基本单元称为基本粒子。

早期认为原子是元素的最小单元,它是不可分割的。直到 20 世纪初,卢瑟福根据 α 粒子散射实验,确认原子是由原子核和电子构成的,而原子核内含有带正电的粒子。从光的量子性还认识到光子也是基本粒子。1935 年发现中子以后,进一步认识到原子核是由中子和质子构成的。于是人们认为质子、中子和电子是构成物质的基本单元,而将中子、质子、电子和光子看做是基本粒子。

但是,不久又在宇宙射线中发现了正电子,后来在 β 衰变中还发现了一种不带电的、质量几乎为零的粒子,称为中微子。20 世纪 40 年代,在宇宙射线中又相继找到了 $\mu$ 子和 $\pi$ 介子,$\mu$ 子是质量约为 $210m_e$($m_e$ 为电子质量)的正、负带电粒子,这种粒子在物质中穿透本领很强,与核子相互作用很弱;$\pi$ 介子有带正电、负电和中性的三类,即 $\pi^+$,$\pi^-$,$\pi^0$,三者的质量几乎相同,约为 $280m_e$,$\pi$ 介子与核子的相互作用很强,两个核子之间的核力作用,就是通过 $\pi$ 介子在核子之间进行交换而发生的,而 $\mu$ 子则是 $\pi$ 介子衰变后的产物。

除上述提到的基本粒子以外,从 20 世纪 50 年代开始,又陆续在宇宙射线中发现比 $\pi$ 介子重的 K 介子(K 介子也有带正电、负电和中性的三类,即 $K^+$、$K^-$、$K^0$)和一些比质子还重的超子,即 $\Lambda$ 超子、$\Sigma$ 超子和 $\Xi$ 超子,其中有带电的,也有中性的。

根据理论推测和实验证实,正电子是电子的反粒子,相应的质子、中子和一些超子也都应该有各自的反粒子。现在利用高能加速器已经发现了反质子、反中子和反 $\Sigma$ 超子等。正、反粒子的质量和自旋都是相等的,电荷则相反。

把上述这些粒子连同其中一部分粒子的反粒子加在一起,数目达 30 种以上。此外,还发现了 200 多种短寿命(存在时间 $<10^{-20}$ s)的极不稳定的粒子——共振态粒子。由此可见,现在所知道的基本粒子,其品种是很多的,并且各类粒子的性质差别也是很大的。这就充分表明:当研究深入到原子核内基本粒子层次,即目前人们认识到的物质结构最深的层次时,发现物质的微观结构颇为复杂。

根据基本粒子的性质,可以把已发现 300 多种基本粒子(包括共振态粒子)分为四大类。

(1) **光子** 静止质量为零,自旋量子数等于 1。

(2) **轻子** 包括中微子,电子,正电子,正、负 $\mu$ 子。这些粒子的静止质量一般比 $\pi$ 介子的质量小,自旋量子数为 1/2。

(3) **介子** 包括带正、负电荷和中性的 $\pi$ 介子,带正、负电荷和中性的 K 介子及 $\eta$ 介子。它们的静止质量介于电子和质子之间,自旋量子数为零。1974 年,丁肇中等发现的 J/$\Psi$ 粒子也是一种介子,但它的静止质量为质子质量的 3 倍多。

(4) **重子** 包括核子(中子和质子)及 $\Lambda^0$、$\Sigma^+$、$\Sigma^-$、$\Sigma^0$、$\Xi^-$、$\Xi^0$、$\Omega$ 等超子。这些粒子的静止质量等于或大于质子,自旋量子数除 $\Omega$ 超子为 3/2 外,其余都是 1/2。

由于介子和重子参加强相互作用,故又统称为**强子**,目前发现的基本粒子大多数是强子。实验表明,强子还有内部结构,后面将会继续讨论。

基本粒子的产生和转变是通过粒子间的相互作用进行的。表 17-4-1 列出了它们之间的四种相互作用,以供比较。

**表 17-4-1 四种相互作用的比较**

| 四种相互作用 | 相对强度 | 作用距离 | 相互作用的物体 |
| --- | --- | --- | --- |
| 强相互作用 | 1 | $10^{-15}$ m | 强子 |
| 电磁相互作用 | $10^{-2}$ | $\infty$ | 带电粒子 |
| 弱相互作用 | $10^{-12}$ | $<10^{-17}$ m | 强子、轻子 |
| 万有引力作用 | $10^{-40}$ | $\infty$ | 一切物体 |

从表 17-4-1 可以看出,在基本粒子相互作用过程中,以万有引力为最弱,所以基本粒子之间的引力作用可以不考虑,而认为基本粒子之间只存在其他三种相互作用。其次,从四种力作用距离的长短来看,其中电磁力和万有引力是长程力,它们的作用范围是无限大的;强相互作用和弱相互作用是短程力,发生强相互作用的距离在 $10^{-15}$ m 左右,发生弱相互作用的距离至少要小于 $10^{-17}$ m,所以在原子半径 $10^{-10}$ m 的数量级范围内,这两种相互作用力是不起作用的。

至于基本粒子的产生和转变究竟属于哪一种相互作用,一般按作用的强度大小,分类简述如下。

(1) **强相互作用** 这种相互作用只存在于重子和介子之间,核子之间通过 $\pi$ 介子的相互作用、高能核反应中介子和超子的形成过程等都属于强相互作用。这种相互作用强度很大,比电磁相互作用强 100 多倍,作用时间极短,约为 $10^{-23}$ s。

(2) **电磁相互作用** 所有带电粒子间都存在电磁相互作用,这种作用是通过电磁场来实现的,它的强度比强相互作用弱 100 多倍,作用时间约为 $10^{-6}$ s,而作用的大小随着粒子间距离的增大而逐渐减小。

(3) **弱相互作用** 有两种弱相互作用,一种是有轻子(电子 e、中微子 $\nu$、$\mu$ 子及它们的反粒子)参与的反应，如 β 衰变、$\mu$ 子的衰变及 $\pi$ 介子的衰变等，另一种是 K 介子和 $\Lambda$ 超子的衰变。这两种弱相互作用的强度相同，都比强相互作用弱 $10^{12}$ 倍，相互作用时间为 $10^{-8}\sim10^{-6}$ s，相对于强相互作用而言，这是一个缓慢的过程。

综上所述，就是人们目前对基本粒子之间相互作用的认识，至于这些相互作用的本质，还有待人们继续努力去探索。

理论和实验表明，在宏观物理现象中，反映相互作用过程普遍规律的一些守恒定律，如能量守恒定律、动量守恒定律、角动量守恒定律、电荷守恒定律，对基本粒子之间各种相互作用的过程来说，也是普遍适用的。

除了以上四个守恒定律之外，在基本粒子世界中还发现了另外一系列新的守恒定律，如重子数守恒、轻子数守恒、奇异数守恒、同位旋守恒、宇称守恒等这里不予详述。但是这些守恒定律，在四种相互作用中并非都遵守，例如，在弱相互作用中，是不遵守同位旋守恒定律、宇称守恒定律的。

下面将基本粒子的性质列于表 17-4-2 中，以便读者参考。

**表 17-4-2　基本粒子性质列表**

| 分类 | | 名号<br>粒子<br>(反粒子) | 静质量<br>/MeV | 宇称<br>/P | 电荷<br>/e | 自旋<br>/(h/2π) | 寿命/s |
|---|---|---|---|---|---|---|---|
| 光子 | | $\gamma$ | 0 | — | 0 | 1 | 稳定 |
| 轻子 | 电子 | $e^-(e^+)$ | 0.511 | | −1(+1) | 1/2 | |
| | μ 子 | $\mu^-(\mu^+)$ | 105.7 | | −1(+1) | 1/2 | $2.2\times10^{-6}$ |
| | τ 子 | $\tau^-(\tau^+)$ | 1784 | | −1(+1) | 1/2 | $<2.2\times10^{-12}$ |
| | 中微子 | $\nu_e(\nu_e)$ | $<0.6\times10^{-4}$ | | 0 | 1/2 | 稳定 |
| | | $\nu_e(\nu_e)$ | $<0.57$ | | 0 | 1/2 | 稳定 |
| | | $\nu_e(\nu_e)$ | $<250$ | | 0 | 1/2 | 稳定 |
| 强子 | 介子 | $\pi^+(\pi^-)$ | 139.6 | — | +1(−1) | 0 | $2.6\times10^{-8}$ |
| | | $\pi^0(\pi^0)$ | 135.0 | — | 0 | 0 | $0.8\times10^{-16}$ |
| | | $K^+(K^-)$ | 493.7 | — | +1(−1) | 0 | $1.2\times10^{-8}$ |
| | | $K^0(K^0)$ | 497.7 | — | 0 | 0 | $8.9\times10^{-11}$ |
| | | $\eta^0(\eta^0)$ | 548.8 | — | 0 | 0 | $5.2\times10^{-8}$ |
| | | $J/\Psi(J/\Psi)$ | 3097±1 | — | 0 | 1 | $>10^{-21}$ |
| | 核子 | p(p) | 938.3 | | +1(−1) | 1/2 | 稳定 |
| | | n(n) | 939.6 | | 0 | 1/2 | 918 |
| | 超子 | $\Lambda^0(\Lambda^0)$ | 1115.6 | +(−) | 0 | 1/2 | $2.6\times10^{-10}$ |
| | | $\Sigma^+(\Sigma^+)$ | 1189.9 | +(−) | +1(−1) | 1/2 | $8.0\times10^{-11}$ |
| | | $\Sigma^+(\Sigma^+)$ | 1192.5 | +(−) | 0 | 1/2 | $5.8\times10^{-20}$ |
| | | $\Sigma^+(\Sigma^+)$ | 1197.3 | +(−) | +1(−1) | 1/2 | $1.5\times10^{-10}$ |
| | | $\Omega^-(\Omega^-)$ | 1672.2 | +(−) | +1(−1) | 3/2 | $0.82\times10^{-10}$ |

## 二、强子结构的夸克模型

1964 年盖尔曼(M. Gell-Mann)和茨维格(G. Zweig)提出了强子结构的夸克模型,1965 年我国科学家也提出了相近的层子模型,它们对研究强子结构取得了很大成功。但是,迄今在实验中尚未找到自由层子,这也是人们所关心和期盼的。

**1. 夸克的种类(夸克的味)**

盖尔曼最初提出强子是由三种夸克(quark,原意是一种鸟的叫声,意思是无影无形,通常用 q 表示)组成,即上夸克(u)、下夸克(d)和奇夸克(s),它们的反粒子分别是 $\bar{u}$、$\bar{d}$ 和 $\bar{s}$。由这三种夸克和三种反夸克,几乎可以构成全部的介子、重子、超子和共振态粒子。

1974 年丁肇中和里克特分别发现了一种新粒子 J/Ψ,不能用原有的三种夸克构成。实验和理论都证明它是由第四种夸克——粲夸克(c)和反粲夸克($\bar{c}$)构成的粒子。

1978 年又有一种新的粒子 r 被发现,它是由第五种夸克——底夸克(b)和反底夸克($\bar{b}$)构成的粒子。

后来又引入了第六种夸克——顶夸克(t)和反顶夸克($\bar{t}$)。至今,人们将这六种夸克(上、下、奇、粲、底和顶)称为**夸克的六味**,这六种夸克的特性见表 17-4-3。

**表 17-4-3　六味夸克特性列表**

| 夸　克 | 电荷/e | 自旋/(h/2π) | 同位旋 | 奇异数 | 重子数 |
|---|---|---|---|---|---|
| u | 2/3 | 1/2 | 1/2 | 0 | 1/3 |
| | －2/3 | 1/2 | 1/2 | 0 | －1/3 |
| d | －1/3 | 1/2 | 1/2 | 0 | 1/3 |
| | 1/3 | 1/2 | 1/2 | 0 | －1/3 |
| s | －1/3 | 1/2 | 0 | －1 | 1/3 |
| | －1/3 | 1/3 | 1/2 | 0 | 1 |
| c | 2/3 | 1/2 | 0 | 0 | 1/3 |
| | －2/3 | 1/2 | 0 | 0 | －1/3 |
| b | －1/3 | 1/2 | 0 | 0 | 1/3 |
| | 1/3 | 1/2 | 0 | 0 | －1/3 |
| t | 2/3 | 1/2 | 0 | 0 | 1/3 |
| | －2/3 | 1/2 | 0 | 0 | －1/3 |

从表中可以看出夸克具有下列特点:① 夸克是费米子(自旋为 1/2);② 夸克具有分数重子数(1/3);③ 夸克带有分数电荷(2e/3 或－e/3);④ 每种夸克都有相应的反夸克。

**2. 强子结构的夸克模型**

强子结构的夸克模型指出，所有介子都由一个夸克与一个反夸克组成，即($q\bar{q}$)。所有重子都由三个夸克组成，即(qqq)。

如果将夸克换成反夸克，则构成相应的反介子和反重子。各强子的量子数等于组成它的各夸克的量子数的和。表 17-4-4 为部分介子和重子组成的夸克谱。表中每个强子夸克谱括号外的箭头代表夸克自旋之间的关系。

**表 17-4-4　某些强子的夸克谱**

| | |
|---|---|
| $\pi^+=(u\bar{d})\uparrow\downarrow$ | $n=(udd)\uparrow\uparrow\downarrow$ |
| $\pi^0=\frac{1}{\sqrt{2}}(u\bar{u}-d\bar{d})\uparrow\downarrow$ | $p=(uud)\uparrow\uparrow\downarrow$ |
| $\pi^-=(d\bar{u})\uparrow\downarrow$ | $\Sigma^+=(uus)\uparrow\uparrow\downarrow$ |
| $K^+=(u\bar{s})\uparrow\downarrow$ | $\Sigma^0=\frac{1}{\sqrt{2}}(uds+sdu)\uparrow\uparrow\downarrow$ |
| $K^-=(\bar{u}s)\uparrow\downarrow$ | $\Sigma^-=(dds)\uparrow\uparrow\downarrow$ |
| $K^0=(d\bar{s})\uparrow\downarrow$ | $\Xi^0=(uss)\uparrow\uparrow\downarrow$ |
| $K^0=(s\bar{d})\uparrow\downarrow$ | $\Xi^-=(dss)\uparrow\uparrow\downarrow$ |
| $\eta=\frac{1}{\sqrt{6}}(u\bar{u}+d\bar{d}-2s\bar{s})\uparrow\downarrow$ | $\Lambda^0=\frac{1}{\sqrt{2}}(sdu-sud)\uparrow\uparrow\downarrow$ |

**3. 夸克的色**

由三个夸克构成共振态重子时，有几个是由完全相同的夸克组成的，例如

$$\Delta^{++}=(uuu)\uparrow\uparrow\uparrow,\quad \Delta^-=(ddd)\uparrow\uparrow\uparrow,\quad \Omega^-=(sss)\uparrow\uparrow\uparrow$$

三个种类相同的夸克，自旋取向也相同，似乎处在相同的量子态，但是，夸克是费米子。根据泡利不相容原理，不能有两个或两个以上的夸克处于同一量子态。为了解决这一矛盾，人们认为夸克还有另一种内禀性质，并称它为夸克的颜色，并规定每种夸克都有红(R)、绿(G)、蓝(B)三色。如果夸克的颜色不同，也就不违背泡利不相容原理。

综上所述，夸克有六种味和三种色，到目前为止，实验上还没有找到过自由夸克。理论上可用色禁闭来解释，即认为只有无色的粒子才能自由存在。夸克之间有强相互作用、电磁相互作用和弱相互作用。强相互作用是通过交换胶子来实现的。交换胶子时夸克交换了颜色，但不改变味道。基于这种图像，20 世纪 70 年代，人们建立了关于强相互作用的量力色动力学。

## 三、寻找新的基本粒子

以上我们简单介绍了基本粒子的结构及其相互作用，研究基本粒子的目的是为了探索物质的微观结构。回顾人们对物质结构的认识，从原子到原子核和电子，再到

核子,陆续发现了很多其他粒子,并不断向更深的物质层次推进。人类对物质结构的认识不断深化,促进了自然科学的发展,给生产技术带来了更深刻的变化.

快速的高能粒子可以打进所有元素的核内而引起各种核反应,因而要研究原子核,改变原子核,首先就要获得高速粒子。最初,核反应是用天然放射性元素所放出的α粒子直接引起的,或由α粒子轰击某种原子核时所产生的中子来引起。由于天然放射性元素的数量及其射线中粒子的能量和射线强度等都受到限制,因此最好用人工的方法来加速粒子,再用它去轰击原子核而引起核反应。加速器就是用来产生高速粒子的装置。加速器的种类很多,如直线加速器、回旋加速器和对撞机等。近代高能粒子加速器的发展,大大地促进了对核结构的研究,并陆续发现许多新的基本粒子。

构成物质世界的基本粒子到底有多少?只有在认识和积累更多粒子的性质之后,我们才能对物质世界的构成画出全新的图像。寻找新的基本粒子是物理学的重要前进方向,它吸引着新一代的青年学子不断加入到寻找的行列,祝愿大家将来在这生机勃勃的领域有自己的收获。

## 习　题

**17-1**　半衰期为30.2 a的1 mg $^{137}$Cs的放射性活度是多少?每秒放出多少β射线和γ射线?

**17-2**　1 s内测量到$^{60}$Co放射源发出的γ射线是3700个,设测量效率为10%,求它的放射性活度。已知它的半衰期为5.27 a,求它的质量。

**17-3**　中午时试管中$^{25}_{11}$Na核(β放射性,$\tau=60$ s)是10 μg,求试管内的钠原子数,到下午12:10还有多少?

**17-4**　一个能量为6 MeV的α粒子和静止的金核($^{197}$Au)发生正碰,它能达到金核的最近距离是多少?如果是氮核($^{14}$N)呢?都可以忽略靶核的反冲吗?此α粒子可以到达氮核的核力范围之内吗?

**17-5**　$^{16}$N、$^{16}$O和$^{16}$F原子的质量分别是16.006099 u、15.994915 u和16.011465 u,试计算这些原子的核结合能。

**17-6**　天然钾中放射性同位素$^{40}$K的丰度为$1.2\times10^{-4}$,此种同位素的半衰期为$1.3\times10^{9}$ a。钾是活细胞的必要成分,约占人体重量的0.37%,求每个人体内这种放射性源的活度。

**17-7**　计算10 kg铀矿($U_3O_8$)种$^{226}$Ra和$^{231}$Pa的含量。已知天然铀中$^{238}$U的丰度为99.27%,$^{235}$U的丰度为0.72%;$^{226}$Ra的半衰期为1600 a,$^{231}$P的半衰期为$3.27\times10^{4}$ a。

**17-8**　一个病人服用30 μCi的放射性碘$^{123}$I后24 h,测得其甲状腺部位的活度为4 μCi。已知$^{123}$I的半衰期为13.1 h。求在这24 h内多大比例的被服用的$^{123}$I集聚在甲状腺部位了。(一般正常人此比例为15%~40%)

**17-9**　向一人静脉注射含有放射性$^{24}$Na而活度为300 kBq的食盐水。10 h后他的血液每立方厘米的活度是30 Bq。求此人全身血液的总体积,已知$^{24}$Na的半衰期为14.97 h。

**17-10**　一年龄待测的古木片在纯氧环境中燃烧后收集了0.3 mol的$CO_2$,该样品由于$^{14}$C的衰变而产生的总活度测得为每分钟9次计数。试由此确定古木片的年龄。

**17-11**　一块岩石样品中含有 0.3 g 的$^{238}$U 和 0.12 g 的$^{206}$Pb。假设这些铅全部来自$^{238}$U 的衰变，试求这块岩石的地质年龄。

**17-12**　$^{226}_{88}$Ra 放射的 $\alpha$ 粒子的动能为 4.7825 MeV，求子核的反冲能量。此 $\alpha$ 衰变放出的总能量是多少？

**17-13**　目前太阳内含有 $1.5\times10^{30}$ kg 的氢，而其辐射总功率为 $3.9\times10^{26}$ W，按此功率辐射下去，经多长时间太阳内的氢就会被烧光？

# 参考答案

## 第9章

**9-1** $n_0=2.68\times10^{25}/\mathrm{m}^3$，通常称 $n_0$ 为洛喜密脱常数。

**9-2** (1) $V=8.20\times10^{-3}\ \mathrm{m}^3$； (2) $\Delta m=7.34\times10^{-2}\ \mathrm{kg}$

**9-3** 941 K

**9-4** (1) $2.1\times10^{15}$ Pa； (2) $9.5\times10^{15}$ Pa

**9-5** 电子：$\sqrt{\overline{v^2}}=0.95\times10^{7}$ m/s；氢原子：$\sqrt{\overline{v^2}}=2.6\times10^{2}$ m/s

Na 原子：$\sqrt{\overline{v^2}}=1.6\times10^{-4}$ m/s

**9-6** $\rho=1.04\ \mathrm{kg/m^3}$

**9-7** $\overline{\varepsilon_{k,t}}=5.65\times10^{-21}$ J

**9-8** (1) $\overline{\varepsilon_t}=6.00\times10^{-21}$ J；$\overline{\varepsilon_r}=4.00\times10^{-21}$ J；$\overline{\varepsilon_k}=10.00\times10^{-21}$ J

(2) $E=1.83\times10^{3}$ J； (3) $E_k=\frac{1}{2}mv^2=\frac{1}{2}\times8.5\times10^{3}\times\left(\frac{65\times10^{3}}{3600}\right)^2\ \mathrm{J}=1.39$ J

**9-9** $\Delta T=6.74$ K

**9-10** $\Delta T=1.28\times10^{-6}$ K

**9-11** 284 K

**9-12** (1) 分子一个自由度上的平均动能或平均振动势能

(2) 分子的平均平动动能或单原子分子的平均能量； (3) 分子的平均总动能

(4) 一摩尔刚性分子理想气体的内能； (5) $\nu$ 摩尔单原子分子理想气体的内能

(6) $\nu$ 摩尔刚性分子理想气体的内能

**9-13** (1) $T\approx300$ K； (2) $\overline{\varepsilon_{k,1}}=1.24\times10^{-20}$ J，$\overline{\varepsilon_{k,2}}=1.04\times10^{-20}$ J

**9-14** (1) 分子速度在 $v_x,v_y,v_z$ 附近单位速度范围内的分子数占总分子数的比率

(2) 分子速率在 $v$ 附近单位速率范围内的分子数占总分子数的比率

(3) 分子速率在 $v$ 附近 $v\to v+\mathrm{d}v$ 范围内的分子数占总分子数的比率

(4) 分子速率在 200 m/s 附近、单位速率范围(如 200～201 m/s)内的分子数占总分子数的比率

(5) 分子速率在 $v$ 附近 $v\to v+\mathrm{d}v$ 范围内的分子数

(6) 分子速率在 $v_1\to v_2$ 范围内的分子数占总分子数的比率

(7) 分子速率在 $v_1\to v_2$ 范围内的分子数

(8) 速率在 $v_1\to v_2$ 范围内的分子的平均速率

**9-15** (1) 曲线如图所示，$a=\frac{2}{3v_0}$

(2) 当 $v>v_0$ 时，$\Delta N=\frac{2N}{3}$；当 $v<v_0$ 时，$\Delta N=\frac{N}{3}$； (3) $\bar{v}=\frac{11v_0}{9}$

**9-16** (1) $C=\frac{\pi}{2v_0}$； (2) $\frac{\sqrt{3}N}{2}$

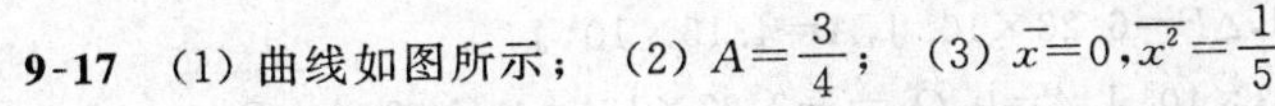

**9-17** (1) 曲线如图所示； (2) $A=\dfrac{3}{4}$； (3) $\bar{x}=0,\overline{x^2}=\dfrac{1}{5}$

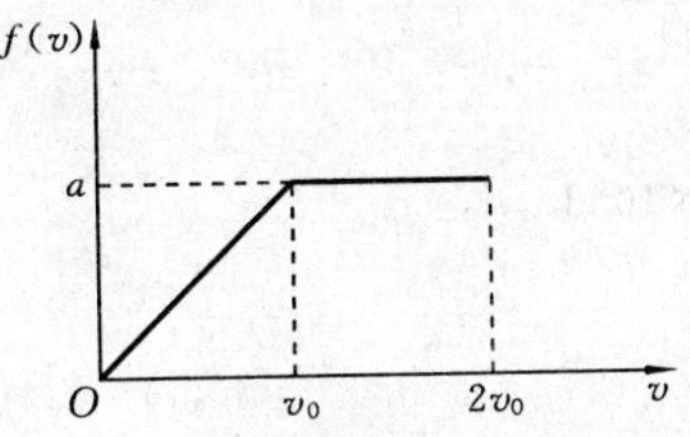


习题 9-15 图

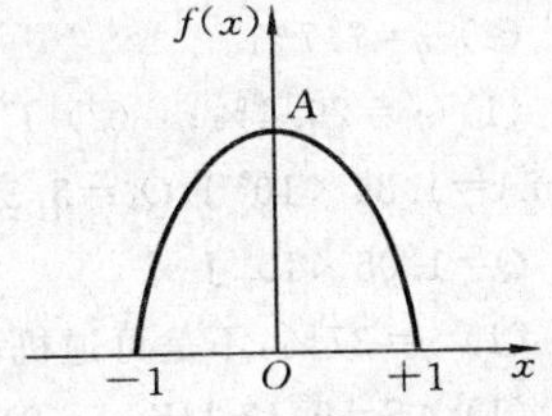


习题 9-17 图

**9-18** $v_{\rm p}=389\ {\rm m/s},\bar{v}=439\ {\rm m/s},\sqrt{\overline{v^2}}=477\ {\rm m/s}$

**9-19** $h=\dfrac{kT}{m_{\rm f}g}\ln 2=\dfrac{RT}{Mg}\ln 2$

**9-20** (1) $p'=2.57\times10^6\ {\rm Pa}$

(2) $p=2.43\times10^6\ {\rm Pa}$,因为 $p_{理想}=\dfrac{RT}{V_{\rm m}}=2.49\times10^6\ {\rm Pa}$,有 $p<p_{理想}<p'$

**9-21** $\bar{\lambda}=5.8\times10^{-8}\ {\rm m},\Delta t=1.3\times10^{10}\ {\rm s}$

**9-22** $n=3.2\times10^{17}$个/m$^3$;$\bar{\lambda}=7.8\ {\rm m}$;$\bar{Z}=4.7\times10^4$次/s

**9-23** $\Delta y_2=30.3\ {\rm mm}$

## 第10章

**10-1** $\Delta E=E_b-E_a=300\ {\rm J}$， $Q_{\rm II}=-600\ {\rm J}$(放热)

**10-2** (1) $\Delta E_{ac}=120\ {\rm J},E_c>E_a$； (2) $\Delta E_{ac}=120\ {\rm J},A_{adc}=24\ {\rm J}$

(3) 对于 $ca$ 过程有 $Q_{ca}=-172\ {\rm J}$,负号表示放热

**10-3** $Q=-3.15\times10^3\ {\rm J}$,负号表示放热

**10-4** $A=c\left(\dfrac{1}{V_1}-\dfrac{1}{V_1}\right)$,温度下降

**10-5** (1) $Q_V=686\ {\rm J}$

(2) $Q_p=960\ {\rm J}$;$Q_p>Q_V$,这是因为两过程内能变化一样,但等压过程还要对外做功,所以需要吸收更多的热量

**10-6** $3.25\times10^4\ {\rm J}$,三种情况的内能改变相同

**10-7** (1) $T_B=600\ {\rm K},T_C=T_B=600\ {\rm K},T_D=300\ {\rm K}$;(2) $2.8\times10^3\ {\rm J}$

**10-8** (1) $Q=2.08\times10^3\ {\rm J}$，$\Delta E=2.08\times10^3\ {\rm J},A=0$

(2) $Q=2.91\times10^3\ {\rm J},\Delta E=2.08\times10^3\ {\rm J},A=0.83\times10^3\ {\rm J}$

**10-9** (1) $\nu=41.3\ {\rm mol}$； (2) $\Delta E=4.29\times10^4\ {\rm J}$； (3) $A=1.71\times10^4\ {\rm J}$

(4) $Q=4.29\times10^4\ {\rm J}$

**10-10** $\Delta E=124.7\ {\rm J}$;$Q=-84.3\ {\rm J}$,负号表示放热;$C_{\rm m}=-8.43\ {\rm J/(mol\cdot K)}$

**10-11** 略

**10-12** (1) $T_c=T_1\left(\dfrac{V_1}{V_2}\right)^{\gamma-1}$； (2) $\eta=1-\dfrac{C_{V,{\rm m}}}{R}\cdot\dfrac{1-\left(\dfrac{V_1}{V_2}\right)^{\gamma-1}}{\ln\dfrac{V_2}{V_1}}$

**10-13** (1) $Q_p=1.04\times10^4$ J, $\Delta E=6.23\times10^3$ J, $A=4.15\times10^3$ J

$Q_V=\Delta E=-6.23\times10^3$ J, $A=0$, $Q_T=-3.37\times10^3$ J, $\Delta E=0$, $A=Q_T$

(2) $\eta=7.7\%$

**10-14** (1) $\eta'=29.4\%$； (2) $T'=425$ K

**10-15** $A=1.34\times10^3$ J, $Q_1=5.35\times10^3$ J, $Q_2=4.01\times10^3$ J

**10-16** $Q=1.05\times10^4$ J

**10-17** (1) $\eta=37\%$,不是可逆机； (2) $1.67\times10^4$ J

**10-18** (1) $\Delta S=9.13$ J/K； (2) $\Delta S=9.13$ J/K；

(3) $\Delta S=9.13$ J/K

**10-19** (1) 图略； (2) 此循环为卡诺循环； (3) $\eta=\frac{1}{3}$； (4) $w=2$

**10-20** $1.00\times10^5$ J

**10-21** $\Delta S=mc_p\ln\frac{(T_1+T_2)^2}{4T_1T_2}$,系统熵增加

**10-22** $\frac{\Delta S}{\Delta t}=5.0\times10^4$ J/(K·s)

**10-23** $\Delta S=mc\ln\frac{T_m}{T_0}+\frac{mL}{T_m}$

**10-24** $\Delta S=156$ J/K

**10-25** (1) $\Delta S_{冰1}=614$ J/K； (2) $\Delta S_{冰}=761.3$ J/K

(3) $\Delta S_{源}=-429$ J/K； (4) $\Delta S_{总}=332.3$ J/K$>0$

## 第 11 章

**11-1** $T=2\pi\sqrt{\frac{l\rho}{g\rho}}$ (设物体高为 $l$,密度为 $\rho$,液体密度为 $\rho'$)

**11-2** 2 s, 1 m

**11-3** 略

**11-4** $\frac{d^2r}{dt^2}=-\omega^2r$, $T=2\pi\sqrt{\frac{4\pi\varepsilon_0 mR^3}{qQ}}$

**11-5** $\frac{e}{2\pi a_0}\sqrt{\frac{1}{4\pi\varepsilon_0 m_e a_0}}$, $6.6\times10^{15}$ Hz

**11-6** (a) $\frac{1}{2\pi}\sqrt{\frac{k_1k_2}{m(k_1+k_2)}}$； (b) $\frac{1}{2\pi}\sqrt{\frac{k_1+k_2}{m}}$； (c) $\frac{1}{2\pi}\sqrt{\frac{k_1+k_2}{m}}$

**11-7** 31.8 Hz

**11-8** $2\pi\sqrt{\frac{m(k_1+k_2)}{k_1k_2}}$

**11-9** 0.031 m

**11-10** $x=5.00\times10^{-2}\cos\left(\pi t+\frac{2\pi}{3}\right)$ (m)

**11-11** (1) $x=8.00\times10^{-2}\cos\left(\frac{\pi}{4}t-\frac{\pi}{4}\right)$ (m)

(2) $x=5.66\times10^{-2}$ m, $v=-4.44\times10^{-2}$ m/s

$a=-3.49\times10^{-2}\ \text{m/s}^2$,方向都指向平衡位置

**11-12** (1) $x=0.24\cos\left(\frac{\pi}{2}t+\frac{\pi}{3}\right)$ (m); (2) $t_{\min}=\frac{2}{3}$ s; (3) $F_{合}=0.3$ N,向下

**11-13** (1) $\frac{d^2x}{dt^2}=-\omega^2x,\omega=\sqrt{\frac{k}{m_1+m_2}}=10$ rad/s

(2) $A=4.47$ cm,$\varphi=0.65\pi$,$x=4.47\cos(10t+0.65\pi)$ (cm); (3) $F_{\max}=72.4$ N

**11-14** (1) $\frac{d^2x}{dt^2}=-\omega^2x,\omega^2=\frac{k}{m_1}$; (2) $x=\frac{m_2g}{k}\cos\left(\sqrt{\frac{k}{m_1}}t+\pi\right)$

**11-15** (1) $x=0.4\cos\left(10.0t+\frac{4\pi}{3}\right)$ (m) 或 $x=0.4\cos\left(10.0t-\frac{2\pi}{3}\right)$ (m)

(2) $\Delta\varphi=\omega(t_2-t_1)=50.0$ rad

**11-16** $t=\frac{4}{3}$ s

**11-17** (1) $x=0.24\cos\left(\frac{\pi}{2}t+\frac{\pi}{3}\right)$ (m),$x=-6.00\times10^{-2}$ m

(2) $f=1.48\times10^{-3}$ N,指向平衡位置; (3) $t=\frac{2}{3}$ s

(4) $v=-3.26\times10^{-1}$ m/s,$a=2.96\times10^{-1}$ m/s$^2$

(5) $E_k=5.33\times10^{-4}$ J,$E_p=1.77\times10^{-4}$ J,$E_{总}=7.10\times10^{-4}$ J

**11-18** (1) $x=\frac{A}{2},E_p=\frac{1}{4}E_{总},E_k=\frac{3}{4}E_{总}$;$x=\pm\frac{\sqrt{2}}{2}A$; (2) $t=\frac{T}{8}(2k+1),k=0,1,2,\cdots$

**11-19** (1) $T=6$ s,$\omega=\frac{\pi}{3}$ rad/s,$A=10$ cm

(2) $x=-5.00$ cm,$v=-9.1$ cm/s,$a=5.5$ cm/s$^2$

(3) $E_p=6.8\times10^{-3}$ J,$E_k=2.1\times10^{-2}$ J,$E_{总}=27.8\times10^{-3}$ J

(4) $x=10\cos\left(\frac{\pi}{3}t+\frac{2}{3}\pi\right)$ (cm)

**11-20** 当 $\varphi=2k\pi-\frac{3\pi}{4}(k=0,1,2,\cdots)$ 时,$A_{\max}=A_1+A_2=11.00\times10^{-2}$ m

当 $\varphi=(2k+1)\pi-\frac{3\pi}{4}(k=0,1,2,\cdots)$ 时,$A_{\min}=|A_1-A_2|=1.00\times10^{-2}$ m

**11-21** $A=1,\varphi=\frac{\pi}{6},x=\cos\left(2t+\frac{\pi}{6}\right)$

**11-22** $A_2=10$ cm,$\Delta\varphi=\frac{\pi}{2}$

**11-23** $x^2+2xy+4y^2=2.7\times10^{-3}$,左旋

**11-24** $2.05\times10^5$ N/m

**11-25** (1) $7.7\times10^{-4}\ \text{s}^{-1}$; (2) $1.75\times10^{-4}$ W

**11-26** 略

**11-27** (1) 0.68 s,1.47 Hz; (2) 2.06 m/s

**11-28** (1) 0.12 m; (2) $\pi$

**11-29** (1) $6\times10^{-2}$ m; (2) 1 m; (3) 2 Hz; (4) 2 m/s; (5) $x$ 轴负向; (6) 0.75 m/s

**11-30** (1) 4 m; (2) $y=0.6\cos\pi\left(t-\frac{x}{2}\right)$; (3) $\pi$; (4) $\frac{\pi}{4}$

**11-31**　$5\times10^{-4}\cos(6000t-20x-21.2)$ (m)；$5\times10^{-4}\cos(6000t+20x+18.8)$ (m)

**11-32**　(1) $A=4$ cm，$\lambda=1$ cm，$T=\frac{1}{3}$ s，$\nu=3$ Hz，$u=3$ cm/s；(2) 略

**11-33**　(1) $y_O=0.04\cos\left(\frac{2\pi}{5}t+\frac{\pi}{2}\right)$ (m)；(2) $y_{波}=0.04\cos\left(\frac{2\pi}{5}t-\frac{2\pi x}{\lambda}+\frac{\pi}{2}\right)$ (m)

(3) $y_P=0.04\cos\left(\frac{2\pi}{5}t-\frac{3\pi}{2}\right)$ (m)；(4) $A$ 点向下，$B$ 点向上

**11-34**　(1) $\varphi_O=\frac{\pi}{2}$，$\varphi_P=0$

(2) $y_O=0.2\cos\left(180\pi t+\frac{\pi}{2}\right)$ (m)；$t=0$ 时，$y=0.2\cos\left(\frac{\pi}{2}-5\pi x\right)$ (m)

**11-35**　$y_B=3\cos\left(4\pi t-\frac{\pi}{5}x+\pi\right)$

**11-36**　(1) 能流密度 $\rho u^2 k\omega A^2\sin^2(kx-\omega t)$，能量密度 $w=\rho uk\omega A^2\sin^2(kx-\omega t)$

(2) $\overline{w}=\frac{1}{2}\rho\omega^2A^2$，$I=\frac{1}{2}\rho\omega^2A^2u$

**11-37**　(1) $\overline{w}=\frac{1}{2}\rho\omega^2A^2$，$w_{\max}=\rho A^2\omega^2=2\overline{w}$；(2) $W=4.62\times10^{-7}$ J

**11-38**　(1) $4.98\times10^{-9}$ W/m$^2$；(2) $1.66\times10^{-17}$ J/m$^3$

**11-39**　8.92 m

**11-40**　60 dB，110 dB

**11-41**　$6\times10^5$ m

**11-42**　(B)

**11-43**　(1) 0，$2\times10^{-4}$ m；(2) $A_P=0$；$A_P=2\times10^{-4}$ m，$\varphi=\frac{2\pi}{3}$

**11-44**　(1) 0；(2) $I\propto4A^2$

**11-45**　$\lambda=2[\sqrt{4(H+h)^2+d^2}-\sqrt{4H^2+d^2}]$

**11-46**　(1) $y_P=-2A\sin\left(\omega t-\frac{\pi}{\lambda}\right)\sin\left(\frac{2\pi x_P}{\lambda}-\frac{\pi}{\lambda}\right)$；(2) 0 m，0.5 m，1 m

**11-47**　2125 Hz

**11-48**　(1) $y_{负}=A\cos\left(\omega t+\frac{2\pi}{\lambda}x\right)$，$y_{正}=A\cos\left(\omega t-\frac{2\pi}{\lambda}x\right)$；(2) $y_{反}=A\cos\left(\omega t-\frac{2\pi}{\lambda}x\right)$

(3) $y_{驻}=2A\cos\frac{2\pi x}{\lambda}\cos\omega t$；(4) $y=2A\cos\left(\omega t-\frac{2\pi x}{\lambda}\right)$

**11-49**　(1) $\nu=\nu_1=\nu_2=2.0$ Hz，$\lambda_1=\lambda_2=\lambda=200$ cm，$u=u_1=u_2=400$ cm/s

(2) 波节 $x=50(2k+1)$ $(k=0,1,2,\cdots)$，$x=50$ cm，150 cm，250 cm，…

波腹 $x=100k$ $(k=0,1,2,\cdots)$，$x=0$，100 cm，200 cm，…

**11-50**　(1) $2.5\times10^{-3}$ m，1.2 m/s；(2) $3\times10^{-2}$ m；(3) 0

**11-51**　(1) $y=A\cos\left[\omega t-\frac{2\pi}{\lambda}(2d-x)\right]$

(2) 极大 $x=d-\frac{k}{2}\lambda$ $(k=0,1,2,\cdots;0<x<d)$

极小 $x=d-(2k+1)\frac{\lambda}{4}$ $(k=0,1,2,\cdots;0<x<d)$

**11-52** (1) $y_{入}=0.5\cos\left(2\pi t-4\pi x+\frac{\pi}{2}\right)$ (m)

$y_{反}=0.5\cos\left(2\pi t+4\pi x-\frac{29}{2}\pi\right)$ (m) $(+\pi)$

$y_{反}=0.5\cos\left(2\pi t+4\pi x-\frac{33}{2}\pi\right)$ (m) $(-\pi)$

(2) $y=\cos\left(4\pi x-\frac{15\pi}{2}\right)\cos(2\pi t-7\pi)$ (m) $(+\pi)$

$y=\cos\left(4\pi x-\frac{17\pi}{2}\right)\cos(2\pi t-8\pi)$ (m) $(-\pi)$

(3) 波节 $x=\frac{k+8}{4}$ (m),$k=0,-1,\cdots,-8$ $(+\pi)$

波腹 $x=\frac{2k+15}{8}$ (m),$k=0,-1,\cdots,-7$ $(+\pi)$

波节 $x=\frac{k'+9}{4}$ (m),$k'=-1,-2,\cdots,-9$ $(-\pi)$

波腹 $x=\frac{2k'+17}{8}$ (m),$k'=-1,-2,\cdots,-8$ $(-\pi)$

**11-53** (1) $\varphi=\frac{\pi}{2}$； (2) $y_{合}=2A\cos\left(\frac{2\pi x}{\lambda}\right)\cos\left(2\pi\nu t+\frac{\pi}{2}\right)$，$y_D=\sqrt{3}A\sin2\pi\nu t$

**11-54** $\overline{AD}=0.63$ m

**11-55** 4.3 m/s,远离

**11-56** $1.66\times10^3$ Hz

**11-57** 超

**11-58** (1) $q=\frac{\sqrt{2}}{2}Q_0$； (2) $I=\frac{\sqrt{2}}{2}I_0$

**11-59** (1) $7.96\times10^5$ Hz； (2) $5\times10^{-4}$ A； (3) $5\times10^{-11}$ J

**11-60** (1) 3 m,$10^8$ Hz； (2) $B_x=B_y=0,B_z=2\times10^{-9}\cos\left[2\pi\times10^8\left(t-\frac{x}{c}\right)\right]$ (T)

**11-61** (1) $\nu=10^8$ Hz,$\omega=2\pi\times10^8$ rad/s,$k=\frac{2\pi}{3}$ $\mathrm{m^{-1}}$； (2) $B_m=\frac{E}{c}=10^{-6}$ T

(3) $S=239\cos^2(\omega t-kx)$,$I=120$ $\mathrm{W/m^2}$

**11-62** (1) $1.03\times10^3$ V/m,$3.43\times10^{-6}$ T； (2) $3.96\times10^{26}$ W

**11-63** (1) 168 m； (2) 0.043 $\mathrm{W/m^2}$

**11-64** (1) $Q_0=1.80\times10^{-4}$ C； (2) $W=\frac{1}{2C}Q_0^2\sin^2\omega t$； (3) $\frac{dW}{dt}=\frac{Q_0^2\omega}{2C}\sin2\omega t$,67 W

## 第 12 章

**12-1** 略

**12-2** 6 cm;球面的曲率中心在液体中

**12-3** 1.47

**12-4** 6 cm,即小气泡最近球面 6 cm

**12-5** −16 cm,即物体成像在棒内,离棒右端 16 cm 处

**12-6** 略

**12-7** (1) 60 cm； (2) 2

**12-8** (1) 10 cm； (2) −160 cm

**12-9** 3.30 D

**12-10** −0.40 m,−2.50 D,−0.91 D

**12-11** (1) −3.0 cm； (2) 3.2 cm

**12-12** (1) 16.7 cm； (2) 放大率为 1.5,成倒立、放大的虚像

**12-13** 5 D

**12-14** 10 cm

**12-15** (1) 1.74 cm； (2) 11.0 倍； (3) 110 倍

## 第 13 章

**13-1** (1) $5\times10^{14}$ Hz,$2.44\times10^{8}$ m/s,$4.88\times10^{-7}$ m； (2) $11.09\times10^{-2}$ m,$11.34\times10^{-2}$ m

**13-2** 选(3)和(4)

**13-3** 振动方向相互垂直

**13-4** 632.8 nm

**13-5** $4.76\times10^{14}$ Hz

**13-6** $n_g=1.000827$

**13-7** 约 3%

**13-8** (1) $\Delta y=-\frac{L'}{L}l$； (2) 间距增加； (3) 相邻极大间距为原来的一半；

(4) 没有变化； (5) 干涉图样消失

**13-9** $\alpha=\frac{(R+L)\lambda}{2\Delta yR}$

**13-10** $5.75\times10^{-4}$ m

**13-11** 5.7°

**13-12** (1) $21\pi$； (2) $1.718\times10^{-7}$ m

**13-13** 700 nm

**13-14** (1) $1.014\times10^{-7}$ m； (2) 539.6 nm 的绿光

**13-15** 70 nm

**13-16** 1.28 μm

**13-17** (1) 29； (2) 40

**13-18** (1) 94； (2) 202

**13-19** 中心,火石玻璃一侧为亮斑,冕牌玻璃一侧为暗斑,向外围类推

**13-20** (1) $\sqrt{n_{液}}$； (2) 2.84 mm

**13-21** $2.98\times10^{-3}$ m, $1.30\times10^{-6}$ m

**13-22** (1) $(n-1)L$； (2) $2.38\times10^{-5}$ m

**13-23** $\frac{N_1+N_2}{L}\cdot\frac{\lambda}{2}$

**13-24** (1) 0.0138°； (2) $7.393\times10^{-7}$ m

13-25 23 cm, $7.7\times10^{-10}$ s

13-26 $1.59\times10^{-1}$ m, $2.47\times10^{5}$ 个

13-27 否,会

13-28 9,0,99

13-29 2.50 mm

13-30 (1) $\lambda_1=2\lambda_2$； (2) $2k_1=k_2$ 会重合

13-31 $\pm0.930$ mm

13-32 $k=3,\lambda_3=600\times10^{-9}$ m,半波带数 7； $k=4,\lambda_4=467\times10^{-9}$ m,半波带数 9

13-33 2.45 cm

13-34 双缝干涉条纹要受单缝衍射效应的影响

13-35 $a$ 变宽则包络变窄,$d$ 变宽则干涉条纹变密

13-36 (1) 9； (2) 0.25

13-37 $\dfrac{d}{a}=6$

13-38 略

13-39 914 nm

13-40 $5.00\times10^{-6}$ m

13-41 10.2°,20.7°,32.0°,45.0°,61.1°

13-42 (1) $6.00\times10^{-6}$ m； (2) $1.50\times10^{-6}$ m；
(3) $k=0$、$\pm1$、$\pm2$、$\pm3$、$\pm5$、$\pm6$、$\pm7$、$\pm9$,4、8 缺级,10 在无穷远

13-43 (1) $k=0,\pm1$； (2) $1.33\times10^{-3}$ rad, $1.78\times10^{-3}$ rad

13-44 (1) 0.014°； (2) 333

13-45 $5.462\times10^{-7}$ m

13-46 $k=1, D=5.26\times10^{5}$ rad/m, $R=4.00\times10^{4}$
$k=2, D=1.34\times10^{6}$ rad/m, $R=8.00\times10^{4}$
$k=3, D=4.29\times10^{6}$ rad/m, $R=12.00\times10^{4}$

13-47 $4.147\times10^{-10}$ m, $3.928\times10^{-10}$ m

13-48 6.8°

13-49 $5.42\times10^{-10}$ m

13-50 0.3 m

13-51 $2.95\times10^{5}$ m, $5.90\times10^{2}$ m

13-52 9.09 m

13-53 $5.20\times10^{-7}$ rad

13-54 $\boldsymbol{E}(z,t)=(0.866E_0\boldsymbol{i}+0.500E_0\boldsymbol{j})\cos(kz-\omega t+\alpha)$

13-55 $\dfrac{2}{3}$

13-56 线偏振$\dfrac{2}{3}$,自然光$\dfrac{1}{3}$

13-57 $\pm45°$

13-58 $\dfrac{3}{32}I_0$,0 或$\dfrac{3}{8}I_0$

**13-59** (1) $I_0/8$； (2) $I_0/10$； (3) $0.28I_0$，$0.21I_0$

**13-60** 略

**13-61** 略

**13-62** 36°56′

**13-63** (1) 32°； (2) 1.60

**13-64** 11°46′

**13-65** $2.39\times10^{-5}$ m

**13-66** (1) $6.95\times10^{-4}$ m； (2) 左边为 o 光，右边为 e 光

**13-67** (1) 自然光； (2) 一般为椭圆偏振光； (3) 部分偏振光

(4) 一般为椭圆偏振光； (5) 线偏振光

**13-68** 略

**13-69** (1) 线偏，线偏，无； (2) 0； (3) 0

**13-70** 589.0 nm

**13-71** 偏振片

**13-72** (1) 线偏，正椭圆偏振，线偏； (2) $\frac{3}{8}I_0$

**13-73** 略

**13-74** (1) 有； (2) 无

## 第 14 章

**14-1** 16 倍

**14-2** 2498 K

**14-3** (1) $A=2.00$ eV； (2) $U_a=1.77$ V

**14-4** (1) $\frac{1}{2}mv_{max}^2=2.0$ eV； (2) $U_a=2.0$ eV； (3) $\lambda_0=290$ nm

**14-5** (1) $E=3.28\times10^{-6}$ J

(2) $\nu=1.24\times10^{20}$ Hz，$\lambda=0.0024$ nm，$p=2.73\times10^{-22}$ kg·m/s；属于 γ 射线

**14-6** (1) $E=2.8\times10^{-21}$ J，$p=9.47\times10^{-30}$ kg·m/s，$m=3.16\times10^{-38}$ kg

(2) $E_X=7.96\times10^{-15}$ J，$p=2.65\times10^{-23}$ kg·m/s，$m=8.84\times10^{-32}$ kg

(3) $E_\gamma=1.6\times10^{-12}$ J，$p=5.35\times10^{-22}$ kg·m/s，$m=1.78\times10^{-30}$ kg

**14-7** $\lambda=5.967\times10^{-7}$ m

**14-8** 增大 1.03 V

**14-9** $\lambda_1=0.0732$ nm；$\lambda_2=0.0756$ nm

**14-10** $E_0=1.60\times10^{-14}$ J

**14-11** $\lambda'=0.0043$ nm，$\varphi=62°18'$

**14-12** $1.5\lambda_c$

**14-13** $n=3$，$\lambda_1=656.46$ nm；$n=4$，$\lambda_2=486.24$ nm

$n=5$，$\lambda_3=434.14$ nm；$n=6$，$\lambda_4=410.27$ nm

$n=7$，$\lambda_5=397.10$ nm；$n=8$，$\lambda_6=389.00$ nm

$n=9$，$\lambda_7=383.62$ nm(有 7 条光谱线位于可见光范围内)

**14-14** $\lambda_{min}=0.9117\times10^{-7}$ m, $\lambda_{max}=1.215\times10^{-7}$ m

**14-15** $E_1=3.1$ eV$<|E_2|=\frac{13.6}{4}$eV$=3.4$ eV,不能电离

**14-16** 否;激发温度 $T_1\geqslant15.8\times10^4$ K,电离温度 $T_2\geqslant21.0\times10^4$ K

**14-17** $-E_1'=54.4$ eV, $-E_1''=122.4$ eV

**14-18** $n=4$, $r_4=8.448\times10^{-8}$ cm

**14-19** $\frac{\mu}{L}=\frac{e}{2m}$

**14-20** $\nu=2.925\times10^{15}$ Hz

**14-21** $\nu=5.71\times10^{15}$ Hz

**14-22** $v=6.94\times10^5$ m/s

**14-23** $r_{介}=0.25\times10^{-12}$ m

## 第 15 章

**15-1** (1) $\lambda=\frac{h}{p}=\frac{hc}{\sqrt{E_k^2+2m_0c^2E_k}}$; (2) 略; (3) $1.23\times10^{-11}$ m, $1.24\times10^{-15}$ m

**15-2** (1) $\lambda=1.46$ nm; (2) $\lambda=0.146$ nm

**15-3** $m=1.67\times10^{-27}$ kg,质子

**15-4** (1) $m=5.53\times10^{-36}$ kg, $p=1.66\times10^{-27}$ kg · m/s; (2) $v=1.82\times10^3$ m/s

**15-5** $E_{min}=45.5$ eV

**15-6** (1) $C=\frac{1}{\sqrt{\pi}}$; (2) $\rho(x)=\frac{1}{\pi}\frac{1}{1+x^2}$; (3) $\rho_{max}=\frac{1}{\pi}$

**15-7** (1) $A=2\lambda^{3/2}$ $\Psi(x)=\begin{cases}2\lambda^{3/2}xe^{-\lambda x}, & x\geqslant0\\ 0, & x<0\end{cases}$

(2) $\rho(x)=|\Psi(x)|^2=\begin{cases}4\lambda^3x^2e^{-2\lambda x}, & x\geqslant0\\ 0, & x<0\end{cases}$; (3) $x=\frac{1}{\lambda}$处发现粒子的概率最大

**15-8** 自由粒子的波函数为

$$\Psi(\boldsymbol{r},t)=Ae^{i(\boldsymbol{p}\cdot\boldsymbol{r}-Et/\hbar)}$$

其空间概率密度的分布为

$$\rho=\Psi\cdot\Psi^*=A^2=\text{常数}$$

这说明自由粒子出现在空间各点的概率是一样的。这一结论与不确定关系式是一致的。因为自由粒子的动量是完全确定的,即动量不确定值 $\Delta p=0$,因而粒子位置的不确定值 $\Delta r=\infty$,位置是完全不确定的。

**15-9** (1) $p=7.3\times10^{-21}$ kg · m/s, $E_k=3.97\times10^{-15}$ J$=2.5\times10^4$ eV

(2) $E_{min}=21.6\times10^{-13}$ J$=13.3$ MeV

**15-10** $\Delta x=31.9$ km

**15-11** $E_k\geqslant\frac{h^2}{32\pi^2ma^2}$

**15-12** $r=a_0=\frac{\varepsilon_0h^2}{\pi me^2}$;结合能 $E'=-E_1=13.6$ eV

**15-13** $E_{min}=-\frac{Z^2me^4}{8\varepsilon_0^2h^2}$

**15-14** $E_k=\frac{n^2h^2}{8mL^2}(n=1,2,3,\cdots)$,可见限制在一维线段上的粒子的能量必须取分立值

**15-15** 略

**15-16** 略

**15-17** $P=0.091$

**15-18** $\bar{E}=\frac{10\pi^2\hbar^2}{ma^2}$

**15-19** $\bar{E}=\frac{62}{25}\hbar\omega$

**15-20** $r=a_0$

**15-21** 略

**15-22** (1) $L=\sqrt{12}\hbar$; (2) $L_z=m_l\hbar=0,\pm\hbar,\pm2\hbar,\pm3\hbar$

(3) 30°,55°,73°,90°,107°,125°,150°

**15-23** (d)

**15-24** B:$1s^22s^22p^1$;Ar:$1s^22s^22p^63s^23p^6$;

Cu:$1s^22s^22p^63s^23p^63d^{10}4s^1$

Br:$1s^22s^22p^63s^23p^63d^{10}4s^24p^5$

## 第 16 章

**16-1～16-5** 略

**16-6** 1.85 μm

**16-7** 1.14 eV

**16-8～16-15** 略

## 第 17 章

**17-1** 86.4 mCi,$N_\beta=3.2\times10^9\ s^{-1}$,$N_\gamma=2.74\times10^9\ s^{-1}$

**17-2** 0.50 μCi,$4.42\times10^{-10}$ g

**17-3** $2.4\times10^{16}$,$2.3\times10^{13}$

**17-4** $3.8\times10^{-14}$ m;$4.32\times10^{-15}$;N 核不可;否

**17-5** 118.0 MeV,127.7 MeV,111.5 MeV

**17-6** 8.1 kBq

**17-7** 2.87 mg,2.71 mg

**17-8** 48%

**17-9** 6.29 L

**17-10** $1.5\times10^4$ a

**17-11** $2.45\times10^9$ a

**17-12** 0.0862 MeV,4.8707 MeV

**17-13** $7.2\times10^{10}$ a

# 附录　常用物理常数

| 名　称 | 符　号 | 计算用值 |
|---|---|---|
| 真空中光速 | $c$ | $c=3.00\times10^{8}$ m/s |
| 引力常数 | $G$ | $G=6.67\times10^{-11}$ N·m$^2$/kg$^2$ |
| 重力加速度 | $g$ | $g=9.8$ m/s$^2$ |
| 电子电量 | $e$ | $e=1.60\times10^{-19}$ C |
| 电子静质量 | $m_e$ | $m_e=9.11\times10^{-31}$ kg |
| 电子荷质比 | $e/m_e$ | $e/m_e=1.76\times10^{-11}$ C/kg |
| 电子经典半径 | $r_e$ | $r_e=2.82\times10^{-15}$ m |
| 质子静质量 | $m_p$ | $m_p=1.673\times10^{-27}$ kg |
| 中子静质量 | $m_n$ | $m_n=1.675\times10^{-27}$ kg |
| 真空介电常数 | $m_0$ | $m_0=8.85\times10^{-12}$ F/m |
| 真空磁导率 | $\mu_0$ | $\mu_0=4\pi\times10^{-7}$ H/m |
| 电子磁矩 | $\mu_e$ | $\mu_e=9.28\times10^{-24}$ J/T |
| 质子磁矩 | $\mu_p$ | $\mu_p=1.41\times10^{-26}$ J/T |
| 中子磁矩 | $\mu_n$ | $\mu_n=-0.966\times10^{-26}$ J/T |
| 阿伏伽德罗常数 | $N_A$ | $N_A=6.02214199\times10^{23}$ mol$^{-1}$ |
| 气体普适恒量 | $R$ | $R=8.314472$ J/Kmol |
| 玻尔兹曼常数 | $k$ | $K=1.3806503\times10^{-23}$ J/K |
| 摩尔体积 | $V_m$ | $V_m=22.413996\times10^{-23}$ m$^3$/mol |
| 标准大气压 | atm | Atm=101325 Pa |
| 质量单位 | $\mu$ | $\mu=1.66053873\times10^{-27}$ kg |
| 玻尔半径 | $a_0$ | $a_0=5.29\times10^{-11}$ m |
| 玻尔磁子 | $\mu_B$ | $\mu_B=9.27\times10^{-24}$ J/T |
| 核磁子 | $\mu_N$ | $\mu_N=5.05\times10^{-27}$ J/T |
| 普朗克常数 | $h$<br>$\hbar$ | $h=6.63\times10^{-34}$ J·s<br>$\hbar=h/(2\pi)=1.05\times10^{-34}$ J·s |
| 精细结构常数 | $\alpha$ | $\alpha=7.297352533\times10^{-3}$ |
| 里德伯常数 | $R$ | $R=1.10\times10^{7}$ m$^{-1}$ |
| 康普顿波长 | $\lambda_c$ | $\lambda_c=2.426310215\times10^{-12}$ m |
| $\mu$子质量 | $m_\mu$ | $m_\mu=1.88353109\times10^{-28}$ kg |
| $\tau$子质量 | $m_\tau$ | $m_\tau=3.16788\times10^{-27}$ kg |
| 氘核质量 | $m_d$ | $m_d=3.34358309\times10^{-27}$ kg |